实用模具设计与生产应用手册

应用手册

冲 压 模

SHIYONG MUJU SHEJI YU
SHENGCHAN YINGYONG SHOUCE
CHONGYAMU

刘志明　编著

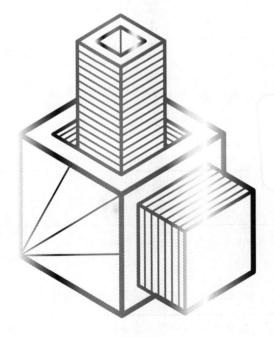

化学工业出版社
·北京·

本书是作者基于多年一线设计与生产工作经验的基础上完成的,是多年实践经验的总结。本书内容丰富、简明、图文并茂、重点突出,便捷查阅,紧贴生产实际,以实用为目的。本书内容包括冲裁模、弯曲模、拉深模、冲压成型、冷冲模零件、冲压设备、冲压材料,重点介绍了模具设计中的冲压工艺、冲压材料与模具钢的选用,模具设计及其压力与模具强度的相关力学计算,模具标准件及冲压设备的合理选用,并给出了大量的生产现场冲压模具典型图例。

本书可供从冷冲压模具设计与制造、冲压生产的工程技术人员以及企业管理人员参考,也可供高等院校、职业院校相关专业师生参考。

图书在版编目(CIP)数据

实用模具设计与生产应用手册. 冲压模/刘志明编著.
—北京:化学工业出版社,2019.4
ISBN 978-7-122-33910-2

Ⅰ.①实… Ⅱ.①刘… Ⅲ.①模具-设计-手册②冲模-设计 Ⅳ.①TG762-62

中国版本图书馆 CIP 数据核字(2019)第 029710 号

责任编辑:金林茹 张兴辉   文字编辑:陈 喆
责任校对:宋 夏   装帧设计:王晓宇

出版发行:化学工业出版社(北京市东城区青年湖南街 13 号 邮政编码 100011)
印   刷:三河市航远印刷有限公司
装   订:三河市宇新装订厂
787mm×1092mm 1/16 印张 36 字数 968 千字 2019 年 10 月北京第 1 版第 1 次印刷

购书咨询:010-64518888   售后服务:010-64518899
网   址:http://www.cip.com.cn
凡购买本书,如有缺损质量问题,本社销售中心负责调换。

定   价:138.00 元

前　言
PREFACE

　　现代工业化产品的生产与模具业发展息息相关，模具工业的崛起与技术进步促进了机械制造产业的高速发展。 模具作为先进工业生产技术的工艺装备，既能实现优质产品生产的自动化，又能保证高速度大批量标准化生产。

　　模具是制造业的基础工艺装备，被称为"制造业之母"。 它的应用范围十分广泛，在飞机、汽车、电机、电器、电子仪表、家电和通信等产品中，60% ~ 80% 的零部件都要依靠模具成型，绝大部分塑料制品都由模具成型，而且模具是"效益放大器"，用模具生产的最终产品的价值，往往会超出模具自身价值的几十倍甚至上百倍。 用模具生产出来的产品具备高精度、高复杂程度、高一致性、高生产率和低消耗等特点，是其他加工方法所不能比拟的。 模具产业的技术水平在很大程度上决定着产品的质量、新产品的开发能力和企业的经济效益，因此模具生产技术水平已成为衡量一个国家产品制造水平的重要标志。

　　模具设计是一项较为复杂的工程，一个产品零件往往需要设计多道工序及其相应的模具才能完成加工，成为成品。 模具的品类繁多又是单一品种生产，使模具设计较为繁复；设计中所涉及的知识及相关的技术资料范围也比较广泛，对模具专业设计人员来说，无论是新手还是资深者，其学识与经验毕竟是有限的，在技术运用上必须借助多种资料才能完成一项模具设计，并且有些模具可能还需经过多次试验才能投入实际生产。

　　基于此，笔者根据多年从事模具设计的实践经验编写了本书。 本书内容丰富、简明实用、图文并茂、重点突出，是一本通俗易懂、查阅便捷的设计资料工具书。 本书内容包括冲裁模、弯曲模、拉深模、冲压成型、冷冲模零件、冲压设备、冲压材料，重点介绍了模具设计中的冲压工艺、冲压材料与模具钢的选用，模具设计及其压力与模具强度的相关力学计算，模具标准件及冲压设备的合理选用，并给出了大量的生产现场冲压模具典型图例。

　　由于笔者专业知识水平有限，书中难免有不足之处，敬请读者批评指正。

编著者

于宁波

目录
Contents

第1章
冲裁模

1.1 冲裁件的工艺性

1.1.1 冲裁件的最小尺寸

自由凸模冲孔的最小尺寸见表 1-1～表 1-5。

表 1-1　自由凸模冲孔的最小尺寸　　　　　　　　　　mm

冲孔材料	孔的形状			
钢 $\tau_k > 685\mathrm{MPa}$	$d \geqslant 1.5t$	$b \geqslant 1.35t$	$b \geqslant 1.2t$	$b \geqslant 1.1t$
钢 $\tau_k \approx 390\sim685\mathrm{MPa}$	$d \geqslant 1.3t$	$b \geqslant 1.2t$	$b \geqslant 1.0t$	$b \geqslant 0.9t$
钢 $\tau_k \approx 390\mathrm{MPa}$	$d \geqslant 1.0t$	$b \geqslant 0.9t$	$b \geqslant 0.8t$	$b \geqslant 0.7t$
黄铜、铜	$d \geqslant 0.9t$	$b \geqslant 0.8t$	$b \geqslant 0.7t$	$b \geqslant 0.6t$
铝、锌	$d \geqslant 0.8t$	$b \geqslant 0.7t$	$b \geqslant 0.6t$	$b \geqslant 0.5t$

注：t 为材料厚度。冲孔最小尺寸一般不小于 0.3mm。

表 1-2　带护套凸模冲孔的最小尺寸　　　　　　　　　　mm

冲孔材料	圆孔直径 d	矩形孔短边宽 a
硬钢	$\geqslant 0.5t$	$\geqslant 0.4t$
黄铜、软钢	$\geqslant 0.35t$	$\geqslant 0.3t$
铜、铝、锌	$\geqslant 0.3t$	$\geqslant 0.28t$
纸胶板、布胶板	$\geqslant 0.3t$	$\geqslant 0.25t$

注：冲孔最小尺寸一般不小于 0.3mm。

1.1.2 圆角半径

普通冲裁件和精冲件转角处的最小圆角半径分别见表 1-6～表 1-9。

表 1-3　精冲件最小相对槽宽 e_{min}/t 值

简图	料厚 t/mm	槽长 l/mm											
		2	4	6	8	10	15	20	40	60	80	100	150	200
	1	0.69	0.78	0.82	0.84	0.88	0.94	0.97						
	1.5	0.62	0.72	0.75	0.78	0.82	0.87	0.90						
	2	0.58	0.67	0.70	0.73	0.77	0.83	0.86	1.00					
	3		0.62	0.65	0.68	0.71	0.76	0.79	0.92	0.98				
	4		0.60	0.63	0.65	0.68	0.74	0.76	0.88	0.94	0.97	1.00		
	5			0.62	0.64	0.67	0.73	0.75	0.86	0.92	0.95	0.97		
	8			0.63	0.66		0.71	0.73	0.85	0.90	0.93	0.95	1.00	
	10						0.68	0.71	0.80	0.85	0.87	0.88	0.93	0.96
	12							0.70	0.79	0.84	0.86	0.87	0.92	0.95
	15							0.69	0.78	0.83	0.85	0.86	0.90	0.93

简图说明：
最小槽边距
$f_{min}=(1.1\sim1.2)e_{min}$

注：表中为材料拉伸强度低于 450MPa 时的数据，当材料拉伸强度高于 450MPa 时，其数值按比例增大。

表 1-4　聚氨酯模冲孔的最小孔径　　　　　　　　　　　　　　　　　mm

材料厚度	材 料				
	黄铜 H62	铜	纯铝(1070A,1060)	锡磷青铜	10~20 钢
<0.05	1~1.4	0.8~1	0.8~1	1.3~2	1~1.4
<0.1	2~3	1.2~2	1~1.6	2.4~4	2~3
<0.2	4~6	2.4~4	2~3	4.8~8	4~6
<0.5	10~15	6~10	5~10	12~20	10~15
<1	20~30	12~20	10~15	24~40	20~30

注：聚氨酯单位压力 60~100MPa，材料厚度小选小值，厚度大选大值。

表 1-5　精冲件的最小孔边距 a_{min}、最小齿宽 b_{min}、孔中心距 c_{min} 及孔径 d_{min} 的极限值

材料拉伸强度 R_m/MPa	a_{min}	b_{min}	c_{min}	d_{min}
150	$(0.25\sim0.35)t$	$(0.3\sim0.4)t$	$(0.2\sim0.3)t$	$(0.3\sim0.4)t$
300	$(0.35\sim0.45)t$	$(0.4\sim0.45)t$	$(0.3\sim0.4)t$	$(0.45\sim0.55)t$
450	$(0.50\sim0.55)t$	$(0.55\sim0.65)t$	$(0.45\sim0.5)t$	$(0.65\sim0.7)t$
600	$(0.7\sim0.75)t$	$(0.75\sim0.8)t$	$(0.6\sim0.65)t$	$(0.85\sim0.9)t$

注：薄料取上限，厚料取下限，t——材料厚度。

表 1-6　普通冲裁件的最小圆角半径

工件邻边间的最小夹角		工件材料		
		黄铜、铝	软钢	合金钢
落料	≥90°	0.18t	0.25t	0.35t
	<90°	0.35t	0.5t	0.7t
冲孔	≥90°	0.2t	0.3t	0.45t
	<90°	0.4t	0.6t	0.9t

注：当 $t<1$mm 时，均以 $t=1$mm 计算。

表 1-7　聚氨酯模冲裁件的最小圆角半径　　　　　　　　　　　　　　mm

材料	R	R_1
2A12M(LY12M)、2A12C(LY12C)、3A21(LF21)、T2、T3、T4、TC1、TC2、Q235、10 钢	$(0.5\sim1.0)t$	$(1.0\sim1.5)t$

表 1-8　精冲件的圆角半径

简图	计算公式
	$R_1 = r_1$ $R_2 = r_2$ $R_2 = 0.6R_1$ $r_2 = 0.6r_1$ $r_2 = 0.6R_1$

表 1-9　精冲件的最小圆角半径　　　　　　　　　　　　　　　mm

简图	工件轮廓 角度 α	材料厚度							
		1	2	3	4	5	6	8	10
	30°	0.6	1.00	1.5	2.0	2.3	2.9	3.9	5
	60°	0.25	0.50	0.75	1.0	1.1	1.4	1.9	2.5
	90°	0.20	0.30	0.45	0.60	0.70	0.90	1.2	1.5
	120°	0.15	0.20	0.35	0.45	0.55	0.65	0.90	1.00

注：表中为材料拉伸强度 $R_m = 450\text{MPa}$，当强度高于此值的材料时，其数值按比例增加。

1.1.3　普通冲裁件凸出悬臂和凹槽宽度

普通冲裁件的凸出悬臂和凹槽宽度尺寸见表 1-10。

表 1-10　普通冲裁件的凸出悬臂和凹模宽度尺寸

简图	材料	宽度 B	最小宽度 B
	硬钢	$(2 \sim 2.3)t$	$(1.5 \sim 2.0)t$
	黄铜、软钢	$(1.4 \sim 1.5)t$	$(1.0 \sim 1.2)t$
	紫铜、铝	$(1.1 \sim 1.2)t$	$(0.8 \sim 0.9)t$
	纸胶板、布胶板	$(0.9 \sim 1)t$	

1.1.4　孔边距

冲裁件的冲孔边缘离外形的距离过小时，会影响冲裁件的质量及模具的寿命，冲裁件的最小尺寸及最小边距见表 1-11、表 1-12。

表 1-11　冲裁最小尺寸

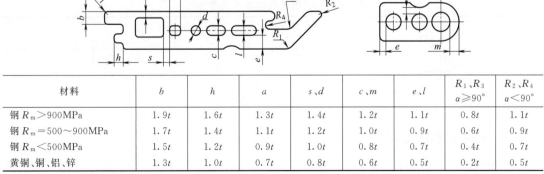

材料	b	h	a	s、d	c、m	e、l	R_1、R_3 $\alpha \geqslant 90°$	R_2、R_4 $\alpha < 90°$
钢 $R_m > 900\text{MPa}$	$1.9t$	$1.6t$	$1.3t$	$1.4t$	$1.2t$	$1.1t$	$0.8t$	$1.1t$
钢 $R_m = 500 \sim 900\text{MPa}$	$1.7t$	$1.4t$	$1.1t$	$1.2t$	$1.0t$	$0.9t$	$0.6t$	$0.9t$
钢 $R_m < 500\text{MPa}$	$1.5t$	$1.2t$	$0.9t$	$1.0t$	$0.8t$	$0.7t$	$0.4t$	$0.7t$
黄铜、铜、铝、锌	$1.3t$	$1.0t$	$0.7t$	$0.8t$	$0.6t$	$0.5t$	$0.2t$	$0.5t$

注：1. t——材料厚度。

2. 若冲裁件结构无特殊要求，应采用大于表中所列数值。

3. 当采用整体凹模时，冲裁件轮廓应避免清角。

表 1-12　孔与孔、孔与边缘之间的最小距离

简图 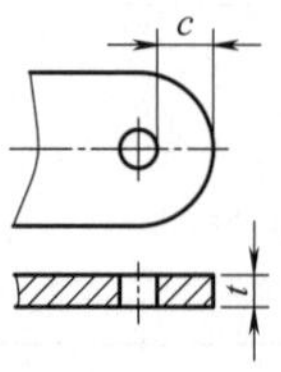 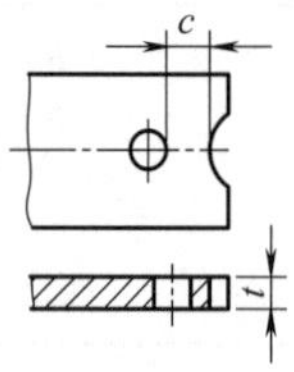 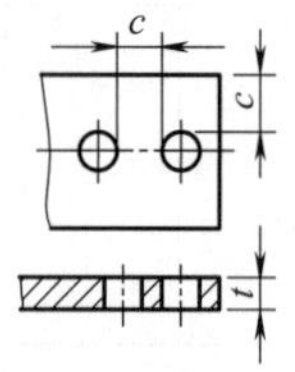 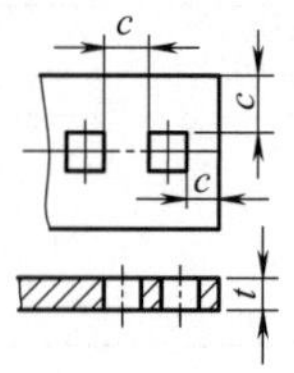 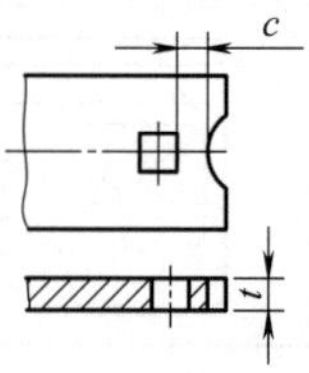 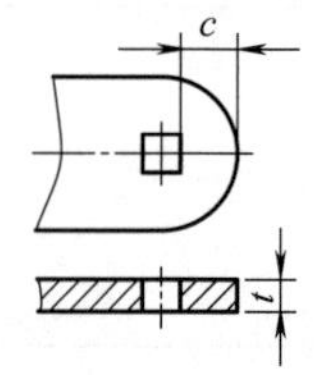					
最小距离	$c \geqslant 1.2t$	$c \geqslant 0.7t$	$c \geqslant t$	$c \geqslant t$	$c \geqslant 0.8t$

简图 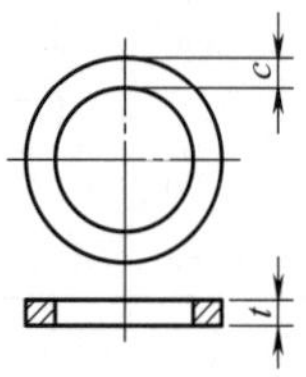 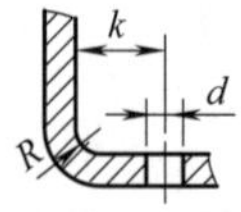 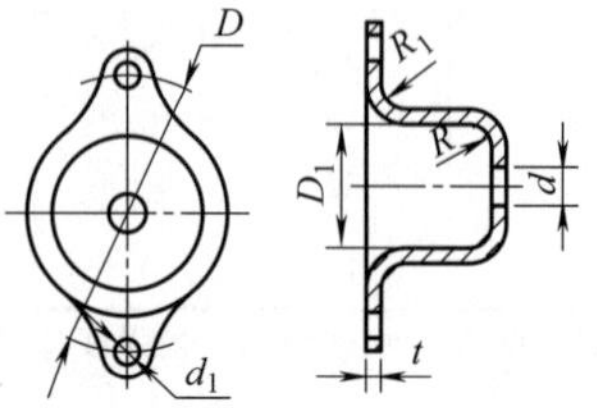 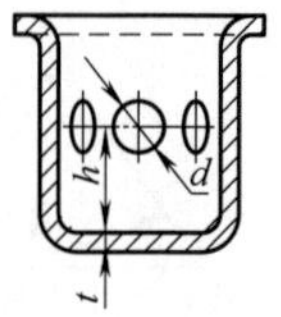			
最小距离	$c \geqslant 1.5t$	$k \geqslant R + \dfrac{d}{2}$	$d < D_1 - 2R$ $D > (D_1 + 2t + 2R_1 + d_1)$

（接上表最右栏：$c \geqslant 1.3t$；$h > 2d + t$）

1.1.5　悬臂和凸耳

工件上的窄长悬臂（图 1-1），精冲时因使凸模产生较大的侧向压力，而影响凸模寿命，故悬臂的最小宽度值可按表 1-10 中的最小槽宽确定，并可增大 $30\% \sim 40\%$，但凸耳长度不超过平均宽度的 3 倍，其与冲齿形相似，故最小槽宽度极限值可按表 1-5 中齿宽 b_{min} 选取。

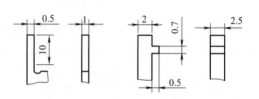

　　(a) 悬臂的最小宽度　　　(b) 凸耳长度小于料厚

图 1-1　悬臂和凸耳

1.1.6　沉头孔的压制

压沉头孔可和精冲一次复合成型，但是，沉头孔应是在落料凹模的一边。若沉头孔是在落料凸模的一边，则需先冲出沉头孔，然后以沉头孔定位来落料。90°沉头孔的最大深度 h_{max} 见表 1-13。沉头孔的角度和深度改变时，其压缩的体积不超过表列相应数值。当在工件的凸模侧或两侧都有沉头孔时，需有预成型工序。

表 1-13　90°沉头孔的最大深度 h_{max}

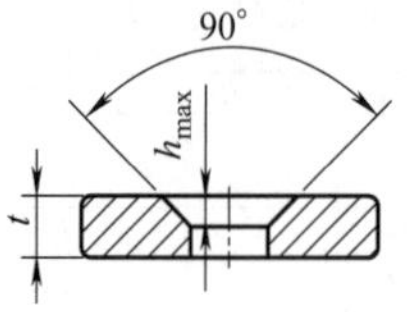 简图	材料强度 σ_b/MPa	300	450	600
	h_{max}	$0.4t$	$0.3t$	$0.2t$

1.1.7　工件端部圆弧半径

冲裁件端部带圆弧时，用于落料成型，圆弧半径应等于宽度的一半；用于条料切断形圆弧半径应略大于条料宽度之半。否则，将会出现台肩。同样，工件孔端应用圆弧连接，其圆弧半径也应等于条料宽度之半或略大于宽度之半，见表 1-14。

表 1-14　冲裁件条料端部和内孔端圆弧半径

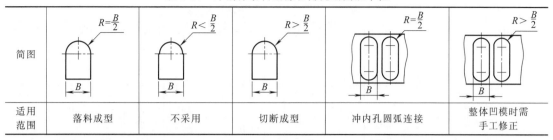

简图	$R=\dfrac{B}{2}$	$R<\dfrac{B}{2}$	$R>\dfrac{B}{2}$	$R=\dfrac{B}{2}$	$R>\dfrac{B}{2}$
适用范围	落料成型	不采用	切断成型	冲内孔圆弧连接	整体凹模时需手工修正

1.1.8　冲裁件的精度和表面粗糙度

冲压件的尺寸和角度公差、形位和位置未注公差（GB/T 13914、13915、13916—2002）见附表 C1～附表 C2，未注公差尺寸的极限偏差（GB/T 15055—2007）等标准参见附表 C3～附表 C10。

冲裁件的内外形的经济精度见表 1-15。精冲件可达到的尺寸公差等级见表 1-16。冲裁件剪断面的表面粗糙度见表 1-17。各种材料冲裁的光亮带相对宽度见表 1-18。冲压件毛刺高度的极限值见表 1-19。

表 1-15　冲裁件内外形所能达到的经济精度

材料厚度/mm	基本尺寸/mm				
	≤3	>3～6	>6～10	>10～18	>18～500
≤1	IT12～IT13			IT11	
>1～2	IT14		IT12～IT13		IT11
>2～3	IT14			IT12～IT13	
>3～5	—		IT14		IT12～IT13

表 1-16　精冲件可达到的尺寸公差等级

材料厚度/mm	拉伸强度极限 600MPa			材料厚度/mm	拉伸强度极限 600MPa		
	内形 IT	外形 IT	孔距 IT		内形 IT	外形 IT	孔距 IT
0.5～1	6～7	7	7	>5～6.3	8	9	8
>1～2	7	7	7	>6.3～8	8～9	9	8
>2～3	7	7	7	>8～10	9～10	10	8
>3～4	7	8	7	>10～12.5	9～10	10	9
>4～5	7～8	8	8	>12.5～16	10～11	10	9

表 1-17　一般冲裁件剪断面的表面粗糙度

材料厚度 t/mm	≤1	>1～2	>2～3	>3～4	>4～5
表面粗糙度 Ra/μm	3.2	6.3	12.5	25	50

注：如果冲压件剪断面表面粗糙度要求高于本表所列，则需要另加整修工序。各种材料粗糙度 Ra：黄铜 0.4μm，软钢 0.4～0.8μm，硬钢 0.8～1.6μm。

表 1-18　各种材料冲裁的光亮带相对宽度

材料	占料厚的百分比/%		材料	占料厚的百分比/%	
	退火	硬化		退火	硬化
含碳 0.1% 钢板	50	38	硅钢	30	—
含碳 0.2% 钢板	40	28	青铜板	25	17
含碳 0.3% 钢板	33	22	黄铜	50	20
含碳 0.4% 钢板	27	17	纯铜	55	30
含碳 0.6% 钢板	20	9	杜拉铝	50	30
含碳 0.8% 钢板	15	5	铝	50	30
含碳 1.0% 钢板	10	2			

注：表中含碳量均为质量分数。

表 1-19　冲压件毛刺高度的极限值　　　　　　　　　　　mm

材料拉伸强度/MPa	精度级别	冲压件的材料厚度										
		≤0.1	>0.1~0.2	>0.2~0.3	>0.3~0.4	>0.4~0.7	>0.7~1.0	>1.0~1.6	>1.6~2.5	>2.5~4.0	>4.0~6.5	>6.5~10
>100~250	f	0.01	0.02	0.03	0.05	0.09	0.12	0.17	0.25	0.36	0.60	0.95
	m	0.01	0.03	0.05	0.07	0.12	0.17	0.25	0.37	0.54	0.90	1.42
	g	0.02	0.05	0.07	0.10	0.17	0.23	0.34	0.50	0.72	1.20	1.90
>250~400	f	0.01	0.02	0.03	0.04	0.06	0.09	0.12	0.18	0.25	0.36	0.50
	m	0.01	0.02	0.04	0.05	0.08	0.13	0.18	0.26	0.37	0.54	0.75
	g	0.02	0.03	0.05	0.07	0.11	0.17	0.24	0.35	0.50	0.73	1.00
>400~630	f	0.01	0.01	0.02	0.03	0.04	0.05	0.07	0.11	0.20	0.22	0.32
	m	0.01	0.02	0.03	0.04	0.05	0.07	0.11	0.16	0.30	0.33	0.48
	g	0.01	0.03	0.04	0.05	0.08	0.10	0.15	0.22	0.40	0.45	0.65
>630	f	0.01	0.01	0.02	0.02	0.02	0.03	0.04	0.06	0.09	0.13	0.17
	m	0.01	0.01	0.02	0.02	0.03	0.04	0.06	0.09	0.13	0.19	0.26
	g	0.01	0.02	0.02	0.03	0.04	0.05	0.08	0.12	0.18	0.26	0.35

注：f（精密级）：适用于较高要求的冲压件。m（中等级）：适用于中等要求的冲压件。g（粗糙级）：适用于一般要求的冲压件。

1.1.9　非金属冲裁件的内外形的经济精度

非金属冲裁件内外形的经济精度为 IT14～IT15 级。对于纸胶板、布胶板、硬纸等材料，可参考表 1-20、表 1-21 中的数值。

表 1-20　非金属冲裁件内形和外形尺寸公差　　　　　　　　　mm

条料厚度 t	公差等级	基本尺寸									
		~3	>3~6	>6~10	>10~18	>18~30	>30~50	>50~80	>80~120	>120~180	>180~260
约1	IT13 级	0.14	0.16	0.22	0.27	0.33	0.39	0.46	0.54		
	IT14 级									1.00	1.15
>1~1.5	IT14 级	0.25	0.30	0.36	0.43	0.52	0.62	0.74	0.87		
	IT15 级									1.6	1.9

表 1-21　非金属冲裁件孔距及孔边距尺寸的极限公差　　　　　mm

条料厚度	基本尺寸							
	~10	>10~18	>18~30	>30~50	>50~80	>80~120	>120~180	>180~260
约1	±0.1	±0.12	±0.15	±0.17	±0.2	±0.25	±0.5	±0.6
>1~2.5	±0.15	±0.2	±0.25	±0.3	±0.35	±0.4	±0.8	±0.9

1.2　冲裁模设计

1.2.1　冲裁件排样与搭边值

冲裁件排样的基本形式见表 1-22，冲裁的搭边值见表 1-23，适用于中、小冲件，普通钢板冲裁时的搭边值查表 1-24，适用于大件，其他材料需乘以系数 k。

表 1-22　冲裁件排样的基本形式

排样类型	有搭边		无搭边	
直排列	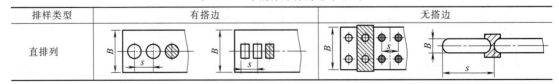			

排样类型	有搭边	无搭边
斜排列		
对头直排列		
对头斜排列		
多行排列		
混合排列		

表 1-23　冲裁的搭边值　　　　　　　　　　　mm

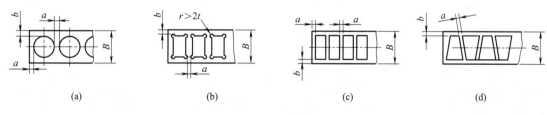

| | | (a) | | (b) | | (c) | | (d) |

卸料板形式	条料厚度 t	搭边值					
		图(a)、图(b)，$r>2t$		图(c)、图(d)，$L\leqslant50$		图(c)、图(d)，$L>50$	
		a	b	a	b	a	b
弹压卸料板	约 0.25	1.0	1.2	1.2	1.5	1.5~2.5	1.8~2.6
	>0.25~0.5	0.8	1.0	1.0	1.2	1.2~2.2	1.5~2.5
	>0.5~1.0	0.8	1.0	1.0	1.2	1.5~2.5	1.8~2.6
	>1.0~1.5	1.0	1.3	1.2	1.5	1.8~2.8	2.2~3.2
	>1.5~2.0	1.2	1.5	1.5	1.8	2.0~3.0	2.4~3.4
	>2.0~2.5	1.5	1.9	1.8	2.2	2.2~3.2	2.7~3.7
	>2.5~3.0	1.8	2.2	2.0	2.4	2.5~3.5	3.0~4.0
	>3.0~3.5	2.0	2.5	2.2	2.7	2.8~3.8	3.3~4.3
	>3.5~4.0	2.2	2.7	2.5	3.0	3.0~4.0	3.5~4.5
	>4.0~5.0	2.5	3.0	3.0	3.5	3.5~4.5	4.0~5.0
	>5.0~12	0.5t	0.6t	0.6t	0.7t	(0.7~0.9)t	(0.8~1)t

卸料板形式	条料厚度 t	搭边值					
		图(a)、图(b),r>2t		图(c)、图(d),L≤50		图(c)、图(d),L>50	
		a	b	a	b	a	b
固定卸料板	约0.25	1.2	1.5	1.8	2.2	2.2~3.2	
	>0.25~0.5	1.0	1.2	1.5	2.0	2.0~3.0	
	>0.5~1.0	0.8	1.0	1.2	1.5	1.5~2.5	
	>1.0~1.5	1.0	1.2	1.2	1.8	1.8~2.8	
	>1.5~2.0	1.2	1.5	1.5	2.0	2.0~3.0	
	>2.0~2.5	1.5	1.8	1.8	2.2	2.2~3.2	
	>2.5~3.0	1.8	2.0	2.2	2.5	2.5~3.5	
	>3.0~3.5	2.0	2.2	2.5	2.8	2.8~3.8	
	>3.5~4.0	2.2	2.5	2.8	3.0	3.0~4.0	
	>4.0~5.0	2.5	2.8	3.0	3.5	3.5~4.5	
	>5.0~12	0.5t	0.6t	0.6t	0.7t	(0.75~0.9)t	

注：1. 图（c）、图（d），矩形件边长 L 在 50~100mm 内，a 取较小值；L 在 100~200mm 内，a 取中间值；L 在 200~300mm 内，a 取较大值。

2. 对于图（d），宽度 B 大于 50mm 时，a 取较大值。

3. 对非金属材料（硬纸板、硬橡胶、纸胶板等）及自动送料的冲裁件，应按表中数值乘以系数 1.3 确定搭边值。

表 1-24　普通钢板冲裁时的搭边值　　　　　　　　　　　　mm

简图	

材料厚度	圆形		非圆形						往复送料		自动送料	
			l<100		l>100~200		l>200~300					
	b	a	b	a	b	a	b	a	b	a	b	a
<0.5	2.0	1.5	2.5	2.0	3.0	2.5	3.5	3.0	3.5	3.0	3.0	2.0
0.5~1	2.0	1.5	2.5	2.0	2.5	2.0	3.0	2.5	3.0	2.0	3.0	2.0
1~2	2.0	1.5	2.5	2.0	2.5	2.0	3.0	2.5	3.5	3.0	3.0	2.0
2~3	2.5	2.0	3.5	3.0	4.0	3.5	3.5	3.0	4.0	3.5	4.0	2.0
3~4	3.0	2.5	4.0	3.5	4.0	3.5	4.5	4.0	5.0	4.0	4.0	3.0
4~5	4.0	3.0	5.0	4.0	5.0	4.0	5.5	4.5	6.0	5.0	5.0	4.0
5~6	4.5	3.5	5.5	4.5	5.5	4.5	6.0	5.0	7.0	6.0	6.0	5.0
6~8	6.0	5.0	6.0	5.0	6.0	5.0	6.5	5.5	8.0	7.0	6.0	6.0
>8	7.0	6.0	8.0	7.0	9.0	8.0	9.0	8.0	9.0	8.0	8.0	7.0

注：当应用下列材料时，应乘以系数 k 值：高碳硬钢板为 0.8；中碳半硬钢板为 0.9；黄铜板为 1.2；紫铜板为 1.4；铝板为 1.5；纸板为 1.5~2.0。

1.2.2　条料宽度的确定

条料宽度根据不同的冲模来确定，可分为：①有侧压装置；②无侧压装置；③有侧刃定距装置，具体方法见表 1-25。侧刃裁切条料宽度与裁切条料宽度与导板间的间隙参考表 1-26。条料剪切公差分别见表 1-27 和表 1-28。导尺与条料间的送料最小间隙见表 1-29。

1.2.3　冲裁压力和压力中心计算导尺与条料间送料最小间隙

冷冲压是依靠压力机与模具进行冲压工作，冲压力的合力中心称为压力中心。冲模的压力中心即模柄中心线必须与压力机滑块中心线相重合，否则冲压时会使冲模与压力机滑块歪斜，引起凸、凹模间隙不均和导向零件加速磨损，会影响模具和机床的精度寿命。

表 1-25　条料宽度的确定

类别	简图	计算公式	说　明
有侧压装置		条料宽度： $B=(L+2b+\Delta)_{-\delta}^{0}$ 导板间距： $A=B+z=L+2b+\Delta+z$	B——条料宽度基本尺寸，mm L——条料宽度方向零件轮廓的最大尺寸，mm b——侧面搭边，mm，查表 1-23 或表 1-24 z——条料与导板(尺)之间的最小间隙，mm，查表 1-27 或表 1-29 Δ——条料剪切时尺寸公差，mm，见表 1-27、表 1-28 δ——条料尺寸偏差，取 0.5Δ
无侧压装置		条料宽度： $B=(L+2b+2\Delta+z)_{-\delta}^{0}$ 导尺间距离： $A=B+z=L+2(b+\Delta+z)$	
有侧刃定距装置		条料宽度： $B=(L+2b'+nc)_{-\delta}^{0}$ $=(L+1.5b+nc)_{-\delta}^{0}$ $b'=0.75b$ 导板之间的距离： $B_0=L+1.5b+nc+z$ $B_2=L+1.5b+y$	L——冲件垂直于送料方向的尺寸，mm n——侧刃个数 b——侧面搭边，mm c——侧刃裁切的条料宽度，见表 1-26 y——侧刃冲切后的条料与导板之间的间隙，常取 $0.1\sim0.2$mm，薄料取小值，厚料取大值(见表 1-26) B_0——切料前两导板间的宽度，mm B_2——切料两导板间的宽度，mm

注：1. 单侧刃一般用于步数少，材料较硬或厚度较大的连续模中。
2. 双侧刃用于步数多，材料较薄的连续模中，双侧刃定距较单侧刃定距准确。
3. 双侧刃排列有对称排列和错开排列两种。错开排列可使条料全长得到利用，材料利用率比对称排列高。

表 1-26　侧刃裁切的条料宽度 c 与裁切条料宽度与导板间的间隙 y 值　　　mm

材料厚度	c		y
	金属材料	非金属材料	
$\leqslant1.2$	$1.0\sim1.5$	$1.5\sim2$	0.10
$>1.2\sim2.5$	$1.5\sim2.0$	$2\sim3$	0.15
$>2.5\sim3.0$	$2.0\sim2.5$	$3\sim4$	0.20

注：单侧刃定距时条料宽度为 $B+c$，双侧刃定距时条料宽度为 $B+2c$，B 值参见表 1-23。

表 1-27　剪切公差 Δ 及条料与导板之间的间隙 z　　　mm

条料宽度 B	条料厚度 t							
	$\leqslant1$		$>1\sim2$		$>2\sim3$		$>3\sim5$	
	Δ	z	Δ	z	Δ	z	Δ	z
$\leqslant50$	0.4	0.1	0.5	0.2	0.7	0.4	0.9	0.6
$>50\sim100$	0.5	0.1	0.6	0.2	0.8	0.4	1.0	0.6
$>100\sim150$	0.6	0.2	0.7	0.3	0.9	0.5	1.1	0.7
$>150\sim220$	0.7	0.2	0.8	0.3	1.0	0.5	1.2	0.7
$>220\sim300$	0.8	0.3	0.9	0.4	1.1	0.6	1.3	0.8

注：条料公差的标注为 $B_{-\delta}^{0}$；表中为龙门剪下料数值；有侧压装置时，可取 $z=1\sim3$mm。

表 1-28　滚剪机剪切的最小公差 Δ　　　mm

材料厚度 t	材料宽度 B		
	$\leqslant20$	$>20\sim30$	$>30\sim50$
$\leqslant0.5$	-0.05	-0.08	0.10
$>0.5\sim1.0$	-0.08	-0.10	0.15
$>1.0\sim2.0$	-0.10	-0.15	0.20

表 1-29　导尺与条料间的送料最小间隙 z　　　　　　　　　mm

方式	无侧压装置			有侧压装置	
条料宽度	<100	>100~200	>200~300	<100	>100
材料厚度	导尺与条料间送料最小间隙				
<0.5	0.5	0.5	1	5	8
>0.5~1	0.5	0.5	1	5	8
>1~2	0.5	1	1	5	8
>2~3	0.5	1	1	5	8
>3~4	0.5	1	1	5	8
>4~5	0.5	1	1	5	8

（1）冲裁模的冲裁压力中心计算

冲裁模的冲裁压力中心计算公式见表 1-30。

（2）冲裁模刃口的冲裁力计算

冲裁模刃口的冲裁力计算公式见表 1-31。

表 1-30　冲裁模的冲裁压力中心计算公式

简图	计算公式	说　明
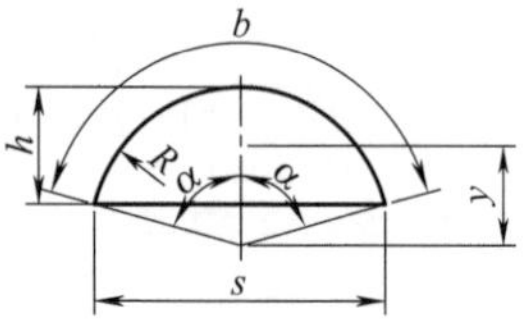	$$y = R\,\frac{\sin\alpha}{\alpha} = R\,\frac{s}{b}$$	式中　s——弦长，mm b——弧长，mm
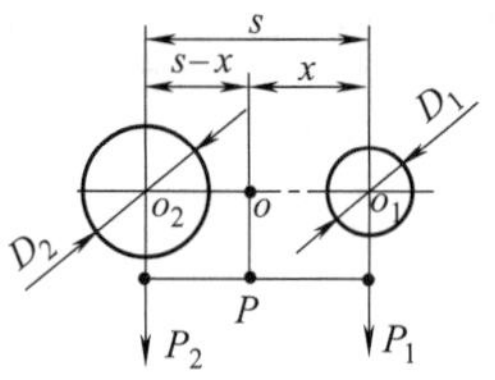	如左图所示，连接两圆心 o_1o_2，以此连线作为 x 坐标轴，设 o 点为压力中心，设有下式： $$xP_1 = (s-x)P_2$$ 上式简化后得： $$x = \frac{sP_2}{P_1+P_2}$$ 或 $x = \frac{sD_2}{D_1+D_2}$	式中　P_1——冲 D_1 孔时所需的冲裁力，N P_2——冲 D_2 孔时所需的冲裁力，N s——两孔中心距，mm D_1,D_2——两孔的直径，mm
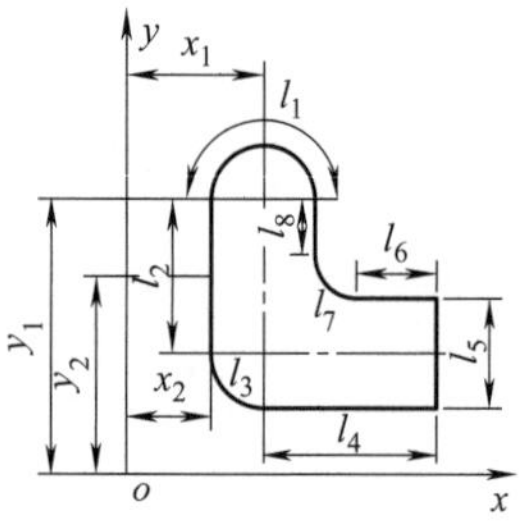	$$x = \frac{l_1x_1+l_2x_2+\cdots+l_nx_n}{l_1+l_2+\cdots+l_n}$$ $$y = \frac{l_1y_1+l_2y_2+\cdots+l_ny_n}{l_1+l_2+\cdots+l_n}$$	视冲裁力为均布线载荷，(x_1,y_1) 为刃口段 l_1 的合力中心坐标，其余类推。 (x_1,y_1) 为压力中心坐标
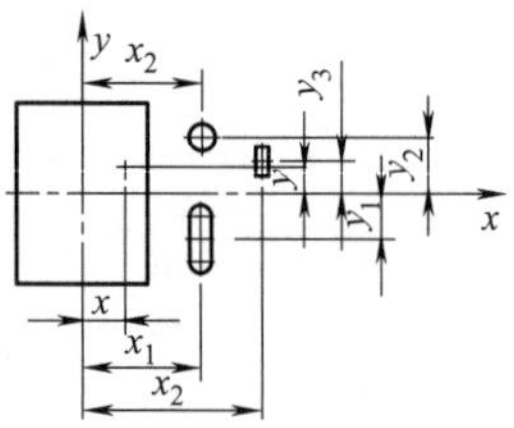	$$x = \frac{L_1x_1+L_2x_2+\cdots+L_nx_n}{L_1+L_2+\cdots+L_n}$$ $$y = \frac{L_1y_1+L_2y_2+\cdots+L_ny_n}{L_1+L_2+\cdots+L_n}$$	式中　(x_1,y_1)——已知图形的冲裁合力中心坐标 L_1——相应图形的刃口周边长，mm，其余类推

表 1-31　冲裁力的计算公式

序号	冲裁力参数	计算公式	备　注
1	冲裁力	$F = Lt\tau_b$	F——冲裁力，N； L——冲裁件周边长度，mm； t——材料厚度，mm； τ_b——材料剪切强度，MPa。
2	冲裁与剪切、拉深的不同及速度因素的影响	采用剪切应力 $\tau_b = 0.8R_m$ 计算，则： $F = 0.8L_tR_m$	剪切强度 τ_b 与材料的相对厚度 (t/d)、相对间隙 $(2C/t)$ 及冲裁速度的关系式： $$\tau_b = (mt/d + 0.6)R_m$$ 式中，m 为与相对间隙 C 有关的系数，当 $2C/t = 0.15$ 时，$m = 1.2$。
3	单位冲裁力	单位冲裁力与维氏硬度 HV 的关系式： $p = -26 + 3.1\mathrm{HV} - 0.0026\mathrm{HV}^2$	剪切强度 τ_b 与冲裁间隙 C 值及材料伸长率等因素的影响，τ_b 与 R_m 的关系式： $$\tau_b = (0.6 \sim 0.7)(1 + \varepsilon_B - C)R_m$$ R_m——材料拉伸强度，MPa；
4	冲裁力与单位冲裁力关系式	$F = Ltp$	p——单位冲裁力，MPa； ε_B——材料的总伸长率（延伸性好的材料，系数取 0.6；延伸性差的材料，系数取 0.7）；
5	按设备选择冲裁力关系式	$F_{设} = 1.3F_{冲} = 1.3Lt\tau_b = LtR_m = 1.3Ltp$ （设计时考虑一些不稳定因素而常用安全系数 1.3）	HV——维氏硬度，查表 1-35； $F_{设}$——冲压设备额定压力，MPa； $F_{冲}$——斜刃口冲裁力，N； k——斜刃冲裁的减力系数。
6	斜刃冲裁力	由斜刃的高度 H 和角度 φ 确定，计算式为： $F_s = kF$	当 $H = t$ 时　$k = 0.4 \sim 0.6$。 　　$H = 2t$ 时　$k = 0.2 \sim 0.4$。 　　$H = 3t$ 时　$k = 0.1 \sim 0.25$。 角度 φ 值的选择见表 1-32

（3）减小冲裁力的措施

减小冲裁力的目的主要是为了使压力吨位较小的压力机能冲裁较大、较厚的工件。如果计算出来的冲裁力大于现有压力机的额定压力，但又要用此压力机冲裁时，要采用减小冲裁力的措施，一般采用一次冲压行程中减少冲裁截面积及降低材料的强度等方法。常用阶梯冲裁、斜刃口冲裁和加热冲裁等形式，见图 1-2。

图 1-2（a）、（b）采用斜刃口冲裁时，为了使冲件能保持平整，落料时凸模应做成平刃，而凹模制成斜刃口；冲孔时，则凹模应制成平刃口，凸模制成斜刃。斜刃应是两面的，且对称于冲模的压力中心。

由于斜刃口冲模制造及磨损后修磨较困难，修磨不当也会使工件不能达到平整，故必须要正确修磨和使用中应引起注意。

图 1-2（c）为多凸模的冲模，将凸模做成不同的高度，冲压力由单个冲头从最低处依次进行冲裁，避免了多个冲头同时冲压而增大冲压力，从而大大降低了冲压力。

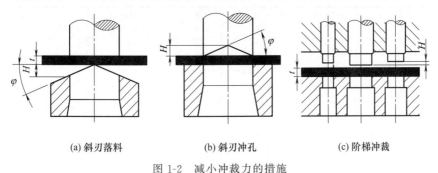

(a) 斜刃落料　　　　　(b) 斜刃冲孔　　　　　(c) 阶梯冲裁

图 1-2　减小冲裁力的措施

采用阶梯式凸模冲裁，当冲模直径相差较大而孔距又较近时，为减少压力机的振动，一般可将小直径凸模做短些，以避免小直径凸模在冲压过程中因受到被冲材料流动产生的水平力的作用发生折断或倾斜。在连续冲模中，可将不带导正销的凸模做短些。图 1-2（c）中的 H 为阶梯凸模高度差，对于薄料，取 $H=$ 料厚；对于 $t>3mm$ 的厚料，H 取料厚的一半。

表 1-32　斜刃凸模和凹模的主要参数

材料厚度 t/mm	斜刃高度 H/mm	斜刃倾角 φ	平均冲裁力为平刃的比例/%
<3	$2t$	<5°	30～40
3～10	t	<8°	60～65
一般情况下		≤12°	

卸料力、推件力、顶件力、总冲裁力、压料力及侧向力见表 1-33。

表 1-33　卸料力、推件力、顶件力、总冲裁力、压料力及侧向力

<table>
<tr><td colspan="2">辅助工艺力名称及符号</td><td>计算公式</td><td>备　　注</td></tr>
<tr><td rowspan="3">普通冲裁</td><td>卸料力 $P_卸$</td><td>$P_卸=k_x P$</td><td rowspan="7">P_x,P_t,P_d——卸料力、推件力和顶件力，N
k_x,k_t,k_d——卸料力系数、推件力系数和顶件力系数，可查表 1-34
P——冲裁力，N
n——同时卡在凹模内的工件数，$n=h/t$（式中，h 为凹模洞口高度；t 为材料厚度）</td></tr>
<tr><td>推件力 $P_推$</td><td>$P_推=k_t Pn$</td></tr>
<tr><td>顶件力 $P_顶$</td><td>$P_顶=k_d P$</td></tr>
<tr><td rowspan="4">总冲裁力</td><td>采用刚性卸料板</td><td>$P_总=P+P_t$</td></tr>
<tr><td>采用刚性顶件、弹性卸料的倒装式模具的总冲裁力</td><td>$P_总=P+P_x$</td></tr>
<tr><td>采用弹性卸料板</td><td>$P_总=P+P_t+P_x$</td></tr>
<tr><td>采用弹性顶件和弹性卸料</td><td>$P_总=P+P_d+P_x$</td></tr>
<tr><td colspan="2">压料力 P_y</td><td>$P_y=(0.10\sim0.20)P$</td><td rowspan="2">P_y——压料力，N
P_c——侧向力，N
P——冲裁力，N</td></tr>
<tr><td colspan="2">侧向力 P_c</td><td>$P_c=(0.30\sim0.38)P$</td></tr>
</table>

表 1-34　系数 k_x、k_t、k_d 的值

材料及厚度/mm		k_x	k_t	k_d
钢	≤0.1	0.065～0.075	0.1	0.14
	>0.1～0.5	0.045～0.055	0.065	0.08
	>0.5～2.5	0.04～0.05	0.055	0.06
	>2.5～6.5	0.03～0.04	0.045	0.05
	>6.5	0.02～0.03	0.025	0.03
铝、铝合金		0.025～0.08	0.03～0.07	
紫铜、黄铜		0.02～0.06	0.03～0.09	

注：k_x 在冲多孔、大搭边和轮廓复杂时取上限值。

表 1-35　材料维氏硬度与单位冲裁力的关系

硬度（HV）	单位冲裁力 p/MPa	硬度（HV）	单位冲裁力 p/MPa	硬度（HV）	单位冲裁力 p/MPa	硬度（HV）	单位冲裁力 p/MPa
10	5	55	137	100	258	145	370
15	20	60	151	105	271	150	381
20	35	65	165	110	284	155	393
25	50	70	178	115	297	160	404
30	65	75	192	120	309	165	416
35	79	80	206	125	322	170	427
40	94	85	219	130	334	175	438
45	108	90	232	135	346	180	449
50	123	95	245	140	358	185	460

硬度 （HV）	单位冲裁力 p/MPa	硬度 （HV）	单位冲裁力 p/MPa	硬度 （HV）	单位冲裁力 p/MPa	硬度 （HV）	单位冲裁力 p/MPa
190	471	295	666	400	804	505	887
195	481	300	674	405	810	510	889
200	492	305	681	410	815	515	892
205	502	310	689	415	820	520	894
210	512	315	696	420	824	525	896
215	522	320	704	425	829	530	898
220	532	325	711	430	834	535	900
225	542	330	718	435	838	540	902
230	552	335	725	440	842	545	903
235	561	340	732	445	847	550	905
240	571	345	739	450	851	555	906
245	580	350	745	455	855	560	907
250	589	355	752	460	858	565	908
255	598	360	758	465	862	570	909
260	607	365	764	470	865	575	910
265	616	370	771	475	869	580	911
270	624	375	777	480	872	585	911
275	633	380	782	485	875	590	912
280	641	385	788	490	878	595	912
285	650	390	794	495	881	600	912
290	658	395	799	500	884	—	—

1.2.4　冲裁功

在选择压力机时，不但要对压力机的公称压力进行核算，而且还要对压力机的功进行验算。因为压力机的压力取决于曲轴的弯曲强度和齿轮轮廓的剪切强度，而压力机的功是取决于压力机飞轮所储备的能量大小和电机输出功率大小及其允许的超载能力。故选用压力机时，对于大型及材料较厚的冲裁件，必须进行功的核算。

（1）平刃口模具冲裁功的计算公式

$$A = xPt/1000 \tag{1-1}$$

式中　A——平刃口冲裁功，J；

　　　P——冲裁力，N；

　　　t——材料厚度，mm；

　　　x——平均冲裁力与最大冲裁力的比值，$x = P_\text{平}/P$ 由材料种类及厚度决定，其值列于表 1-36。

（2）斜刃口模具的冲裁功计算公式

$$A_\text{斜} = x_1 P_\text{斜} \frac{t+H}{1000} \tag{1-2}$$

式中　$A_\text{斜}$——斜刃冲裁功，J；

　　　$P_\text{斜}$——斜刃冲裁力，N；

　　　t——材料厚度，mm；

　　　H——斜刃高度，mm；

　　　x_1——系数，对于软钢可近似取：当 $H=t$ 时，$x_1 \approx 0.5 \sim 0.6$；当 $H=2t$ 时，$x_1 \approx 0.7 \sim 0.8$。

表 1-36 系数 x 的数值

材料	材料厚度			
	<1	$1\sim2$	$>2\sim4$	>4
软钢($\tau_k=250\sim350$MPa)	$0.70\sim0.65$	$0.65\sim0.60$	$0.60\sim0.50$	$0.45\sim0.35$
中等硬度钢($\tau_k\geqslant350\sim500$MPa)	$0.60\sim0.55$	$0.55\sim0.50$	$0.50\sim0.42$	$0.40\sim0.30$
硬钢($\tau_k\geqslant500\sim700$MPa)	$0.45\sim0.40$	$0.40\sim0.35$	$0.35\sim0.30$	$0.30\sim0.15$
铝、铜(退火)	$0.75\sim0.70$	$0.70\sim0.65$	$0.65\sim0.55$	$0.50\sim0.40$

1.2.5 凸、凹模合理间隙值的确定

冲裁模凸、凹模合理间隙数值，主要与材料的厚度、种类有关。由于对冲裁件的断面质量和尺寸精度要求不同，以及制造的条件不同，在实际制造中也很难确定一种统一的合理的间隙数值。故一般按经验推荐几种常用的间隙数值，供设计冲裁模时参考。

① 金属材料冲裁间隙见表 1-37。

表 1-37 金属材料冲裁间隙 (GB/T 16743—2010)

材料	剪切强度 τ /MPa	初始间隙(单边间隙)/%t				
		I 类	II 类	III 类	IV 类	V 类
08F、10F、10、20、Q235-A	$\geqslant210\sim400$	$1\sim2$	$3\sim7$	$7\sim10$	$10\sim12.5$	21
45、1Cr18Ni9Ti、4Cr13、膨胀合金(可伐合金)4J29	$\geqslant420\sim560$	$1\sim2$	$3.5\sim8$	$8\sim11$	$11\sim15$	23
T8A、T10A、65Mn	$\geqslant590\sim930$	$2.5\sim5$	$8\sim12$	$12\sim15$	$15\sim18$	25
1060、1050A、1035、1200、3A21(软)、H62(软)、T1、T2、T3(软)	$\geqslant65\sim255$	$0.5\sim1$	$2\sim4$	$4.5\sim6$	$6.5\sim9$	17
黄铜 H62(硬)、铅黄铜 HPb59-1、紫铜(硬)T1、T2、T3	$\geqslant290\sim420$	$0.5\sim2$	$3\sim5$	$5\sim8$	$8.5\sim11$	25
铝合金 2A12(硬)、锡磷青铜 QSn4-4-2.5、铅青铜 QA17、铍青铜 QBe2	$\geqslant225\sim550$	$0.5\sim1$	$3.5\sim6$	$7\sim10$	$11\sim13.5$	20
镁合金 MB1、MB8	$\geqslant120\sim180$	$0.5\sim1$	$1.5\sim2.5$	$3.5\sim4.5$	$5\sim7$	$16\sim$
电工硅钢 D21、D31、D41	190	—	$2.5\sim5$	$5\sim9$	—	—

② 汽车、拖拉机行业的间隙见表 1-38。

表 1-38 冲裁模初始双面间隙 (适用于汽车、拖拉机行业)　　　mm

材料厚度 t	08、10、35 09Mn、Q235		Q345、16Mn		40、50		65Mn	
	z_{min}	z_{max}	z_{min}	z_{max}	z_{min}	z_{max}	z_{min}	z_{max}
<0.5	极小间隙							
0.5	0.040	0.060	0.040	0.060	0.040	0.060	0.040	0.060
0.6	0.048	0.072	0.048	0.072	0.048	0.072	0.048	0.072
0.7	0.064	0.092	0.064	0.092	0.064	0.092	0.064	0.092
0.8	0.072	0.104	0.072	0.104	0.072	0.104	0.072	0.104
0.9	0.090	0.126	0.090	0.126	0.090	0.126	0.090	0.126
1.0	0.100	0.140	0.100	0.140	0.100	0.140	0.090	0.126
1.2	0.126	0.180	0.132	0.180	0.132	0.180		
1.5	0.132	0.240	0.170	0.240	0.170	0.230		
1.75	0.220	0.320	0.220	0.320	0.220	0.320		
2.0	0.246	0.360	0.260	0.380	0.260	0.380		
2.1	0.260	0.380	0.280	0.400	0.280	0.400		

材料厚度 t	08、10、35 09Mn、Q235		Q345、16Mn		40、50		65Mn	
	z_{min}	z_{max}	z_{min}	z_{max}	z_{min}	z_{max}	z_{min}	z_{max}
<0.5	极小间隙							
2.5	0.360	0.500	0.380	0.540	0.380	0.540		
2.75	0.400	0.560	0.420	0.600	0.420	0.600		
3.0	0.460	0.640	0.480	0.660	0.480	0.660		
3.5	0.540	0.740	0.580	0.780	0.580	0.780		
4.0	0.640	0.880	0.680	0.920	0.680	0.920		
4.5	0.720	1.000	0.680	0.960	0.780	1.040		
5.5	0.940	1.280	0.780	1.100	0.980	1.320		
6.0	1.080	1.440	0.840	1.200	1.140	1.500		
6.5			0.940	1.300				
8.0			1.200	1.680				

注：冲裁皮革、石棉和纸板时，间隙取 08 钢的 25%。

③ 机电行业的间隙见表 1-39。

表 1-39　冲裁模初始双面间隙（适用于机电行业） mm

材料厚度 t	T8、45 1Cr18Ni9		Q215-A、Q235-A、35CrMo QSnP10-1、D41、D44		08F、10、15 H62、T1、T2、T3		1060(L2)、1050A(L3) 1035(L4)、1200(L5)	
	z_{min}	z_{max}	z_{min}	z_{max}	z_{min}	z_{max}	z_{min}	z_{max}
0.35	0.03	0.05	0.02	0.05	0.01	0.03	—	—
0.5	0.04	0.08	0.03	0.07	0.02	0.04	0.02	0.03
0.8	0.09	0.12	0.06	0.10	0.04	0.07	0.025	0.045
1.0	0.11	0.15	0.08	0.12	0.05	0.08	0.04	0.06
1.2	0.14	0.18	0.10	0.14	0.07	0.10	0.05	0.07
1.5	0.19	0.23	0.13	0.17	0.08	0.12	0.06	0.10
1.8	0.23	0.27	0.17	0.22	0.12	0.16	0.07	0.11
2.0	0.28	0.32	0.20	0.24	0.13	0.18	0.08	0.12
2.5	0.37	0.43	0.25	0.31	0.16	0.22	0.11	0.17
3.0	0.48	0.54	0.33	0.39	0.21	0.27	0.14	0.20
3.5	0.58	0.65	0.42	0.49	0.25	0.33	0.18	0.26
4.0	0.68	0.76	0.52	0.60	0.32	0.40	0.21	0.29
4.5	0.79	0.88	0.64	0.72	0.38	0.46	0.26	0.34
5.0	0.90	1.0	0.75	0.85	0.45	0.55	0.30	0.40
6.0	1.16	1.26	0.97	1.07	0.60	0.70	0.40	0.50
8.0	1.75	1.87	1.46	1.58	0.85	0.97	0.60	0.72
10.0	2.44	2.56	2.04	2.16	1.14	1.26	0.80	0.92

④ 电器、仪表行业的间隙见表 1-40。

⑤ 非金属材料的冲裁间隙见表 1-41、表 1-42。

1.2.6　凸、凹模工作部分尺寸和公差

（1）凸、凹模工作部分尺寸与公差的确定原则

落料时，落料件尺寸与凹模尺寸等于或接近；冲孔时，冲孔尺寸与凸模尺寸等于或相接近。因此，计算出凸、凹模刃口尺寸的基本原则是：落料，以凹模为设计基准件，根据工件尺寸和公差以及凹模的磨损规律，先计算出凹模的刃口尺寸，间隙取在凸模上；冲孔，以凸模为设计基准件，并根据工件尺寸和公差以及凸模的磨损规律，先计算出凸模的刃口尺寸，间隙取在凹模上。

凸、凹模的精度与工件的精度和形状有关，在选取凸、凹模刃口制造公差时，兼顾工件的精度要求和保证有合理的间隙数值，一般模具精度应比工件的精度高 2～3 级。

表 1-40　落料冲孔模刀口始用双面间隙（适用于电器、仪表行业）　　　　mm

材料名称	45 T7、T8(退火) 65Mn(退火) 磷青铜(硬) 铍青铜(硬)		10、15、20 冷轧钢板 30钢板 H62、H68(硬) 2A12(硬铝) 硅钢片		Q215、Q235钢板 08、10、15钢板 H62、H68(半硬) 纯铜(硬) 磷青铜(软) 铍青铜(软)		H62、H68(软) 纯铜(软) 防锈铝 3A21 5A02 软铝 1060、1050A、 1035、1200、8A06 2A12(退火) 铜母线、铝母线		酚醛环氧层压 玻璃布板、酚醛 层压纸板、 酚醛层压布板		钢纸板 (反白板) 绝缘纸板 云母板 橡胶板	
力学性能	$HBW \geqslant 190$ $\sigma_b \geqslant 600MPa$		$HBW>140\sim190$ $\sigma_b>400\sim600MPa$		$HBW>70\sim140$ $\sigma_b>300\sim400MPa$		$HBW \leqslant 70$ $\sigma_b \leqslant 300MPa$		—		—	
厚度 t	初始间隙 z											
	z_{min}	z_{max}	z_{min}	z_{max}	z_{min}	z_{max}	z_{min}	z_{max}	z_{min}	z_{max}	z_{min}	z_{max}
0.1	0.015	0.035	0.01	0.03	*	—	*	—	*	—	*	—
0.2	0.025	0.045	0.015	0.035	0.01	0.03	*	—	*	—		
0.3	0.04	0.06	0.03	0.05	0.02	0.04	0.01	0.03	*	—		
0.5	0.08	0.10	0.06	0.08	0.04	0.06	0.025	0.045	0.01	0.02		
0.8	0.13	0.16	0.10	0.13	0.07	0.10	0.045	0.075	0.015	0.03		
1.0	0.17	0.20	0.13	0.16	0.10	0.13	0.065	0.095	0.025	0.04		
1.2	0.21	0.24	0.16	0.19	0.13	0.16	0.075	0.105	0.035	0.05	$0.01\sim$ 0.03	$0.015\sim$ 0.045
1.5	0.27	0.31	0.21	0.25	0.15	0.19	0.10	0.14	0.04	0.06		
1.8	0.34	0.38	0.27	0.31	0.20	0.24	0.13	0.17	0.05	0.07		
2.0	0.38	0.42	0.30	0.34	0.22	0.26	0.14	0.18	0.06	0.08	$0.01\sim$ 0.03	$0.015\sim$ 0.045
2.5	0.49	0.55	0.39	0.45	0.29	0.35	0.18	0.24	0.07	0.10		
3.0	0.62	0.68	0.49	0.55	0.36	0.42	0.23	0.29	0.10	0.13		
3.5	0.73	0.81	0.58	0.66	0.43	0.51	0.27	0.35	0.12	0.16	0.04	0.06
4.0	0.86	0.94	0.68	0.76	0.50	0.58	0.32	0.40	0.14	0.18		
4.5	1.00	1.08	0.78	0.86	0.58	0.66	0.37	0.45	0.16	0.20	—	—
5.0	1.13	1.23	0.90	1.00	0.65	0.75	0.42	0.52	0.18	0.23	0.05	0.07
6.0	1.40	1.50	1.10	1.20	0.82	0.92	0.53	0.63	0.24	0.29		
8.0	2.00	2.12	1.60	1.72	1.17	1.29	0.76	0.88	—	—	—	—
10	2.60	2.72	2.10	2.22	1.56	1.68	1.02	1.14	—	—	—	—
12	3.30	3.42	2.60	2.72	1.97	2.09	1.30	1.42	—	—	—	—

注：有 * 号处均系无间隙；表中始用间隙的最小值 z_{min} 相当于最小合理间隙，而始用间隙的最大值 z_{max} 是考虑到凸模和凹模的制造公差，在 z_{min} 的基础上所取的数值。

表 1-41　非金属材料冲裁初始双面间隙　　　　mm

材料厚度 t	z_{min}	冲孔或落料时的尺寸			
		约 10	$>10\sim50$	$>50\sim120$	$>120\sim260$
		z_{max}			
约 0.5	0.005	0.020	0.030	0.040	0.050
$>0.5\sim0.6$	0.010	0.020	0.030	0.040	0.050
$>0.6\sim0.8$	0.015	0.030	0.040	0.050	0.060
$>0.8\sim1.0$	0.020	0.035	0.045	0.055	0.065
$>1.0\sim1.2$	0.025	0.040	0.050	0.060	0.070
$>1.2\sim1.5$	0.030	0.045	0.055	0.065	0.075
$>1.5\sim1.8$	0.035	0.050	0.060	0.070	0.080
$>1.8\sim2.1$	0.040	0.055	0.065	0.075	0.085
$>2.1\sim2.5$	0.045	0.060	0.070	0.080	0.090
$>2.5\sim3.0$	0.050	0.065	0.075	0.085	0.095

　　模具的制造精度应根据冲裁件精度高低而相应确定，模具制造精度与冲裁件精度的关系见表 1-43。

表 1-42　非金属材料冲裁间隙　　　　　　　　　　　　　　　　　　mm

材料	单边间隙/%t	材料	单边间隙/%t
酚醛层压板 石棉板 橡胶板 有机玻璃板 环氧酚醛玻璃板(布)	1.5～3.0	云母片 皮革 纸	0.25～0.75
红纸板 胶纸板 胶布板	0.5～2.0	纤维板	2.0
		毛毡	0～0.2

表 1-43　模具制造精度与冲裁件精度的关系

工件精度／模具精度　材料厚度/mm	0.5	0.8	1.0	1.5	2.0	3.0	4.0	5.0	6.0	8.0	10	12
IT6～IT7	IT8	IT8	IT9	IT10	IT10	—	—	—	—	—	—	—
IT7～IT8	—	IT9	IT10	IT10	IT12	IT12	IT12	—	—	—	—	—
IT9	—	—	—	IT12	IT12	IT12	IT12	IT12	IT14	IT14	IT14	IT14

对于工件尺寸没有标注公差时，可作为未注公差按 IT14 确定，而模具可按 IT11 制造（非圆形件）或按 IT6～IT7 制造（圆形件）。

（2）凸模与凹模尺寸计算方法

① 凸模与凹模分开加工。

对于圆形或简单规则形状的冲裁件，其凸、凹模尺寸偏差的分布见图 1-3，计算公式见表 1-44。

表 1-44　分开加工法凸、凹模工作部分尺寸和公差计算公式

工序性质	工件尺寸	凸模尺寸	凹模尺寸
落料	$D_{-\Delta}^{0}$	$D_凸=(D-x\Delta-2z_{min})_{-\delta_凸}^{0}$	$D_凹=(D-x\Delta)_{0}^{+\delta_凹}$
冲孔	$d^{+\Delta}$	$d_凸=(d+x\Delta)_{-\delta_凸}^{0}$	$d_凹=(d+x\Delta+2z_{min})_{0}^{+\delta_凹}$

注：计算时，需先将工件尺寸化成 $D_{-\Delta}$，$d^{+\Delta}$ 形式。

表 1-44 及图 1-3 中　$D_凸$（D_t），$D_凹$（D_a）——落料凸、凹模的刃口基本尺寸，mm；

$d_凸$（d_t），$d_凹$（d_a）——冲孔凸、凹模的刃口基本尺寸，mm；

D，d——落料件外径和冲孔件孔径的基本尺寸，mm；

$\delta_凸$（δ_t），$\delta_凹$（δ_a）——凸、凹模的制造公差，mm，见表 1-45、表 1-46；

Δ——零件的公差，mm；

z_{min}——最小合理单面间隙，mm；

δ_m——磨削余量，mm。

为了保证新模具的间隙小于最大合理单面间隙（z_{max}），凸模和凹模制造公差必须满足如下条件：

$$|\delta_凸|+|\delta_凹|\leqslant2(z_{max}-z_{min})\qquad(1-3)$$

式中　$\delta_凸$，$\delta_凹$——凸模与凹模制造偏差，mm，可查表 1-45、表 1-46；

　　　　x——磨损系数，可取 $x=0.5～1$。它与工件公差等级有关：当工件公差等级为 IT10 级以上时，取 $x=1$；当工件公差等级为 IT11～IT13 级时，取 $x=0.75$；当工件公差等级为 IT14 级以下时，取 $x=0.5$。磨损系数 x 值可查表 1-47。

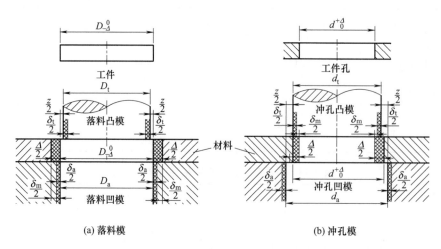

(a) 落料模　　　　　　　　　　　(b) 冲孔模

图 1-3　落料、冲孔模允许偏差位置分布

表 1-45　规则形状（圆形、方形）冲裁凸模、凹模的极限偏差　　　　　mm

基本尺寸	凸模偏差 $\delta_凸$	凹模偏差 $\delta_凹$
≤18		+0.020
>18~30	−0.020	+0.025
>30~80		+0.030
>80~120	−0.025	+0.035
>120~180	−0.030	+0.040
>180~260		+0.045
>260~360	−0.035	+0.050
>360~500	−0.040	+0.060
>500	−0.050	+0.070

注：1. 当 $|\delta_凸|+|\delta_凹|>z_{max}-z_{min}$ 时，只需在凸模或凹模一个零件图上标注公差，而另一件则注明配作间隙。
2. 本表适用于汽车拖拉机行业。

表 1-46　圆形凸、凹模的极限偏差　　　　　mm

材料厚度 t	基本尺寸									
	约 10		>10~50		>50~100		>100~150		>150~200	
	$\delta_凹$	$\delta_凸$	$\delta_凹$	$\delta_凸$	$\delta_凹$	$\delta_凸$	$\delta_凹$	$\delta_凸$	$\delta_凹$	$\delta_凸$
0.4	+0.006	−0.004	+0.006	−0.004	—	—	—	—	—	—
0.5	+0.006	−0.004	+0.006	−0.004	+0.008	−0.005	—	—	—	—
0.6	+0.006	−0.004	+0.008	−0.005	+0.008	−0.005	+0.010	−0.007	—	—
0.8	+0.007	−0.005	+0.008	−0.006	+0.010	−0.007	+0.012	−0.008	—	—
1.0	+0.008	−0.006	+0.010	−0.007	+0.012	−0.008	+0.015	−0.010	+0.017	−0.012
1.2	+0.010	−0.007	+0.012	−0.008	+0.015	−0.010	+0.017	−0.012	+0.022	−0.014
1.5	+0.012	−0.008	+0.015	−0.010	+0.017	−0.012	+0.020	−0.014	+0.025	−0.017
1.8	+0.015	−0.010	+0.017	−0.012	+0.020	−0.014	+0.025	−0.017	+0.029	−0.019
2.0	+0.017	−0.012	+0.020	−0.014	+0.025	−0.017	+0.029	−0.019	+0.032	−0.021
2.5	+0.023	−0.014	+0.027	−0.017	+0.030	−0.020	+0.035	−0.023	+0.040	−0.027
3.0	+0.027	−0.017	+0.030	−0.020	+0.035	−0.023	+0.040	−0.027	+0.045	−0.030
4.0	+0.030	−0.020	+0.035	−0.023	+0.040	−0.027	+0.045	−0.030	+0.050	−0.035
5.0	+0.035	−0.023	+0.040	−0.027	+0.045	−0.030	+0.050	−0.035	+0.060	−0.040
6.0	+0.045	−0.030	+0.050	−0.035	+0.060	−0.040	+0.070	−0.045	+0.080	−0.050
8.0	+0.060	−0.040	+0.070	−0.045	+0.080	−0.050	+0.090	−0.055	+0.100	−0.060

注：1. 当 $|\delta_凸|+|\delta_凹|>z_{max}-z_{min}$ 时，只需在凸模或凹模一个零件图上标注公差，而另一件则注明配作间隙；
2. 本表适用于电器仪表行业。

表 1-47　磨损系数 x

材料厚度 t	非圆形			圆形	
	1	0.75	0.5	0.75	0.5
	工件公差 Δ				
约 1	<0.16	0.17~0.35	≥0.36	<0.16	≥0.16
>1~2	<0.20	0.21~0.41	≥0.42	<0.20	≥0.20
>2~4	<0.24	0.25~0.49	≥0.50	<0.24	≥0.24
>4	<0.30	0.31~0.59	≥0.60	<0.30	≥0.30

　　[例]　图 1-4 所示垫圈，材料为 08，试计算凸模与凹模刃口部分尺寸及制造差。

　　解　由表 1-38 查得：$z_{max}=0.64$，$z_{min}=0.46$。

$$z_{max}-z_{min}=0.64-0.46=0.18$$

落料尺寸 $\phi40.2_{-0.34}^{0}$ 的凹、凸模偏差查表 1-45 得：$\delta_凹=+0.03$，$\delta_凸=-0.02$，则：$|\delta_凹|+|\delta_凸|=0.05<z_{max}-z_{min}$

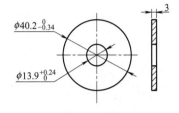

$\phi40.2_{-0.34}^{0}$

$\phi13.9_{0}^{+0.24}$

图 1-4　垫圈

　　查表 1-47 得：$x=0.5$。

　　冲孔尺寸 $\phi13.9_{0}^{+0.24}$ 的凹、凸模偏差查表 1-45 得：$\delta_凸=-0.02$，$\delta_凹=+0.02$，则：

$$|\delta_凹|+|\delta_凸|=0.04<z_{max}-z_{min}$$

　　查表 1-47 得 $x=0.5$，其计算尺寸见表 1-48。

表 1-48　尺寸计算　　　　　　　　　　　　　　　　　　mm

冲裁种类	工件尺寸	凸模尺寸	凹模尺寸
落料	$D_{-\Delta}=40.2_{-0.34}$	$\begin{aligned}D_凸&=(D-x\Delta-z_{min})_{-\delta_凸}\\&=(40.2-0.5\times0.34-0.46)_{-0.02}\\&=39.57_{-0.02}\end{aligned}$	$\begin{aligned}D_凹&=(D-x\Delta)^{+\delta_凹}\\&=(40.2-0.5\times0.34)^{+0.03}\\&=40.03^{+0.03}\end{aligned}$
冲孔	$d^{+\Delta}=13.9^{+0.24}$	$\begin{aligned}d_凸&=(d+x\Delta)_{-\delta_凸}\\&=(13.9+0.5\times0.24)_{-0.02}\\&=14.02_{-0.02}\end{aligned}$	$\begin{aligned}d_凹&=(d+x\Delta+z_{min})^{+\delta_凹}\\&=(13.9+0.5\times0.24+0.46)^{+0.02}\\&=14.48^{+0.02}\end{aligned}$

　　② 凸模与凹模配合加工。

　　凸模与凹模采用配合加工的计算方法，落料件按凹模磨损后尺寸变大（图 1-5 中 A 类尺寸）、变小（图 1-5 中 B 类尺寸）、不变（图 1-5 中 C 类尺寸）的规律分为 3 种；冲孔件按凸模磨损后尺寸变大（图 1-6 中 A 类尺寸）、变小（图 1-6 中 B 类尺寸）、不变（图 1-6 中 C 类尺寸）的规律分为 3 种。其具体计算公式见表 1-49。

表 1-49　配合加工法凸、凹模尺寸及其公差的计算公式

工序性质	工件尺寸 图 1-5 图 1-6		凸模尺寸	凹模尺寸
落料		$A_{-\Delta}$		$A_凹=(A-x\Delta)^{+\delta_凹}$
		$B^{+\Delta}$		$B_凹=(B+x\Delta)_{-\delta_凹}$
	C	$C^{+\Delta}$	按凹模尺寸配制，其双面间隙为 $z_{min}-z_{max}$	$C_凹=\left(C+\dfrac{1}{2}\Delta\right)\pm\delta_凹$
		$C_{-\Delta}$		$C_凹=\left(C-\dfrac{1}{2}\Delta\right)\pm\delta_凹$
		$C\pm\Delta'$		$C_凹=C\pm\delta_凹$

工序性质	工件尺寸 图 1-5 图 1-6		凸模尺寸	凹模尺寸
冲孔		$A^{+\Delta}$	$A_凸=(A+x\Delta)_{-\delta_凸}$	按凸模尺寸配制，其双面间隙为 $z_{\min}-z_{\max}$
		$B_{-\Delta}$	$B_凸=(B-x\Delta)^{+\delta_凸}$	
	C	$C^{+\Delta}$	$C_凸=\left(C+\dfrac{1}{2}\Delta\right)^{\pm\delta_凸}$	
		$C_{-\Delta}$	$C_凸=\left(C-\dfrac{1}{2}\Delta\right)^{\pm\delta_凸}$	
		$C\pm\Delta'$	$C_凸=C\pm\delta_凸$	

注：表中 $A_凸$，$B_凸$，$C_凸$——凸模刃口尺寸，mm；$A_凹$，$B_凹$，$C_凹$——凹模刃口尺寸，mm；A，B，C——工件基本尺寸，mm；Δ——工件公差，mm；Δ'——工件偏差，对称偏差时 $\Delta'=\dfrac{1}{2}\Delta$，mm；$x$——磨损系数，其值见表 1-47；$\delta_凸$，$\delta_凹$——凸、凹模制造公差，mm，当标注形式为 $+\delta_凹$（或 $-\delta_凸$）时，$\delta_凸=\delta_凹=\dfrac{\Delta}{4}$；当标注形式为 $\pm\delta_凹$（或 $\pm\delta_凸$）时，$\delta_凸=\delta_凹=\dfrac{\Delta}{8}=\dfrac{\Delta'}{4}$。

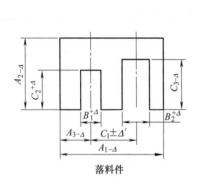

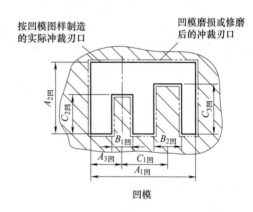

图 1-5 落料件和凹模尺寸

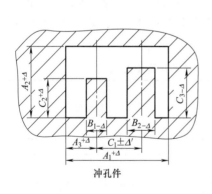

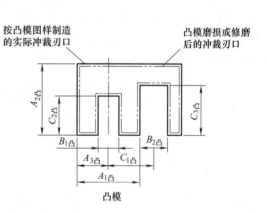

图 1-6 冲孔件和凸模尺寸

非圆形件冲裁凸、凹模制造偏差见表 1-50。

表 1-50 非圆形件冲裁凸、凹模制造偏差　　　　　　　　　　　mm

工件基本尺寸及公差等级		Δ	xΔ	制造偏差		工件基本尺寸及公差等级		Δ	xΔ	制造偏差	
				凸模	凹模					凸模	凹模
IT10	IT11	（+或-）	（+或-）	-	+	IT10	IT11	（+或-）	（+或-）	-	+
1～3		0.040	0.040	0.010		1～3		0.140	0.105	0.030	
>3～6		0.048	0.048	0.012		>3～6		0.180	0.135	0.040	
>6～10		0.058	0.058	0.014		>6～10		0.220	0.160	0.050	
	1～3	0.060	0.045	0.015		>10～18		0.270	0.200	0.060	
>10～18		0.070	0.070	0.018			1～3	0.250	0.130	0.060	
	>3～6	0.075	0.050	0.020		>18～30		0.330	0.250	0.070	
>18～30		0.084	0.080	0.021			>3～6	0.300	0.150	0.075	
>30～50		0.100	0.100	0.023		>30～50		0.390	0.290	0.085	
	>6～10	0.090	0.060	0.025			>6～10	0.360	0.180	0.090	
>50～80		0.120	0.120	0.030		>50～80		0.460	0.340	0.100	
	>10～18	0.110	0.080	0.035			>10～18	0.430	0.220	0.110	
>80～120		0.140	0.140	0.040		>80～120		0.540	0.400	0.115	
	>18～30	0.130	0.090	0.042			>18～30	0.520	0.260	0.130	
>120～180		0.160	0.160	0.046		>120～180		0.630	0.470	0.130	
	>30～50	0.160	0.120	0.050		>180～250		0.720	0.540	0.150	
>180～250		0.185	0.185	0.054			>30～50	0.620	0.310	0.150	
	>50～80	0.190	0.140	0.057		>250～315		0.810	0.600	0.170	
>250～315		0.210	0.210	0.062			>50～80	0.740	0.370	0.185	
	>80～120	0.220	0.170	0.065		>315～400		0.890	0.660	0.190	
>315～400		0.230	0.230	0.075			>80～120	0.870	0.440	0.210	
	>120～180	0.250	0.180	0.085			>120～180	1.000	0.500	0.250	
	>180～250	0.290	0.210	0.095			>180～250	1.150	0.570	0.290	
	>250～315	0.320	0.240				>250～315	1.300	0.650	0.340	
	>315～400	0.360	0.270				>315～400	1.400	0.700	0.350	

注：本表适用于电器行业。

［例］　冲裁变压器铁芯片，材料为 D42 硅钢片，厚度 $t=0.35\pm0.04$，各尺寸如图 1-7 所示，试计算落料凹、凸模刃口尺寸及制造公差。

落料以凹模为基准配制凸模。凹模磨损后，其尺寸变化有三种情况。

第 Ⅰ 类：凹模磨损后图中 A_1、A_2、A_3、A_4 尺寸增大。

由表 1-47 查得：x_1、$x_2=0.75$；$x_3=0.5$。

由表 1-49 公式得：

$$A_{1凹}=(40-0.75\times0.34)^{+\frac{1}{4}\times0.34}=39.75^{+0.09}$$

$$A_{2凹}=(10-0.75\times0.3)^{+\frac{1}{4}\times0.3}=9.85^{+0.07}$$

$A_{3凹}=30\pm0.34$ 应化成为 $30.34_{-0.68}$。

则 $A_{3凹}=(30.34-0.5\times0.68)^{+\frac{1}{4}\times0.34}=30^{+0.09}$

$A_{4凹}$ 在确定 A_1、A_2 与 B 的尺寸之后即可确定，故不必另行计算。

第 Ⅱ 类：凹模磨损后，图中 B 尺寸减小。

由表 1-47 查得：$x=0.75$

由表 1-49 公式得：

$$B_{凹}=(10+0.75\times0.2)_{-\frac{1}{4}\times0.2}=10.15_{-0.05}$$

第 Ⅲ 类：磨损后尺寸 C 没有增减（图中 C 为正偏差）。

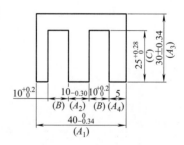

图 1-7　变压器铁芯片

$$C_凹 = \left(25 + \frac{1}{2} \times 0.28\right) \pm \frac{1}{8} \times 0.28 = 25.14 \pm 0.035$$

1.2.7 凸模设计

① 凸模结构基本形式见表 1-51。

② 凸模固定方式见表 1-52。

③ 常用环氧树脂黏结剂配方和低熔合金配方分别见表 1-53、表 1-54。

表 1-51 凸模结构的基本形式

类型	简 图
圆形凸模	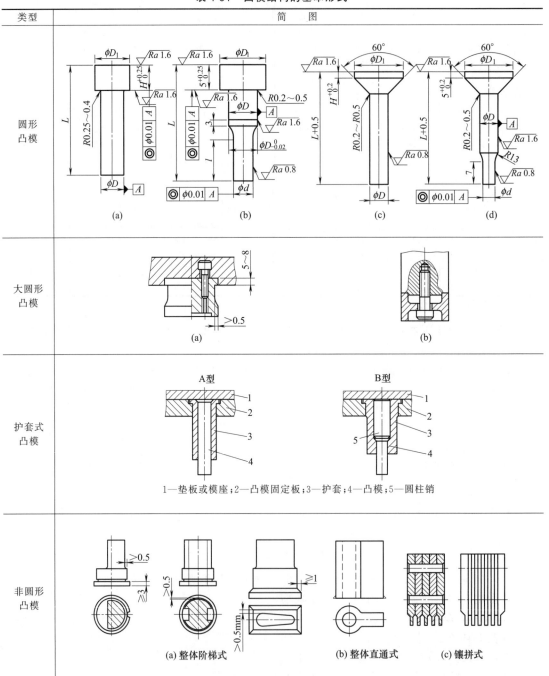
大圆形凸模	
护套式凸模	1—垫板或模座;2—凸模固定板;3—护套;4—凸模;5—圆柱销
非圆形凸模	(a) 整体阶梯式　　(b) 整体直通式　　(c) 镶拼式

表 1-52　凸模的固定方式

序号	简图	说　明	序号	简图	说　明
1	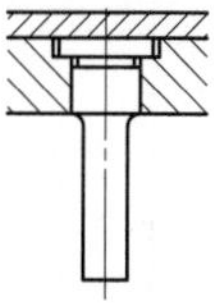	凸模与固定板采用 $\dfrac{H7}{m6}$ 配合,上端带有台肩,以防拔出,常用于形状简单和材料较厚的冲裁	6	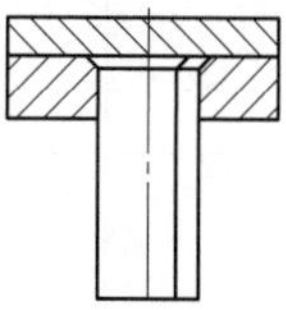	用于形状较复杂的零件,经过线切割或成型磨加工的直通式凸模,装配时端部加热铆开后并与固定板磨平
2	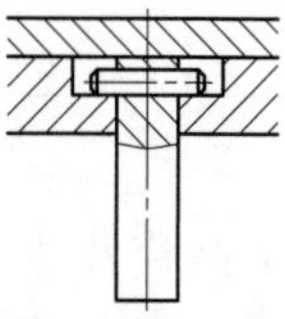	用于直通式凸模,上端钻孔,横插圆柱销,以防拔出,端头须与固定板磨平	7	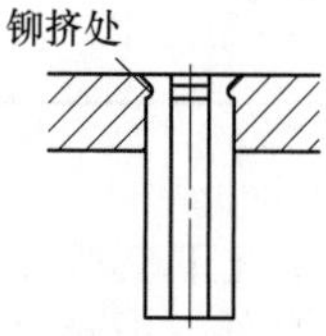 铆挤处	凸模上端加工槽,装入固定板后用铆挤固定,用于薄板冲裁模
3	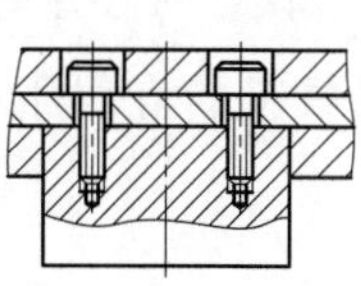	大型凸模可直接用螺钉、销钉与上模板固定	8	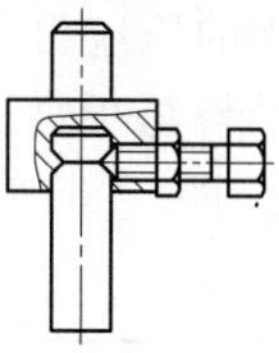	适用于生产数量较少的简单冲裁模
4	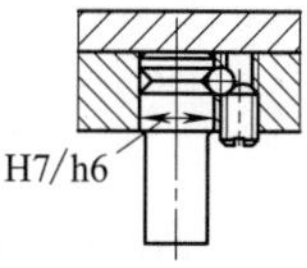 H7/h6	用螺钉及钢球将凸模固定,拧松螺钉即可快速更换受力较大的凸模	9	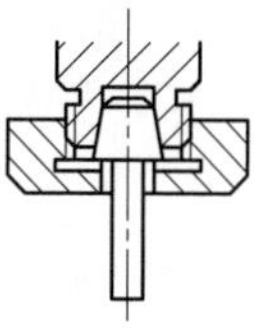	凸模端头制成圆锥定位并用螺母盖拧紧。适用于有变化尺寸的快速更换凸模
5	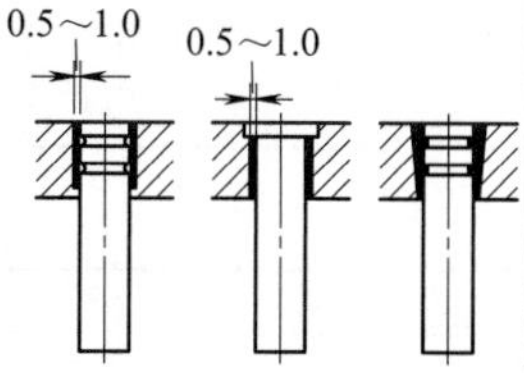 0.5~1.0　0.5~1.0	环氧树脂黏结,适用于小而多个凸模的固定	10	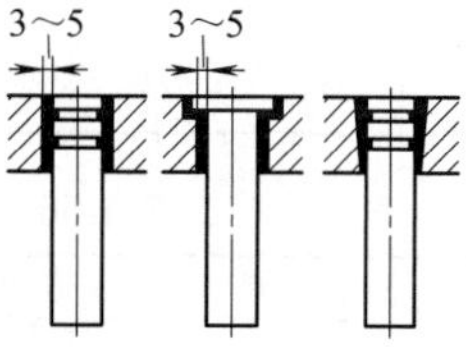 3~5　3~5	低熔合金浇注适用于小而多个凸模的固定,比环氧树脂固定较牢靠

表 1-53　常用环氧树脂黏结剂配方

组成成分	名称	质量配比($\omega\times100$)	备注
黏结剂	环氧树脂 6010	100	任选一种
	环氧树脂 634	100	
	环氧树脂 637	100	
固化剂	二乙烯三胺	12~15	任选一种
	多乙烯多胺	15~20	
	聚酰胺 200	50~100	
	邻苯二甲酸酐	40~50	
增塑剂	邻苯二甲酸二丁酯	15~20	—
填充剂	铁粉 200 钼	250~300	任选一种
	三氧化二铝 200 钼	40 合用	
	石英粉 200 钼	50　20	

注：1. 填充剂在使用前需经干燥处理。

2. 黏结剂和固化剂存放时间不可过长,器皿盖严,以防老化。

3. 向黏结剂中加入固化剂时的温度要严格控制,一般应在 30~40℃,配量不宜过多,一般在 100~300g 为宜,多了反应迅速,使用时间极短。

4. 需黏结零件在浇注前应用丙酮等有机溶剂将其黏结表面清洗干净,干燥后调整好间隙才可浇注。

表 1-54 低熔合金配方 (按质量分数 $\omega \times 100$)

名称	元素				合金的熔点 /℃
	Sb(锑)	Pb(铅)	Bi(铋)	Sn(锡)	
密度/(g/cm³)	6.69	11.34	9.8	7.284	
熔点/℃	630.5	327.4	271	232	
配方序号 1	9	28.5	48	14.5	120
2	5	35	45	15	100
3	—	—	42	58	139
4	19	28	39	14	106
5	—	—	30	70	170

④ 凸模的强度校核。

凸模设计时,一般情况下其强度不必进行校核。但对于特别细长的凸模及冲压较厚的材料,需要进行压应力和弯曲应力校核。凸模的长度可根据结构上的需要而定,其长度计算见表 1-55,凸模的最小断面的压应力和最大允许长度可分别见表 1-56、表 1-57、其系数 C、n 值见表 1-58、表 1-59,凸模垫板承压应力计算见表 1-60。冲模常用材料的许用压应力见表 1-61。凸模纵向受压应力时的弯曲情况如图 1-8 所示。

表 1-55 凸模的长度计算

简图	凸模长度计算式	说 明
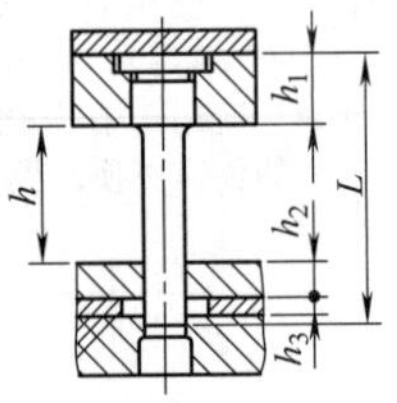	$L = h_1 + h_2 + h_3 + h$	式中 L——凸模长度,mm h_1——凸模固定板厚度,mm h_2——卸料板厚度,mm h_3——导板厚度,mm h——附加长度,其包括凸模的修磨量、凸模进入凹模的深度为 0.5~1.0mm、凸模固定板与卸料板之间的安全距离,一般取 h=15~20mm,有弹压装置的根据预压长度而定

表 1-56 凸模最小断面的压应力

类型	简图	圆形凸模	非圆形凸模	说 明
凸模压应力校核	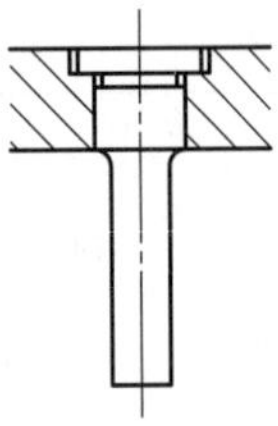	$d_{min} \geqslant \dfrac{4t\tau_b}{[\sigma_压]}$	$F_{min} \geqslant \dfrac{P\sum}{[\sigma_压]}$	式中 d_{min}——凸模最小直径,mm F_{min}——凸模最小断面的面积,mm² $P\sum$——凸模纵向总压力,N τ_b——材料剪切强度,MPa t——材料厚度,mm $[\sigma_压]$——凸模材料许用压应力,MPa,一般对于 T8A、T10A、Cr12MoV、GCr15 等工具钢,淬火硬度为 58~62HRC 时,可取 $[\sigma_压]$=1000~1600MPa,凸模有特殊导向时,可取 $[\sigma_压]$=2000~3000MPa

[例] 凸模直径 d=5mm,冲裁钢板厚 t=2.5mm,剪切强度 τ=500MPa。试求凸模无导向及有导向的最大自由长度。

解:根据无导向的圆凸模自由长度公式得:$L_{max} = \dfrac{\pi}{16}\sqrt{\dfrac{Ed^3}{t\tau_b}} = \dfrac{3.14}{16}\sqrt{\dfrac{210000 \times 5^3}{2.5 \times 500}} = 28.4$ (mm)。

根据有导向的圆凸模自由长度公式得:$L_{max} = \dfrac{\pi}{8}\sqrt{\dfrac{Ed^3}{t\tau_b}} = \dfrac{3.14}{8}\sqrt{\dfrac{210000 \times 5^3}{2.5 \times 500}} = 56.9$ (mm)。

表 1-57　凸模最大允许长度

mm

导向形式	简图	凸模最大长度		
		圆形凸模	非圆形凸模	说　明
无导向凸模		$L_{max}=\dfrac{\pi}{16}\sqrt{\dfrac{Ed^3}{t\tau_b}}$ 或 $L_{max}\leqslant95\dfrac{d^2}{\sqrt{P}}$ （此式不含固定板厚度）	$L_{max}=\dfrac{\pi}{2}\sqrt{\dfrac{EJ_{min}}{P}}$ 或 $L_{max}\leqslant425\sqrt{\dfrac{J_{min}}{P}}$ （此式不含固定板厚度）	式中　E——凸模材料弹性模量，MPa，对于钢材取 $E=21\times10^4$ MPa d——凸模直径，mm d_0——凸模大端直径，mm C——系数见表 1-58 J_{min}——断面最小惯性矩（圆形断面凸模 $J_{min}=\dfrac{\pi d^4}{64}$，矩形断面凸模 $J_{min}=\dfrac{bh^3}{12}$，正方形断面凸模 $J_{min}=a^4/12$），mm^4 P——冲裁力，N J_{0min}——凸模大端面最小惯性矩，mm^4 n——系数，见表 1-59
卸料板导向凸模		$L_{max}=\dfrac{\pi}{8}\sqrt{\dfrac{Ed^3}{t\tau}}$ 或 $L_{max}\leqslant270\dfrac{d^2}{\sqrt{P}}$ （此式不含固定板厚度）	$L_{max}=\pi\sqrt{\dfrac{EJ_{min}}{P}}$ 或 $L_{max}\leqslant1200\sqrt{\dfrac{J_{min}}{P}}$ （此式不含固定板厚度）	
带护套凸模		$L_{max}=\dfrac{\pi}{8}\sqrt{\dfrac{2Ed^3}{t\tau_b}}$	$L_{max}=\pi\sqrt{\dfrac{2EJ_{min}}{P}}$	
有台肩凸模		$L_{max}=C\sqrt{\dfrac{Ed_0^3}{t\tau_b}}$	$L_{max}=n\sqrt{\dfrac{EJ_{0min}}{P}}$	

表 1-58　系数 C 值

L_0/L_{max}	d_0/d							
	1.1	1.2	1.3	1.5	1.8	2	2.5	3
0.1	0.176	0.157	0.142	0.117	0.0897	0.0775	0.0561	0.0424
0.2	0.184	0.167	0.152	0.128	0.0995	0.0863	0.0629	0.0477
0.3	0.187	0.176	0.164	0.140	0.112	0.0974	0.0715	0.0544
0.4	0.193	0.186	0.177	0.157	0.127	0.112	0.0827	0.0632
0.5	0.197	0.196	0.191	0.175	0.148	0.131	0.0983	0.0755
0.6	0.201	0.204	0.204	0.196	0.175	0.157	0.121	0.0937
0.7	0.204	0.210	0.215	0.218	0.210	0.195	0.156	0.123
0.8	0.205	0.214	0.221	0.233	0.239	0.242	0.216	0.179
0.9	0.206	0.215	0.224	0.239	0.261	0.273	0.296	0.297

注：各符号含义见表 1-57。

表 1-59　系数 n 值

L_0/L_{max}	$(J_0-J_{min})/J_{min}$							
	0.5	1	2	5	10	20	50	100
0.1	1.327	1.169	0.972	0.700	0.521	0.379	0.244	0.173
0.2	1.371	1.233	1.045	0.769	0.579	0.423	0.274	0.195
0.3	1.419	1.301	1.130	0.845	0.651	0.480	0.312	0.222
0.4	1.463	1.371	1.224	0.958	0.741	0.554	0.362	0.259
0.5	1.502	1.438	1.325	1.085	0.864	0.653	0.431	0.310
0.6	1.533	1.495	1.423	1.237	1.026	0.796	0.534	0.385
0.7	1.554	1.535	1.502	1.396	1.237	1.009	0.699	0.509
0.8	1.566	1.562	1.550	1.516	1.451	1.315	1.000	0.748
0.9	1.570	1.570	1.568	1.564	1.557	1.541	1.480	1.321

注：各符号含义见表 1-57。

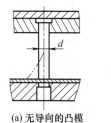

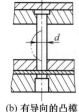

(a) 无导向的凸模　　(b) 有导向的凸模

图 1-8　冲孔凸模纵向弯曲情形

[例]　冲件厚度为 $t=6\text{mm}$，其剪切强度 $\tau_b=425\text{MPa}$，冲孔直径 $d=6\text{mm}$，凸模材料为 T8A，硬度为 $58\sim62\text{HRC}$，凸模材料许用压应力取 1800MPa，试验算设计是否合理。

解： 根据表 1-56，圆形凸模校核公式：

$$d_{\min} \geqslant \frac{4t\tau_b}{[\sigma]}$$

则 $d_{\text{计}} = \dfrac{4t\tau_b}{[\sigma]} = 4\times6\times425\div1800 = 5.7$（mm）

而凸模直径 $d=6>d_{\text{计}}$（5.7mm）凸模压缩强度符合要求。

表 1-60　凸模垫板的承压应力计算

参数	计算式	说明
压应力	$\sigma_{\text{压}} = \dfrac{P}{F} = \dfrac{P}{\dfrac{\pi}{4}d^2} \leqslant [\sigma_{\text{压}}]$	式中　P——冲裁力，N F——承压面积，mm^2 d——凸模承压面的直径，mm $[\sigma_{\text{压}}]$——许用压应力，MPa，见表 1-61

表 1-61　冲模常用材料的许用压应力　　　　　　　　　　　　　　　　MPa

材料	Q215、Q235、25	Q275、45	HT200	ZG35 ZG45	20 钢（60~64HRC）	T8A、T10A Cr12MoV、GCr15 （58~62HRC）
许用压应力	120~160	140~170	90~140	110~150	250~300	1000~1600

1.2.8　凹模设计

1）凹模刃口形式及主要参数见表 1-62。

2）凹模外形尺寸。

凹模外形尺寸，一般按经验方法确定，有查表法和按经验公式计算两种。

① 查表确定凹模外形尺寸，见表 1-63。

表 1-62　冲裁凹模刃口形式及主要参数

序号	简图	特点	适用范围
1		凹模刃口无斜度与凹模厚度等高，刃磨后刃口尺寸不变	适用于冲件或废料逆冲压方向顶出的冲裁模，如落料模、薄板模
2		刃口强度较好，刃磨后刃口尺寸不变，但刃口易积冲件或废料；刃口磨去较多后，又影响凹模刃口的强度	适用于形状复杂或精度较高的冲件，便于向上顶出或推下冲件或废料的冲裁模
3		刃口不易积冲件或废料，故刃口磨损和冲压力较小，刃口尺寸随刃磨而增大，α 一般为 $5'\sim30'$	适用于形状简单或精度较低的冲件，冲件或废料向下落的冲裁模

序号	简图	特点	适用范围
4		刃口不易积冲件或废料,故刃口磨损和冲压力较小,刃口尺寸随刃磨而增大,α 一般为 $5'\sim30'$	适用于形状简单或精度较低的冲件,冲件或废料向下落的冲裁模,但冲件形状较复杂
5		凹模刃口有一定斜度,便于冲件或废料从凹模口落下,故刃口磨损较小,$\alpha=5'\sim15'$,刃磨后对刃口尺寸有影响,但变化较小	适用于冲切材料和凹模厚度较薄的冲裁模
6		一般淬火硬度为 $35\sim40$HRC,可用手锤击斜面调整间隙,以试到满意冲件为止	适用于软而薄的金属和非金属冲裁模,冲裁厚度一般在 0.5mm 以下

材料厚度 t/mm	α	β	h/mm	备　注
<0.5			$\geqslant4$	α、β 值仅适用于钳工加工。采用电加工制造凹模时,一般取 $\alpha=5'\sim20'$(复合模取小值)。$\beta=30'\sim50'$。带斜度装置的线切割时,$\beta=1°\sim1°30'$
$>0.5\sim1$	15′	2°	$\geqslant5$	
$>1.0\sim2.5$			$\geqslant6$	
$>2.5\sim6.0$	30′	3°	$\geqslant8$	
>6			$\geqslant10$	

表 1-63　凹模厚度 H 和壁厚 c 　　　　　　　　　　　mm

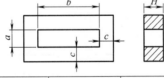

料厚 t 凹模外形尺寸 b	$\leqslant0.8$		$>0.8\sim1.5$		$>1.5\sim3$		$>3\sim5$		$>5\sim8$		$>8\sim12$	
	c	H	c	H	c	H	c	H	c	H	c	H
<50 $>50\sim75$	26	20	30	22	34	25	40	28	47	30	55	35
$>75\sim100$ $>100\sim150$	32	22	36	25	40	28	46	32	55	35	65	40
$>150\sim175$ $>175\sim200$	38	25	42	28	46	32	52	36	60	40	75	45
>200	44	28	48	30	52	35	60	40	68	45	85	50

②按经验公式计算:

凹模厚度:$H=Kb$（$H\geqslant15$mm）

式中　K——系数,其值见表 1-64;

　　　b——最大孔口尺寸,mm。

凹模壁厚:$c=(1.5\sim2)H$,$c\geqslant30\sim40$mm。

表 1-64　系数 K 的数值

料厚 t/mm b/mm	0.5	1	2	3	>3
<50	0.30	0.35	0.42	0.50	0.60
>50~100	0.20	0.22	0.28	0.35	0.42
>100~200	0.15	0.18	0.20	0.24	0.30
>200	0.10	0.12	0.15	0.18	0.22

3）凹模刃口与边缘，刃口与刃口之间的距离。

凹模刃口与边缘之间，刃口与刃口之间，必须应有足够的距离，其数值见表 1-65。

4）凹模的最小壁厚。

对于凹模的最小壁厚可参见表 1-66，而仪表行业小而薄的零件可参见表 1-67。

表 1-65　凹模与边缘，刃口与刃口之间的距离　　　　mm

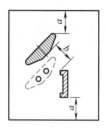 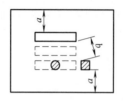 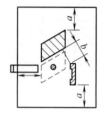

a 的标准尺寸

材料宽度	材料厚度			
	<0.8	>0.8~1.5	>1.5~3.0	>3.0~5.0
<40	22	24	28	32
>40~50	24	27	31	35
>50~70	30	33	36	40
>70~90	36	39	42	46
>90~120	40	45	48	52
>120~150	44	48	52	55

注：1. a 的偏差可为 ±5mm；

2. b 的选择可看凹模刃口复杂情况而定，一般不小于 5mm，圆的可适当减少些，复杂的应取大些；

3. 决定外缘尺寸时，应尽量选用标准的凹模坯料。

表 1-66　凹模的最小壁厚 a（1）　　　　mm

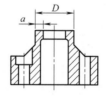 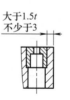

大于1.5t
不少于3

材料厚度	最小壁厚 a	最小直径 D	材料厚度	最小壁厚 a	最小直径 D	材料厚度	最小壁厚 a	最小直径 D	材料厚度	最小壁厚 a	最小直径 D
0.4	1.4	15	0.9	2.5	18	2.1	5.0	25	4.5	9.3	35
0.5	1.6		1.0	2.7		2.5	5.8		5.0	10.0	40
0.6	1.8		1.2	3.2		2.75	6.3		5.5	12.0	45
0.7	2.0		1.5	3.8	21	3.0	6.7	28			
0.8	2.3		1.75	4.0		3.5	7.8	32			
			2.0	4.9		4.0	8.5				

表 1-67　凹模的最小壁厚 a（2）　　　　　　　　　　　　　　　　mm

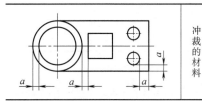

冲裁的材料	纸、皮、塑料薄膜、胶木板软铝	$a \geqslant 0.8t$，但 $a_{min} \geqslant 0.5mm$
	硬铝、紫铜、黄铜、纯铁	$a \geqslant t$，但 $a_{min} \geqslant 0.7mm$
	08、10 钢	$a \geqslant 1.2t$，但 $a_{min} \geqslant 0.7mm$
	$t \leqslant 0.5$ 的硅钢板、弹簧钢、锡磷青铜	$a \geqslant 1.2t$

5）凹模上螺钉孔、圆柱销孔的最小距离。

凹模上采用螺钉、销钉固定，螺孔间、螺孔与销孔间、孔与刃口边距的最小距离见表 1-68。

6）凹模强度校核。

凹模强度校核，一般情况下，只需检查凹模的厚度 H，若厚度不够，工作时会使凹模产生弯曲变形，凹模的强度校核计算公式见表 1-69。

表 1-68　凹模上的螺孔、销孔的最小距离　　　　　　　　　　　　　　mm

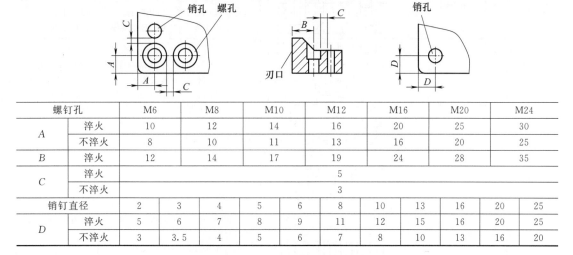

螺钉孔		M6	M8	M10	M12	M16	M20	M24
A	淬火	10	12	14	16	20	25	30
	不淬火	8	10	11	13	16	20	25
B	淬火	12	14	17	19	24	28	35
C	淬火	5						
	不淬火	3						

销钉直径		2	3	4	5	6	8	10	13	16	20	25
D	淬火	5	6	7	8	9	11	12	15	16	20	25
	不淬火	3	3.5	4	5	6	7	8	10	13	16	20

表 1-69　凹模强度校核计算公式

计算情况	圆形凹模（装在内径孔的板上）	矩形凹模（装在有方形孔的板上）	矩形凹模（装在有矩形孔的板上）
简图			
计算公式	$R_{bb} = \dfrac{1.5P}{H^2}\left(1 - \dfrac{2d}{3d_0}\right) \leqslant [R_{bb}]$ $H_{min} = \sqrt{\dfrac{1.5P}{[R_{bb}]}\left(1 - \dfrac{2d}{3d_0}\right)}$	$R_{bb} = \dfrac{1.5P}{H^2} \leqslant [R_{bb}]$ $H_{min} = \sqrt{\dfrac{1.5P}{[R_{bb}]}}$	$R_{bb} = \dfrac{3P}{H^2}\left(\dfrac{b/a}{1 + \dfrac{b^2}{a^2}}\right) \leqslant [R_{bb}]$ $H_{min} = \sqrt{\dfrac{3P}{[R_{bb}]}\left(\dfrac{b/a}{1 + \dfrac{b^2}{a^2}}\right)}$

注：P——冲裁力，N；　$[R_{bb}]$——许用弯曲应力，MPa，淬火钢为未淬火钢的 1.5～3 倍，T8A、T10A、Cr12MoV、GCr15 等工具钢淬火硬度为 58～62HRC 时，$[R_{bb}] = 300\sim500MPa$；H_{min}——凹模最小厚度，mm。

7) 凹模固定方式。

常见凹模的固定方式见表 1-70。

表 1-70　凹模的固定方式

凹模类型	固定方式	简图	特点和应用
整体或组合式	直接固定	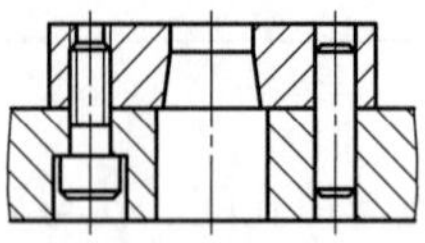	①凹模用螺钉、销钉直接固定于模座上，紧固可靠，应用广泛。 ②凹模淬火后螺钉、销钉孔易变形，影响装配，也可在凹模淬火前在销孔位置先预钻钼丝孔，经淬火后，用线切割出销钉孔
		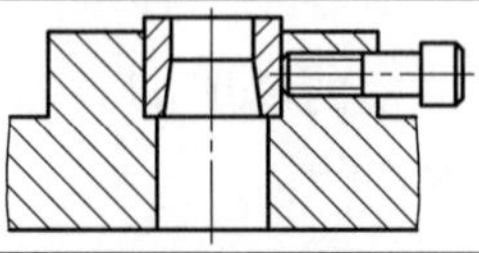	适用于冲裁数量较少的简单模，通常采用 $\dfrac{H7}{h6}$ 配合，多用于通用模座
	压配固定	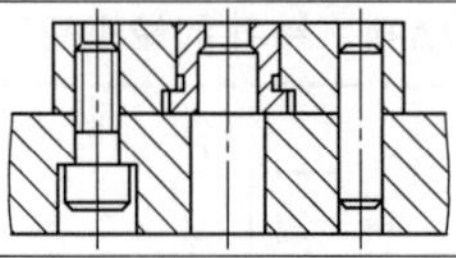	①圆形凹模采用 $\dfrac{H7}{m6}$ 配合，压入固定板后用螺钉、销钉紧固（非圆刃口应用防转动销）于模座上。 ②适用于大型件冲孔的连续模或易损的凹模
镶拼式	复杂凹模镶拼	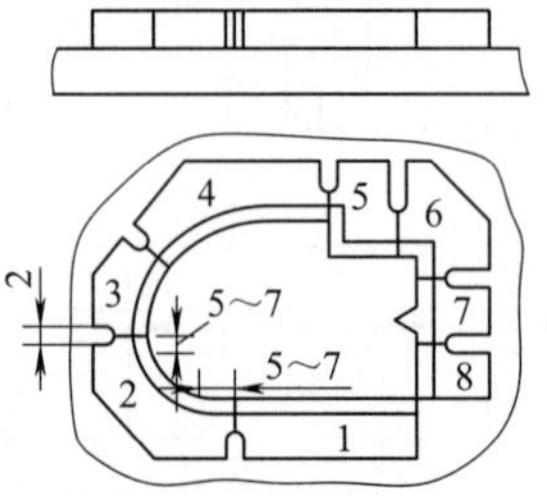	①复杂大型凹模分段切割成镶块，可使加工和更换方便。圆弧段与直线段应单独制块，凹模的分割线，应在离圆弧与直线的切点 3～5mm 的直线部位。如凸、凹模均为镶块时，则其分割线应错开 3mm 以上，以避免产生毛刺。 ②主要适用于大型件冲压件
	镶片式	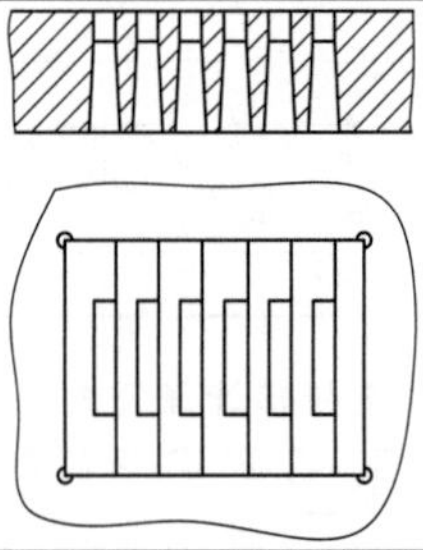	①将凹模按形状分成若干片，以贴合压配来固定各镶片的相对位置。 ②适用于冲裁一排狭长型孔类零件
	斜楔式紧固镶块	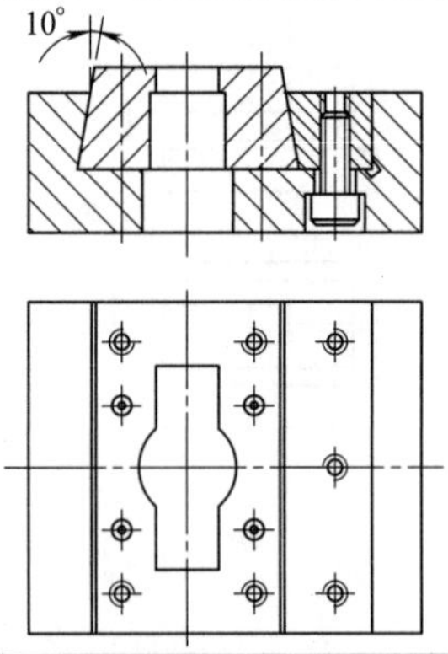	①用斜楔紧固拼块，其优点是拆卸与更换镶块方便。 ②模具制造要求较高
	浇注镶拼	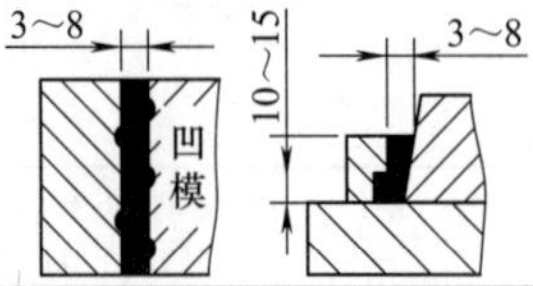	①镶块采用低熔合金浇注或用环氧树脂粘接固定，但浇注后调整困难。 ②适用于浇注前能准确控制拼合精度，而不宜采用其他方法紧固的小冲裁件模具

8）凹模漏料洞口的腐蚀。

凹模腐蚀加工步骤如下。

① 将已切割好的直壁凹模刃口（淬火或未淬火的均可），在孔内壁用丙酮清洗干净并晾干，如图 1-9 所示。

② 将凹模刃口朝平板面放平，然后用石蜡熔化后灌入孔内（厚度为 4～8mm）。凝固冷却后，灌入腐蚀液，一般腐蚀约 10min 后，用自来水冲洗掉药液，检查腐蚀是否达到要求，否则需继续灌入药液腐蚀至达到要求为止。

③ 配方一：采用 30% 的工业用盐酸和硝酸，取一份硝酸，三份盐酸配制，其药液量根据凹模型孔容积而定。

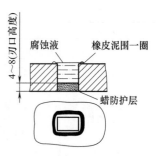

图 1-9　凹模洞口腐蚀示意图

配方二：磷酸 5%，硝酸 2%，盐酸 10%，硫酸 10%，水 50%，浓度为 50%～70% 即可。两配方经实践证明效果理想。

1.2.9　卸料和顶件装置形式

① 卸料板的形式及应用特点见表 1-71。

② 弹压卸料板和固定卸料板与凸模之间的间隙分别见表 1-72、表 1-73。

表 1-71　卸料板的结构形式及应用特点

形式	简图	应用特点
固定卸料板	卸料板　导板	适用于冲裁料厚 $t \geq 0.8mm$ 的条料或带料
悬臂卸料板	卸料板	适用于冲裁窄而长的冲件或宽幅冲件靠近边缘部位冲孔和切口的冲模上使用
弹压卸料板		用于冲裁料薄和要求平整的冲件,常用于复合冲裁模。其弹压件采用橡胶或弹簧,用前者以聚氨酯橡胶为佳
橡胶卸料	橡胶	适用于冲裁薄材料的冲裁模,如薄板模等
弹压卸料板及推件器	推件器　卸料板	主要用于复合冲裁模常用的推件器与卸料板装置,推件器通过顶杆及顶板作用,卸料板通过顶杆及弹顶器的作用进行压料与卸料
	推件器　卸料板	主要用于冲裁模或拉深模中,拉深时卸料板兼作压边圈用,推件器通过压力机上横杠经顶杆传至推件器

形式	简图	应用特点
带小导柱的弹压卸料板	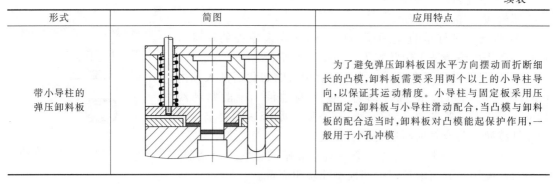	为了避免弹压卸料板因水平方向摆动而折断细长的凸模,卸料板需要采用两个以上的小导柱导向,以保证其运动精度。小导柱与固定板采用压配固定,卸料板与小导柱滑动配合,当凸模与卸料板的配合适当时,卸料板对凸模能起保护作用,一般用于小孔冲模

表 1-72　弹压卸料板与凸模之间的间隙　　　　　　　　　　mm

简图	材料厚度 t	单面间隙 z	说明
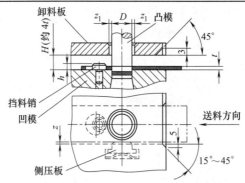	<0.5	0.05	①当弹压卸料板作凸模导向时,凸模与卸料板孔配合按 H7/h6。 ② 对于连续模中特别小的冲孔模与卸料板孔的单面间隙值比表中的数据适当加大。 ③ $h = H - t + K$,系数 K 值,薄料取 $0.3t$,厚料 $t > 1.0$ 时,取 $0.1t$
	$>0.5 \sim 1$	0.10	
	>1	0.15	

表 1-73　固定卸料板与凸模之间的间隙　　　　　　　　　　mm

t—条料厚度;H—卸料板与凹模间的距离,即侧导料板厚度;h—挡料销头部的高度;z—侧面导板与条料间的间隙;z_1—在有导柱的冲模中,凸模与卸料板的单面间隙

条料厚度 t	h	导料板厚度 H				z_1	z
		用挡料销挡料的冲模的长度		用侧刃或自动挡料销的冲模的长度			
		<200	>200	<200	>200		
<1	2	4	6	3	4	0.2	—
$>1 \sim 2$	3	6	8	4	6	0.3	2
$>2 \sim 3$		8	10	6			
$>3 \sim 4$	4	10	12	8	8	0.5	3
$>4 \sim 6$		12	14	10	10		

注:1. z_1 最小值不小于 0.05mm。

2. 在无导柱的冲模中,用卸料板的孔来作凸模导向时,凸模与卸料板的孔应按 H7/h6 配合。

3. 当 $t \geqslant 1$mm 时,应采用侧压板。

1.2.10　挡料销和定位装置

（1）常用挡料销和定位装置的结构形式

常用挡料销和定位装置的结构形式及应用特点见表 1-74。

表 1-74 常用挡料销和定位装置的结构形式及应用特点

类型	简 图	应 用 特 点
固定挡料销	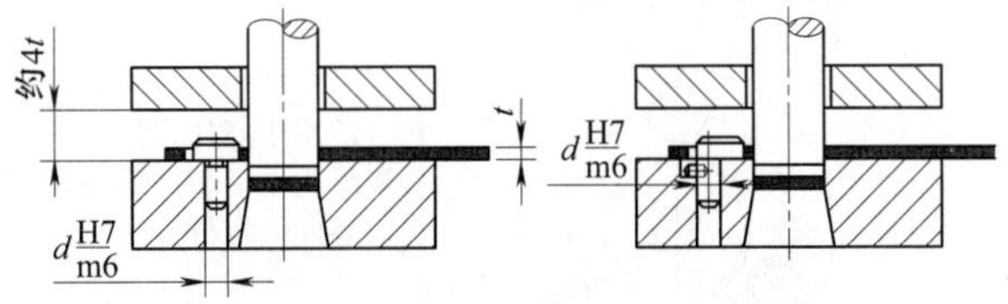 (a) (b)	①a 型圆头挡料销,结构简单,但挡料销与凹模刃口过近时,会影响刃口强度,一般用于固定卸料板的冲模中。 ②b 型钩形挡料销,其挡料销的孔远离凹模孔壁,不影响刃口强度。用于冲裁力较大的模具中。但其形状不对称,需加防转销,一般应用较少
活动挡料销	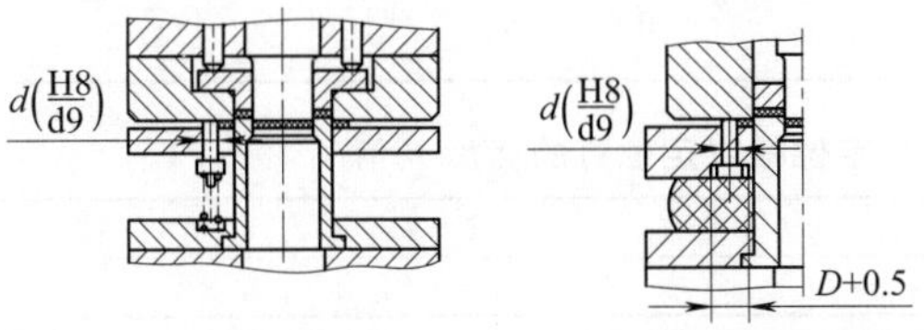	挡料销利用弹簧或橡胶固定在弹压卸料板上,送料也方便。一般用于倒装式模具中
	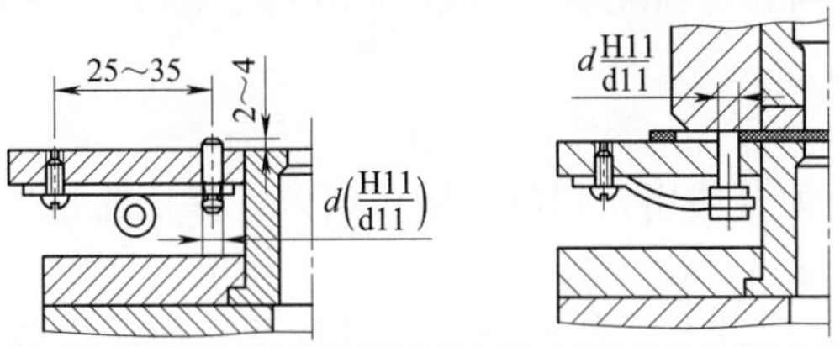	①挡料销挡料固定在卸料板上,不影响凹模强度。 ②送料操作方便,但弹簧弹力不足时,挡料销易失灵
初始挡料块	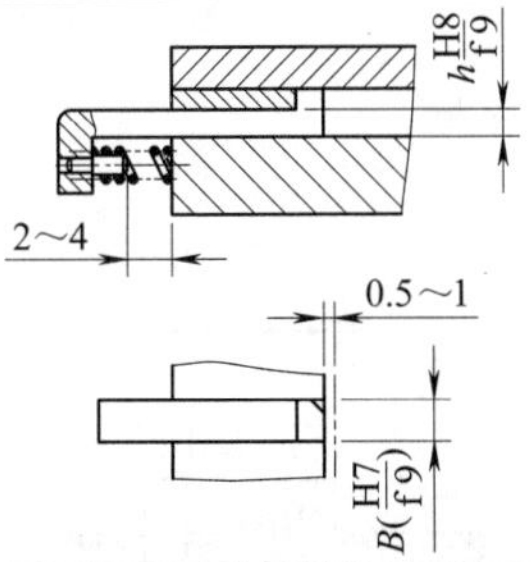	条料、带料送料时初始挡料用,并与其他挡料销配合使用
以工件内孔定位	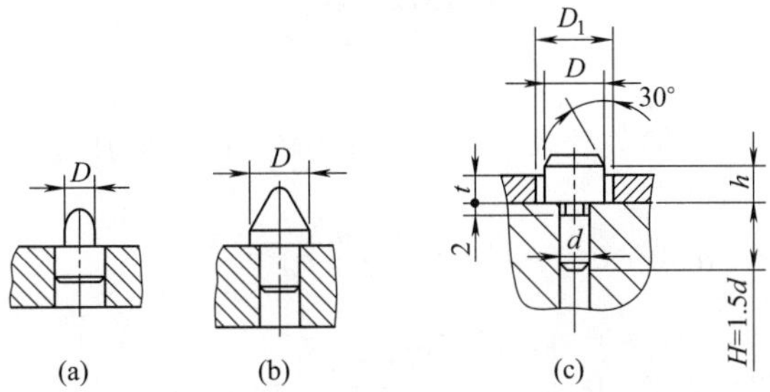 (a) (b) (c) 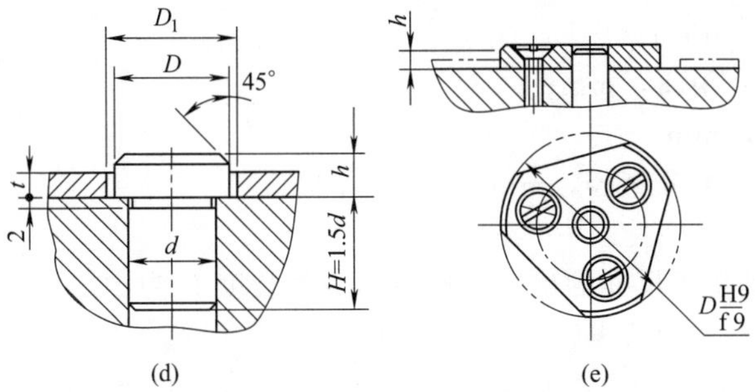 (d) (e)	①利用坯件上的孔定位,准确可靠,定位销: 图(a)适用 $D \leqslant 2mm$ 的坯件; 图(b)适用 $D=3 \sim 10mm$ 的坯件; 图(c)适用 $D=11 \sim 15mm$ 的坯件; 图(d)适用 $D=15 \sim 30mm$ 的坯件; 图(e)适用 $D>30mm$ 的坯件。 ②定位板应有两个销钉定位以防定位板移动,定位板或定位销与毛坯间的配合一般采用四级精度第一种动配合。 ③定位板或定位钉的高度见表 1-75

类型	简　图	应用特点
以工件外形定位	 (a)　　　　　　(b)	适用于坯件以外形定位,图(a)用于矩形或方形坯件的定位,图(b)用于圆形坯件的定位

表 1-75　定位板或定位钉的高度 h 值　　　　　　　　　　mm

材料厚度 t	<1	>1~3	>3~5
高度 h	$t+2$	$t+1$	t

注：用定位钉定位时，定位钉直径 D 与零件孔径 D_1 可采用 H7/h9 配合，若同轴度要求高时，其配合间隙还应适当减小。

（2）导正销

导正销通常与挡料销在连续模中配合使用，以减小定位误差，保证孔与外形相对位置的准确性。导正销的结构形式和用途见表 1-76。

导正销的直径公差可按 h9 选取，因冲孔后的孔径由于弹性变形而产生收缩，故导正销直径按下式确定：

$$D=d-2a \tag{1-4}$$

式中　D——导正销直径，mm；

　　　d——冲孔的凸模直径，mm；

　　　$2a$——导正销与已冲出定位孔的双面间隙，mm。

导正销与冲孔间的双面间隙值及导正销圆柱部分高度见表 1-77。

（3）挡料销位置的确定

挡料销的位置如图 1-10 所示，计算式分别如下：

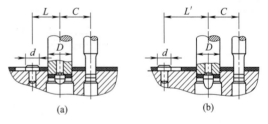

图 1-10　挡料销的位置

$$L=C-D/2+d/2+0.1=C-\left(\frac{D-d}{2}\right)+0.1 \tag{1-5}$$

$$L'=C+D/2-d/2-0.1=C+\left(\frac{D-d}{2}\right)-0.1 \tag{1-6}$$

式中　L，L'——送料步距尺寸，mm；

　　　C——冲孔凸模的中心距离，mm；

　　　D——落料凸模直径，mm；

　　　d——挡料销定位圆柱部分直径，mm。

（4）定距侧刃

① 定距侧刃（图 1-11）及其步距尺寸的确定，侧刃断面的长度 L 为：

$$L=A+(0.05\sim0.10) \tag{1-7}$$

式中　A——送料步距尺寸，mm。

表 1-76　导正销的结构形式和用途

导正销形式	简　图	应用特点
固定式导正销	$D\left(\dfrac{H7}{s6}\right)$　h　d　(a)　　$D\left(\dfrac{H7}{s6}\right)$　h　d　(b) $D\left(\dfrac{H7}{h6}\right)$　h　d　(c)　　$D\left(\dfrac{H7}{h6}\right)$　h　d　(d)	①导正销固定在凸模上,与凸模之间不能相对滑动,送料失误时易发生事故。 ②常用于工位少的级进模中。 图(a)用于直径 d 小于 6mm 的导正孔; 图(b)用于直径 d 小于 10mm 的孔; 图(c)用于直径 d 为 10～25mm 的孔; 图(d)用于 d 为 25～30mm 的孔
弹压浮动式导正销	12　$d\left(\dfrac{H7}{h6}\right)$　(a)　　$D\left(\dfrac{H5}{h5}\right)$　$D+1$　$d\left(\dfrac{H7}{h6}\right)$　(b)	①导正销装于凸模或固定板上,与凸模之间能相对滑动,送料失误时可缩回,故在一定程度上能起到保护模具的作用。 ②活动导正销多用于多位级进模中,一般用于 $d\leqslant10$mm 的导正孔

注:1. 导正销导下部分的直径 d 与导正孔之间的配合一般取 T7/h6 或 H7h7,也可查有关冲压资料。
2. 导正销导下部分的高度 h 与料厚 t 及导正孔有关,一般取 $h=(0.8～1.2)t$。薄料时取大值、导正孔大时取大值,也可查有关冲压资料。

表 1-77　导正销与冲孔间的高度 h 及双面间隙 a　　　　　　　　　mm

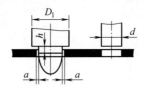

材料厚度 t	冲孔凸模直径 d							冲件尺寸		
	1.5～6	>6～10	>10～16	>16～24	>24～32	>32～42	>42～60	1.5～10	>10～25	>25～50
	$2a$							h		
<1.5	0.04	0.06	0.06	0.08	0.09	0.10	0.12	1	1.2	1.5
>1.5～3	0.05	0.07	0.08	0.10	0.12	0.14	0.16	0.6t	0.8t	t
>3～5	0.06	0.08	0.10	0.12	0.16	0.18	0.20	0.5t	0.6t	0.8t

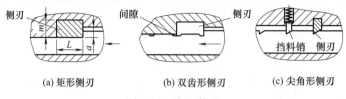

（a）矩形侧刃　　　　（b）双齿形侧刃　　　　（c）尖角形侧刃

图 1-11　定距侧刃

侧刃制造公差可取 h6，侧刃断面宽度 m 为 4～16mm。

② 侧刃的类型。

侧刃分带导向的和无导向的两种类型，如图 1-12 所示。无导向的侧刃制造和刃磨较方便，但在冲厚料时，因单边受力，侧压力较大，使侧刃不能保持正确位置，而会出现一侧啃口现象。带导向的侧刃，工作时导向部分先进入侧刃孔中，保证切料位置正确，但制造及刃磨较困难。

（a）无导向部分的侧刃

（b）带导向部分的侧刃

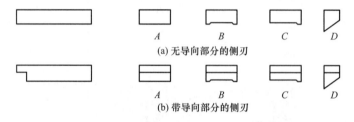

A　　　　　B　　　　　C　　　　　D

（a）无导向部分的侧刃

A　　　　　B　　　　　C　　　　　D

（b）带导向部分的侧刃

图 1-12　无导向的侧刃和带导向的侧刃

1.2.11　模架及导向件

① 常用模架结构形式和应用特点见表 1-78。

② 导向零件。滑动导柱、导套及滚珠式导柱、导套的结构形式见表 1-79。

表 1-78　常用模架结构形式和应用特点

形　式		简　图	特点和应用
滑动导向模架	对角导柱模架	D_0　B　L　GB/T 2851—2008	对角导柱模架的导柱、导套对角布置，安装在模座对称中心两侧，导向平稳，无偏斜现象有利于延长模寿命，适用于横向送料，但使用条料时，因受导柱间距离的限制，不可太大。 凹模周界：63mm×50mm～500mm×500mm，共 30 种规格。 ①对角导柱上模座（GB/T 2855.1—2008）。 ②A 型导套（GB/T 2861.3—2008）。 ③A 型导柱（GB/T 2861.1—2008）。 ④对角导柱下模座（GB/T 2855.2—2008）

形　式		简　图	特点和应用
滑动导向模架	后侧导柱模架	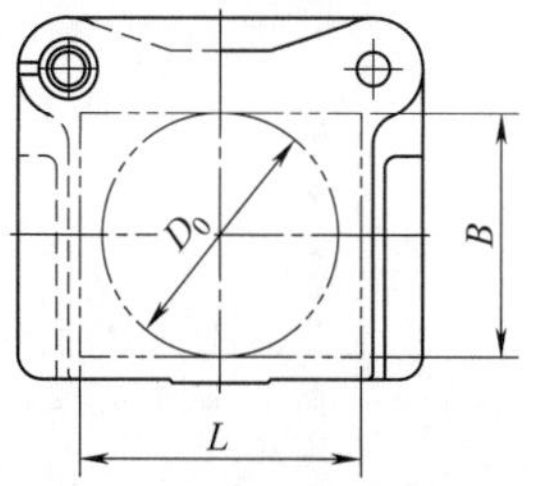 GB/T 2851—2008	导柱、导套安装在模座的后侧,模座承受偏心载荷会影响模架导向的平稳性和精度。由于导柱在后侧,送料操作方便,适用于一般精度要求的小型模具。但因导柱在一侧,上模座在导柱上滑动不够平稳,影响模具寿命。 凹模周界:63mm×50mm～400mm×250mm,共 24 种规格。 ①后侧导柱上模座(GB/T 2855.1—2008)。 ②A 型导套(GB/T 2861.3—2008)。 ③A 型导柱(GB/T 2861.1—2008)。 ④后侧导柱下模座(GB/T 2855.2—2008)
	中间导柱模架	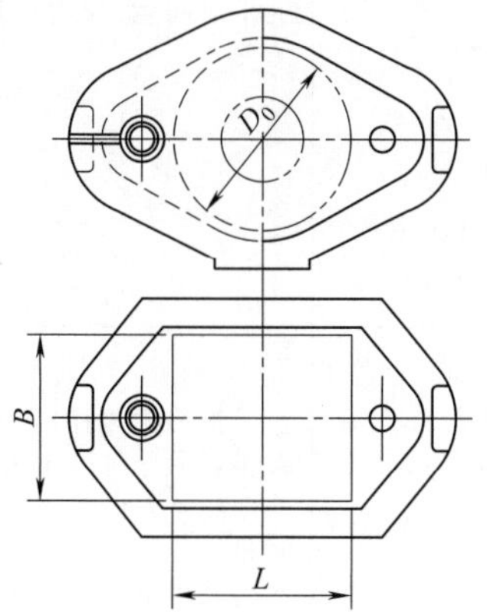 GB/T 2851—2008	导柱、导套安装在中心线上,左右对称布置,适用于纵向送料的单工序模、复合模及工步较少的级进模。 ①中间导柱圆形上模座(GB/T 2855.1—2008)。 凹模周界:φ63mm～630mm,共 11 种规格。 ②A 型导套(CB/T 2861.3—2008)。 ③A 型导柱(GB/T 2861.1—2008)。 ④中间导柱圆形下模座(GB/T 2855.2—2008)。 ⑤中间导柱(矩形)上模座(GB/T 2855.1—2008)。 凹模周界:63mm×50mm～500mm×500mm,共 43 种规格。 ⑥A 型导套(GB/T 2861.3—2008)。 ⑦A 型导柱(CB/T 2861.1—2008)。 ⑧中间导柱(矩形)下模座(GB/T 2855.2—2008)
	四导柱模架	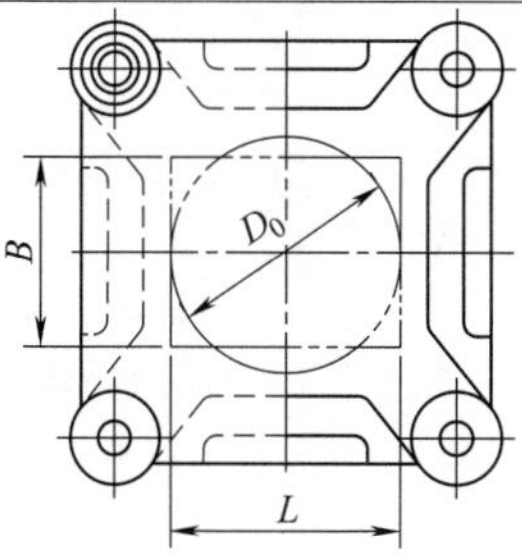 GB/T 2851—2008	导柱、导套安装在模具的四角,冲压时模架受力比较平稳,稳定性和导向精度高,适用于尺寸较大及精度较高的模具。 凹模周界:160mm×125mm～630mm×400mm,共 12 种规格。 圆形:160～250mm。 ①滑动导向四导柱上模座(GB/T 2855.1—2008)。 ②A 型导套(GB/T 2861.3—2008)。 ③A 型导柱(GB/T 2861.1—2008)。 ④滑动导向四导柱下模座(GB/T 2855.2—2008)
滚动导向模架		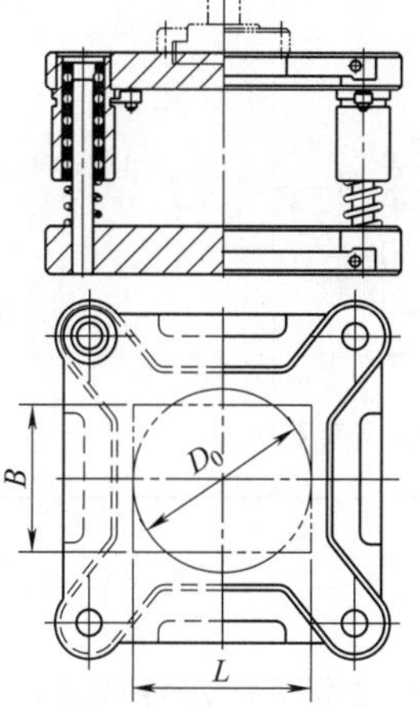 GB/T 2852—2008	四导柱模架的导柱、导套安装在模具的四角,导柱和导套间的导向通过钢球的滚动摩擦实现,模架的稳定性和导向精度高,适用于尺寸较大的高精度、高速冲压的模具。 凹模周界:160mm×125mm～400mm×250mm,共 6 种规格。 ①滚动导向四导柱上模座(GB/T 2856.1—2008)。 ②滚动导向导套(GB/T 2861.4—2008)。 ③导柱(GB/T 2861.2—2008)。 ④滚动导向四导柱下模座(GB/T 2856.2—2008)

表 1-79 导柱、导套的结构形式

形式	简 图	特点和应用
滑动导柱	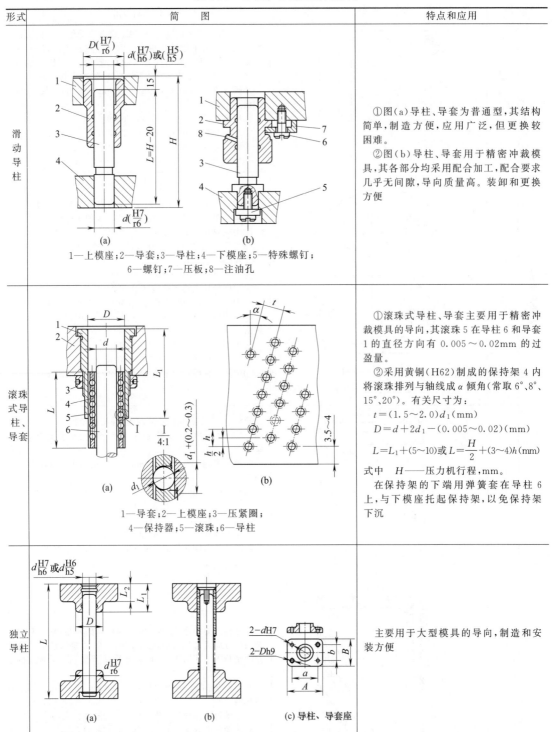 1—上模座;2—导套;3—导柱;4—下模座;5—特殊螺钉;6—螺钉;7—压板;8—注油孔	①图(a)导柱、导套为普通型,其结构简单,制造方便,应用广泛,但更换较困难。 ②图(b)导柱、导套用于精密冲裁模具,其各部分均采用配合加工,配合要求几乎无间隙,导向质量高。装卸和更换方便
滚珠式导柱、导套	1—导套;2—上模座;3—压紧圈;4—保持器;5—滚珠;6—导柱	①滚珠式导柱、导套主要用于精密冲裁模具的导向,其滚珠5在导柱6与导套1的直径方向有 0.005～0.02mm 的过盈量。 ②采用黄铜(H62)制成的保持架4内将滚珠排列与轴线成 α 倾角(常取6°、8°、15°、20°)。有关尺寸为: $t=(1.5\sim2.0)d_1(\mathrm{mm})$ $D=d+2d_1-(0.005\sim0.02)(\mathrm{mm})$ $L=L_1+(5\sim10)$或$L=\dfrac{H}{2}+(3\sim4)h(\mathrm{mm})$ 式中 H——压力机行程,mm。 在保持架的下端用弹簧套在导柱6上,与下模座托起保持架,以免保持架下沉
独立导柱	(a) (b) (c) 导柱、导套座	主要用于大型模具的导向,制造和安装方便

1.2.12　模柄

模具是通过模柄固定在压力机滑块的孔内,对于大型模具,可直接用螺钉、压板固定于滑块的端面。常见的模柄结构类型见表 1-80。

表 1-80 常见的模柄结构类型

类型	简图	应用	类型	简图	应用
旋入式模柄	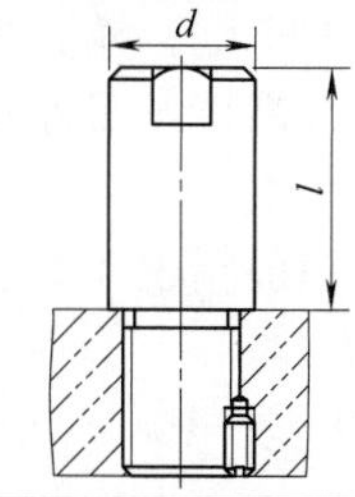	主要用于中小型模具,采用螺纹与模座连接,并用螺钉防止松动,但其垂直度、精度较差	槽形模柄	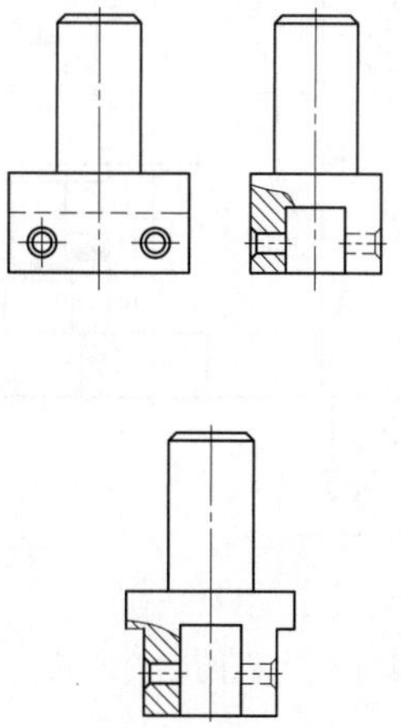	常用于弯曲模或简单敞开式模具中
带台压入式模柄	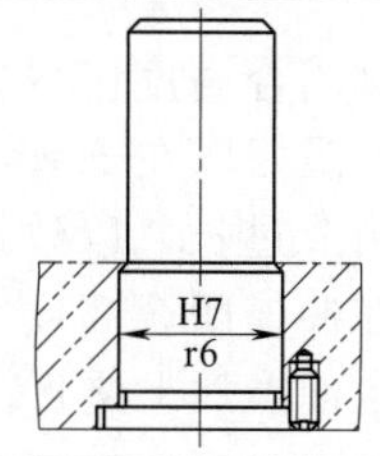	主要用于上模板较厚及上模较重的模具			
压入式模柄	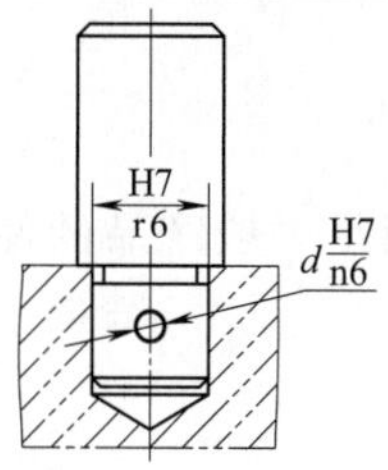	主要用于中小型模具	通用模柄	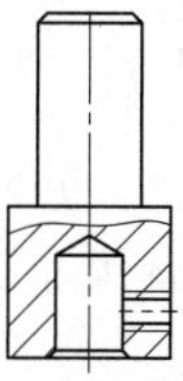	用于快速更换式圆形凸模简单的敞开式模具中
铆接压入式模柄	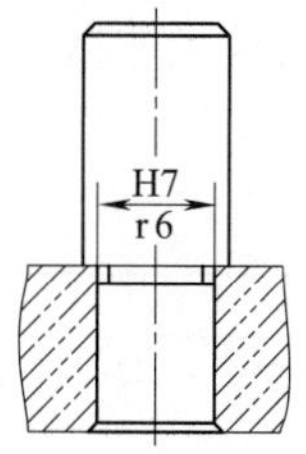	模柄压入后铆开再磨平,常用于导板模中	浮动式模柄	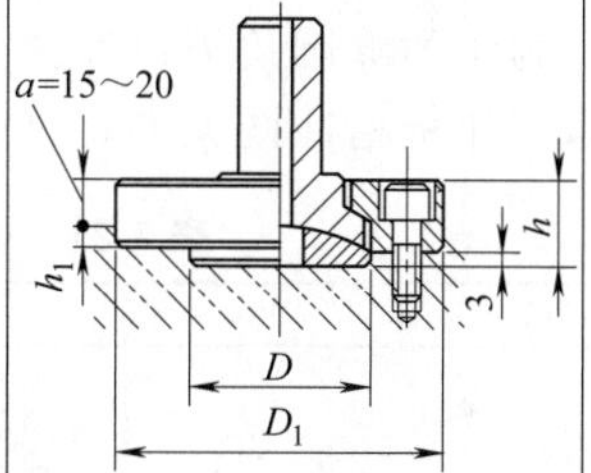	适用于精密冲裁模具,而球面垫圈可消除压力机导轨误差对模具导向精度的影响
凸缘模柄	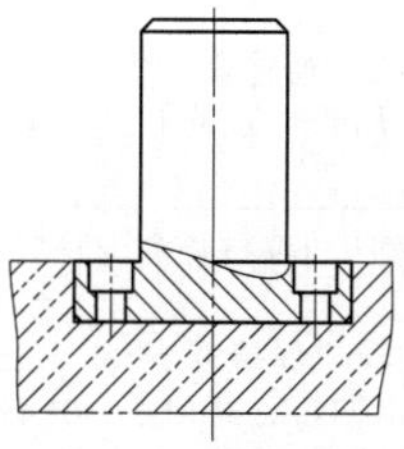	常用于大型模具中		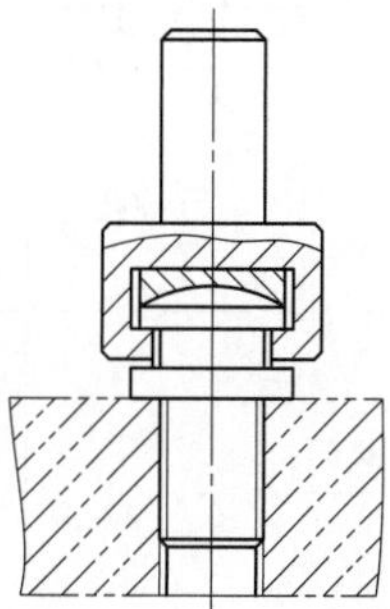	

1.2.13 冲模闭合高度

模具的闭合高度 $H_{模}$ 是指模具在最低工作位置时,下模座的底面至上模座的顶面的距离。模具设计时,它应该与压力机的闭合高度相适应。

压力机的闭合高度 H 是指滑块在下死点位置时,工作台面至滑块下平面的距离。安装模具时,通过滑块上的连杆调节,来调整压力机的闭合高度见图 1-13。当连杆调至最短时,

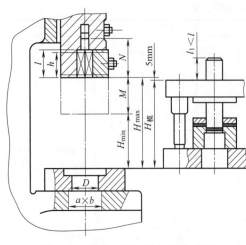

图 1-13　模具和压力机的闭合高度

即为压力机的最大闭合高度 H_{max}；连杆至最长时，为压力机的最小闭合高度 H_{min}。连杆的调节量为 $M = H_{max} - H_{min}$。模具的闭合高度应在压力机的最大闭合高度与最小闭合高度之间（即 $H_{min} = H_{max} - M$）。

模具的闭合高度，一般情况下，按下列关系选择：

$$H_{max} - 5 \geqslant H_{模} \geqslant H_{min} + 10 \quad （mm）$$

(1-8)

设计模具时，模具闭合高度应尽量接近压力机的最大闭合高度，最好取在 $H_{模} \geqslant H_{min} + M/3$，为了避免连杆调节过长，以致螺纹接触面积过小而被压坏，在冲模闭合高度实在太小时，可在压力机工作台面上加上垫板。

1.3　精密冲裁

普通冲裁所冲出的工件，其断面质量差，尺寸精度低，只能满足一般产品的使用要求。采用精密冲裁工艺，可以直接冲制出质量和精度要求高的零件。

1.3.1　精密冲裁的工艺方法

精密冲裁可分为小间隙圆角刃口冲裁、负间隙冲裁、上下冲裁（双面冲裁）、对向凹模冲裁等半精冲和齿圈压板精冲两大类，见表 1-81。

表 1-81　精密冲裁的工艺类型

工艺名称		简　图	说　明
小间隙圆角刃口冲裁		(a) 落料　　(b) 冲孔	①落料和冲孔，凸、凹模刃口圆角半径均为 0.1t。间隙可取 0.01～0.02mm。 ②适用于冲裁塑性较好的材料，如软铝、紫铜、软黄铜、05F 和 08F 等。制件精度可达 T11～8 级，粗糙度可达 Ra 1.6～0.4 μm。 ③冲件从凹模孔推出后，其尺寸因回弹而增大 0.02～0.05mm，在设计凹模时应预先加以考虑，冲孔时，则与此相反。 ④小圆角或锥形刃口凹模冲裁力约比普通冲裁力大 50%，此方法比其他精冲法简单，不需要特殊设备，常用于冲裁冷挤压毛坯或软材料工件
半精冲	负间隙冲裁		①凹模圆角 $R = (0.05～0.1)t$。凸模刃口保持锋利，凸模尺寸比凹模大 $(0.05～0.3)t$（式中，t 为材料厚度）。 ②冲裁时，凸模刃口端面的位置与凹模应保持 0.1～0.2mm 的距离，工件借助下一次冲裁时全部挤入并推出凹模。其冲裁力比普通冲裁大得多，冲裁铝件时，大 30%～60%；冲裁软黄铜时，大 2.25～2.8 倍，为避免凹模开裂，可加套保护凹模，以延长模具寿命。 ③负间隙冲裁时，其冲裁机理与小间隙圆角冲裁基本相同。负间隙冲裁的凹模的圆角半径可取材料厚度的 5%～10%，而凸模应保持锋利。由于采用凸模比凹模大的负间隙及小圆角刃口凹模，其静水压作用更强，冲裁时，凸模端面到下死点位置不能与凹模连接。对于圆形工件，单边负间隙应分布均匀，其值可取 0.1t；对于复杂形状工件，单边负间隙分布是不均匀的，其直边部分可取 0.1t，凸出部分取 0.2t，凹入部分取 0.05t。 ④冲裁断面粗糙度可达 0.8～0.4 μm，精度可达 IT11～8 级。但仅适用于塑性较好的软铝、紫铜、软黄铜和软钢。工件从凹模推出后，其尺寸回弹增大量为 0.02～0.05mm

工艺名称	简　图	说　明
半精冲 上下冲裁	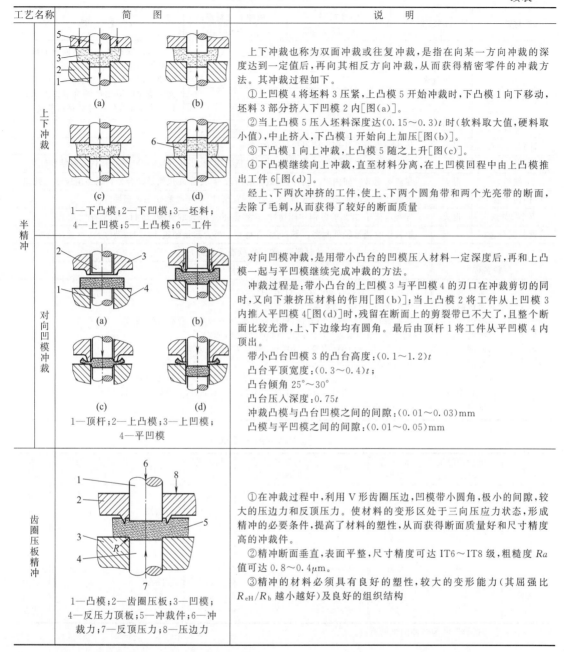 (a)　(b)　(c)　(d) 1—下凸模；2—下凹模；3—坯料； 4—上凹模；5—上凸模；6—工件	上下冲裁也称为双面冲裁或往复冲裁，是指在向某一方向冲裁的深度达到一定值后，再向其相反方向冲裁，从而获得精密零件的冲裁方法。其冲裁过程如下。 ①上凹模4将坯料3压紧，上凸模5开始冲裁时，下凸模1向下移动，坯料3部分挤入下凹模2内[图(a)]。 ②当上凸模5压入坯料深度达(0.15~0.3)t时(软料取大值，硬料取小值)，中止挤入，下凸模1开始向上加压[图(b)]。 ③下凸模1向上冲裁，上凸模5随之上升[图(c)]。 ④下凸模继续向上冲裁，直至材料分离，在上凹模回程中由上凸模推出工件6[图(d)]。 经上、下两次挤压的工件，使上、下两个圆角带和两个光亮带的断面，去除了毛刺，从而获得了较好的断面质量
对向凹模冲裁	(a)　(b)　(c)　(d) 1—顶杆；2—上凸模；3—上凹模； 4—平凹模	对向凹模冲裁，是用带小凸台的凹模压入材料一定深度后，再和上凸模一起与平凹模继续完成冲裁的方法。 冲裁过程是：带小凸台的上凸模3与平凹模4的刃口在冲裁剪切的同时，又向下兼挤压材料的作用[图(b)]；当上凸模2将工件从上凹模3内推入平凹模4[图(d)]时，残留在断面上的剪裂带已不大了，且整个断面比较光滑，上、下边缘均有圆角。最后由顶杆1将工件从平凹模4内顶出。 带小凸台凹模3的凸台高度：(0.1~1.2)t 凸台平顶宽度：(0.3~0.4)t； 凸台倾角25°~30° 凸台压入深度：0.75t 冲裁凸模与凸台凹模之间的间隙：(0.01~0.03)mm 凸模与平凹模之间的间隙：(0.01~0.05)mm
齿圈压板精冲	1—凸模；2—齿圈压板；3—凹模； 4—反压力顶板；5—冲裁件；6—冲裁力；7—反顶压力；8—压边力	①在冲裁过程中，利用V形齿圈压边，凹模带小圆角，极小的间隙，较大的压边力和反顶压力。使材料的变形区处于三向压应力状态，形成精冲的必要条件，提高了材料的塑性，从而获得断面质量好和尺寸精度高的冲裁件。 ②精冲断面垂直，表面平整，尺寸精度可达IT6~IT8级，粗糙度Ra值可达0.8~0.4μm。 ③精冲的材料必须具有良好的塑性，较大的变形能力（其屈强比R_{eH}/R_b越小越好）及良好的组织结构

1.3.2　精冲的材料及要求和辅助退火

（1）精冲的材料及要求

用于精冲的材料必须具有良好的塑性。对于塑性低的材料，在精冲前材料需经退火以提高其塑性。精冲的材料及其要求可见表1-82。适于精冲的主要钢材见表1-83。

（2）精冲前毛坯热处理

精冲毛坯材料的组织和力学性能对精冲件的剪切面质量及模具寿命影响很大。珠光体组织的钢材是理想的精冲材料，它通过球化退火处理可获得珠光体组织。常用钢的球化退火温度见表1-84。铜及铜合金的退火规范见表1-85。铝及铝合金的热处理规范见表1-86。

表 1-82　精冲的材料及其要求

材料	状态	强度极限 σ_b/MPa	可精冲的材料厚度 t/mm	说　明
钢	退火	686	1.5	一般以铁素体为主要成分的碳钢是最好的精冲材料,纯铁是有利于精冲的。含碳量高的钢材不利于精冲,钢材精冲的适用范围可根据退火的强度来确定允许精冲的材料厚度
		588	3.5	
		490	6.0	
		441	10	
		392	15	

材料	状态	说　明
1Cr18Ni9Ti	退火	精冲前进行热处理可获得较光滑的断面
铝及铝合金		铝及铝合金是较好的精冲材料,凡能够适宜冷弯、折边、拉深和冷挤的材料就有精冲性能
硬铝	退火	在淬火时效时间内进行精冲,其效果有所改善,冷作硬化铝及其合金在精冲前应软化处理
铝镁合金		只有在软态时延伸率最低为 15%,可适宜精冲,在半硬和硬态时塑性降低
紫铜、黄铜	退火	含锌量低于 37% 的黄铜均能精冲,含锌量超过 38% 的黄铜(如 H59),精冲性差
铜及铜合金		铝青铜含铝量较低时塑性好,可适宜精冲。当含铝量超过 10% 时,塑性差,不适宜精冲

适用于精冲的材料(一般均在软态下精冲)		
材料名称		材料与牌号
有色金属材料	普通黄铜	H62、H65、H68、H70、H85、H90、H96
	其他黄铜	锡黄铜、铝黄铜、锰黄铜
	青铜	各种牌号的锡青铜、铝青铜、铍青铜和部分牌号的硅青铜、锰青铜等
	纯铜	T1、T2、T3、T4 和 TU1、TU2、TUP、TUMn 等
	白铜	普通白铜、锌白铜(德银)、铁白铜、铝白铜、锰白铜等
	纯铝	1070A、1060、1050A、1035、1200、8A06 软硬态工业用纯铝
	防锈铝	5A02、5A03、5083、5A05、5A06、5B05、3A21 等牌号硬、软态防锈铝合金
	硬铝及超硬铝合金	2A01、2A02、2A04、2A06、2B11、2B12、2A10、2A11、2A12、2A13、2A16、2A17 及 7A03、7A04、7A09 等

表 1-83　适于精冲的主要钢材

钢种	可精冲的最大厚度/mm	精冲适应性	钢种	可精冲的最大厚度/mm	精冲适应性	钢种	可精冲的最大厚度/mm	精冲适应性
0.8	15	很好	50	6	好	1Cr13	5	好
10	15	很好	55	6	好	4Cr13	4	好
15	12	很好	60	5	好	1Cr18Ni9	8	好
20	10	很好	15Mn	8	好	15Cr	5	好
25	10	很好	16Mn	8	好	75	3	适合
30	10	很好	15CrMn	5	好	80	3	适合
35	8	好	20CrMo	4	好	T8A	3	适合
40	7	好	20MnMo	8	好	T10A	3	适合
45	7	好	0Cr13	6	好	GCr15	6	适合

注：表中"适合"的为精冲困难的材料。

1.3.3　精冲件的尺寸精度和几何精度

（1）精冲件尺寸精度

精冲件的质量与模具结构、精度、凸凹模的状况、材料的状态、厚度、润滑条件、设备精度、冲裁速度、压边力和顶件反力等因素有关。精冲件的尺寸精度和几何精度见表 1-87。

（2）精冲件剪切面质量

精冲件剪切面质量包括表面粗糙度、表面完好率和允许的撕裂等级三项内容。

精冲时可达到的剪切面粗糙度,取决于工作零件的表面粗糙度、刃口状态、润滑剂、压力机、工件材料的种类、金相组织及厚度。

表 1-84　常用钢的球化退火温度

钢材	临界点/℃		球化退火温度/℃
	A_{c1}	A_{r1}	
T8A	730	700	740～750
T10A	730	700	750～770
T12A	730	700	740～780
9Mn2V	740	680	760～780
GCr15	745	—	780～800
CrWMn	750	710	780～840
9CrSi	770	730	830～860
W18Cr4V	820	760	～850

表 1-85　铜及铜合金的退火规范

牌号	退火温度/℃	牌号	退火温度/℃	牌号	退火温度/℃
T2	550～620	HNi65-5	610～660	QAl9-4	650～700
TUP	550～620	QSn4-3	580～630	QBe2	670～720
H62	600～660	QSn4-4-2.5	550～620	B19	700～750
H68	540～600	QSn6.5-0.1	580～620	B30	700～750
H80	580～650	QSn6.5-0.4	580～620	BAl6-1.5	700～730
H90	630～680	QSn7-0.2	600～650	BAl13-3	700～730
H96	540～580	QAl-5	650～720	BMn3-12	680～730
HSn62-1	550～630	QAl-7	650～720	BMn40-1.5	750～800
HMn58-2	580～640	QAl9-2	650～700	BZn15-20	680～730

注：退火时间一般为 1～4h。

表 1-86　铝及铝合金的热处理规范

牌号	退火温度/℃	淬火温度/℃	时效处理	
			温度/℃	时间/h
1070A,1060,1050A,1035,1200,8A06	310～410	—	—	—
5A02	340～410	—	—	—
5A03	290～390	—	—	—
5A05	300～410	—	—	—
5A06	300～410	—	—	—
5A12	390～450	—	—	—
3A21	370～490	—	—	—
2A06	390～410	505～510	室温	120～140
			125～135	12～14
2A11	390～410	495～510	室温	≥96
2A12	350～370	495～505	室温	≥96
			185～195	6～12
2A16	370～410	530～540	200～220	8～12
6A02	370～410	510～525	室温	240
			150～165	8～15
7A04	390～430	465～475	125～140	12～14

注：退火时间一般为 1～4h。

　　精冲件的剪切面粗糙度根据 GB/T 1031—2009 规定，用轮廓算术平均偏差 Ra 值评定。精冲件可达到的剪切面粗糙度为 $Ra3.6～0.2\mu m$，一般为 $Ra2.5～0.63\mu m$。

　　剪切面粗糙度测量方位见图 1-14。

　　测量位置：沿剪切面厚度的中心部位。

　　测量方向：垂直于剪切方向。

表 1-87　精冲件的尺寸精度和几何精度

材料厚度 t /mm	公差等级 $\sigma_b \leqslant 500\text{MPa}$		公差等级 $\sigma_b > 500\text{MPa}$		孔间距 /mm	100mm 长度上的不平行度 /mm	剪切面倾斜值 δ/mm
	内形	外形	内形	外形			
0.5～1	IT6～IT7	IT7	IT7	IT7	±0.01	0.13～0.06	0～0.01
>1～2	IT7	IT6	IT7～IT8	IT7	±0.015	0.12～0.055	0～0.014
>2～3	IT7	IT6	IT7～IT8	IT7	±0.02	0.11～0.045	0.001～0.018
>3～4	IT7	IT7	IT8	IT9	±0.02	0.10～0.04	0.003～0.022
>4～5	IT7～IT8	IT7	IT8	IT9	±0.03	0.09～0.04	0.005～0.026
>5～6	IT8	IT9	IT8～IT9	IT9	±0.03	0.085～0.035	0.007～0.030
>6～7	IT8	IT9	IT8～IT9	IT9	±0.03	0.08～0.035	0.009～0.034
>7～8	IT8	IT9	IT9	IT9	±0.03	0.07～0.03	0.011～0.038
>8～9	IT8	IT9	IT9	IT9～IT10	±0.03	0.065～0.03	0.013～0.042
>9～10	IT8～IT9	IT9	IT9	IT10	±0.035	0.065～0.025	0.015～0.046

注：1. 表中 δ 系指外形剪切面的倾斜值，内形的倾斜值小于表中数值。

2. 精冲件剪切的粗糙度一般可达 $Ra3.2\sim0.4\mu m$，精冲件仍有塌角和毛刺，但比一般冲裁件小。

精冲件剪切面状况及其采用符号的意义见图 1-15。

精冲件表面完好率分 5 个等级，见表 1-88。精冲件允许的撕裂分 4 个等级，见表 1-89。

图 1-14　剪切面粗糙度测量方位

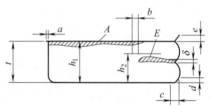

图 1-15　剪切面状况符号意义

t—材料厚度；h_1—前切终端存在表层剥落时，光洁剪切面最小部分占材料厚度的百分比；h_2—前切终端存在鳞状表层剥落时，光洁剪切面最小部分占材料厚度的百分比；b—最大允许的鳞状表层剥落宽度（所有 b 的总和不得大于相关轮廓部分的 10%）；a—允许的表层剥落深度；e—毛刺高度；c—塌角宽度；d—塌角深度；δ—撕裂带的最大宽度；E—撕裂带；A—剪切终端表层剥落带

表 1-88　精冲件表面完好率等级

级别	Ⅰ	Ⅱ	Ⅲ	Ⅳ	Ⅴ
h_1	100	100	90	75	50
h_2	100	90	75	—	—

表 1-89　精冲件允许的撕裂等级

级别	1	2	3	4
δ/mm	0.3	0.6	1	2

关于精冲件剪切面粗糙度的代号，按 GB/T 1031—2009 中的符号 $\sqrt{}$ 或 $\sqrt{}$ 值表示。

$\sqrt{}$ 用于剪切面不允许有表层剥落或撕裂时，例如：$\sqrt{}^{Ra0.63}$ 表示剪切面粗糙度 Ra 为 $0.63\mu m$，表面完好率为 1 级，无撕裂。

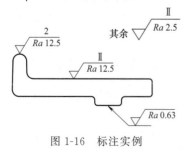

图 1-16　标注实例

$\sqrt{}$ 用于允许剪切面有表层剥落或撕裂时，在符号的右上方横线上用罗马字 Ⅱ、Ⅲ、Ⅳ、Ⅴ 分别表示表面完好率的等级，用阿拉伯数字 1、2、3、4 分别表示允许撕裂的等级，例如：

$\sqrt{}^{\text{Ⅱ}}_{Ra1.25}$ 表示剪切面粗糙度 Ra 为 $1.25\mu m$，表面完好率为 2 级。

$\sqrt{\overset{2}{Ra\,2.5}}$ 表示剪切面粗糙度 Ra 为 $2.5\mu m$，允许 2 级撕裂。

精冲件剪切面质量标注实例见图 1-16。

在实际生产中，建议采用标准样件作为评定精冲件表面完好率和允许撕裂的依据。标准样件由企业组织生产的有关部门从试冲的零件中选定。

（3）剪切面垂直度

精冲件剪切面呈倒锥现象是精冲的特征之一，它是精冲过程中材料随模具刃口流动，并始终保持为一整体而产生的。

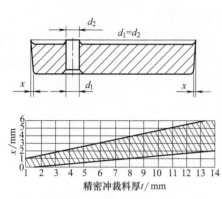

图 1-17　精冲件剪切面垂直度公差

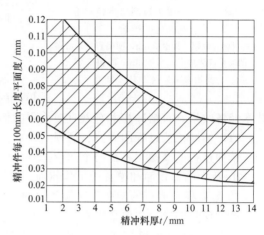

图 1-18　精冲件的平面度公差

图 1-17 给出了可达到的剪切面垂直度公差，一般内形的垂直度比外形的高。

剪切面垂直度和材料厚度、强度、模具结构、刃口状态以及力能参数等有关。

采用双齿圈有利于提高剪切面的垂直度。

（4）平面度

精冲过程中 V 形环压入材料，在压边圈和凹模、反压板和凸模强力夹持下进行，它具有校平作用，因此精冲件具有较高的平面度。图 1-18 为在一般条件下精冲件每 100mm 距离上的平面度公差。

精冲件的平面度与材料厚度、原始的平面度、内部的残余应力、力学性能及精冲工艺的力学性能参数有关。增加反压力，对改善平面度效果显著。此外厚度大、强度低、压边力大都对改善平面有利。

（5）塌角和毛刺

精冲件存在塌角和毛刺，但比普通冲裁件要小。

① 塌角。

在给定材料厚度和材料种类的条件下，

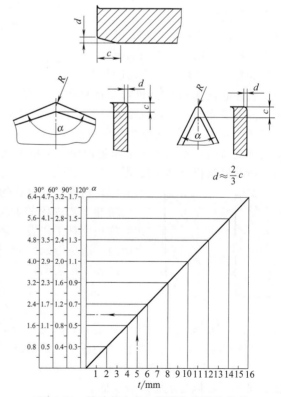

图 1-19　精冲件夹角、厚度和塌角的关系

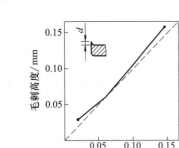

图 1-20　凸模刃口圆角半径对毛
刺高度的影响

注：材料 20 钢，厚 3.3mm，凹模直径 16mm，
凹模刃口圆角半径 0.01mm，间隙 1.2%t，
压边力 40kN，反压力为 0。

圆角半径 R 和夹角 α 越小，塌角宽度 c 和深度 d 越大。如给定零件的圆角半径和夹角，则减小材料厚度和提高强度，会使塌角和宽度减小。

图 1-19 给出的最小允许圆角处最大塌角的标准值，适用于 R_m 在 450MPa 以下的材料。

② 毛刺。

毛刺产生在凸模侧，其大小和模具刃口状态、磨损程度以及工件轮廓的形状有关，图 1-20 为凸模刃口圆角半径对毛刺高度的影响。

1.3.4　精冲工艺润滑

润滑是精冲工艺实现精冲主要条件之一，它与模具的寿命、工件质量密切相关，直接影响精冲的技术经济效果，对精冲技术有着直接重要的作用。

（1）精冲工艺过程的摩擦、磨损

精冲过程的摩擦主要在两个部位。

① 新生的剪切面和模具的工作侧面。

② 紧靠模具刃口的端面和对应条件的表面，如图 1-21（a）所示粗线部位。

精冲模具的磨损主要集中在模具刃口周围的端面和侧面，如图 1-21（b）所示粗线部位。离开刃口区，在模具工作面的端面上虽然垂直方向作用的压力很大，但没有材料的相对位移不存在摩擦，因此不产生磨损。在模具工作面的侧面上虽然和新生的剪切面（它由随模具刃口转移的表面层材料和内部材料构成）有很大的相对位移存在摩擦，如图 1-21（b）所示。但由于侧向力不是成型力，只是模具约束材料弹性变形的约束反力，它远远小于作用在刃口区的冲裁力，因此精冲过程中模具刃口区以外的侧面，如果润滑措施得当，基本上不产生磨损或磨损很小。故在实际生产中，当精冲到一定数量模具刃口变钝时，只需要修磨刃口，精冲模具仍可继续使用。

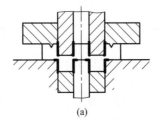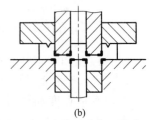

(a)　　　　　　　　　　　(b)

图 1-21　精冲过程中材料与模具表面产生摩擦和磨损的部位

(a)　(b)

图 1-22　精冲工艺
过程的润滑特征

（2）精冲工艺过程的润滑

精冲工艺过程的润滑问题，从本质上讲是在边界润滑条件下，如何防止模具工作表面和工件剪切面直接接触，减少接触面之间的摩擦力，避免金属之间产生黏结，降低磨损。

试验结果表明：

① 精冲工艺过程无论是润滑充分［图 1-22（a）］或润滑不充分［图 1-22（b）］，剪切面润滑剂的覆盖情况沿厚度总是变化的，从塌边侧到毛刺侧，先充分而逐渐减弱，这种由多到少递减的润滑特征叫作"刮腻子"式的润滑，如图 1-22 所示。

② 条料较厚而润滑不充分，单凭条料上一薄层的润滑剂紧附表层，随材料转移和润滑膜的延伸不足以覆盖整个剪切面。

③ 工件剪切面靠近毛刺侧的部位是精冲过程润滑最薄弱的区间，条料越厚，毛刺侧部

位润滑的条件越差，润滑不充分时，有可能在该处出现干摩擦。

因此，精冲过程中，为了使模具工作面和工件剪切面得到润滑，必须保证：

① 模具工作部分应设计有相应的储存润滑剂的结构；

② 润滑剂数量充分；

③ 采用耐压、耐温和附着力强的润滑剂。

图 1-23 是储存润滑剂的精冲模具结构，它们紧靠着模具的刃口，保证精冲时有更多的润滑剂进入工件的剪切面和模具工作面之间。

图中靠近凸凹模刃口的压边圈内侧，靠近凹模刃口的反压板外侧、靠近冲孔凸模的反压板内侧都有倒角，顶杆和冲孔凹模间保持较大的间隙，这些都是为了储存润滑剂而设计的结构。另外，压边圈和凹模工作部分的外侧都采用了下沉的台阶面，目的是避免精冲时将条料上的润滑剂挤走，而影响下一次精冲时润滑的数量。

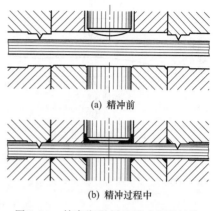

(a) 精冲前

(b) 精冲过程中

图 1-23　储存润滑剂的精冲模具结构

（3）精冲工艺润滑剂

精冲润滑剂的化学成分及性能如下。

① 精冲润滑剂的化学成分见表 1-90。

表 1-90　几种精冲润滑剂的化学成分

类型	润滑剂名称	成分(质量分数)/%	类型	润滑剂名称	成分(质量分数)/%
F-1 润滑剂	氯化石蜡	10～15	7507 挤压油	磺酸钡	10
	有机酸酯类	0.1～1		环烷酸锌	10～12
	S·P 添加剂	5～10		酸化茶油酸	2
	50 号机油	75～85		油酸	5
HFF 润滑剂	氯化石蜡	66		硫化油	15
	矿物油	16		三乙醇胺	3～4
	麦缩丙三醇	7		5 号或 7 号机油	余量
	油酸蓖麻醇酯	4			
	S·P 钡添加剂	7			

② 摩擦系数，用圆环镦粗法测定摩擦系数，见表 1-91。

表 1-91　精冲润滑剂的摩擦系数

润滑剂	摩擦系数 μ	润滑剂	摩擦系数 μ
F-1	0.057	7507	0.059
HFF	0.064		

③ 理化性质，见表 1-92。

表 1-92　精冲润滑剂的理化性质

润滑剂	运动黏度 /(10^{-6}m²/s)	相对密度 D20℃[①]	含氯量 /%	pH 值	腐蚀性试验 100℃,3h 钢片	凝固点 /℃	闪点 /℃
F-1	76.66	1.092	28.4	4.41	合格	−10	151
HFF	64.68	1.0993	28	5.21	合格	−42	172

①D20℃表示在标准大气压下，20℃该物质的相对密度。

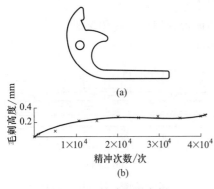

图 1-24　精冲润滑实例

④ 油膜强度，用四球机试验确定润滑剂的油膜强度。油膜强度用润滑剂的临界负荷 P_B 值和烧结负荷 P_D 值来表示，见表 1-93。

油膜强度是衡量润滑剂抗压能力的主要指标，从表 1-93 可以看出 F-1 润滑剂的 P_B 值最高，P_D 值 F-1 和 HFF 相当。但试验过程中，负荷逐渐增加至 5000N 时，HFF 润滑剂中有发黑现象，而 F-1 润滑剂直到 8000N 以上才发黑烧结。

⑤ F-1 精冲润滑剂的实用效果。

典型精冲件：杠杆，材料 15 钢，厚 4mm，见图 1-24（a）。采用 F-1 精冲润滑剂，精冲次数和毛刺高度的变化见图 1-24（b），一次刃磨寿命达 41000 次。

表 1-93　精冲润滑剂的油膜强度

润滑剂	P_B/N	P_D/N
F-1	1150	＞8000
HFF	700	8000
7507	700	2500

1.3.5　精冲件结构工艺性

精冲件的工艺性是指该零件在精冲时的难易程度。在一般情况下，影响精冲工艺性的因素有：零件的几何形状、尺寸的公差和形位公差、剪切面质量、材料及厚度。其中零件几何形状是主要影响因素。

零件几何形状对工艺性的影响称为精冲件的结构工艺性。

精冲件的几何形状，在满足技术要求的前提下，应力求简单，尽可能是规则的几何形状，避免尖角。正确设计精密冲裁件有利于提高产品质量，提高模具寿命，降低生产成本。

精冲件的尺寸极限，如最小孔径、最小槽宽等都比普通冲裁小。精冲件的内外形轮廓的极限尺寸也比普通冲裁小，从而有利于扩大精冲工艺的使用范围。

实现精冲的零件尺寸极限范围，主要取决于模具的强度，也与剪切面质量、模具寿命有关。

精冲件圆角半径、槽宽、悬臂、环宽、孔径、孔边距、齿轮模数的极限范围，根据精冲件的难易程度分为三级：S_1 表示容易；S_2 表示中等；S_3 表示困难。模具寿命随精冲难度的增加而降低。

在 S_3 的范围内，模具工作零件用高速工具钢（$\sigma_{0.2}=3000$MPa）制造。被精冲的材料 $R_m \leqslant 600$MPa。在 S_3 范围以外，一般不适用于精冲。

（1）圆角半径

精冲难易程度与圆角半径、料厚的关系见图 1-25。精冲件内外轮廓的拐角处，必须采用圆角过渡，以保证模具寿命及零件质量。圆角半径在允许范围内尽可能取大些，它和零件角度、零件材料、厚度及强度有关。

例：已知零件角度 30°，材料厚度为 3mm，圆角半径为 1.45mm，由图 1-25 查得，其加工难易程度在 S_2 和 S_3 之间。

（2）槽宽和悬臂

精冲件槽的宽度和长度，悬臂的宽度和长度取决于零件的材料和强度，应尽可能增大其宽度，减小其长度，以提高模具的寿命。

精冲难易程度与槽宽、悬臂和料厚的关系见图 1-26。

［例］　已知零件槽宽 a、悬臂 b 为 4mm；材料厚度为 5mm，由图 1-26 查得其加工难易程度为 S_3。

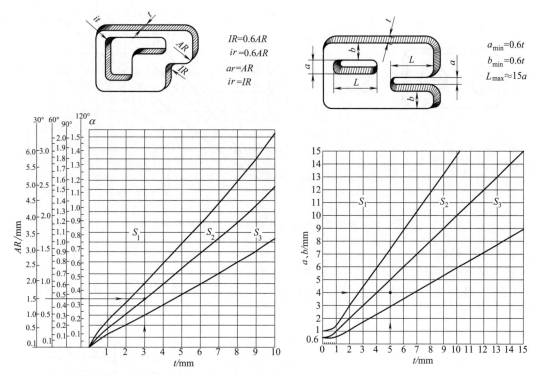

图 1-25　精冲难易程度与圆角半径、料厚的关系　图 1-26　精冲难易程度与槽宽、悬臂和料厚的关系

（3）环宽

精冲难易程度与环宽和料厚的关系见图 1-27。

［例］　已知零件环宽 6mm，材料厚度 6mm，由图 1-27 查得其加工难易程度在 S_2 和 S_3 之间。

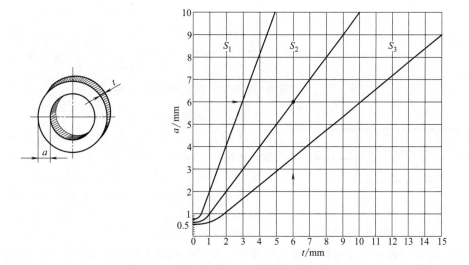

图 1-27　精冲难易程度与环宽和料厚的关系

（4）孔径和孔边距

精冲难易程度与孔径、孔边距和料厚的关系见图 1-28。

［例］ 已知零件孔径 3.5mm，材料厚度 5mm，由图 1-28 查得其加工难易程度为 S_3。

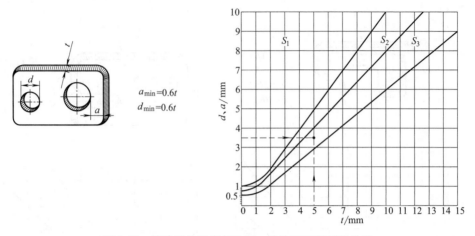

图 1-28 精冲难易程度与孔径、孔边距和料厚的关系

（5）齿轮模数

精冲难易程度与齿轮模数和料厚的关系见图 1-29。

［例］ 已知零件齿轮模数 1.4，材料厚度 4.5mm，由图 1-29 查得其加工难易程度为 S_3。

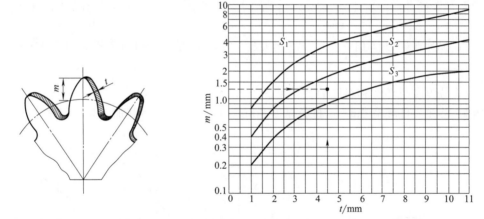

图 1-29 精冲难易程度与齿轮模数和料厚的关系

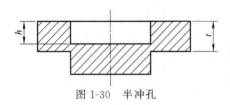

图 1-30 半冲孔

（6）半冲孔相对深度

半冲孔时，冲孔凸模进入材料的深度 h 和材料厚度 t 之比，定义为半冲孔相对深度 C，$C=h/t$，它是衡量半冲孔变形程度的指标，见图 1-30。

半冲孔的 C 值和凸台同本体连接处的剪切强度 τ 之间的关系如图 1-31 所示。对于塑性较好的材料，在 C 值很大，$t-h$ 很薄的情况下，凸台和本体仍为一个整体，并保持一定的强度。但是考虑到连接部分的材料由于变形剧烈硬化而变脆，在冲击载荷下凸台和本体有分离的危险，因此推荐软钢的半冲孔极限相对深度 $C_0=70\%$，视零件结构，一般可在 $65\%\sim75\%$ 之间取值，如图 1-31 所示。

1.3.6 精冲工艺力的参数

精冲工艺过程是在压边力、反向压力和冲裁力三者同时作用下进行的，见图 1-32。冲裁结束，卸料力将废料从凸模上卸下，顶件力将工件从凹模内顶出。精冲工艺力计算公式见表 1-94，f 系数值见表 1-95。

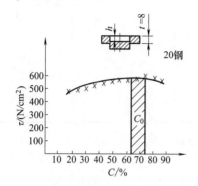

图 1-31　半冲孔相对深度 C 和连接处
剪切强度 τ 的关系

试样材料：20 钢，$R_m = 400\text{MPa}$，料厚 $t = 8\text{mm}$，
半冲孔凸、凹模间隙为 0.03mm

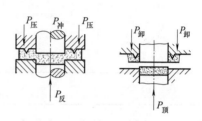

图 1-32　精冲时的作用力
$P_冲$—冲裁力；$P_压$—齿圈压力；$P_反$—反向压力；
$P_卸$—卸料力；$P_顶$—顶件力

表 1-94　精冲工艺力计算公式

项目	计算公式	说　明
冲裁力	$P_冲 = Lt\tau_b = 0.9LtR_m$	式中　L—冲裁周边长度，mm t—材料厚度，mm τ_b—剪切强度，MPa R_m—材料的拉伸强度，MPa
齿圈压力	$P_压 = fL \cdot 2tR_m$ 或经验公式　$P_压 = (0.4\sim0.6)P_冲$	$P_冲$—冲裁力，N f—系数，根据 R_m 由表 1-95 查得 L—工件外周边长度，mm
反向压力	$P_反 = pF$ 或经验式 $P_反 = 20\% P_冲$	式中　F—工件受压面积，mm^2 p—工件的单位反压力，p 可取 20~70MPa
卸料力	$P_卸 = (0.1\sim0.15)P_冲$	
顶件力	$P_顶 = (0.1\sim0.15)P_冲$	

表 1-95　f 系数值

R_m/MPa	200	300	400	600	800
f	1.2	1.4	1.6	1.9	2.2

1.3.7 精冲间隙

精冲的间隙主要是根据材料厚度、冲件外形、材料性能等选取合理的间隙。冲件外形：凸、凹模的双面间隙取材料厚度的 1%。软材料取大值，硬材料取略小些数值。而精冲的落料和冲孔的间隙是不一样的，其值按表 1-96 或表 1-97 选取。

1.3.8 精冲模凸模和凹模的尺寸

（1）圆形精冲模凸模和凹模的尺寸

精冲凸、凹模刃口尺寸的设计与普通冲裁模相同，落料仍以凹模为基准，冲孔以凸模为基准。不同的是精冲后零件外形或内形均有微量收缩，外形比凹模口小，内孔略比凸模尺寸小。故设计凸、凹模尺寸时，其微量收缩也须考虑。圆形精冲模凸、凹模尺寸计算公式见表1-98。

表 1-96　精冲模凸、凹模双面间隙　　　　　　　　　　　　%t

材料厚度 /mm	外形	内孔		
		$d<t$	$d=(1\sim5)t$	$d>5t$
0.5		2.5	2	1
1		2.5	2	1
2		2.5	1	0.5
3	1%	2	1	0.5
4		1.7	0.75	0.5
6		1.7	0.5	0.5
10		1.5	0.5	0.5
15		1	0.5	0.5

表 1-97　精冲模的间隙

凸模尺寸	单边间隙 $z/2$	备注
$D>1.2t$	$0.05t$	D——凸模尺寸，mm
$D=(0.8\sim1.2)t$	$0.01t$	z——双面间隙，mm
$D=(0.6\sim0.8)t$	$0.011t$	t——材料厚度，mm

表 1-98　圆形精冲模凸、凹模尺寸计算公式

工件尺寸	工序	计算公式	名称	按基准件凹模或凸模配制
落料 D_Δ	落料 $D_凹$	$D_凹=\left(D-\dfrac{3}{4}\Delta\right)^{+\delta_凹}$	落料凸模 $D_凸$	凸模刃口尺寸按凹模实际尺寸配制，保证双面间隙
冲孔 $d^{+\Delta}$	冲孔 $d_凸$	$d_凸=\left(d+\dfrac{3}{4}\Delta\right)^{-\delta_凸}$	冲孔凹模 $d_凹$	凹模刃口尺寸按凸模实际尺寸配制，保证双面间隙

注：式中 $D_凹$——凹模刃口尺寸；$d_凸$——凸模刃口尺寸；D，d——工件基本尺寸；Δ——工件公差；$\delta_凸$，$\delta_凹$——凸、凹模制造公差，按IT5~IT6级制造，一般可取$\Delta/4$。

（2）非圆形凸、凹模尺寸

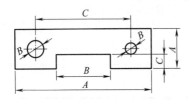

图 1-33　模具磨损对零件尺寸的影响
A—零件尺寸逐渐增大；B—零件尺寸逐渐减小；C—零件尺寸基本不变

由于考虑模具磨损对零件尺寸的影响，模具对零件的影响分三类，如图1-33所示。

① 随模具刃口的磨损对零件尺寸逐渐增大，如图中 A。此类模具的刃口尺寸接近零件的下限尺寸。

② 随模具刃口的磨损对零件尺寸逐渐减小，如图中 B。新模具的刃口尺寸接近零件的上限尺寸。

③ 随模具刃口的磨损对零件尺寸基本无影响，如图中 C。新模具的刃口尺寸等于零件的平均尺寸。

非圆形精冲模凸、凹模尺寸计算公式见表1-99。

表 1-99　非圆形精冲模凸、凹模尺寸计算公式　　　　　　　　mm

类型	名称	计算公式	名称	计算公式
第1类	模具刃口基本尺寸	$A=L_{\min}+\Delta/4$	落料	一类　凹模：$A=(L_{\min}+\Delta/4)^{+\delta}$
第2类		$B=L_{\max}-\Delta/4$		二类　凹模：$B=(L_{\max}-\Delta/4)^{-0}_{-\delta}$
第3类		$C=(L_{\min}+L_{\max})/2$	冲孔	一类　凸模：$A=(L_{\min}+\Delta/4)^{+\delta}$
				二类　凸模：$B=(L_{\max}-\Delta/4)^{-0}_{-\delta}$

注：$L_{\min}$——零件的下限尺寸（或零件的最小尺寸），mm；Δ——零件的公差，mm；$L_{\max}$——零件的上限尺寸（或零件的最大尺寸），mm；δ——模具的制造公差，mm。

（3）计算实例

确定图 1-34 所示精密冲裁件凸模和凹模刃口尺寸的计算方法。

图中尺寸 A_1、A_2、A_3、A_4、A_5 属上述第一类情况，尺寸按 A 计算。

图中尺寸 B_1、B_2、B_3、B_4 属上述第二类情况，尺寸按 B 计算。

图中尺寸 C_1、C_2、C_3 属上述第三类情况，尺寸按 C 计算。

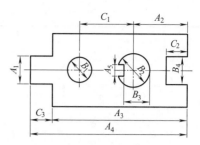

图 1-34　按零件内外轮廓确定凸模和凹模尺寸示意图

1.3.9　排样和搭边

由于精冲时要采用 V 形环压边圈，所以搭边的宽度比普通冲裁要大些。如果工件不要求材料的纤维方向，则排样时尽量减少废料。对于复杂形状的工件，应将复杂形状的一侧放在进料方向，以便精冲时搭边较充分，见图 1-35。精冲的最小搭边值见表 1-100。

1.3.10　齿圈压板

齿圈压板是在压板上沿冲裁轮廓一定的距离作出 V 形凸梗。其作用是将 V 形凸梗压入材料后，限制冲裁剪切区以外的材料随凸模下降而向外扩展，以形成三向压应力状态，从而避免剪切裂纹的产生。

当精冲材料厚度 $t<4$mm 时，在压边圈上只制出单面齿。精冲小孔时，由于凸模刃口外围的材料对冲裁区有较大的约束作用，材料向外扩展困难，故不必用齿圈。当孔径在 $30\sim40$mm 时，应在顶板上作出齿圈。当料厚 $t>4$mm 时，应在压边圈和凹模刃口附近均作出 V 形圈，但上、下齿应稍微错开。精冲件形状复杂时，齿圈沿冲件轮廓近似地分布，见图 1-36。齿圈齿形尺寸见表 1-101。

1.3.11　精冲模的结构形式

精冲模的结构形式见表 1-102。

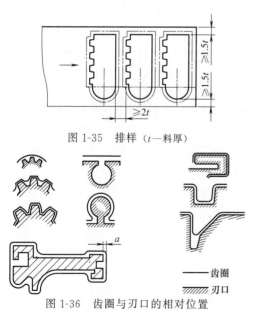

图 1-35　排样（t—料厚）

图 1-36　齿圈与刃口的相对位置

—— 齿圈
▨ 刃口

表 1-100　精冲最小搭边值　　mm

材料厚度 t	最小搭边宽 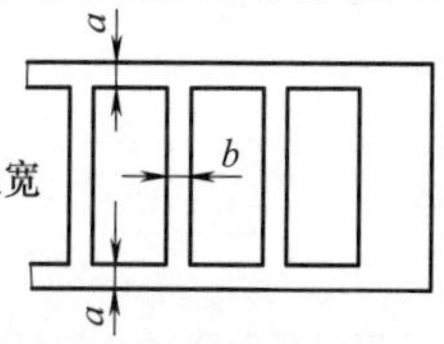	
	a	b
0.5	1.5	2
1	2	3
1.5	2.5	4
2	3	4.5
2.5	4	5
3	4.5	5.5
3.5	5	6
4	5.5	6.5
5	6	7
6	7	8
8	8	10
10	10	12
12	12	15
15	15	18

表 1-101　齿圈齿形尺寸　　　　　　　　　　　　　　　　　　　　　mm

材料厚度	材料拉伸强度 R_m/MPa					
	$R_m<450$		$450<R_m<600$		$600<R_m<700$	
t	a	h	a	h	a	h
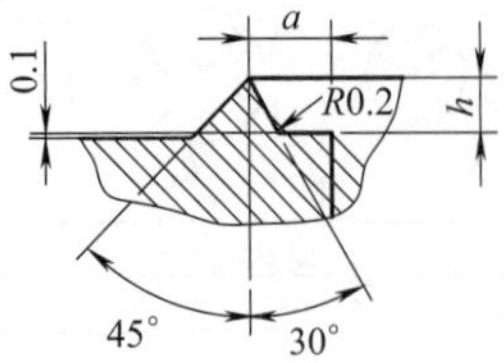 1.0	0.75	0.25	0.60	0.20	0.50	0.15
1.5	1.10	0.35	0.90	0.30	0.80	0.25
2.0	1.50	0.50	1.20	0.40	1.00	0.30
2.5	1.90	0.60	1.50	0.50	1.20	0.40
3.0	2.30	0.75	1.80	0.60	1.50	0.45
3.5	2.60	0.90	2.10	0.70	1.70	0.55
4.0	2.80	1.00	2.40	0.80		

材料厚度	材料拉伸强度 R_m/MPa								
	$R_m<450$			$450<R_m<600$			$600<R_m<700$		
t	a	h	h_1	a	h	h_1	a	h	h_1
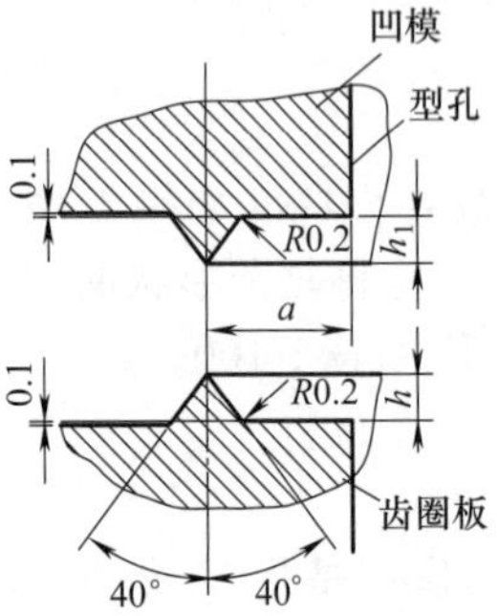 4.0				1.60	0.40	0.30	1.30	0.30	0.20
5.0	2.30	0.60	0.50	2.00	0.50	0.40	1.65	0.40	0.25
6.0	2.80	0.75	0.60	2.40	0.60	0.50	2.00	0.50	0.30
7.0	3.30	0.85	0.70	2.80	0.70	0.55	2.30	0.55	0.35
8.0	3.80	1.00	0.80	3.20	0.80	0.60	2.60	0.60	0.40
9.0	4.20	1.10	0.90	3.60	0.90	0.70	2.95	0.70	0.45
10.0	4.70	1.20	1.00	4.00	1.00	0.75	3.25	0.75	0.50
12.0	5.70	1.50	1.20	4.80	1.20	0.90	3.90	0.90	0.60

1.3.12　凸、凹模结构设计

凸模的固定和组装要求见表 1-103，凹模的紧固和组装要求见表 1-104，凸、凹模刃口圆角半径见表 1-105，凹模型孔至周边的距离见图 1-37。

表 1-102　精冲模的结构形式

形式	简图	特　　点
简易冲模	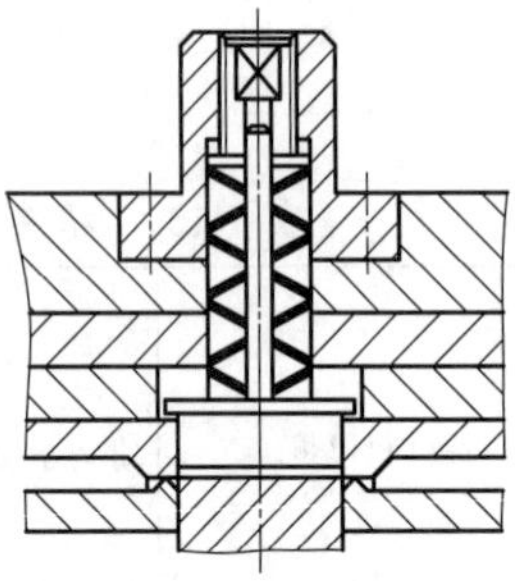	①由碟形弹簧、聚氨酯橡胶等弹压辅助工艺力作用于齿圈压齿力。②顶件需滞后，否则工件易卡在废料边框内。③适用于小批量的料厚小于 4mm 的小型精冲件
液压精冲模	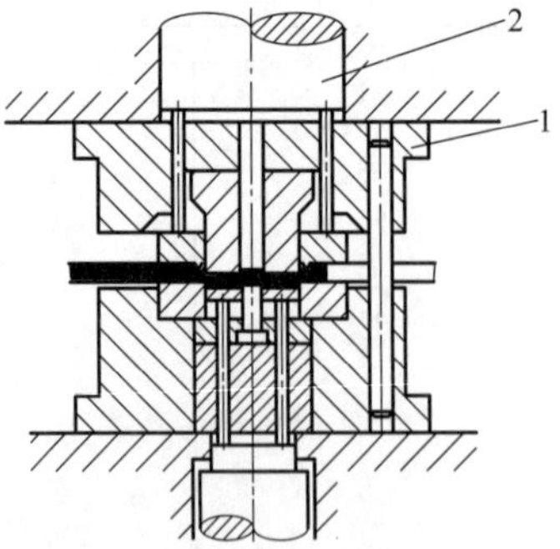 1—模架；2—油缸	①辅助工艺力由附装在模架 1 或机床上的油缸 2 传递。②辅助工艺力的可调范围大，压力稳定，适用于多品种中小型精冲件的批量生产

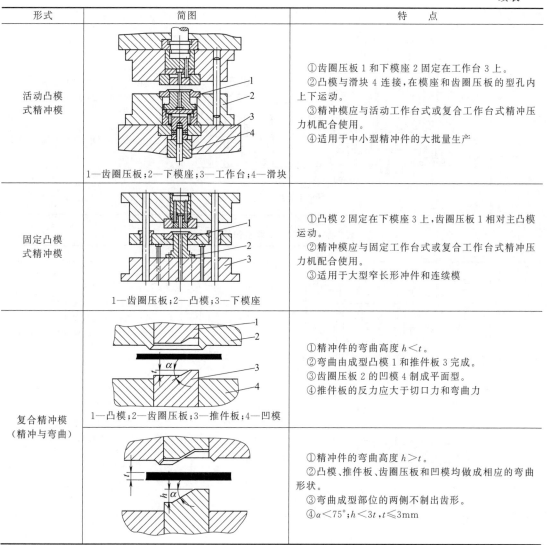

形　式	简　图	特　　　点
活动凸模式精冲模	1—齿圈压板；2—下模座；3—工作台；4—滑块	①齿圈压板1和下模座2固定在工作台3上。 ②凸模与滑块4连接，在模座和齿圈压板的型孔内上下运动。 ③精冲模应与活动工作台式或复合工作台式精冲压力机配合使用。 ④适用于中小型精冲件的大批量生产
固定凸模式精冲模	1—齿圈压板；2—凸模；3—下模座	①凸模2固定在下模座3上，齿圈压板1相对主凸模运动。 ②精冲模应与固定工作台式或复合工作台式精冲压力机配合使用。 ③适用于大型窄长形冲件和连续模
复合精冲模（精冲与弯曲）	1—凸模；2—齿圈压板；3—推件板；4—凹模	①精冲件的弯曲高度 $h<t$。 ②弯曲由成型凸模1和推件板3完成。 ③齿圈压板2的凹模4制成平面型。 ④推件板的反力应大于切口力和弯曲力
		①精冲件的弯曲高度 $h>t$。 ②凸模、推件板、齿圈压板和凹模均做成相应的弯曲形状。 ③弯曲成型部位的两侧不制出齿形。 ④$\alpha<75°$；$h<3t$，$t\leqslant3mm$

注：精冲模结构可参看第8章8.1冲裁模中的图例。

表 1-103　凸模的固定和组装要求

形　式	简　　图	说　　明
固定凸模式精冲模		①凸模与齿圈压板采用精密滑动配合。 ②适用于精冲模的凸模固定

形　式	简　　图	说　　明
活动凸模式精冲模	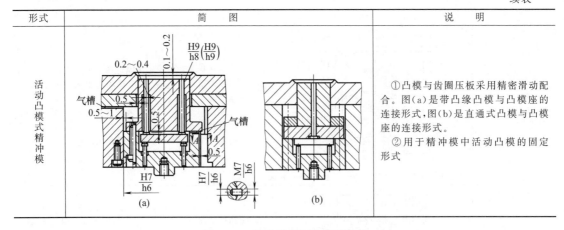	①凸模与齿圈压板采用精密滑动配合。图(a)是带凸缘凸模与凸模座的连接形式,图(b)是直通式凸模与凸模座的连接形式。 ②用于精冲模中活动凸模的固定形式

表 1-104　凹模的紧固和组装要求

形　式	简　　图	特　点
锥面固定	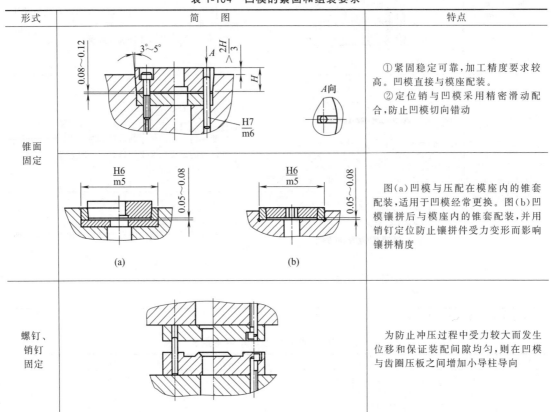	①紧固稳定可靠,加工精度要求较高。凹模直接与模座配装。 ②定位销与凹模采用精密滑动配合,防止凹模切向错动
		图(a)凹模与压配在模座内的锥套配装,适用于凹模经常更换。图(b)凹模镶拼后与模座内的锥套配装,并用销钉定位防止镶拼件受力变形而影响镶拼精度
螺钉、销钉固定		为防止冲压过程中受力较大而发生位移和保证装配间隙均匀,则在凹模与齿圈压板之间增加小导柱导向

表 1-105　精冲模刃口圆角半径的参考值　　　　　　　　　　　　　　mm

材料厚度	材料拉伸强度 R_m/MPa					
	约 450		>450~600		>600~700	
	凹模	凸模	凹模	凸模	凹模	凸模
1~2	0.06	0.04	0.08	0.06	0.10	0.08
>2~4	0.10	0.08	0.12	0.10	0.14	0.12
>4~6	0.12	0.10	0.14	0.12	0.16	0.14
>6~8	0.14	0.12	0.16	0.14	0.18	0.16
>8~12	0.18	0.16	0.20	0.18	0.22	0.20

注:落料时在凹模刃口处倒圆角;冲孔时在凸模刃口处倒圆角。

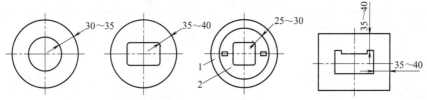

料厚 $t<2$mm时取较小值,料厚 $t=2\sim5$mm时取较大值

图 1-37　凹模型孔至周边的距离

1—外套；2—镶拼凹模

1.3.13　精冲模的排气和排气槽

对于精密滑配相对运动的零件间，应设有排气孔和排气槽。排气孔和槽尺寸为：排气孔 $\phi5\sim8$mm；排气槽宽 $4\sim8$mm；深 $0.2\sim0.40$mm。排气孔（槽）的位置见图 1-38，凸模与推杆之间的气槽见图 1-39。

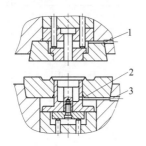

图 1-38　排气孔（槽）的位置

1,3—气槽；2—气孔

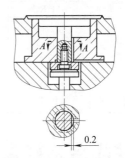

图 1-39　凸模与推杆之间的气槽

1.3.14　推件板和推件杆结构设计

推件板结构形式和组装要求见表 1-106，推件杆的结构形式见表 1-107，顶杆的许可载荷见表 1-108。

表 1-106　推件板结构形式和组装要求

简　图	说　明
(a)　　　　　(b)	图(a)整体推件板结构,适用于圆形和简单形状的推件板。 图(b)组合式推件板,适用于带凸缘的推件板和形状复杂场合
$\frac{H9}{h8}$ $\frac{H9}{h9}$　$\frac{H9}{h8}$ $\left(\frac{H9}{h9}\right)$	①推件板是起压料以及将精冲件从凹模内推出的作用,在落料与冲孔的复合模中又是冲孔凸模的导向定位体。 ②推件板与凹、凸模采用精密滑动配合,设置的弹顶器防止冲件粘在推件板上

表 1-107　推件杆的结构形式

简　图	说　明	简　图	说　明
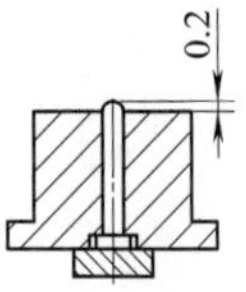	带圆球头推件杆,可防止润滑油粘住精冲件	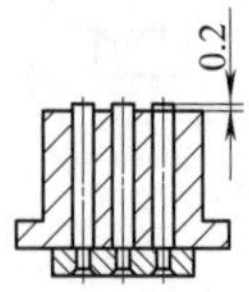	铆接式推件杆,适用于多件为圆杆的情况
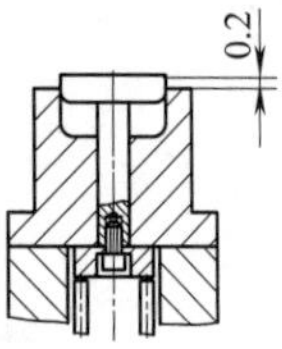	台阶式推杆,用于带阶梯孔的凸凹模,当凸凹模的孔壁较薄时,可将内孔设计为阶梯形,以增加凸凹模的强度	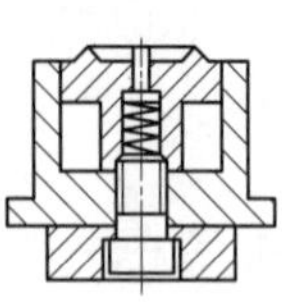	带齿圈和弹顶器的推杆,用于冲孔直径较大,孔壁要求粗糙度值小的精冲模

表 1-108　顶杆的许可载荷/N

顶杆直径/mm	硬　度		顶杆直径/mm	硬　度	
	43HRC	52HRC		43HRC	52HRC
4	16580	21350	14	203100	261560
5	25900	33350	16	265270	341630
6	37300	48040	18	335730	432380
8	66320	85410	20	414480	533800
10	103620	133450	22	501520	645900
12	149510	192170	24	596850	768670

1.4　硬质合金模具

　　硬质合金模一般是指用硬质合金材料制造的凹模或凸模,或是凹模和凸模均为硬质合金材料的模具。其硬度较高,通常为 68～72HRC,压缩强度高,耐磨性好,耐高温和膨胀系数小等优点。模具寿命比一般冲模高 20～30 倍,适用于冲裁、冷挤压等模具。

1.4.1　模具材料

　　用于冲裁模的普通硬质合金,它是在碳化物中加入适量钴,用粉末冶金的方法压制、烧结而成的。含钴量大的冲击韧性好。常用国产硬质合金牌号、成分、力学性能见表 1-109。

　　另一种是钢结硬质合金,是以钢(即碳素钢、合金工具钢、不锈钢、高锰钢等)为基体,以难熔金属碳化物(如碳化钨、碳化钛)作硬质相,采用粉末烧结的方法制成一种材料。它具有高硬度、高耐磨性,又可以进行切削加工,锻造、焊接、热处理等性能。钢结硬质合金的牌号、性能和选用分别见表 1-110～表 1-112。

表 1-109　国产硬质合金的化学成分和力学性能

牌号	化学成分(质量分数)/%		力学性能								适用模具类别
	WC	Co	密度/(g/cm³)	硬度(HRA)	弯曲强度/MPa	压缩强度/MPa	冲击强度/(J/cm²)	热导率/[W/(m·K)]	线胀系数/[mm/(mm·K)]	矫顽力/[(1000/4π)A/mm]	
YG3X	97	3	15.0～15.3	92	980	—	—	—	4.1	170～200	拉丝模
YG3	97	3	14.9～15.3	91	1180	—	—	—	—	—	拉丝模
YG4C	96	4	14.9～15.2	90	1370	—	—	—	—	—	拉丝模
YG6	94	6	14.6～15.0	89.5	1370	4510	2.6	79.5	4.5	130～160	拉丝模

牌号	化学成分(质量分数)/%		力学性能									适用模具类别
	WC	Co	密度/(g/cm³)	硬度(HRA)	弯曲强度/MPa	压缩强度/MPa	冲击强度/(J/cm²)	热导率/[W/(m·K)]	线胀系数/[mm/(mm·K)]	矫顽力/[(1000/4π)A/mm]		
YG6X	94	6	14.6～15.0	91	1325	—	—	79.5	4.4	200～250		拉丝模
YG8	92	8	14.4～14.8	89	1470	4385	2.5	75.4	4.5	140～160		拉丝拉深、成型及冷镦模
YG8C	92	8	14.35	88	1720	3825	3	75.4	4.8	50～70		拉丝拉深、成型及冷镦模
YG11C	89	11	14.0～14.4	87	1960	—	3.8	—	—	80～95		拉丝拉深、成型及冷镦模
YG15	85	15	13.9～14.2	87	1960	3590	4	58.6	5.3	80～90		冲裁、冷镦及冷挤模
YG20	80	20	13.4～13.7	85.5	2550	3430	—	—	5.7	—		冲裁、冷镦及冷挤模
YG25	75	25	12.9～13.2	84.5	2650	3240	—	—	4	—		冲裁、冷镦及冷挤模

注：1. 合金牌号代号：Y——硬质合金（汉语拼音字头，下同）；G——钴，其后数字表示含量%；C——粗颗粒；X——细颗粒。

2. 含钴多或颗粒粗者：弯曲强度高，冲击强度高，压缩强度低，硬度低，耐磨性低。

表 1-110 不同使用条件下推荐的硬质合金牌号

冲模种类		所冲材料	小型尺寸模具		中大型尺寸模具	
			凹模	凸模	凹模	凸模
冲裁模	冲裁模	<0.5mm 的电工硅钢板	YG8	YG8	YG15	YG15
	切断模	<0.5mm 的电工硅钢板	YG11	YG15	—	—
	冲孔模和盒	<4mm 的 45 钢板	YG20	YG25	—	—
	形件落料模	<0.5mm 的电工硅钢板	YG15	YG20	YG20	YG25
	复杂形状落料模	<4mm 的 45 钢板	YG20	YG25	YG25	YG30
	弯曲模		YG11	YG11	YG15	YG15
	拉深模		YG8	YG8	YG11	YG11
	冷挤模		YG25、YG30	YG15、YG20	—	—
	冷镦模		YG15、YG20	YG25、YG30	—	—

表 1-111 冷冲模常用硬质合金性能

牌号	用途	成分(质量分数)/%		力学性能		
		W	Co	弯曲强度/MPa	密度/(g/cm³)	硬度(HRC)
YG6	简单成型	94	6	1400	14.6～15.0	89.5(>72)
YG8	简单成型、拉深	92	8	1500	14.4～14.8	89(72)
YG11	拉深	89	11	1800	14.0～14.4	88(>69)
YG15	冲裁、拉深、冷挤	85	15	1900	13.9～14.1	87(69)
YG20	冲裁、冷镦、冷挤	80	20	2600	13.4～13.5	85.5(>65)
YG25		75	25	2700	13.0	85(65)

表 1-112 模具常用钢结硬质合金成分及性能

牌号	成分(质量分数)/%							性能				
	硬质相		基体					密度/(g/cm³)	硬度(HRC)		弯曲强度/MPa	冲击强度/(J/cm²)
	TiC	W	Cr	Mo	Ni	C	Fe		退火	淬火-回火		
TLMW50	—	50	1.52	1.25	—	0.8～1.0	余	10.21～10.37	35～40	66～68	≥2000	≥8
GW50	—	50	1.1	0.3	0.3	0.8		10.30～10.60	35～42	68～72	2300～2800	12
TMM50	—	50	—	2	—	1		≥10.20		63	1770～2150	7～10
GT35	35	—	3	3	—	0.9		6.4～6.6	39～46	67～69	1300～2300	5～8

1.4.2 硬质合金的冲裁工艺要求

① 连续模侧刃位置要适当。应能保证条料开始送进的每一个工步都有足够的搭边冲裁。图 1-40 (a) 所示侧刃位置正确。而图 1-40 (b) 所示侧刃位置不正确，条料只能冲切半边孔，易使刃口发生崩裂。

② 为避免凹凸模单边冲切（图 1-41）。用并列排样法取代交错排样，能有搭边冲裁。

③ 若采用多排冲裁时，一副模具的冲件数量不宜过多，否则模具制造比较困难。

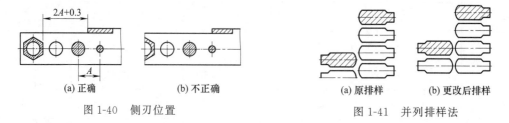

图 1-40 侧刃位置　　　　　　　　　　图 1-41 并列排样法

1.4.3 模具设计要求

① 模架应有足够的刚性，应保证在冲裁过程中不发生弹性变形。故上、下模座板应适当加厚，其厚度为钢模的 1.5 倍。小型模具导向一般采用两个导柱，而大型或复杂的模具则采用 4 个导柱。

② 为了提高导向精度，可采用小间隙导向，或采用滚珠式导套，考虑压力机对模具的影响，可采用浮动式模柄。但模柄的固定位置应与模具压力中心一致。

③ 硬质合金模具的冲裁间隙应比普通模具要大些，一般取材料厚度的 12%～15%。工件厚度应在 2.5mm 以下。

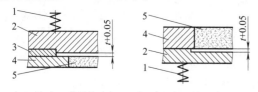

图 1-42 卸料板与凹模之间的空隙

1—弹簧；2—卸料板；3—导料板；4—模框；5—凹模

④ 对模具其他零件的要求：若采用弹压卸料板，可用 T10A（42～46HRC）制作，应装有导向装置，以保证对凸模导向准确。模具闭合时，卸料板与硬质合金凹模之间应有 $t+0.05$mm 的空隙（图 1-42），以防弹压卸料板在冲裁时撞击凹模的硬质合金镶块。

为了增强凹模的刚性，防止冲裁时凹模因弯曲变形而碎裂，应在凹模底部加垫板。凹模垫板材料为 T10A（56～60HRC），其厚度约为硬质合金凹模的 4 倍，或不小于一般钢制垫板的 1.2～1.3 倍。垫板上的漏料孔应与凹模型孔相似，周边均匀放大 0.5～1mm。

⑤ 冲裁用硬质合金凹模的最小厚度参照表 1-113。硬质合金凹模镶套尺寸见表 1-114。

表 1-113　硬质合金凹模的最小厚度　　　　　　　　　　　　　mm

料厚	冲裁轮廓长度		
	＜75	＞75～150	＞150～300
＜0.5	10	12	15
＞0.5～1	15	18	22
＞1～2	20	25	30

⑥ 模具应有安全保障装置，在发生叠冲或误冲时，压力机能在一个行程内停车。

⑦ 模具的精度要求：直线尺寸公差为 0.005～0.01mm；角度公差为 $\pm(5\sim10)''$；刃口圆角公差为 $\pm4\sim5\mu m$；粗糙度为 $Ra0.1\sim0.2\mu m$，冷挤模的抛光方向要与金属流动方向一致。

表 1-114 硬质合金凹模镶套尺寸　　　　　　　　　mm

镶套内径	最小镶套外径	最小镶套高度	最小过盈量	镶套内径	最小镶套外径	最小镶套高度	最小过盈量
<4	10	10	0.01	>18~20	30	15	0.04
>4~6	12	10	0.01	>20~22	32	15	0.04
>6~10	15	10	0.02	>22~25	35	15	0.05
>10~12	20	10	0.03	>25~28	40	15	0.05
>12~14	22	10	0.03	>28~32	45	15	0.05
>14~16	25	10	0.03	>32~36	50	15	0.06
>16~18	28	15	0.04				

注：1. 如镶套做成有一凸缘，则镶套外径增大，凸缘宽也要放大。
　　2. 镶套高度还应加上两面磨量。
　　3. 用在拉深工艺时，过盈量应取表中的 1.5~2 倍。

1.4.4 硬质合金凸、凹模的固定形式

硬质合金凸、凹模的固定形式见表 1-115。

表 1-115 常用硬质合金凸、凹模的固定形式

紧固形式	简　图	说　明
机械固定		①用螺钉紧固或冷压法紧固凸、凹模时不易产生内应力，但配合面的加工精度要求较高。 ②冷压时的过盈量为：$\Delta d = 0.002d \sim 0.0025d$，固定端锥度为 1:50
热套固定		①加热后易产生内应力。 ②过盈量按直径的 0.6%~1% 计算。加热温度 500~600℃。 ③凹模座用 T10A 制造
焊接固定	硬质合金凸模　焊接槽　凸模基体	采用铜焊或高频钎焊等。铜焊应用较广

1.5 聚氨酯冲裁模

聚氨酯冲裁模就是采用聚氨酯橡胶作凹模落料或凸模冲孔的模具。利用装在容框内的聚氨酯橡胶压缩变形时，作用在板料上的负荷 P，将板料沿着凹模或凸模刃口边缘拉断即为剪切作用而得到的合格冲件，其冲裁过程如图 1-43 所示。聚氨酯橡胶冲裁可用于薄板料的落

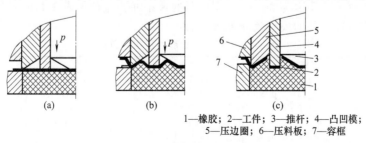

(a)　　　　　(b)　　　　　(c)

1—橡胶；2—工件；3—推杆；4—凸凹模；
5—压边圈；6—压料板；7—容框

图 1-43 聚氨酯橡胶冲裁过程

料、冲孔、压文字、压印以及压制各种凹槽和筋等冲压工序。

1.5.1　聚氨酯橡胶的性能

① 聚氨酯橡胶的力学性能见表 1-116。
② 聚氨酯橡胶模具零件的硬度范围见表 1-117。

表 1-116　国产聚氨酯橡胶的力学性能

性　能	牌　号				
	8295	8290	8280	8270	8260
硬度(邵氏 A)	95±3	90±3	83±5	73±5	63±5
伸长率/%	400	450	450	500	550
拉伸强度/MPa	45	45	45	40	30
300%定伸强度/MPa	15	13	10	5	2.5
断裂永久变形/%	18	15	12	8	8
阿克隆磨耗/(cm³/1.61km)	0.1	0.1	0.1	0.1	0.1
冲击回弹量/%	15~30	15~30	15~30	15~30	15~30
抗撕裂强度/MPa	10	9	8	7	5
脆性温度/℃	-40	-40	-50	-50	-50
老化系数(100℃,72h)	≥0.9	≥0.9	≥0.9	≥0.9	≥0.9
耐油性(煤油、室温的增重率)/%	≤3	≤3	≤4	≤4	≤4

表 1-117　聚氨酯橡胶模具零件的硬度范围

工艺方法	模具元件名称	硬度范围(A)	备注
冲裁	凹模	95	
	顶件器、卸料器	70~90	
弯曲	型腔式凹模	90~95	
	容框式凹模	80	
	顶件器	70~80	
压弯(闸压)	凹模	70	
滚弯	弯曲垫板	70~80	
拉深	型腔式凹模	80	浅拉深或深拉深
	容框式凹模	70	
	凸模	70	
	压边圈	70~80	
翻边	衬垫	95 90	浅翻边 深翻边
	压边圈	90~95	
胀形	凸模	80	
局部成型	上模	90~95	

1.5.2　聚氨酯用于冲压零件的尺寸范围

① 聚氨酯橡胶冲压板料厚度见表 1-118。
② 聚氨酯橡胶单位压力为 60~100MPa 时的最小冲孔直径见表 1-119。
③ 聚氨酯橡胶冲裁件的极限尺寸见表 1-120。

表 1-118　聚氨酯橡胶冲压板料厚度　　　　　　　　　mm

材料	落料、冲孔	弯曲	成型	拉深
结构钢	≤1.0~1.5	≤2.5~3.0	≤1.0~1.5	≤1.5~2.0
合金钢	≤0.5~1.0	≤1.5~2.0	≤0.5~1.0	—
铜及其合金	≤1.0~2.0	≤3.0~4.0	≤2.5~3.0	≤2.5~3.0
铝及其合金	≤2.0~2.5	≤3.5~4.0	≤3.0~3.5	≤2.5~3.0
钛合金	≤0.8~1.0	≤1.0~1.5	≤0.5~1.0	—
非金属材料	≤1.5~2.0	—	—	—

表 1-119 聚氨酯橡胶单位压力为 60～100MPa 时的最小冲孔直径

材料种类	τ/MPa	t/mm	d_{min}/mm
黄铜 （H62）	420	<0.05 <0.10 <0.20	1～1.4 2～3 4～6
紫铜	260	<0.05 <0.10 <0.20 <0.50	0.8～1 1.2～2 2.4～4 6～10
纯铝 （1070A、1060）	100	<0.05 <0.10 <0.20	0.8～1 1～1.6 2～3
锡磷青铜	500	<0.05 <0.10 <0.20 <0.50	1.3～2 2.4～4 4.8～8 12～20
软钢（10，20）	—	<0.05 <0.10 <0.20	1～1.4 2～3 4～6

表 1-120 聚氨酯橡胶冲裁件的极限尺寸

	尺寸代号	塑性材料 2A12(LY12M)、3A21(LF21)、T2、T3、T4、Q235A、10 钢	低塑性材料 2A12(LY12C)、TC1、TC2
简图	B	$5t$	$3t$
	b	$(3\sim4)t$	$2t$
	l	$4t$	$3t$
	l_1	$(5\sim6)t$	$4t$
	l_2	$(4\sim5)t$	$(3\sim4)t$
	r	$(0.5\sim1)t$	$(0.5\sim1)t$
	r_1	$(1\sim1.5)t$	$(1\sim1.5)t$
	m	$(4\sim5)t$	$(4\sim5)t$

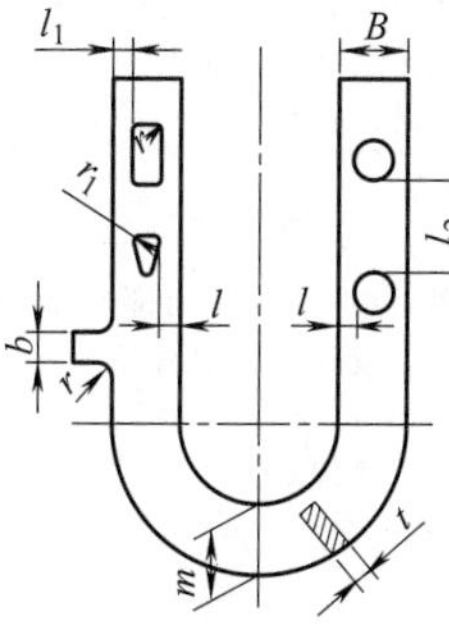

④ 聚氨酯冲模能冲出的最小孔径。

聚氨酯冲模在冲切一定的料厚时，工件的孔径越小，冲裁所需的单位压力就越大，冲裁也越困难。利用聚氨酯可冲裁的最小孔径按下式确定：

$$d_{min} = \frac{4\tau_b t}{p} \approx \frac{3tR_m}{p} \tag{1-9}$$

式中　d_{min}——最小冲孔直径，mm；

　　　τ_b——材料的剪切强度，MPa；

　　　R_m——材料的强度极限，MPa；

　　　t——材料厚度，mm；

　　　p——聚氨酯所作用的单位压力，MPa。

最小冲孔直径，对于一定厚度的材料而言，与聚氨酯的单位压力成反比，即 $\dfrac{d_{min}}{t} \approx 3R_m/p$。

只要单位压力 p 足够大，其最小冲孔直径可以是 $d_{min} \leqslant 3t$。最小冲孔尺寸与单位压力的关系可见表 1-121。

表 1-121　最小冲孔尺寸与单位压力的关系　　　　　　　　　　mm

聚氨酯 单位压力 /MPa	材料厚度							
	0.05～0.2		0.3～0.5		0.6～0.8		0.9～1.2	
	QEe2	1Cr18Ni9Ti	QEe2	1Cr18Ni9Ti	QEe2	1Cr18Ni9Ti	QEe2	1Cr18Ni9Ti
50	1.5～4.5	2.5～7.5	8～13.5	11.5～19.5	16～21.5	2.3～31.5	24～31.5	35～46
100	0.75～2.5	1.0～3.5	4～7	6～10	8～11	12～16	12～16	17.5～23
1000	0.15～0.5	0.2～0.7	0.8～1.5	1.2～2	1.5～2	2.5～3	2.5～3	3.5～4

1.5.3　聚氨酯橡胶模的结构形式及主要参数

聚氨酯橡胶模的结构形式及主要参数见表 1-122。

表 1-122　聚氨酯橡胶模的结构形式及主要参数

序号	形式	简　图	说　明
1	容框和聚氨酯橡胶垫	 1—橡胶容框；2—聚氨酯；3—模板	①落料时凹模用橡胶垫，冲孔时凸模用橡胶垫。橡胶垫的硬度以邵氏 90～95A 为宜，橡胶垫厚度取 12～20mm，变形量控制在 30％ 以内。容框与凸模单边间隙取 0.5～1.5mm。 ②容框的内形与凸模相近，当板料厚度为 0.05mm 时，单边间隙取 0.5mm；板料厚度为 0.1～0.3mm 时，单边间隙取 1.0～1.5mm。单边间隙尽可能取小些，以减少工件毛边，提高材料利用率。间隙太小时，橡胶流进容框与凸模之间太少，不足以对板料产生足够的剪切力，而使工件不易从板料中分离出来；间隙太大时（≥2mm），橡胶在压力作用下会沿着凸模刃口向外流出，凸模刃口会切入模垫的边缘，从而使模垫断裂，形成"脱圈"现象
2	弹顶器的形状	 (a)　　　　(b)	顶料用下弹顶器采用邵氏 80A 聚氨酯制成，图 (a) 中的 d_0 应比安装孔小 3～4mm，d_1 应比安装孔小 0.5～1mm。 卸料板下弹顶器可采用邵氏 70～80A 聚氨酯橡胶，预压量 5％～15％
3	落料时凸模、容框、橡胶垫与零件外形尺寸		聚氨酯冲裁模落料时，凸模、容框、橡胶垫尺寸与零件外形的关系式如下： $$D_凸=(D-x\Delta)_{-\delta_凸}$$ $$D_框=D_凸+2(0.5～1.5)$$ $$D_垫=D_框+0.5$$ 式中　$D_凸$——凸模刃口部分尺寸，mm 　　　D——零件外形基本尺寸，mm 　　　$D_框$——容框型腔尺寸，mm 　　　$D_垫$——橡胶垫在自由状态下的尺寸，mm 　　　Δ——零件外形公差，mm 　　　$\delta_凸$——凸模制造公差，mm 　　　x——系数，对于薄料冲裁可取 $\frac{1}{3}$～$\frac{1}{2}$
4	冲孔时零件与凹模部分的尺寸		冲孔时，凹模部分尺寸与零件内形尺寸的关系式如下： $$d_凹=(d+x\Delta)^{+\delta_凹}$$ 式中　$d_凹$——凹模刃口部分尺寸，mm 　　　d——零件内形基本尺寸，mm 　　　$\delta_凹$——凹模制造公差，mm

序号	形式	简　　图	说　　明
5	钢件凸凹模刃口尺寸	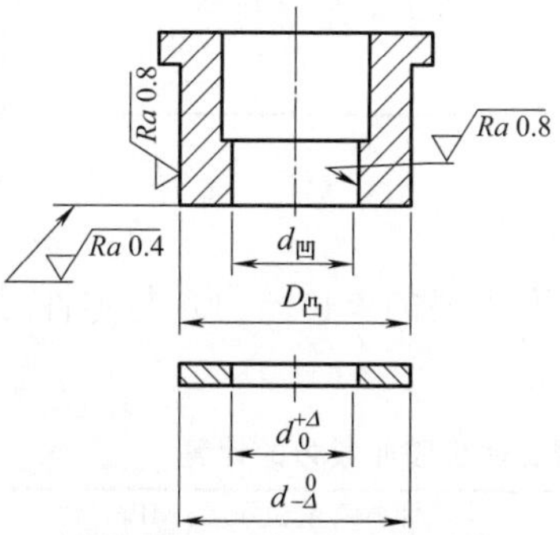	凸凹模工作刃口尺寸按下式如下： $$D_凸 = (D - K\Delta)_{-\delta_凸}^{\ 0}$$ $$d_凹 = (d + K\Delta)_0^{+\delta_凹}$$ 式中　$D_凸$，$d_凹$——凸凹模外形与内形刃口部分尺寸，mm 　　　D，d——零件外形与内形的基本尺寸，mm 　　　$\delta_凸$，$\delta_凹$——凸凹模外形尺寸和内形尺寸制造公差，mm
6	固定式压料板	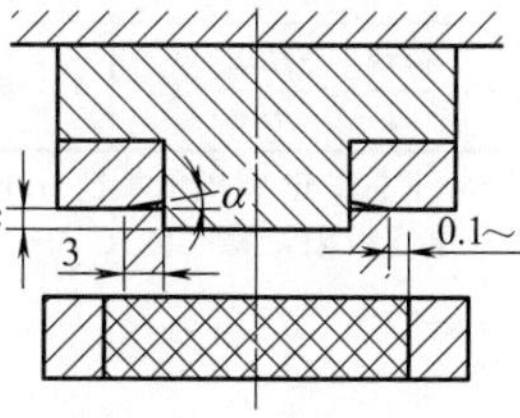	①压料板和凸凹模一起进入容框，能有效地控制橡胶变形程度，提高单位挤压力。 ②$\alpha = 5° \sim 10°$，$h = (3 \sim 6)t$，允许在试模时修正。 ③适用于冲裁外形复杂的薄板件
7	活动式压料板	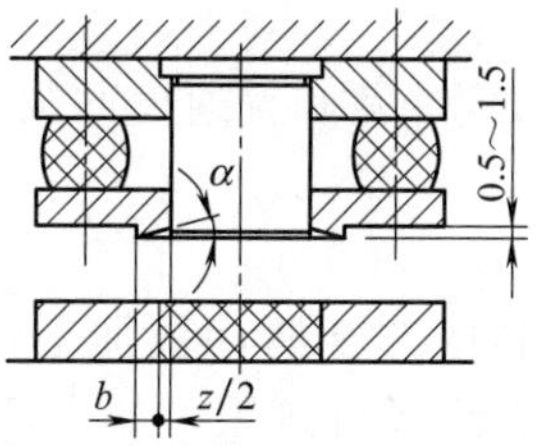	①压料板不能进入容框，能起压料和卸料作用 ②$z/2 = 0.5 \sim 1.5$mm ③有效压料宽度 $b \geqslant 12t$
8	推杆、卸料板与推板的形式以及几何参数	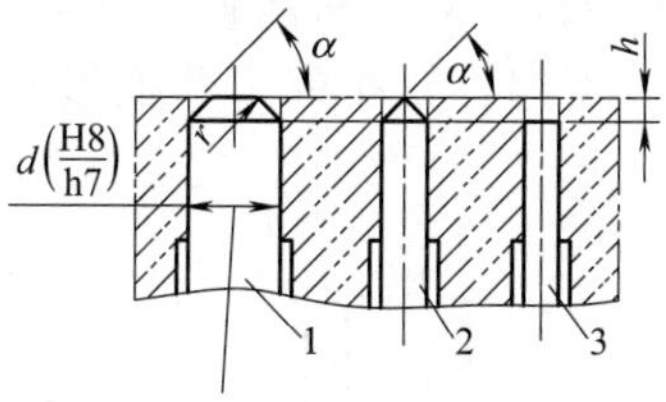 $1—d \geqslant 5$；　$2—2.5 \leqslant d < 5$；　$3—d < 2.5$ (a) 圆形推(顶)杆 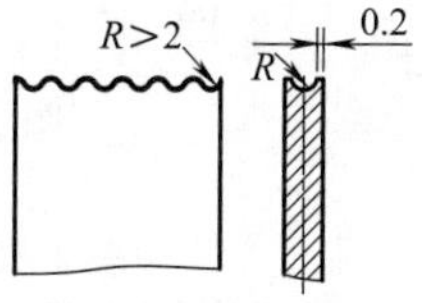 (b) 异型顶件板 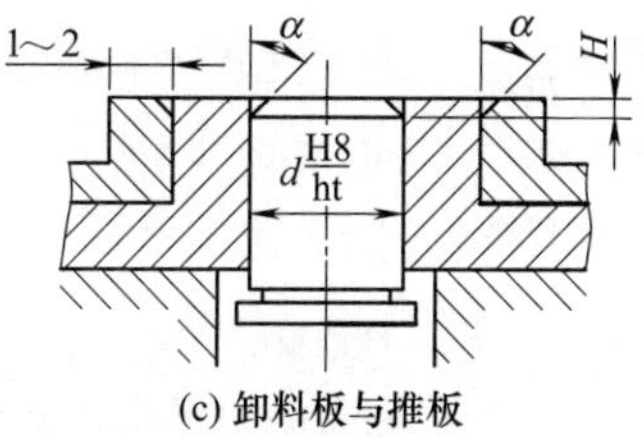 (c) 卸料板与推板	①顶杆端部的形状和尺寸直接影响冲孔的断面质量。顶杆端头处的主要参数是橡胶冲压深度 h 与倒角 α[图(a)]。端头的倒角空间合理，橡胶冲孔时流进倒角处可以产生较大的剪切力而且控制了模垫的冲压深度。这两个参数主要决定于工件的厚度，如表 1-123 所列数据。在同一个凸凹模内同时有几种不同直径的顶杆与推杆时，为使不同孔径的刃口内橡胶模垫的变形程度一致，以保证各刃口剪切力相近，端部不同形状的顶杆与推杆的橡胶冲压深度应相等，如图(a)所示。顶杆和推杆与凸、凹模内孔的配合一般采用 H8/h7。对于厚度小于0.03mm 的零件，如果两者的间隙过大，可能将板料嵌入间隙内，造成顶件或推件困难。 ②卸料板[图(c)]在橡胶冲模中的功能与顶杆及推杆相同，其主要几何参数的确定也与顶杆及推杆一样，如表 1-123 所列数值。卸料板、推板以及凸凹模的上平面应保持在同一水平面

表 1-123　顶杆与推杆的几何参数

冲件厚度/mm	h/mm	α	r/mm
≤0.1	0.4～0.6	45°～55°	0.5
>0.1～0.3	>0.6～1.0	>55°～65°	0.5
>0.3～0.5	1.2	>65°～70°	0.5

1.5.4　聚氨酯橡胶冲裁力的计算

聚氨酯橡胶的冲裁力 P，根据冲裁时所需要的单位压力 q 与零件材料厚度、剪切强度及最小冲裁孔径有关，见表 1-124。

表 1-124　聚氨酯橡胶冲裁力的计算

冲裁力/N	冲裁件所需单位压力/MPa		
	冲裁塑性材料的工件边框	冲圆孔	冲窄槽
$P=KqF$	$q=\dfrac{1.4t\tau_b}{H}\approx\dfrac{tR_m}{H}$	$q=\dfrac{4t\tau_b}{d}\approx\dfrac{3tR_m}{d}$	$q=\dfrac{2t(a+b)\tau_b}{ab}\approx\dfrac{1.4t(a+b)R_m}{ab}$

注：P——冲裁力，N；H——橡胶冲压深度，mm；F——冲件轮廓的面积，mm²；q——单位压力，MPa；a，b——槽的长度和宽度，mm；τ_b——剪切强度，MPa；R_m——强度极限，MPa；K——安全系数，取 1.2～1.4。

1.6　非金属材料冲裁

非金属材料的冲裁加工，通常采用尖刃凸模冲裁和普通模冲裁两种。

1.6.1　尖刃凸模冲裁

尖刃凸模冲裁主要用于纤维性和弹性材料的非金属冲裁加工，如纸、纸板、毛毡、皮革、橡胶、纤维布、石棉板等。对于各种热塑性塑料薄膜，如聚乙烯、聚苯乙烯、ABS 树脂、聚丙烯、聚氯乙烯等，也适用尖刃凸模冲裁，对塑料薄膜，可略加预热后，用小间隙普通复合模冲裁。尖刃冲裁模的结构形式见图 1-44。管状尖刃凸模形式见图 1-45，尖刃凸模刃口楔角 α 大小见表 1-125。

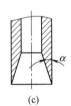

(a)　　　　　　　(b)　　　　　　　(c)

图 1-45　管状尖刃凸模形式

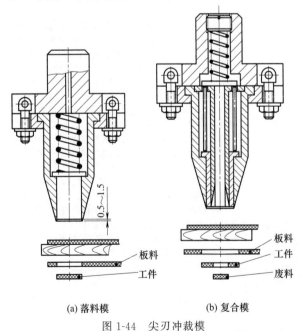

(a) 落料模　　　(b) 复合模

图 1-44　尖刃冲裁模

表 1-125　尖刃凸模刀口楔角 α 值

材料名称	α/(°)
烘热的硬橡胶	8～12
皮革、毛毡、棉布纺织品	10～15
纸、纸板、马粪纸	15～20
石棉	20～25
纤维板	25～30
红纸板、纸胶板、布胶板	30～40

1.6.2 普通模冲裁

对较硬的云母、酚醛纸胶板、酚醛布胶板、环氧酚醛玻璃布胶板等材料，可采用普通复合模冲裁。为防止冲件断面裂纹、脱层和凸起等缺陷，可增大压边力和反顶力，减小模具间隙。对厚度大于 1.5mm 而形状复杂的各种纸胶板和布胶板零件，在冲裁前应对坯料预热至一定温度后再进行冲裁。加热温度和加热时间见表 1-126 和表 1-127。

表 1-126　非金属材料冲裁时的加热温度　　　　　　　　　　　　　℃

材料名称	材料厚度 t /mm	加热温度					
		毛坯加热温度		凹模加热温度		卸料板加热温度	
		圆形与简单形工件	复杂形工件	圆形与简单形工件	复杂形工件	圆形与简单形工件	复杂形工件
夹纸胶板	>1~1.5	—	—	60~80	90~100	70~90	90~100
	>1.5~2	80~90	90~120	100~120	100~105	70~100	95~100
	≤3	90~100	100~130	110~120	105~115	100	110~115
夹布胶板	1.5~3	—	70~90	50~70	80~90	50~60	80~90
玻璃纤维板	>1.5~3	60~70	70~90	80~90	80~90	—	80~90

对于 1mm 的有机玻璃，加热温度为 60~80℃，加热时间取 1.5min，在模具加热温度为 90~110℃下冲裁；对于硬橡胶板，在毛坯加热温度为 60~80℃时冲裁；对于乙烯塑料、赛璐珞、多聚乙烯热塑性塑料等，当断面粗糙度要求严时，可在热水槽内加热，保温 1.5~2.5h，水槽温度为 80~90℃。

表 1-127　非金属材料冲裁时的加热时间

加热方式		材料厚度 t/mm		
		≤1	>1~2	>2~3
		每厚 1mm 时的加热保温时间/min		
在 130℃的电炉内加热		2.5~3	2.5~2.8	3.2~3.5
用红外线加热		1.2~1.5	1.5~1.8	1.8~2.2
接触加热	在 150~160℃的加热板间	1.2~1.4	0.8~1	0.7~0.8
	在加热平台上单面加热	4.5~5	5~6	6~8

注：1. 每增加 1mm 料厚时，则加热时间按表值增加一倍。
2. 成批生产时，加热时间应根据试验确定。

1.6.3 冲模工作部尺寸计算

非金属材料除云母片外，因冲裁时回弹量较大，在设计凸、凹模刃口尺寸时，其计算方法与普通冲裁模刃口尺寸相同外，还应考虑材料的回弹量。非金属冲裁的凸、凹模刃口尺寸计算见表 1-128。凸、凹模间隙值可查表 1-42 或表 1-130。

表 1-128　非金属冲裁的凸、凹模刃口尺寸计算

工序	凹模或凸模计算公式	说明
落料	$D_凹 = (D - 0.5\Delta + \delta_H)^{+\delta_凹}$	平均收缩值：$\delta_H = AD - \delta_y$ $\delta_B = cd + \delta_y$ 式中　δ_H——加热落料时的平均收缩值，mm 　　　δ_B——加热冲孔时的平均收缩值，mm 　　　A,c——温度的收缩系数 　　　D,d——工件外形与孔的基本尺寸，mm 　　　δ_y——由于材料弹性变形引起的尺寸变化，mm 　　　A,c,δ_y 平均值见表 1-129。
冲孔	$d_凸 = (d + 0.5\Delta + \delta_B)_{-\delta_凸}$	

材料加热冲裁时的最大间隙值可增大 20%～30%。

表 1-129　A、c、δ_y 平均值

材 料 名 称	材料厚度/mm	A	c	δ_y/mm
胶纸板	1	0.002	0.0025	0.03
	1.5	0.0022	0.003	0.05
	2.0	0.0025	0.0035	0.07
	2.5	0.0027	0.004	0.10
	3.0	0.003	0.005	0.12
夹布胶木	2.0	0.002	0.0026	0.08
	2.5	0.0025	0.003	0.12
	3.0	0.0028	0.0036	0.15

表 1-130　非金属冲裁模间隙　　　　　　　　mm

材料名称	材料厚度	单边间隙 C	材料名称	材料厚度	单边间隙 C
酚醛层压板	0.2	0.003	橡胶板	3.5	0.070
	0.5	0.008		4.0	0.080
	1.0	0.015		5.0	0.125
	1.5	0.030		6.0	0.150
	2.0	0.040		7.0	0.175
	2.5	0.05		8.0	0.240
	3.0	0.06		9.0	0.270
	3.5	0.07		10.0	0.300
	4.0	0.08	有机玻璃板	0.2	0.003
	5.0	0.125		0.5	0.008
	6.0	0.15		1.0	0.015
	7.0	0.175		1.5	0.030
	8.0	0.240		2.0	0.040
	9.0	0.270		2.5	0.050
	10.0	0.300		3.0	0.060
石棉板	0.2	0.003		3.5	0.070
	0.5	0.008		4.0	0.080
	1.0	0.015		5.0	0.125
	1.5	0.030		6.0	0.150
	2.0	0.040		7.0	0.175
	2.5	0.050		8.0	0.240
	3.0	0.060		9.0	0.270
	3.5	0.070		10.0	0.300
	4.0	0.080	环氧酚醛玻璃板	0.2	0.003
	5.0	0.125		0.5	0.008
	6.0	0.150		1.0	0.015
	7.0	0.175		1.5	0.030
	8.0	0.240		2.0	0.040
	9.0	0.270		2.5	0.050
	10.0	0.300		3.0	0.060
橡胶板	0.2	0.003		3.5	0.070
	0.5	0.008		4.0	0.080
	1.0	0.015		5.0	0.125
	1.5	0.030		6.0	0.150
	2.0	0.040		7.0	0.175
	2.5	0.050		8.0	0.240
	3.0	0.060		9.0	0.270

材料名称	材料厚度	单边间隙 C	材料名称	材料厚度	单边间隙 C
环氧酚醛玻璃板	10.0	0.300		2.0	0.040
	0.20	0.001		2.5	0.050
	0.35	0.002	纤维板	0.30	0.060
	0.5	0.003		3.5	0.070
	0.8	0.004		4.0	0.080
	1.0	0.005		4.5	0.090
	1.2	0.006		5.0	0.100
	1.5	0.008		0.5	0.008
云母	1.8	0.009		1.0	0.015
	2.0	0.010		1.5	0.023
	2.2	0.011		2.0	0.030
	2.5	0.013	软纸	2.5	0.038
	2.8	0.014		3.0	0.045
	3.0	0.015		3.5	0.053
	3.5	0.018		4.0	0.060
	4.0	0.020		4.5	0.068
	0.2	0.001		5.0	0.075
	0.35	0.002		0.2	0
	0.5	0.003		0.5	0
	0.8	0.004		0.8	0
	1.0	0.005	毛毡	1.0	0
	1.2	0.006		2.0	0.003
	1.5	0.008		5.0	0.008
皮革	1.8	0.009		10.0	0.020
	2.0	0.010	酚醛层压板		
	2.2	0.011	石棉板		
	2.5	0.013	橡胶板	$(1.5\%\sim3.0\%)t$	
	2.8	0.014	有机玻璃板		
	3.0	0.015	环氧酚醛玻璃板		
	3.5	0.018	红纸板、胶纸板	$(0.5\%\sim2.0\%)t$	
	4.0	0.020	胶布板		
	0.5	0.010	云母片、皮革、纸	$(0.25\%\sim0.75\%)t$	
纤维板	1.0	0.020	纤维板	$2.0\%t$	
	1.5	0.030	毛毡	$\leqslant0.2\%t$	

注：t 为材料厚度，mm。

第 2 章
弯曲模

2.1 弯曲件的工艺性

2.1.1 最小弯曲半径

弯曲件的圆角半径不宜过大或过小，过大时由于材料的回弹因素不易保证弯曲件精度。如弯曲半径过小，弯曲时易产生裂纹，板料的最小弯曲半径值按表 2-1 选用。管子最小弯曲半径见表 2-2。

表 2-1　板料最小弯曲半径　　　　　　　　　　　　　mm

材　　料	退火或正火状态		冷作硬化状态	
	弯曲线方向			
	垂直纤维	平行纤维	垂直纤维	平行纤维
08,10,Q195A,Q215A	$0.1t$	$0.4t$	$0.4t$	$0.8t$
15,20,Q235A	$0.1t$	$0.5t$	$0.5t$	$1t$
25,30,Q255A	$0.2t$	$0.6t$	$0.6t$	$1.2t$
35,40,Q275A	$0.3t$	$0.8t$	$0.8t$	$1.5t$
45,50	$0.5t$	$1t$	$1t$	$1.7t$
55,60	$0.7t$	$1.3t$	$1.3t$	$2t$
65Mn,T7	$1t$	$2t$	$2t$	$3t$
Cr18Ni9	$1t$	$2t$	$3t$	$4t$
硬铝（软）	$1t$	$1.5t$	$1.5t$	$2.5t$
硬铝（硬）	$2t$	$3t$	$3t$	$4t$
磷青铜	—	—	$1t$	$3t$
黄铜（半硬）	$0.1t$	$0.35t$	$0.5t$	$1.2t$
黄铜（软）	$0.1t$	$0.35t$	$0.35t$	$0.8t$
紫铜	$0.1t$	$0.35t$	$1t$	$2t$
铝	$0.1t$	$0.35t$	$0.5t$	$1t$
镁合金 MB1	加热到 300～400℃		冷作硬化状态	
	$2t$	$3t$	$6t$	$8t$
钛合金 BT₅	加热到 300～400℃		冷作硬化状态	
	$3t$	$4t$	$5t$	$6t$

注：1. 当弯曲线与纤维方向成一定角度时，可采用垂直和平行纤维方向两者的中间数值，如 45°时可取中间数值。

2. 对冲裁或剪裁后未经退火的毛坯弯曲时，应作为硬化金属来使用。

3. 弯曲时应将有毛刺的一边处于弯角的内侧。

4. 表中 t 为板料厚度。

表 2-2　管子最小弯曲半径
mm

简图	硬聚氯乙烯管 D	壁厚 t	R	铝管 D	壁厚 t	R	紫铜与黄铜管 D	壁厚 t	R	焊接钢管 D	壁厚 t	R 热	R 冷	无缝钢管 D	壁厚 t	R	D	壁厚 t	R
	12.5	2.25	30	6	1	10	5	1	10	13.5	—	40	80	6	1	15	45	3.5	90
	15	2.25	45	8	1	15	6	1	10	17	—	50	100	8	1	15	57	3.5	110
	25	2	60	10	1	15	7	1	15	21.25	2.75	65	130	10	1.5	20	57	4	150
	25	2	80	12	1	20	8	1	15	26.75	2.75	80	160	12	1.5	25	76	4	180
	32	3	110	14	1	20	10	1	15	33.5	3.25	100	200	14	1.5	30	89	4	220
	40	3.5	150	16	1.5	30	12	1	20	42.25	3.25	130	250	14	3	18	108	4	270
	51	4	180	20	1.5	30	14	1	20	48	3.5	150	290	16	1.5	30	133	4	340
	65	4.5	240	25	1.5	50	15	1	30	60	3.5	180	360	18	1.5	40	159	4.5	450
	76	5	330	30	1.5	60	16	1.5	30	75.5	3.75	225	450	18	3	28	159	6	420
	90	6	400	40	1.5	80	18	1.5	30	88.5	4	265	530	20	1.5	40	194	6	500
	114	7	500	50	2	100	20	1.5	30	114	4	340	680	22	3	50	219	6	500
	140	8	600	60	2	125	24	1.5	40					25	3	50	245	6	600
	166	8	800				25	1.5	40					32	3	60	273	8	700
							28	1.5	50					32	3.5	60	325	8	800
							35	1.5	60					38	3	80	371	10	900
							45	1.5	80					38	3.5	70	426	10	1000
							55	2	100					44.5	3	100			

2.1.2　弯曲件的形状

若弯曲件的形状左右不对称，则在弯曲过程中毛坯会发生滑动而产生偏移，见图 2-1，因此模具设计时应增设压料板、定位销等定位、压紧零件，或将两个不对称的工件排成左右对称形状进行弯曲后再切断。

2.1.3　弯曲件的结构工艺性

弯曲件的结构工艺性见表 2-3。

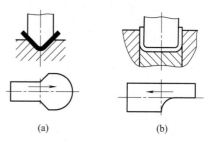

图 2-1　弯曲过程中弯曲件的滑移情况

表 2-3　弯曲件的结构工艺性

弯边形式	简　图	说　明
开槽弯曲		①弯曲件一般情况下，不宜采用最小弯曲半径，冲压工艺要求 $r \geqslant t$，对于厚料弯曲要求 $r \geqslant 2t$。只有当工件结构要求时，才采用最小弯曲半径的值，如工件上要求弯曲半径小于最小弯曲半径时，在工艺上采取有关提高材料塑性的措施，如退火或加热弯曲等；也可增加弯曲工序，逐步减小 r 值，使之达到最小半径的要求。 ②对一些较厚板料的弯曲，如结构上允许，可预先在弯曲处铣槽或压槽，然后再弯曲
弯曲件直边高度		①当弯曲 90° 时，为了保证弯曲件的质量，必须满足弯边高度为 $H > 2t$ [图(a)]。 ②若弯边高度 $H < 2t$ [图(a)的右边]，则必须在弯曲处预先压槽弯曲或增加直边高度，弯曲后再去掉多余部分。 ③当弯曲件的侧边带有斜角时 [图(b)]，侧边的最小高度为 $H = (2 \sim 4)t > 3mm$

续表

弯边形式	简　图	说　明
弯曲件孔边距	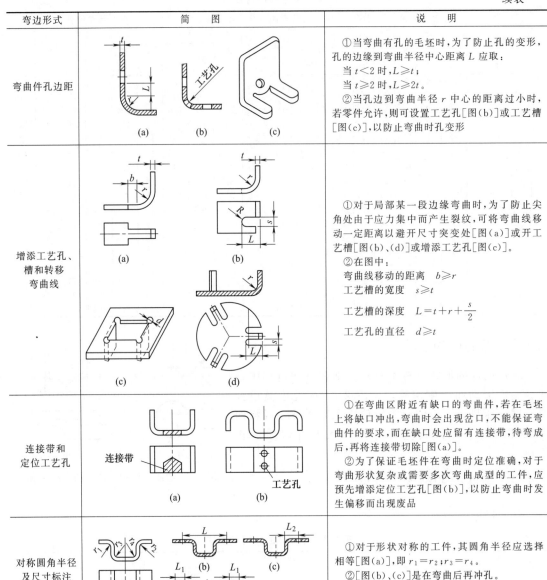　(a)　　(b)　　(c)	①当弯曲有孔的毛坯时,为了防止孔的变形,孔的边缘到弯曲半径中心距离 L 应取: 当 $t<2$ 时,$L \geqslant t$; 当 $t \geqslant 2$ 时,$L \geqslant 2t$。 ②当孔边到弯曲半径 r 中心的距离过小时,若零件允许,则可设置工艺孔[图(b)]或工艺槽[图(c)],以防止弯曲时孔变形
增添工艺孔、槽和转移弯曲线	(a)　(b)　(c)　(d)	①对于局部某一段边缘弯曲时,为了防止尖角处由于应力集中而产生裂纹,可将弯曲线移动一定距离以避开尺寸突变处[图(a)]或开工艺槽[图(b)、(d)]或增添工艺孔[图(c)]。 ②在图中: 弯曲线移动的距离　$b \geqslant r$ 工艺槽的宽度　$s \geqslant t$ 工艺槽的深度　$L=t+r+\dfrac{s}{2}$ 工艺孔的直径　$d \geqslant t$
连接带和定位工艺孔	连接带　工艺孔 (a)　　(b)	①在弯曲区附近有缺口的弯曲件,若在毛坯上将缺口冲出,弯曲时会出现岔口,不能保证弯曲件的要求,而在缺口处应留有连接带,待弯成后,再将连接带切除[图(a)]。 ②为了保证毛坯件在弯曲时定位准确,对于弯曲形状复杂或需要多次弯曲成型的工件,应预先增添定位工艺孔[图(b)],以防止弯曲时发生偏移而出现废品
对称圆角半径及尺寸标注	(a)　(b)　(c)　(d)	①对于形状对称的工件,其圆角半径应选择相等[图(a)],即 $r_1=r_2;r_3=r_4$。 ②[图(b)、(c)]是在弯曲后再冲孔。 ③[图(d)]是先落料冲孔后弯曲成型

2.2　弯曲时的回弹

　　金属材料在塑性弯曲时总有伴随着弹性变形。使弯曲后的工件产生回弹现象,其回弹量的多少而影响弯曲件的质量。为了消除回弹对工件精度的影响,设计时应确定回弹量,回弹量以回弹角度 $\Delta\alpha$ 表示(图 2-2):

$$\Delta\alpha=\alpha_0-\alpha_凸 \qquad (2-1)$$

式中　$\alpha_凸$——模具的角度,(°);

　　　α_0——弯曲后工件实际的角度,(°)。

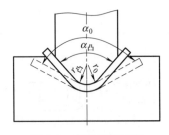

图 2-2　弯曲时的回弹

弯曲半径的回弹是指弯曲件回弹前后的弯曲半径的变化值：

$$\Delta r = r_0 - r_凸 \qquad (2\text{-}2)$$

式中 Δr——弯曲半径回弹值，mm；

r_0——弯曲后工件实际的半径，mm；

$r_凸$——模具的圆角半径，mm。

2.2.1 弯曲回弹值的计算

（1）计算法

影响回弹的因素很多，如材料的力学性能、厚度，工件的相对弯曲半径 r/t，以及弯曲时校正力的大小等，因此很难精确计算出回弹值。模具设计时一般按图表及表格查出经验数值，经试模后再对模具工作部分进行修正。

对于锡磷青铜弹性材料进行 90°单角校正弯曲时，其弹复数值按图 2-3 选取。

对于 V 形件校正弯曲时回弹角的计算参考表 2-4 的经验公式。

表 2-4 V 形件校正弯曲时回弹角 $\Delta\alpha$ 经验计算公式

弯曲角 α	材料牌号			
	08、10	15、20	25、30	35
30°	$0.75r/t-0.39$	$0.69r/t-0.23$	$1.59r/t-1.03$	$1.51r/t-1.48$
60°	$0.58r/t-0.80$	$0.64r/t-0.65$	$0.95r/t-0.94$	$0.84r/t-0.76$
90°	$0.43r/t-0.61$	$0.434r/t-0.36$	$0.78r/t-0.79$	$0.79r/t-1.62$
120°	$0.36r/t-1.26$	$0.37r/t-0.58$	$0.46r/t-1.36$	$0.51r/t-1.71$

注：1. $\Delta_\alpha = \alpha_0 - \alpha_t = 2\beta$（$\beta$——单侧回弹角）。

2. 在自由弯曲时，回弹角将比表值增大 $20\% \sim 25\%$。

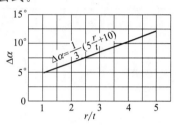

图 2-3 锡磷青铜弹复角

（2）图表法

当 $r/t < 5 \sim 8$ 时，弯曲半径变化不大，回弹角度可按表 2-5～表 2-7 选取。对于 V 形件的校正弯曲的回弹角，可按图 2-4～图 2-7 选取。

表 2-5 V 形件自由弯曲时的回弹角

材料的牌号及状态	r/t	弯曲角 α				
		150°	120°	90°	60°	30°
		回弹角 $\Delta\alpha$				
2A12T4 （LY12C）	2	2°	3°30′	4°30′	6°	7°30′
	3	3°	4°	6°	7°30′	9°
	4	3°30′	5°	7°30′	9°	10°30′
	5	4°30′	6°30′	8°30′	10°	11°30′
	6	5°30′	7°30′	9°30′	11°30′	13°30′
	8	7°30′	10°	12°	14°	16°
	10	9°30′	12°	14°	16°	18°
	12	11°30′	14°	16°30′	18°30′	21°
2AI2O （LY12M）	2	30′	1°30′	2°	2°30′	3°
	3	1°	2°	2°30′	3°	4°30′
	4	1°30′	2°	3°	4°30′	5°
	5	1°30′	2°30′	4°	5°	6°
	6	2°30′	3°30′	4°30′	5°30′	6°30′
	8	3°	4°30′	5°30′	6°30′	7°30′
	10	4°	5°	6°30′	8°	9°
	12	4°30′	6°	7°30′	9°	11°
7A04T4 （LC4C）	3	5°	7°	8°30′	9°	11°30′
	4	6°	8°	9°	12°	14°
	5	7°	8°30′	11°30′	13°30′	16°

材料的牌号及状态	r/t	弯曲角 α				
		150°	120°	90°	60°	30°
		回弹角 $\Delta\alpha$				
7A04T4 (LC4C)	6	7°30′	10°	13°30′	15°30′	18°
	8	10°30′	13°30′	16°30′	19°	21°
	10	12°	16°	19°	22°	25°
	12	14°	18°	21°30′	25°	28°
7A040 (LC4M)	2	1°	1°30′	2°30′	3°	3°30′
	3	1°30′	2°30′	3°	3°30′	4°
	4	2°	3°	3°30′	4°	4°30′
	5	2°30′	3°30′	4°	5°	6°
	6	3°	4°	5°	6°	7°
	8	3°30′	5°	6°	7°	8°
	10	4°	5°30′	7°	8°	9°
	12	5°	6°30′	8°	9°	11°
20 钢 (退火)	1	30′	1	1°30′	2°	2°30′
	2	30′	1°30′	2°	3°	3°30′
	3	1°	2	2°30′	3°30′	4°
	4	1°	2	3°	4°	5°
	5	1°30′	2°30′	3°30′	4°30′	5°30′
	6	1°30′	2°30′	4°	5°	6°
	8	2°	3°30′	5°	6°	7°
	10	3°	4°30′	5°30′	7°	8°
	12	3°30′	5°	7°	8°	9°
30CrMnSiA (退火)	1	30′	1°	2°	2°30′	3°
	2	30′	1°30′	2°30′	3°30′	4°30′
	3	1	2°	3°	4°	5°30′
	4	1°30′	3°	4°	5°	6°30′
	5	2°	3°	4°30′	5°30′	7°
	6	2°30′	4°	5°30′	6°30′	8°
	8	3°30′	5°	6°30′	8°	9°30′
	10	4°	6°	8°	9°30′	11°30′
	12	5°30′	7°	9°30′	11°	13°30′

表 2-6 单角 90°校正弯曲时的回弹角

材 料	r/t		
	≤1	>1～2	>2～3
Q215A、Q235A	−1°～1°30′	0°～2°	1°30′～2°30′
纯铜、铝、黄铜	0°～1°30′	0°～3°	2°～4°

表 2-7 U形件自由弯曲时的回弹角

材料的牌号及状态	r/t	凸模和凹模的单边间隙 z						
		0.8t	0.9t	1t	1.1t	1.2t	1.3t	1.4t
		回弹角 $\Delta\alpha$						
2A12(硬) (LY12CZ)	2	−2°	0°	2°30′	5°	7°30′	10°	12°
	3	−1°	1°30′	4°	6°30′	9°30′	12°	14°
	4	0°	3°	5°30′	8°30′	11°30′	14°	16°30′
	5	1°	4°	7°	10°	12°30′	15°	18°
	6	2°	5°	8°	11°	13°30′	16°30′	19°30′
2A12(软) (LY12M)	2	−1°30′	0°	1°30′	3°	5°	7°	8°30′
	3	−1°30′	30′	2°30′	4°	6°	8°	9°30′

材料的牌号及状态	r/t	凸模和凹模的单边间隙 z						
		0.8t	0.9t	1t	1.1t	1.2t	1.3t	1.4t
		回弹角 $\Delta\alpha$						
2A12(软)(LY12M)	4	−1°	1°	3°	4°30′	6°30′	9°	10°30′
	5	−1°	1°	3°	5°	7°	9°30′	11°
	6	−0°30′	1°30′	3°30′	6°	8°	10°	12°
7A04(硬)(LC4CZ)	3	3°	7°	10°	12°30′	14°	16°	17°
	4	4°	8°	11°	13°30′	15°	17°	18°
	5	5°	9°	12°	14°	16°	18°	20°
	6	6°	10°	13°	15°	17°	20°	23°
	8	8°	13°30′	16°	19°	21°	23°	26°
7A04(软)(LC4M)	2	−3°	−2°	0°	3°	5°	6°30′	8°
	3	−2°	−1°30′	2°	5°	6°30′	8°	9°
	4	−1°30′	−1°	2°30′	4°30′	7°	8°30′	10°
	5	−1°	−1°	3°	5°30′	8°	9°	11°
	6	0°	−0°30′	3°30′	6°30′	8°30′	10°	12°
20 钢(退火)	1	−2°30′	−1°	30′	1°30′	3°	4°	5°
	2	−2°	−30′	1°	2°	3°30′	5°	6°
	3	−1°30′	0°	1°30′	3°	4°30′	6°	7°30′
	4	−1°	0°30′	2°30′	4°	5°30′	7°	9°
	5	−30′	1°30′	3°	5°	6°30′	8°	10°
	6	0°30′	2°	4°	6°	7°30′	9°	11°
30CrMnSiA(退火)	1	−1°	−30′	0°	1°	2°	4°	5°
	2	−2°	−1°	1°	2°	4°	5°30′	7°
	3	−1°30′	0°	2°	3°30′	5°	6°30′	8°30′
	4	−30′	1°	3°	5°	6°30′	8°30′	10°
	5	0°	1°30′	4°	6°	8°	10°	11°
	6	0°30′	2°	5°	7°	9°	11°	13°
1Cr18Ni9Ti	1	−2°	−1°	−30′	0°	0°30′	1°30′	2°
	2	−1°	−30′	0°	1°	1°30′	2°	3°
	3	−0°30′	0°	1°	2°	2°30′	3°	4°
	4	0°	1°	2°	2°30′	3°	4°	5°
	5	0°30′	1°30′	2°30′	3°	4°	5°	6°
	6	1°30′	2°	3°	4°	5°	6°	7°

注：工件在模具中无镦弯时的回弹角。

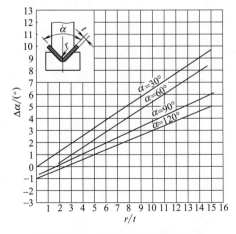

图 2-4　08、10 及 Q195 钢回弹角

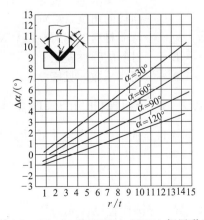

图 2-5　15、20 及 Q215A Q235A 钢回弹角

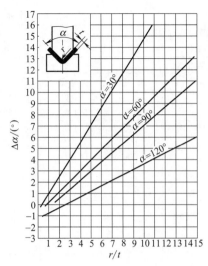

图 2-6 25、30 及 Q255A 钢回弹角

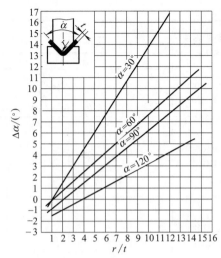

图 2-7 35 和 Q275 钢回弹角

当弯曲件 $r/t \geqslant 10$ 时，回弹值很大，弯曲圆角半径和弯曲角均有较大的变化，其回弹主要决定于材料的力学性能，对凸模圆角半径和回弹角分别按下式计算。

凸模圆角半径为：

$$r_凸 = \frac{r_0}{1 + \dfrac{3\sigma_s}{E} \times \dfrac{r_0}{t}} \tag{2-3}$$

设

$$\frac{3\sigma_s}{E} = A$$

故

$$r_凸 = \frac{r_0}{1 + A\dfrac{r_0}{t}} \tag{2-4}$$

回弹角为：

$$\beta_t = r_0 \beta / r_t \tag{2-5}$$

$$\Delta\alpha = \alpha_0 - \alpha_t = (180° - \alpha_0)(r_0/r_t - 1) \tag{2-6}$$

式中　r_t——凸模的圆角半径，mm；

　　　r_0——工件要求的圆角半径，mm；

　　　α_0——工件要求的角度，(°)；

　　　α_t——凸模的角度，(°)；

　　　σ_s——弯曲材料的屈服极限，MPa；

　　　E——材料的弹性模量；

　　　A——简化系数，见表 2-8。

2.2.2　圆棒料弯曲的凸模圆角半径计算

圆棒料弯曲的凸模圆角半径计算为：

$$r_t = \frac{1}{\dfrac{1}{r_0} + \dfrac{3.4\sigma_s}{Ed}} \tag{2-7}$$

式中　d——圆棒直径，mm；

　　　其余符号同前。

表 2-8　简化系数 A 值

名称	牌号	状态	A	名称	牌号	状态	A	名称	牌号	状态	A
铝	1035、8A06 (L4)、(L6)	退火 冷硬	0.0012 0.0041	纯铜	T1、T2、T3	软 硬	0.0019 0.0088	铝青铜	QA15	硬	0.0047
防锈铝	3A21 (LF21)	退火 冷硬	0.0021 0.0054	黄铜	H62	软 半硬 硬	0.0033 0.008 0.015	碳钢	08、10、Q215A 20、Q235A 30、35、Q275 50		0.0032 0.005 0.0068 0.015
	5A12 (LF12)	软	0.0024		H68	软 硬	0.0026 0.0148	碳素 工具钢	T8	退火 冷硬	0.0076 0.0035
硬铝	2A11 (LY11)	软 硬	0.0064 0.0175	磷青铜	QSn6.5-0.1	硬	0.015	不锈钢	1Cr18Ni9Ti	退火 冷硬	0.0044 0.018
	2A12 (LY12)	软 硬	0.007 0.026	铍青铜	QBe2	软 硬	0.0064 0.0265	弹簧钢	65Mn	退火 冷硬	0.0076 0.015
									60Si2MnA	冷硬	0.021

2.3　弯曲力的计算

弯曲力的大小与弯曲件毛坯的材料力学性能、弯曲件形状、弯曲方法以及模具结构等多种因素有关。很难用理论分析的方法进行准确的计算。在实际生产中一般按经验公式进行计算，以作为设计模具和选用设备的依据，见表 2-9。单位校正力的值见表 2-10。

表 2-9　弯曲力经验计算公式

类型	简图	计算公式	说　明
自由弯曲		$P_自 = \dfrac{0.6KBt^2R_m}{r+t}$	式中　$P_自$——材料在冲压行程结束时的自由弯曲力，N
		$P_自 = \dfrac{0.7KBt^2R_m}{r+t}$	B——弯曲件的宽度，mm t——弯曲件的厚度，mm r——弯曲件的内弯曲半径，mm R_m——材料的强度极限，MPa K——安全系数，一般取 $K=1.3$
校正弯曲力	(a)　　　(b)	$P_校 = Fq$	式中　$P_校$——校正弯曲力，N F——校正部分的投影面积，mm^2 q——单位校正力，其值见表 2-10 Q——顶件力或压料力，N $P_压机$——有压料自由弯曲时的压力机的压力
顶件力或压料力		$Q_顶(Q_压)=K_1P_自$	K_1——系数，由弯曲复杂程度决定，顶件时，简单的：K_1 取 0.1～0.2；复杂的：K_1 取 0.2～0.4。压料时，简单的：K_1 取 0.3～0.5；复杂的：K_1 取 0.5～0.8
压力机压力的确定	有压料的自由弯曲：$P_压机 \geqslant (1.1\sim1.2)P_自+Q$ 有顶料的自由弯曲：$P_压机 \geqslant (1.1\sim1.2)P_自+Q$ 校正弯曲：　　　$P_压机 \geqslant (1.1\sim1.2)P_校$		

表 2-10　单位校正力 q 值　　　　　　　　MPa

材　　料	材料厚度/mm			
	<1	>1～3	>3～6	>6～10
铝	15～20	>20～30	>30～40	>40～50
黄铜	20～30	>30～40	>40～60	>60～80
10～20 钢	30～40	>40～60	>60～80	>80～100
25～35 钢	40～50	>50～70	>70～100	>100～120
BT1 钛合金	160～180		>180～210	
BT2 钛合金	180～200		>200～260	

2.4 弯曲凸、凹模的间隙

弯曲 V 形件时，凸、凹模间隙是靠调节压力机的闭合高度控制的，不必设计与制造模具的间隙。U 形件的弯曲，凸、凹模间隙 z 的大小，对弯曲件质量有直接影响。过大的间隙将引起回弹角增大；过小时，会使工件厚度变薄，降低模具使用寿命，因此必须确定出合理的间隙值。凸、凹模的单边间隙值可按下式计算：

$$z = t + \Delta + nt \qquad (2\text{-}8)$$

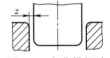

图 2-8 弯曲模间隙

式中　z——弯曲凸、凹模单边间隙（图 2-8），mm；

　　　t——材料厚度，mm；

　　　Δ——材料厚度正偏差，mm；

　　　n——间隙系数，根据弯曲件高度 H 和弯曲件长度 B 确定，其值见表 2-11。

表 2-11　间隙系数 n 值　　　　　　　　　　　　　　　　　　mm

弯曲件高度 H	材料厚度 t								
	<0.5	0.6~2	2.1~4	4.1~5	<0.5	0.6~2	2.1~4	4.1~7.5	7.6~12
	$B \leq 2H$				$B > 2H$				
10	0.05	0.05	0.04	—	0.10	0.10	0.08	—	—
20	0.05	0.05	0.04	0.03	0.10	0.10	0.08	0.06	0.06
35	0.07	0.05	0.04	0.03	0.15	0.10	0.08	0.06	0.06
50	0.10	0.07	0.05	0.04	0.20	0.15	0.10	0.06	0.06
75	0.10	0.07	0.05	0.05	0.20	0.15	0.10	0.10	0.08
100	—	0.07	0.05	0.05	—	0.15	0.10	0.10	0.08
150	—	0.10	0.07	0.05	—	0.20	0.15	0.10	0.10
200	—	0.10	0.07	0.07	—	0.20	0.15	0.15	0.10

当弯曲件的精度要求较高时，凸、凹模的间隙值应适当减小，取 $z = t$。

为了简便计算，在实际生产中可按材料力学性能和材料厚度选取：

对于钢板：　　　　　　　　　　$z = (1.05 \sim 1.15)t$

对于有色金属：　　　　　　　　$z = (1.0 \sim 1.1)t$

式中的系数，根据工件的要求而定，工件精度要求较高，取较小系数。

2.5 弯曲模工作部分尺寸计算

2.5.1 凸、凹模宽度尺寸

凸、凹模宽度尺寸是指 $L_凸$ 与 $L_凹$ 的尺寸（图 2-9），根据弯曲件尺寸的标注，凸、凹模宽度尺寸可按表 2-12 中的公式计算。

2.5.2 凸、凹模圆角半径和弯曲凹模深度的确定

（1）凸模圆角半径

弯曲件的内侧弯曲半径为 r，则取 $r_凸 = r$，但不能小于材料允许的最小弯曲半径。若 $r < r_{min}$ 时，则应取 $r_凸 > r_{min}$，应增加整形工序，使整形模的 $r_凸 = r$。

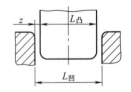

图 2-9　弯曲模工作
部分尺寸

（2）凹模工作部分的几何尺寸

凹模圆角半径 $r_凹$ 的大小，直接影响工件的成型，凹模的深度 l 及相关尺寸见表 2-13、表 2-14。

表 2-12　凸、凹模工作部分尺寸计算

工件尺寸标注方式	工件简图	凹模尺寸	凸模尺寸
尺寸标注在外形上	$L\pm\Delta$	$L_凹=\left(L-\dfrac{1}{2}\Delta\right)^{+\delta_凹}$	$L_凸$ 按凹模尺寸配制,保证双面间隙为 $2z$ 或 $L_凸=(L_凹-2z)_{-\delta_凸}$
	$L-\Delta$	$L_凹=\left(L-\dfrac{3}{4}\Delta\right)^{+\delta_凹}$	
尺寸标注在内形上	$L\pm\Delta$	$L_凹$ 按凸模尺寸配制,保证双面间隙为 $2z$ 或 $L_凹=(L_凸+2z)^{+\delta_凹}$	$L_凸=\left(L+\dfrac{1}{2}\Delta\right)_{-\delta_凸}$
	$L+\Delta$		$L_凸=\left(L+\dfrac{3}{4}\Delta\right)_{-\delta_凸}$

注：$L_凸$，$L_凹$——弯曲凸,凹模宽度尺寸，mm；z——弯曲凸、凹模单边间隙，mm；L——弯曲件外形或内形的基本尺寸，mm；Δ——弯曲件的尺寸公差，mm；$\delta_凸$，$\delta_凹$——弯曲凸、凹模制造公差，按IT6～IT8选用。

表 2-13　弯曲 U 凹模圆角半径 $r_凹$、凹模深度 l 及尺寸 m 值　　mm

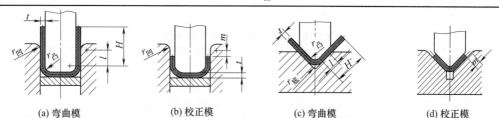

(a) 弯曲模　　　　(b) 校正模　　　　(c) 弯曲模　　　　(d) 校正模

材料厚度 t	0.5		>0.5～2		>2～4		>4～7	
弯边高度 H	l	$r_凹$	l	$r_凹$	l	$r_凹$	l	$r_凹$
10	6	3	10	3	10	4	—	—
20	8	3	12	4	15	5	20	8
35	12	4	15	5	20	6	25	8
50	16	5	20	6	25	8	30	10
75	20	6	25	8	30	10	35	12
100	—	—	30	10	35	12	40	15
150	—	—	35	12	40	15	50	20
200	—	—	45	15	55	20	65	25

材料厚度 t	～1	>1～2	>2～3	>3～4	>4～5	>5～6	>6～7	>7～8	>8～10
尺寸 m 值	3	4	5	6	8	10	15	20	25

注：对于 V 形件凹模底,可开退刀槽或取圆角半径为 $r_底=(0.6～0.8)(r_凹+t)$。

表 2-14　弯曲 V 形件的凹模深度 l_0 及底部最小厚度 h 值　　mm

材料厚度 t	≤2		>2～4		>4	
弯边长度 L	h	l_0	h	l_0	h	l_0
10～25	20	10～15	22	15	—	—
>25～50	22	>15～20	27	25	32	30
>50～75	27	>20～25	32	30	37	35
>75～100	32	>25～30	37	35	42	40
>100～150	37	>30～35	42	40	47	50

2.6 弯曲件展开长度计算

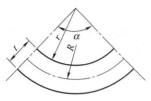

图 2-10 中性层弯曲半径

① 弯曲件中性层半径 R（见图 2-10），可按下式计算：

$$R = r + kt \qquad (2-9)$$

根据 ρ 计算弧的展开长度： $\qquad L = \dfrac{\pi\rho\alpha}{180°}$

② 中性层系数，见表 2-15～表 2-17。

③ 弯曲件展开长度计算公式，见表 2-18。

④ 90°角弯曲部分的中性层弧长，见表 2-19。

表 2-15　中性层系数的值

r/t	0.1	0.15	0.2	0.25	0.3	0.4	0.5	0.6	0.7	0.8	0.9
K_1	0.23	0.26	0.29	0.31	0.32	0.35	0.37	0.38	0.39	0.40	0.405
K_2	0.30	0.32	0.33	0.35	0.36	0.37	0.38	0.39	0.40	0.408	0.414
r/t	1	1.1	1.2	1.3	1.4	1.5	1.6	1.7	1.8	1.9	2.0
K_1	0.41	0.42	0.424	0.429	0.433	0.436	0.439	0.44	0.445	0.447	0.449
K_2	0.42	0.425	0.43	0.433	0.436	0.44	0.443	0.446	0.45	0.452	0.455
r/t	2.5	3	3.5	3.75	4	4.5	5	6	10	15	30
K_1	0.458	0.464	0.468	0.47	0.472	0.474	0.477	0.479	0.488	0.493	0.496
K_2	0.46	0.47	0.473	0.475	0.476	0.478	0.48	0.482	0.49	0.495	0.498

注：K_1 适用于有顶板 V 或 U 形弯曲，K_2 适用于无顶板 V 形弯曲。

表 2-16　铰链弯曲中性层系数的值

r/t	＞0.5～0.6	＞0.6～0.8	＞0.8～1	＞1～1.2	＞1.2～1.5	＞1.5～1.8	＞1.8～2	＞2～2.2	＞2.2
K_3	0.76	0.73	0.7	0.67	0.64	0.61	0.58	0.54	0.5

表 2-17　圆杆料（线材）弯曲中性层系数的值

弯曲半径 r	≥1.5d	≤d	≤0.5d	≤0.25d
K	0.5	0.51	0.53	0.55

表 2-18　弯曲件展开长度计算公式

弯曲的特点与弯曲方式	简　图	说　　明
$r > 0.5t$ 一次弯曲一个角或多个角		一个圆角弯曲区 $L_{圆} = R\dfrac{180°-\alpha}{180°}\pi$ n 个圆角弯曲区 $L_{圆} = nR\dfrac{180°-\alpha}{180°}\pi$ 其中 $R = r + K_1 t$ 或 $R = r + K_2 t$ 则：$L = L_1 + L_2 + \dfrac{\pi}{180°}(180°-\alpha)(r+K_1 t)$ $\quad L = L_{圆} + L_{直}$ 例：已知 $L_1 = 40, L_2 = 20, \alpha = 43°, t = 3, r = 10$，查表 $K_1 = 0.466$。 则：$L = 40 + 20 + 0.0175 \times 137 \times (10 + 0.47 \times 3) = 87.4$
$r < 0.5t$ 弯曲一个角		$L = a + b + 0.4t$

弯曲的特点与弯曲方式	简　图	说　明
$r < 0.5t$　弯曲一个角		理论计算式：$L = a + b + 1.57(r + K_2 t)$ 经验公式：$L = a + b - (t + r/2)$ 或 $L = a + b + 0.4t$ 例：若已知 $a = 60, b = 30, r = 2, t = 1$。 则理论计算式：$L = (60 - 1 - 2) + (30 - 1 - 2) + 1.57 \times (2 + 0.46 \times 1)$ 　　　　　$= 57 + 27 + 3.9 = 87.9$ 用经验公式：$L = a + b - (t + r/2)$ 　　　　　$L = 60 + 30 - (1 + 2/2) = 88$ 　　　　　$L = a + b + 0.4t = 60 + 30 + 0.4 \times 1 = 90.4$
		理论计算式：$L = a + b + \pi(r + K_2 t)$ 简单化式：$L = a + b - t/2$ 或 $L = a + b - 0.43t$ 例：设 $a = 30, b = 25, t = 1, r = 0.1$，查表 $K_2 = 0.3$。 理论计算式：$L = a + b + \pi(r + K_2 t) = (30 - 1 - 0.1) + (25 - 1 - 0.1) + 3.14 \times (0.1 + 0.3 \times 1)$ 　　　　　$= 54.1$ 简单化式：$L = a + b - t/2 = L = 30 + 25 - 1/2 = 54.5$ 　　　　　$L = a + b - 0.43t = L = 30 + 25 - 0.43 \times 1 = 54.57$
一次同时弯曲二个角		$L = a + b + c + 0.6t$
一次同时弯曲三个角		$L = a + b + c + d + 0.75t$
一次同时弯曲二个角，第二次弯曲另一个角		$L = a + b + c + d + t$
一次同时弯曲四个角		$L = a + 2b + 2c + t$
分二次弯曲四个角		$L = a + 2b + 2c + 1.2t$
铰链弯曲		$L = L_1 + R \dfrac{\pi\beta}{180°}$ 其中 $R = r + K_3 t$ 对于 $r = (0.6 \sim 3.5)t$ 的铰链件也可用近似计算式： $L = L_1 + 5.7r + 4.7 K_3 t$
		$L = L_1 + L_2 + R \dfrac{\pi\beta}{180°}$ 其中 $R = r + K_3 t$

注：L——弯曲件的展开长度，mm；$L_圆$——弯曲件圆角部分的展开长度，mm；$L_直$——弯曲件直边部分的展开长度，mm；K_1，K_2，K_3——弯曲中性层系数，其值按表 2-15 和表 2-16 确定。

表 2-19　90°角的弯曲部分中性层的弧长 A [1.57 $(r+Kt)$ 值]　　　　mm

r	t													
	0.3	0.5	0.8	1	1.2	1.5	2	2.5	3	4	5	6	8	10
0.1	0.312 / 0.328	0.385 / 0.416	0.465 / 0.546	0.518 / 0.628										
0.3	0.664 / 0.668	0.769 / 0.774	0.898 / 0.932	0.973 / 1.036	1.055 / 1.130	1.154 / 1.248	1.287 / 1.460	1.433 / 1.680	1.554 / 1.880					
0.5	0.992 / 0.995	1.107 / 1.115	1.265 / 1.271	1.366 / 1.382	1.448 / 1.484	1.562 / 1.639	1.758 / 1.884	1.923 / 2.080	2.057 / 2.283	2.324 / 2.719	2.591 / 3.140			
1	1.790 / 1.792	1.923 / 1.927	2.105 / 2.113	2.214 / 2.229	2.326 / 2.341	2.479 / 2.493	2.732 / 2.763	2.944 / 3.022	3.124 / 3.280	3.517 / 3.768	3.847 / 4.161	4.113 / 4.547	4.647 / 5.438	5.180 / 6.280
1.5	2.580 / 2.581	2.719 / 2.724	2.915 / 2.922	3.040 / 3.046	3.158 / 3.167	3.321 / 3.344	3.595 / 3.623	3.847 / 3.870	4.098 / 4.145	4.490 / 4.660	4.867 / 5.181	5.275 / 5.652	5.872 / 6.399	6.437 / 7.301
2	3.366 / 3.368	3.510 / 3.514	3.704 / 3.712	3.845 / 3.854	3.973 / 3.980	4.152 / 4.167	4.427 / 4.458	4.710 / 4.741	4.953 / 4.968	5.464 / 5.526	5.888 / 6.045	6.249 / 6.531	7.034 / 7.536	7.693 / 8.321
2.5	4.152 / 4.155	4.300 / 4.302	4.504 / 4.517	4.644 / 4.647	4.771 / 4.782	4.958 / 4.973	5.256 / 5.278	5.534 / 5.574	5.814 / 5.861	6.330 / 6.355	6.830 / 6.908	7.260 / 7.429	7.994 / 8.484	8.792 / 8.420
3	4.939 / 4.940	5.086 / 5.088	5.300 / 5.307	5.439 / 5.448	5.573 / 5.577	5.767 / 5.782	6.079 / 6.092	6.374 / 6.398	6.641 / 6.690	7.191 / 7.247	7.693 / 7.740	8.195 / 8.290	8.980 / 9.319	9.734 / 10.362
4	6.510 / 6.511	6.659 / 6.662	6.879 / 6.883	7.021 / 7.027	7.158 / 7.167	7.361 / 7.368	7.690 / 7.709	8.003 / 8.019	8.305 / 8.333	8.855 / 8.918	9.420 / 9.483	9.916 / 9.935	10.927 / 10.053	11.775 / 12.089
5	8.081 / 8.085	8.233 / 8.235	8.453 / 8.454	8.599 / 8.604	8.741 / 8.747	8.947 / 8.959	9.288 / 9.290	9.612 / 9.636	9.918 / 9.946	10.513 / 10.557	11.069 / 11.147	11.637 / 11.712	12.648 / 12.711	13.659 / 13.816
6	9.651 / 9.655	9.804 / 9.805	10.025 / 10.029	10.172 / 10.177	10.319 / 10.321	10.532 / 10.541	10.871 / 10.895	11.206 / 11.222	11.535 / 11.563	12.158 / 12.183	12.748 / 12.796	13.282 / 13.376	14.381 / 14.381	15.386 / 15.480
8	12.791 / 12.795	12.945 / 12.946	13.173 / 13.175	13.318 / 13.322	13.464 / 13.470	13.690 / 13.697	14.045 / 14.054	14.389 / 14.413	14.722 / 14.741	15.380 / 15.417	16.006 / 16.038	16.610 / 16.667	17.709 / 17.835	18.840 / 18.966
10	15.931	16.086 / 16.087	16.314 / 16.317	16.466 / 16.469	16.610 / 16.614	16.828 / 16.835	17.198 / 17.207	17.553 / 17.568	17.895 / 17.923	18.576 / 18.589	19.225 / 19.272	19.835 / 19.892	21.051 / 21.134	22.137 / 22.294
12	19.072	19.227 / 19.228	19.455 / 19.458	19.608 / 19.611	19.759 / 19.763	19.977 / 19.982	20.344 / 20.354	20.708 / 20.720	21.063 / 21.082	21.754 / 21.792	22.412 / 22.435	23.070 / 23.126	24.316 / 24.366	25.497 / 25.591
15	23.782	23.938 / 23.939	24.165 / 24.168	24.319 / 24.321	24.471 / 24.473	24.699 / 24.704	25.064 / 25.073	25.430 / 25.442	25.797 / 25.811	26.502 / 26.533	27.192 / 27.240	27.864 / 27.883	29.189 / 29.215	30.395 / 30.458
20	31.633	31.789	32.018 / 32.019	32.172 / 32.174	32.325 / 32.327	32.551 / 32.556	32.932 / 32.939	32.296 / 33.307	33.661 / 33.675	34.396 / 34.414	35.105 / 35.137	35.789 / 35.846	37.153 / 37.178	38.449 / 38.544

注：表中分子值用于有压板弯曲，分母值用于无压板弯曲。

2.7　提高弯曲件精度的工艺措施

提高弯曲件精度的工艺措施见表 2-20。

表 2-20　提高弯曲件精度的工艺措施

类型	简　　图	说　　明
压制加强筋	 (a)　　　　(b)	改进弯曲件结构，如在弯曲变形区压制加强筋，提高弯曲件的刚性和变形程度，而减小回弹

类型	简　图	说　明
从模具结构设计考虑减少回弹	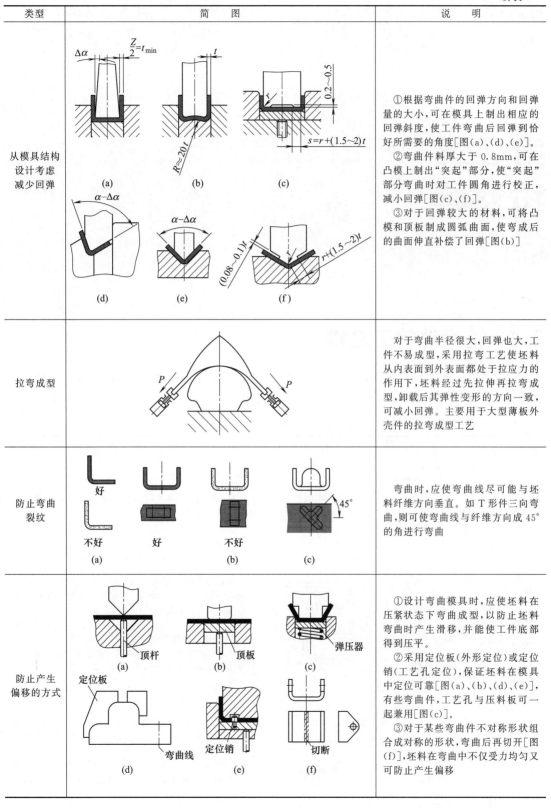	①根据弯曲件的回弹方向和回弹量的大小,可在模具上制出相应的回弹斜度,使工件弯曲后回弹到恰好所需的角度[图(a)、(d)、(e)]。 ②弯曲件料厚大于 0.8mm,可在凸模上制出"突起"部分,使"突起"部分弯曲时对工件圆角进行校正,减小回弹[图(c)、(f)]。 ③对于回弹较大的材料,可将凸模和顶板制成圆弧曲面,使弯成后的曲面伸直补偿了回弹[图(b)]
拉弯成型		对于弯曲半径很大,回弹也大,工件不易成型,采用拉弯工艺使坯料从内表面到外表面都处于拉应力的作用下,坯料经过先拉伸再拉弯成型,卸载后其弹性变形的方向一致,可减小回弹。主要用于大型薄板外壳件的拉弯成型工艺
防止弯曲裂纹		弯曲时,应使弯曲线尽可能与坯料纤维方向垂直。如 T 形件三向弯曲,则可使弯曲线与纤维方向成 45°的角进行弯曲
防止产生偏移的方式		①设计弯曲模具时,应使坯料在压紧状态下弯曲成型,以防止坯料弯曲时产生滑移,并能使工件底部得到压平。 ②采用定位板(外形定位)或定位销(工艺孔定位),保证坯料在模具中定位可靠[图(a)、(b)、(d)、(e)],有些弯曲件,工艺孔与压料板可一起兼用[图(c)]。 ③对于某些弯曲件不对称形状组合成对称的形状,弯曲后再切开[图(f)],坯料在弯曲中不仅受力均匀又可防止产生偏移

第3章
拉深模

3.1 拉深件的工艺性

拉深件的结构工艺要求见表 3-1。一次拉深成型的条件见表 3-2，圆筒形件一次拉深的相对深度见表 3-3，采用或不采用压边圈的条件见表 3-4。

表 3-1 拉深件的结构工艺要求

类型	简 图	说 明
组合零件拉深	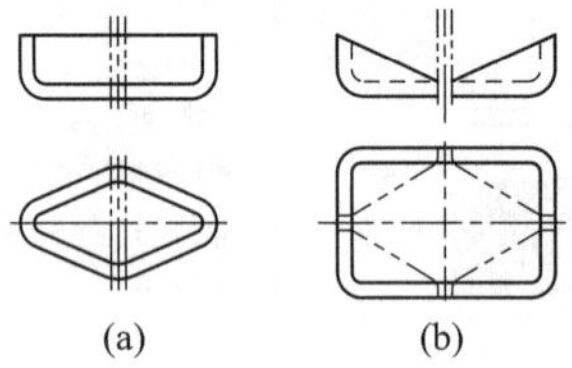 (a)　(b)	对于半敞开和非对称的空心件,应设计成对称组合的拉深,然后切开
拉深件的圆角半径	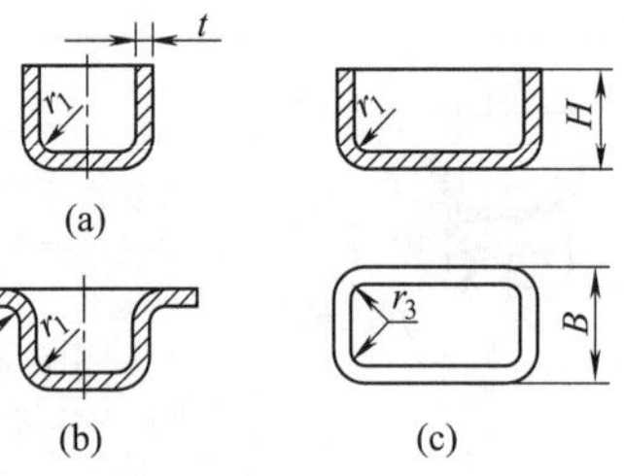 (a)　(b)　(c)	①底部圆角半径,应取 $r_1 \geqslant t$,为了有利于拉深,一般取 $r_1 \geqslant (3 \sim 5)t$,如 $r_1 < t$,则应增加整形工序。每整形一次,r_1 可减小 1/2。 ②凸缘圆角半径,$r_2 \geqslant 2t$,一般取 $r_2 = (4 \sim 8)t$,若 $r_2 < 0.5$mm 的圆角半径,应增加整形工序。 ③矩形拉深件 $r_3 \geqslant 3t$,否则应增整形。为了减少拉深次数取 $r_3 \geqslant 0.2H$
拉深件各部比例要恰当	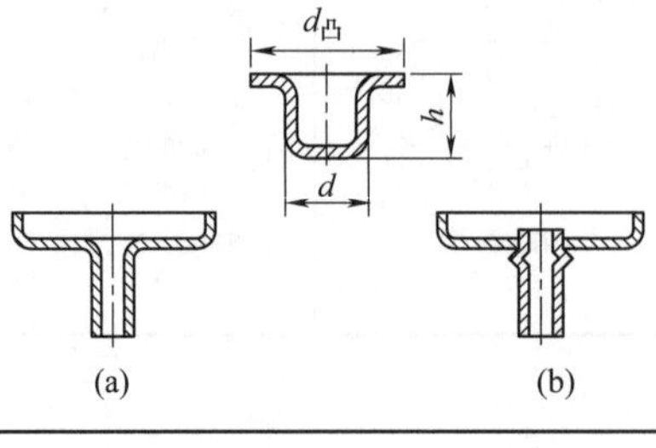 (a)　(b)	①应尽量避免设计宽凸缘和深度大的拉深件(即 $d_凸 > 3d$, $h \geqslant 2d$),因为此类工件需要较多的拉深次数。 ②拉深件的上部尺寸与下部尺寸相差太大[图(a)],而拉深成型困难,应将其分成两部分,分别制出,然后再连接成一体[图(b)]

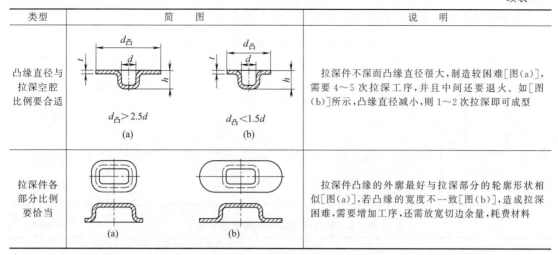

类型	简　图	说　明
凸缘直径与拉深空腔比例要合适	$d_凸>2.5d$　(a)　　$d_凸<1.5d$　(b)	拉深件不深而凸缘直径很大,制造较困难[图(a)],需要4~5次拉深工序,并且中间还要退火。如[图(b)]所示,凸缘直径减小,则1~2次拉深即可成型
拉深件各部分比例要恰当	(a)　　(b)	拉深件凸缘的外廓最好与拉深部分的轮廓形状相似[图(a)],若凸缘的宽度不一致[图(b)],造成拉深困难,需要增加工序,还需放宽切边余量,耗费材料

表 3-2　采用一次拉深的条件

无凸缘圆筒形件	矩形件	带凸缘圆筒形件
$h\leqslant(0.5~0.7)d$	$h\leqslant(0.6~0.7)B$ $h\leqslant7r_平$	$d/D\geqslant0.4$ $\dfrac{L-A}{A}<\varepsilon$

注:h——拉深的高度,mm;d——圆筒形部分的直径(中性层),mm;D——毛坯直径,mm;A——点m—m间的距离,mm;B——矩形拉深件的短边宽度,mm;$r_平$——矩形件内底平面上的圆角半径,mm;ε——材料允许的延伸率,%;L——拉深部位径向总长。$L=2l_1+2l_2+2l_3+l_4$,mm。

表 3-3　圆筒形件一次拉深的相对深度

材料	相对拉深深度 h/d	材料	相对拉深深度 h/d
铝	0.73~0.75	黄铜	0.75~0.80
硬铝	0.60~0.65	软钢	0.68~0.72

表 3-4　采用或不采用压边圈的条件

拉深方式	第一次拉深		以后各次拉深	
	$\dfrac{t}{D}\times100$	m_1	$\dfrac{t}{d_{n-1}}\times100$	m_n
用压边圈	<1.5	<0.6	<1	<0.8
用(或不用)压边圈	1.5~2.0	0.6	1~1.5	0.8
不用压边圈	>2.0	>0.6	>1.5	>0.8

注:t——材料厚度;D——毛坯直径;d_{n-1}——第$n-1$次拉深直径;$\dfrac{t}{D}\times100$——毛坯的相对厚度;$\dfrac{t}{d_{n-1}}\times100$——半成品的相对厚度。

3.2　圆筒形件的工艺计算

3.2.1　修边余量的确定

在拉深过程中,由于材料的各向异性,拉深时金属流动条件的差异,毛坯经过拉深后,特别是多次拉深后，拉深件的边口或凸缘的边缘不平齐的工件，为了保证工件的尺寸，毛坯计算时必须计入修边余量。修边余量分别见表 3-5 和表 3-6。

表 3-5   无凸缘圆筒形件的修边余量 δ mm

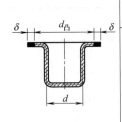

工件高度 h	工件的相对高度 h/d			
	$>0.5\sim0.8$	$>0.8\sim1.6$	$>1.6\sim2.5$	$>2.5\sim4$
$\leqslant10$	1.0	1.2	1.5	2
$>10\sim20$	1.2	1.6	2	2.5
$>20\sim50$	2	2.5	3.3	4
$>50\sim100$	3	3.8	5	6
$>100\sim150$	4	5	6.5	8
$>150\sim200$	5	6.3	8	10
$>200\sim250$	6	7.5	9	11
>250	7	8.5	10	12

表 3-6   有凸缘圆筒形件的修边余量 δ mm

凸缘直径 $d_凸$	凸缘的相对直径 $d_凸/d$			
	<1.5	$>1.5\sim2$	$>2\sim2.5$	$>2.5\sim3$
$\leqslant25$	1.8	1.6	1.4	1.2
$>25\sim50$	2.5	2.0	1.8	1.6
$>50\sim100$	3.5	3.0	2.5	2.2
$>100\sim150$	4.3	3.6	3.0	2.5
$>150\sim200$	5.0	4.2	3.5	2.7
$>200\sim250$	5.5	4.6	3.8	2.8
>250	6	5	4	3

3.2.2 毛坯尺寸的计算

（1）形状简单的旋转体拉深件的毛坯直径

可将工件分解为若干简单几何形状，毛坯面积就是等于简单几何形状的表面积之和（加上修边余量），然后再求出毛坯直径。

$$F=\frac{\pi}{4}D^2=f_1+f_2+\cdots+f_n=\Sigma f_n \qquad (3\text{-}1)$$

所以 $\qquad\qquad D=\sqrt{\frac{4}{\pi}F}=\sqrt{\frac{4}{\pi}\Sigma f} \qquad (3\text{-}2)$

式中 F——拉深件的表面积；

       f——拉深件分解成简单几何形状的表面积。

图 3-1 为有凸缘圆筒形件毛坯直径计算，可将其分解成简单几何形状，按表 3-7 中所列公式先求出 f_1、f_2、f_3、f_4、f_5 表面积之和，然后再求出直径 D。

常用简单几何形状的表面积计算公式见表 3-7 和常用拉深件毛坯直径的计算公式见表 3-8。

如拉深件的边缘口要求不需平齐，则不必留修边余量，应考虑材料厚度变薄的因素，毛坯直径可按下式计算：

$$D=1.13\sqrt{F\alpha}=1.13\sqrt{F/\beta} \qquad (3\text{-}3)$$

式中 F——不加修边余量的拉深件表面积，mm^2；

       α——平均变薄系数（表 3-9）；

       β——面积改变系数（表 3-9）。

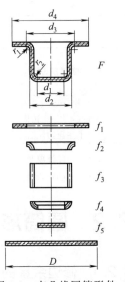

图 3-1   有凸缘圆筒形件
毛坯尺寸计算

表 3-7　常用简单几何形状的表面积计算公式

序号	名称	简　图	计 算 公 式
1	圆形	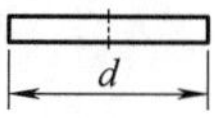	$F = \dfrac{\pi}{4} d^2 = 0.7854 d^2$
2	环形	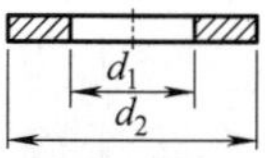	$F = \dfrac{\pi}{4}(d_2^2 - d_1^2) = 0.7854(d_2^2 - d_1^2)$
3	圆筒形	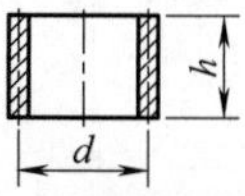	$F = \pi d h$
4	斜切筒形	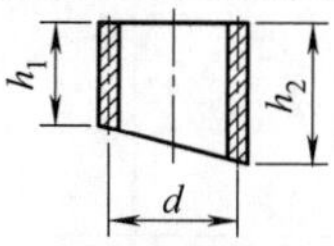	$F = \dfrac{\pi d}{2}(h_1 + h_2)$
5	圆锥形	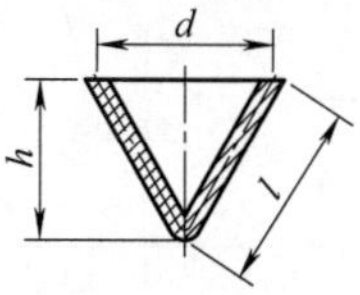	$F = \dfrac{\pi d}{4}\sqrt{d^2 + 4h^2} = \pi d l / 2$
6	圆锥筒形	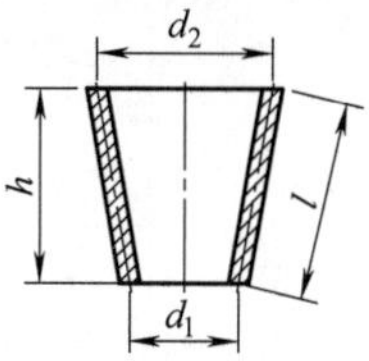	$l = \sqrt{h^2 + \left(\dfrac{d_2 - d_1}{2}\right)^2}$ $F = \pi l / 2 (d_1 + d_2)$
7	半球面	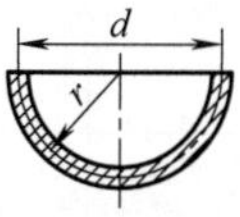	$F = 2\pi r^2 = 6.28 r^2$
8	半球形底杯	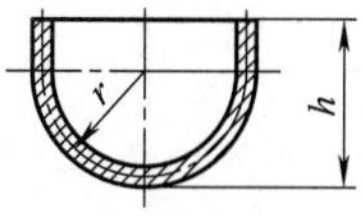	$F = 2\pi r h = 6.28 r h$
9	球面体	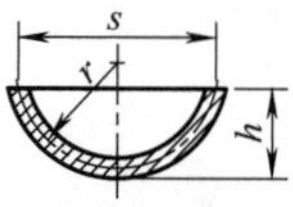	$F = \dfrac{\pi}{4}(s^2 + 4h^2)$ 或 $F = 2\pi r h = 6.28 r h$
10	凸形球环	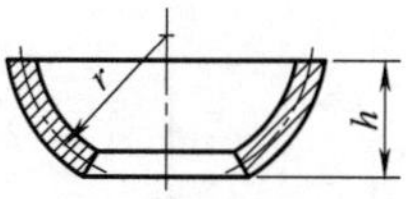	$F = 2\pi r h = 6.28 r h$
11	带法兰球面体	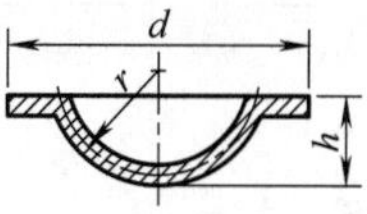	$F = \pi(d^2/4 + h^2)$
12	$\dfrac{1}{4}$凸形球环	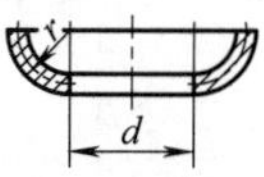	$F = \dfrac{\pi r}{2}(\pi d + 4r) = 4.94 r d + 6.28 r^2$
13	$\dfrac{1}{4}$凹形球环	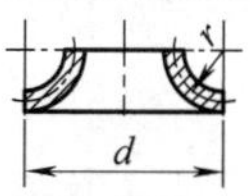	$F = \dfrac{\pi r}{2}(\pi d - 4r) = 4.94 r d - 6.28 r^2$

序号	名称	简　图	计　算　公　式
14	凸形球环	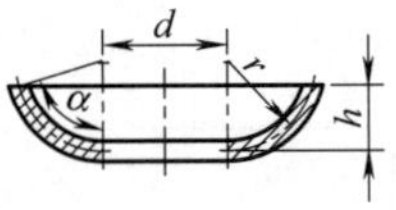	$F=\pi(dl+2rh)$ 式中　$h=r(1-\cos\alpha)$ $l=\dfrac{\pi r\alpha}{180°}$
15		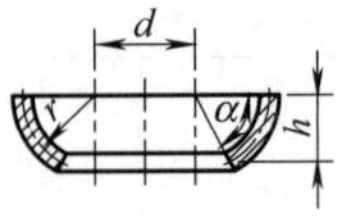	$F=\pi(dl+2rh)$ 式中　$h=r\sin\alpha$ $l=\dfrac{\pi r\alpha}{180°}$
16		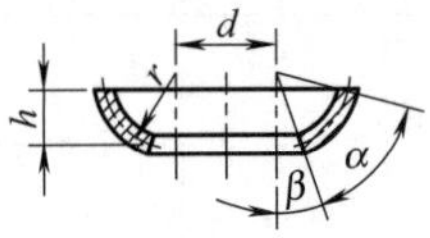	$F=\pi(dl+2rh)$ 式中　$h=r[\cos\beta-\cos(\alpha+\beta)]$ $l=\dfrac{\pi r\alpha}{180°}$
17		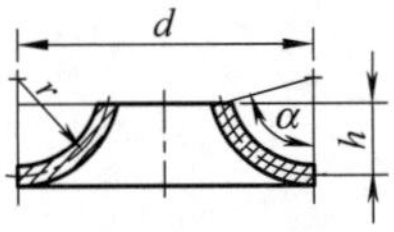	$F=\pi(dl-2rh)$ 式中　$h=r(1-\cos\alpha)$ $l=\dfrac{\pi r\alpha}{180°}$
18	凹形球环	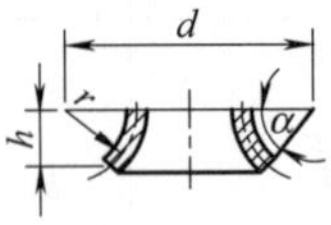	$F=\pi(dl-2rh)$ 式中　$h=r\sin\alpha$ $l=\dfrac{\pi r\alpha}{180°}$
19		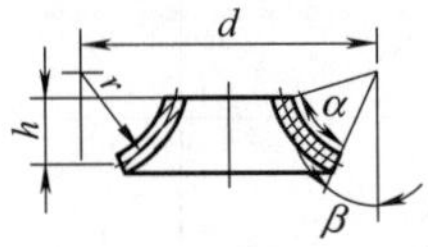	$F=\pi(dl-2rh)$ 式中　$h=r[\cos\beta-\cos(\alpha+\beta)]$ $l=\dfrac{\pi r\alpha}{180°}$
20	截头锥体	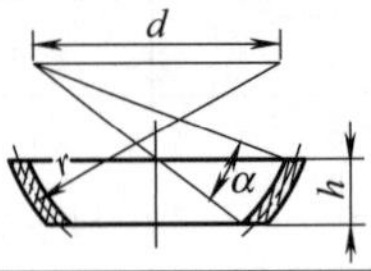	$F=2\pi r\left(h-d\dfrac{\pi\alpha}{360°}\right)$
21	半圆截面环	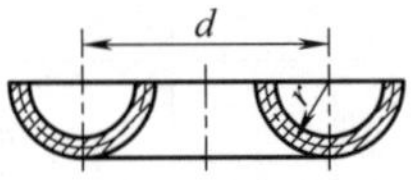	$F=\pi^2 dr=9.87rd$
22	旋转抛物面	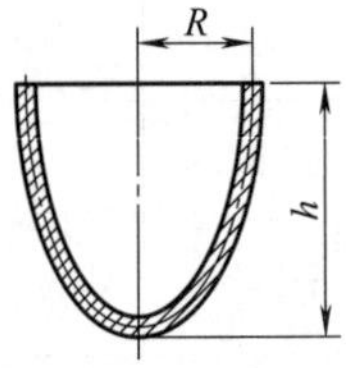	$F=\dfrac{2\pi}{3P}\sqrt{(R^2+P^2)^3}-P^3$ $P=\dfrac{R^2}{2h}$
23	截头旋转抛物面	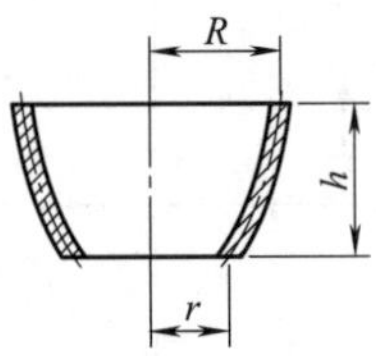	$F=\dfrac{2\pi}{3P}\left[\sqrt{(P^2+R^2)^3}-\sqrt{(P^2+r^2)^3}\right]$ $P=\dfrac{R^2-r^2}{2h}$
24	带边圆形筒	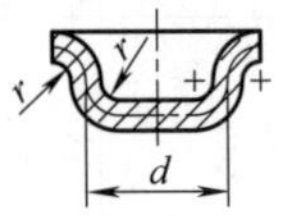	$F=\pi^2 rd+\dfrac{\pi}{4}(d-2r)^2$

序号	名称	简　图	计　算　公　式
25	凸形筒	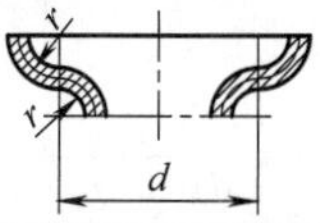	$F=\pi^2 rd=9.87td$
26	鼓形环	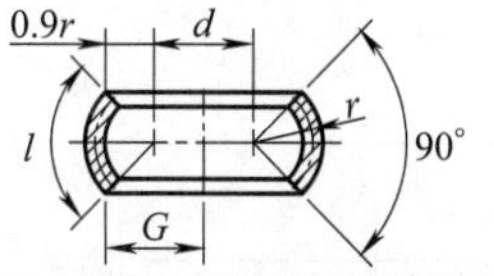	$F=2\pi Gl=\pi^2 Gr=9.87Gr$ 式中　$G=\dfrac{d}{2}+0.9r$ $l=\dfrac{\pi r}{2}$
27		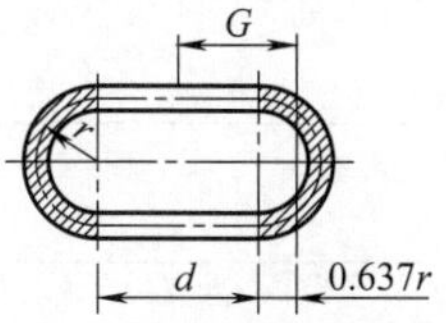	$F=2\pi Gl=2\pi^2 Gr=19.74Gr$ 式中　$G=\dfrac{d}{2}+0.637r$ $l=\pi r$
28	凹形圈	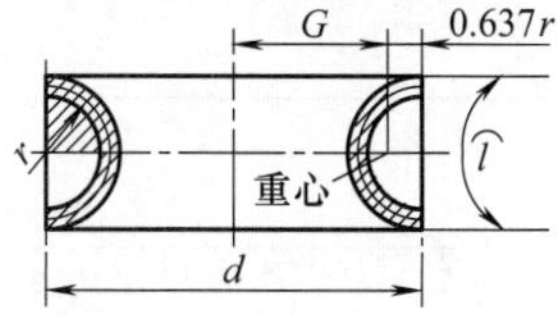	$F=2\pi Gl=2\pi^2 Gr=19.74Gr$ 式中　$G=\dfrac{d}{2}-0.637r$ $l=\pi r$

表 3-8　常用拉深件毛坯直径的计算公式

序号	简　图	毛坯直径 D_0
1	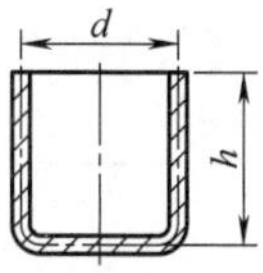	$D_0=\sqrt{d^2+4dh}$
2	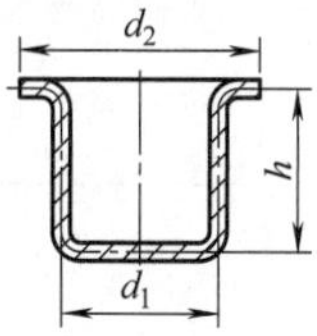	$D_0=\sqrt{d_2^2+4d_1 h}$
3	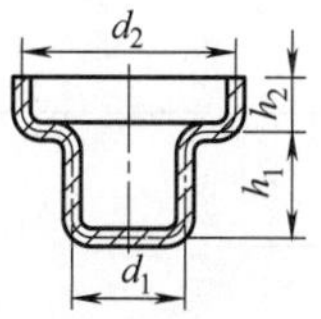	$D_0=\sqrt{d_2^2+4(d_1 h_1+d_2 h_2)}$
4	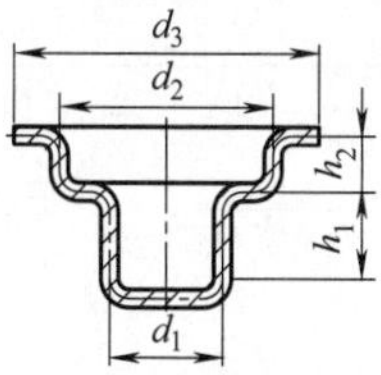	$D_0=\sqrt{d_3^2+4(d_1 h_1+d_2 h_2)}$
5	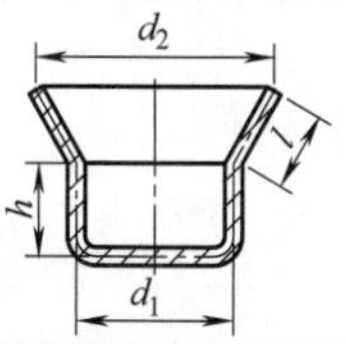	$D_0=\sqrt{d_1^2+4d_1 h+2l(d_1+d_2)}$

序号	简　图	毛坯直径 D_0
6	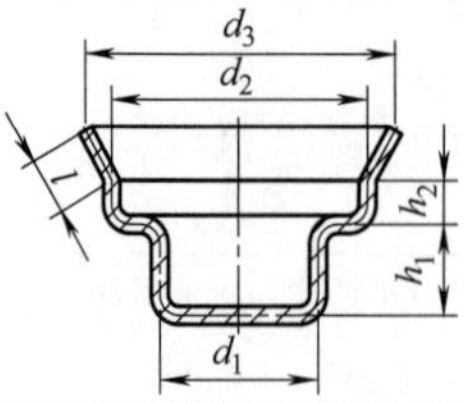	$D_0 = \sqrt{d_2^2 + 4(d_1 h_1 + d_2 h_2) + 2l(d_2 + d_3)}$
7	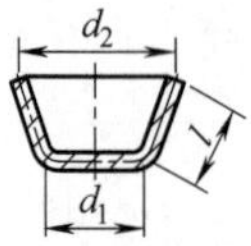	$D_0 = \sqrt{d_1^2 + 2l(d_1 + d_2)}$
8	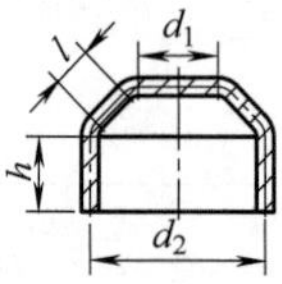	$D_0 = \sqrt{d_1^2 + 2l(d_1 + d_2) + 4d_2 h}$
9	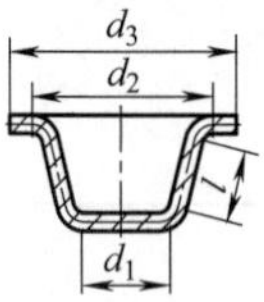	$D_0 = \sqrt{d_1^2 + 2l(d_1 + d_2) + d_3^2 - d_2^2}$
10	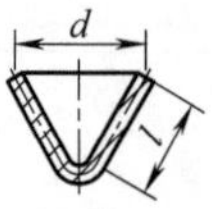	$D_0 = \sqrt{2dl}$
11	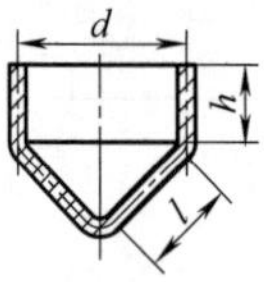	$D_0 = \sqrt{2d(l + 2h)}$
12	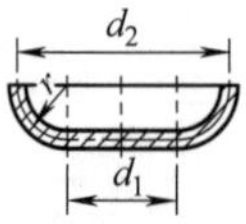	$D_0 = \sqrt{d_1^2 + 2r(\pi d_1 + 4r)}$
13	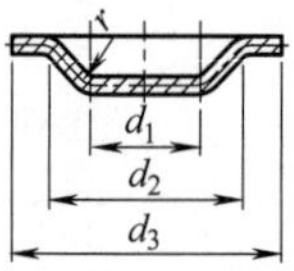	$D_0 = \sqrt{d_1^2 + 6.28 r d_1 + 8r^2 + d_3^2 - d_2^2}$
14	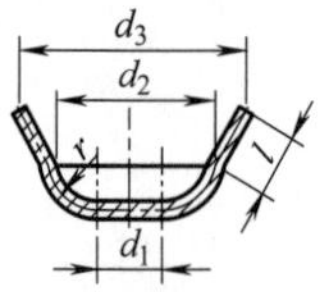	$D_0 = \sqrt{d_1^2 + 6.28 r d_1 + 8r^2 + 2l(d_2 + d_3)}$
15	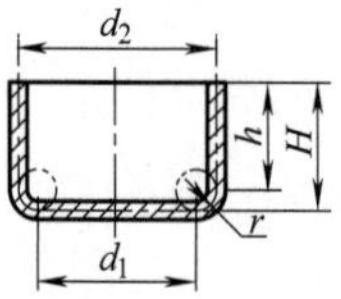	$D_0 = \sqrt{d_1^2 + 4 d_2 h + 6.28 r d_1 + 8r^2}$ 或　$D_0 = \sqrt{d_2^2 + 4 d_2 H - 1.72 r d_2 - 0.56 r^2}$

序号	简　图	毛坯直径 D_0
16	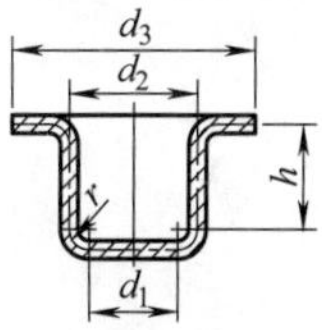	$D_0 = \sqrt{d_1^2 + 2\pi r d_1 + 8r^2 + 4d_2 h + d_3^2 - d_2^2}$
17	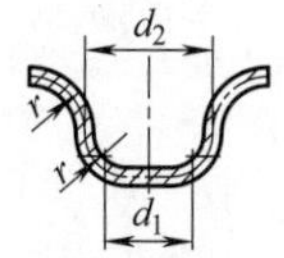	$D_0 = \sqrt{d_1^2 + 2\pi r(d_1 + d_2) + 4\pi r^2}$
18	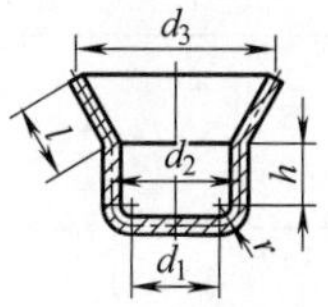	$D_0 = \sqrt{d_1^2 + 2\pi r d_1 + 8r^2 + 4d_2 h + 2l(d_2 + d_3)}$
19	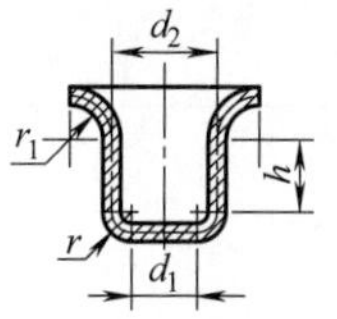	当 $r_1 = r$ 时 $D_0 = \sqrt{d_1^2 + 4d_2 h + 2\pi r(d_1 + d_2) + 4\pi r^2}$ 当 $r_1 \neq r$ 时 $D_0 = \sqrt{d_1^2 + 6.28 r d_1 + 8r^2 + 4d_2 h + 6.28 r_1 d_2 + 4.56 r^2}$
20	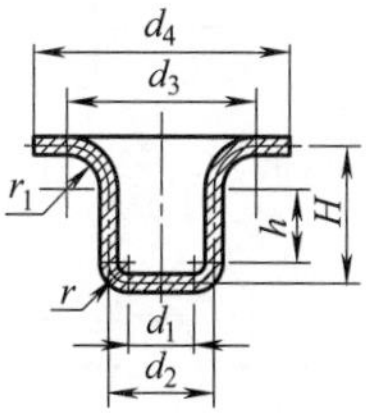	当 $r_1 = r$ 时 $D_0 = \sqrt{d_1^2 + 4d_2 h + 2\pi r(d_1 + d_2) + 4\pi r^2 + d_4^2 - d_3^2}$ 或 $D_0 = \sqrt{d_4^2 + 4d_2 H - 3.44 r d_2}$ 当 $r_1 \neq r$ 时 $D_0 = \sqrt{d_1^2 + 6.28 r d_1 + 8r^2 + 4d_2 h + 6.28 r_1 d_2 + 4.56 r_1^2 + d_4^2 - d_3^2}$
21	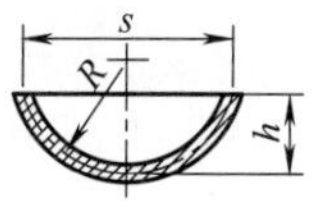	$D_0 = \sqrt{8Rh}$ 或 $D_0 = \sqrt{s^2 + 4h^2}$
22	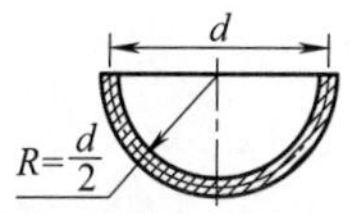	$D_0 = \sqrt{2d^2} = 1.414d$
23	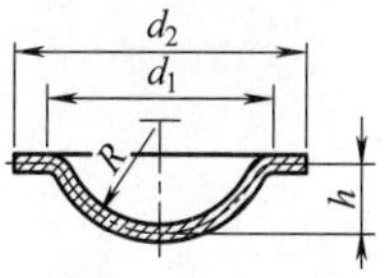	$D_0 = \sqrt{d_2^2 + 4h^2}$
24	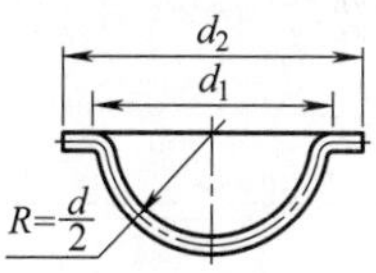	$D_0 = \sqrt{d_1^2 + d_2^2}$
25	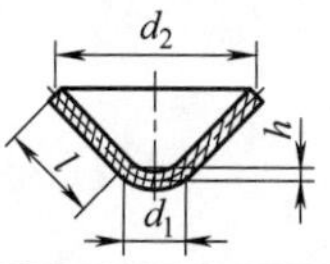	$D_0 = \sqrt{d_1^2 + 4h^2 + 2l(d_1 + d_2)}$

序号	简　图	毛坯直径 D_0
26	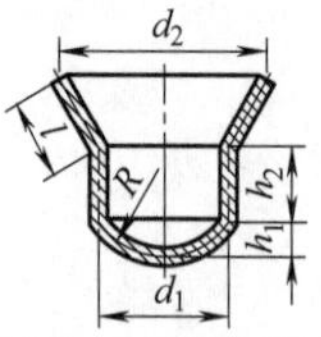	$D_0 = \sqrt{d_1^2 + 4\left[h_1^2 + d_1 h_2 + \dfrac{l}{2}(d_1 + d_2)\right]}$
27	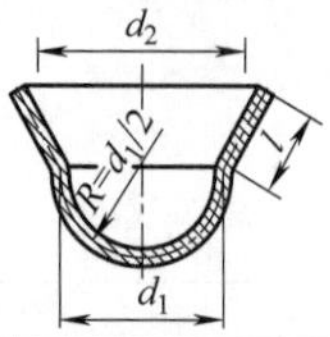	$D_0 = 1.414\sqrt{d_1^2 + l(d_1 + d_2)}$
28	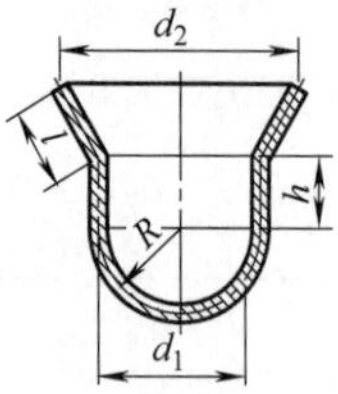	$D_0 = 1.414\sqrt{d_1^2 + 2d_1 h + l(d_1 + d_2)}$
29	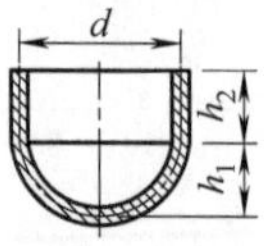	$D_0 = \sqrt{d^2 + 4(h_1^2 + d h_2)}$
30	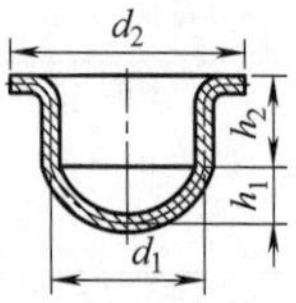	$D_0 = \sqrt{d_2^2 + 4(h_1^2 + d_1 h_2)}$
31	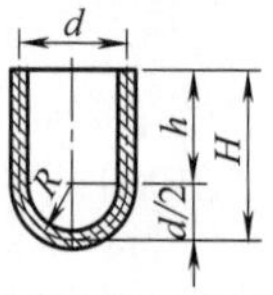	$D_0 = 1.414\sqrt{d^2 + 2dh}$ 或 $D_0 = 2\sqrt{dH}$
32	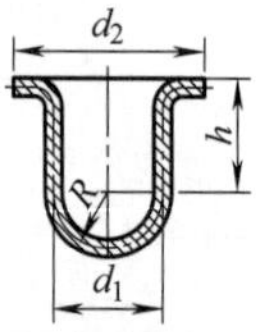	$D_0 = \sqrt{d_1^2 + d_2^2 + 4d_1 h}$
33	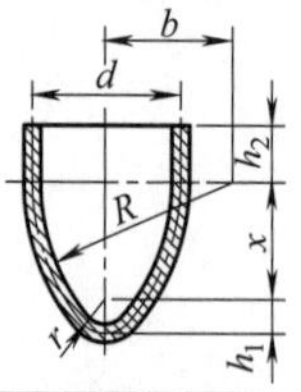	$D_0 = \sqrt{8R\left(x - b\arcsin\dfrac{X}{R}\right) + 4dh_2 + 8rh_1}$
34	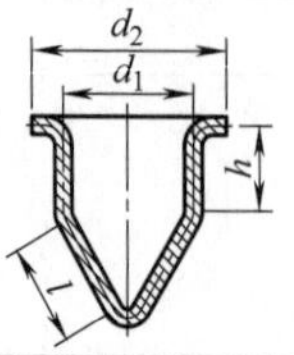	$D_0 = \sqrt{d_2^2 - d_1^2 + 4d_1\left(h + \dfrac{l}{2}\right)}$

序号	简　图	毛坯直径 D_0
35	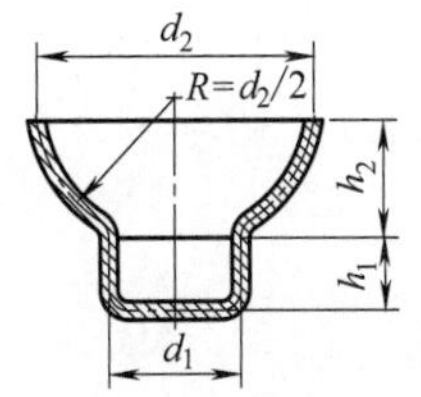	$D_0 = \sqrt{d_1^2 + 4d_1 h_1 + 4d_2 h_2}$

注：1. 尺寸按工件材料厚度中心层尺寸计算。

2. 对于厚度小于 1mm 的拉深件，可不按材料厚度中心层尺寸计算，而根据工件外形尺寸计算。

3. 对于部分未考虑工件圆角半径的计算公式，在计算有圆角半径的工件时计算结果要偏大，因而可不计入修边余量值，或选用较小的修边余量值。

表 3-9　用压边圈拉深时的材料平均变薄系数及面积改变系数

相对拉深半径 $R_0 = \dfrac{r_凹 + r_凸}{t}$	相对间隙 $z_0 = \dfrac{D_凹 - d_凸}{2t}$	单位压边力 q/MPa	拉深速度 $v/(\mathrm{m/s})$	平均变薄系数 $\alpha = t_1/t$	面积改变系数 $\beta = F_1/F$
>3	>1.1	1.0～2.0	<0.2	1.0～0.97	1.0～1.03
3～2	1.1～1.0	>2.0～2.5	0.2～0.4	0.97～0.93	>1.03～1.08
<2	<1.0～0.98	>2.5～3.0	>0.4	0.93～0.90	>1.08～1.11

注：$r_凹$——凹模圆角半径，mm；$r_凸$——凸模圆角半径，mm；$D_凹$——凹直径，mm；$d_凸$——凸模直径，mm；t——材料厚度，mm；t_1——拉深件平均厚度，mm；F——毛坯面积，mm^2；F_1——拉深后工件实际面积，mm^2。

对于形状简单只进行一次拉深的冲件，α 系数应取较大值；对于形状复杂需经多次拉深的冲件，α 系数取较小值。

（2）形状复杂的旋转体拉深件的毛坯直径

形状复杂的旋转体拉深件毛坯直径的计算可利用久利金法则：任意形状的母线 AB 绕轴线 YY 旋转，所得的旋转体面积等于母线长度 L 与其重心绕轴线旋转所得周长 $2\pi x$ 的乘积（x 为这段母线重心到轴线的距离）（图 3-2）。

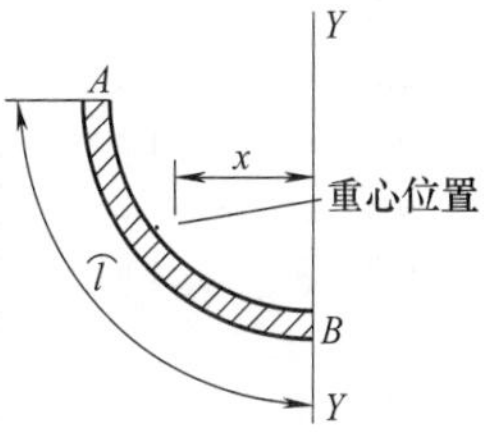

旋转体面积：
$$F = 2\pi L x \qquad (3\text{-}4)$$

毛坯面积：
$$F_0 = \pi D^2/4 \qquad (3\text{-}5)$$

图 3-2　旋转体母线

式中　D——毛坯直径。

毛坯直径：

$$D = \sqrt{8Lx} = \sqrt{8(l_1 x_1 + l_2 x_2 + l_3 x_3 + \cdots + l_n x_n)} = \sqrt{8\sum l_x} \qquad (3\text{-}6)$$

求毛坯直径的方法有三种。

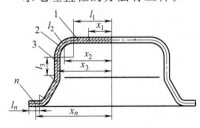

图 3-3　用解析法求毛坯尺寸

1）解析法。这种方法适用于直线与圆弧相连接的形状，如图 3-3 所示。

对于拉深件母线为直线和圆弧连接的旋转体，可将其母线分成简单的直线和圆弧线段 1，2，3，…，n，求出各线段的长度 l_1、l_2、l_3、…、l_n（圆弧长度可从表 3-10、表 3-11 查取）；再求出各线段的重心到轴线的距离（圆弧的重心到轴线的距离可从表 3-12、表 3-13 查取）x_1、x_2、x_3、$\cdots$、x_n，然后可按公式（3-6）计算（或从表3-14查得）毛坯直径 D。

表 3-10　中心角 $\alpha = 90°$ 时的弧长 L　　　　　　　　　mm

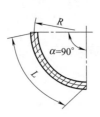

$$L = \frac{\pi}{2}R$$

例：$R = 41.25$　查弧长 L

R	L
41	64.40
0.2	0.31
0.05	0.08
41.25	64.79

R	L	R	L	R	L	R	L
		10	15.71	40	62.83	70	109.96
0.01	0.02	11	17.28	41	64.40	71	111.53
0.02	0.03	12	18.85	42	65.97	72	113.10
0.03	0.05	13	20.42	43	67.54	73	114.67
0.04	0.06	14	21.99	44	69.12	74	116.24
0.05	0.08	15	23.56	45	70.69	75	117.81
0.06	0.09	16	25.13	46	72.26	76	119.38
0.07	0.11	17	26.70	47	73.83	77	120.95
0.08	0.12	18	28.27	48	75.40	78	122.52
0.09	0.14	19	29.85	49	76.97	79	124.09
		20	31.42	50	78.54	80	125.66
0.1	0.16	21	32.99	51	80.11	81	127.23
0.2	0.31	22	34.56	52	81.68	82	128.81
0.3	0.47	23	36.13	53	83.25	83	130.38
0.4	0.63	24	37.70	54	84.82	84	131.95
0.5	0.79	25	39.27	55	86.39	85	133.52
0.6	0.94	26	40.84	56	87.96	86	135.09
0.7	1.10	27	42.41	57	89.54	87	136.66
0.8	1.26	28	43.98	58	91.11	88	138.23
0.9	1.41	29	45.55	59	92.68	89	139.80
		30	47.12	60	94.25	90	141.37
1	1.57	31	48.69	61	95.82	91	142.94
2	3.14	32	50.27	62	97.39	92	144.51
3	4.71	33	51.84	63	98.96	93	146.08
4	6.28	34	53.41	64	100.53	94	147.66
5	7.85	35	54.98	65	102.10	95	149.23
6	9.42	36	56.55	66	103.67	96	150.80
7	11.00	37	58.12	67	105.24	97	152.37
8	12.57	38	59.69	68	106.81	98	153.94
9	14.14	39	61.26	69	108.39	99	155.51

表 3-11　中心角 $\alpha < 90°$ 时的弧长 L_1（$R = 1$）

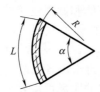

$$L = \pi R \frac{\alpha}{180°} = L_1 R$$

例：$\alpha = 25°30'$　　$R = 22.5$ 求弧长 L
$$L = (0.436 + 0.009) \times 22.5 = 10.01$$

α/(°)	L_1/mm	α/(°)	L_1/mm	α/(°)	L_1/mm	α/(')	L_1/mm	α/(')	L_1/mm
		30	0.524	60	1.047			30	0.009
1	0.017	31	0.541	61	1.064	1	—	31	0.009
2	0.035	32	0.558	62	1.082	2	—	32	0.009
3	0.052	33	0.576	63	1.099	3	0.001	33	0.010
4	0.070	34	0.593	64	1.117	4	0.001	34	0.010
5	0.087	35	0.611	65	1.134	5	0.001	35	0.010
6	0.105	36	0.628	66	1.152	6	0.002	36	0.011
7	0.122	37	0.646	67	1.169	7	0.002	37	0.011
8	0.140	38	0.663	68	1.187	8	0.002	38	0.011
9	0.157	39	0.681	69	1.204	9	0.002	39	0.011
10	0.175	40	0.698	70	1.222	10	0.003	40	0.012
11	0.192	41	0.715	71	1.239	11	0.003	41	0.012
12	0.209	42	0.733	72	1.256	12	0.003	42	0.012
13	0.227	43	0.750	73	1.274	13	0.004	43	0.013
14	0.244	44	0.768	74	1.291	14	0.004	44	0.013
15	0.262	45	0.785	75	1.309	15	0.004	45	0.013
16	0.279	46	0.803	76	1.326	16	0.005	46	0.014
17	0.297	47	0.820	77	1.344	17	0.005	47	0.014
18	0.314	48	0.838	78	1.361	18	0.005	48	0.014
19	0.332	49	0.855	79	1.379	19	0.005	49	0.014
20	0.349	50	0.873	80	1.396	20	0.006	50	0.015
21	0.366	51	0.890	81	1.413	21	0.006	51	0.015
22	0.384	52	0.907	82	1.431	22	0.006	52	0.015
23	0.401	53	0.925	83	1.448	23	0.007	53	0.016
24	0.419	54	0.942	84	1.466	24	0.007	54	0.016
25	0.436	55	0.960	85	1.483	25	0.007	55	0.016
26	0.454	56	0.977	86	1.501	26	0.008	56	0.017
27	0.471	57	0.995	87	1.518	27	0.008	57	0.017
28	0.489	58	1.012	88	1.536	28	0.008	58	0.017
29	0.506	59	1.030	89	1.553	29	0.008	59	0.017

表 3-12　中心角 α=90°时弧的重心到 Y—Y 轴的距离 x　　　　mm

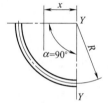

$$x = \frac{2}{\pi}R$$

例：$R=52.37$ 求 x

R	x
52	33.12
0.3	0.19
0.07	0.05
52.37	33.36

α=90°，R<100 时弧的重心到 Y—Y 轴的距离

R	x	R	x	R	x	R	x
		10	6.37	40	25.48	70	44.58
0.01	0.01	11	7.01	41	26.11	71	45.22
0.02	0.01	12	7.64	42	26.75	72	45.86
0.03	0.02	13	8.28	43	27.39	73	46.49
0.04	0.03	14	8.92	44	28.02	74	47.13
0.05	0.03	15	9.55	45	28.66	75	47.77
0.06	0.04	16	10.19	46	29.30	76	48.41
0.07	0.05	17	10.83	47	29.93	77	49.05
0.08	0.05	18	11.46	48	30.57	78	49.69
0.09	0.06	19	12.10	49	31.21	79	50.32
		20	12.74	50	31.84	80	50.95
0.1	0.06	21	13.37	51	32.48	81	51.59
0.2	0.13	22	14.01	52	33.12	82	52.23
0.3	0.19	23	14.65	53	33.76	83	52.86
0.4	0.25	24	15.29	54	34.39	84	53.50
0.5	0.32	25	15.92	55	35.03	85	54.13
0.6	0.38	26	16.56	56	35.67	86	54.77
0.7	0.45	27	17.20	57	36.30	87	55.41
0.8	0.51	28	17.83	58	36.94	88	56.05
0.9	0.57	29	18.47	59	37.58	89	56.68
		30	19.11	60	38.21	90	57.33
1	0.64	31	19.74	61	38.85	91	57.96
2	1.27	32	20.38	62	39.49	92	58.59
3	1.91	33	21.02	63	40.12	93	59.23
4	2.55	34	21.65	64	40.76	94	59.87
5	3.18	35	22.29	65	41.40	95	60.51
6	3.82	36	22.93	66	42.04	96	61.15
7	4.46	37	23.57	67	42.67	97	61.79
8	5.10	38	24.20	68	43.31	98	62.43
9	5.73	39	24.84	69	43.95	99	63.06

表 3-13 中心角 $\alpha<90°$ 时弧的重心到 $Y—Y$ 轴的距离 x mm

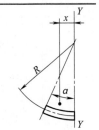

$$x=R\frac{180°\sin\alpha}{\pi\alpha}=Rx_0$$

式中 x_0 为 $R=1$ 时的 x 值（可查表）

例：$R=20,\alpha=25°$ 时

求 x。

解：$x=Rx_0$
$=20\times0.969$
$=19.38$

$$x=R\frac{180°(1-\cos\alpha)}{\pi\alpha}=Rx_0$$

式中 x_0 为 $R=1$ 时的 x 值（可查表）

例：$R=25,\alpha=38°$ 时

求 x。

解：$x=Rx_0$
$=25\times0.32$
$=8$

$R=1$ 时弧的重心到 $Y—Y$ 轴的距离 x_0						$R=1$ 时弧的重心到 $Y—Y$ 轴的距离 x_0					
$\alpha/(°)$	x_0	$\alpha/(°)$	x_0	$\alpha/(°)$	x_0	$\alpha/(°)$	x_0	$\alpha/(°)$	x_0	$\alpha/(°)$	x_0
		30	0.955	60	0.827			30	0.256	60	0.478
1	1.000	31	0.952	61	0.822	1	0.009	31	0.264	61	0.484
2	1.000	32	0.949	62	0.816	2	0.017	32	0.272	62	0.490
3	1.000	33	0.946	63	0.810	3	0.026	33	0.280	63	0.497
4	0.999	34	0.942	64	0.805	4	0.035	34	0.288	64	0.503
5	0.999	35	0.939	65	0.799	5	0.043	35	0.296	65	0.509
6	0.998	36	0.936	66	0.793	6	0.052	36	0.304	66	0.515
7	0.998	37	0.932	67	0.787	7	0.061	37	0.312	67	0.521
8	0.997	38	0.929	68	0.781	8	0.070	38	0.320	68	0.527
9	0.996	39	0.925	69	0.775	9	0.073	39	0.327	69	0.533
10	0.996	40	0.921	70	0.769	10	0.087	40	0.335	70	0.538
11	0.994	41	0.917	71	0.763	11	0.095	41	0.343	71	0.544
12	0.993	42	0.913	72	0.757	12	0.104	42	0.350	72	0.550
13	0.992	43	0.909	73	0.750	13	0.113	43	0.358	73	0.555
14	0.990	44	0.905	74	0.744	14	0.122	44	0.366	74	0.561
15	0.989	45	0.901	75	0.738	15	0.130	45	0.373	75	0.566
16	0.987	46	0.896	76	0.731	16	0.139	46	0.380	76	0.572
17	0.985	47	0.891	77	0.725	17	0.147	47	0.388	77	0.577
18	0.984	48	0.887	78	0.719	18	0.156	48	0.395	78	0.582
19	0.982	49	0.883	79	0.712	19	0.164	49	0.402	79	0.587
20	0.980	50	0.879	80	0.705	20	0.173	50	0.409	80	0.592
21	0.978	51	0.873	81	0.699	21	0.181	51	0.416	81	0.597
22	0.976	52	0.868	82	0.692	22	0.190	52	0.423	82	0.602
23	0.974	53	0.864	83	0.685	23	0.198	53	0.430	83	0.606
24	0.972	54	0.858	84	0.678	24	0.206	54	0.437	84	0.611
25	0.969	55	0.853	85	0.671	25	0.215	55	0.444	85	0.615
26	0.966	56	0.848	86	0.665	26	0.223	56	0.451	86	0.620
27	0.963	57	0.843	87	0.658	27	0.231	57	0.458	87	0.624
28	0.960	58	0.838	88	0.651	28	0.240	58	0.464	88	0.628
29	0.958	59	0.832	89	0.644	29	0.248	59	0.471	89	0.633

表 3-14 根据 L_x 查毛坯直径 D （$D=\sqrt{8L_x}$） mm

D	L_x	D	L_x	D	L_x	D	L_x
20	50	34	144.5	48	285.5	62	480.5
21	55	35	154	49	300	63	496
22	60.5	36	162	50	312.5	64	512
23	66	37	171	51	325	65	528
24	72	38	180.5	52	338	66	544
25	78	39	190	53	351	67	561
26	84.5	40	200	54	364.5	68	578
27	91	41	210	55	378	69	595
28	98	42	220.5	56	392	70	612.5
29	105	43	231	57	406	71	630
30	112.5	44	242	58	420.5	72	648
31	120	45	253	59	435	73	666
32	128	46	264.5	60	450	74	684.5
33	136	47	276	61	465	75	703

D	L_x	D	L_x	D	L_x	D	L_x
76	722	140	2450	204	5202	268	8978
77	741	141	2485	205	5253	269	9045
78	760.5	142	2520	206	5304	270	9112
79	780	143	2556	207	5356	271	9180
80	800	144	2592	208	5408	272	9248
81	820	145	2628	209	5460	273	9316
82	840.5	146	2664	210	5512	274	9384
83	861	147	2701	211	5565	275	9453
84	882	148	2738	212	5618	276	9522
85	903	149	2775	213	5671	277	9591
86	924.5	150	2812	214	5724	278	9660
87	946	151	2850	215	5778	279	9730
88	968	152	2888	216	5832	280	9800
89	990	153	2926	217	5886	281	9870
90	1012.5	154	2964	218	5940	282	9940
91	1035	155	3003	219	5995	283	10011
92	1058	156	3042	220	6050	284	10082
93	1081	157	3081	221	6105	285	10153
94	1104.5	158	3120	222	6166	286	10224
95	1128	159	3161	223	6216	287	10296
96	1152	160	3200	224	6272	288	10368
97	1176	161	3240	225	6328	289	10440
98	1200	162	3280	226	6384	290	10512
99	1225	163	3321	227	6441	291	10585
100	1250	164	3362	228	6485	292	10658
101	1275	165	3403	229	6555	293	10731
102	1300	166	3444	230	6612	394	10804
103	1326	167	3486	231	6670	295	10878
104	1352	168	3528	232	6715	296	10952
105	1378	169	3570	233	6786	297	11026
106	1404	170	3612	234	6844	298	11100
107	1431	171	3655	235	6903	299	11175
108	1458	172	3698	236	6962	300	11250
109	1485	173	3741	237	7021	305	11628
110	1512	174	3784	238	7080	310	12012
111	1540	175	3828	239	7140	315	12403
112	1568	176	3872	240	7200	320	12800
113	1596	177	3916	241	7260	325	13203
114	1624	178	3960	242	7320	330	13612
115	1653	179	4005	243	7381	335	14028
116	1682	180	4050	244	7442	340	14450
117	1711	181	4095	245	7503	345	14878
118	1740	182	4140	246	7564	350	15312
119	1770	183	4186	247	7626	355	15753
120	1800	184	4232	248	7688	360	16200
121	1830	185	4278	249	7750	365	16653
122	1860	186	4324	250	7812	370	17112
123	1891	187	4371	251	7875	375	17578
124	1922	188	4418	252	7938	380	18050
125	1953	189	4465	253	8001	385	18528
126	1984	190	4512	254	8064	390	19012
127	2016	191	4560	255	8128	395	19503
128	2048	192	4608	256	8192	400	20000
129	2080	193	4656	257	8256	405	20503
130	2112	194	4704	258	8320	410	21012
131	2145	195	4753	259	8385	415	21528
132	2178	196	4802	260	8450	420	22050
133	2211	197	4851	261	8515	425	22578
134	2244	198	4900	262	8580	430	23112
135	2278	199	4950	263	8646	435	23653
136	2312	200	5000	264	8712	440	24200
137	2346	201	5050	265	8778	445	24753
138	2380	202	5100	266	8844	450	25312
139	2415	203	5151	267	8911	455	25878

D	L_x	D	L_x	D	L_x	D	L_x	D	L_x
460	26450	520	33800	580	42505	640	51200		
465	27028	525	34453	585	42778	645	52003		
470	27612	530	35112	590	43512	650	52812		
475	28203	535	35778	595	44253	655	53628		
480	28800	540	36450	600	45000	660	54450		
485	29403	545	37128	605	45753	665	55278		
490	30012	550	37812	610	46512	670	56112		
495	30628	555	38503	615	47278	675	56953		
500	31250	560	39200	620	48050	680	57800		
505	31878	565	39903	625	48828	685	58653		
510	32512	570	40612	630	49612	690	59512		
515	33153	575	41328	635	50403	695	60378		

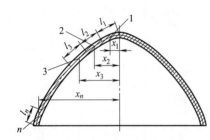

图 3-4　母线为圆滑曲线的拉深件

2) 作图解析法。此法适用于曲线连接的形状（图 3-4）。

对于母线为曲线连接的旋转体拉深件，可将拉深件的母线分成线段 1、2、3、…、n，把各线段近似当作直线看待，从图上量出各线段长度 l_1、l_2、l_3、…、l_n 及其重心至轴线距离 x_1、x_2、x_3、…、x_n，然后按式（3-6）计算出毛坯直径 D：

$$D = \sqrt{8\sum l_x} \qquad (3-7)$$

为了计算方便，若把各线段长度 l_1、l_2、l_3、…、l_n 取成相等，即 $l_1 = l_2 = l_3 = \cdots = l_n = l$，则：

$$D = \sqrt{8l(x_1 + x_2 + x_3 + \cdots + x_n)} \qquad (3-8)$$

[例]　图 3-5 所示旋转体拉深件，料厚为 0.7mm，试用作图解析法求毛坯直径。

解：从图上量出 $l = 7$mm，将母线分成 11 等份，再量出各线段重心至轴线的距离：

$x_1 = 3.5$mm　　　$x_7 = 25$mm

$x_2 = 9.8$mm　　　$x_8 = 26.5$mm

$x_3 = 13.8$mm　　$x_9 = 27$mm

$x_4 = 17.2$mm　　$x_{10} = 27.1$mm

$x_5 = 20.5$mm　　$x_{11} = 27.1$mm

$x_6 = 23$mm

按式（3-6）计算出毛坯直径 D：

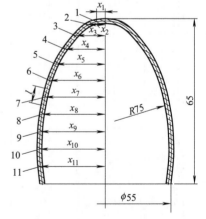

图 3-5　作图解析法求毛坯直径

$$D = \sqrt{8 \times 7 \times (3.5 + 9.8 + 13.8 + 17.2 + 20.5 + 23 + 25 + 26.5 + 27 + 27.1 + 27.1)}$$
$$= \sqrt{8 \times 1543.5} = 111\text{mm （查表 3-14 得出）}$$

3) 作图法。应用作图法，一定要严格按比例作图，否则误差较大。

用作图法（图 3-6）求毛坯直径的步骤如下。

① 将拉深件的母线分成线段（直线和圆弧）1、2、3、4、5，找出它们的重心及长度 l_1、l_2、…、l_5。

② 由各线段的重心引出与旋转轴 $Y—Y$ 轴线平行 1、2、…、n。

③ 在图形外取一点 A，作一射线 AB 与 $Y—Y$ 轴线平行，在 AB 线上依次量取各线段长度 l_1、l_2、$\cdots$、l_5（按一定比例放大或缩小），依次叠加至 B 点。

④ 在射线外任取一点 O，向 l_1、l_2、$\cdots$、l_5 各线段端点引出射线 $1'$、$2'$、$\cdots$、n'、$n'+1$。

⑤ 自直线上任取一点 A_1，作平行于射线 $1'$ 及 $2'$ 的两直线，直线 $2'$ 与直线 2 相交一点，又以此交点作平行于射线 $3'$ 的直线，并与直线 3 相交一点，以此类推，最后与直线 5 得交点 B_1。

⑥ 过 B_1 点作平行于射线 $6'$ 的直线并与第一次过 A_1 点所作的平行于 $1'$ 的直线相交于 S 点，此点与旋转轴 $Y—Y$ 的距离为 R_s。

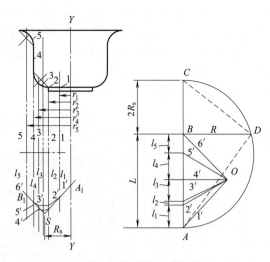

图 3-6　用作图法求毛坯尺寸

⑦ 在直线 AB 延长至 C，取 $BC=2R$，以 AC 为直径作半圆。然后在 B 点作 AC 的垂线 BD，则 BD 的长度就是毛坯的半径 $D/2$。

由于 $D=\sqrt{8LX}$

则：$D^2=8LX$

$$\left(\frac{D}{2}\right)^2=2LX \tag{3-9}$$

上式相当于一个直角三角形的定理，即直角三角形的顶点至弦的垂直线是弦两段的比例中项，根据此点定理可用作图法求出毛坯半径 $D/2$。

3.2.3　圆筒形拉深件的拉深次数和拉深系数的确定

拉深可分为变薄拉深和不变薄拉深，不变薄拉深的变形程度用拉深系数来表示，圆筒形件拉深时沿周边各处的变形较均匀，而非圆筒形件拉深时沿周边的变形程度差异较大，通常用平均值或角部的拉深系数表示变形程度的大小。

变薄拉深时，拉深件的壁部材料有变薄，通常用变薄系数来表示变形程度的大小。

（1）拉深系数及影响拉深系数的主要因素

拉深后的圆筒形件的直径 d 与拉深前毛坯直径 D 的比值（图 3-7）称为拉深系数，用 m 表示，即：

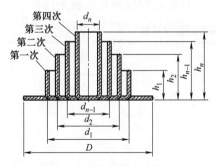

图 3-7　圆筒形件多次拉深

$$m=d/D \tag{3-10}$$

第一次拉深系数 $m_1=d_1/D$；

第二次拉深系数 $m_2=d_2/d_1(m<1)$；

第 n 次拉深系数 $m_n=d_n/d_{n-1}$；

总的拉深系数为：$m_{总}=d_n/D=m_1m_2\cdots m_n$

非圆筒形件，总的拉深系数为：

$$m_{总}=\frac{工件周长}{毛坯周长} \tag{3-11}$$

拉深系数是用来衡量拉深毛坯变形程度的重要指标。拉深系数永远小于 1，而且系数 m 越小，毛坯的变形程度越大，则拉深工序也少，采用小的拉深系数可减少拉深次数。

一般材料的拉深工艺，其极限拉深系数由危险断面的强度决定。在拉深过程中，筒壁传力区的受力变形情况与薄壁管的拉伸相仿。某种材料，当拉深条件一定时，在筒壁传力区所产生的最大拉应力 p_{max} 的数值，由拉深系数的大小而定，拉深系数 m 越小，p_{max} 越大。当 p_{max} 的值达到危险断面的拉伸强度 σ_p，使危险断面濒于拉断时，在这种极限条件下的拉深系数称为极限拉深系数（或称最小拉深系数）m_{min}。通常用拉深系数来确定拉深的顺序和次数。影响拉深系数的主要因素可见表 3-15。

表 3-15　影响拉深系数的主要因素

序号	影响因素	对拉深系数的影响
1	材料力学性能 $R_e(\sigma_s)$、$R_m(\sigma_b)$、$A(\delta)$、$Z(\psi)$	在力学性能中，影响极限拉深系数的主要因素是材料的屈强比、硬化指数、厚向异性因数、伸长率。屈强比 (R_e/R_m) 小，m 可取小些，材料易发生塑性变形而不易被拉裂，有利于拉深。材料伸长率好（即 A、Z 大），则 m 可减小些。硬化指数 n 值越大，材料变形越均匀，拉裂和危险截面变薄可能性小，极限系数也越小。厚向异性因数 γ 大，材料平面方向比厚度方向变形容易，其主变形区不易起皱，危险截面不易变薄、拉裂，其极限拉深系数也减小。拉深件一般选用含碳量很低的 05、08、10 深拉深钢板或塑性好的铝、铜等有色金属
2	材料相对厚度 $\left(\dfrac{t}{D}\right)$	材料相对厚度是 m 值的一个重要影响因素。t/D 大，则 m 可取小些，反之，m 要大，材料越薄，拉深时越容易失稳而起皱
3	有无压边圈	有压边圈时，材料不易起皱，m 可取小些，无压边圈时，m 要取大些
4	凸、凹模圆角半径	凸、凹模圆角半径较大时，金属流动容易，摩擦阻力小，则 m 可小，但凹模圆角半径过大时，因压边面积减小，易使材料失稳而起皱。凸模圆角半径过小时，易使材料危险断面变薄严重导致破裂
5	模具情况及润滑条件	模具间隙正常，表面粗糙度 Ra 值小，硬度高，且润滑良好，可减小材料摩擦阻力，改善金属流动条件，m 可减小
6	拉深速度 (v)	拉深速度，对易于成型的拉深件影响不大，但对于形状复杂的大型拉深件，由于变形区域复杂使材料流动不均匀，拉深速度过高时，材料变形急剧，不易向邻近部位扩展，而易导致破裂。 对拉深速度敏感的金属材料，如钛合金、不锈钢、耐热钢，拉深速度大时，拉深系数应适当加大
7	拉深件形状尺寸与拉深次数	拉深件的几何形状不同，拉深变形的特点和拉深系数也不同。矩形盒件角部的拉深系数比相同情况的圆筒形件的拉深系数取得小些。 对需经多次拉深成型的拉深件，从第二次拉深开始，毛坯为筒形半成品，材料厚度与变形抗力均有所增加，在拉深过程中，材料变形经历也较复杂，弯折次数增多，其危险断面经过几次拉深后略有减薄，故第二次以后的拉深系数要比第一次大得多，而后一次一般又略大于前一次

（2）无凸缘筒形件的拉深系数和拉深次数

1）采用压边圈拉深时的拉深系数见表 3-16。

2）不用压边圈拉深时的拉深系数见表 3-17，其他金属材料的拉深系数见表 3-18。

表 3-16　无凸缘筒形件用压边圈拉深时的拉深系数

拉深系数	毛坯相对厚度 $\dfrac{t}{D}\times 100$					
	2～1.5	<1.5～1.0	<1.0～0.6	<0.6～0.3	<0.3～0.15	<0.15～0.08
m_1	0.48～0.50	0.50～0.53	0.53～0.55	0.55～0.58	0.58～0.60	0.60～0.63
m_2	0.73～0.75	0.75～0.76	0.76～0.78	0.78～0.79	0.79～0.80	0.80～0.82
m_3	0.76～0.78	0.78～0.79	0.79～0.80	0.80～0.81	0.81～0.82	0.82～0.84
m_4	0.78～0.80	0.80～0.81	0.81～0.82	0.82～0.83	0.83～0.85	0.85～0.86
m_5	0.80～0.82	0.82～0.84	0.84～0.85	0.85～0.86	0.86～0.87	0.87～0.88

注：1. 凹模圆角半径大时 $[r_{凹}=(8～15)t]$，拉深系数取小值，凹模圆角半径小时 $[r_{凹}=(4～8)t]$，拉深系数取大值。

2. 表中拉深系数适用于 08、10S、15S 钢与软黄铜 H62、H68。当拉深塑性更大的金属时（05、08Z 及 10Z 钢、铝等），应比表中数值减小 1.5%～2%。而当拉深塑性更小的金属时（20、25、Q215、Q235、酸洗钢、硬铝、硬黄铜等），应比表中数值增大 1.5%～2%（符号 S 为深拉深钢，Z 为最深拉深钢）。

表 3-17　无凸缘筒形件不用压边圈拉深时的拉深系数

材料相对厚度 $\dfrac{t}{D} \times 100$	各次拉深系数					
	m_1	m_2	m_3	m_4	m_5	m_6
0.4	0.90	0.92	—	—	—	—
0.6	0.85	0.90	—	—	—	—
0.8	0.80	0.88	—	—	—	—
1.0	0.75	0.85	0.90	—	—	—
1.5	0.65	0.80	0.84	0.87	0.90	—
2.0	0.60	0.75	0.80	0.84	0.87	0.90
2.5	0.55	0.75	0.80	0.84	0.87	0.90
3.0	0.53	0.75	0.80	0.84	0.87	0.90
3 以上	0.50	0.70	0.75	0.78	0.82	0.85

注：本表适用于 08、10 及 15Mn 等材料。

表 3-18　其他金属材料的拉深系数

材料名称	牌　　号	第一次拉深 m_n	以后各次拉深 m_n
铝和铝合金	8A06-M、1A30-M、3A21-M	0.52～0.55	0.70～0.75
硬铝	2A12、2A11	0.56～0.58	0.75～0.80
黄铜	H62	0.52～0.54	0.70～0.72
	H68	0.50～0.52	0.68～0.72
纯铜	T2、T3、T4	0.50～0.55	0.72～0.80
无氧铜		0.50～0.58	0.75～0.82
镍、镍镁、硅镍		0.48～0.53	0.70～0.75
康铜(铜镍合金)		0.50～0.56	0.74～0.84
白铁皮		0.58～0.65	0.80～0.85
酸洗钢板		0.54～0.58	0.75～0.78
不锈钢	Cr13	0.52～0.56	0.75～0.78
	Cr18Ni	0.50～0.52	0.70～0.75
	1Cr18Ni9Ti	0.52～0.55	0.78～0.81
	Cr18Ni11Nb、Cr23Ni18	0.52～0.55	0.78～0.80
镍铬合金	Cr20Ni80Ti	0.54～0.59	0.78～0.84
合金结构钢	30CrMnSiA	0.62～0.70	0.80～0.84
可伐合金		0.65～0.67	0.85～0.90
钼铱合金		0.72～0.82	0.91～0.97
钽		0.65～0.67	0.84～0.90
铌		0.65～0.67	0.84～0.87
钛及钛合金	TA2、TA3	0.58～0.60	0.80～0.85
锌	TA5	0.60～0.65	0.80～0.85
		0.65～0.70	0.85～0.90

注：1. 凹模圆角半径 $r_凹 < 6t$ 时拉深系数取大值，凹模圆角半径 $r_凹 \geqslant (7\sim8)t$ 时拉深系数取小值。

2. 材料相对厚度 $\dfrac{t}{D} \times 100 \geqslant 0.62$ 时拉深系数取小值，材料相对厚度 $\dfrac{t}{D} \times 100 < 0.62$ 时拉深系数取大值。

3. 材料为退火状态。

　　拉深次数一般只是概略估计，最后需通过工艺计算来确定。拉深次数的确定方法有计算法、查表法、图解法和推算法等。

　　① 查表法。可根据拉深件的相对高度和材料的相对厚度，由表 3-19 直接查找。

　　② 图解法。可根据毛坯直径 D 和工件直径 d，在图 3-8 中先从横坐标上找出相当毛坯直径 D 的点，从该点作一垂线。再从纵坐标上找出相当工件直径 d 的点，并由该点作水平线，与垂线相交，根据交点即可决定拉深次数，如交点位于两斜线之间，应取较大的次数。此线图适用于酸洗软钢板的圆筒形拉深件，图中的粗斜线用于 0.5～2.0mm 厚度的材料，细斜线用于 2～3mm 厚度的材料。

表 3-19　无凸缘筒形件拉深的最大相对高度 $\dfrac{h}{d}$

拉深次数 n	毛坯相对厚度 $\dfrac{t}{D}\times 100$					
	2～1.5	＜1.5～1	＜1～0.6	＜0.6～0.3	＜0.3～0.15	＜0.15～0.08
1	0.94～0.77	0.84～0.65	0.70～0.57	0.62～0.5	0.52～0.45	0.46～0.38
2	1.88～1.54	1.60～1.32	1.36～1.1	1.13～0.94	0.96～0.83	0.9～0.7
3	3.5～2.7	2.8～2.2	2.3～1.8	1.9～1.5	1.6～1.3	1.3～1.1
4	5.6～4.3	4.3～3.5	3.6～2.9	2.9～2.4	2.4～2.0	2.0～1.5
5	8.9～6.6	6.6～5.1	5.2～4.1	4.1～3.3	3.3～2.7	2.7～2.0

注：1. 大的 h/d 比值适用于在第一道工序内大的凹模圆角半径 $\left(\text{由}\ \dfrac{t}{D}\times100=2\sim1.5\ \text{时的}\ r_凹=8t\ \text{到}\ \dfrac{t}{D}\times100=\right.$ $\left.0.15\sim0.08\ \text{时的}\ r_凹=15t\right)$，小的比值适用于小的凹模圆角半径（$r_凹=4\sim8t$）。

2. 表中拉深次数适用于 08 及 10 钢的拉深件。

③ 计算法。拉深次数由所采用的拉深系数按下式计算：

$$n=1+\frac{\lg d_n-\lg(m_1 D)}{\lg m_n}\tag{3-12}$$

式中　n——拉深次数；

　　　d_n——工件直径，mm；

　　　D——毛坯直径，mm；

　　　m_1——第一次拉深系数；

　　　m_n——第二次以后各次的平均拉深系数。

用式（3-12）计算所得的拉深次数 n，若不是整数，不能用四舍五入法，而应取较大整数值。采用较大整数值的结果，使实际选用的各次拉深系数 m_1、m_2、m_3 等比初步估计的数值略大些，这样符合安全而不破裂的要求。在校正拉深系数时，应遵照以下原则：变形程度应逐渐减小，而后续拉深的拉深系数应逐渐取大些（需大于表中相同顺序的拉深系数）。

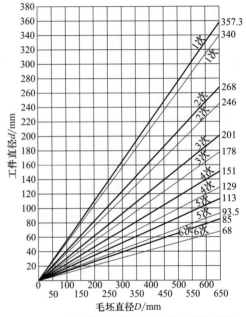

图 3-8　确定拉深次数及半成品尺寸的线图

④ 推算法。筒形件的拉深次数，也可根据 $\dfrac{t}{D}$ 值查出 m_1、m_2、m_3……，然后从第一道工序开始依次求半成品直径。即：

$$d_1=m_1 D$$
$$d_2=m_2 d_1$$
$$\cdots\cdots$$
$$d_n=m_n d_{n-1}$$

直至计算出的直径不大于工件要求的直径为止，这样既求出了拉深系数，也可知道中间工序的拉深直径。

拉深次数和拉深系数确定后，便可求出各道工序半成品直径，然后根据有关公式确定各次拉深后底部圆角半径（即 $r_凸$），最后，根据筒形件不同的底部形状，按表 3-20 所列公式计算出各道工序的拉深高度。

表 3-20　圆筒形拉深件的拉深高度计算公式

类型	工件形状	拉深工序	计 算 公 式
平底筒形件	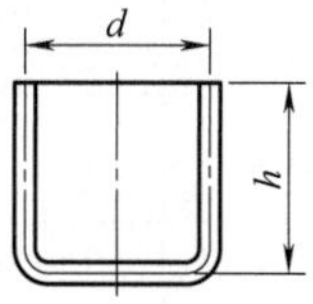	1	$h_1=0.25(Dk_1-d_1)$
		2	$h_1=h_1k_2+0.25(d_1k_2-d_2)$
圆角底筒形件	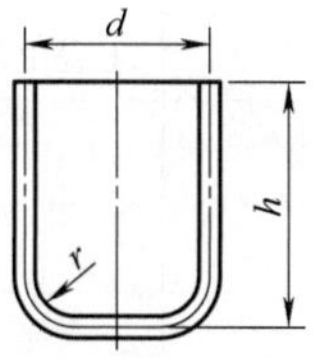	1	$h_1=0.25(Dk_1-d_1)+0.43\dfrac{r_1}{d_1}(d_1+0.32r_1)$
		2	$h_2=0.25(Dk_1k_2-d_2)+0.43\dfrac{r_2}{d_2}(d_2+0.32r_2)$ $r_1=r_2=r$ 时 $h_2=h_1k_2+0.25(d_1-d_2)-0.43\dfrac{r}{d_2}(d_1-d_2)$
圆锥底筒形件	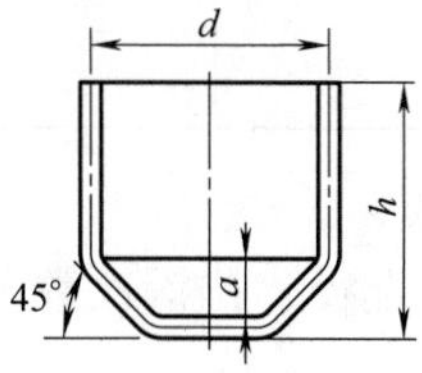	1	$h_1=0.25(Dk_1-d_1)+0.57\dfrac{a_1}{d_1}(d_1+0.86a_1)$
		2	$h_2=0.25(Dk_1k_2-d_2)+0.57\dfrac{a_2}{d_2}(d_2+0.86a_2)$ $a_1=a_2=a$ 时 $h_2=h_1k_1+0.25(d_1k_2-d_2)-0.57\dfrac{a}{d_2}(d_1-d_2)$
球面底筒形件	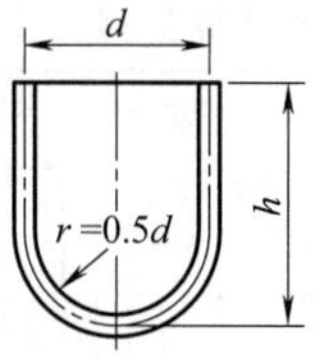	1	$h_1=0.25Dk_1$
		2	$h_2=0.25Dk_1k_2=h_1k_2$

注：D——毛坯直径，mm；d，d_2——第1、2工序拉深的工件直径，mm；k_1，k_2——第1、2工序拉深的拉深比$\left(k_1=\dfrac{1}{m_1}, k_2=\dfrac{1}{m_2}\right)$；$r$，$r_2$——第1、2工序拉深的底部圆角半径，mm；$h_1$，$h_2$——第1、2工序拉深的拉深高度，mm。

（3）无凸缘圆筒形拉深件的工艺计算

无凸缘圆筒形拉深件的工艺计算见表 3-21。

表 3-21　无凸缘圆筒形拉深件的工艺计算

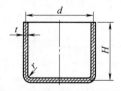

序号	项　　目	计算公式或确定方法	说　　明
1	修边余量	根据 h/d，查表3-5，得到修边余量 δ	
2	计算毛坯直径 D	$D=\sqrt{\dfrac{4}{\pi}\sum f}$ 或按表3-8序号15式 $D=\sqrt{d_1^2+4d_2h+6.28rd_1+8r^2}$	D——毛坯直径，mm f——拉深件分解成单个简单几何形状的表面积，mm²
3	确定是否用压边圈	根据毛坯相对厚度 $\dfrac{t}{D}\times100$，查表3-4确定	
4	核算总的拉深系数	$m_总=d/D$	

序号	项　目	计算公式或确定方法	说　明
5	判断能否一次拉深	当 $m_总 > m_1$ 可一次拉深； 当 $m_总 < m_1$ 需多次拉深	m_1 由表 3-16、表 3-17 查出
6	确定拉深次数 n	根据毛坯相对厚度 $\dfrac{t}{D} \times 100$，由表 3-19 初步确定 n	拉深次数 n 应为整数，若介于 2～3 次之间，则应取 3 次，依次类推
7	确定各次拉深直径	$d_1 = m_1 D$ $d_2 = m_2 d_1$ …… $d_n = m_n d_{n-1}$	(1)考虑到材料的加工硬化，应使 $m_1 < m_2 < m_3 \cdots < m_n$。 (2)$m_1, m_2, m_3 \cdots, m_n$ 一般应大于表中的数值
8	确定各次半成品底部的圆角半径 r	根据 $r_凹 = 0.8(D-d)t$ 和 $r_凸 = (0.6\sim1)r_凹$ 的关系，取各次的 $r_凸$(即半成品底部的圆角半径)分别为：r_1, $r_2, r_3, \cdots, r_n$	
9	确定各次拉深高度 h	由表 3-20 查得有关公式计算得： $h_1 = 0.25(Dk_1 - d_1) + 0.43\dfrac{r_1}{d_1}(d_1 + 0.32r_1)$ $h_n = 0.25(Dk_n - d_n) + 0.43\dfrac{r_1}{d_1}(d_n + 0.32r_n)$	

现用实例介绍无凸缘圆筒形拉深件的工序计算步骤。

[例]　材料为 08 钢，试确定无凸缘拉深件的毛坯直径、拉深次数及拉深程序。其计算步骤见表 3-22。

表 3-22　无凸缘圆筒形拉深件的工序计算步骤

序号	计算项目	计算结果
1	修边余量	根据 $h/d = 68/20 = 3.4$，查表 3-5，得到修边余量 $\delta = 6$
2	毛坯直径	查表 3-8，序号 15 公式。 $$D = \sqrt{d_1^2 + 4d_2h + 6.28rd_1 + 8r^2}$$ $$= \sqrt{12^2 + 4\times20\times69.5 + 6.28\times4\times12 + 8\times4^2}$$ $$= \sqrt{6133.4} \approx 78(\text{mm})$$
3	确定是否用压边圈	毛坯相对厚度 $\dfrac{t}{D}\times100 = \dfrac{1}{78}\times100 \approx 1.28$，查表 3-4 应采用压边圈
4	确定拉深次数	采用查表法，当 $\dfrac{t}{D}\times100 = 1.28$，$\dfrac{h}{d} = 3.7$(包括修边余量后的 h 为 74mm)时，由表 3-19 查得 $n = 4$
5	确定各次拉深系数	由表 3-16 查得各次拉深的极限系数为 $m_1 = 0.5$、$m_2 = 0.75$、$m_3 = 0.78$、$m_4 = 0.80$
6	确定各次拉深直径	$d_1 = 0.5\times78 = 39(\text{mm})$ $d_2 = 0.75\times39 = 29.3(\text{mm})$ $d_3 = 0.78\times29.3 = 22.8(\text{mm})$ $d_4 = 0.80\times22.3 = 18.3(\text{mm})$ 因 $d_4 = 18.3\text{mm} < 20\text{mm}$(工件直径)，故对各次拉深系数进行调整为：$m_1 = 0.53$、$m_2 = 0.76$、$m_3 = 0.79$、$m_4 = 0.82$	各次拉深直径确定为： $d_1 = 0.53\times78 = 41(\text{mm})$ $d_2 = 0.76\times41 = 31(\text{mm})$ $d_3 = 0.79\times31 = 24.5(\text{mm})$ $d_4 = 0.82\times24.5 = 20(\text{mm})$

序号	计算项目	计 算 结 果
7	确定各次半成品底部的圆角半径	根据 $r_凹=0.8\sqrt{(D-d)t}$ 和 $r_凸=(0.6\sim1)r_凹$ 的关系,取各次的 $r_凸$(即半成品底部的圆角半径)分别为:$r_1=5\text{mm}$;$r_2=4.5\text{mm}$;$r_3=4\text{mm}$;$r_4=3.5\text{mm}$
8	计算各次拉深高度	由表 3-20 查得有关公式计算得: $$h_1=0.25(Dk_1-d_1)+0.43\frac{r_1}{d_1}(d_1+0.32r_1)$$ $$=0.25\times\left(78\times\frac{78}{41}-41\right)+0.43\times\frac{5}{41}\times(41+0.32\times5)=29.1(\text{mm})$$ $$h_2=0.25(Dk_1k_2-d_2)+0.43\frac{r_2}{d_2}(d_2+0.32r_2)$$ $$=0.25\times\left(78\times\frac{78}{41}\times\frac{41}{31}-31\right)+0.43\times\frac{4.5}{31}\times(31+0.32\times4.5)=43.4(\text{mm})$$ $$h_3=0.25(Dk_1k_2k_3-d_3)+0.43\frac{r_3}{d_3}(d_3+0.32r_3)$$ $$=0.25\times\left(78\times\frac{78}{41}\times\frac{41}{31}\times\frac{31}{24.5}-24.5\right)+0.43\times\frac{4}{24.5}\times(24.5+0.32\times4)=58(\text{mm})$$ $$h_4=74(\text{mm})$$

(4) 带凸缘筒形件的拉深系数及拉深次数

拉深带凸缘筒形件(图 3-9)时,决不能采用无凸缘筒形件的第一次拉深系数 m_1。因为这些系数只有当全部凸缘转变为工件的侧表面时才能适用。带凸缘筒形件拉深时,在同样比例关系 $m_1=d_1/D$ 的情况下,在相同的 D 和 d_1 时,可拉深出不同凸缘直径 $d_凸$ 和不同高度 h 的工件(图 3-10)。带凸缘筒形拉深件,当底部圆角半径与凸缘根部转角半径 r 均相等时,按拉深前后相等面积原则毛坯直径为:

$$D=\sqrt{d_凸^2+4d_1h-3.44d_1r} \tag{3-13}$$

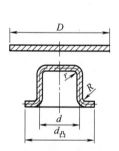

图 3-9 带凸缘筒形件

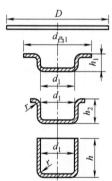

图 3-10 不同凸缘直径和高度

带凸缘筒形拉深件第一次拉深系数为:

$$m_1=\frac{d_1}{D}=\frac{1}{\sqrt{d_凸^2+4d_1h-3.44d_1r}}=\frac{1}{\sqrt{\left(\dfrac{d_凸}{d_1}\right)^2+4\dfrac{h_1}{d_1}-3.44\dfrac{r_1}{d_1}}} \tag{3-14}$$

式中 $\dfrac{h_1}{d_1}$——相对拉深高度;

$\dfrac{d_凸}{d_1}$——凸缘的相对直径($d_凸$ 包括修边余量);

$\dfrac{r_1}{d_1}$——底部及凸缘部分的相对圆角半径。

此外，m_1 还应考虑毛坯相对厚度 $t/D \times 100$ 的影响。

由上式可知，带凸缘筒形件的拉深系数与凸缘相对直径 $d_凸/d_1$、工件相对高度 h_1/d_1 和相对转角半径 r_1/d_1 的影响很大，其中 $d_凸/d_1$ 影响最大。$d_凸/d_1$ 和 h_1/d_1 值越大，则毛坯变形区的宽度越大，拉深难度也大。当 $h/d > h_1/d_1$ 时，就不能一次拉深成型，则需要两次或多次拉出。第一次拉深的最大相对高度见表 3-23。

带凸缘筒形件多次拉深时，第一次拉深的最小拉深系数见表 3-24。以后各次的拉深系数可查表 3-25。下式表示以后各次拉深系数：

$$m_n = \frac{d_n}{d_{n-1}} \tag{3-15}$$

表 3-23　带凸缘筒形件第一次拉深的最大相对高度 h_1/d_1

凸缘相对直径 $d_凸/d_1$	毛坯相对厚度 $\dfrac{t}{D} \times 100$				
	$>0.06\sim0.2$	$>0.2\sim0.5$	$>0.5\sim1$	$>1\sim1.5$	>1.5
$\leqslant 1.1$	0.45~0.52	0.50~0.62	0.57~0.70	0.60~0.80	0.75~0.90
$>1.1\sim1.3$	0.40~0.47	0.45~0.53	0.50~0.60	0.56~0.72	0.65~0.80
$>1.3\sim1.5$	0.35~0.42	0.40~0.48	0.45~0.53	0.50~0.63	0.58~0.70
$>1.5\sim1.8$	0.29~0.35	0.34~0.39	0.37~0.44	0.42~0.53	0.48~0.58
$>1.8\sim2.0$	0.25~0.30	0.29~0.34	0.32~0.38	0.36~0.46	0.42~0.51
$>2.0\sim2.2$	0.22~0.26	0.25~0.29	0.27~0.33	0.31~0.40	0.35~0.45
$>2.2\sim2.5$	0.17~0.21	0.20~0.23	0.22~0.27	0.25~0.32	0.28~0.35
$>2.5\sim2.8$	0.13~0.16	0.15~0.18	0.17~0.21	0.19~0.24	0.22~0.27
$>2.8\sim3.0$	0.10~0.13	0.12~0.15	0.14~0.17	0.16~0.20	0.18~0.22

注：1. 适用于 08 钢、10 钢。

2. 较大值相应于零件圆角半径较大情况，即 $r_凹$、$t_凸$ 为 $(10\sim20)t$；较小值相应于零件圆角半径较小情况，即 $r_凹$、$t_凸$ 为 $(4\sim8)t$。

表 3-24　带凸缘筒形件第一次拉深时的拉深系数 m_1

凸缘相对直径 $d_凸/d_1$	毛坯相对厚度 $\dfrac{t}{D} \times 100$				
	$>0.06\sim0.2$	$>0.2\sim0.5$	$>0.5\sim1$	$>1\sim1.5$	>1.5
$\leqslant 1.1$	0.59	0.57	0.55	0.53	0.50
$>1.1\sim1.3$	0.55	0.54	0.53	0.51	0.49
$>1.3\sim1.5$	0.52	0.51	0.50	0.49	0.47
$>1.5\sim1.8$	0.48	0.48	0.47	0.46	0.45
$>1.8\sim2.0$	0.45	0.45	0.44	0.43	0.42
$>2.0\sim2.2$	0.42	0.42	0.42	0.41	0.40
$>2.2\sim2.5$	0.38	0.38	0.38	0.38	0.37
$>2.5\sim2.8$	0.35	0.35	0.34	0.34	0.33
$>2.8\sim3.0$	0.33	0.33	0.32	0.32	0.31

注：适用于 08 钢、10 钢。

表 3-25　带凸缘筒形件以后各次的拉深系数（08 钢、10 钢）

拉深系数 m_n	毛坯相对厚度 $\dfrac{t}{D} \times 100$				
	$2\sim>1.5$	$1.5\sim>1.0$	$1.0\sim>0.6$	$0.6\sim>0.3$	$0.3\sim0.15$
m_2	0.73	0.75	0.76	0.78	0.80
m_3	0.75	0.78	0.79	0.80	0.82
m_4	0.78	0.80	0.82	0.82	0.84
m_5	0.80	0.82	0.84	0.85	0.86

注：在应用中间退火的情况下，可以将以后各次的拉深系数减小 5%~8%。

（5）带凸缘筒形件的工序计算

① 对窄凸缘（$d_凸/d \leqslant 1.1 \sim 1.4$）筒形拉深件，可在前几道工序拉成无凸缘的圆筒形件，而在最后两次拉深拉成圆锥形的凸缘件，最后整形校平（图 3-11）。

对于宽凸缘（$d_凸/d > 1.4$）筒形拉深件，一般原则是，在第一次拉深将凸缘拉到尺寸，而在以后各次拉深中，凸缘尺寸保持不变（图 3-12）。

② 为了保证以后拉深时凸缘不参加变形，宽凸缘拉深件首次拉入凹模的材料应比零件最后拉深部分所需材料多 3% ~ 10%，在以后各次拉深中逐次将 1.5% ~ 3% 的材料挤回凸缘部分，使凸缘增厚而避免拉裂。这对于料厚小于 0.5mm 的拉深效果最显著。

在生产中，对于宽凸缘筒形件的多次拉深，常采用下列两种方法。

a. 通过多次拉深，以逐步缩小拉深直径，增加拉深高度 [图 3-12（a）]，此方法适用于材料较薄，拉深深度比直径较大的中小型宽凸缘拉深件。

b. 在第一次拉深中，将凸缘根部和底部拉成很大圆角半径的中间毛坯，而在以后的各次拉深中，毛坯高度保持不变，仅缩小各部的圆角半径和拉深直径 [图 3-12（b）]。用这种方法使工件厚度均匀，表面光滑平整，无明显划痕，质量较高。主要适用于毛坯的相对厚度较大，在第一次拉深成大圆角的曲面形状时不起皱的情况。

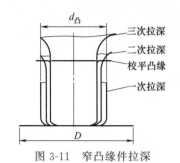

图 3-11 窄凸缘件拉深

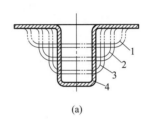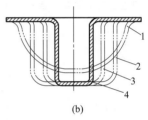

图 3-12 宽凸缘件拉深

（6）带凸缘筒形件的拉深高度计算

各次拉深高度按下式计算（图 3-13）：

$$h_1 = \frac{0.25}{d_1}(D^2 - d_凸^2) + 0.43(r_1 + R_1) + \frac{0.14}{d_1}(r_1^2 - R_1^2)$$

$$h_2 = \frac{0.25}{d_2}(D^2 - d_凸^2) + 0.43(r_2 + R_2) + \frac{0.14}{d_2}(r_2^2 - R_2^2)$$

$$\cdots\cdots$$

$$h_n = \frac{0.25}{d_n}(D^2 - d_凸^2) + 0.43(r_n + R_n) + \frac{0.14}{d_n}(r_n^2 - R_n^2) \tag{3-16}$$

（7）带凸缘筒形件的工序计算程序

宽凸缘圆筒形件的工序尺寸计算见表 3-26。窄凸缘筒形拉深件（图 3-14）与宽凸缘筒形拉深件（图 3-15）的实例计算分别见表 3-27 及表 3-28。

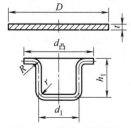

图 3-13 带凸缘筒形件

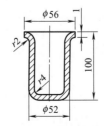

图 3-14 窄凸缘筒形拉深件

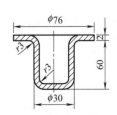

图 3-15 宽凸缘筒形拉深件

表 3-26　宽凸缘圆筒形件工序尺寸计算

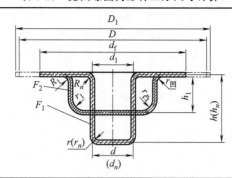

计算项目		计 算 公 式	说　　明
初步确定毛坯直径		计算公式见表 3-7 和表 3-8	应增加切边余量
计算拉深相高度		相对高度 $=h/d$	
确定一次或多次成型	一次拉深成型	$h/d < h_1/d_1$	带凸缘圆筒形件第一次拉深的最大相对高度 h_1/d_1，见表 3-23
	多次拉深成型	$h/d > h_1/d_1$	
用逼近法确定第一次拉深系数		$T=d_f/d_1,d_1=d_f/T,m=d_f/TD$ 并令 $T=1.1,1.2,1.3\cdots\cdots$ 分别计算 m_1： $\qquad m_1=d_f/1.1D$ $\qquad m_1=d_f/1.2D$ $\qquad m_1=d_f/1.3D$ $\qquad\cdots\cdots$ 按第一次拉深的许用变形程度确定 m_1	带凸缘圆筒形件第一次拉深系数见表 3-24
计算各次拉深直径		$d_1=m_1 D$ $d_2=m_2 d_1$ $\cdots\cdots$ $d_n=m_n d_{n-1}$	m_1、m_2、$\cdots$、m_n 的取值方法与无凸缘圆筒形件相同
确定各次凸、凹模的圆角半径		$r_凹$ 可查表 3-78 $r_凸=(0.6\sim1)r_凹$	应使半成品底部圆角半径逐次减小，直至符合拉深件的要求。$r_凹$ 的取值方法与凸缘圆筒形件相同
考虑 $5\%\sim10\%$ 增量后，确定实际拉深毛坯直径和第一次拉深的实际高度 $h_实$		$D_1=\sqrt{\dfrac{4}{\pi}\left[(1+x)F_1+F_2\right]}$ $h_实=\dfrac{0.25}{d_1}(D_1^2-d_f^2)+0.43(r_1+R_1)$ $\qquad+\dfrac{0.14}{d_1}(r_1^2-R_1^2)$	F_1——最后拉深进入凹模的面积 F_2——凹模圆角区以外的环形面积 $x=5\%\sim10\%$，薄料多次拉深时取较大值，反之取较小值
校核第一次拉深的实际相对高度		$h_实/d_1 <$ 表 3-23 的数值	$h_实/d_1$ 若大于表 3-23 的数值，则需要重新确定 m_1
计算第二次至第 $n-1$ 次拉深的高度		$h_2=\dfrac{0.25}{d_1}(D_2^2-d_f^2)+0.43(r_2+D_2)$ $\qquad+\dfrac{0.14}{d_2}(r_2^2-R_2^2)$ 其中 $D_2=\sqrt{\dfrac{4}{\pi}\left[\left(1+\dfrac{n-2}{n-1}x\right)F_1+F_2\right]}$ $h_{n-1}=\dfrac{0.25}{d_{n-1}}(D_{n-1}^2-d_f^2)$ $\qquad+0.43(r_{n-1}+R_{n-1})$ $\qquad+0.14/d_{n-1}(r_{n-1}^2-R_{n-1}^2)$ 其中 $D_{n-1}=\sqrt{\dfrac{4}{\pi}\left[\left(1+\dfrac{1}{n-1}x\right)F_1+F_2\right]}$	第一次拉深进入凹模的面积增量 x，在第二次拉深及以后的拉深中逐步遗留到凸缘中。$D_2,D_3,\cdots,D_{n-1}$ 是考虑到去除遗留在凸缘中的面积增量以后的假想毛坯直径，以便准确地确定 $h_2,h_3,\cdots,h_{n-1}$，n 是拉深次数

表 3-27 窄凸缘筒形拉深件的实例计算

序号	计 算 项 目	计 算 结 果
		计算窄凸缘筒形拉深件(图 3-14),材料:10 钢,料厚 $t=1$mm 的工序尺寸
1	修边余量	查表 3-6,选取修边余量 $\delta=3.5$mm
2	毛坯直径	按表 3-8 序号 20 所列公式,计算毛坯直径为: $D=\sqrt{d_1^2+6.28rd_1+8r^2+4d_2h+6.28r_1d_2+4.56r_1^2+d_4^2-d_3^2}$ $=\sqrt{\begin{array}{l}42^2+6.28\times4.5\times42+8\times4.5^2+4\times51\times92\\+6.28\times2.5\times51+4.56\times2.5^2+63^2-56^2\end{array}}$ $=\sqrt{22760+833}=\sqrt{23593}\approx154(\text{mm})$
3	确定一次能否拉深成型	当 $d_凸/d=\dfrac{63}{51}=1.24,\dfrac{t}{D}\times100=\dfrac{1}{154}\times100=0.63$ 时, 查表 3-23 得出 $h_1/d_1=0.55$,而 $\dfrac{h}{d}=\dfrac{99}{51}=1.95>0.55$,故不能一次拉出来。因 $\dfrac{d_凸}{d}=1.24<1.4$,属窄凸缘筒形拉深件,可先拉成筒形,然后将凸缘翻出
4	以后各次拉深直径	由表 3-16 查得 $m_1=0.53\sim0.55,m_2=0.76\sim0.78,m_3=0.79\sim0.80$,计算 d_1、 $d_2、d_3$ 为: <center>$d_1=D \quad m_1=154\times0.53=82(\text{mm})$</center><center>$d_2=d_1 \quad m_2=82\times0.77=63(\text{mm})$</center><center>$d_3=d_2 \quad m_3=63\times0.80=50(\text{mm})$</center>
5	各工序的圆角半径	按表 3-78,查出各工序的圆角半径: $\left.\begin{array}{l}r_{凹1}=7.5\text{mm}\\r_{凹2}=4\text{mm}\end{array}\right\}$ 因 $r_凸=(0.6\sim1)r_凹,n=1、2\cdots\cdots,$ 故 $\left[\begin{array}{l}r_{凸1}=6\text{mm}\\r_{凸2}=4\text{mm}\end{array}\right.$ $r_{凹3}=4\text{mm} \quad R_{凸n}=$工件圆角半径 \qquad 故 $r_{凸3}=4$mm
6	计算以后各次拉深高度	按表 3-20 拉深高度计算公式 首次拉深高度: $h_1=0.25(Dk_1-d_1)+0.43r_1/d_1(d_1+0.32r_1)$ $=0.25\times\left(154\times\dfrac{154}{82}-82\right)+0.43\times\dfrac{6.5}{82}\times(82+0.32\times6.5)\approx53.1(\text{mm})$ $h_1+\dfrac{t}{2}=53.1+0.5=53.6(\text{mm})$ 第二次拉深高度: $h_2=0.25(Dk_1k_2-d_2)+0.43r_2/d_2(d_2+0.32r_2)$ $=0.25\times\left(154\times\dfrac{154}{82}\times\dfrac{83}{63}-63\right)+0.43\times\dfrac{4.5}{63}\times(63+0.32\times4.5)\approx78.5(\text{mm})$ $h_2+\dfrac{t}{2}=78.5+0.5=79(\text{mm})$ 第三次拉深后高度:$H_3=100$mm(符合工件要求高度)
7	工序图	

表 3-28　宽凸缘筒形拉深件的实例计算

序号	计算项目	计 算 结 果
		计算宽凸缘筒形拉深件(图 3-15),材料:08 钢,料厚 $t=2$mm 的工序尺寸
1	修边余量	查表 3-6,当 $\dfrac{d_凸}{d}=\dfrac{76}{28}=2.7$ 时,取修边余量 $\delta=2.2$mm,故实际凸缘直径 $d_凸=76+2\times 2.2\approx80$(mm)
2	毛坯直径	按表 3-8 序号 20 所列公式,计算毛坯直径为: $D=\sqrt{d_1^2+6.28rd_1+8r^2+4d_2h+6.28r_1d_2+4.56r_1^2+(d_4^2-d_3^2)}$ $=\sqrt{20^2+6.28\times4\times20+8\times4^2+4\times28\times52+6.28\times4\times28+4.56\times4^2+(80^2-36^2)}$ $=\sqrt{7630+5104}\approx113$(mm) $\left(7630\times\dfrac{\pi}{4}\text{mm}^2\text{ 为该零件除去凸缘部分表面积,即零件最后拉深部分实际所需材料}\right)$
3	确定一次能否拉深成型	$\dfrac{h}{d}=\dfrac{60}{28}=2.14;d_凸/d=80/28=2.86$ $\dfrac{t}{D}\times100=\dfrac{2}{113}\times100=1.77$ 查表 3-22,得 $h_1/d_1=0.22$,远小于零件的 $\dfrac{h}{d}=2.14$,故零件不能一次拉出来

序号	计算项目	用逼近法确定第一次拉深直径(以下列表有关数据,便于比较)					
4	计算以后各次拉深直径	相对凸缘直径假定值 $N=d_凸/d_1$	毛坯相对厚度 $\dfrac{t}{D}\times100$	第一次拉深直径 $d_1=d_凸/N$	实际拉深系数 $m_1=\dfrac{d_1}{D}$	极限拉深系数 $[m]$ 由表 3-24 查得	拉深系数相差值 $\Delta m=m_1-[m_1]$
		1.2	1.77	$d_1=80/1.2=67$(mm)	0.59	0.49	+0.10
		1.3	1.77	$d_1=80/1.3=62$(mm)	0.55	0.49	+0.06
		1.4	1.77	$d_1=80/1.4=57$(mm)	0.50	0.47	+0.03
		1.5	1.77	$d_1=80/1.5=53$(mm)	0.47	0.47	0
		1.6	1.77	$d_1=80/1.6=50$(mm)	0.44	0.45	−0.01

应选取实际拉深系数稍大于极限拉深系数者,故暂定第一次拉深直径 $d_1=57$mm。再确定以后各次拉深直径。查表 3-16 得:

$$m_2=0.74,d_2=m_2d_1=0.74\times57=42\text{(mm)}$$
$$m_3=0.77,d_3=m_3d_2=0.77\times42=32\text{(mm)}$$
$$m_4=0.79,d_4=m_4d_3=0.79\times32=25\text{(mm)}$$

以上数据表明,各次拉深系数分配不合理,故应调整如下:

极限拉深系数 $[m_n]$	实际拉深系数 m_n	各次拉深直径 d_n	拉深系数差值 $\Delta m=m_n-[m_n]$
$[m_1]=0.47$	$m_1=0.495$	$d_1=Dm_1=113\times0.495=56$(mm)	+0.025
$[m_2]=0.74$	$m_2=0.77$	$d_2=d_1m_2=56\times0.77=43$(mm)	+0.03
$[m_3]=0.77$	$m_3=0.79$	$d_3=d_2m_3=43\times0.79=34$(mm)	+0.02
$[m_4]=0.79$	$m_4=0.82$	$d_4=d_3m_4=34\times0.82=28$(mm)	+0.03

表中数据表明,各次拉深系数差值 Δm 较接近,确认变形程度分配合理

序号	计算项目	计 算 结 果
5	各工序的圆角半径	按表 3-78 查出各工序的圆角半径: $r_{凹1}=9$mm $r_{凹2}=6.5$mm $r_{凹3}=4$mm $r_{凹4}=3$mm　因 $r_凸=(0.6\sim1)r_凹$,$n=1$、2……,$R_{凸n}=$工件圆角半径　故 $\begin{cases}r_{凸1}=7\text{mm}\\r_{凸2}=6\text{mm}\\r_{凸3}=4\text{mm}\end{cases}$　故 $r_{凸4}=3$mm
6	第一次拉深工序尺寸	根据上述计算工序尺寸的第二个原则,考虑第一次拉入凹模的材料应比零件最后拉深部分所需材料多 5%。故毛坯直径修正为: $D=\sqrt{7630\times1.05+5104}=\sqrt{8012+5104}=115$(mm) 首次拉深高度: $h_1=0.25/d_1(D^2-d_凸^2)+0.43(r_1+R_1)+0.14/d_1(r_1^2-R_1^2)$ $=\dfrac{0.25}{56}\times(115^2-80^2)+0.43\times(8+10)+\dfrac{0.14}{56}\times(8^2-10^2)$ $=30.5+7.7-0.1=38.1$(mm)

序号	计算项目	计 算 结 果
		计算宽凸缘筒形拉深件(图 3-15),材料:08 钢,料厚 $t=2$mm 的工序尺寸
7	校核第一次拉深相对高度	经查表 3-23,当 $\dfrac{d_凸}{d_1}=\dfrac{80}{56}=1.43$,$\dfrac{t}{D}\times100=\dfrac{2}{115}\times100=1.74$ 时,许可最大相对高度 $\left[\dfrac{h_1}{d_1}\right]=0.7>\dfrac{h_1}{d_1}=\dfrac{38.1}{56}=0.68$,故安全
8	计算以后各次拉深高度	设第二次拉深时多拉入 3% 的材料(其余 2% 的材料挤入凸缘上),为了计算方便,先求出假想的毛坯直径: $$D_2=\sqrt{7630\times1.03+5104}=\sqrt{7859+5104}=114\text{(mm)}$$ 故:$h_2=0.25/d_2(D_2^2-d_凸^2)+0.43(r_2+R_2)+0.14/d_2(r_2^2-R_2^2)$ $$=\dfrac{0.25}{43}\times(114^2-80^2)+0.43\times(7+7.5)+\dfrac{0.14}{43}\times(7^2-7.5^2)$$ $$=38.6+6.2-0.02=44.8\text{(mm)}$$ 第三次拉深多拉入 1.5% 的材料(另 1.5% 的材料挤回凸缘上),则假想毛坯直径为: $$D_3=\sqrt{7630\times1.015+5104}=\sqrt{7744+5104}=113.5\text{(mm)}$$ $$h_3=0.25/d_3(D_3^2-d_凸^2)+0.43(r_3+R_3)+0.14/d_3(r_3^2-R_3^2)$$ $$=0.25/34\times(113.5^2-80^2)+0.43\times(5+5)+\dfrac{0.14}{34}\times(5^2-5^2)$$ $$=48+4.3=52.3\text{(mm)}$$ $$h_4=60\text{mm}$$
9	绘制工序图	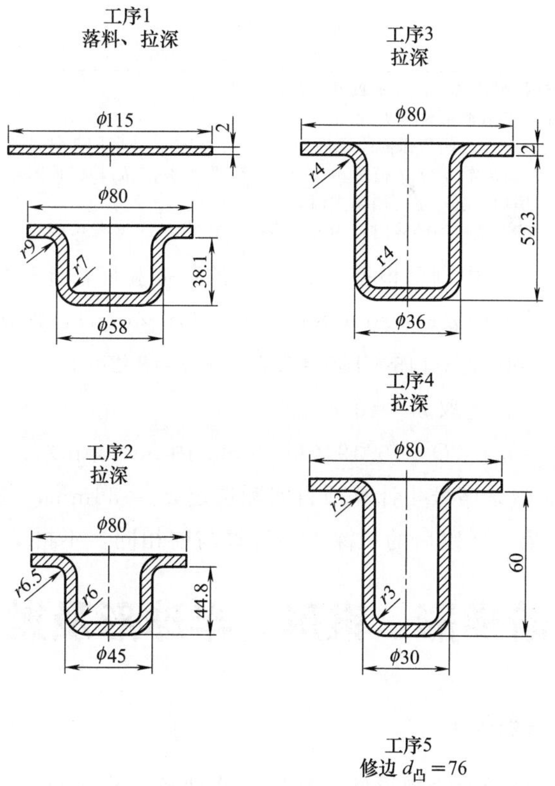

工序1
落料、拉深

工序3
拉深

工序2
拉深

工序4
拉深

工序5
修边 $d_凸=76$

由于表 3-23、表 3-24 中的 $d_凸/d_1$ 其中分母 d_1 是未知数，计算时需反复试凑，而使用不便，为此可采用表 3-29，对于带凸缘筒形件的工艺计算简便得多。

表 3-29　带凸缘或无凸缘筒形件用压边圈拉深的拉深系数（适用 08 钢、10 钢）

$t/D×100$		1.5		1.0		0.6		0.3		0.1	
r/t		10	4	12	5	15	6	18	7	20	8
$d_凸/D$		拉深系数									
0.48		0.48									
0.50		0.48	0.50								
0.51		0.48	0.50	0.51							
0.53		0.48	0.50	0.51		0.53					
0.54		0.48	0.50	0.51	0.54	0.53					
0.55		0.48	0.50	0.51	0.54	0.53	0.55	0.55			
0.58		0.48	0.50	0.51	0.54	0.53	0.55	0.55	0.58	0.58	
0.60		0.48	0.50	0.50	0.53	0.53	0.55	0.54	0.58	0.57	0.60
0.65		0.48	0.49	0.49	0.52	0.52	0.54	0.53	0.56	0.55	0.58
0.70		0.47	0.48	0.48	0.51	0.51	0.53	0.52	0.54	0.53	0.56
0.75		0.45	0.47	0.46	0.49	0.49	0.51	0.50	0.52	0.51	0.54
0.80		0.43	0.45	0.45	0.47	0.47	0.49	0.48	0.50	0.49	0.52
0.85		0.41	0.43	0.42	0.45	0.44	0.46	0.45	0.48	0.47	0.49
0.90		0.38	0.39	0.39	0.41	0.41	0.43	0.42	0.44	0.43	0.45
0.95		0.33	0.34	0.35	0.37	0.37	0.38	0.37	0.39	0.38	0.40
0.97		0.31	0.32	0.33	0.34	0.35	0.36	0.36	0.37	0.36	0.38
0.99		0.30	0.31	0.32	0.33	0.33	0.34	0.34	0.34	0.34	0.35
以后各次拉深	m_2	0.73	0.75	0.75	0.76	0.76	0.78	0.78	0.79	0.79	0.80
	m_3	0.76	0.78	0.78	0.79	0.79	0.80	0.80	0.81	0.81	0.82
	m_4	0.78	0.80	0.80	0.81	0.81	0.82	0.82	0.83	0.83	0.84
	m_5	0.80	0.82	0.82	0.84	0.83	0.85	0.84	0.85	0.85	0.86

注：1. 随材料塑性高低，表中数值应酌情增减。

2.——线上方为直筒形件（$d_凸=d_1$）。

3.——线与……线之间为弧面凸缘件（$d_凸≤d_1+2r$），此区间工件计算半成品尺寸 h_1 时应加注意。

4. 随 $d_凸/D$ 数值增大，r/t 值可相应减小，应满足 $2r_1≤h_1$，保证筒形部分成直壁。

5. 查表时，用插入法，也可用偏大值。

6. 多次拉深的首次成型凸缘时，为考虑多拉入材料，m_1 增大 0.02。

现对表 3-28 中例题根据表 3-29 中的数据验证，计算如下：

第一次拉深中 $d_凸=80$（mm），$D=115$（mm），则 $d_凸/D=80÷115=0.69$。

$t/D_1×100=2÷115×100=1.74$，$r/t=8/2≈4$。

查表 3-29，选取 $m_1=0.49$。

则：$d_1=m_1×D_1=0.49×115=56.5≈56$（mm）。

表 3-28 中，序号 4 计算项目实际选定 $d_1=56$mm，与这次计算结果相同。

同理，第二次以后的拉深工序计算与前相同，不再重复。

3.3　阶梯形、锥形、半球形及抛物线形件的拉深

3.3.1　阶梯形件

图 3-16 所示的阶梯形件，其拉深原理及变形特点与圆筒形件的拉深基本相同。由于这类拉深件的多样性及复杂性，不能用统一的方法来确定其工艺计算程序。

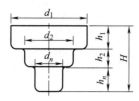

图 3-16　阶梯形拉深件

（1）对圆筒形阶梯件拉深次数的确定方法

圆筒形阶梯件拉深次数的确定见表 3-30。

表 3-30　圆筒形阶梯件拉深次数的确定

拉深次数的确定	应满足的拉深成型的相关条件	说　明
1. 公式计算法确定一次拉深的条件	当阶梯形件的相对厚度 $t/d_0 \geqslant 0.01$，其阶梯之间直径之差和工件高度较小时，一般可用一次拉深成型，但应满足于下式要求：$$\frac{H_1 + H_2 + \cdots + H_n}{d_n} \leqslant \frac{H}{d_n}$$ H 值的计算式：$H = \dfrac{D^2 - d_n^2}{4d_n}$ 式中　D——坯料直径，mm d_n——工件外径，mm 如果不能满足上述要求，则需要多次拉深成型	式中　H_1，H_2，$\cdots H_n$——每个阶梯的高度，mm d_n——最小阶梯的直径，mm H——拉深成直径 d_n（最小阶梯直径）的圆筒形件可能达到的最大高度，mm
2. 查表法确定拉深次数	利用表格确定阶梯形件需一次拉深还是多次拉深的方法，首先应求出工件最大高度与最小直径之比（即 H/d_1）和毛坯相对厚度 $t/d_0 \times 100$，然后从表 3-19 中查取所需拉深次数。若拉深次数为 1，则需一次拉深即可。 如图 3-16 的工件所示，$d_1 = 70$mm，$d_n = 46$mm，$H = 28$mm，$t = 1.5$mm，求出毛坯直径 D 为 107mm。 则：$t/D \times 100 = 1.5 \div 107 = 1.4$ $H/d_n = \dfrac{28}{46} = 0.6$	从表 3-19 查得一次可拉成，拉深时，其凸、凹模尺寸计算及凸、凹模圆角半径等尺寸的确定，均与圆筒相同
3. 根据假象拉深系数确定拉深次数	确定阶梯形件的拉深次数，除上述两种方法外，还可由下述方法确定：先求出梯形件的假想拉深系数 $m_总$：$$m_总 = \frac{k_1 m_1 + k_2 m_2 + \cdots + m_n}{k_1 + k_2 + \cdots + k_{n-1} + 1}$$ $K_1 = \dfrac{h_1}{h_2}$，$K_2 = \dfrac{h_2}{h_3}$，$\cdots$，$K_n \dfrac{h_{n-1}}{h_n}$（图 3-16） 若上式计算出的 $m_总$ 大于或等于由同样坯料直径一次拉成圆筒形件（按最大阶梯直径计算）极限拉深系数时，则此阶梯形件可一次拉深成型，否则需多次拉深才能成型	式中　k_1，k_2，$\cdots$，k_n——相应阶梯高度的比例系数 m_1，m_1，$\cdots$，m_n——d_1，d_2，$\cdots$，d_n 的圆筒形件拉深系数，即阶梯件直径与平板坯料直径之比 $m_1 = \dfrac{d_1}{D}$，$m_2 = \dfrac{d_2}{D}$，$\cdots$，$m_n = \dfrac{d_n}{D}$

[例]　图 3-17 所示的阶梯形件，已知坯料直径 $D = 122$mm，$t = 1.5$mm，材料为 08 钢，试确定拉深次数。

① 确定比例系数 k_1、k_2：

$$k_1 = H_1/H_2 = \frac{15}{10} = 1.5, \quad k_2 = H_2/H_3 = 10 \div 5 = 2$$

② 确定各阶梯拉深系数 m_1、m_2 和 m_3：

$$m_1 = \frac{d_1}{D} = \frac{90}{122} = 0.74$$

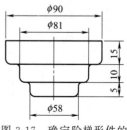

图 3-17　确定阶梯形件的拉深次数示例

$$m_2 = \frac{d_2}{D} = \frac{81}{122} = 0.66$$

$$m_3 = \frac{d_3}{D} = \frac{58}{122} = 0.47$$

③ 确定假想拉深系数：

$$m_{总} = \frac{k_1 m_1 + k_2 m_2 + \cdots + m_n}{k_1 + k_2 + \cdots + k_{n-1} + 1}$$

$$= \frac{1.5 \times 0.74 + 2 \times 0.66 + 0.47}{1.5 + 2 + 1} = 0.64$$

④ 确定用相同坯料直径拉深圆筒件时的首次拉深系数，坯料相对厚度 $\frac{t}{D} \times 100 = \frac{1.5}{122} \times 100 = 1.2$

查表 3-16，首次拉深系数 $m_1 = 0.53$。

⑤ 比较 $m_{总}$ 与 m_1 大小：$m_{总} > m_1 = 0.64 > 0.53$。

则阶梯形件可一次拉深成型，其拉深方法与圆筒形件基本相同。

（2）多次拉深的阶梯形件拉深方法

对于多次拉深的阶梯形件，一般采用的拉深方法见表 3-31。

表 3-31　阶梯形件的拉深工艺程序

序号	简　图	拉深工序次数和工艺程序
1	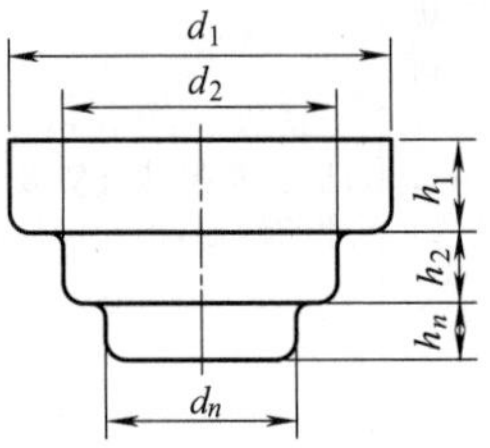 (a) 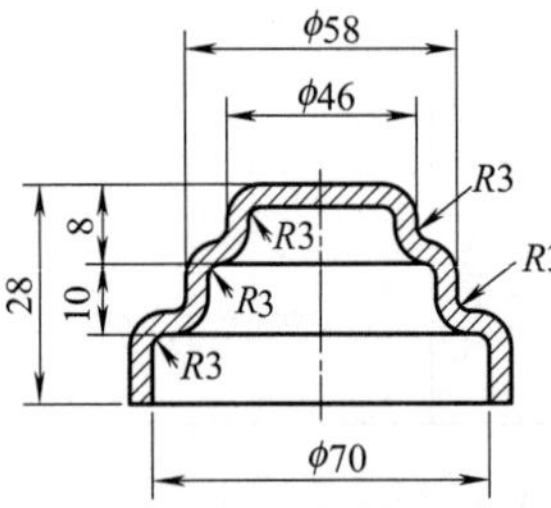 (b)	对于大、小直径差值小，高度不大，阶梯只有 2～3 个，一般可一次拉深成型。若高度较大，阶梯较多，是否一次能拉成，可用下列经验公式校验。 $$m_y = \frac{\dfrac{h}{h_2} \cdot \dfrac{d}{D} + \dfrac{h_2}{h_3} \cdot \dfrac{d_2}{D} + \cdots + \dfrac{h_{n-1}}{h_n} \cdot \dfrac{d_{n-1}}{D} + \dfrac{d_n}{D}}{\dfrac{h}{h_2} + \dfrac{h_2}{h_3} + \cdots + \dfrac{h_{n-1}}{h_n} + 1}$$ 式中　m_y——阶梯件的假想拉深系数，若 $m_y > m_1$ 则可一次拉出，否则要两次或多次拉深； 　　　D——毛坯直径。 例：试确定图(b)阶梯形件的拉深次数，材料为 08 钢，料厚为 $t = 1.5\text{mm}$，毛坯直径 $D = 103\text{mm}$。 $$m_y = \frac{\dfrac{10}{10} \times \dfrac{71.5}{103} + \dfrac{10}{8} \times \dfrac{56.5}{103} + \dfrac{44.5}{103}}{\dfrac{10}{10} + \dfrac{10}{8} + 1} = 0.554$$ 由表 3-16 查得极限拉深系数，当 $\dfrac{t}{D} \times 100 = \dfrac{1.5}{103} \times 100 = 1.46$ 时，$m_1 = 0.50 \sim 0.53$，因 $m_y > m_1$，故可一次拉成
2	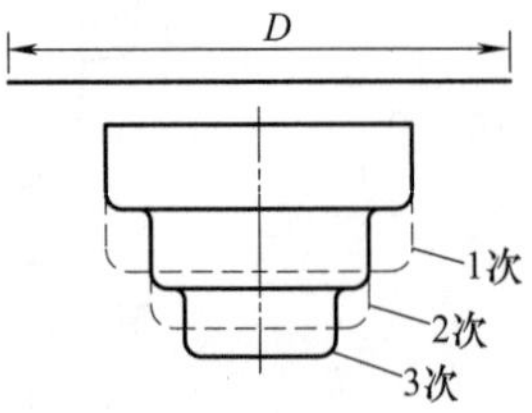	如果任意相邻二阶梯直径比值 d_2/d_1，d_3/d_2，$\cdots$，d_n/d_{n-1}，大于或等于相应的圆筒形件极限拉深系数时，则可每次拉成一个阶梯，由大阶梯到小阶梯(工序 1～3)依次拉深。其拉深次数应等于阶梯数目(即各阶梯拉深次数之和)

序号	简　　图	拉深工序次数和工艺程序
3	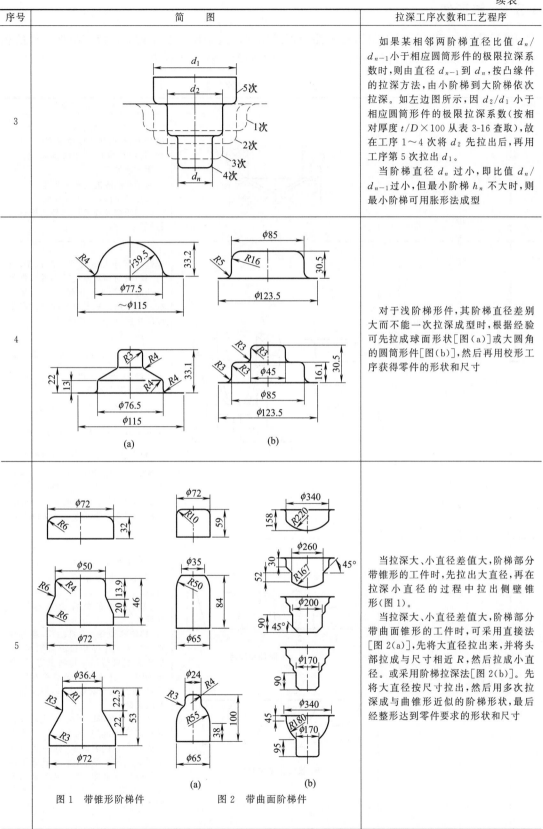	如果某相邻两阶梯直径比值 d_n/d_{n-1} 小于相应圆筒形件的极限拉深系数时，则由直径 d_{n-1} 到 d_n，按凸缘件的拉深方法，由小阶梯到大阶梯依次拉深。如左边图所示，因 d_2/d_1 小于相应圆筒形件的极限拉深系数（按相对厚度 $t/D \times 100$ 从表 3-16 查取），故在工序 1～4 次将 d_2 先拉出后，再用工序第 5 次拉出 d_1。 　　当阶梯直径 d_n 过小，即比值 d_n/d_{n-1} 过小，但最小阶梯 h_n 不大时，则最小阶梯可用胀形法成型
4		对于浅阶梯形件，其阶梯直径差别大而不能一次拉深成型时，根据经验可先拉成球面形状［图（a）］或大圆角的圆筒形件［图（b）］，然后再用校形工序获得零件的形状和尺寸
5		当拉深大、小直径差值大，阶梯部分带锥形的工件时，先拉出大直径，再在拉深小直径的过程中拉出侧壁锥形（图 1）。 　　当拉深大、小直径差值大，阶梯部分带曲面锥形的工件时，可采用直接法［图 2（a）］，先将大直径拉出来，并将头部拉成与尺寸相近 R，然后拉成小直径。或采用阶梯拉深法［图 2（b）］。先将大直径按尺寸拉出，然后用多次拉深成与曲锥形近似的阶梯形状，最后经整形达到零件要求的形状和尺寸

3.3.2 锥形件

锥形件的拉深,不同于圆筒形零件的直线拉深,由于尺寸变化较大,故应根据零件的相对高度、锥度以及材料的相对厚度不同,采用不同的拉深方法见表 3-32。

表 3-32 锥形件的拉深工艺

序号	类型	几何参数	简　图	拉深方法与说明
1	浅锥件	$\dfrac{h}{d}\leqslant 0.25\sim 0.3$ $\alpha=50°\sim 80°$		由于零件拉深变形程度不大,回弹量大,对形状精度要求高时,须增加压边力,以加大径向拉应力。可采用方法如下。 对于无凸缘的应补加凸缘。 采用带拉深筋的凹模拉深。 可采用橡胶或液压代替凸模进行拉深
2	中等深锥形件	$\dfrac{h}{d}=0.3\sim 0.7$ $\alpha=15°\sim 45°$		这类零件大多数可一次拉深,只有当材料的相对厚度较小或零件带有凸缘时,为了防止起皱,应采用二次以上拉深。根据材料的相对厚度 t/D 不同,可分三种情况,采用不同的拉深方法。 (1)当 $\dfrac{t}{D}\times 100>2.5$ 时,由于稳定性好,可不用压边圈一次拉成,但在最后须进行整形。 (2)当 $\dfrac{t}{D}\times 100=1.5\sim 2$ 时,应采用带压边的拉深模一次拉成。 (3)当 $\dfrac{t}{D}\times 100<1.5$ 或有较宽的凸缘时,须用压边圈,并经两三次拉深成型。首次拉成大圆角或半球形圆筒件,然后按尺寸成型。有时第二次采用反拉深可防止皱纹的产生
3	深锥形件	$\dfrac{h}{d}>0.8$	(a) 阶梯拉深法 (b) 锥面逐步成型法	这类零件需要进行多次拉深,常采用逐渐增加锥部高度的方法拉深。 深锥形件的拉深方法有以下几种。 (1)阶梯拉深法[图(a)],是将坯料分数道工序逐步拉成阶梯形,最后用成型模整形。其缺点有:壁厚不均匀,工件表面不光滑并有明显压痕,使用模具套数多,结构及加工都较复杂。 (2)锥面逐步成型法,是先将坯料拉成圆筒形,使其表面积等于或大于成品圆锥件表面积,圆筒形直径等于圆锥件大端直径,以后各工序逐步拉出圆锥面,使其高度逐渐增加,到最后一道工序拉成所需要的圆锥形

序号	类型	几何参数	简　图	拉深方法与说明
3	深锥形件	$\dfrac{h}{d}>0.8$	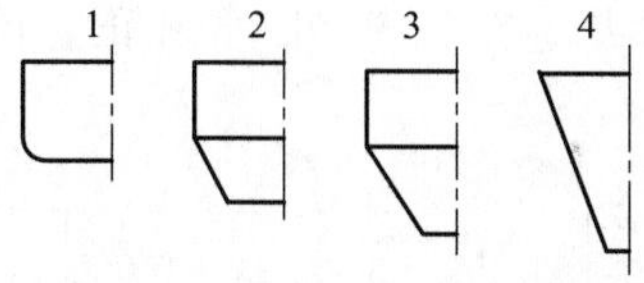 （c）逐渐增加锥形高度的成型法	（3）逐渐增加锥形高度成型法，先将坯料拉出相应的圆筒形，然后，锥面从底面开始成型，在各道工序中，锥面逐渐增大，直到最后锥面一次成型［图（c）］。此方法的优点是零件表面质量高，无工序间压痕。其拉深系数用拉深前后的平均直径来计算： 首次拉深的平均直径 $d_{1均}=\dfrac{d_{1大端}+d_{1小端}}{2}$ 二次拉深的平均直径 $d_{2均}=\dfrac{d_{2大端}+d_{2小端}}{2}$ 二次拉深的拉深系数 $m_2=\dfrac{d_{2均}}{d_{1均}}$ 式中　$d_{大端}$——锥形件大直径端； 　　　$d_{小端}$——锥形件小直径端。 深锥形件的拉深系数见表 3-33，其值都由平均直径计算

表 3-33　深锥形件的拉深系数

毛坯相对厚度 $\dfrac{t}{d_{n-1}}\times100$	0.5	1.0	1.5	2.0
拉深系数 $m_n=\dfrac{d_n}{d_{n-1}}$	0.85	0.8	0.75	0.7

注：表中 d_n 及 d_{n-1} 分别在 n 和 $n-1$ 次拉深时的平均直径。

锥形件的拉深，要判断其是否起皱是一个相当复杂的问题，在生产中常用下述公式进行概略估算。

① 用锥形凹模拉深时不起皱应满足下列条件：

$$t/D_0\geqslant0.03(1-m)$$

或

$$t/d\geqslant0.03(K-1)$$

② 用平端面凹模拉深时不起皱应满足下列条件：

$$t/D\geqslant(0.09\sim0.17)(1-m)$$

或

$$t/d\geqslant(0.09\sim0.17)(K-m) \tag{3-17}$$

式中　K——拉深程度。

另外，也可按表 3-4 判断是否起皱。

3.3.3　半球形件

半球形件拉深的特点：在开始拉深时，凸模与毛坯的接触面很小，易使底部材料发生严重变薄，甚至破裂。另外在拉深过程中，很大部分材料未被压边圈压住，极易起皱，而且因间隙较大，皱纹不易消除，故半球形件的拉深比较困难。

半球形件的拉深系数，对于任何直径，均为定值，即：

$$m=\frac{d}{D}=\frac{d}{\sqrt{2d^2}}=0.71$$

根据拉深系数，可知其变形程度不大，可一次拉深成型。在实际生产中，根据毛坯的相对厚度不同，采用不同拉深方法。

① 当 $\dfrac{t}{D}\times100>3$ 时，由于稳定性好，可不用压边圈一次拉成（图3-18），在行程终了需进行整形。这种零件的拉深最好选用摩擦压力机。

② 当 $\dfrac{t}{D}\times100=0.5\sim3$ 时，应需要用压边圈拉深，防止起皱。

③ 当 $\dfrac{t}{D}\times100<0.5$ 时，因稳定性差，需要采取防皱措施。可采用的方法有：带拉深筋拉深法［图3-19（a）］、反向拉深法［图3-19（b）］和正、反向联合拉深法［图3-19（c）］。

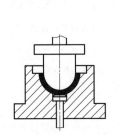

图3-18 半球形件带整形的拉深模

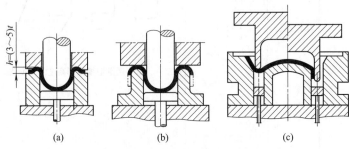

图3-19 半球形件拉深的防皱方法

3.3.4 抛物线形件

抛物线形件的拉深，可按相对高度 $\dfrac{h}{d}$ 和材料相对厚度 $\dfrac{t}{D}$ 值，相应采用合适的拉深方法。

① 浅的抛物线形件 $\left(\dfrac{h}{d}<0.5\sim0.6\right)$ 时，由于其高度小，拉深方法与半球形件相似。

② 深的抛物线形件 $\left(\dfrac{h}{d}>0.6\right)$ 时，特别是 $\dfrac{t}{D}$ 较小时，对于深度较大，而顶端的圆角半径又小的抛物线形件，应采用多道工序逐渐拉深成型。

深抛物线形件的拉深方法如下。

（1）直接拉深法（图3-20）

① 当相对高度较小 $\left(\dfrac{h}{d}=0.5\sim0.7\right)$，材料相对厚度较大时，一般可先将零件上部拉成图样尺寸近似形，然后再次将零件下部拉深成接近图样尺寸，最后全部拉深成型［图3-20（a）］。

② 相对高度与材料相对厚度较小时，首先作预备形状，然后凸模头部制成带锥度或半圆角形，然后再多次拉深，使零件接近大直径［图3-20（b）］。

（2）阶梯拉深法（图3-21）

采用多次拉深至大直径，以保持大直径不变，拉成近似形状的阶梯圆筒形件，最后采用胀形成型。

（3）反向拉深法（图3-22）

反向拉深法能增加径向的拉应力，可有效地防止起皱。对 $\dfrac{h}{d}$ 大、$\dfrac{t}{D}$ 小的抛物线形件的拉深，其效果较好。反向拉深时，首先拉出圆筒形，然后采用反拉深逐渐拉成所需的形状。如比较深的零件，需经多次反拉深，最后用胀形成型。

一般在双动压力机上拉深时，普通拉深与反向拉深可在同一个行程中完成。即外滑块下降时，带动凹模向下，为普通拉深；而内滑块带动中间凸模下降时，则为反拉深。

（4）液压机械拉深法（图 3-23）

液压机械拉深时，坯料在液压力作用下，具有高压作用力的液体当作凹模，并在凸凹模之间形成的"凸坎"而起着拉深筋的作用，坯料反拉并紧贴凸模成型。采用液压拉深比普通拉深优越得多，使工件壁厚均匀，表面光滑。很适合于抛物线形件和锥形件的拉深。如图 3-24 所示的抛物线形件 h/d 高达 1.2，采用液压拉深，一次就可拉成，而普通拉深需要 7～8 次。

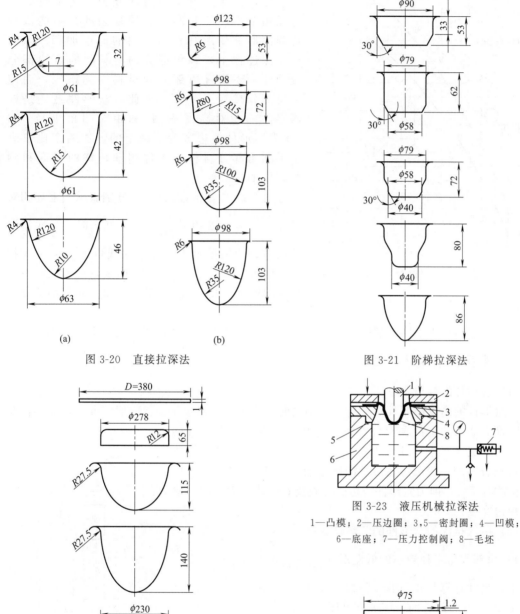

图 3-20　直接拉深法

图 3-21　阶梯拉深法

图 3-22　反向拉深法

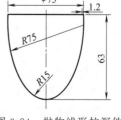

图 3-23　液压机械拉深法

1—凸模；2—压边圈；3,5—密封圈；4—凹模；
6—底座；7—压力控制阀；8—毛坯

图 3-24　抛物线形拉深件

3.4 盒形件

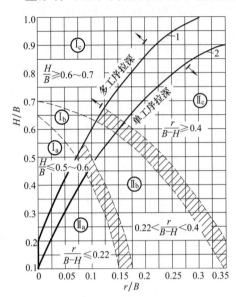

图 3-25 盒形件不同拉深情况的分区图

盒形件可以认为是由圆角和直边两部分组成，在拉深变形中圆角部分相当于圆筒形零件的拉深；而直边部分相当于简单的弯曲变形。但在拉深过程中圆角部分和直边部分必然有互相牵连，其变形是比较复杂的，不能认为是圆筒形件变形和直边弯曲的简单加和。因为在拉深过程中，圆角部分的材料除向直边部分流动外，还使直边部分的材料受到挤压，而使圆角部分减轻了变形。因此，盒形件毛坯是根据零件的相对高度 H/B 和相对圆角半径 t/B（B 为矩形件短边宽度）确定的。这两个比值决定了圆角部分材料向工件侧壁转移的程度和侧壁高度的增补量。

图 3-25 所示的曲线 1、2 分别表示当毛坯相对厚度 $\dfrac{t}{D}\times100=2$ 以及 $\dfrac{t}{D}\times100=0.6$ 时，一次拉深所能达到的侧壁最大高度。曲线以上为需多次拉深的区域（I_a、I_b、I_c），曲线以下为只需一次拉深的区域（II_a、II_b、II_c），图中的阴影部分是过渡区域。

根据上述相应于不同区域的盒形件，应用不同的毛坯计算和作图方法，下面分别介绍。

3.4.1 盒形件的毛坯计算

（1）盒形件的修边余量

若盒形件的高度小而且对上口要求不高时，可不需要修边工序。一般情况下，盒形件在拉深后都需要修边，故盒形件在确定毛坯尺寸时，应在工件的高度或凸缘宽度基本尺寸加上修边余量。无凸缘盒形件的修边余量可查表 3-34。带凸缘盒形件的修边余量可查表 3-6，将表中的 $d_凸$ 改为 $B_凸$，即为盒形件短边凸缘宽度；d 改为 B，即为盒形件短边宽度。

（2）一次拉深的盒形件的毛坯计算

1）角部圆角半径较小的低盒形件 $\left(\dfrac{r}{B-H}\leqslant0.22\right)-II_a$ 区

毛坯尺寸计算与作图的步骤如下。

① 求出弯曲部分的长度 L（见图 3-26）。

无凸缘时
$$L=H+0.57r_底 \tag{3-18}$$
$$H=H_0+\Delta H \tag{3-19}$$

式中 　H_0——工件高度，mm；

　　　ΔH——修边余量，mm（按表 3-34 选取）；

　　　$r_底$——盒形件底部与直壁间的圆角半径，mm。

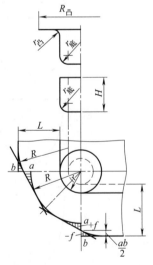

图 3-26 低矩形件毛坯作图法

表 3-34　无凸缘盒形件的修边余量

图中：H——计入修边余量的工件高度 H_0——盒形件高度 ΔH——修边余量 r——盒形件侧壁间的圆角半径 $H=H_0+\Delta H$	工件相对高度 H_0/r	修边余量 ΔH
	$2.5 \sim 6$	$(0.03 \sim 0.05)H_0$
	$7 \sim 17$	$(0.04 \sim 0.06)H_0$
	$18 \sim 44$	$(0.05 \sim 0.08)H_0$
	$45 \sim 100$	$(0.06 \sim 0.1)H_0$

带凸缘时

$$L = H + R_凸 - 0.43(r_凸 + r_底)$$

② 计算毛坯角部半径 R。

无凸缘时：

$$R = \sqrt{r^2 - 2rH - 0.86r_底(r + 0.16r_底)}$$

若 $r = r_底$，则 $R = \sqrt{2rH}$

带凸缘时：

$$R = \sqrt{R_凸^2 + 2rH - 0.86(r_凸 + r_底) + 0.14(r_凸^2 - r_底^2)}$$

③ 从 ab 线段的中心向半径为 R 的圆弧作切线。

④ 以 R 为半径作圆弧光滑连接直线与切线，即可得出毛坯外形。

2）角部圆角半径较大的低盒形件 $\left(0.22 < \dfrac{r}{B-H} < 0.4\right)$ ——II$_b$ 区

毛坯尺寸计算与作图的步骤如下。

① 按上述公式求出直壁展开长度 L 和角部毛坯半径 R。

② 作出从圆角到直壁有阶梯过渡形状的毛坯（见图 3-27）。

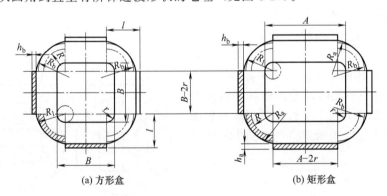

(a) 方形盒　　　　　(b) 矩形盒

图 3-27　角部圆角半径较大的低盒形件的毛坯作图法

③ 求出角部加大的展开半径 R：

$$R_1 = xR \tag{3-20}$$

式中　$x = 0.074\left(\dfrac{R}{2r}\right)^2 + 0.982$

或由表 3-35 查得。

表 3-35 计算盒形件毛坯尺寸用 x 及 y 值 　　　　　　　　mm

角部的相对圆角半径 r/B	相对拉深高度 $\dfrac{B}{H}$							
	0.3		0.4		0.5		0.6	
	x	y	x	y	x	y	x	y
0.1	—	—	1.09	0.15	1.12	0.20	1.16	0.27
0.15	1.05	0.08	1.07	0.11	1.10	0.17	1.12	0.20
0.2	1.04	0.06	1.06	0.10	1.08	0.12	1.10	0.17
0.25	1.035	0.05	1.05	0.08	1.06	0.10	1.08	0.12
0.30	1.03	0.04	1.04	0.06	1.05	0.08	—	—

④ 在直壁部分展开长度上切去的宽度 h_a 和 h_b：

$$h_a = y\,\frac{R^2}{A-2r}$$

$$h_b = y\,\frac{R^2}{B-2r}$$

y 值由表 3-35 查得。

⑤ 对展开尺寸进行修正，即将半径增大到 R_1，将长度减少 h_a 及 h_b。

⑥ 最后根据修正后的宽度、长度和毛坯半径，再用半径 R_a 和 R_b 的圆弧连成光滑的外形，即可得出所要求的毛坯形状和尺寸。

上述方法适用长宽比为 $A : B = 1.5\sim2$ 的矩形盒拉深件。

3）角部具有大圆角半径的较高盒形件 $\left(\dfrac{r}{B-H}\geqslant0.4\right)$ — Ⅱc 区

毛坯尺寸是根据盒形件的表面积与毛坯面积相等的原则求得，毛坯形状为圆形或长圆形（图 3-28）。

① 对方形盒拉深件可用圆形毛坯 [图 3-28（a）]。

当 $r = r_底$ 时，毛坯直径为：

$$D = 1.13\sqrt{B^2 + 4B(H-0.43r) - 1.72r(H+0.33r)}$$

当 $r \neq r_底$ 时，毛坯直径为：

$$D = 1.13\sqrt{B^2 + 4B(H-0.43r_底) - 1.72r(H+0.5r) - 4r_底(0.11r_底 - 0.18r)}$$

② 对尺寸为 $A \times B$ 的矩形盒拉深件，可视为由两个宽度为 B 的半正方形和中间为（$A-B$）的直边所组成。此时，毛坯形状是由两个半径为 R 的半圆弧和两个平行边所组成的长圆形 [图 3-28（b）]。则长圆形毛坯的圆弧半径为：

$$R_b = \frac{D}{2} \qquad (3\text{-}21)$$

式中　D——尺寸为 $B \times B$ 的假想方形盒的毛坯直径，用上式计算，圆弧中心到工件短边的距离为 $\dfrac{B}{2}$。

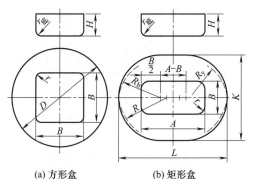

(a) 方形盒　　　　(b) 矩形盒

图 3-28 角部圆角半径大的低盒形拉深件的毛坯形状和尺寸

长圆形毛坯的长度为：

$$L = 2R_b + (A-B) = D + (A-B) \qquad (3\text{-}22)$$

长圆形毛坯的宽度为：

$$K=\frac{D(B-2r)+[B+2(H-0.43r)](A-B)}{A-2r} \tag{3-23}$$

毛坯的作图方法见图 3-28 (b)。

先作出 $A\times B$ 矩形图，然后取短边为 $B/2$ 当圆心（即 $A-B$ 为两个圆的中心距），以 R_b 为半径分别作出对称的两个圆弧，其作图法如图 3-28 (b) 所示。并与宽度 K 封闭成长圆形。

当 $K<L$ 时，坯料为椭圆形，其椭圆形短边坯料圆角半径为 $R=0.5K$ 再作两个圆弧，与宽度 K 封闭成椭圆形。

当 $K\approx L$ 时，毛坯为圆形，$R=0.5K$。

当 $\dfrac{A}{B}<1.3$，且 $\dfrac{H}{B}<0.8$ 时，椭圆形毛坯宽度 $K=2R_b=D$。

（3）多次拉深的盒形件的毛坯计算

在多次拉深区域，可以根据毛坯形状及其相对高度 $\dfrac{H}{B}$ 和相对圆角半径 $\dfrac{r}{B}$ 的不同数值，划分 I_a 和 I_c 两个区域，I_b 是 I_a 和 I_c 之间的过渡区域。

① 角部具有小圆角半径的较高盒形件 $\left(\dfrac{H}{B}\leqslant0.7\sim0.8\right)$—$\mathrm{I}_a$ 区

该区域工件相对高度虽然不大，但由于相对圆角半径较小，不能一次拉深成型，必须采用两次拉深以逐步缩小圆角和底部圆角。由于圆角和底角缩小值较小，仅改变盒形件的尺寸，而其外形基本不变，故求毛坯尺寸的方法与 II_a 相同（图 3-26）。

因工件圆角部分要分两次拉深，同时材料侧壁会产生转移，所以可将展开圆角半径 R 加大10%～20%。

当 $r=r_{底}$ 时，$R=(1.1\sim1.2)\sqrt{2rH}$

在第一次拉深与第二次拉深时，如图 3-29 所示，其角部圆角半径有不同的圆心。第二次拉深缩小圆角半径时，可不用压边圈，两次工序间的壁间距 b 和角间距 x 不宜太大，可采用：

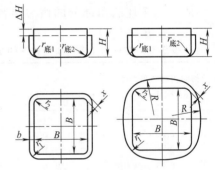

图 3-29　角部半径进行整形的方盒形件的拉深

壁间距：　　　　　　　　$b=(4\sim5)t$

角间距：　　　　　　　　$x\leqslant0.4b=0.5\sim2.5$（mm）

若 $b=0.43(r_{底1}-r_{底2})$ 时，则第一次拉深与第二次拉深时盒形件高度不变，第二次拉深工序的高度增量为：

$$\Delta H=b-0.43(r_{底1}-r_{底2}) \tag{3-24}$$

式中　$r_{底1}$，$r_{底2}$——第一次拉深和第二次拉深的底角半径，mm。

② 高盒形件 $\left(\dfrac{H}{B}\geqslant0.7\sim0.8\right)$—$\mathrm{I}_c$ 区

该区域的毛坯尺寸计算方法与 II_c 区相同，即按盒形件表面积与毛坯表面积相等的原则进行计算，毛坯外形为窄边由半径 R_b、宽边由半径 R_a 所构成的椭圆形 ［见图 3-30 (a)］，或由半径为 $R=0.5K$ 的两个半圆和两条平行边所构成的长圆形 ［图 3-30 (b)］。

L 和 K 可根据式（3-22）、式（3-23）求得。

椭圆宽边的圆弧半径为：

$$R_a=\frac{0.25(L^2+K^2)-LR_b}{K-2R_b} \tag{3-25}$$

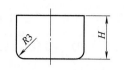

当矩盒形件的尺寸 A 与 B 相差不大，而相对高度很大时，可直接采用圆形毛坯。

3.4.2 盒形件的拉深工序计算

（1）低盒形件区域（II_a、II_b、II_c 区域）

① 按前述公式和方法计算毛坯尺寸。

② 计算相对高度 $\dfrac{H}{B}$，与表 3-36 中所列的 $\dfrac{H}{B_1}$ 相比：若 $\dfrac{H}{B} \leqslant \dfrac{H}{B_1}$，则可一次拉成。若 $\dfrac{H}{B} > \dfrac{H}{B_1}$，则不能一次拉成。

③ 核算角部的拉深系数

对于低盒形件，其圆角部分对直边部分的影响相对较小，但圆角处变形最大，所以圆角处用假想拉深系数表示为：

$$m = \frac{r}{R_y} \tag{3-26}$$

式中　r——角部的圆角半径；

　　　R_y——毛坯圆角部分的假想半径（如图 3-26 所示，R_y 即 R）。

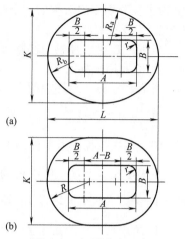

图 3-30　矩形件多工序拉深的毛坯形状

表 3-36　在一道工序内所能拉深的矩形盒件的最大相对高度 H/B_1（材料：08 钢、10 钢）

角部的相对圆角半径 r/B	毛坯相对厚度 $\dfrac{t}{D} \times 100$			
	2.0～>1.5	1.5～>1.0	1.0～>0.5	0.5～0.2
0.30	1.2～1.0	1.1～0.95	1.0～0.9	0.9～0.85
0.20	1.0～0.9	0.9～0.82	0.85～0.70	0.8～0.7
0.15	0.9～0.75	0.8～0.7	0.75～0.65	0.7～0.6
0.10	0.8～0.6	0.7～0.55	0.65～0.5	0.6～0.45
0.05	0.7～0.5	0.6～0.45	0.55～0.4	0.5～0.35
0.02	0.5～0.4	0.45～0.35	0.4～0.3	0.35～0.25

注：1. 表中除了 r/B 和 t/D 外，许可拉深高度尚与矩形盒的绝对尺寸有关，故对较小尺寸的盒形件（$B < 100\text{mm}$）取上限值，对大尺寸的盒形件取较小值。

2. 对于其他材料，可根据金属塑性的大小，选取表中数据作或大或小的修正，例如 1Cr18Ni9Ti 和铝合的修正系数为 1.1～1.15，20～25 钢为 0.85～0.9。

当 $r = r_底$ 时，拉深系数可用比值 H/r 表示为：

$$m = \frac{d}{D} = \frac{2r}{2\sqrt{2rH}} = \frac{1}{\sqrt{2\dfrac{H}{r}}} \tag{3-27}$$

表 3-37 中所列系数 m_1 值，若 $m \geqslant m_1$，则可一次拉成。若 $m < m_1$，则不能一次拉成。

表 3-37　盒形件角部的第一次拉深系数 m_1（材料：08 钢、10 钢）

r/B_1	毛坯的相对厚度 $\dfrac{t}{D} \times 100$							
	0.3～0.6		>0.6～1.0		>1.0～1.5		>1.5～2.0	
	矩形	方形	矩形	方形	矩形	方形	矩形	方形
0.025	0.31		0.30		0.29		0.28	
0.05	0.32		0.31		0.30		0.29	
0.10	0.33		0.32		0.31		0.30	
0.15	0.35		0.34		0.33		0.32	

r/B_1	毛坯的相对厚度 $\dfrac{t}{D}\times 100$							
	0.3~0.6		>0.6~1.0		>1.0~1.5		>1.5~2.0	
	矩形	方形	矩形	方形	矩形	方形	矩形	方形
0.20	0.36	0.38	0.35	0.36	0.34	0.35	0.33	0.34
0.30	0.40	0.42	0.38	0.40	0.37	0.39	0.36	0.38
0.40	0.44	0.48	0.42	0.45	0.41	0.43	0.40	0.42

或根据 H/r 的值进行核算，盒形件第一次拉深许可的最大比值 H/r_1 从表 3-38 中看出能否拉出。

表 3-38　盒形件第一次拉深许可的最大比值 H/r（材料：10 钢）

r/B_1	毛坯的相对厚度 $\dfrac{t}{D}\times 100$					
	0.3~0.6		>0.6~1		>1~2	
	方形	矩形	方形	矩形	方形	矩形
0.4	2.2	2.5	2.5	2.8	2.8	3.1
0.3	2.8	3.2	3.2	3.5	3.5	3.8
0.2	3.5	3.8	3.8	4.2	4.2	4.6
0.1	4.5	4.5	5.0	5.0	5.5	5.5
0.05	5.0	5.0	5.5	5.5	6.0	6.0

注：对塑性较差的金属拉深时，H/r_1 的数值取比表值减小 5%~7%，对塑性更大的金属拉深时，取比表中数值大 5%~7%。

（2）高盒形件区域

1）初步估算拉深次数

对于高盒形件，一般需要多次拉深才能成型，将转角部分先拉成大圆角，而后逐次减小圆角半径。方盒形可先拉成圆形而矩形盒件先拉成椭圆形，最后一次拉成达到工件要求。

矩形件的拉深系数为前后工序半成品圆角半径之比：

$$m_n = \frac{r_n}{r_{n-1}} \tag{3-28}$$

其各次拉深的圆角半径为：

$$r_1 = m_1 R_y$$
$$r_2 = m_2 r_1$$
$$r_3 = m_3 r_2$$
$$\cdots\cdots$$

根据盒形件的相对高度 $\dfrac{H}{B}$，可从表 3-39 查出所需的拉深次数，而以后各次的拉深系数必须大于表 3-40 所列数值。

表 3-39　盒形件多次拉深所能达到的最大相对高度 H/B

拉深次数	毛坯相对厚度 $t/B\times 100$			
	0.3~0.5	>0.5~0.8	>0.8~1.3	>1.3~2.0
1	0.50	0.58	0.65	0.75
2	0.70	0.80	1.0	1.2
3	1.20	1.30	1.6	2.0
4	2.0	2.2	2.6	3.5
5	3.0	3.4	4.0	5.0
6	4.0	4.5	5.0	6.0

表 3-40　盒形件以后各次许可拉深系数 m_n（08 钢、10 钢）

r/B	毛坯相对厚度 $t/B\times100$			
	0.3～0.6	>0.6～1	>1～1.5	>1.5～2
0.025	0.52	0.50	0.48	0.45
0.05	0.56	0.53	0.50	0.48
0.10	0.60	0.56	0.53	0.50
0.15	0.65	0.60	0.56	0.53
0.20	0.70	0.65	0.60	0.56
0.30	0.72	0.70	0.65	0.60
0.40	0.75	0.73	0.70	0.67

根据盒形件多次拉深的总系数，可从表 3-41 查出拉深次数，总拉深系数的计算方法如下。

表 3-41　根据总拉深系数确定矩形盒形件的拉深次数

拉深次数	毛坯相对厚度 $t/B\times100$ 或 $\dfrac{t}{(L+K)}\times200$ 时的拉深系数 $m_{总}$			
	2.0～>1.5	1.5～>1.0	1.0～>0.5	0.5～0.2
2	0.40～0.45	0.43～0.48	0.45～0.50	0.47～0.58
3	0.32～0.39	0.34～0.42	0.36～0.44	0.38～0.46
4	0.25～0.30	0.27～0.32	0.28～0.34	0.30～0.36
5	0.20～0.24	0.22～0.26	0.24～0.27	0.25～0.29

① 直径为 D 的圆毛坯的方盒形件（$B\times B$）拉深，其总拉深系数为：

$$m_{总}=\frac{4B}{\pi D}=1.27\frac{B}{D} \tag{3-29}$$

② 圆形毛坯拉深矩形盒（$A\times B$）时：

$$m_{总}=\frac{2(A+B)}{\pi D}=1.27\frac{A+B}{2D} \tag{3-30}$$

③ 椭圆形毛坯（$L\times K$）拉深矩形盒（$A\times B$）时：

$$m_{总}=\frac{2(A+B)}{0.5\pi(L+K)}=1.27\frac{A+B}{L+K} \tag{3-31}$$

2）确定各工序半成品形状及尺寸

高盒形件，一般需要多次拉深，在前几次拉深时，正方形盒件先拉成圆形过渡，而矩形盒件先拉成椭圆形或圆形过渡，在最后一次才拉成方盒形或矩形盒件。因此，需要确定各道工序的过渡形状和尺寸，以便确定各工序模具结构。确定高盒形件的过渡形状和尺寸的方法较多，现介绍几种常用的方法。

第一种方法：

由 $n-1$ 道工序开始，即从第二道工序开始向前推算出各道工序的毛坯形状和尺寸。

图 3-31 所示是方盒形件多次拉深的半成品形状和尺寸的确定方法。采用直径 D 为圆形毛坯，其中间工序都拉成圆筒形的半成品，最后一道工序拉成零件的形状和尺寸。

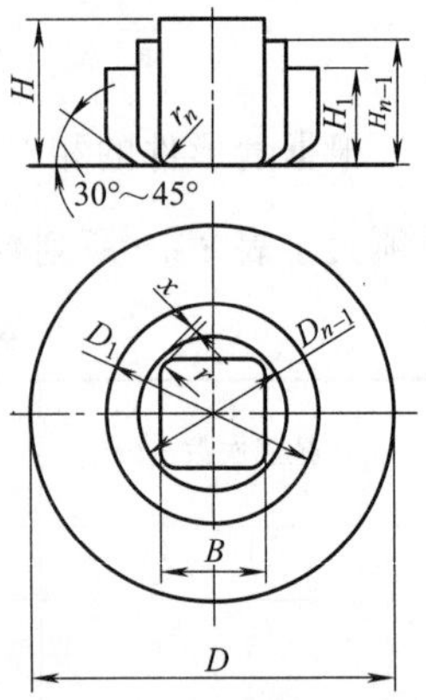

各道工序的半成品毛坯形状与尺寸，可按如下反推法计算。

第一步，倒计算第二次由 $n-1$ 道工序所得的半成品直径为：

$$D_{n-1}=1.41B-0.82r+2x \tag{3-32}$$

式中　D_{n-1}——$n-1$ 次拉深工序后半成品的内径，mm；

　　　　B——方盒形件的宽度（按内表面计算），mm；

　　　　r——方盒形件角部的内圆角半径，mm；

图 3-31　方盒形件多次拉深的半成品形状和尺寸

x——由 $n-1$ 次拉深工序后半成品圆角部分内表面到盒形件内表面之间的距离（即角部壁间距离），其值可按表 3-42 查取。

表 3-42　角部壁间距离 x 值

角部相对圆角半径 r/B	0.025	0.05	0.1	0.2	0.3	0.4
相对壁间距离 x/r	0.12	0.13	0.135	0.16	0.17	0.2

第二步，计算出 D_{n-1} 后，可按圆筒形件的拉深方法，进行前 n 次毛坯或半成品直径计算。相当于直径 D 的平板毛坯拉深到直径 D_{n-1}，高度 H_{n-1} 的圆筒形件，其计算方法与圆筒形件完全相同。

第三步，作图，其方法如图 3-31 所示。

图 3-32 所示是矩形盒多次拉深的半成品形状和尺寸的确定方法。

该矩形盒在 $n-1$ 道工序前均拉成圆形或椭圆形，而最后一道工序为矩形。其各道工序间半成品坯料形状和尺寸的确定方法如下。

第一步，计算出第 $n-1$ 道工序拉深的椭圆形尺寸，其半径用下式计算：

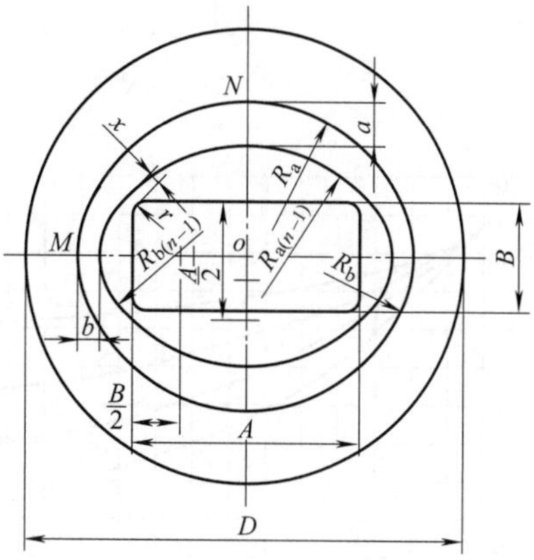

图 3-32　矩形盒多次拉深的半成品的形状和尺寸

$$R_{a(n-1)} = 0.705A - 0.41r + x \tag{3-33}$$

$$R_{b(n-1)} = 0.705B - 0.41r + x \tag{3-34}$$

式中　$R_{a(n-1)}$——椭圆长圆弧半径，mm；

$R_{b(n-1)}$——椭圆短圆弧半径，mm；

A——矩形盒件长边尺寸，mm；

B——矩形盒件短边尺寸，mm；

r——矩形盒件角部圆角半径，mm；

x——壁间距离，由表 3-42 查取。

第二步，作出 $n-1$ 道工序的半成品形状图（见图 3-32）。即首先确定圆心：$R_{b(n-1)}$ 的圆心在横轴线上距 B 边的 $B/2$ 处，$R_{a(n-1)}$ 的圆心在竖轴线上距 A 边的 $A/2$ 处。

根据圆心位置，按 $R_{a(n-1)}$ 和 $R_{b(n-1)}$ 分别作出相应的圆弧，然后圆滑连接，即为确定出最后一道工序半成品的形状和尺寸（见图 3-32）。

第三步，计算出 $n-2$ 工序的半成品的形状和尺寸。

计算出 $n-1$ 道工序的半成品的形状和尺寸后，再确定 $n-2$ 道工序的工件形状和尺寸。第 $n-2$ 道工序的半成品形状和尺寸仍是椭圆形（图 3-31），计算椭圆形的圆弧半径为：

$$R_a = R_{a(n-1)} + a \tag{3-35}$$

$$R_b = R_{b(n-1)} + b \tag{3-36}$$

其中

$$a = (0.15 \sim 0.25)R_{a(n-1)} \tag{3-37}$$

$$b = (0.15 \sim 0.25)R_{b(n-1)} \tag{3-38}$$

式中　R_a——第 $n-2$ 道工序椭圆长圆弧半径，mm；

R_b——第 $n-2$ 道工序椭圆短圆弧半径，mm；

a——第 $n-1$ 与 $n-2$ 道工序短轴壁间距离，mm；

b——第 $n-1$ 与 $n-2$ 道工序长轴壁间距离，mm。

得出椭圆形半成品的壁间距离后，便可知道第 $n-2$ 道工序椭圆长轴和短轴长度，即可确定 M、N 点，然后以 R_a 和 R_b 为半径分别作圆弧，并通过 M、N 两点使其圆滑连接，即确定出第 $n-2$ 道工序的半成品形状和尺寸。

第二种方法：

确定壁间距 b_n：由于经过多次拉深的毛坯，其角部材料向直边部分的转移量很大，因此，高矩形件的拉深，不仅需要考虑角部材料的变形程度，还必须考虑直壁的变形程度，所以需要根据外形的平均变形程度来进行各道工序的计算。

平均拉深系数：
$$m_n = \frac{B - 0.43r}{0.5\pi R_{b(n-1)}} \tag{3-39}$$

将上式化为：
$$R_{b(n-1)} = \frac{B - 0.43r}{1.57m_b} \tag{3-40}$$

$$b_n = R_{b(n-1)} - 0.5B = \frac{\left(1 - 0.785m_b - 0.43\dfrac{r}{B}\right)B}{1.57m_b} \tag{3-41}$$

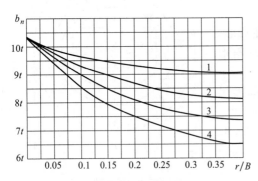

图 3-33　b_n 数值与比值 r/B 及预拉深次数（1～4）的关系曲线

当 $\dfrac{t}{B} \times 100 = 2$ 或 $B = 50t$ 时

以 b_n 作为前后两次拉深时工序间的壁间距进行计算的基础数据。

由上述公式看出，b_n 的值与 r/B 及 m_b 有关。而 m_b 又与 r/B 及拉深次数有关，所以 r/B 值越大，则 b_n 值越小；拉深次数越多，m_b 值越大，则 b_n 值越小。图 3-33 是当材料相对 $\dfrac{t}{B} \times 100 = 2$ 时，相对转角半径 r/B 和拉深次数与 b_n 的关系曲线，可供选择 b_n 时参考。

确定高方形盒件和高矩形盒件多次拉深的过渡形状及尺寸各有两种方法，分别如图 3-34、图 3-35 所示，其工序尺寸计算程序分别列于表 3-43、表 3-44。

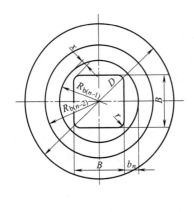

(a) 当 $B \leqslant 50t$

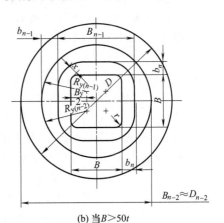

(b) 当 $B > 50t$

图 3-34　多次拉深高方形盒件的各道工序

第三种方法（估算法）：

高矩形盒件中间工序的过渡形状，可采用下述经验估算法确定（图 3-36）。

$$R_b = (4\sim5)r \tag{3-42}$$

$$x = \left(\frac{1}{3} \sim \frac{1}{2}\right)r \text{ 或 } 3\sim5\text{mm} \tag{3-43}$$

$$B_1 = \frac{B}{0.76\sim0.90} \tag{3-44}$$

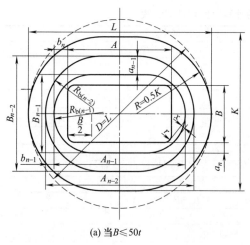

(a) 当 $B \leqslant 50t$

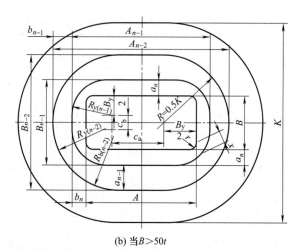

(b) 当 $B > 50t$

图 3-35　多次拉深高矩形盒件的各道工序

$$A_1 = \frac{A}{0.76 \sim 0.90} \tag{3-45}$$

采用反拉深时比一般拉深时的 R_b 要小，其值为：

$$R_b = (2 \sim 3)r \tag{3-46}$$

$$x = \left(\frac{1}{2} \sim \frac{1}{3}\right)r \tag{3-47}$$

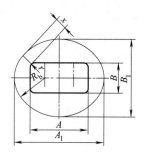

图 3-36　高矩形盒件

式中　A——矩形盒件长边尺寸，mm；

B——矩形盒件短边尺寸，mm；

x——角间距，查表 3-42，也可取 $x = 3 \sim 5$mm；

R——圆弧半径，mm；

r——矩形盒件底部（侧壁间）圆角半径，mm。

表 3-43　高方形盒件多次拉深的计算程序与计算公式

要确定的数值		计算方法与计算公式	
		第一种方法[图 3-34(a)]	第二种方法[图 3-34(b)]
相对厚度		$\frac{t}{B} \times 100 \geqslant 2; B \leqslant 50t$	$\frac{t}{B} \times 100 < 2; B > 50t$
毛坯直径	$r = r_{底}$	$D = 1.13\sqrt{B^2 + 4B(H - 0.43r) - 1.72r(H + 0.33r)}$	
	$r \neq r_{底}$	$D = 1.13\sqrt{B^2 + 4B(H - 0.43r_{底}) - 1.72r(H + 0.5r) - 4r_{底}(0.11r_{底} - 0.18r)}$	
角部计算尺寸 $B_y < B$		—	$B_y \approx 50t$
工序间距离		$b_n \leqslant 10t$	
$(n-1)$ 道工序(倒数第二道)半径		$R_{b(n-1)} = 0.5B + b_n$	$R_{y(n-1)} = 0.5B_y + b_n$
$(n-1)$ 道工序宽度		—	$B_{n-1} = B + 2b_n$
角部间隙(包括 t 在内)		$x = b_n + 0.41r - 0.207B$	$x = b_n + 0.41r - 0.207B_y$
$(n-2)$ 道工序半径		$R_{b(n-2)} = R_{b(n-1)}/m_2 = 0.5Dm_1$	$R_{y(n-2)} = R_{y(n-1)}/m_{n-1}$
工序间距离		—	$b_{n-1} = R_{y(n-2)} - R_{y(n-1)}$
$(n-2)$ 道工序宽度(当 $n=4$)		—	$B_{n-2} = B_{n-1} + 2b_{n-1}$
$(n-2)$ 道工序直径(三道工序时)		—	$D_{n-2} = 2[R_{y(n-1)}/m_{n-1} + 0.7(B - B_y)]$
盒的高度		$H = (1.05 \sim 1.10)H_0$	H_0——图样上的高度
$(n-1)$ 道工序(倒数第二道)高度		$H_{n-1} = 0.88H$	$H_{n-1} \approx 0.88H$
第一次拉深[$(n-2)$或$(n-3)$道工序]高度		$H_1 = H_{n-2} = 0.25(D/m_1 - d_1) + 0.43r_1/d_1(d_1 + 0.32r)$	

注：1. 尺寸 b_n 根据比值 r/B（第一种方法）或 r/B_y（第二种方法）及拉深次数（参看图 3-33）决定。

2. 系数 m_1、m_2、m_{n-1} 根据筒形件拉深用的表列数值（表 3-16）。

3. 在作图时修正计算值是允许的。

4. 上列拉深方法，也适用于材料相对厚度大于表中数值的情况。

表 3-44　高矩形盒件多次拉深的计算程序与计算公式

要确定的数值		计算方法与计算公式	
		第一种方法[图 3-35(a)]	第二种方法[图 3-35(b)]
相对厚度		$\dfrac{t}{B}\times100\geqslant2;B\leqslant50t$	$\dfrac{t}{B}\times100<2;B>50t$
假想的毛坯直径	$r=r_{底}$	$D=1.13\sqrt{B^2+4B(H-0.43r)}-1.72r(H+0.33r)$	
	$r\neq r_{底}$	$D=1.13\sqrt{B^2+4B(H-0.43r_{底})}-1.72r(H+0.5r)-4r_{底}(0.11r_{底}-0.18r)$	
毛坯长度		$L=D+(A-B)$	
毛坯宽度		$K=D\dfrac{B-2r}{A-2r}+[B+2(H-0.43r)]\dfrac{A-B}{A-2r}$	
毛坯半径		$R=0.5K$	
工序比例系数		$x_1=(K-B)/(L-A)$	
工序间距离		$b_n=a_n\leqslant10t$	
角部计算尺寸 $B_y<B$		—	$B_y\approx50t$
$(n-1)$道工序半径		$R_{b(n-1)}=0.5B+b_n$	$R_{y(n-1)}=0.5B_y+b_n$
角部间隙(包括 t 在内)		$x=b_n+0.41r-0.207B$	$x=b_n+0.41r-0.207B_y$
$(n-1)$道工序尺寸		$B_{n-1}=2R_{b(m-1)};A_{n-1}=A+2b_n$	$B_{n-1}=B+2a_n;A_{n-1}=A+2b_n$
$(n-2)$道工序半径		$R_{b(n-2)}=R_{b(n-1)}/m_{n-1}$	$R_{y(n-2)}=R_{y(n-1)}/m_{n-1}$ $R_{b(n-2)}=B_{n-2}/2$
工序间距离		$b_{n-1}=\dfrac{R_{b(n-2)}-R_{b(n-1)}}{x_1};$ $a_{n-1}=R_{b(n-2)}-R_{b(n-1)}$	$b_{n-1}=R_{y(n-2)}-R_{y(n-1)}$ $a_{n-1}=xb_{n-1}$
$(n-2)$道工序尺寸		$B_{n-2}=2R_{b(n-2)};$ $A_{n-2}=A+2(b_n+b_{n-1})$	$B_{n-2}=B+2(a_n+a_{n-1});$ $A_{n-2}=A+2(b_n+b_{n-1})$
盒形件高度		$H=(1.05\sim1.10)H_0$	H_0——图样上的高度
工序高度		$H_{n-1}\approx0.88H$	$H_{n-2}\approx0.86H_{n-1}$

注：参看表 3-43 注。

拉深高方形或高矩形盒件时，需要进行复杂的计算，对于一般工厂在设计和工艺上的问题会有不少困难。为此，现将高方形或高矩形盒件的简易计算和拉深次数计算列于表 3-45～表 3-47 中，可供参考。

表 3-45　正方盒形件的毛坯计算及拉深次数

简　　图	H 与 B 的关系	D_0	拉深次数
	$H<6r$	$B+1.5H$	1
	$H=(0.6\sim1.2)B$	$2H$	2
	$H=(1.2\sim2)B$	$B+H$	3
	$H=(2\sim3)B$	$B/2+H$	4
	$H=(4\sim5)B$	H	5
	$H=(6\sim7)B$	$H-B$	6

表 3-46　矩形盒形件的毛坯计算及拉深次数

简　　图	H	K	L	拉深次数
	$H<6r$	$B+1.6H$	$A+1.6H$	1
	$H=B$	$B+1.3H$	$A+1.3H$	2
	$H=1.5B$	$B+1.3H$	$B+1.2H$	3
	$B=2B$	$B+1/2(A-B)+H$	$A+H$	4
	$H=(3\sim4)B$	$B+1/2(A-B)+H$	$A+H$	5
	$H=(5\sim6)B$	$B+1/2(A-B)+H$	$A+H$	6

表 3-47　按 h/r 值确定拉深次数（08 钢）

h/r 值	拉深次数
<6	1
7～12	2
13～17	3
18～23	4

现通过表 3-48 实例了解矩形拉深件的工艺计算过程。

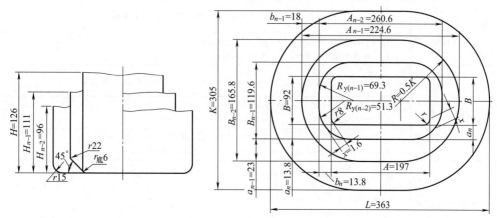

图 3-37　矩形盒拉深件工序图

表 3-48　矩形拉深件的工艺计算过程实例

根据已知尺寸：材料为 08 钢，料厚为 1.5mm，$A=197$mm，$B=92$mm，$H_0=120$mm，$r=8$mm，$r_底=6$mm。

则：$\dfrac{r}{B}=\dfrac{8}{92}=0.087$

$H_0/B=\dfrac{120}{92}=1.3$

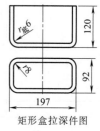

矩形盒拉深件图

由图 3-25 查得属 I_c 区的高矩形件，又根据 $\dfrac{t}{B}\times100=\dfrac{1.5}{92}\times100=1.6<2$，可按表 3-44 所列的第二种方法计算。

序号	要确定的数值	计算过程
1	选取修边余量 ΔH 确定计算高度	当 $H_0/r=\dfrac{120}{8}=15$，$\Delta H=0.5H_0=0.05\times120=6$，故 $H=H_0+\Delta H=120+6=126$(mm)
2	假想毛坯直径 $(r\neq r_底)$	$D=1.13\sqrt{B^2+4B(H-0.43r_底)-1.72r(H+0.5r)-4r_底(0.11r_底-0.18r)}$ $=1.13\sqrt{92^2+4\times92\times(126-0.43\times6)-1.72\times8\times(126+0.5\times8)-4\times6\times(0.11\times6-0.18\times8)}$ $=1.13\sqrt{52114}=1.13\times228=258$(mm)
3	毛坯长度 L	$L=D+(A-B)=258+(197-92)=363$(mm)
4	毛坯宽度 K	$K=\dfrac{D(B-2r_角)+[B+2(H-0.43r_底)](A-B)}{A-2r_角}$ $=\dfrac{258\times(92-2\times8)+[92+2\times(126-0.43\times6)]\times(197-92)}{197-2\times8}$ $=305$(mm)
5	毛坯半径 R_b	$R_b=0.5K=0.5\times305=152.5$(mm)
6	工序比例系数	$x_1=(K-B)/(L-A)=\dfrac{305-92}{363-197}=1.28$
7	初步估算所需拉深次数	根据 $\dfrac{t}{B}\times100=\dfrac{1.5}{92}\times100=1.6$ 及 $\dfrac{H}{B}=1.3$，查表 3-39 可知，拉深次数 $n=3$

序号	要确定的数值	计算过程
8	工序间距离	查图 3-33，$r/B=0.087$，$n=3$ 时， $b_n=9.2t=9.2\times1.5=13.8(\text{mm})$ $a_n=b_n=13.8(\text{mm})$
9	假想宽度	$B_y\approx50t=50\times1.5=75(\text{mm})$
10	$(n-1)$ 道工序半径	$R_{y(n-1)}=0.5B_y+b_n=0.5\times75+13.8=51.3(\text{mm})$
11	角部间隙（包括 t 在内）	$x=b_n+0.41r-0.207B_y=13.8+0.41\times8-0.207\times75=1.6(\text{mm})$
12	$(n-1)$ 道拉深尺寸	$A_{n-1}=A+2b_n=197+2\times13.8=224.6(\text{mm})$ $B_{n-1}=B+2a_n=92+2\times13.8=119.6(\text{mm})$
13	$(n-2)$ 道拉深半径	$R_{y(n-2)}=\dfrac{R_{y(n-1)}}{m_{n-1}}=51.3\div0.74=69.3(\text{mm})$（$m_{n-1}=m_2$，由表 3-16 查取）
14	工序间距离	$b_{n-1}=R_{y(n-2)}-R_{y(n-1)}=69.3-51.3=18(\text{mm})$ $a_{n-1}=x_1\times b_{n-1}=1.28\times18=23(\text{mm})$
15	$(n-2)$ 道拉深尺寸	$B_{n-2}=B+2(a_n+a_{n-1})=92+2\times(13.8+23)=165.8(\text{mm})$ $A_{n-2}=A+2(b_n+b_{n-1})=197+2\times(13.8+18)=260.6(\text{mm})$
16	判断能否由平毛坯直接拉到 $n-2$ 道的尺寸	$m_1=\dfrac{R_{y(n-2)}}{0.5D-0.707c_b}=69.3\div(0.5\times258-0.707\times17)=0.59$ （式中，$c_b=\overline{B-B_y}=92-75=17$） 以 $\dfrac{t}{D}\times100=\dfrac{1.5}{258}\times100=0.58$，由表 3-16 查得 $[m_1]=0.55<0.59$，则毛坯可直接拉出 $n-2$ 道的尺寸，故共需三道工序可拉成，与初步估算一致。 从计算结果知道第一道拉深变形程度太小（即 m_1 较表中的 $[m_1]$ 值大得多），应需调整各道工序尺寸，使变形量分配较为均衡。本例 $m_1=0.59$ 与 $[m_1]=0.55$ 差别不大，可不作重新调整
17	各道工序半成品的高度	$h_{n-1}\approx0.88H=0.88\times126=111(\text{mm})$ $h_{n-2}\approx0.86H_{n-1}=0.86\times111=96(\text{mm})$ 过渡工序的凸模圆角半径（$r_{\text{底}}$）分别取为： 第Ⅰ道工序：$r_{\text{底}1}=10t=10\times1.5=15(\text{mm})$； 第Ⅱ道工序：$r_{\text{底}2}=15t\approx22(\text{mm})$，且以 $45°$ 倾斜侧壁与平底相连； 第Ⅲ道工序：$r_{\text{底}3}=4t=6(\text{mm})$（与工件要求的 $r_{\text{底}}$ 一致，故不需增加整形工序）
18		画出工序图（见图 3-37）

3.5 带料连续拉深

3.5.1 带料连续拉深的分类及应用范围

带料连续拉深是在带料上依次进行多次拉深（图 3-38），拉深的外形尺寸在 60mm 以内，材料厚度在 2mm 以内的工件，因而适用于成批和大量生产中，生产效率高。但模具结构较复杂，并且在拉深过程中不能中间退火。因此，用于连续拉深的材料必须是具有塑性高的，如 H62、H68 黄铜，08F、10F 钢、3A21 软铝和可伐合金（Ni29Co18）可用于连续拉

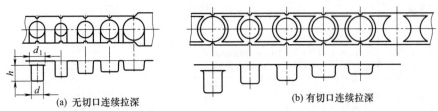

（a）无切口连续拉深　　　　　　　　　　（b）有切口连续拉深

图 3-38　带料连续拉深

深。其应用范围见表 3-49。

表 3-49　带料连续拉深的分类及应用范围

分类	图示	应用范围	特　点
无工艺切口的连续拉深	图 3-38(a)	$\dfrac{t}{D}\times100>1$ $d_凸/d=1.1\sim1.5$ $h/d<1$	①拉深时相邻两个拉深件之间互相影响,使材料在纵向流动困难,主要靠材料的伸长。 ②拉深系数比单工序大,拉深工序数需增加。 ③节省材料
有工艺切口的连续拉深	图 3-38(b)	$\dfrac{t}{D}\times100<1$ $d_凸/d=1.3\sim1.8$ $h/d>1$	①有工艺切口,相似于凸缘零件的拉深,但由于相邻两个拉深件间仍有部分材料相连,因此变形比单工序凸缘零件稍困难些。 ②拉深系数略大于单工序拉深。 ③费料

注：表中 t——材料厚度；D——包括修边余量的毛坯直径；$d_凸$——凸缘直径；d——工件内径；h——工件高度。

3.5.2　带料连续拉深的料宽和进距的计算

带料连续拉深的料宽和进距的计算公式见表 3-50。

表 3-50　带料连续拉深的料宽和进距计算公式

拉深方法	图　示	料宽计算公式	进距计算公式
无工艺切口的连续拉深	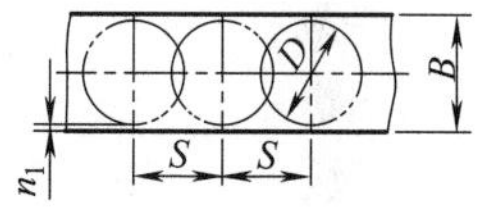	$B=D_1+\delta+2n_1$ $=D+2n_1$	$S=(0.85\sim0.9)D$ （但不小于包括修边余量的凸缘直径）
有工艺切口的连续拉深	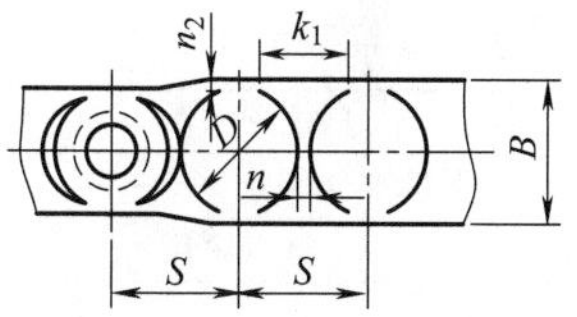	$B=D_1+\delta+2n_2$ $=D+2n_2$	$S=D+n$
	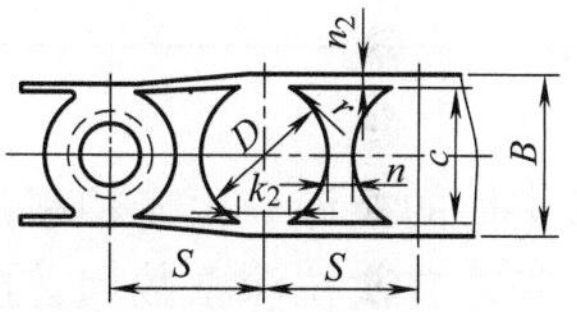	$B=(1.02\sim1.05)D+2n_2$ $=c+2n_2$	$S=D+n$
	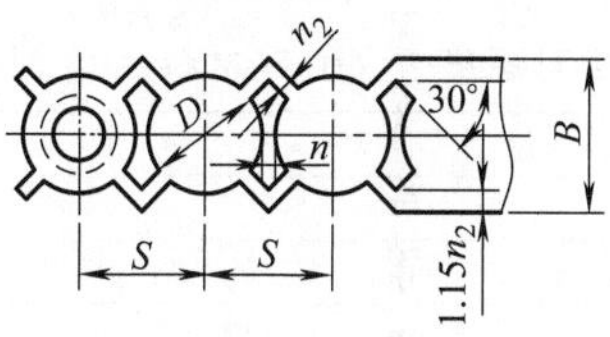	$B=D_1+\delta=D$	$S=D+n$

注：S——带料送进进距，mm；B——带料宽度，mm；D_1——毛坯计算直径，mm（与一般带凸缘筒形件毛坯计算相同）；δ——修边余量，mm（见表 3-51）；D——包括修边余量的毛坯直径，mm；n_1，n_2——侧搭边宽度，mm（见表 3-52）；n——相邻切口间搭边宽度或冲槽最小宽度，mm（见表 3-52）；c——工艺切口宽度，mm（见表 3-52）；k_1，k_2——切口间跨度，mm（见表 3-52）；r——切口圆角半径，mm（见表 3-52）。

表 3-51　修边余量　　　　　　　　　　　　　　　　　mm

毛坯计算直径 D_1	材料厚度 t								
	0.2	0.3	0.5	0.6	0.8	0.10	0.12	0.15	2
<10	1.0	1.0	1.2	1.5	1.8	2.0	—	—	—
>10~30	1.2	1.2	1.5	1.8	2.0	2.2	2.5	3.0	—
>30~60	1.2	1.5	1.8	2.0	2.2	2.5	2.8	3.0	3.5
>60	—	—	2.0	2.2	2.5	3.0	3.5	4.0	4.5

表 3-52　带料连续拉深搭边及切口参数推荐数值　　　　　　mm

参数符号	材料厚度 t		
	≤0.5	>0.5~1.5	>1.5
n_1（侧搭边宽度）	1.5	1.75	2
n_2（侧搭边宽度）	1.5	2	2.5
n（相邻搭边宽度）	1.5	1.8	3
r（切口圆角半径）	0.8	1	1.2
k_1（切口间跨度）	$k_1 \approx (0.5 \sim 0.7)D$		
k_2（切口间跨度）	$k_2 \approx (0.25 \sim 0.35)D$		
c（工艺切口宽度）	$(1.02 \sim 1.05)D$		

3.5.3　带料连续拉深的拉深系数和拉深相对高度

带料连续拉深的总拉深系数计算方法，与带凸缘筒形件拉深系数的计算相同。

总拉深系数为：

$$m_{总} = d/D = m_1 \cdot m_2 \cdot \cdots \cdot m_n \tag{3-48}$$

式中　　　　　　　　d——工件直径；

$m_1，m_2，\cdots，m_n$——各次拉深系数。

总拉深系数列于表 3-53。

表 3-53　连续拉深的极限总拉深系数

材料	强度极限 σ_b/MPa	相对延伸率 δ/%	总拉深系数 $m_{总}$		带推件装置
			不带推件装置		
			材料厚度 $t<1.2$mm	材料厚度 $t=1.2\sim2$mm	
钢 08F	294~392	28~40	0.40	0.32	0.16
黄铜 H62、H68	294~392	28~40	0.35	0.29	0.24~0.2
软铝	78~108	22~25	0.38	0.30	0.18

（1）无工艺切口的带料连续拉深系数

无工艺切口的带料连续拉深可以看成是宽凸缘零件的拉深，由于相邻两个拉深件变形相互牵制，变形比较困难，故其拉深系数要选更大一些。首次拉深系数和首次拉深的最大相对高度可参考表 3-54，以后各次拉深系数见表 3-55。

表 3-54　无工艺切口首次拉深系数 m_1 和最大相对高度 h_1/d_1（材料：08 钢、10 钢）

凸缘相对直径 $d_凸/d_1$	毛坯相对厚度 $t/D\times100$							
	>0.2~0.5		>0.5~1.0		>1.0~1.5		>1.5	
	m_1	h_1/d_1	m_1	h_1/d_1	m_1	h_1/d_1	m_1	h_1/d_1
≤1.1	0.71	0.36	0.69	0.39	0.66	0.42	0.63	0.45
>1.1~1.3	0.68	0.34	0.66	0.36	0.64	0.38	0.61	0.40
>1.3~1.5	0.64	0.32	0.63	0.34	0.61	0.36	0.59	0.38
>1.5~1.8	0.54	0.30	0.53	0.32	0.52	0.34	0.51	0.36
>1.8~2.0	0.48	0.28	0.47	0.30	0.46	0.32	0.45	0.35

表 3-55　无工艺切口的以后各次拉深系数 m_n（材料：08 钢、10 钢）

拉深系数	毛坯相对厚度 $t/D \times 100$			
m_n	$>0.2 \sim 0.5$	$>0.5 \sim 1.0$	$>1.0 \sim 1.5$	>1.5
m_2	0.86	0.84	0.82	0.80
m_3	0.88	0.86	0.84	0.82
m_4	0.89	0.87	0.86	0.85
m_5	0.90	0.89	0.88	0.87

（2）有工艺切口的带料连续拉深系数

有工艺切口的带料连续拉深与单个带凸缘零件的拉深相似，由于相邻两个拉深件间仍有部分材料相连，其变形比单个带凸缘零件的拉深较困难一些，故首次拉深系数应选大一些，而以后各次拉深系数可取带凸缘零件拉深的上限值。

有工艺切口的带料连续拉深的首次拉深系数 m_1 见表 3-56，最大相对高度 h_1/d_1 可参见表 3-23，以后各次拉深系数见表 3-57 及表 3-58。

表 3-56　有工艺切口的第一次拉深系数 m_1（材料：08 钢、10 钢）

凸缘相对直径	毛坯相对厚度 $t/D \times 100$				
$d_凸/d_1$	$>0.06 \sim 0.2$	$>0.2 \sim 0.5$	$>0.5 \sim 1.0$	$>1.0 \sim 1.5$	>1.5
$\leqslant 1.1$	0.64	0.62	0.60	0.58	0.55
$>1.1 \sim 1.3$	0.60	0.59	0.58	0.56	0.53
$>1.3 \sim 1.5$	0.57	0.56	0.55	0.53	0.51
$>1.5 \sim 1.8$	0.53	0.52	0.51	0.50	0.49
$>1.8 \sim 2.0$	0.47	0.46	0.45	0.44	0.43
$>2.0 \sim 2.2$	0.43	0.43	0.42	0.42	0.41
$>2.2 \sim 2.5$	0.38	0.38	0.38	0.38	0.37
$>2.5 \sim 2.8$	0.35	0.35	0.35	0.35	0.34
$>2.8 \sim 3.0$	0.33	0.33	0.33	0.33	0.33

表 3-57　有工艺切口的以后各次拉深系数 m_n（材料：08 钢、10 钢）

拉深系数	毛坯相对厚度 $t/D \times 100$				
m_n	$>0.06 \sim 0.2$	$>0.2 \sim 0.5$	$>0.5 \sim 1.0$	$>1.0 \sim 1.5$	>1.5
m_2	0.80	0.79	0.78	0.76	0.75
m_3	0.82	0.81	0.80	0.79	0.78
m_4	0.85	0.83	0.82	0.81	0.80
m_5	0.87	0.86	0.85	0.84	0.82

表 3-58　有工艺切口的各次拉深系数

材料	拉深次数					
	1	2	3	4	5	6
	拉深系数 m					
黄铜	0.63	0.76	0.78	0.80	0.82	0.85
软钢、铝	0.67	0.78	0.80	0.82	0.85	0.90

3.5.4　带料连续拉深的工序计算程序

带料连续拉深的工序计算程序列于表 3-59。工艺切口的形式及应用场合见表 3-60。

表 3-59　带料连续拉深的工序计算程序

序号	确定的参数	计算公式	说　明
1	毛坯直径 D	$D = D_1 + \delta$	式中　D_1——毛坯的计算直径，mm δ——修边余量，包括首次多拉入凹模的材料，其值查表 3-51 选取

序号	确定的参数	计算公式	说　明
2	总拉深系数 $m_总$	$m_总 = d/D$	式中　d——工件直径； 　　　　D——毛坯直径。 使 $m_总$ 不小于表 3-53 的极限总拉深系数，否则，需另选材料及其他加工工艺方法
3	确定是否需要工艺切口	根据相对厚度 $t/D \times 100$，凸缘相对直径 $d_凸/d$ 和所要加工件的 h/d 查表 3-60，若不需要切口，再将 h/d 与从表 3-54 查得的一次拉深所能达到的最大相对高度 h_1/d_1 相比较，确定能否一次拉成，若工件 h/d 大于表中数值，则需多次拉深。如需要工艺切口，则根据工件外形参照表 3-60 选用合适的切口形式，其中序号 2、3 应用较多。然后按表 3-50、表 3-52 计算料宽、进距及切口尺寸	
4	确定拉深次数和各工序的拉深直径	$d_1 = m_1 D$；$d_2 = m_2 d_1$；$d_3 = m_3 d_2 \cdots\cdots$	由表 3-54、表 3-55（或表 3-56～表 3-58）查出拉深 m_1，m_2，$m_3 \cdots\cdots$，初步算出 $d_1 = m_1 D$，$d_2 = m_2 d_1$，$d_3 = m_3 d_2 \cdots\cdots$，即可知所需的拉深次数。确定各次拉深系数后，调整各工序的拉深系数，使各工序变形程度分配更合理些，然后按调整后的拉深系数，再确定各工序的拉深直径
5	确定各次拉深的凸、凹模圆角半径（见表 3-61）	查表 3-61，若工件圆角半径 $r < t$、$R < 2t$，即 $r_{凹n} < t$，$r_{凸n} < 2t$ 时，应在不改变拉深直径情况下，通过整形逐渐减小圆角半径，最后达到工件圆角半径（每次整形工序可减小圆角半径 50%）	
6	计算各次拉深件的高度	带凸缘件：$h_n = \dfrac{0.25}{d_n}(D^2 - d_凸^2) + 0.43(r_n + R_n) + \dfrac{0.14}{d_n}(r_n^2 + R_n^2)$ 计算最后一道工序的实际凸缘直径： $d_{凸实际}^2 - d_{凸零件}^2 = D^2 - D_1^2$ $d_{凸实际} = \sqrt{D^2 + d_{凸零件}^2 - D_1^2}$ 无切口带料连续拉深，首次拉入凹模的材料比成品零件表面积多 10%～15%，而有切口拉深多 4%～6%（工序多时取上限，工序少时取下限），而以后各次拉深工步中逐步转移到凸缘上	式中　$d_{凸零件}$——零件的凸缘直径 　　　$d_{凸实际}$——计入修边余量 δ 后的凸缘直径 　　　D_1——计算毛坯直径 　　　D——实际毛坯直径（$D_1 + \delta$）
7	校核第一次拉深的相对高度 $\dfrac{h_1}{d_1}$	应使其小于表 3-54（或表 3-23）所规定的最大相对高度	

带料连续拉深程序计算实例见表 3-62。

表 3-60 工艺切口的形式及应用场合

序号	切口或切槽形式	应用场合	优缺点
1	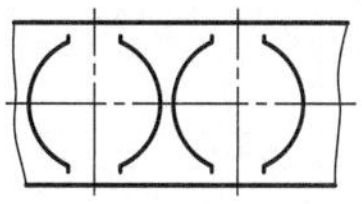	用于材料厚度 $t<1$mm,直径 $d>5$mm 的圆形浅拉深件	①首次拉深工步,料边起皱情况较无切口时为好。 ②侧搭边会弯曲,有妨碍送料
2	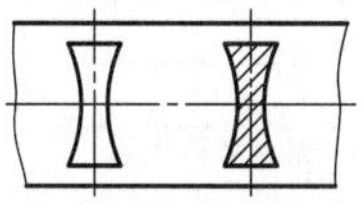	用于材料厚度 $t>0.5$mm 的圆形小工件,应用较广	①不易起皱,送料方便。 ②拉深中带料会缩小,不能用来定位。 ③费料
3	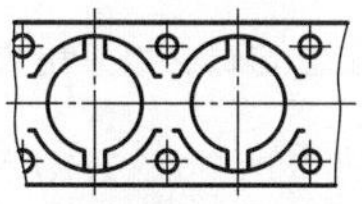	除用于特殊情况外,一般少用	①在拉深过程中料宽与进距不变,用于装有定位销的场合。 ②切口部分模具制造复杂,并较费料
4	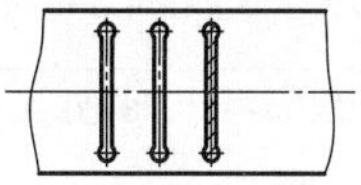	用于矩形拉深件,其中序号 4 应用较广	①不易起皱,送料方便。 ②拉深中带料会缩小,不能用来定位。 ③费料
5	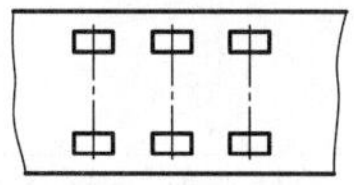		
6	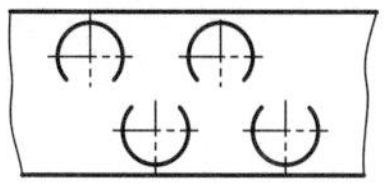	用于单排或双排的单头焊片	①首次拉深工步,料边起皱情况较无切口时为好。 ②侧搭边会弯曲,有妨碍送料
7	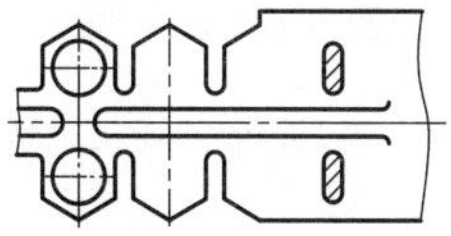	用于双排或多排筒形件的连续拉深(如双孔空心铆钉)	①中间压筋后,使在拉深过程中消除了两筒形之间产生开裂的现象。 ②能保证两筒形中心距不变

表 3-61 带料连续拉深时第一道工序的圆角半径

$\dfrac{t}{D}\times100$	$r_凹$	$r_凸$	备 注
$0.1\sim0.3$	$6t$	$7t$	①以后各道工序的冲模工作部分圆角半径为前道工序圆角半径的 $0.6\sim0.8$,其中较大值系最初工序所用。 ②在整形或带凸缘拉深时,$r_凹$ 与 $r_凸$ 按零件产品图给定。 ③$r_凹$ 与 $r_凸$ 的值需在试模中予以修正。 ④在整形时,$r_凹$ 与 $r_凸$ 的值可取等于前道工序所用值的若干分之一,但不得小于 $0.5t$(t 为料厚)
$>0.3\sim0.8$	$5t$	$6t$	
$>0.8\sim2.0$	$4t$	$5t$	
$>2.0\sim4.0$	$3t$	$4t$	
$>4.0\sim6.0$	$2t$	$3t$	
6.0 以上	t	$2t$	

表 3-62 带料连续拉深程序计算实例

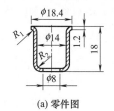

(a) 零件图 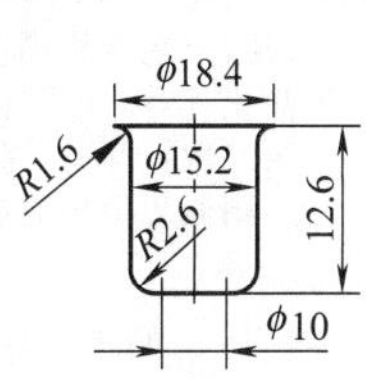　　　(b) 按料厚中线画出的零件图

窄凸缘筒形件

材料:08 钢

序号	计算项目		计 算 结 果
1	计算毛坯直径	毛坯直径 D_1	按表 3-8 中序号 19 的公式计算： $D_1=\sqrt{d_1^2+2\pi rd_1+8r^2+4d_2h+2\pi r_1d_2+4.56r^2}$ $D_1=\sqrt{10^2+6.28\times2.6\times10+8\times2.6^2+4\times15.2\times12.6+6.28\times1.6\times15.2+4.56\times1.6^2}$ $=\sqrt{1246}=35.3(mm)$
		修边余量 δ	按表 3-51 查得修边余量 $\delta=2.8(mm)$
		实际毛坯直径 D	$D=D_1+\delta=35.3+2.8=38.1(mm)$
2	计算总拉深系数 $m_\text{总}$		$m_\text{总}=d/D=15.2/38.1=0.40>[m_\text{总}]=0.32$(查表 3-53)
3	确定是否要工艺切口		$t/D\times100=1.2/38.1\times100=3.2$ $d_\text{凸}/d=18.4/15.2=1.2$[见图(b)] $h/d=16.8/15.2=1.1$，查表 3-49，需要采用工艺切口。拟采用表 3-60 形式中序号 2。 计算料宽 B，进距 A 和切口尺寸，由 3-52 查得 $n_2=2$，$n=1.8$，$r=1$。 $k_2=0.3D=0.3\times38.1=11.5(mm)$　　　　$A=D+n=38.1+1.8=39.9(mm)$ $c=1.04D=1.04\times38.1=39.5(mm)$　　　　$B=c+2n_2=39.5+2\times2=43.5(mm)$
4	计算拉深次数		设 $d_\text{凸}/d=1.2$，$t/D\times100=3.2$ 时，查表 3-56，取 $m_1=0.53$，另查表 3-57，取 $m_2=0.75$。 $mm_2=0.53\times0.75=0.396<0.40$，故可两次拉出。 应考虑到 $R_{\text{凸}n}=2<2t=2.4$，$R_{\text{凹}n}=1<t=1.2$。 需增加整形工序
5	计算各工序拉深直径		确定拉深次数 $n=3$，为了使各工序变形程度分配较合理，调整后各工序拉深系数为：$m_1=0.54$，$m_2=0.83$，$m_3=0.885$。 则：$d_1=m_1D=0.54\times38.1=20.6(mm)$ $d_2=m_2d_1=0.83\times20.6=17.2(mm)$ $d_3=m_3d_2=0.885\times17.2=15.2(mm)$
6	确定各工序凸、凹模圆角半径		查表 3-61，选取偏小一档第一次拉深的凸、凹模圆角半径为： $r_{\text{凸}1}=3t\approx3(mm)$，$r_{\text{凹}1}=2t\approx2(mm)$， $r_{\text{凸}2}=0.8r_{\text{凸}1}=0.8\times3=2.4(mm)$，$r_{\text{凹}2}=0.8r_{\text{凹}1}\approx1.5(mm)$，$r_{\text{凹}1}=1(mm)$ $r_{\text{凸}3}=2(mm)$
7	计算各次拉深的工件高度		考虑首次拉入凹模的材料应比所需的多 4%，则假想毛坯直径为： $D_1'=\sqrt{D^2\times1.04}=\sqrt{38.1^2\times1.04}\approx39(mm)$ 按式(3-16)计算第一次拉深的工件高度： 　　$h_1=0.25/d_1(D_1'^2-d_{\text{凸实际}}^2)+0.43(r_1+R_1)+0.14/d_1(r_1^2-R_1^2)$ 先由下式计算出最后一道工序的实际凸缘直径： 　　　　$d_{\text{凸实际}}^2-d_{\text{凸零件}}^2=D^2-D_1^2$ 式中　$d_{\text{凸零件}}$——零件的凸缘直径(按产品图)，mm 　　　$d_{\text{凸实际}}$——计入修边余量 δ 后的凸缘直径，mm 　　　D_1——计算毛坯直径，mm 　　　D——实际毛坯直径($D=D_1+\delta$)，mm $d_{\text{凸实际}}=\sqrt{D^2+d_{\text{凸零件}}^2-D_1^2}=\sqrt{38.1^2+18.4^2-35.3^2}=\sqrt{545}=23.3(mm)$ 故：$h_1=\dfrac{0.25}{20.6}\times(39^2-23.3^2)+0.43\times(3.6+2.6)+\dfrac{0.14}{20.6}\times(3.6^2-2.6^2)$ 　　　$=11.9+2.66+0.04=14.6(mm)$ （注：上述计算高度公式只适用于 R_1 包角为 90°时。该例中零件包角稍小于 90°，因为简化计算，此式计算结果为近似值。） 第二次拉深时，考虑拉入凹模的材料应比所需的多 2%(其余 2%在拉深过程中返回上)，则假想毛坯直径为： 　　　　$D_2'=\sqrt{D^2\times1.02}=\sqrt{38.1^2\times1.02}\approx38.5(mm)$ 　　$h_2=0.25/d_2(D_2'^2-d_{\text{凸实际}}^2)+0.43(r_2+R_2)+0.14/d_2(r_2^2-R_2^2)$ 　　　$=\dfrac{0.25}{17.2}\times(38.5^2-23.3^2)+0.43\times(3+2.1)+\dfrac{0.14}{17.2}\times(3^2-2.1^2)$ 　　　$=13.6+2.2+0.037\approx15.8(mm)$ 　　$h_3=16.8mm$

序号	计算项目	计 算 结 果
8	校核第一次拉深的相对高度	查表 3-23，当 $t/D \times 100 = \dfrac{1.2}{38.1} \times 100 = 3.2$，$d_凸/d_1 = \dfrac{23.3}{20.6} = 1.1$ 时，$\left[\dfrac{h}{d}\right] = 0.75$ $h_1/d_1 = \dfrac{14.6}{20.6} = 0.70 < [h_1/d_1] = 0.75$，故上述计算是恰当的
9	绘出工序图	

3.5.5 带料连续拉深时凹、凸模圆角半径与间隙的确定

当料厚 $t < 0.6\text{mm}$ 时，可按表 3-63 所列的值选用；当料厚 $t > 0.6\text{mm}$ 时，按一般筒形件的多次拉深情况选取间隙值。

表 3-63 带料连续拉深凹、凸模圆角半径与间隙值

	凹、凸模的间隙		凹、凸模圆角半径	
材料	软钢	黄铜、铝	$r_凸$	$r_凹$
第一次拉深	$(1.2 \sim 1.3)t$	$(1.1 \sim 1.2)t$	$(3 \sim 5)t$	$(0.6 \sim 0.9)r_凸$ 或 $(2 \sim 4)t$
中间拉深工序	$(1.1 \sim 1.2)t$	$(1.05 \sim 1.1)t$	圆角半径 $R_凸$ 与 $R_凹$ 应均匀递减，使其逐步接近工件圆角半径	
精压校正	$(1.05 \sim 1.1)t$	$1.05t$	$r_{凸n} = (0.7 \sim 0.8)r_{凸n-1}(\geqslant 2t)$	$r_{凹n} = (0.7 \sim 0.8)r_{凹n-1}(\geqslant t)$

注：当拉深中等尺寸零件（$\phi 10 \sim 30\text{mm}$）时，$R_凹 = R_凸$；当拉深 $\phi 10\text{mm}$ 以下的小零件时，应使 $R_凸$ 略大于 $R_凹$。

3.5.6 小型空心件连续拉深简易计算法

对于材料厚度 $t = 0.25 \sim 0.5\text{mm}$，外径 $d_0 \leqslant 10\text{mm}$ 的空心件，在采用整体带料连续拉深时，可以按下列经验公式计算（图 3-39）：

$$d = d_0 + 0.1a^2 \tag{3-49}$$
$$h = h_0(1 - 0.04a) \tag{3-50}$$
$$B = d_1 + (1.2 \sim 1.5)b_1 \tag{3-51}$$
$$A = (1 \sim 1.2)d_1 \tag{3-52}$$

式中 d——某次拉深凸模直径，mm；

h——某次拉深工件高度，mm；

B——带料宽度，mm；

A——送料步距，mm；

d_0——工件内径，mm；

h_0——工件高度，mm；

d_1——第一次拉深凸模直径，mm；

b_1——搭边宽度（$b_1 = 3 \sim 4\text{mm}$，b_1 大时取上限值），mm；

a——系数，从倒数第二次（即 $n-1$）算起，设该次的 $a = 1$；$n-2$ 拉深时，$a = 2$，以此类推，计算到 $h \leqslant 0.5d$ 为止。

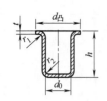

图 3-39　小型空心件

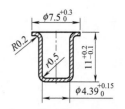

图 3-40　带凸缘小型筒形件

[例]　图 3-40 所示零件，材料：紫铜带 T1，厚度 $t=0.4$ mm，试拟定带料拉深程序。

解：① 按各道拉深工序的尺寸，从倒数第二道按反推法进行计算，结果如表 3-64 所示。

表 3-64　各道工序拉深直径和高度的计算值　　　　　　　　　　　　　　　　　mm

拉深次数	各道工序拉深直径的计算值 $d=d_0+0.1a^2$	凸模直径	各道工序拉深高度的计算值 $h=h_0(1-0.04a)$	实用高度	料宽 B		进距 A	
					计算	实用	计算	实用
1	$d_{n-10}=4.39+0.1\times10^2=14.39$	14.4	$h_{n-10}=10.6\times(1-0.04\times10)=6.36$	5.7				
2	$d_{n-9}=4.39+0.1\times9^2=12.49$	12.5	$h_{n-9}=10.6\times(1-0.04\times9)=6.78$	6.5				
3	$d_{n-8}=4.39+0.1\times8^2=10.79$	11	$h_{n-8}=10.6\times(1-0.04\times8)=7.21$	7.3				
4	$d_{n-7}=4.39+0.1\times7^2=9.29$	9.3	$h_{n-7}=10.6\times(1-0.04\times7)=7.63$	7.9				
5	$d_{n-6}=4.39+0.1\times6^2=7.99$	8.0	$h_{n-6}=10.6\times(1-0.04\times6)=8.06$	8.5	17.99	18.5	16.55	17
6	$d_{n-5}=4.39+0.1\times5^2=6.89$	6.9	$h_{n-5}=10.6\times(1-0.04\times5)=8.48$	9.1				
7	$d_{n-4}=4.39+0.1\times4^2=5.99$	6.0	$h_{n-4}=10.6\times(1-0.04\times4)=8.9$	9.5				
8	$d_{n-3}=4.39+0.1\times3^2=5.29$	5.2	$h_{n-3}=10.6\times(1-0.04\times3)=9.33$	9.9				
9	$d_{n-2}=4.39+0.1\times2^2=4.79$	4.8	$h_{n-2}=10.6\times(1-0.04\times2)=9.75$	10.2				
10	$d_{n-1}=4.39+0.1\times1^2=4.49$	4.5	$h_{n-1}=10.6\times(1-0.04\times1)=10.18$	10.4				
11	$d_n=4.39+0.1\times0^2=4.39$	4.4	$h_n=10.6\times(1-0.04\times0)=10.6$	10.6				

检查 h/d：

$$\frac{h_{n-10}}{d_{n-10}}=\frac{6.39}{14.39}=0.44<0.5$$

计算到此结束，确定 $n-11$。

② 料宽：$B=d_1+1.2b_1=14.39+(1.2\times3)=17.99$ mm（注意：b_1 为搭边宽度，其值为 3～4mm）。

③ 进距：$A=1.15d_1=1.15\times14.39=16.55$ mm。

3.5.7　带料连续拉深模具结构

设计连续拉深模的基本原则：

① 首次拉深工序和切槽凸模必须有单独压边圈，首次拉深和切槽用压边圈可以不分开，以防止带料起皱见图 3-41。

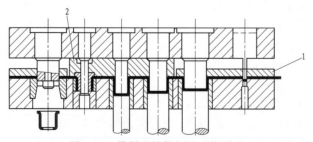

图 3-41　带料连续拉深的压板形式
1—首次拉深和切槽的压板；2—以后各次的卸料板

② 首次拉深压边圈和首次拉深凸模、落料凹模、切槽凸模和首次拉深凸模之间的相对位置，如图 3-42 所示。切槽凸模 1 和落料凸模 2 与首次拉深凸模 3 应保持 a 的距离，a 的大小为 $(2\sim3)t$，但应比首次拉深高度 H_1 小些。凸模 1、2 和压边圈 4 应有一个距离 c（$c>a$），c 大小应保证当凸模 3 未接触材料之前，压边圈 4 已把材料压住，凸模才开始拉深。侧导板的高度 h 应有足够的尺寸，以便送料顺利进行，其高度按工件高度调整。

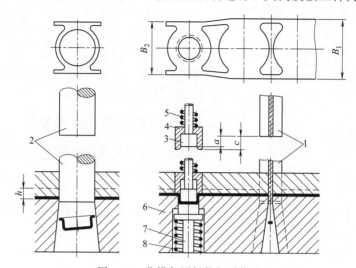

图 3-42　凸模与压板的相对位置

1—切槽凸模；2—落料凸模；3—拉深凸模；4—压边圈；5,8—弹簧；6—凹模；7—顶件器

③ 采用上下活动弹压板，不仅起压料作用，同时也起顶料作用。应能使拉深刚开始，压板首先压住半成品凸缘，以改善塑性变形状况，其压边力不宜过大，防止将拉深件拉坏。连续拉深次数较少或材料较薄时，也可采用固定卸料板。而下活动弹压板（即顶板）在凹模中作上下移动的距离应等于或稍高于工件的高度。

④ 凹模均宜采用镶件，便于修理及更换方便。

⑤ 拉深次数较多时，宜考虑在首次拉深工序后空留一步，以作后备拉深用，但在空步处应附有活动压料杆，以防止拉深过程中带料移动。

⑥ 采用侧刃定距装置时，前侧刃应设在首次拉深之前，而后侧刃也能使带料上最后的工件冲压。

⑦ 连续拉深在校整冲孔和冲孔落料间由于带料呈倾斜，故进料步距应比前几道略小些（0.05～0.1mm）。

⑧ 在冲孔工序中，模具定位圈高度应等于或大于实际拉深或校整高度，以免冲孔时拉裂，保证工件高度。

3.6　变薄拉深

3.6.1　变薄拉深的特点

变薄拉深主要用于制造壁部薄、底部厚而高度很大的工件。在变薄拉深过程中，由于凸、凹模的间隙小于毛坯厚度，而毛坯的直壁部分在通过间隙时受压，产生显著的变薄现象（图 3-43），使侧壁高度增加。拉深后，经冷作硬化，使晶粒细密，提高了强度，壁厚均匀，其表面粗糙度 $Ra<0.2\mu m$，没有起皱问题，不需要压边圈，模具结构简单，用多层凹模进

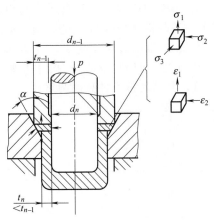

图 3-43　变薄拉深时的应力应变状态

行变薄拉深时，可获得很大的变形程度。但由于变薄拉深件的残余应力较大，应采用低温回火消除。

用于变薄拉深件有两种方法。

其一，使壁厚变薄，内径不显著缩小，一般常采用这种方法。

其二，使壁厚变薄，内径也缩小，但变形和应力较复杂，易使工件破裂，通常不采用。

常用于变薄拉深的材料有：铜、白铜、无氧铜、磷青铜、德银、铝、铝合金、低碳钢、不锈钢、可伐合金（铁镍钴合金）等。

3.6.2　变形程度和变薄系数

变薄拉深时，其变形程度以截面缩减率 ε 表示：

变形程度
$$\varepsilon = \frac{F_{n-1} - F_n}{F_{n-1}} \tag{3-53}$$

式中　F_n，F_{n-1}——在 n 次和（$n-1$）次变薄拉深后的工件横截面上的面积。

变薄拉深的变薄系数可用截面积来表示：

变薄系数
$$\varphi_n = \frac{F_n}{F_{n-1}} \tag{3-54}$$

采用第一种变薄拉深方法时，其变形前后工件内径基本不变（$d_n \approx d_{n-1}$），故可将上式近似地简化为：

$$\varphi_n = \frac{\pi d_n t_n}{\pi d_{n-1} t_{n-1}} \approx \frac{t_n}{t_{n-1}} \tag{3-55}$$

式中　t_n，t_{n-1}——n 次及（$n-1$）次变薄拉深后的工件壁厚；

d_n，d_{n-1}——n 次及（$n-1$）次变薄拉深后的工件内径。

常用材料的变薄系数见表 3-65。

表 3-65　变薄系数的极限值

材　　料	首次变薄系数 φ_1	中间工序变薄系数 φ	末次变薄系数 φ_n
铜、黄铜（H68，H80）	0.45～0.55	0.58～0.65	0.65～0.73
铝	0.50～0.60	0.62～0.68	0.72～0.77
低碳钢、拉深钢板	0.53～0.63	0.63～0.72	0.75～0.77
中碳钢（0.25%～0.35%C）	0.70～0.75	0.78～0.82	0.85～0.90
不锈钢	0.65～0.70	0.70～0.75	0.75～0.80

注：1. 中碳钢为试用数据；
　　2. 料厚取较小值，薄料取大值。

3.6.3　变薄拉深工艺计算

（1）毛坯尺寸的计算

变薄拉深采用普通拉深（不变薄）方法获得的圆筒形毛坯，或直接采用平板毛坯，由于在拉深过程中壁厚有所改变。因此，毛坯的计算应按毛坯体积和工件体积相等的原则求得。

毛坯直径 D 为：
$$D = 1.13\sqrt{V/t_0} = 1.13\sqrt{kV_1/t} \tag{3-56}$$

式中　t_0——毛坯厚度，mm；

V——包括修边余量和退火损耗的工件体积，mm，$V = kV_1$；

V_1——按工件公称尺寸计算的体积，mm；

k——系数取 $1.15\sim1.20$，考虑到修边余量和退火损耗及料厚负偏差等。相对高度 H/d 大时，k 值取上限值。

毛坯厚度 t_0 等于工件底厚 t，若工件底部尚需切削加工，则应加切削加工余量 δ，即：

$$t_0 = t + \delta \tag{3-57}$$

（2）计算拉深次数

变薄拉深次数：

$$n = \frac{\lg t_n - \lg t_0}{\lg \varphi} \tag{3-58}$$

式中　t_n——工件壁厚；

　　　t_0——坯件壁厚；

　　　φ——平均变薄系数（查表 3-65 中间工序变薄系数）。

毛坯制备时的不变薄拉深次数：

$$n' = \frac{\lg d'_n - \lg(m_1 D)}{\lg m} + 1 \tag{3-59}$$

式中　D——毛坯直径；

　　　m_1——不变薄首次拉深系数；

　　　m——不变薄平均拉深系数；

　　　d'_n——不变薄拉深最后一次半成品外径。

d'_n 可按下式推算得到：

$$d'_n = (1/c)^n d_n + 2t_0 \tag{3-60}$$

式中　d_n——工件内径；

　　　n——变薄拉深次数；

　　　c——系数，为了保证拉深时，使半成品方便套入凸模，应将凸模直径比前次半成品直径稍小些，取 $c=0.97\sim0.99$。

故总拉深次数为：

$$N = n + n'$$

（3）确定各次变薄拉深工序的毛坯壁厚

$$\begin{cases} t_1 = t_0 \varphi_1 \\ t_2 = t_1 \varphi_2 \\ t_{n-1} = t_{n-2} \varphi_{n-1} \\ t_n = t_{n-1} \varphi_n \end{cases} \tag{3-61}$$

式中　　　　　　　t_0——毛坯壁厚；

t_1，t_2，t_3，$\cdots$，t_{n-1}——中间各次工序半成品的壁厚；

　　　　　　　　　t_n——工件壁厚；

　　　　　　　　　φ_1——首次变薄拉深的变薄系数；

　　　　　　　　φ_{n-1}——中间各次工序的变薄系数；

　　　　　　　　　φ_n——末次变薄拉深的变薄系数。

（4）确定各次变薄拉深工序的直径

为了能使凸模顺利套入上次工序的坯件中，其直径需比毛坯内径小 $1\%\sim3\%$（前几道工序取大值，以后逐次取小值；厚壁时取大值，薄壁时取小值）。

$$\begin{cases} d_{n(n-1)}=d_n(n)(1+0.01\sim0.03) \\ \cdots\cdots \\ d_{n(1)}=d_{n(2)}(1+0.01\sim0.03) \end{cases} \tag{3-62}$$

式中　　　　　　　　　　d_n——工件内径；

$d_{n(1)}$, $d_{n(2)}$, …, $d_{n(n-1)}$——各工序毛坯内径（即各工序凸模直径）。

（5）确定各次变薄拉深工序的工件高度（图3-44）

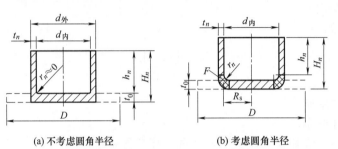

(a) 不考虑圆角半径　　　　　　(b) 考虑圆角半径

图 3-44　变薄拉深件的高度计算

① 不考虑圆角半径（$r_n\approx0$）

$$h_n=\frac{t_0(D^2-d_{外}^2)}{2t_n(d_{外}+d_{内})} \tag{3-63}$$

式中　D——毛坯直径；

t_0——毛坯厚度；

$d_{外}$——本道工序的工件外径；

$d_{内}$——本道工序的工件内径；

t_n——本道工序的工件壁厚；

h_n——本道工序的工件高度（不包括底部厚度t_0）。

总高度为：$H_n=h_n+t_0$

② 考虑圆角半径（$r_n\neq0$）

$$h_n=\frac{t_0\left[D^2-(d_{内}-2r_n)^2\right]-8R_sF}{4t_n(d_{内}+t_n)} \tag{3-64}$$

式中　r_n——凸模圆角半径；

F——圆弧区的面积；

R_s——圆弧区面积的旋转半径（面积重心到转轴的距离）；

h_n——本道工序的工件高度（不包括底部厚度t_0及圆角半径r_n）。

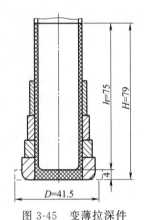

图 3-45　变薄拉深件

总高度为：$H_n=h_n+r_n+t_0$

通过图3-45所示了解变薄拉深件的工序尺寸及计算程序步骤，见表3-66。

表 3-66　变薄拉深件的工序尺寸及计算程序实例

序号	项目	计算结果	说　明
1	计算工件体积	$V_1=\dfrac{\pi}{4}(d_{外6}^2H-d_{内6}^2h)=\dfrac{3.14}{4}\times(25^2\times79-24^2\times75)=4840(\text{mm}^3)$	
2	计算毛坯体积	$V=kV_1=1.15V_1=1.15\times4840=5560(\text{mm}^3)$	
3	毛坯厚度	$t_0=t=4(\text{mm})$	t——工件底部厚度

序号	项目		计算结果	说　明
4	毛坯直径		$D=1.13\sqrt{\dfrac{V}{t_0}}=1.13\sqrt{\dfrac{5560}{4}}\approx41.5\,(\text{mm})$	
5	计算拉深次数	估算变薄拉深次数 n	$n=\dfrac{\lg t_n-\lg t_0}{\lg\varphi}=\dfrac{\lg0.5-\lg4}{\lg0.70}=\dfrac{-0.30103-0.6021}{-0.154902}\approx$ 5.8 取 $n=6$ 式中 $\varphi=0.70$ 由表 3-65 查取	
		估算不变薄拉深次数 n'	$d'_n=\left(\dfrac{1}{c}\right)^2 d_n+2t_0=\left(\dfrac{1}{0.99}\right)^6\times24+2\times4=$ $25.25+8=33.25\,(\text{mm})$ $m_1=d_1/D=33.25\div41.5=0.8>[m_1]=0.5$,拟用平板毛坯直接进行第一次变薄拉深。 $N=n+n'=6+0=6$	
6	计算各次变薄拉深后的半成品壁厚		由表 3-65 查取 首次工序变薄系数为:$\phi_1=0.63$; 中间各次的变薄系数为:$\phi=0.72$; 末次工序的变薄系数为:$\phi_n=0.75$。 计算结果列表如下:	

工序号	变薄前次工序料厚/mm	变薄系数 (ϕ)	各次变薄工序的毛坯壁厚/mm	工序号	变薄前次工序料厚/mm	变薄系数 (ϕ)	各次变薄工序的毛坯壁厚/mm
1	4.0	0.63	$t_1=t_0\phi=4\times0.63=2.5$	4	1.3	0.72	$t_4=t_3\phi=1.3\times0.72=0.93$
2	2.5	0.72	$t_2=t_1\phi=2.5\times0.72=1.8$	5	0.93	0.72	$t_5=t_4\phi=0.93\times0.72=0.67$
3	1.8	0.72	$t_3=t_2\phi=1.8\times0.72=1.3$	6	0.67	0.75	$t_6=t_5\phi=0.67\times0.75=0.50$

7　计算各工序工件的内径、外径如下:

工序号	内径 $d_内$/mm	壁厚 t/mm	外径 $d_外$/mm
1	$d_1=d_2(1+0.01)=25\times1.01=25.25$	$t_1=t_0\phi_1=4\times0.63=2.5$	$d_{外1}=d_{内1}+2t_1=25.25+2.5\times2=30.25$
2	$d_2=d_3(1+0.01)=24.75\times1.01=25$	$t_2=t_1\phi=2.5\times0.72=1.8$	$d_{外2}=d_{内2}+2t_2=25+1.8\times2=28.6$
3	$d_3=d_4(1+0.01)=24.5\times1.01=24.75$	$t_3=t_2\phi=1.8\times0.72=1.3$	$d_{外3}=d_{内3}+2t_3=24.75+1.3\times2=27.35$
4	$d_4=d_5(1+0.01)=24.24\times1.01=24.5$	$t_4=t_3\phi=1.3\times0.72=0.93$	$d_{外4}=d_{内4}+2t_4=24.5+0.93\times2=26.36$
5	$d_5=d_6(1+0.01)=24\times1.01=24.25$	$t_5=t_4\phi=0.93\times0.72=0.67$	$d_{外5}=d_{内5}+2t_5=24.24+0.67\times2=25.6$
6	$d_6=d_0=24$	$t_6=t_5\phi_6=0.67\times0.75=0.5$	$d_{外6}=d_{内6}+2t_6=24+0.5\times2=25$

8　计算各工序的高度,不考虑圆角半径,按式(3-63)进行计算:

工序号	各工序工件的高度/mm	工序号	各工序工件的总高度/mm
1	$h_1=\dfrac{4\times(41.5^2-30.25^2)}{2\times(30.25+25.25)\times2.5}=11.6$	1	$H_1=h_1+t_0=11.6+4=15.6$
2	$h_2=\dfrac{4\times(41.5^2-28.6^2)}{2\times(28.6+25)\times1.8}=18.7$	2	$H_2=h_2+t_0=18.7+4=22.7$
3	$h_3=\dfrac{4\times(41.5^2-27.35^2)}{2\times(27.35+24.75)\times1.3}=29.5$	3	$H_3=h_1+t_0=29.5+4=33.5$
4	$h_4=\dfrac{4\times(41.5^2-26.36^2)}{2\times(26.36+24.5)\times0.93}=43.4$	4	$H_4=h_4+t_0=43.4+4=47.4$
5	$h_5=\dfrac{4\times(41.5^2-25.6^2)}{2\times(25.6+24.25)\times0.67}=64$	5	$H_5=h_5+t_0=64+4=68$
6	$h_6=\dfrac{4\times(41.5^2-25^2)}{2\times(25+24)\times0.5}=89.6$	6	$H_6=h_6+t_0=89.6+4=93.6$

3.7　特种拉深

3.7.1　软模拉深

软模拉深是用橡胶(包括聚氨酯橡胶)、液体或气体的压力代替刚性凸模或凹模对板料进行拉深，也可采用软凸模拉深和软凹模拉深，其模具简单并具有通用性，故在成批及小批量生产中，较为广泛应用。

（1）软凸模拉深

用液体的压力来代替金属凸模进行拉深。它的变形过程如图 3-46 所示。液体拉深时的典型压力曲线如图 3-47 所示。

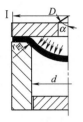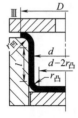

图 3-46　液体凸模拉深的变形过程

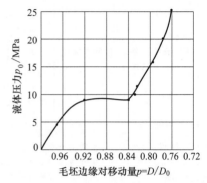

图 3-47　液体凸模拉深时压力曲线

第一阶段：在液压力作用下，平板毛坯的中间部分首先受双向拉应力作用产生胀形，由平面变成半球形，且压力增加很快。

第二阶段：当液压力继续增大，径向拉应力达到足以使凸缘变形区产生拉深变形时，材料逐渐进入凹模并形成筒壁，压力趋于平缓。

第三阶段：在形成平底和小圆的整形时，压力又急剧上升。

凸缘区材料产生拉深变形所需的液体压力为：

$$p_0 = \frac{4t}{d}p \tag{3-65}$$

式中　p_0——所需液体压力，MPa；

d——工件直径，mm；

t——材料厚度，mm；

p——凸缘区材料产生拉深变形所需的径向拉应力，MPa。

$$p = (\sigma_1 + \sigma_摩)(1 + 1.6\mu) + \sigma_弯 \tag{3-66}$$

式中　σ_1——凸缘变形区径向拉应力，MPa；

$\sigma_摩$——压边摩擦力在筒壁引起的拉应力，MPa；

$\sigma_弯$——材料流经凹模圆角时所产生的弯曲阻力，MPa；

μ——摩擦系数。

第三阶段最后成型零件底部圆角半径时，所需的液体压力为：

$$p = \frac{t}{r_凸}R_m \tag{3-67}$$

式中　t——材料厚度，mm；

$r_凸$——工件底部与直壁相接圆角半径，mm；

R_m——材料拉伸强度，MPa。

利用液体凸模拉深，由于液体与毛坯之间不存在摩擦力，而使毛坯的稳定性不好，容易偏斜，且中间部分易变薄，故其应用受到一定限制。但是，由于所用模具简单，可不用冲压设备，也常用于大尺寸和形状复杂制件的拉深。

软凸模拉深的另一种方式是采用容框式的聚氨酯橡胶进行拉深（图 3-48），聚氨酯橡胶与钢制凹模的边缘部分在拉深过程中，对毛坯施加压力，自然形成压边力取代压边圈，起防皱作用，其模具结构简单，拉深件的边缘平整，壁厚均匀，对浅的拉深件效果较好。

（2）软凹模拉深

用液体压力或橡胶代替金属凹模的软凹模拉深具有理想的拉深条件和技术经济效果，软凹模拉深的方法有以下几种。

① 橡胶凹模拉深。

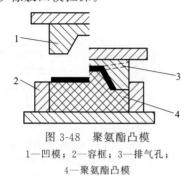

图 3-48　聚氨酯凸模
1—凹模；2—容框；3—排气孔；
4—聚氨酯凸模

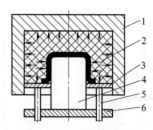

图 3-49　橡胶凹模拉深
1—容框；2—橡胶；3—压边圈；4—凸模；
5—缓冲器顶杆；6—凸模座

橡胶凹模结构如图 3-49 所示。橡胶装在上模的容框内，凸模可按工件形状进行更换，拉深开始时坯料被压边圈和橡胶压紧，拉深后压边圈起顶件器作用，将工件从凸模上卸下。

橡胶拉深的单位压力随拉深系数和毛坯相对厚度的大小不同，拉深硬铝时的橡胶的最大单位压力见表 3-67。

表 3-67　拉深硬铝时橡胶的最大单位压力　　　　　　　　　　　　MPa

拉深系数 m	毛坯相对厚度（$t/D \times 100$）			
	1.3	1.0	0.66	0.4
0.6	26	28	32	36
0.5	28	30	34	38
0.4	30	32	35	40

橡胶压力为 40MPa、凸模圆角半径 $r_凸 = 4t$ 的情况下，圆筒形件的极限拉深系数和拉深深度见表 3-68。

表 3-68　橡胶拉深圆筒形件的极限拉深系数及拉深深度

材料	拉深系数	拉深最大深度	毛坯最小相对厚度 t/D	凸缘部分最小圆角半径
3A21（LF21）	0.45	$1.0d_1$	1%，但≥0.4mm	1.5t
5A02（LF2）、2A12（LY12）	0.50	$0.75d_1$		（2～3）t
08 深拉深钢	0.50	$0.75d_1$	0.5%，但≥0.2mm	4t
1Cr18Ni9Ti	0.65	$0.33d_1$		8t

注：表中 D——毛坯直径；d_1——拉深直径；t——材料厚度。

用橡胶拉深矩形或方形盒形件时，其角部的最小圆角半径推荐值：

盒形件高度 $h \le 100$mm　　　最小圆角半径 $r_角 = 0.25B$（B——盒形件宽度）

　　　　　　 100～125mm　　　 $= 0.20B$

　　　　　　 125～150mm　　　 $= 0.17B$

橡胶拉深圆筒形件时凸模最小圆角半径见表 3-69。

表 3-69　橡胶拉深圆筒形件时凸模最小圆角半径（橡胶单位压力为 40MPa）

拉深系数 m_1	拉深深度	材料			
		1070A、5A02、3A21	2A12	08 钢	1Cr18Ni9Ti
0.70	$0.25d_1$	1t	2t	0.5t	2t
0.60	$0.50d_1$	2t	3t	1t	—
0.50	$0.75d_1$	3t	4t	2t	—
0.45	$1.00d_1$	4t	—	—	—

② 聚氨酯凹模拉深。

聚氨酯具有高强度、高弹性、高耐磨性和易于机械加工的特性，是最理想的软模材料。聚氨酯凹模拉深的形式有型腔式（图 3-50）和容框式（图 3-51）。

对于容框式凹模，在容框内采用较软的聚氨酯，为了提高压边力，压边部分采用较硬的聚氨酯［见图 3-52（a）］或是嵌入一层钢环［见图 3-52（b）］。

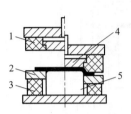

图 3-50　型腔式凹模

1—聚氨酯凹模；2—压边圈；
3—橡胶；4—顶件器；5—凸模

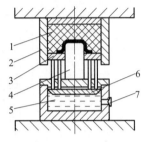

图 3-51　容框式凹模

1—层状聚氨酯；2—容框；
3—压边圈；4—凸模；5—油缸；
6—活塞；7—溢流阀

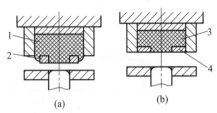

图 3-52　加强压边力的方法

1—较软的聚氨酯；2—较硬的聚氨酯；
3—聚氨酯；4—钢环

聚氨酯硬度的选用，对于型腔式凹模宜采用硬度很高的聚氨酯（硬度约为邵氏 79D），而对于容框式凹模宜采用较软的聚氨酯（即邵氏 80A 为宜）。

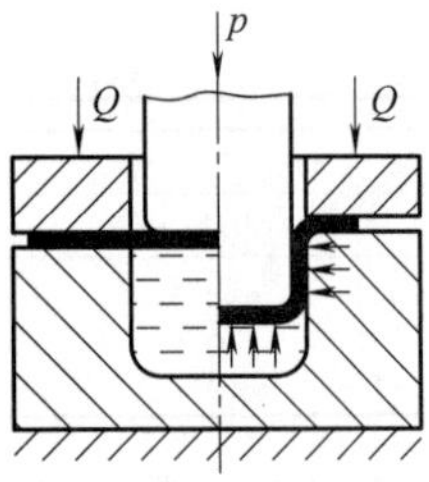

③ 充水拉深。

充水拉深是软凹模拉深的另一种特殊形式（图 3-53）。拉深前在凹模内充满水或油。拉深时，凸模将坯料压入凹模，液体在凹模腔内形成高压。将坯料压紧在凸模表面上，同时高压液体通过毛坯表面与凹模之间的空隙排除，高压液膜使毛坯与凹模表面脱离接触，以创造极好的强制润滑条件，从而降低了毛坯与凸模之间的有害摩擦，其综合性作用的结果，可降低拉深极限拉深系数，常可使 m 降至 $0.35 \sim 0.4$。

图 3-53　充水拉深

3.7.2　温差拉深

温差拉深就是在拉深过程中使毛坯的变形区和传力区处于不同的温度，而其温度变化的影响有利于提高拉深时的极限变形程度。其方法是在变形区（即毛坯凸缘区）局部加热和传力区危险断面（侧壁与底部过渡区）局部冷却中拉深。从而在拉深过程中有效地减小变形区材料的变形抗力，又不致减小而甚至提高传力区的承载能力。以两方合理的温差，而获得大的强度差，因此，最大限度地提高了一次拉深变形的程度，又能较大地降低材料的极限拉深系数。

温差拉深两种的典型方法：

（1）局部加热并冷却毛坯的拉深

如图 3-54 所示模具结构，在拉深过程中，利用凹模与压边圈之间的加热器将毛坯变形区加热至一定温度，以提高材料的塑性，降低凸缘的变形抗力。使拉入凸凹模之间的金属，在凹模圆角部分和凸模内通水冷却，保持毛坯传力区的强度不降低，其方法是，用一道工序可代替 2～3 道普通拉深

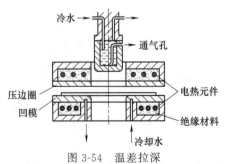

图 3-54　温差拉深

工序。

　　该方法主要适用于铝、镁、钛等轻合金零件及形状复杂的拉深件的拉深。局部加热拉深的合理温度和局部加热拉深的极限高度可分别查表 3-70 和表 3-71。

表 3-70　局部加热拉深时不同材料的合理温度

温度规范/℃	材　料		
	铝合金	镁合金	铜合金
理论合理温度/℃	$0.7T_{熔}=0.7t_{熔}-82(℃)$		
	350～370	340～360	500～550
实际合理温度/℃	320～340	330～350	480～500

　　注：$T_{熔}$——合金绝对熔化温度；$t_{熔}$——合金熔化温度。

表 3-71　局部加热拉深的极限高度

材料	凸缘加热温度/℃	工件的极限高度 $\dfrac{h}{d}$ 及 $\dfrac{h}{a}$		
		筒形	方形	矩形
铝 1070A(LM)	325	1.44	1.5～1.52	1.46～1.6
铝合金 3A21M(LF21M)	325	1.30	1.44～1.46	1.44～1.55
杜拉铝 2A12M(LY12M)	325	1.65	1.58～1.82	1.50～1.83
镁合金 MB_1、MB_8	375	2.56	2.7～3.0	2.93～3.22

　　注：h——高度；d——直径；a——方盒边长。

　　（2）深冷拉深

　　如图 3-55 所示模具结构，在拉深变形过程中，用液态空气（－183℃）或液态氮（－195℃）深冷空心凸模，使毛坯的传力区被冷却到－(160～170)℃以得到强化，在如此低温下，使 10～20 钢的强度提高到 1.9～2.1 倍，而 18-8 型不锈钢提高 2.3 倍。并显著地降低了拉深系数，对于 10～20 钢，$m=0.37～0.385$；对于 1Cr18Ni9 及 1Cr18Ni9Ti 不锈钢，$m=0.35～0.37$。

　　各类奥氏体钢采用深冷拉深方法，将随合金度的增加与奥氏体稳定性的提高而减小（见图 3-56），因为只有当毛坯侧壁借助深冷以形成马氏体转变而得到组织强化时才富有成效。

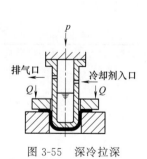

图 3-55　深冷拉深

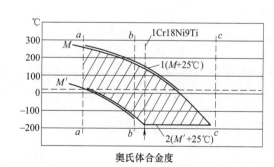

图 3-56　M、M'点位置，毛坯凸缘的有利加热温度
1—危险断面的冷却温度；2—与奥氏体钢合金度的关系；
M—塑性变形时，不产生奥氏体向马氏体转变的最低温度；
M'—连续冷却时，不变形而开始形成马氏体的温度

　　上述几种拉深方法可能达到的极限拉深系数见表 3-72。

表 3-72　不同拉深方法的极限拉深系数

材料	极限拉深系数 m_{min}			
	普通拉深	软凹模拉深	局部加热拉深	深冷拉深
硬铝 2A12M(LY12M)	0.54～0.56	0.46	0.37 * (320～340℃)	—
超硬铝 7A04M(LC4M)	0.56～0.59	0.47		—
防锈铝 3A21M(LF21M)	0.50～0.52	0.45	0.42 * (320～340℃)	—
镁锰合金 MB1	0.87～0.91	—	0.42～0.46(300～350℃)	—
MB8	0.81～0.83	—	0.40～0.44(280～350℃)	—
钛合金 TA2	0.57～0.59	—	0.42～0.50(350～400℃)	—
TA3	0.58～0.61	—	0.42～0.50(350～400℃)	—
1Cr18Ni9Ti	0.53～0.57	0.44	—	0.35～0.37 *

注：表中数据除带 * 者为试验值外，均为生产推荐使用值。

3.8　拉深模工作部分尺寸的确定

拉深模工作部分主要是指凸、凹模工作部分尺寸，设计时应考虑模具的磨损和拉深件的回弹量，而在最后第一道工序则按零件尺寸公差要求拉深成型。

3.8.1　拉深凸、凹模工作部分尺寸计算

最后一道工序凹、凸工作部分尺寸，应按零件尺寸标注的要求，可由表 3-73 所列公式进行计算。

表 3-73　拉深凸、凹模工作部分尺寸计算公式

尺寸标注方式	凹模尺寸 $D_凹$	凸模尺寸 $d_凸$
标注外形尺寸 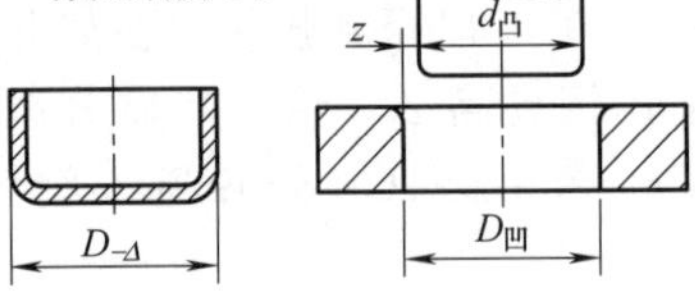 	$D_凹 = (D - 0.75\Delta)^{+\delta_凹}$	$d_凸 = (D - 0.75\Delta - 2z)_{-\delta_凸}$
标注内形尺寸 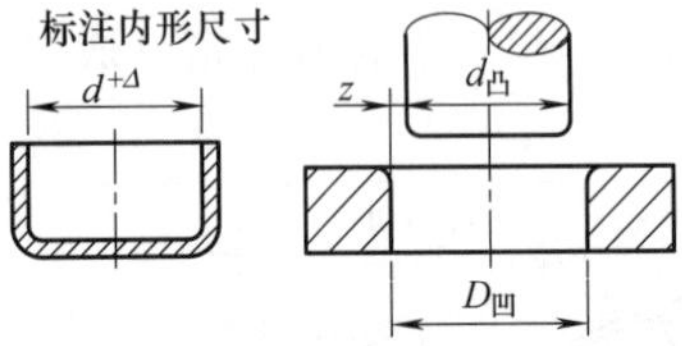 	$D_凹 = (d - 0.4\Delta + 2z)^{+\delta_凹}$	$d_凸 = (d + 0.4\Delta)_{-\delta_凸}$

注：表中 $D_凹$——凹模尺寸；$d_凸$——凸模尺寸；D——拉深件的外形基本尺寸；d——拉深件的内形基本尺寸；z——凸、凹模的单边间隙；$\delta_凹$——凹模的制造公差；$\delta_凸$——凸模的制造公差。

3.8.2　凸、凹模间隙的确定

1）拉深模的单边间隙：

$$z = \frac{d_凹 - d_凸}{2} \tag{3-68}$$

2）选取间隙应合理，间隙 z 过小，会增加摩擦力，易使拉深件破裂，并降低模具寿命；间隙过大，拉深件易起皱，影响工件精度。

3）确定间隙应考虑毛坯在拉深中外缘的变薄现象，材料厚度偏差及拉深件的精度要求。

4）不用压边圈拉深时：

$$z = (1～1.1)t_{max}（末次拉深用小值，中间拉深用大值） \tag{3-69}$$

式中　t_{max}——材料厚度最大极限值，mm。

　　5）用压边圈拉深时：

$$z = t_{max} + kt \tag{3-70}$$

式中　t_{max}——材料厚度最大极限值，mm；

　　　　t——材料厚度基本尺寸，mm；

　　　　k——间隙系数，见表 3-74。

表 3-74　间隙系数 k 值

序号	拉深工序	材料厚度/mm		
		0.5～2	>2～4	>4～6
1	第一次	0.2(0)	0.1(0)	0.1(0)
2	第一次 第二次	0.3 0.1(0)	0.25 0.1(0)	0.2 0.1(0)
3	第一次 第二次 第三次	0.5 0.3 0.1(0)	0.4 0.25 0.1(0)	0.35 0.2 0.1(0)
4	第一、二次 第三次 第四次	0.5 0.3 0.1(0)	0.4 0.25 0.1(0)	0.35 0.2 0.1(0)
5	第一、二、三次 第四次 第五次	0.5 0.3 0.1(0)	0.4 0.25 0.1(0)	0.35 0.2 0.1(0)

注：1. 表中数值适用于一般精度（未注公差尺寸的极限偏差）的拉深件；
2. 末道工序括弧内的数值，适用于较精密的拉深件（IT11～IT13 级）。

对于材料厚度公差小及精度要求高的工件，应取较小的间隙值，查表 3-75。

表 3-75　有压边圈拉深时的单边间隙值

总拉深次数	拉深工序	单边间隙
1	一次拉深	$(1～1.1)t$
2	第一次拉深 第二次拉深	$1.1t$ $(1～1.05)t$
3	第一次拉深 第二次拉深 第三次拉深	$1.2t$ $1.1t$ $(1～1.05)t$
4	第一、二次拉深 第三次拉深 第四次拉深	$1.2t$ $1.1t$ $(1～1.05)t$
5	第一、二、三次拉深 第四次拉深 第五次拉深	$1.2t$ $1.1t$ $(1～1.05)t$

注：1. t——材料厚度，取材料允许偏差的中间值；
2. 拉深精密工件时，最末一次拉深间隙取 $z = t$。

　　6）对拉深精度要求达到 IT11～IT13 级的，最末一次拉深工序的间隙取 $z = (1～0.95)t$（黑色金属取 1，有色金属取 0.95）。式中，t 为材料厚度，mm。

　　7）盒形件的拉深，凸、凹模之间的间隙，其直边部分可参照 U 形件的压弯模间隙来确定。而圆角部分因材料变厚，其间隙应比直边部分间隙大 $0.1t$。

　　8）在多次拉深工序中，除最后一次拉深外，间隙的取向没有规定。

对于最后一次拉深工序：

① 尺寸标注在外径的拉深件，以凹模为准，间隙取在凸模上，即减小凸模尺寸得到间隙。

② 尺寸标注在内径的拉深件，以凸模为准，间隙取在凹模上，即增加凹模尺寸得到间隙。

3.8.3 凸、凹模的制造公差

① 圆形凸、凹模的制造公差，根据材料厚度和工件直径选取，其数值见表 3-76。

表 3-76 圆形拉深凸、凹模的制造公差　　　　　mm

材料厚度	工件直径的基本尺寸							
	约 10		>10~50		>50~200		>200~500	
	$\delta_{凹}$	$\delta_{凸}$	$\delta_{凹}$	$\delta_{凸}$	$\delta_{凹}$	$\delta_{凸}$	$\delta_{凹}$	$\delta_{凸}$
0.25	0.015	0.010	0.02	0.010	0.03	0.015	0.03	0.015
0.35	0.020	0.010	0.03	0.020	0.04	0.020	0.04	0.025
0.50	0.030	0.015	0.04	0.030	0.05	0.030	0.05	0.035
0.80	0.040	0.025	0.06	0.035	0.06	0.040	0.06	0.040
1.00	0.045	0.030	0.07	0.040	0.08	0.050	0.08	0.060
1.20	0.055	0.040	0.08	0.050	0.09	0.060	0.10	0.070
1.50	0.065	0.050	0.09	0.060	0.10	0.070	0.12	0.080
2.00	0.080	0.055	0.11	0.070	0.12	0.080	0.14	0.090
2.50	0.095	0.060	0.13	0.085	0.15	0.100	0.17	0.120
3.50	—	—	0.15	0.100	0.18	0.120	0.20	0.140

注：1. 表中数值用于未精压的薄钢板。
2. 如用精压钢板，则凸模及凹模的制造公差，等于表列数值的 20%~25%。
3. 如用有色金属，则凸模及凹模的制造公差，等于表列数值的 50%。

② 非圆形凸、凹模的制造公差可根据工件公差来选定，若拉深件公差为 IT12、IT13 级以上者，则凸、凹模的制造公差选用 IT8、IT9 级精度；若拉深件公差为 IT14 级以下者，则凸、凹模的制造公差选用 IT10 级精度。若采用配作时，只在凸模或凹模上标注公差，另一方则按间隙配作。例如拉深件是标注外形尺寸时，则在凹模上标注公差，凸模按间隙配作；若标注内形尺寸时，则在凸模上标注公差，凹模按间隙配作。

3.8.4 拉深凸模的出气孔尺寸

拉深凸模的出气孔尺寸（图 3-57），可查表 3-77。

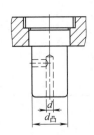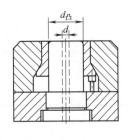

表 3-77 拉深凸模出气孔尺寸　　mm

凸模（$d_{凸}$）	约 50	>50~100	>100~200	>200
出气孔（d）	5	6.5	8	9.5

图 3-57 拉深凸模出气孔

3.8.5 拉深凸模与凹模的圆角半径

1) 拉深凹模的圆角可按下列经验公式计算：

$$r_{凹} = 0.8\sqrt{(D-d)t}$$

（3-71）

式中　$r_凹$——凹模圆角半径；

　　　D——毛坯直径；

　　　d——凹模内径；

　　　t——材料厚度。

表 3-78 为拉深凹模的圆角半径 $r_凹$ 的数值是按上述经验公式的参数关系制定的。

表 3-78　拉深凹模的圆角半径 $r_凹$ 的数值（1）　　　　mm

D-d	材料厚度 t					
	约 1	>1~1.5	>1.5~2	>2~3	>3~4	>4~6
约 10	2.5	3.5	4	4.5	5.5	6.5
>10~20	4	4.5	5.5	6.5	7.5	9
>20~30	4.5	5.5	6.5	8	9	11
>30~40	5.5	6.5	7.5	9	10.5	12
>40~50	6	7	8	10	11.5	14
>50~60	6.5	8	9	11	12.5	15.5
>60~70	7	8.5	10	12	13.5	16.5
>70~80	7.5	9	10.5	12.5	14.5	18
>80~90	8	9.5	11	13.5	15.5	19
>90~100	8	10	11.5	14	16	20
>100~110	8.5	10.5	12	14.5	17	20.5
>110~120	9	11	12.5	15.5	18	21.5
>120~130	9.5	11.5	13	16	18.5	22.5
>130~140	9.5	11.5	13.5	16.5	19	23.5
>140~150	10	12	14	17	20	24
>150~160	10	12.5	14.5	17.5	20.5	25

注：D——第一次拉深时的毛坯直径，或第 $n-1$ 次拉深后的工件直径，mm。d——第一次拉深后的工件直径，或第 n 次拉深后的工件直径，mm。

当工件直径 $d>200$mm 时，拉深凹模的圆角半径按下式确定：

$$r_{凹min}=0.039d+2 \tag{3-72}$$

2）拉深凹模圆角半径也可根据工件材料的种类与厚度来确定（见表 3-79）。一般对于钢的拉深件，$r_凹=10t$，对于有色金属如铝、黄铜、紫铜的拉深件，$r_凹=5t$。

表 3-79　拉深凹模的圆角半径 $r_凹$ 的数值（2）

材料	厚度 t/mm	凹模圆角半径 $r_凹$	材料	厚度 t/mm	凹模圆角半径 $r_凹$
钢	<3	(10~6)t	铝、黄铜、紫铜	<3	(8~5)t
	3~6	(6~4)t		3~6	(5~3)t
	>6	(4~2)t		>6	(3~1.5)t

注：1. 对于第一次拉深和较薄的材料，应取表中的最大极限值；

2. 对于以后各次拉深和较厚的材料，应取表中的最小极限值。

3）以后各次拉深时，$r_凹$ 值应逐渐减小，其关系是：

$$r_{凹n}=(0.6~0.9)r_{凹(n-1)} \tag{3-73}$$

4）拉深凹模圆角半径也可按毛坯相对厚度 t/D 和拉深方式来确定，见表 3-80。

表 3-80　拉深凹模的圆角半径 $r_凹$ 的数值（3）

拉深方式	毛坯相对厚度 $\dfrac{t}{D}\times100$		
	2.0~>1.0	1.0~>0.3	0.3~0.1
无凸缘	(6~8)t	(8~10)t	(10~15)t
有凸缘	(10~15)t	(15~20)t	(20~30)t
带拉深凸筋	(4~6)t	(6~8)t	(8~10)t

5）拉深凸模的圆角半径按下述规定选取。

① 除最后一次拉深工序外，其他各次拉深工序的凸模圆角半径 $r_凸$ 可取与凹模圆角半径相等或略小的数值：

$$r_凸 = (0.6 \sim 1)r_凹 \tag{3-74}$$

② 在最后一次拉深工序中，凸模与工件的圆角半径应相等。但材料厚度 $t < 6\text{mm}$ 时，其数值不得小于 $(2 \sim 3)t$。对于料厚 $t > 6\text{mm}$ 时，其值不得小于 $(1.5 \sim 2)t$。

③ 如果工件的圆角半径很小，则应在最后一次拉深工序后，再增加整形工序。

6）有压边圈的多次拉深工序，凸模的圆角半径按如下取值。

第一次拉深：

当 $\dfrac{t}{D} \times 100 > 0.6$ 时，$r_凸 = r_凹$；当 $\dfrac{t}{D} \times 100 = 0.6 \sim 0.3$ 时，$r_凸 = 1.5r_凹$；当 $\dfrac{t}{D} \times 100 < 0.3$ 时，$r_凸 = 2r_凹$。

中间拉深工序的凸模圆角半径，应尽可能等于凹模圆角半径，或略小的数值，并采取逐渐减小的数值为：

$$r_{凸 n} = (0.6 \sim 0.8)r_{凸(n-1)}$$

或采用 45°的斜角。

在最后一次拉深中，凸模圆角半径应等于工件相应圆角半径，即 $r_凸 = r_{工件}$。

对于有斜角的凸模及凹模 [图 3-58（a）]，一般用于拉深中型及大型尺寸的圆筒形件。对于非圆形工件，则 $n-1$ 次底部制成斜角，以利于成型。对于有斜角的凸模，其圆角半径应增大到 $r_凸 = (1.5 \sim 2)r_凹$。

对于有圆角的凸模和凹模 [图 3-58（b）]，则用于拉深比较小（$d \leqslant 100\text{mm}$）的零件及有宽凸缘和形状复杂的零件。

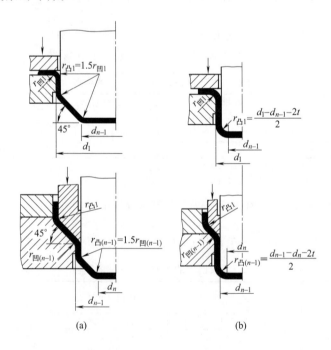

图 3-58 凸、凹模圆角半径

3.9　拉深力及拉深功的计算

3.9.1　压边力的计算

压边圈的压力必须适当，过大，要增加拉深力，并会使工件拉裂，若压边圈的压力过小，会使工件的壁部或凸缘起皱。拉深时，是否采用压边圈，可根据图 3-59 确定。在区域Ⅰ内采用压边圈；在区域Ⅱ内不采用压边圈。

一般普通平端面凹模拉深时，毛坯不起皱的条件为：

首次拉深：$t/D \geqslant 0.045(1-m)$ 或 $t/D \geqslant (0.09 \sim 0.17)(1-m)$

以后各次拉深：$t/d \geqslant 0.045(K-1)$

用锥形凹模拉深时，材料不起皱的条件为：

首次拉深：$t/D \geqslant 0.03(1-m)$

以后各次拉深：　　　　　　$t/d \geqslant 0.03(K-1)$　　　　　　　　　　(3-75)

式中　K——拉深程度（$K = 1/m = D/d$）。

若不能满足上述公式要求，则应考虑压边装置。

压边力的计算公式见表 3-81。

表 3-81　压边力的计算公式

拉深情况	公　式
拉深任何形状的工件	$Q = Fq$
筒形件第一次拉深（用平毛坯）	$Q = \dfrac{\pi}{4}[D^2 - (d_1 + 2r_凹)^2]q$
筒形件以后各次拉深（用筒形毛坯）	$Q = \dfrac{\pi}{4}[d_{n-1}^2 - (d_n + 2r_凹)^2]q$

注：F——压边圈的面积，mm^2；q——单位压边力；D——平毛坯直径；d_1、…、d_n——拉深件直径；$r_凹$——凹模圆角半径。

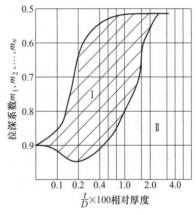

图 3-59　根据毛坯相对厚度和拉深系数确定是否采用压边圈

q 的经验公式：

$$q = 48(z - 1.1)\frac{D}{t}R_m \times 10^{-5} \tag{3-76}$$

或　　　　　　　　$$q = 0.25\left[\left(\frac{D}{d} - 1\right)^2 + 0.005\frac{d}{t}\right]R_m \tag{3-77}$$

式中　z——各工序拉深系数 m 的倒数（即：$z = \dfrac{1}{m}$）；

　R_m——毛坯材料的拉伸强度，MPa；

　t——材料厚度，mm；

　D——毛坯直径，mm。

q 值可由表 3-82 或表 3-83 中查得。

表 3-82 在双动压床上拉深时单位压边力的数值

工件复杂程度	单位压边力 q/MPa	工件复杂程度	单位压边力 q/MPa
难加工件	3.7	易加工件	2.5
普通加工件	3		

表 3-83 在单动压床上拉深时单位压边力的数值

材 料	单位压边力 q/MPa	材 料	单位压边力 q/MPa
铝	0.8～1.2	20钢、08钢、镀锡钢板	2.5～3
紫铜、杜拉铝（退火的或刚淬好火的）	1.2～1.8	软化状态的耐热钢	2.8～3.5
黄铜	1.5～2	高合金钢、高锰钢、不锈钢	3～4.5
压轧青铜	2～2.5		

3.9.2 压边装置的类型

压边装置分两种类型。

① 刚性压边装置。

利用双动压力机上外滑块压边，其压边力不随压力机行程变化，拉深效果较好，且模具结构简单。

② 弹性压边装置。

一般用于单动压力机，其压边力随压力机行程而变化。弹性压边有气垫、弹簧垫、橡胶垫三种形式，见图 3-60。这三种压边装置所产生的压边力与行程的关系，从图 3-61 中看出，气垫的压边力随行程变化很小，可认为是不变的，其压边效果较好。而弹簧垫和橡胶垫的压边力随行程增大而升高，对拉深不利。但气垫结构复杂，并须用压缩空气，故一般小厂用得少。对于一般压力机，多采用弹簧垫和橡胶垫比较方便。

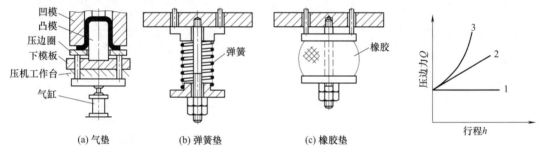

图 3-60 弹性压边的方式 　　　　　　图 3-61 压边力和行程的关系
　　　　　　　　　　　　　　　　　　　　1—气垫；2—弹簧垫；3—橡胶垫

3.9.3 压边圈的形式（表 3-84）

表 3-84 压边圈的形式

简 图	说 明
(a) 平面压边圈　　　　(b) 弧形压边圈 1—压边圈；2—凹模；　1—压边圈；2—凹模； 3—凸模；4—顶板　　　3—凸模；4—顶板	①平面压边圈是最常用的首次拉深压边圈，压边力为弹性力、气垫压力等[图(a)]。压力不足时板料易起皱，过大时板料不易进入凹模，而且易拉裂。 ②当首次拉深相对厚度 $\left(\dfrac{t}{D}\times100\right)<0.3$，且有小凸缘和很大圆角半径的工件时，应采用带圆弧的压边圈[图(b)]

续表

简 图	说 明
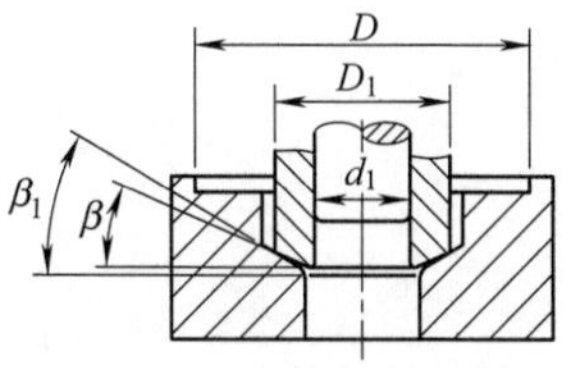	锥形压边圈将毛坯凸缘压成锥形,在拉深变形过程中,毛坯的外径具有一定量的收缩,采用这种结构时的极限拉深系数可降至很小的数值,甚至达到 0.35。而锥形压边圈的有利作用,决定于角度 β 的大小,而且角度 β 越大,其作用越显著。当毛坯相对厚度较小时,如角度 β 过大的,则压边圈使毛坯外缘成型过程中,可能引起起皱现象。故对于厚度很薄的工件成型,其效果不十分明显。表 3-85 中所列角度 β 的数值和可能达到的极限拉深系数,在实际生产中,应采取稍大于表中的极限拉深系数。 图中 D 为毛坯直径,D_1 为压锥的大端直径,d_1 为拉深圆筒形件直径,$\beta < \beta_1$
 $c=(0.2\sim0.5)t$	对于宽凸缘拉深件,局部压边圈减少毛坯与压边圈的接触面积,增大单位压边力。防止拉深初始阶段凸缘起皱,影响成型,常采用图示两种结构
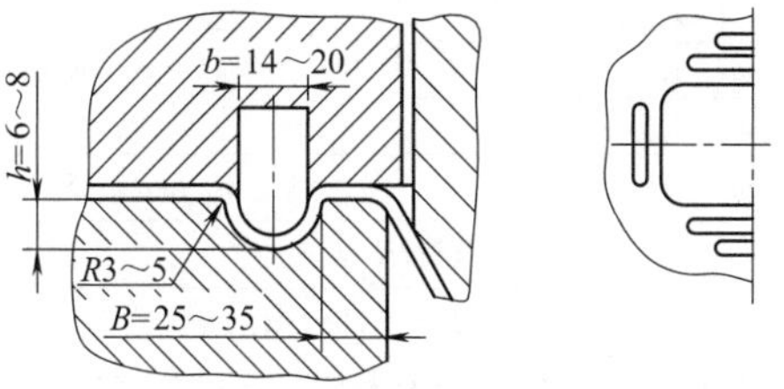	拉深筋的结构和形状按设计尺寸制造后,在试模中适当修正,以调整各部位的径向拉应力,使之适合拉深成型的需要。凸筋沿拉深四周或局部位置设置,能调整材料各处的流动阻力。主要适用于复杂、大型非对称的薄板拉深件
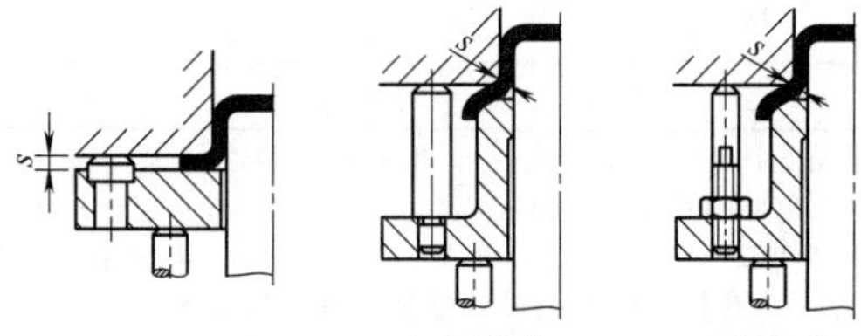 (a) 第一次拉深　　(b) 第二次以后拉深	带限位柱的压边圈能调整间距 s,保持压边力均衡和防止压边圈压力过录。带限位柱压边圈的形式:图(a)适用于首次拉深工序,图(b)用于第二次以后的拉深工序。限制间距 s 的大小,根据工件的材料及形状而异,取为: 拉深带凸缘的工件时:$s = t + (0.05 \sim 0.1)$(mm) 拉深铝合金工件时:$s = 1.1t$(mm) 拉深钢制工件时:$s = 1.2t$(mm)

表 3-85 锥形刚性压边圈的角度和极限拉深系数

t/D_0	0.02	0.015	0.01	0.008	0.005	0.003	0.0015
m	0.35	0.36	0.38	0.40	0.43	0.50	0.60
$\beta°$	60	45	30	23	17	13	10

3.9.4　拉深力的计算

在确定拉深件所需的压力机吨位时,必须先求得所需的拉深力。当已知毛坯的材质,直径 D 和材料厚度 t,拉深模的直径 d 以及凹模圆角半径 $r_{凹}$ 等,则拉深圆筒形件时,其最大拉深力可按下式计算:

$$P_{\max} = 3(R_m + \sigma_s)(D - d - r_凹)t \tag{3-78}$$

式中　R_m——材料拉伸强度，MPa；

　　　　σ_s——材料抗屈服极限，MPa；

　　　　d——拉深凹模直径，mm。

拉深矩形盒件，可用下列经验公式：

$$P_{\max} = R_m t(2\pi r_底 c_1 + L c_2) \tag{3-79}$$

式中　$r_底$——工件底部圆角半径，mm；

　　　　L——直边部分长度，mm；

$c_1 = 0.5$ 时用于浅拉深件；

$c_1 = 2.5$ 时用于深拉深件（5~6）$r_底$ 的工件；

$c_2 = 0.2$ 用于间隙较大，无压边圈时；

$c_2 = 0.3$ 用于压边力为 $1/3 \times P_{\max}$ 时；

$c_2 = 1.0$ 用于拉深很困难时。

为了简便，在实际生产中常用经验计算公式见表3-86。

表 3-86　计算拉深力的实用公式

拉深工艺形式		计算公式	
		第一次拉深力	以后各次拉深力
圆筒形件	无压边圈	$P = 1.25\pi(D - d_1)t R_m$	$P = 1.3(d_{n-1} - d_n)t R_m$
	有压边圈	$P = \pi d_1 t R_m k_1$	$P = \pi d_n t R_m k_2$
有凸缘筒形件		$P = \pi d_1 t R_m k_3$	
无凸缘筒形件		$P = \pi d_1 t R_m k_1$	
椭圆形盒形件		$P = \pi d_{cp1} t R_m k_1$	$P = \pi d_{cp2} t R_m k_2$
有凸缘的锥形件及球形件		$P = \pi d_k t R_m k_3$	
低矩形件		$P = (2A + 2B - 1.72r)t R_m k_4$	
高矩形件		第一次及第二次以后各次与椭圆盒形件相同：$P = (2A + 2B - 1.72r)t R_m k_5$	
高方盒形件		第一次及第二次以后各次与筒形件相同：$P = (4B - 1.72r)t R_m k_5$	
任意形状的拉深件		$P = Lt R_m k_6$	
变薄拉深（圆筒形零件）		$P = \pi d_n(t_{n-1} - t_n)R_m k_7$	

注：P——拉深力，N；L——盒形件（凸模）周边长，mm；d_1，…，d_n——首次及以后各次拉深直径（按中径计算），mm；A，B——盒形件的长和宽，mm；r——盒形件的角部圆角半径，mm；t_{n-1}，t_n——（$n-1$）次及 n 次拉深工序的壁厚，mm；t——材料厚度，mm；R_m——材料拉伸强度，MPa；d_k——锥形件的小直径，半球形件直径之半，mm；k_1，k_2，k_3，k_4，k_5 分别由表3-87—表3-91查得；k_6——系数，根据拉深件复杂程度选取，难加工为0.9，普通加工件为0.8，易加工件为0.7；k_7——系数，黄铜为1.6~1.8，钢为1.8~2.25。

表 3-87　无凸缘筒形件首次拉深力的修正系数 k_1 值（08~15钢）

毛坯相对厚度 $\dfrac{t}{D} \times 100$	首次拉深系数 $m_1 = d_1/D$									
	0.45	0.48	0.50	0.52	0.55	0.60	0.65	0.70	0.75	0.80
5.0	0.95	0.85	0.75	0.65	0.60	0.50	0.43	0.35	0.28	0.20
2.0	1.10	1.00	0.90	0.80	0.75	0.60	0.50	0.42	0.35	0.25
1.2		1.10	1.00	0.90	0.80	0.68	0.56	0.47	0.37	0.30
0.8			1.10	1.00	0.90	0.75	0.60	0.50	0.40	0.33
0.5				1.10	1.00	0.82	0.67	0.55	0.45	0.36
0.2					1.10	0.90	0.75	0.60	0.50	0.40
0.1						1.10	0.90	0.75	0.60	0.50

注：1. 当凸模圆角半径 $r_凸 = (4~6)t$ 时，系数 k_1 应按表中数值增加5%。

2. 对于其他材料，根据材料塑性的变化，对查得值作修正（随塑性降低而增大）。

表 3-88　无凸缘筒形件第二次拉深力的修正系数 k_2 值（08～15 钢）

毛坯相对厚度 $\dfrac{t}{D}\times100$	第二次拉深系数 $m_2=d_2/d_1$									
	0.7	0.72	0.75	0.78	0.80	0.82	0.85	0.88	0.90	0.92
5.0	0.85	0.70	0.60	0.50	0.42	0.32	0.28	0.20	0.15	0.12
2.0	1.10	0.90	0.75	0.60	0.52	0.42	0.32	0.25	0.20	0.14
1.2		1.10	0.90	0.75	0.62	0.52	0.42	0.30	0.25	0.16
0.8			1.00	0.82	0.70	0.57	0.46	0.35	0.27	0.18
0.5			1.10	0.90	0.76	0.63	0.50	0.40	0.30	0.20
0.2				1.00	0.85	0.70	0.56	0.44	0.33	0.23
0.1				1.10	1.00	0.82	0.68	0.55	0.40	0.30

注：1. 当凸模圆角半径 $r_凸=(4\sim6)t$ 时，表中 k_2 应加大 5%。

2. 对于第 3、4、5 次拉深系数 k_2，由同一表中查出相应的 m_n 及 $\dfrac{t}{D}\times100$ 的数值，不经中间退火，k_2 取较大值（靠近下面的一个数值）；需要中间退火，则 k_2 取较小值（靠近上面的一个数值）。

3. 对于其他材料，根据材料塑性的变化，对查得数值作修正（随塑性降低而增大）。

表 3-89　有凸缘筒形件首次拉深力的修正系数 k_3 值（08～15 钢）$\left(用于\dfrac{t}{D}\times100=0.6\sim2\right)$

凸缘相直径 $\dfrac{t_凸}{d_1}$	首次拉深系数 $m_1=d_1/D$										
	0.35	0.38	0.40	0.42	0.45	0.50	0.55	0.60	0.65	0.70	0.75
3.0	1.0	0.9	0.83	0.75	0.68	0.56	0.45	0.37	0.30	0.23	0.18
2.8	1.1	1.0	0.9	0.83	0.75	0.62	0.50	0.42	0.34	0.26	0.20
2.5		1.1	1.0	0.9	0.82	0.70	0.56	0.46	0.37	0.30	0.22
2.2			1.1	1.0	0.90	0.77	0.64	0.52	0.42	0.33	0.25
2.0				1.1	1.0	0.85	0.70	0.58	0.47	0.37	0.28
1.8					1.1	0.95	0.80	0.65	0.53	0.43	0.33
1.5						1.1	0.90	0.75	0.62	0.50	0.40
1.3							1.0	0.85	0.70	0.56	0.45

注：1. 表中所列的数值，也可用于带凸缘的锥形及半球形件不带拉深筋的拉深。用拉深筋时，系数 k_3 应按表中数值增加 10%～20%。

2. 对于其他材料，根据材料塑性的变化，对查得值作修正（随塑性减低而增大）。

表 3-90　由一次拉深成型的低矩形件的系数 k_4 值（08～15 钢）

毛坯相对厚度 $\dfrac{t}{D}\times100$				角部相对圆角半径 $\dfrac{r}{B}$				
2～1.5	1.5～1.0	1.0～0.6	0.6～0.3	0.3	0.2	0.15	0.10	0.05
盒形件相对高度 H/B				系数 k_4 值				
1.0	0.95	0.9	0.85	0.7	—	—	—	—
0.90	0.85	0.76	0.70	0.6	0.7	—	—	—
0.75	0.70	0.65	0.60	0.5	0.6	0.7	—	—
0.60	0.55	0.50	0.45	0.4	0.5	0.6	0.7	—
0.40	0.35	0.30	0.25	0.3	0.4	0.5	0.6	0.7

注：对于其他材料，根据材料塑性的变化，对查得值作修正（随塑性降低而增大）。

表 3-91　由筒形或椭圆形空心毛坯拉深高盒形件最后工序的系数 k_5 值（08～15 钢）

毛坯相对厚度/%			角部相对圆角半径 $\dfrac{r}{B}$				
t/D	t/d_1	t/d_2	0.3	0.2	0.15	0.1	0.05
			系数 k_5 值				
2.0	4.0	5.5	0.40	0.50	0.60	0.70	0.80
1.2	2.5	3.0	0.50	0.60	0.75	0.80	1.0
0.8	1.5	2.0	0.55	0.65	0.80	0.90	1.1
0.5	0.9	1.1	0.60	0.75	0.90	1.0	—

注：1. 对于矩形盒，d_1、d_2 为第 1 及第 2 工序椭圆形毛坯的小直径。对于方形盒，d_1、d_2 为第 1 及第 2 道工序圆筒形毛坯直径。

2. 对于其他材料，根据材料塑性好或差（与 0.8 钢、15 钢相比较），对查得的 k_5 值作或小或大的修正。

3.9.5 压力机吨位的选择

对于单动压力机： $\qquad P_压 > P + Q$ （3-80）

对于双动压力机： $\qquad P_{压1} > P \quad P_{压2} > Q$ （3-81）

式中 $P_压$——压力机的公称压力，N；

$\quad P_{压1}$——内滑块公称压力，N；

$\quad P_{压2}$——外滑块公称压力，N；

$\quad P$——拉深力，N；

$\quad Q$——压边力，N。

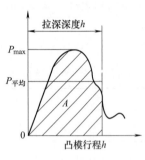

图 3-62 拉深力-行程图

对选择通用压力机时，尤其是深拉深，应注意其工艺力曲线位于压力机滑块许用负荷曲线之下，否则压力机超载而损坏。若无获得拉深工艺力曲线时，则按下式选用设备吨位。浅拉深： $P_压 \geqslant (1.6 \sim 1.8) P_工$；拉深： $P_压 \geqslant (1.8 \sim 2) P_工$，式中， $P_工$ 为工艺力计算值，N。

3.9.6 拉深功的计算

拉深力在拉深过程中不是常数，而是随凸模的工作行程改变的（图 3-62）。为了计算实际拉深功（即曲线下的面积），不能用最大拉深力，而应该用平均值 $P_{平均}$。

（1）不变薄拉深

$$A = P_{平均} h \times 10^{-3} = c P_{max} h \times 10^{-3}$$ （3-82）

式中 A——拉深功，J；

$\quad P_{max}$——最大拉深力，N；

$\quad h$——拉深深度，mm；

$\quad c$——系数（查表 3-92）。

表 3-92 系数 c 与拉深系数的关系

拉深系数 m	0.55	0.60	0.65	0.70	0.75	0.80
系数 c	0.8	0.77	0.74	0.70	0.67	0.64

（2）变薄拉深

$$A = P h \times 1.2 \times 10^{-3}$$ （3-83）

式中 P——变薄拉深力（按表 3-86 中的变薄拉深最后一项公式计算），N；由于变薄拉深力在凸模工作行程中近似不变，故可视为平均值；

$\quad h$——拉深深度，mm；

$\quad 1.2$——安全系数，考虑由于变薄拉深过程中摩擦所增加的能量消耗。

压力机的电动机功率计算公式：

$$N = \frac{KAn}{60 \times 750 \times \eta_1 \times \eta_2 \times 1.36}$$ （3-84）

式中 N——电动机功率，kW；

$\quad K$——不平衡系数， $K = 1.2 \sim 1.4$；

$\quad A$——拉深功，J；

$\quad \eta_1$——压力机效率， $\eta_1 = 0.6 \sim 0.8$；

$\quad \eta_2$——电动机效率， $\eta_2 = 0.9 \sim 0.95$；

$\quad n$——压力机每分钟的行程次数；

1.36——由马力转换成千瓦的转换系数。

3.10　拉深退火、酸洗、润滑

3.10.1　退火

在拉深过程中，由于材料承受冷塑性变形而产生加工硬化，使拉深后的力学性能发生变化，其强度与硬度（HBW、R_e、R_m 等）会明显提高，而塑性（A 和 Z）降低。为了能继续拉深成型，需要工序间退火进行软化处理。一般在 1、2 次拉深工序后须进行退火。

对不进行中间退火的材料能完成的拉深次数见表 3-93。

表 3-93　不需中间退火所能完成的拉深次数

材料	08、10、15	铝	黄铜 H68	纯铜	不锈钢 1Cr18Ni9Ti	镁合金	钛合金
可拉深次数	3～4	4～5	2～4	1～2	1～2	1	1

为了恢复金属的塑性以便进行以后的拉深工序，可采用退火软化处理。中间退火软化可分为高温退火和低温退火。

高温退火是将金属加热至高于上临界点的温度，以便产生完全的再结晶。高温退火可得到晶粒粗大的组织，影响零件的力学性能，但软化效果较好，各种金属材料的高温退火规范见表 3-94。

低温退火，即再结晶退火。是把金属加热至再结晶温度，然后在空气中冷却以消除硬化，恢复塑性。各种金属材料的低温退火规范见表 3-95。

表 3-94　各种金属材料的高温退火规范

材料名称	加热温度/℃	加热时间/min	冷　　却
08、10、15 钢	760～780	20～40	在空气中冷却
Q195、Q215 钢	900～920	20～40	在空气中冷却
20、25、30、Q235、Q255 钢	700～720	60	随炉冷却
30CrMnSiA	650～700	12～18	在空气中冷却
1Cr18Ni9Ti 不锈钢	1150～1170	30	在气流中或水中冷却
纯铜 T1、T2	600～650	30	在空气中冷却
黄铜 H62、H68	650～700	15～30	在空气中冷却
镍	750～850	20	在空气中冷却
铝	300～350	30	由 250℃ 起在空气中冷却
硬铝	350～400	30	由 250℃ 起在空气中冷却

表 3-95　各种金属材料低温退火（再结晶）规范

材料名称	加热温度/℃	冷　　却
08、10、15、20	600～650	在空气中冷却
纯铜 T1、T2	400～450	在空气中冷却
黄铜 H62、H68	500～540	在空气中冷却
铝	220～250	保温 40～45min
镁合金 MB1、MB8	260～350	保温 40min
钛合金 TA1	550～600	在空气中冷却
钛合金 TA5	650～700	在空气中冷却

3.10.2　酸洗

退火后的金属表面有氧化皮及其他脏物，对继续拉深不利，也会增加对模具的磨损，而应加以酸洗。

　　酸洗的方法：先在加热的稀酸液中浸蚀，在流动的冷水中漂洗，而后在 $60 \sim 80 ℃$ 的低浓度碱液中将残留的酸液中和，最后在热水中洗涤，再进行烘干。各种材料酸液的成分见表3-96。

　　退火或酸洗既增加成本，还会污染环境，故一般情况下宁可增加拉深次数。若工序次数在 $6 \sim 10$ 次，则应考虑采用其他方法（如连续拉深或拉深与冷挤、变薄拉深等）加工，以避免退火工序。

表 3-96　酸洗溶液的成分

工件材料	溶液成分	分量	说明
低碳钢	硫酸或盐酸 水	$10 \% \sim 20 \%$ 其余	
高碳钢	硫酸 水	$10 \% \sim 15 \%$ 其余	预浸
	苛性钠或苛性钾	$50 \sim 100 g/L$	最后酸洗
不锈钢	硝酸 盐酸 硫化胶 水	10% $1 \% \sim 2 \%$ 0.1% 其余	得到光亮的表面
铜及其合金	硝酸 盐酸 炭黑	200 份(质量) $1 \sim 2$ 份(质量) $1 \sim 2$ 份(质量)	预浸
	硝酸 硫酸 盐酸	75 份(质量) 100 份(质量) 1 份(质量)	光亮酸洗
铝及锌	苛性钠或苛性钾 食盐 盐酸	$100 \sim 200 g/L$ $13 g/L$ $50 \sim 100 g/L$	闪光酸洗

3.10.3　润滑

　　在拉深过程中，金属材料与模具表面接触，其相互间的压力很大，材料在凹模表面滑动时，会产生很大的摩擦力，增加了拉深力和变形阻力，易使工件破裂，也使工件表面容易划伤，同时也降低模具寿命。

　　坯料在拉深时，使用润滑剂能降低材料与模具间的摩擦系数，从而也降低拉深力。在拉深过程中大大改善材料的变形程度，降低极限拉深系数，并减少拉深次数。润滑后工件也容易从冲模中取出。不但可保证工件表面质量，不致划伤，同时也能保护模具兼顾模具冷却，从而提高模具寿命。

　　使用润滑剂时，润滑剂只应涂在与凹模接触的毛坯面上，以及涂在凹模圆角部位和压边面的部位。涂抹要均匀，间隔周期（或每隔若干件）要固定，并保持润滑部位干净，但切不可在凸模表面或与凸模接触的毛坯表面上涂润滑剂，以防材料沿凸模滑动，使材料变薄。拉深时润滑条件与摩擦系数的关系见表 3-97。

表 3-97　拉深时的摩擦系数

润滑条件	拉深材料		
	0.8 钢	铝	硬铝合金
无润滑剂	$0.18 \sim 0.20$	0.25	0.22
矿物油润滑剂(机油、锭子油)	$0.14 \sim 0.16$	0.15	0.16
含附加料的润滑剂(滑石粉、石墨等)	$0.06 \sim 0.10$	0.10	$0.08 \sim 0.10$

对拉深中选用润滑剂时，应满足下列要求。

① 能形成一层较坚固的薄膜，并能承受较大的压力。

② 在金属表面能有很好的附着性，润滑层分布均匀，并且有小的摩擦系数。

③ 容易从工件表面上清洗掉。

④ 不损坏模具及工件表面的力学性能及化学性能。

⑤ 化学性能稳定，并且对人体没有毒害。

对拉深不同的材料所用的润滑剂也不同，可根据拉深的材料、工件复杂性及工艺特点等合理选用，可从表 3-98～表 3-101 中选取。

表 3-98　拉深低碳钢用的润滑剂

简称号	润滑剂成分	含量(质量)/%	备注	简称号	润滑剂成分	含量(质量)/%	备注
5 号	锭子油 鱼肝油 石墨 油酸 硫酸 绿肥皂 水	43 8 15 8 5 6 15	用这种润滑剂可得到最好的效果，硫黄应以粉末状态加进去	6 号	锭子油 黄油 滑石粉 硫黄 酒精	40 40 11 8 1	硫黄应以粉末状态加进去
9 号	锭子油 黄油 石墨 硫黄 酒精 水	20 40 20 7 1 12	将硫黄溶于温度约为 160℃ 的锭子油内，其缺点是保存时间太久会分层	2 号	锭子油 黄油 鱼肝油 白垩粉 油酸 水	12 25 12 20.5 5.5 25	这种润滑剂比以上的略差
10 号	锭子油 硫化蓖麻油 鱼肝油 白垩粉 油酸 苛性钠 水	33 1.5 1.2 45 5.6 0.7 13	润滑剂很容易去除，用于重的压制工作	8 号	绿肥皂 水	20 80	将肥皂溶在温度 60～70℃ 的水中，是很容易溶解的润滑剂，用于半球形及抛物线形工件的拉深中
					乳化液 白垩粉 焙烧苏打 水	37 45 1.3 16.7	可溶解的润滑剂，加 3% 的硫化蓖麻油后，可改善其效用

表 3-99　低碳钢变薄拉深用的润滑剂

润滑方法	成分含量	备　注
接触镀铜化学物： 硫酸铜 食盐 硫酸 木工用胶 水	 4.5～5kg 5kg 7～8L 200g 80～100L	将胶先溶解在热水中，然后再将其余成分溶进去。将镀过铜的毛坯保存在热的肥皂溶液中，进行拉深时才由该溶液内将毛坯取出
先在磷酸盐内予以磷化，然后再在肥皂乳浊液内予以皂化	磷化配方 马日夫盐：30～33g/L 氧化铜：0.3～0.5g/L	磷化液温度：96～98℃，保持15～20min

表 3-100 拉深有色金属及不锈钢用的润滑剂

金属材料	润滑方式
铝	植物油(豆油)、工业凡士林
硬铝合金(杜拉铝)	植物油乳浊液
紫铜、黄铜及青铜	菜油或肥皂与油的乳浊液(将油与浓肥皂水溶液混合)
镍及其合金	肥皂与油的乳浊液
2Cr13	
1Cr18Ni9Ti 不锈钢	氯化乙烯漆、氯化石蜡油、地沥青＋50％(质量分数)酸化石蜡油,喷涂板料表面,拉深时另
耐热钢	涂机油

表 3-101 拉深钛合金用的润滑剂

材料及拉深方法	润滑剂	备　　注
钛合金(BT1、BT5)不加热镦头及拉深	石墨水胶质制剂(B-0,B-1)	用排笔刷子涂在毛坯的表面上,在20℃的温度下干燥 15～20s
	氯化乙烯漆	用稀释剂溶解的方法来清除
钛合金(BT1、BT5)加热镦头及拉深	石墨水胶质制剂(B-0,B-1)	
	耐热漆	用甲苯和二甲苯油溶解涂凹模及压边圈

第4章
成型

在冲压工艺中，除冲裁、弯曲、拉深工序外，用各种局部变形的方法来改变毛坯形状、尺寸的各种工序。常用的局部变形的方法有起伏成型、翻边、胀形、缩口、整形、压印及旋压等。

4.1　起伏成型

起伏是一种使平板坯料局部凸起或凹陷的改变毛坯形状的加工方法。起伏主要用于加强筋、加强窝、压字、花纹等，如图 4-1 所示。

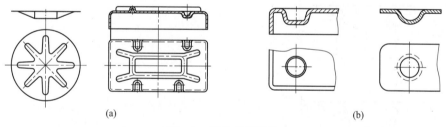

(a)　　　　　　　　　　　　　　　　　　　　(b)

图 4-1　起伏成型零件

4.1.1　起伏成型的极限变形程度

计算极限变形程度，可用单向拉深的延伸率进行检验：

$$A_{\max} = \frac{L - L_0}{L_0} \times 100 \leqslant (0.7 \sim 0.75)A \tag{4-1}$$

式中　$A_{\max}$——起伏成型的极限变形程度，%；

A——单向拉深的延伸率；

L_0，L——变形前后长度（见图 4-2），mm。

系数 0.7～0.75 视起伏成型的断面形状而定，半球形筋取大值，梯形筋取小值。

如果计算结果不符合上述条件，则起伏需要二次或二次以上工序才能成型。

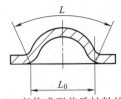

图 4-2 起伏成型前后材料的长度

(a) 预成型　　(b) 二次成型　　(c) 预冲孔成型

图 4-3 起伏成型工序

对于深度较大的起伏成型，可见如图 4-3 所示的两种成型方法。第一种方法是在第一道工序中用直径较大的球形凸模胀形［图 4-3（a）、（b）］，使其在较大范围内聚料及均匀变形。第二种方法是当成型中心部位有孔时，可先冲出一个较小的预孔［图 4-3（c）］，使成型时中心部位的材料在凸模作用下向外扩展，使成型时缓解材料的局部变薄情况。解决成型深度超过极限变形程度的问题，并减少工序次数。

冲制加强筋时，材料的延伸率与加强筋的相对深度有关。见图 4-4，其中曲线 1 为延伸率计算值，区域 2 是实际延伸率，其值略低于计算值。

起伏成型的凸筋与边缘的距离如果小于（3～5）t 时，由于在变形过程中边缘材料要向内收缩，成型后需增加切边工序，故需要考虑增加切边余量。

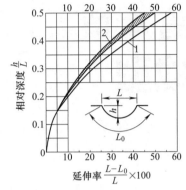

图 4-4 压制加强筋时的延伸率
1—计算值；2—实际值

4.1.2 常用加强筋的形式和尺寸

加强筋的形式和尺寸见表 4-1。起伏间的距离和起伏距边缘的极限尺寸见表 4-2。在直角零件上压筋的形式及其尺寸参考角部加强筋的尺寸，见表 4-3。

表 4-1 加强筋的形式和尺寸

名称	图例	R	h	D 或 B	r	α
半圆形筋		（3～4）t	（2～3）t	（7～10）t	（1～2）t	—
梯形筋		—	（1.5～2）t	≥3h	（0.5～1.5）t	15°～30°

表 4-2 起伏间的距离和起伏距边缘的极限尺寸　　　　　　　　　mm

简图	D	L	l
	6.5	10	6
	8.5	13	7.5
	10.5	15	9
	13	18	11
	15	22	13
	18	26	16
	24	34	20
	31	44	26
	36	51	30
	43	60	35
	48	68	40
	55	78	45

表 4-3　角部加强筋的参考尺寸　　　　　　　　　　　　　　　mm

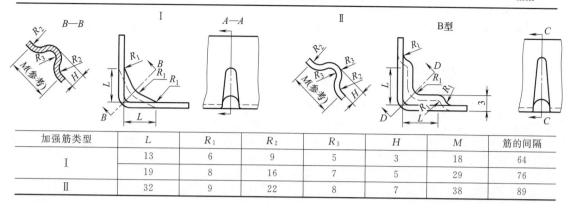

加强筋类型	L	R_1	R_2	R_3	H	M	筋的间隔
I	13	6	9	5	3	18	64
	19	8	16	7	5	29	76
II	32	9	22	8	7	38	89

4.1.3　冲压力的计算

压制加强筋所需用的压力，用刚性模压制时，可用下式近似计算：

$$P = KLtR_m \tag{4-2}$$

式中　K——系数，取 $0.7\sim1$，取值与筋的宽度和深度有关，窄而深时取大值，宽而浅时取小值；

　　　L——加强筋周长，mm；

　　　t——材料厚度，mm；

　　　R_m——材料的拉伸强度，MPa。

用薄材料（$t<1.5mm$），小零件（$F<2000mm^2$），刚性模起伏成型时（加强筋除外），用于冲压凸包，其压力可用下列经验公式计算：

$$P = KFt^2 \tag{4-3}$$

式中　K——系数，对于钢 $K=300\sim400N/mm^4$，黄铜 $K=200\sim250N/mm^4$；

　　　F——局部成型面积，mm^2；

　　　t——材料厚度，mm。

4.2　翻边与内孔翻边

翻边是指将工件的孔边缘或外边缘在模具作用下，翻成竖立边缘的一种冲压工序，如图 4-5、图 4-6 所示。

4.2.1　孔的翻边

（1）圆孔的翻边

① 圆孔翻边的工艺性（图 4-7）

竖边与凸缘平面的圆角半径：

$$r \geqslant 1.5t + 1 \tag{4-4}$$

当 $t<2mm$ 时，取 $r=(4\sim5)t$；

当 $t>2mm$ 时，取 $r=(2\sim3)t$；

螺纹翻边的底孔 $r=(0.5\sim1)t>0.2mm$。

若要求圆角 r 小于以上数值，须增加整形工序。

翻边时竖边口变薄严重，其近似厚度用下式计算：

$$t_1 = t\sqrt{d/D_0} \tag{4-5}$$

② 翻边系数

圆孔的翻边，翻边前毛坯预制孔径 d_0 与翻边后的平均直径 D 的比值即为翻边系数 m。

$$m = d_0/D \tag{4-6}$$

式中　d_0——预制孔直径，mm；

　　　D——翻边孔直径（按中线计算），mm。

系数 m 的近似值可以用延伸率 A 和断面收缩率 z 来计算：

$$A = \frac{\pi D - d\pi}{\pi d} = \frac{1-K}{K} = \frac{1}{K} - 1 \tag{4-7}$$

$$m = \frac{1}{1+A} = 1-z \tag{4-8}$$

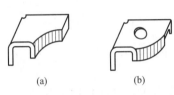

图 4-5　外缘翻边

图 4-6　内孔翻边

翻边系数 m 值越大，变形程度越小。而 m 值越小，则变形程度越大。当 m 值小到能使材料将要破裂时，最小翻边系数即为极限翻边系数。它与材料的种类及性能、预制底孔（钻或冲孔，有无毛刺），毛坯的相对厚度（$t/D \times 100$）及凸模的形状等因素有关。低碳钢的极限翻边系数见表 4-4，其他一些材料的一次翻边系数见表 4-5。

③ 毛坯计算

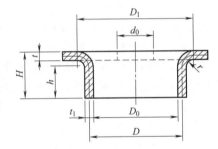

图 4-7　平板圆孔翻边

平板毛坯上内孔翻边（图 4-7），工件的翻边高度已知时，翻边孔直径可用简单弯曲的近似方法计算。

预冲孔直径：

$$d_0 = D - 2(H - 0.43r - 0.72t) \tag{4-9}$$

一次翻边高度：

$$H = \frac{D-d_0}{2} + 0.43r + 0.72t \tag{4-10}$$

$$= \frac{D}{2}\left(1 - \frac{d}{D}\right) + 0.43r + 0.72t$$

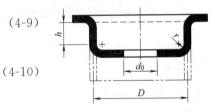

图 4-8　预先拉深的翻边

式中，$d/D = K$，如取极限翻边系数 $K_{\min}$ 代入上式，即可求出一次翻边的极限高度。

$$H_{\max} = D/2(1 - K_{\min}) + 0.43r + 0.72t \tag{4-11}$$

当工件竖边较高即 $h > h_{\max}$，一次不能翻出时，若是单个工件小孔翻边，应采用壁部变薄的翻边。对于大孔的翻边或在带料上连续拉深时的翻边，一般用先拉深、预冲底孔再翻边的方法，如图 4-8 所示。先确定拉深所能达到的高度，然后再决定翻边高度。但翻边高度也不能过小（其 $H > 1.5r$），如果 H 过小，则翻边后回弹严重，直径和高度尺寸误差较大。

其尺寸 h 与 d 按下式计算：

$$h = \frac{D - d_0}{2} - \left(r + \frac{t}{2}\right) + \frac{\pi}{2}\left(r + \frac{t}{2}\right) = \frac{D}{2}(1 - d_0/D) + 0.57r$$

$$= \frac{D}{2}(1 - K) + 0.57r \tag{4-12}$$

预孔直径 d_0 为：

$$d_0 = K_{\min}D \quad 或 \quad d_0 = D + 1.14r - 2h$$

拉深高度 h' 为：

$$h' = H - h + r + t$$

表 4-4　低碳钢的极限翻边系数 m

翻边凸模形状	孔的加工方法	材料相对厚度 d/t										
		100	50	35	20	15	10	8	6.5	5	3	1
球形凸模	钻孔后去毛刺	0.70	0.60	0.52	0.45	0.40	0.36	0.33	0.31	0.30	0.25	0.20
	用冲孔模冲孔	0.75	0.65	0.57	0.52	0.48	0.45	0.44	0.43	0.42	0.42	—
圆柱形凸模	钻孔后去毛刺	0.80	0.70	0.60	0.50	0.45	0.42	0.40	0.37	0.35	0.30	0.25
	用冲孔模冲孔	0.85	0.75	0.65	0.60	0.55	0.52	0.50	0.50	0.48	0.47	—

注：采用表中极限翻边系数，口部边缘会出现不很大的开裂，如果不允许开裂，则翻边系数须加大 $10\% \sim 15\%$。

④ 翻边力的计算

用圆柱形凸模翻边时所需用的压力，可用下式近似计算：

$$P = 1.1\pi t\sigma_s(D - d) \tag{4-13}$$

式中　t——毛坯厚度，mm；

D——翻边直径（按中线计），mm；

d——毛坯预制孔直径，mm；

σ_s——材料的屈服强度，MPa。

无预制孔的翻边力比有预制孔的大 $1.33 \sim 1.75$ 倍，凸模形状和凸凹模间隙对翻边力有很大的影响，如果用球形凸模或锥形凸模翻边时，所需压力比用小圆角半径凸模的翻边力降低 50% 左右。

⑤ 翻边凸模与凹模之间的间隙

一般圆孔翻边凸凹模之间的间隙单边可控制在 $z = (0.75 \sim 0.85)t$，使直壁稍微变薄以保证竖边成为直壁。当间隙增加至 $z = (4 \sim 5)t$ 时，翻边力可降低 $30\% \sim 35\%$。对于小圆角半径和高的竖边的翻边，仅应用于螺纹底孔或与轴配合的小孔的翻边，其单边间隙取 $0.65t$。

表 4-5　各种材料的一次翻边系数

经退火的材料		翻边系数	
		K_0	$K_{\min}$
白铁皮		0.70	0.65
软钢	$t = 0.25 \sim 2.0mm$	0.72	0.68
	$t = 3.0 \sim 6.0mm$	0.78	0.75
黄铜 H68	$t = 0.5 \sim 6.0mm$	0.68	0.62
铝	$t = 0.5 \sim 5.0mm$	0.70	0.64
硬铝合金		0.89	0.80
钛合金	TA1(冷态)	$0.64 \sim 0.68$	0.55
	TA1(加热 $300 \sim 400$℃)	$0.40 \sim 0.50$	
	TA5(冷态)	$0.85 \sim 0.90$	0.75
	TA5(加热 $500 \sim 600$℃)	$0.70 \sim 0.65$	0.55
不锈钢、高温合金		$0.69 \sim 0.65$	$0.61 \sim 0.57$

注：当翻边孔壁上允许有不大的裂纹时，可以用 $K_{\min}$ 值，K_0 为首次翻边系数。

圆孔翻边时凸、凹模间的单边间隙值也可按表 4-6 查得。

表 4-6　圆孔翻边时凸、凹模间的单边间隙　　　　mm

材料厚度	0.3	0.5	0.7	0.8	1.0	1.2	1.5	2.0
平毛坯翻边	0.25	0.45	0.6	0.7	0.85	1.0	1.3	1.7
拉深后翻边	—	—	—	0.6	0.75	0.9	1.1	1.5

⑥ 翻边凸、凹模形状

对于圆孔翻边，凸模形状对翻边变形程度和翻边质量有很大的影响。合理的翻边凸模形状不仅能提高翻边质量，而且可以减小翻边力。几种常用的圆孔翻边凸模形状和尺寸见表

4-7。凸模工作边缘圆角半径，应尽可能取较大值，即 $r_凸 = \dfrac{d}{2}$ 时，有利于提高翻边质量。

对于翻边的凹模的圆角半径，一次性翻边时，凹模工作边缘的圆角半径的 $R_凹$，应取工件相应的圆角半径 r。多次翻边时，则可取：当 $t \leqslant 2$ 时，$r_凹 = (4 \sim 5)\, t$；当 $t > 2$ 时，$r_凹 = (2 \sim 3)\, t$；对螺纹底孔，$r_凹 = (0.5 \sim 1)\, t$，但不小于 0.2mm。

表 4-7　几种常用的圆孔翻边凸模形状和尺寸

简图	应用
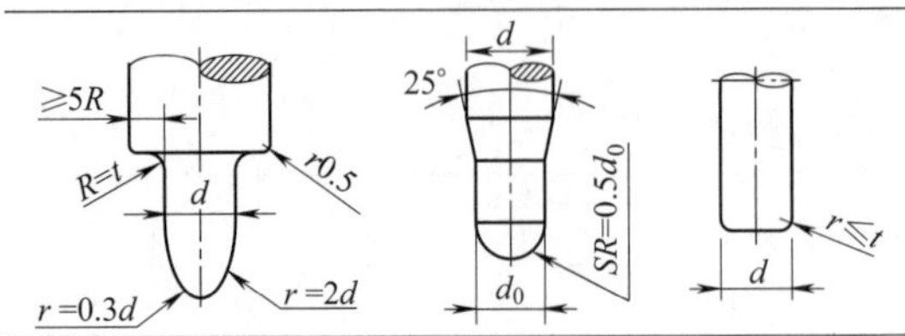	用于有预制孔的翻边
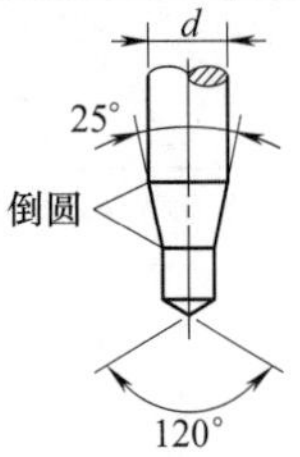	用于有定位销时，$d \leqslant 10$mm 的翻边
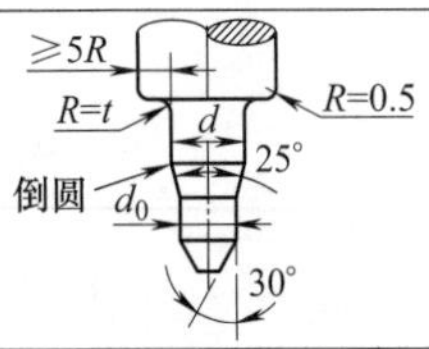	用于有定位销时，$d > 10$mm 的翻边
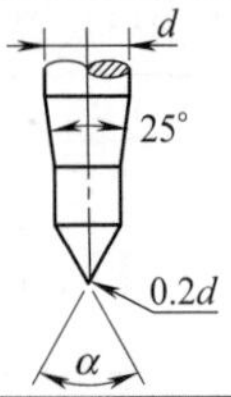	用于无预制孔时，$d \leqslant 10$mm 的翻边 $t \leqslant 1.6$mm　$\alpha = 55°$ $t > 1.6$mm　$\alpha = 60°$

注：d——翻边后的孔径；d_0——毛坯直径。

⑦ 螺纹底孔的变薄翻边

在薄板零件上制出小螺纹孔，常用变薄翻边工艺。为了保证螺纹的使用强度，螺孔不能太浅，一般在低碳钢或黄铜板上，螺孔深度不小于直径的 $1/2$，在铝板上不应小于 $2/3$。

变薄翻边的竖边高度 H_1，可按式（4-14）计算（图 4-9）：

$$H_1 = H + \frac{1}{2}\left(\frac{t}{C} - 1\right)(H - h_1) \tag{4-14}$$

式中　H——无变薄翻边的翻边高度，mm；

　　　C——凸、凹模筒形部分的单边间隙，mm；

　　　h_1——未变薄的部分高度 $h_1 = \dfrac{C - t}{t - t_1} H$，mm。

翻边的高度也可取 $H_1 = (2 \sim 2.5)\, t$。

在变薄翻边时，一道工序可达到的变薄量 t_1/t（变薄系数）在 $0.4 \sim 0.5$。其中 t_1（$t_1 = 0.65t$）和 t 分别为变薄翻边后和翻边前直壁部分的厚度。

变薄翻边预制孔直径的计算，按翻边前后体积相等的原则求得：

当 $r < 3$mm 时，$d_0 = \dfrac{\sqrt{d_3^2 t - d_3^2 H_1 + d_1^2 H_1}}{t}$

当 $r \geqslant 3\text{mm}$ 时，$d_0 = \dfrac{\sqrt{d_1^2 H_1 - d_3^2 h + \pi r^2 D_1 - D_1^2 r}}{H_1 h - r}$

对于低碳钢、黄铜、紫铜及铝，翻边预制孔直径也可按下式确定：

$$d_0 = (0.45 \sim 0.5) d_1$$

式中 d_1——翻边凸模直径，mm。

小螺纹底孔的翻边如图 4-10 所示，凸模端头制成锥形（或抛物线形），凸、凹模之间的间隙小于材料的厚度，翻边时孔壁材料变薄而增加高度。一般在变薄量不大的情况下，即取 $t_1 = (d_3 - d_1)/2 = 0.65t$，或 $t/t_1 = 1.54$。

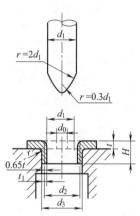

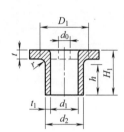

图 4-9 变薄翻边

图 4-10 小螺纹底孔的翻边

翻边孔的外径为：

$$d_3 = d_1 + 1.3t$$

螺纹内径：$d_2 \leqslant \dfrac{d_1 + d_3}{2}$

翻边高度：$H = \dfrac{t\,(d_3^2 - d_0^2)}{d_3^2 - d_1^2} + (0.1 \sim 0.3)$

或 $H = (2 \sim 2.5)\,t$

凹模圆角半径取 $r_凹 = (0.2 \sim 0.5)\,t$，不小于 0.2mm。

对于小孔的翻边，常采用抛物线或球形的凸模。为了使一次翻边有较大的变薄，一般采用阶梯形凸模（图 4-11），凸模的直径逐渐增大，第一个阶梯直径仅完成许可的翻边数值，以后各阶梯直径逐渐使工件壁部变薄并将高度增加。阶梯形凸模的变薄翻边尺寸见表 4-8。

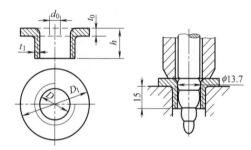

(a) 用于 $D = 13.7\text{mm}$ 及 $d = 4\text{mm}$ 时

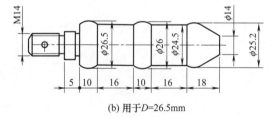

(b) 用于 $D = 26.5\text{mm}$

图 4-11 变薄翻边的凸模

表 4-8 阶梯形凸模的变薄翻边尺寸   mm

材料	t	t_1	d_0	D	D_1	h
黄铜	2	0.80	12	26.5	33	15
铝	1.7	0.35	4	13.7	21	15

变薄翻边用于小螺孔底孔翻边的参数见表 4-9。

表 4-9 小螺孔底孔翻边参数

mm

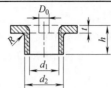

螺纹	材料厚度 t	翻孔内径 d_1	翻孔外径 d_2	凸缘高度 h	预冲孔直径 D_0	凸缘圆角半径 R
M2	0.5	1.65	2.24	1	1.1	0.25
	0.6		2.18	0.96	1.3	0.3
			2.24	1.08	1.1	
			2.3	1.2	0.8	
	0.8		2.18	1.28	1.3	0.4
			2.3	1.44	1.0	
	1.0		2.3	1.6	1.1	0.5
M2×0.25	0.5	1.78	2.12	0.8	1.6	0.25
			2.18	0.9	1.5	
			2.24	1.0	1.3	
	0.6		2.18	1.0	1.5	0.3
			2.24	1.12	1.3	
			2.33	1.25	0.9	
	0.8		2.2	1.25	1.6	0.4
			2.3	1.4	1.8	
	1.0		2.3	1.6	1.3	0.5
			2.4	1.8	1.0	
M2.2	0.6	1.8	2.4	1.08	1.3	0.3
			2.5	1.2	0.9	
	0.8		2.4	1.28	1.4	0.4
			2.5	1.44	1.1	
	1.0		2.5	1.6	1.2	0.5
M2.2×0.25	0.6	1.98	2.4	1.0	1.7	0.3
			2.45	1.12	1.5	
			2.53	1.25	1.3	
	0.8		2.4	1.25	1.6	0.4
			2.5	1.4	1.4	
			2.6	1.6	1.0	
	1.0		2.5	1.6	1.3	0.5
			2.6	1.8	1.0	
M2.5	0.6	2.1	2.8	1.2	1.4	0.3
	0.8		2.7	1.28	1.8	0.4
			2.8	1.44	1.5	
			2.9	1.6	1.2	
	1.0		2.8	1.6	1.6	0.5
			2.9	1.8	1.2	
	1.2		2.9	1.92	1.3	0.6
M2.5×0.35	0.6	2.2	2.65	1.0	1.9	0.3
			2.75	1.12	1.7	
			2.8	1.25	1.5	
	0.8		2.7	1.25	1.8	0.4
			2.78	1.4	1.6	
			2.9	1.6	1.2	
	1.0		2.78	1.6	1.7	0.5
			2.9	1.8	1.4	

螺纹	材料厚度 t	翻孔内径 d_1	翻孔外径 d_2	凸缘高度 h	预冲孔直径 D_0	凸缘圆角半径 R
M3	0.8	2.55	3.38	1.6	1.9	0.5
	1.0		3.25	1.6	2.2	
			3.38	1.8	1.9	
			3.5	2	4	
	1.2		3.38	1.92	2	0.6
			3.5	2.16	1.5	
	1.5		3.5	2.4	1.7	0.75
M3×0.35	0.8	2.7	3.18	1.25	2.5	0.4
			3.28	1.4	2.3	
			3.4	1.6	1.8	
	1.0		3.28	1.6	2.3	0.5
			3.4	1.8	2	
			3.53	2	1.5	
	1.2		3.4	2	2	0.6
			3.53	2.24	1.6	
	1.5		3.53	2.5	1.9	0.75
M3.5	1.0	2.95	3.75	1.6	2.6	0.5
			3.86	1.8	1.8	
			4.0	2	2.3	
	1.2		3.86	1.92	2.3	0.6
			4.0	2.16	1.9	
	1.5		4.0	2.4	2.1	0.75
M3×0.35	0.8	2.7	3.18	1.25	2.5	0.4
			3.28	1.4	2.3	
			3.4	1.6	1.8	
	1.0		3.28	1.6	2.3	0.5
			3.4	1.8	2	
			3.53	2	1.5	
	1.2		3.4	2	2	0.6
			3.53	2.24	1.6	
	1.5		3.53	2.5	1.9	0.75
M4	1.0	3.35	4.46	2	2.3	0.5
	1.2		4.35	1.92	2.7	0.6
			4.5	2.16	2.3	
			4.65	2.4	1.5	
	1.5		4.46	2.4	2.5	0.75
			4.65	2.7	1.8	
	2		4.56	3.2	2.4	1.0
M4×0.5	1.0	3.55	4.25	1.6	3.2	0.5
			4.35	1.8	3	
			4.5	2	2.6	
	1.2		4.35	2	3	0.6
			4.5	2.24	2.6	
			4.65	2.5	1.9	
	1.5		4.5	2.5	2.7	0.75
			4.65	2.8	2.1	
			4.78	3	1.6	
	2		4.58	3.15	2.6	1.0
			4.8	3.55	2	

续表

螺纹	材料厚度 t	翻孔内径 d_1	翻孔外径 d_2	凸缘高度 h	预冲孔直径 D_0	凸缘圆角半径 R
M5	1.2	4.25	5.6	2.4	3	0.6
	1.5		5.45	2.4	2.5	0.75
			5.6	2.7	3	
			5.75	3	2.5	
	2		5.53	3.2	2.4	1.0
			5.75	3.6	2.7	
	2.5		5.75	4	3.1	1.25
M5×0.5	1.2	4.55	5.35	2	4	0.6
			5.5	2.24	3.8	
			5.65	2.5	3.4	
	1.5		5.45	2.5	3.8	0.75
			5.65	2.8	3.6	
			5.78	3	3	
	2		5.56	3.15	3.7	1.0
			5.8	3.55	3.1	
			6.05	4	2	
	2.5		5.78	4	3.5	1.25
			6.05	4.5	2.6	

（2）非圆孔翻边

非圆孔翻边的变形性质比较复杂。它由不同半径的凸、凹弧和直线段组成（图 4-12），其各部分的受力状况及变形性质也各不相同，可将直线段看作简单的弯曲（直线 c），内凹弧段（圆弧 b、d）看作圆孔翻边，外凸弧段（圆弧 a）看作拉深变形。预制孔的形状和尺寸分别按圆孔翻边、弯曲及拉深计算。为消除误差，转角处翻边的宽度应比直线段的边宽增大 $5\%\sim10\%$。计算得出的孔形状应加以适当的修整，并使各段间有较好的平滑连接。

在薄板零件的各种结构中，应用非圆形孔及开口，以增加结构的刚性和减轻质量，一般竖边的高度为 $(4\sim6)t$，其精度也要求不太高。

非圆孔翻边时，由于变形性质不同（应力应变状态不同），相邻部分的变形补偿，对翻边和拉深均有利。故极限翻边系数可取圆孔翻边系数的 $85\%\sim90\%$，即：

$$K' = (0.85\sim0.9)K \tag{4-15}$$

式中　K'——非圆孔极限翻边系数；

　　　K——圆孔首次翻边系数。

4.2.2　外缘翻边

外缘翻边有向外凸的外缘和向内凹的外缘翻边两种。向外凸的外缘翻边，其变形性质和应力状态类似于不用压边圈的浅拉深［图 4-13（a）］，翻边材料是受切向压缩（即收缩性翻边），则变形时，材料易于起皱；而向内凹的外缘翻边，其变形性质和应力状态类似内孔翻边［图 4-13（b）］，变形区主要是切向拉深，变形时易于被拉裂。

外缘翻边的变形程度 ε 可用下式表示：

压缩翻边：

$$\varepsilon_{压} = \frac{b}{R+b} \tag{4-16}$$

伸长翻边：

$$\varepsilon_{伸} = \frac{b}{R-b} \tag{4-17}$$

各种材料在外缘翻边时的允许变形程度 ε 见表 4-10。

当把不封闭的外缘翻边作为带有压边的单边弯曲时，翻边力可按下式计算：

$$P = LtR_{\mathrm{m}}K + P_{压} \approx 1.25LtR_{\mathrm{m}}K \tag{4-18}$$

式中　L——弯曲线长度，mm；

　　　t——材料厚度，mm；

　　　R_{m}——材料的拉伸强度，MPa；

　　　$P_{压}$——压边力，取（$0.25\sim0.3$）P；

　　　K——系数，近似为 $0.2\sim0.3$。

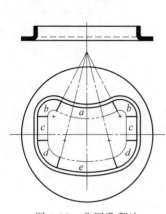

图 4-12　非圆孔翻边

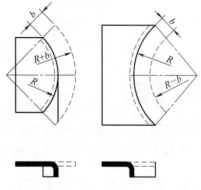

(a) 外凸翻边(压缩翻边)　　(b) 内凹翻边(伸长翻边)

图 4-13　外凸和内凹翻边

表 4-10　外缘翻边时材料的允许变形程度　　　　　　　　　　%

材料名称		内凹翻边 $\varepsilon_{伸}$		外凸翻边 $\varepsilon_{压}$	
		橡胶成型	模具成型	橡胶成型	模具成型
铝合金	1035(软)(L4M)	25	30	6	40
	1035(硬)(L4Y$_1$)	5	8	3	12
	3A21(软)(LF21M)	23	30	6	40
	3A21(硬)(LF21Y$_1$)	5	8	3	12
	5A02(软)(LF2M)	20	25	6	35
	5A03(硬)(F3Y$_1$)	5	8	3	12
	2A12(软)(LY12M)	14	20	6	30
	2A12(硬)(LY12Y)	6	8	0.5	9
	2A11(软)(LY11M)	14	20	4	30
	2A11(硬)(LY11Y)	5	6	0	0
黄铜	H62 软	30	40	8	45
	H62 半硬	10	14	4	16
	H68 软	35	45	8	55
	H68 半硬	10	14	4	16
钢	10 钢	—	38	—	10
	20 钢	—	22	—	10
	1Cr18Mn8Ni5N(1Cr18Ni9)软	—	15	—	10
	1Cr18Mn8Ni5N(1Cr18Ni9)硬	—	40	—	10
	2Cr18Ni	—	40	—	10

注：表中数值适用于 1 以上的材料，对于更薄的材料，特别是对于外凸翻边，应按表列数值稍微降低。在采用切口、防止起皱的成型块及橡胶进行外凸翻边时，可以超过表列数值。

外翻边的方法：利用橡胶模成型的各种翻边方法见图 4-14。用橡胶模成型的工件，常有起皱现象，需要用手工修整或专用模胎去掉皱纹。图 4-15 是用模具对工件进行的内外缘翻边。

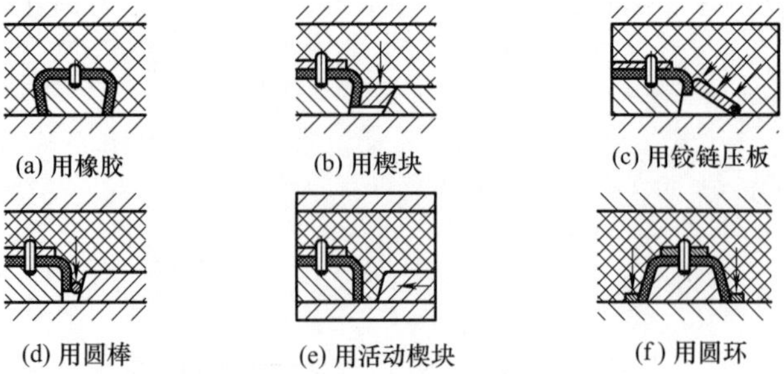

(a) 用橡胶   (b) 用楔块   (c) 用铰链压板

(d) 用圆棒   (e) 用活动楔块   (f) 用圆环

图 4-14　在橡胶模内的各种翻边方法

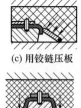

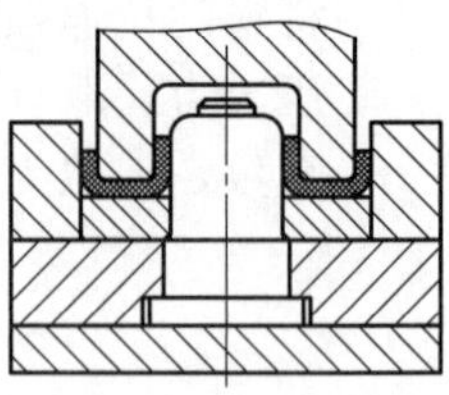

图 4-15　内外缘同时成型的翻边模

4.3 胀形

胀形是利用压力将直径较小的圆筒形件或锥形件毛坯，沿径向由内向外扩张成为曲面零件的一种加工方法。胀形的方法有刚模胀形（图 4-16）和软模胀形，如橡胶胀形（图 4-17）和液体胀形（图 4-18）。刚性胀形模胀形的零件质量，取决于凸模的分瓣的数量，分瓣越多，质量越好。但模具结构较复杂，一般用于要求不高和形状简单的工件胀形。橡胶胀形是以橡胶为凸模，在压力作用下橡胶变形所胀出的工件形状，由于聚氨酯橡胶的强度高、耐油性好，使用寿命长而应用广泛。液体或气体代替金属凹模或凸模，使毛坯的变形比较均匀，易

(a) 用分块式凸模的胀形模   (b) 空心胀形模

图 4-16　刚性胀形模

保证工件的胀形质量，并适用于较复杂零件，故在实际生产中广泛采用。

4.3.1 胀形变形程度的计算

胀形是依靠材料的切向拉伸，其变形程度受材料塑性影响较大。变形程度常用胀形系数表示：

$$K = \frac{d_{max}}{d_0} \tag{4-19}$$

式中　d_{max}——胀形后的最大直径，mm（图 4-19）；

　　　d_0——圆筒形毛坯直径，mm；

　　　K——胀形系数（表 4-11）。

胀形系数 K 与坯料伸长率 δ 的关系为：

$$\delta = \frac{d_{min} - d_0}{d_0} = K - 1 \quad 或 \quad K = 1 + \delta \tag{4-20}$$

由上式已知的材料伸长率，便可求出相应的极限胀形系数，可从表 4-11 查得。

为避免工件的过度变薄或破裂，必须使最大变形区的伸长率符合下式：

$$\delta \leqslant 0.8[\delta] \tag{4-21}$$

4.3.2 胀形的毛坯计算

① 毛坯直径：

$$d_0 = \frac{d_{max}}{K} \tag{4-22}$$

② 胀形毛坯的高度 L_0 按下式计算：

$$L_0 = L(1+C\delta) + B \tag{4-23}$$

式中　L——工件高度或母线长度，mm；

δ——毛坯切向最大伸长率，%；

B——切边余量，一般取 $10\sim20$，mm；

C——切向伸长而引起高度收缩的系数，一般取 $0.3\sim0.4$。

4.3.3　胀形力的计算

胀形力计算式为：　　$P = qF \tag{4-24}$

式中　q——胀形单位压力，MPa；

F——胀形面积，mm^2。

胀形单位压力可用下式计算：

$$q = 1.15 R_m \frac{2t}{d_{max}} \tag{4-25}$$

图 4-17　用橡胶作凸模的胀形

式中　t——毛坯材料厚度，mm；

d_{max}——胀形最大直径，mm；

R_m——材料拉伸强度，MPa。

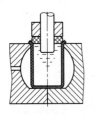

(a) 用倾注液体的方法　(b)用充液橡胶囊

图 4-18　用液体作凸模的胀形

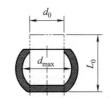

图 4-19　胀形尺寸变化情况

表 4-11　胀形系数和切向许用伸长率

材　　料	材料厚度 /mm	切向许用伸长率 δ /%	极限胀形系数 K
铝合金 3A21-0(LF21M)	0.5	25	1.25
铝板 1070A、1060(L1,L2)	1.0	28	1.28
1050A、1035(L3,L4)	1.5	32	1.32
1200、8A06(L5,L6)	2.0	32	1.32
黄铜　H62	$0.5\sim1.0$	35	1.35
H68	$1.5\sim2.0$	40	1.40
低碳钢　08F	0.5	20	1.20
10,20	1.0	24	1.24
耐热不锈钢	0.5	$26\sim32$	$1.26\sim1.32$
1Cr18Ni9Ti	1.0	$28\sim34$	$1.28\sim1.34$

4.4　缩口

缩口是将已拉深好的圆筒形件或管件的口部直径缩小的一种成型工序，见图 4-20。

4.4.1 缩口变形程度的计算

① 总的缩口系数:

$$K = \frac{d_n}{D} \tag{4-26}$$

式中　d_n——第 n 次缩口后的直径,mm;

　　　D——缩口前毛坯的直径,mm。

② 每一工序的平均缩口系数:

$$K_j = \frac{d_1}{d} = \frac{d_2}{d_1} = \cdots = \frac{d_n}{d_{n-1}} \tag{4-27}$$

式中,d_1、d_2、$\cdots$、d_n 分别为第一次、第二次、第 n 次缩口外径。

③ 缩口次数:

$$n = \frac{\lg d_n - \lg D}{\lg K_j} = \frac{\lg d_n / D}{\lg K_j} \tag{4-28}$$

缩口系数与模具的结构形式关系很大,与材料厚度和种类有关,材料厚度越小,则系数须相应增大。表 4-12 是黄铜和软钢在无心柱模具缩口时,系数随材料厚度不同而变化的数值。表 4-13 为不同材料和不同模具形式的平均缩口系数。

第一道工序的缩口系数:

$$K_1 = 0.9 K_j \tag{4-29}$$

以后各工序 $K_n = (1.05 \sim 1.1) K_j$

图 4-21~图 4-25 为几种形式的缩口模结构示意图。

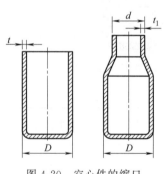

图 4-20　空心件的缩口

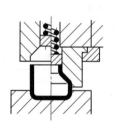

图 4-21　衬套缩口

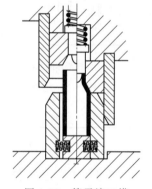

图 4-22　管子缩口模

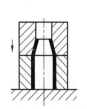

图 4-23　无支承缩口模

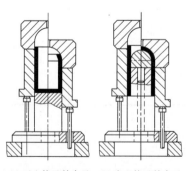

(a) 无心柱及外支承　(b) 有心柱及外支承

图 4-24　缩口模的支承形式

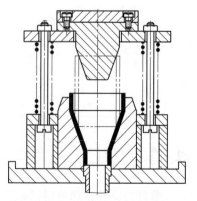

图 4-25　缩口与扩口的复合模

表 4-12　材料厚度和缩口系数的关系

缩口系数\材料	材料厚度/mm		
	<0.5	0.5～1	>1
黄铜	0.85	0.8～0.7	0.7～0.65
软钢	0.8	0.75	0.7～0.65

表 4-13　平均缩口系数 K_j

材料名称	模具形式		
	无支承	外部支承	内部支承
软钢	0.70～0.75	0.55～0.60	0.30～0.35
黄铜 H62，H68	0.65～0.70	0.50～0.55	0.27～0.32
铝	0.68～0.72	0.53～0.57	0.27～0.32
硬铝（退火）	0.73～0.80	0.60～0.63	0.35～0.40
硬铝（淬火）	0.75～0.80	0.68～0.72	0.40～0.43

4.4.2　缩口材料厚度的变化

缩口后颈口略有增厚，增厚后颈口壁厚按下式计算：

$$t_1 = t_0 \sqrt{\frac{d_0}{d_1}}$$

$$t_n = t_{n-1} \sqrt{\frac{d_{n-1}}{d_n}} \qquad (4\text{-}30)$$

缩口时，颈口的尺寸会发生比缩口模尺寸大 0.5%～0.8% 回弹。

4.4.3　缩口的毛坯计算

缩口前的毛坯高度，可按表 4-14 中公式计算。

表 4-14　缩口毛坯高度计算公式

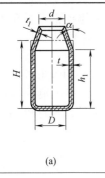
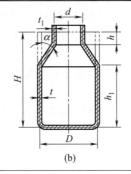
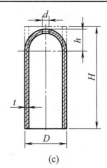

(a) (b) (c)

图(a)：$H = 1.05 \left[h_1 + \dfrac{D^2 - d^2}{8D\sin\alpha} \left(1 + \sqrt{\dfrac{D}{d}} \right) \right]$

图(b)：$H = 1.05 \left[h_1 + h\sqrt{\dfrac{d}{D}} + \dfrac{D^2 - d^2}{8D\sin\alpha} \left(1 + \sqrt{\dfrac{D}{d}} \right) \right]$

图(c)：$H = h_1 + \dfrac{1}{4} \left(1 + \sqrt{\dfrac{d}{D}} \right) \sqrt{D^2 - d^2}$

注：表中图（b）：h——毛坯压缩部分高度，$h = H - h_1$。

4.4.4　缩口力的计算

无支承缩口力可按下式计算：

$$P = K \left[1.1\pi Dt\sigma_s \left(1 - \frac{d}{D} \right) (1 + \mu\cot\alpha)/\cos\alpha \right] \qquad (4\text{-}31)$$

简易式：$P = (2.4 \sim 3.4)\pi t R_m (D - d)$

$$(4\text{-}32)$$

有支承缩口力计算：

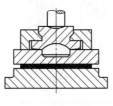
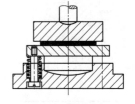

(a)上凸模浮动式　　(b)下凹模浮动式

图 4-26　平面校平模

$$P = K\{1.1\pi Dt\sigma_s(1-d/D)(1+\mu\cot\alpha)/\cos\alpha +$$
$$1.82R'_m t_1^2[d+r_凹(1-\cos\alpha)]r_凹\} \tag{4-33}$$

式中　P——缩口力，N；

　　　t——毛坯厚度（按厚度不变计算），mm；

　　　D——毛坯（工件）直径（按中径计算），mm；

　　　d——缩口后直径（按中径计算），mm；

　　　μ——凹模与毛坯接触面的摩擦系数；

　　　σ_s——假定的材料屈服强度（$\sigma_s \approx \sigma_b$），MPa；

　　R'_m——工件材料缩口硬化变形应力；

　　　α——凹模的圆锥角度 $\alpha = 30° \sim 40°$；

　　　t_1——缩口后口部厚度，$t_1 = t\sqrt{D/d}$，mm；

　　　$r_凹$——凹模圆角半径，mm；

　　　K——速度系数，在曲柄压力机上工作时，取 $K = 1.15$。

4.5　整形(校平)

在冷冲压中整形就是将毛坯或零件不平的面或曲度加以压平变直；对弯曲或拉深的工件校正成要求的形状和尺寸。校正一般在冲裁工序后进行。

对材料较薄、较软、表面不允许有压痕及平面度要求不高的工件，采用平面模校平。由于平面模的单位压力较小，当卸载后回弹较大，校平效果不太好。为了使校正不受压力机台面与滑块垂直误差的影响，校平模采用浮动式凸模或凹模（图 4-26）。弯曲件和拉深件的整形模分别见图 4-27、图 4-28。

对于材料较厚，平直度要求较高且表面允许有一定压痕的工件，可采用齿形校平模，齿形校平模有细齿和粗齿两种，如图 4-29 所示。细齿模适用于表面允许留有压痕的零件，粗齿模适用于材料厚度较小或铝、青铜、黄铜等表面不允许留有压痕的工件。齿形模的上下模齿形应相互错开，其校平效果较好。

校平力可按下式计算：

$$P = Fq \tag{4-34}$$

式中　F——校平投影面积，mm²；

　　　q——校平单位压力，MPa，可查表 4-15。

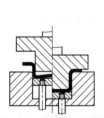

图 4-27　弯曲件整形模

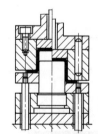

图 4-28　拉深件整形模

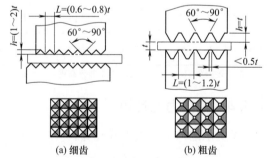

(a) 细齿　　　　　　(b) 粗齿

图 4-29　齿形校平模

表 4-15　校平和整形单位压力　　　　　　　　　　　　　　MPa

方法	单位压力 q	说　明
光面校平模校平	80～100	用于薄料
细齿校平模校平	100～200	用于厚料且表面允许有细痕的工件
粗齿校平模校平	200～300	用于厚料且表面不允许有深痕的工件
敞开形制件整形	50～100	用于薄料
拉深件减小圆角及对底、侧面整形	150～200	

4.6　压印与精压

4.6.1　压印

压印是将板料放在凸、凹模腔内，在压力作用下使其材料厚度发生变化，使挤压处的材料充塞于起伏纹的模腔，从而在工件表面上形成起伏花纹或字样的一种成型方法。

压印应用很广泛，如用金属板料压制硬币、纪念章及各种标牌等，都是用压印的方法成型的。压印大多数是在封闭的模腔进行，以免金属被挤到型腔外面［图 4-30（a）］。对于较大工件的压印或在压印后需切边的工件，可在敞开的表面上压印［图 4-30（b）］。压印时所需的压力，可按以下经验公式计算：

$$P = qF \tag{4-35}$$

式中　F——零件的投影面积，mm^2；

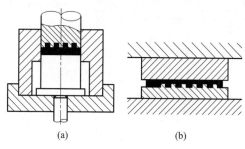

q——单位压力，MPa，见表 4-16。

一般压印深度 $h \le (0.3 \sim 0.4)t$ 时，可在平面凹模上进行；深度 $h > 0.4t$ 时，则需要在凹模上按凸模形状制出相应的凹槽，其宽度比凸模的凸出部分尺寸较大，而深度可较小些，如图 4-31 所示。

在零件上需冲出凸部的高度见图 4-32，一般其凸出高度 $h = (0.25 \sim 0.35)t$，超出其范围，凸部容易脱落。

图 4-30　压印模结构示意图

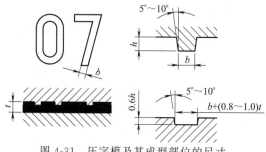

图 4-31　压字模及其成型部位的尺寸

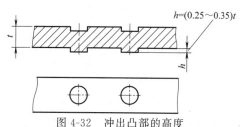

图 4-32　冲出凸部的高度

表 4-16　压印时单位压力的试验值

工作条件	单位压力 q/MPa
在黄铜板上敞开压制凸纹	$200 \sim 500$
在 $t < 1.8mm$ 黄铜板上压凸、凹图案	$800 \sim 900$
用淬硬的凸模在凹模上压制轮廓	$1000 \sim 1100$
银币或镍币的压印	$1500 \sim 1800$
在 $t < 0.4mm$ 黄铜板上压印单面花纹	$2500 \sim 3000$
不锈钢上压印花纹	$2500 \sim 3000$

注：对未整形的毛坯，压床必须储备功率 $\approx 50\%$，所需的压力的数值随材料厚度的减小和变形速度的提高而急剧增加，只有当材料流动性很大时，所需压力才会减小。

4.6.2　精压

精压是将已初步成型的毛坯，采用精压模压制成尺寸准确、表面光滑的工件，生产批量较大时，可用精压热锻模锻造来替代机械加工。精压加工可达 0.05mm 以下尺寸精度和较好的表面粗糙度。图 4-33 是采用精压法加工的零件。

精压的方法有两种。

① 平面精压。是指工件厚度方向的平面和尺寸进行精压 [图 4-34 (a)]。

② 立体精压。是指工件轮廓表面和尺寸都进行精压，而多余的金属挤出成飞边，然后再进行修整或切边 [图 4-34 (b)]。

精压中的镦粗，一般为原毛坯厚度的 5%～10%，精压的精度和质量，取决于压力机的能力及状态、模具制造的质量和精度以及其安装与精度的调整、精压余量的数值变动大小而定。

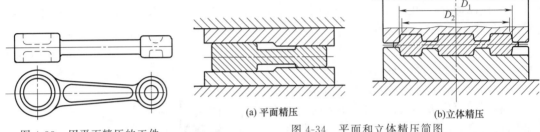

图 4-33 用平面精压的工件　　(a) 平面精压　　(b) 立体精压

图 4-34 平面和立体精压简图

精压的高度上的尺寸的极限公差见表 4-17。平面精压的水平尺寸的极限公差见表 4-18。

在平面精压中，金属在垂直于压缩方向上的流动不受限制，其精压层越厚，工件在沿此方向尺寸的变化也越大，故毛坯的相应尺寸应稍减小。由于精压面中部的变形抗力比边缘要大，在精压后中部厚度比边缘稍大些，因此，对要求较平整的精压面，应根据变形程度将精压模制出相应的凸面，或使用凹面的毛坯，以获得较平整的精压面。

表 4-17 在精压中高度上尺寸的极限公差

精压面的水平投影面积/cm²	偏差/mm	
	一般精度	高级精度
<3	±0.10	±0.05
>3～10	±0.15	±0.08
>10～20	±0.20	±0.10
>20～40	±0.25	±0.15

表 4-18 平面精压时水平尺寸的极限公差

工件直径或宽度 /mm	工件厚度与直径或宽度之比	偏差/mm	
		一般精度	高级精度
20～40	<0.25	+1.5～0.5	+1.0～0.3
	0.25～0.5	+1.2～0.5	+0.8～0.3
	>0.5	+0.8～0.5	+0.5～0.3
>40～75	<0.25	+2.0～0.5	+1.2～0.3
	0.25～0.5	+1.5～0.5	+1.0～0.3
	>0.5	+1.0～0.5	+0.8～0.3

需要经过精压的工件尺寸的加工余量及偏差见表 4-19、表 4-20。

表 4-19 待精压件（齿轮、圆板、衬套等）尺寸的加工余量及偏差　　mm

零件直径	厚度<18			厚度18～50			厚度50～120		
	精加工余量		尺寸偏差	精加工余量		尺寸偏差	精加工余量		尺寸偏差
	一般精度	高级精度		一般精度	高级精度		一般精度	高级精度	
<30	0.3	0.1	+0.4	—	—	—	—	—	—
>30～50	0.4	0.2	+0.5	0.5	0.25	+0.5	—	—	—
>50～80	0.5	0.25	+0.6	0.6	0.30	+0.6	0.8	0.4	+0.8
>80～120	0.6	0.3	+0.8	0.8	0.4	+0.8	1.0	0.5	+1.0

表 4-20 待精压件（连杆、杠杆、支臂等）尺寸的加工余量及偏差　　mm

零件长度	厚度<10			厚度10～30			厚度30～80		
	精加工余量		尺寸偏差	精加工余量		尺寸偏差	精加工余量		尺寸偏差
	一般精度	高级精度		一般精度	高级精度		一般精度	高级精度	
<30	0.3	0.1	+0.4	0.4	0.2	+0.5	—	—	—
>30～80	0.4	0.2	+0.5	0.5	0.25	+0.6	0.6	0.3	+0.8
>80～120	0.5	0.25	+0.6	0.6	0.30	+0.8	0.8	0.4	+1.0
>120～180	0.6	0.3	+0.8	0.8	0.4	+1.0	1.0	0.5	+1.2

精压前应对毛坯进行退火和酸洗除锈，并在滚筒中滚光或喷砂处理。

精压模采用 T10A、Cr12Mo 钢制造，热处理硬度为 $58 \sim 60\text{HRC}$，并抛光至发亮的程度。

精压所需的压力，可按下式计算：

$$P = qF \qquad (4\text{-}36)$$

式中　F——精压面积，mm^2；

　　　q——精压时的单位压力，MPa，见表 4-21。

表 4-21　精压时的单位压力

材料	单位压力 q/MPa	
	平面精压	立体精压
铝合金	$1000 \sim 1200$	$1400 \sim 1700$
$10 \sim 15$ 钢	$1300 \sim 1600$	$1800 \sim 2200$
$20 \sim 25$ 钢	$1800 \sim 2200$	$2500 \sim 3000$
$35 \sim 45$ 钢	$2500 \sim 3000$	$3000 \sim 3500$
4Cr14Ni4W2Mo	$2500 \sim 3000$	$3000 \sim 3500$

4.7　旋压

旋压是将毛坯压紧在旋压机（可用普通车床代替）的芯模上，使毛坯随旋压机主轴一起转动的同时，操作旋轮（赶棒或赶刀），在旋转中加压于毛坯，毛坯将逐渐紧贴芯模成型所需要的形状和尺寸（图 4-35）。旋压可以完成拉深、翻边、卷边、胀形、缩口等工艺。

4.7.1　普通旋压

普通旋压即为不变薄旋压。由平板毛坯通过不变薄旋压的方法变成旋转体零件，使毛坯产生切向收缩和径向延伸。在旋压过程中，毛坯在旋棒的作用下，产生由点到线、由线到面的变形，逐渐地被赶向芯模，直到最终与芯模贴合为止。

（1）旋压主轴的转速

拟定旋压工艺时，合理选择旋压主轴的转速、旋压件的过渡形状及旋轮压力的大小，是旋压工艺的重要问题。主轴的转速如果太低，坯料不稳定；转速过高，易使材料过度旋薄。旋压时的转速可参见表 4-22 及表 4-23。

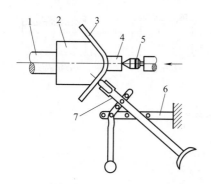

图 4-35　旋压工作图
1—主轴；2—芯模；3—板材；4—压块；
5—活络顶针；6—支架；7—旋棒

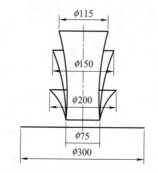

图 4-36　旋压时合理的过渡形状

表 4-22　旋压机主轴转速（铝合金）

材料	材料厚度/mm	毛坯外径/mm	加工温度/℃	转速/(r/min)
铝合金	1.0～1.5	<300	室温	600～1200
	>1.5～3.0	>300～600	室温	400～750
	>3.0～5.0	>600～900	室温	250～600
	>5.0～10.0	>900～1800	200	50～250
软钢	—	—	—	400～600
铜	—	—	—	600～800
黄铜	—	—	—	800～1100

表 4-23　铝板拉深旋压转速

毛坯直径/mm	<100	>100～300		>300～600		>600～900	
毛坯厚度/mm	0.5～1.3	0.5～1.0	1.0～2.0	1.0～2.0	2.0～4.5	1.0～2.0	2.0～4.5
转速/(r/min)	1100～1800	850～1200	600～900	550～750	300～450	450～650	250～550

（2）旋压成型的许用变形量

旋压操作时，应掌握好合理的过渡形状，先从毛坯靠近芯模底部圆角半径开始，逐渐使毛坯变成浅锥形，然后再由浅锥形向圆筒形过渡（图 4-36）。

旋压时旋轮的压力，一般由操作者的经验控制，施加压力不得太大，尤其是外缘压力过大，容易起皱。旋压着力点必须逐渐转移，使坯料变形均匀。

对于圆筒形件一次旋压成型的许用变形量，其比值为：

$$d/D = 0.6 \sim 0.8 \tag{4-37}$$

式中　　d——零件直径，mm；

　　　　D——毛坯直径（按等面积法求出），mm；

　0.6～0.8——旋压系数，相对厚度小时取大值，反之取小值。

需要多次旋压成型的圆筒形件，一般由锥形过渡到圆筒形，则第一道工序成型时圆锥许用变形量为：

$$d_{min}/D = 0.2 \sim 0.3 \tag{4-38}$$

式中　d_{min}——圆锥最小直径，mm；

　　　　D——毛坯直径，mm。

旋压过程中材料的加工硬化比拉深严重，则应安排工序间的退火。

旋压毛坯的尺寸计算与拉深工艺一样，按工件表面积等于毛坯的表面积求得毛坯直径。由于旋压过程中材料有变薄，故实际毛坯直径可比理论计算直径小 5%～7%。

（3）普通旋压所能完成的工序

普通旋压工序简图见图 4-37。

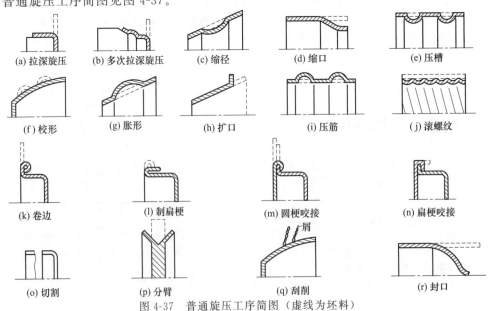

(a)拉深旋压　(b)多次拉深旋压　(c)缩径　(d)缩口　(e)压槽

(f)校形　(g)胀形　(h)扩口　(i)压筋　(j)滚螺纹

(k)卷边　(l)制扁梗　(m)圆梗咬接　(n)扁梗咬接

(o)切割　(p)分臂　(q)刮削　(r)封口

图 4-37　普通旋压工序简图（虚线为坯料）

（4）旋压工序的各种成型方法
旋压工序的各种成型方法见图 4-38。

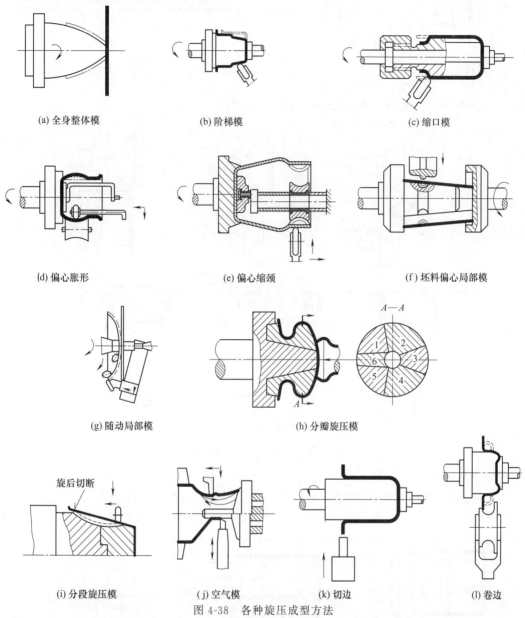

(a) 全身整体模　　　　　(b) 阶梯模　　　　　(c) 缩口模

(d) 偏心胀形　　　　　(e) 偏心缩颈　　　　　(f) 坯料偏心局部模

(g) 随动局部模　　　　　　　(h) 分瓣旋压模

(i) 分段旋压模　　(j) 空气模　　(k) 切边　　(l) 卷边

图 4-38　各种旋压成型方法

（5）旋压加工示意图
旋压加工示意图见图 4-39～图 4-43。卷边时制梗选用圆梗直径查表 4-24。

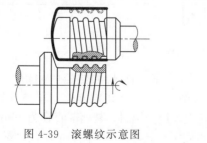

图 4-39　滚螺纹示意图

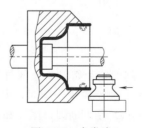

图 4-40　内卷边

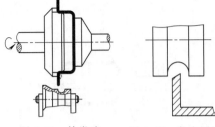

图 4-41　外卷边　　图 4-42　卷边用坯料
边缘的斜切口

表 4-24　　圆梗直径的取值　　　　mm

坯料厚度	0.3	0.5	1.0	1.5	2.0	2.5	3.0	4.0
圆梗直径	1.5～2.5	2.5～3.5	4～8	5～14	8～18	14～22	18～24	20～30

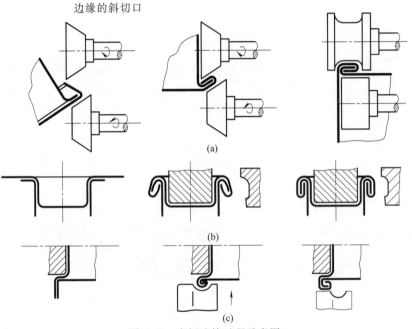

(a)

(b)

(c)

图 4-43　扁梗咬接过程示意图

（6）旋压切割

用旋轮进行切割的三种方式见图 4-44。其中偏心法的优点是卸除边料方便。图 4-45 是在模芯上用旋轮和切刀在工件不同部位进行切割的示意图。切铝料用切割旋轮或切刀均可。切割钢料，在圆周速度大于 150m/min 时，宜用切割旋轮而不宜用切刀。工作时，切割旋轮楔入板厚 10％左右。

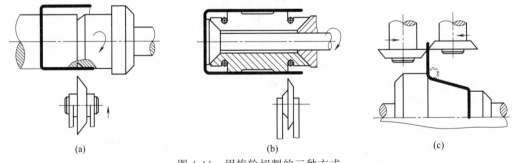

(a)　　　　　　　　　　(b)　　　　　　　　　　(c)

图 4-44　用旋轮切割的三种方式

常用切割旋轮和切刀工作部分图例见图 4-46。图 4-46（a）切割旋轮的偏角 $\alpha = 3° \sim 4°$。图 4-46（b）切割旋轮用于端面，刃宽 $l = 1 \sim 3mm$。图 4-46（c）切割旋轮用于身部和中间部分。图 4-46（e）是切断刀。图 4-46（f）为板斧式切刀，用于铝料，其柄部直径为 16mm，刀具厚度为 6mm。类似这种宽刃刀具可用于在多道次拉深旋压有显著各向异性的板坯，主要是铝料和

1mm 以下薄钢板的切除多余边缘材料，以避免产生过大凸耳，而妨碍操作，如图 4-47 所示。

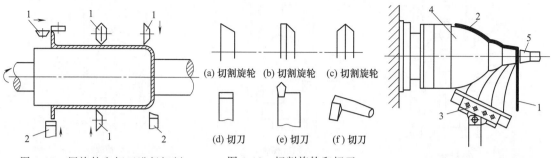

图 4-45　用旋轮和切刀进行切割
1—旋轮；2—切刀

图 4-46　切割旋轮和切刀
工作部分图例

图 4-47　切除多余边缘材料
1—板坯；2—工件；3—宽刃
刀具；4—芯模；5—尾顶

（7）带轮旋压
① 折叠式带轮旋压（见图 4-48）。

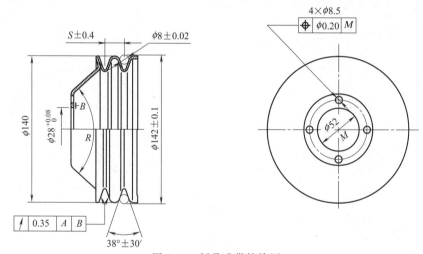

图 4-48　折叠式带轮旋压

② 单折叠式带轮旋压如图 4-49 所示。

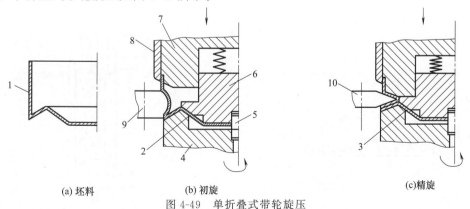

(a) 坯料　　　　　　(b) 初旋　　　　　　　　　　(c) 精旋
图 4-49　单折叠式带轮旋压
1—拉深坯；2—预旋坯；3—精旋件；4—下模；5—定位销；6—上顶块；7—上压模；8—外环；9—预旋轮；10—精旋轮

③ 双槽带轮旋压如图 4-50 所示。
④ 劈开式带轮旋压如图 4-51 所示。

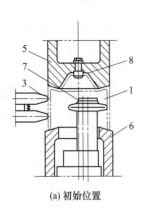
(a) 初始位置

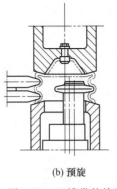
(b) 预旋

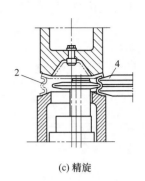
(c) 精旋

图 4-50　双槽带轮旋压

1—拉深坯；2—工件；3—预旋轮；4—精旋轮；5—上模；6—下模；7—内支承轮；8—定位销

劈开式带轮旋压采用铝合金和优质低碳钢，经劈开和校形两个旋压工步制成，如图 4-52 所示。采用旋压成型后具有工装简单，旋压工具通用性好，制品腹板刚性好等优点，故这种带轮已在汽车电机、散热风扇等方面应用较广。

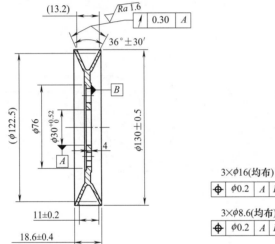

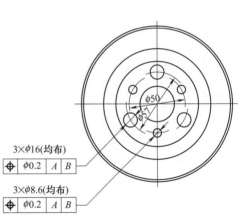

图 4-51　劈开式带轮旋压

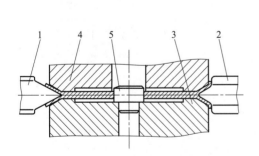

图 4-52　劈开式带轮旋压简图
（左：劈开旋压　右：校形旋压）
1—劈开轮；2—校形轮；3—定位模；
4—顶压模；5—定位销

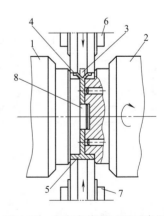

图 4-53　刹车套旋制过程示意图
（上：劈开　下：校形）
1—芯模；2—顶块；3—板坯；4—劈开旋压件；
5—工件；6—劈开旋轮；7—校形旋轮；8—定位销

劈开旋压是通过锐角的旋轮将板坯沿厚向剖分为二的分离过程。板坯厚度可达 12mm，其中心孔应为大于 12～15mm。旋轮夹角为 20°，顶角圆角半径取 $r=0.1$mm，刀口与板厚中心的偏差应不大于 0.01～0.02mm。旋轮进给量可取 0.2mm/r，旋轮硬度为 60HRC，在旋压时应充分冷却。

采用劈开和校形两道工序旋压，也可用于旋制汽车刹车套、轮辋、多齿式带轮、滑轮等。图 4-53 所示为刹车套的旋制过程。当 T 形断面较小时，可直接由板坯进行旋压校形。

（8）热旋压缩口与封口

采用特殊的旋轮或卡板进行热旋压应用于缩口、封口工序，如图 4-54、图 4-55 所示。

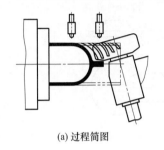

(a) 过程简图　　　　　　　　　　　　　　　　　(b) 成型部位剖面

图 4-54　旋轮热旋压缩口、封口

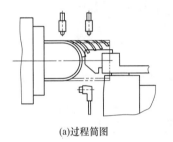

(a)过程简图　　　　　　　　　　　　　　　　　(b)成型部位剖面

图 4-55　卡板热旋压缩口、封口

坯件加热旋压可以采用机外加热，机上保温，在热旋底部前可采用特殊燃烧装置去除高温氧化层。在封口时可用带环状保护气体的燃烧装置，以防止进一步氧化。采用摩擦工具旋压可以比旋轮扩大增厚效应，减少工具费用，但使用工具寿命减少。采用板、块、环状等摩擦工具进行热旋压缩口、封口如图 4-56 所示。在图 4-56（i）、（k）所示方式中，当管坯直径与厚度之比 $d/t>16$ 时宜用双轮，$d/t<16$ 时宜用单轮。

缩口时的转速及进给量的选择可参考表 4-25 和表 4-26。

表 4-25　旋压缩口转速

坯料直径/mm	<50	>50～100	>100～200	>200～300	>300～400	>400～500	>500～700
转速/(r/min)	3000～3500	2000～3000	1500～2000	1200～1500	800～1200	600～800	300～600

表 4-26　旋压进给量　　　　　　　　　　　　　　　　　　　mm/min

钢	铜	铝
800～1000	1200～1400	1000～1200

4.7.2　强力旋压

强力旋压即为变薄旋压。旋压机主轴驱使芯模与坯料一起旋转，旋轮 5 沿设定的靠模装置（在车床上利用刀架托板）按与芯模母线平行轨迹移动，并且模芯与旋轮保持一定的间隙

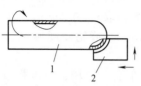

(a) 卡板轴向、径向进给，管坯转

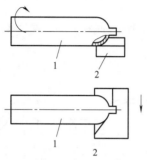

(b) 压块切向进给，管坯转

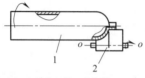

(c) 凸轮回转，管坯转

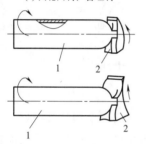

(d) 扇形块(带内外弧)回转，管坯转

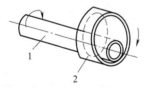

(e) 压环回转，管坯转

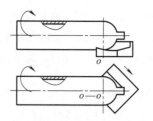

(f) 压块斜向进给，管坯转

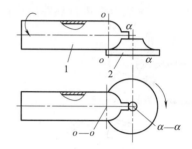

(g)压盘回转，管坯转

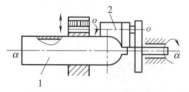

(h) 工具行星运动，管坯轴向进给

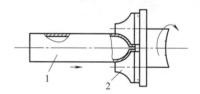

(i) 工具行星运动，管坯轴向进给

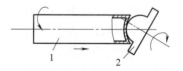

(j) 工具行星运动，管坯轴向进给

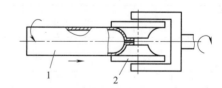

(k) 工具行星运动，管坯轴向进给

图 4-56 摩擦工具缩口、封口
1—管坯；2—摩擦工具（板、块、环、盘、轮式）

（其间隙小于坯料厚度），直到终点为止。旋轮强力挤压坯料，迫使坯料贴合芯模并变薄逐渐成型工件，毛坯外径始终保持不变，而材料没有切向收缩，只产生径向的剪位移

（图 4-57）。

（1）锥形件强力旋压前后毛坯厚度的关系

$$t = t_0 \sin\alpha/2 \qquad (4\text{-}39)$$

式中　　t——工件厚度，mm；

　　　　t_0——毛坯厚度，mm；

　　　　α——工件锥角。

（2）材料强力旋压的变形程度

材料强力旋压的变形程度用变薄率 ε 表示：

$$\varepsilon = \frac{t_0 - t}{t_0} = 1 - t/t_0 \qquad (4\text{-}40)$$

根据正弦定律：

$$t = t_0 \sin\alpha$$

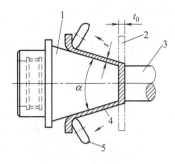

图 4-57　强力旋压示意图
1—芯模；2—毛坯；3—顶块；
4—工件；5—旋轮

将式（4-39）代入式（4-40）得：

$$\varepsilon = 1 - \sin\alpha/2 \qquad (4\text{-}41)$$

或　　　　　　　　　　　　　$\sin\alpha/2 = 1 - \varepsilon$

旋压模芯锥角（工件锥角）α 可表示变形程度的大小，α 越小，变形程度越大。在一定条件（如变形温度为常温）下，每种材料都可测出其极限变形程度，即最小锥角 α_{min}。如材料厚度为 2mm 时，硬铝 2A12 及不锈钢 1Cr18Ni9Ti 的最小锥 α_{min} 为 30°；钢 08F α_{min} 为 25°。

当工件锥角小于材料允许的最小锥角时，则需要多次旋压，并且要用锥形过渡毛坯，同时工序间还须进行退火处理。

经过多次的强力旋压，可能达到的总的变形程度：$\varepsilon = 0.9 \sim 0.95$（即 6°～12°）。

对于筒形件，不可能用平板毛坯进行强力旋压，也不能用正弦定律来计算毛坯厚度。因为筒形件的锥角 $\alpha = 0$，根据正弦定律，$t_0 = \dfrac{t}{\sin\alpha/2} = \infty$。故筒形件只能采用壁厚较大，长度较短，而内径与工件相同的筒形件毛坯，进行强力旋压才能得到圆筒形零件。

筒形件强力旋压的变形程度，一般塑性好的材料一次的旋薄量可达 50% 以上（铝可达 60%～70%），多次旋压总的变形量也可达 90% 以上。

强力旋压时各种金属的最大变薄率见表 4-27。

表 4-27　旋压最大变薄率（无中间退火）　　　　　　　　　　　　　　　　%

材料	圆锥形	半球形	圆筒形
不锈钢	60～75	45～50	65～75
高合金钢	65～75	50	75～82
铝合金	50～75	35～50	70～75
钛合金	30～55	—	30～35

注：表中钛合金为加热旋压。

强力变薄旋压在旋压机上进行，一般零件可按下列规范进行：

单位压力　　　　　　　　　2500～2800MPa

最大材料厚度　　　　　　　20mm

对于不锈钢的最大角度　　　$2\alpha = 30°$

最大速度　　　　　　　　　300m/min

进给量　　　　　　　　　　0.012～2.0mm/r

润滑剂可用胶态锌的悬浊液或对毛坯进行磷化处理，可利用水冷却滚轮。

（3）旋压中的冷却润滑

润滑剂的作用是防止坯料与工具在旋压中产生摩擦、黏结，主要用于旋轮工作表面。润滑剂的选用见表 4-28。

（4）加热温度

加热旋压时，其温度选用范围见表 4-29。

对于钛及钛合金，为避免在加热过程中坯料吸收氢气等有害物质，加热温度应避免过高，加热时间尽量短。

表 4-28　常用旋压润滑剂

坯　料		润滑剂
铝、铜、软钢	一般场合	机油
	对工件表面要求高	肥皂、凡士林、白蜡、动植物脂等
钢		二硫化钼油剂
不锈钢		氯化石蜡油剂

表 4-29　加热旋压温度选择范围

材料	工业纯钛	TB2，TC3	TC4	镁及镁合金	钼及钼合金	钨及钨合金	铌及铌合金	纯铜离心铸坯	406钢	7A04铝合金	锆	镍铬不锈钢
加热温度/℃	420～536	700～800	约1040	320～350	约800	约1000	20～400	约450	600～700	约300	约700	600～750

（5）旋压常用工具

旋压用的工具主要是旋棒，旋棒有单臂式和双臂式，见图 4-58。双臂式是由助力臂和主力臂组成。助力臂固定在旋压机的支架上，而主力臂固定在助力臂上，助力臂绕支架转动，主力臂又绕助力臂转动。旋压时用手操作两个旋棒运动。双臂式比单臂式省力、灵活。普通旋压工具用材料见表 4-30。加热旋压工模具材料及润滑剂选用见表 4-31。

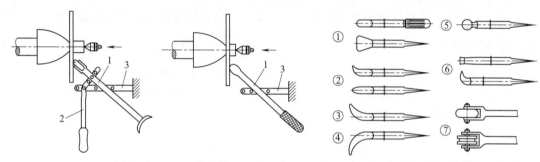

图 4-58　单臂式和双臂式旋棒
1—主力臂；2—助力臂；3—支架

图 4-59　旋棒的形式

表 4-30　普通旋压工具用材料

旋压用工具材料	用途	功能
工具钢、高速钢（淬火、抛光）	通用	抗压、耐磨
青铜、磷青铜	钢，不锈钢旋压	减少表面摩擦
硬木、尼龙、竹	软料旋压	减少表面硬化
夹布胶木	铝料精整校形	
酚醛树脂	2mm 以下铝合金旋压满足特殊光学要求	减少表面摩擦

表 4-31　加热旋压工模具材料及润滑剂选用

工件温度/℃	材料	润滑剂
＜200～300	高速钢、硬质合金	二硫化钼油剂
＜400～500	热作模具钢 5CrNiMo 等	二硫化钼油剂，胶体石墨
＜500～600	热作模具钢 3Cr2W8 等	胶体石墨
＜800～1000	耐热合金 GH130 等	胶体石墨，玻璃润滑剂

(a)简单拉深旋压用　(b)变薄旋压用　(c)缩口或纹管用　(d)缩口或纹管用　(e)精旋压用　(f)卷边用

图 4-60　滚轮的剖面形状

各种旋棒的形式见图 4-59，其用途如下。

① 钝头旋棒，旋压接触面积大，用于初旋压成型。

② 尖头旋棒，用于压凹槽、碾平。

③ 舌形旋棒，用于内表面成型。

④ 弯头旋棒，用于内表面成型。

⑤ 球形旋棒，旋压时接触面积小，适用于表面要求精细的工件成型。

⑥ 切刀，用于切割余料。

⑦ 旋轮旋棒，凸形用于旋光表面，或初旋压成型，凹形用于卷边。旋轮旋棒的旋轮在旋压过程中，受模芯的带动而旋转，可减少摩擦，操作时比较省力。旋轮圆角半径越大，则旋轮与坯料接触面积也越大，工件表面也越光滑，材料变薄较小，但操作费力。反之，旋轮圆角半径越小，旋轮与坯料接触面积也越小，操作省力，但工件表面不光滑，易产生沟纹。滚轮的剖面形状见图 4-60，滚轮的尺寸可参见表 4-32。

表 4-32　滚轮的尺寸　　　　　　　　　　　　　　　　mm

滚轮直径 D	滚轮宽度 b	滚轮圆角半径 R				图(e)($\alpha°$)
		图(a)	图(b)	图(c)	图(d)	
140	45	22.5	6	5	6	4(2)
160	47	23.5	8	6	10	
180	47	23.5	8	8	10	
200	47	23.5	10	10	12	
220	52	26	10	10	12	
250	62	31	10	10	12	

注：表中图（a）、图（b）、图（c）、图（d）、图（e）见图 4-60，图（f）的 ϕ 值可参见表 4-24 圆梗直径取值。

第5章
冷冲模零件

5.1 凸模标准

5.1.1 圆凸模标准

（1）圆柱头直杆圆凸模标准

JB/T 5825—2008 标准规定了冲模圆柱头直杆圆凸模的尺寸规格，适用于直径在 1～36mm 的圆柱头直杆圆凸模。同时还给出了材料指南和硬度要求，并规定了圆柱头直杆圆凸模的标记。冲模圆柱头直杆圆凸模见表 5-1。

表 5-1　冲模圆柱头直杆圆凸模（摘自 JB/T 5825—2008）　　　　mm

表面粗糙度以 μm 为单位。

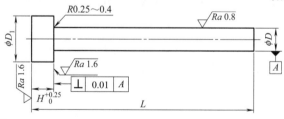

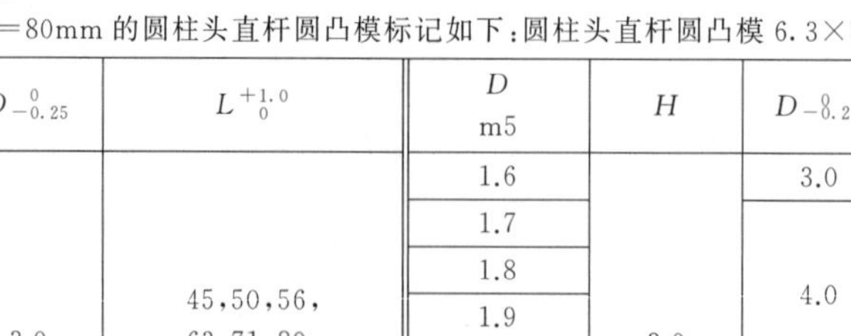

未注表面粗糙度 $Ra\,6.3\,\mu m$

标记示例：$D=6.3mm$，$L=80mm$ 的圆柱头直杆圆凸模标记如下：圆柱头直杆圆凸模 6.3×80　JB/T 5825—2008

D m5	H	$D_{-0.25}^{0}$	$L_{0}^{+1.0}$	D m5	H	$D_{-0.25}^{0}$	$L_{0}^{+1.0}$
1.0				1.6		3.0	
1.05				1.7			
1.1				1.8			
1.2	3.0	3.0	45,50,56, 63,71,80, 90,100	1.9	3.0	4.0	45,50,56, 63,71,80, 90,100
1.25				2.0			
1.3				2.1			
1.4				2.2		5.0	
1.5				2.4			

续表

D m5	H	$D_{-0.25}^{\,0}$	$L_{0}^{+1.0}$	D m5	H	$D_{-0.25}^{\,0}$	$L_{0}^{+1.0}$
2.5	3.0	5.0	45,50,56,63,71,80,90,100	7.5	5	11.0	45,50,56,63,71,80,90,100
2.6				8.0			
2.8				8.5		13.0	
3.0				9.0			
3.2				9.5			
3.4				10.0			
3.6				10.5		16.0	
3.8		6.0		11.0			
4.0				12.0			
4.2				12.5			
4.5		7.0		13.0			
4.8				14.0		19.0	
5.0	5	8.0		15.0			
5.3				16.0			
5.6		9.0		20.0		24.0	
6.0				25.0		29.0	
6.3				32.0		36.0	
6.7		11.0		36.0		40.0	
7.1							

注：1. 材料由制造者选定，推荐采用 Cr12MoV、Cr12、Cr6WV、CrWMn。

2. 硬度要求：Cr12MoV、Cr12、CrWMn 刃口 58～62HRC，头部固定部分 40～50HRC；Cr6WV 刃口 56～60HRC，头部固定部分 40～50HRC。

3. 其他应符合 JB/T 7653 的规定。

4. 标记应包括以下内容：①圆柱头直杆圆凸模；②凸模刃口直径 d，单位为 mm；③凸模长度 L，单位为 mm；④本标准代号，即 JB/T 5825—2008。

（2）圆柱头缩杆圆凸模标准

JB/T 5826—2008 标准规定了圆柱头缩杆圆凸模的尺寸规格，适用于直径在 5～36mm 的圆柱头缩杆圆凸模。同时还给出了材料指南和硬度要求，并规定了圆柱头缩杆圆凸模的标记。冲模圆柱头缩杆圆凸模见表 5-2。

表 5-2　冲模圆柱头缩杆圆凸模（摘自 JB/T 5826—2008）　　　　　　　　mm

表面粗糙度以 μm 为单位。

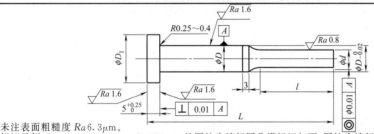

未注表面粗糙度 $Ra6.3\mu m$。

标记示例：$D=5mm$，$d=2mm$，$L=56mm$ 的圆柱头缩杆圆凸模标记如下：圆柱头缩杆圆凸模 5×2×56 JB/T 5825—2008

D m5	d 下限	d 上限	D_1	L
5	1	4.9	8	40,50,56,63,71,80,90,100
6	1.6	5.9	9	
8	2.5	7.9	11	
10	4	9.9	13	
13	5	12.9	16	
16	8	15.9	19	
20	12	19.9	24	
25	16.5	24.9	29	
32	20	31.9	36	
36	25	35.9	40	

注：1. 材料由制造者选定，推荐采用 Cr12MoV、Cr12、Cr6WV、CrWMn。

2. 硬度要求：Cr12MoV、Cr12、CrWMn 刃口 58～62HRC，头部固定部分 40～50HRC；Cr6WV 刃口 56～60HRC，头部固定部分 40～50HRC。

3. 其他应符合 JB/T 7653 的规定。

4. 标记应包括以下内容：①圆柱头缩杆圆凸模；②凸模杆直径 D，单位为 mm；③凸模刃口直径 d，单位为 mm；④凸模长度 L，单位为 mm；⑤本标准代号，即 JB/T 5826—2008。

5. 刃口长度 l 由制造者自行选定。

（3）60°锥头直杆圆凸模标准

JB/T 5827—2008 标准规定了 60°锥头直杆圆凸模的尺寸规格，适用于直径在 0.5～15mm 的 60°锥头直杆圆凸模，同时还给出了材料指南和硬度要求，并规定了 60°锥头直杆圆凸模的标记。冲模 60°锥头直杆圆凸模见表 5-3。

表 5-3　冲模 60°锥头直杆圆凸模（摘自 JB/T 5827—2008）　　　　　mm

表面粗糙度以 μm 为单位。

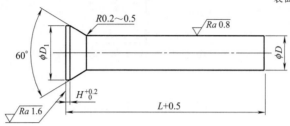

未注表面粗糙度 Ra6.3μm。

标记示例：$D=6.3$mm，$L=80$mm 的 60°锥头直杆圆凸模标记如下：锥头直杆圆凸模 6.3×80　JB/T 5827—2008

D m5	D_1	H	L	D m5	D_1	H	L
0.5	0.9	0.2		3.0	4.5	0.5	
0.55	1.0	0.2		3.2	4.5	0.5	
0.6	1.2	0.2		3.4	4.5	0.5	
0.65	1.3	0.2		3.6	5.0	0.5	
0.7	1.3	0.2		3.8	5.0	0.5	
0.75	1.4	0.2		4.0	5.5	0.5	
0.8	1.4	0.4		4.2	5.5	0.5	
0.85	1.6	0.4		4.5	6.0	0.5	
0.9	1.6	0.4		4.8	6.0	0.5	
0.95	1.8	0.4		5.0	6.5	0.5	
1.0	1.8	0.5		5.3	6.5	0.5	
1.05	1.8	0.5		5.6	7	0.5	
1.1	2.0	0.5		6.0	8	0.5	
1.2	2.0	0.5	40,50,63,	6.3	8	0.5	40,50,63,
1.25	2.0	0.5	71,80,90,	6.7	9	1.0	71,80,90,
1.3	2.2	0.5	100	7.1	9	1.0	100
1.4	2.2	0.5		7.5	10	1.0	
1.5	2.5	0.5		8.0	10	1.0	
1.6	2.5	0.5		8.5	11	1.0	
1.7	2.8	0.5		9.0	11	1.0	
1.8	2.8	0.5		9.5	12	1.0	
1.9	3.0	0.5		10.0	12	1.0	
2.0	3.2	0.5		10.5	13	1.0	
2.1	3.2	0.5		11	13	1.0	
2.2	3.2	0.5		12	14	1.0	
2.4	3.5	0.5		12.5	15	1.0	
2.5	3.5	0.5		13	15	1.0	
2.6	4.0	0.5		14	16	1.5	
2.8	4.0	0.5		15	17	1.5	

注：1. 材料由制造者选定，推荐采用 Cr12MoV、Cr12、Cr6WV、CrWMn。

2. 硬度要求：Cr12MoV、Cr12、CrWMn 刃口 58～62HRC，头部固定部分 40～50HRC；Cr6WV 刃口 56～60HRC，头部固定部分 40～50HRC。

3. 其他应符合 JB/T 7653 的规定。

4. 标记应包括以下内容：①锥头直杆圆凸模；②凸模刃口直径 D，单位为 mm；③凸模长度 L，单位为 mm；④本标准代号，即 JB/T 5827—2008。

（4）60°锥头缩杆圆凸模标准

JB/T 5828—2008 标准规定了 60°锥头缩杆圆凸模的尺寸规格，适用于直径在 2～3mm 的 60°锥头缩杆圆凸模。同时还给出了材料指南和硬度要求，并规定了 60°锥头缩杆圆凸冲模的标记。冲模 60°锥头缩杆圆凸模见表 5-4。

表 5-4　冲模 60°锥头缩杆圆凸模（摘自 JB/T 5828—2008）　　　　　　mm

表面粗糙度以 µm 为单位。

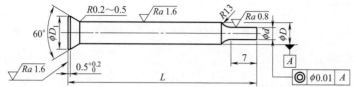

未注表面粗糙度 Ra 6.3µm。

标记示例：$D=2mm$，$d=0.5mm$，$L=71mm$ 的 60°锥头缩杆圆凸模标记如下：锥头缩杆圆凸模 2×0.5×71 JB/T 5828—2008

D m5	d j6	D_1	$L^{+0.5}_{\ 0}$	
2	0.5≤d≤1.6	3.0	71	80
3	1.4≤d≤2.9	4.5	71	80

注：1. 材料由制造者选定，推荐采用 Cr12MoV、Cr12、Cr6WV、CrWMn。

2. 硬度要求：Cr12MoV、Cr12、CrWMn 刃口 58～62HRC，头部固定部分 40～50HRC；Cr6WV 刃口 56～60HRC，头部固定部分 40～50HRC。

3. 其他应符合 JB/T 7653 的规定。

4. 标记应包括以下内容：①锥头缩杆圆凸模；②锥头圆凸模杆直径 D，单位为 mm；③锥头圆凸模刃口直径 d；④凸模长度 L，单位为 mm；⑤本标准代号，即 JB/T 5828—2008。

（5）球锁紧圆凸模标准

JB/T 5829—2008 标准规定了球锁紧圆凸模的尺寸规格和公差，适用于直径在 6～32mm 的球锁紧圆凸模，同时还给出了材料指南和硬度要求，并规定了球锁紧圆凸模的标记。冲模球锁紧圆凸模见表 5-5。

表 5-5　冲模球锁紧圆凸模（摘自 JB/T 5829—2008）　　　　　　mm

表面粗糙度以 µm 为单位。

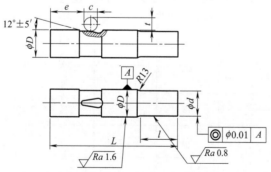

未注表面粗糙度 Ra 6.3µm。

标记示例：$D=6mm$，$d=2mm$，$L=71mm$ 的球锁紧圆凸模标记如下：球锁紧圆凸模 6× 2×71　JB/T 5829—2008

D g5	刃口直径 d j6 的范围		c	$e^{+0.2}_{\ 0}$	$t_{-0.1}$	$L^{+0.5}_{\ 0}$				
	下限	上限				50	56	63	71	80
6	1.6	5.9	6.0	14.0	5.2	×	×	×	×	×
10	4.0	9.9	8.0	12.4	6.7	×	×	×	×	×
13	6.0	12.9	8.0	12.4	6.7	—	×	×	×	×
16	8.5	15.9	8.0	12.4	6.7	—	×	×	×	×
20	12.5	19.9	8.0	12.4	6.7	—	×	×	×	×

D g5	刃口直径 dj6 的范围		c	$e^{+0.2}_{0}$	$t^{0}_{-0.1}$	$L^{+0.5}_{0}$				
	下限	上限				50	56	63	71	80
25	18.0	24.9	8.0	12.4	6.7	—	×	×	×	×
32	25.0	31.9	8.0	12.4	6.7	—	×	×	×	×

注：1. 材料由制造者选定，推荐采用 Cr12MoV、Cr12、Cr6WV、CrWMn。

2. 硬度要求：Cr12MoV、Cr12、CrWMn 刃口 58～62HRC，头部固定部分 40～50HRC；Cr6WV 刃口 56～60HRC，头部固定部分 40～50HRC。

3. 其他应符合 JB/T 7653 的规定。

4. 标记应包括以下内容：①球锁紧圆凸模；②凸模的刃口直径 D，单位为 mm；③凸模长度 L，单位为 mm；④本标准代号，即 JB/T 5829—2008。

5. 刃口长度 l 由制造者自行选定。

5.1.2 冲模单凸模模板标准

（1）单凸模固定板标准

JB/T 7644.1—2008 标准规定了冲模单凸模固定板的尺寸规格和标记，适用于冲模圆形单凸模、异型单凸模固定板，同时还给出了材料指南和硬度要求。冲模单凸模固定板见表5-6。

表 5-6　冲模单凸模固定板（摘自 JB/T 7644.1—2008）　　　　　　　　　mm

表面粗糙度以 μm 为单位。

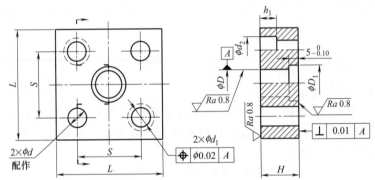

未注表面粗糙度 Ra 6.3μm。

标记示例：$D=20$mm，$H=20$mm 的单凸模固定板标记如下：单凸模固定板 20×20　JB/T 7644.1—2008

D H6	H	D_1	L	S	d H7	d_1	d_2	h_1
5		9						
6		10	40	22				
8		12			8	9	15	9
10		14	45	25				
12		17						
16	18,23,30	21	50	30				
20		26			10	11	18	11
25		31	56	36				
32		38	63	39				
40		46	76	50	12	13	22	13
50		56	80	56				

注：1. 材料由制造者选定，推荐采用 45 钢。

2. 硬度要求：28～32HRC。

3. 其他应符合 JB/T 7653 的规定。

4. 标记应包括以下内容：①单凸模固定板；②固定板孔径 D，单位为 mm；③固定板厚度 H，单位为 mm；④本标准代号，即 JB/T 7644.1—2008。

（2）单凸模垫板标准

JB/T 7644.2—2008 标准规定了冲模单凸模垫板的尺寸规格和标记，适用于冲模圆形单凸模、异形单凸模垫板，同时还给出了材料指南和硬度要求，冲模单凸模垫板见表 5-7。

表 5-7　冲模单凸模垫板（摘自 JB/T 7644.2—2008）　　　　　　　　mm

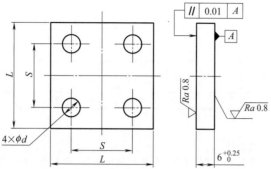

表面粗糙度以 μm 为单位。

未注表面粗糙度 Ra6.3μm。

标记示例：L＝63mm 的单凸模垫板标记如下：单凸模垫板 63　JB/T 7644.2—2008

L	S	d
40	22	9
45	25	9
50	30	11
56	36	11
63	39	13
76	50	13
80	56	13

注：1. 材料由制造者选定，推荐采用 T10A。

2. 硬度 56～60HRC。

3. 其他应符合 JB/T 7653 的规定。

4. 标记应包括以下内容：①单凸模垫板；②垫板长度 L，单位为 mm；③本标准代号，即 JB/T 7644.2—2008。

（3）偏装单凸模固定板标准

JB/T 7644.3—2008 标准规定了冲模偏装单凸模固定板的尺寸规格和标记，适用于冲模圆形、异形偏装单凸模固定板，同时还给出了材料指南和硬度要求。冲模偏装单凸模固定板见表 5-8。

表 5-8　冲模偏装单凸模固定板（摘自 JB/T 7644.3—2008）　　　　　　mm

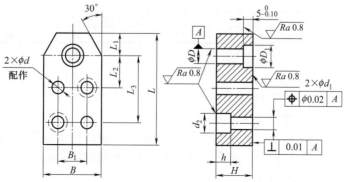

表面粗糙度以 μm 为单位。

未注表面粗糙度 Ra6.3μm。

标记示例：D＝16mm，H＝23mm 的偏装单凸模固定板标记如下：偏装单凸模固定板 16×23　JB/T 7644.3—2008

续表

$\begin{array}{c}D\\ H6\end{array}$	D_1	H	L	B	L_1	L_2	L_3	B_1	$\begin{array}{c}d\\ H7\end{array}$	d_1	d_2	h
5	9											
6	10		50	32	10	15	30	15				
8	12								8	9	15	9
10	14	18,23,										
12	17	30	63	36	15	17	36	16				
16	21											
20	26		71	40	20	20	40	20	10	11	18	11
25	31											
32	38		80	50	24	25	45	28	12	13	22	13

注：1. 材料由制造者选定，推荐采用 45 钢。

2. 硬度 28～32HRC。

3. 其他应符合 JB/T 7653 的规定。

4. 标记应包括以下内容：①偏装单凸模固定板；②固定板孔径 D，单位为 mm；③固定板厚度 H，单位为 mm；④本标准代号，即 JB/T 7644.3—2008。

（4）偏装单凸模垫板标准

JB/T 7644.4—2008 标准规定了冲模偏装单凸模垫板的尺寸规格和标记，适用于冲模偏装单凸模垫板，同时还给出了材料指南和硬度要求。冲模偏装单凸模垫板见表 5-9。

表 5-9　冲模偏装单凸模垫板（摘自 JB/T 7644.4—2008）　　　　　　　mm

表面粗糙度以 μm 为单位。

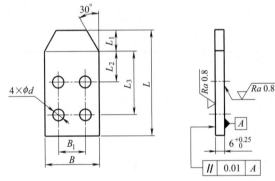

未注表面粗糙度 $Ra6.3\mu m$。

标记示例：$L=50mm$ 的偏装单凸模垫板标记如下：偏装单凸模垫板 50　JB/T 7644.4—2008

L	B	L_1	L_2	L_3	B_1	d
50	32	10	15	30	15	9
63	36	15	17	36	16	11
71	40	20	20	40	20	
80	50	24	25	45	28	13

注：1. 材料由制造者选定，推荐采用 T10A。

2. 硬度 56～60HRC。

3. 其他应符合 JB/T 7653 的规定。

4. 标记应包括以下内容：①偏装单凸模垫板；②垫板长度 L，单位为 mm；③本标准代号，即 JB/T 7644.4—2008。

（5）球锁紧单凸模固定板标准

JB/T 7644.5—2008 标准规定了冲模球锁紧单凸模固定板的尺寸规格和标记，适用于冲模球锁紧单凸模固定板。同时还给出了材料指南和硬度要求。冲模球锁紧单凸模固定板见表 5-10。

（6）球锁紧单凸模垫板标准

JB/T 7644.6—2008 标准规定了冲模球锁紧单凸模垫板的尺寸规格和标记，适用于冲模球锁紧单凸模垫板，同时还给出了材料指南和硬度要求。冲模球锁紧单凸模垫板见表 5-11。

表 5-10　冲模球锁紧单凸模固定板（摘自 JB/T 7644.5—2008）　　　mm

表面粗糙度以 μm 为单位。

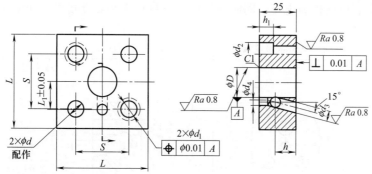

未注表面粗糙度 $Ra\,6.3\mu m$。

标记示例：$D=10mm$ 的球锁紧单凸模固定板标记如下：球锁紧单凸模固定板 10　JB/T 7644.5—2008

D H6	L	S	d H7	d_1	d_2	h_1	d_3 H7	d_4	L_1	h
6							6	3	9.76	17
10	45	26	8	9	15	9	8	3.5	12.9	16.4
12	45	26	8	9	15	9	8	3.5	13.09	16.4
16							8	3.5	15.09	16.4
20	56	32	10	11	18	11	8	3.5	17.09	16.4
25	63	40	10	13	22	13	8	3.5	19.59	16.4
32	71	45	10	13	22	13	8	3.5	23.09	16.4

注：1. 材料由制造者选定，推荐采用 CrWMn、Cr12。

2. 硬度 50～54HRC。

3. 其他应符合 JB/T 7653 的规定。

4. 标记应包括以下内容：① 球锁紧单凸模固定板；② 固定板孔径 D，单位为 mm；③ 本标准代号，即 JB/T 7644.5—2008。

表 5-11　冲模球锁紧单凸模垫板（摘自 JB/T 7644.6—2008）　　　mm

表面粗糙度以 μm 为单位。

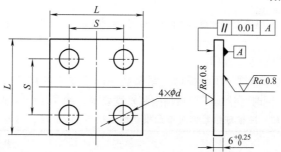

未注表面粗糙度 $Ra\,6.3\mu m$。

标记示例：$L=45mm$ 的球锁紧单凸模垫板标记如下：球锁紧单凸模垫板 45　JB/T 7644.6—2008

L	S	d
45	26	9
56	32	11
63	40	13
71	45	13

注：1. 材料由制造者选定，推荐采用 T10A。

2. 硬度 56～60HRC。

3. 其他应符合 JB/T 7653 的规定。

4. 标记应包括以下内容：① 球锁紧单凸模垫板；② 垫板长度 L，单位为 mm；③ 本标准代号，即 JB/T 7644.6—2008。

（7）球锁紧偏装单凸模固定板标准

JB/T 7644.7—2008 标准规定了冲模球锁紧偏装单凸模固定板的尺寸规格和标记，适用于冲模球锁紧偏装单凸模固定板，同时还给出了材料指南和硬度要求。冲模球锁紧偏装单凸模固定板见表 5-12。

表 5-12　冲模球锁紧偏装单凸模固定板（摘自 JB/T 7644.7—2008）　　　　mm

表面粗糙度以 μm 为单位。

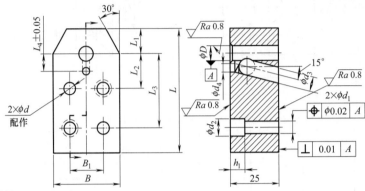

未注表面粗糙度 Ra 6.3 μm。

标记示例：$D=10$mm 的球锁紧偏装单凸模固定板标记如下：球锁紧偏装单凸模固定板 10　JB/T 7644.7—2008

D H6	L	B	L_1	L_2	L_3	B_1	d H7	d_1	D_2	h_1	d_3 H7	d_4	L_4	h
6											6	3	9.76	17
10	75	32	15	25	50	14	8	9	15	9	8	3.5	12.09	16.4
12													13.09	
16													15.09	
20	85	40	22	28	53	18	10	11	18	11			17.09	
25													19.59	
32	92	45	25	32	56	22							23.09	

注：1. 材料由制造者选定，推荐采用 CrWMn、Cr12。

2. 硬度 50～54HRC。

3. 其他应符合 JB/T 7653 的规定。

4. 标记应包括以下内容：①球锁紧偏装单凸模固定板；②固定板孔径 D，单位为 mm；③本标准代号，即 JB/T 7644.7—2008。

（8）球锁紧偏装单凸模垫板标准

JB/T 7644.8—2008 标准规定了冲模球锁紧偏装单凸模垫板的尺寸规格和标记，适用于冲模球锁紧偏装单凸模垫板，同时还给出了材料指南和硬度要求。冲模球锁紧偏装单凸模垫板见表 5-13。

表 5-13　冲模球锁紧偏装单凸模垫板（摘自 JB/T 7644.8—2008）　　　　mm

表面粗糙度以 μm 为单位。

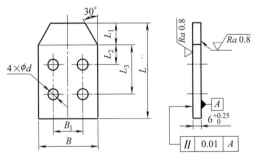

未注表面粗糙度 Ra 6.3 μm。

标记示例：$L=75$mm 的球锁紧偏装单凸模垫板标记如下：球锁紧偏装单凸模垫板 75　JB/T 7644.8—2008

续表

L	B	L_1	L_2	L_3	B_1	d
75	32	15	25	50	14	9
85	40	22	28	53	18	11
92	45	25	32	56	22	

注：1. 材料由制造者选定，推荐采用 T10A。

2. 硬度 56～60HRC。

3. 其他应符合 JB/T 7653 的规定。

4. 标记应包括以下内容：①球锁紧偏装单凸模垫板；②垫板长度 L，单位为 mm；③本标准代号，即 JB/T 7644.8—2008。

5.2 凹模标准

5.2.1 圆凹模标准

JB/T 5830—2008《冲模 圆凹模》标准规定了圆凹模的尺寸规格，适用于直径为 5～50mm 圆凹模，同时还给出了材料指南和硬度要求，并规定了圆凹模的标记。冲模圆凹模见表 5-14。

表 5-14　冲模圆凹模（摘自 JB/T 5830—2008）　　　　　　　　mm

表面粗糙度以 μm 为单位。

A 型　　　　　　　　　　B 型

未注表面粗糙度 $Ra6.3\mu m$。

标记示例：$D=5mm$、$d=1mm$、$L=16mm$、$l=2mm$ 的 A 型圆凹模标记如下：

圆凹模 A 5×1×16×2　JB/T 5830—2008

D	d H8	$L^{+0.5}_{0}$						$D_1{-}^{0}_{0.25}$	$h^{+0.25}_{0}$	l			d_1 max
		12	16	20	25	32	40			min	标准值	max	
5	1,1.1,1.2,…,2.4	×	×	×	×	—	—	8	3	—	2	4	2.8
6	1.6,1.7,1.8,…,3	×	×	×	×	—	—	9	3	—	3	4	3.5
8	2,2.1,2.2,…,3.5	—	×	×	×	×	—	11	3	—	4	5	4.0
10	3,3.1,3.2,…,5	—	×	×	×	×	—	13	3	—	4	8	5.8
13	4,4.1,4.2,…,7.2	—	×	×	×	×	×	16	5	5	5	8	8.0
16	6,6.1,6.2,…,8.8	—	×	×	×	×	×	19	5	5	5	12	9.5
20	7.5,7.6,7.7,…,11.3	—	×	×	×	×	×	24	5	5	8	12	12.0
25	11,11.1,11.2,…,16.6	—	×	×	×	×	×	29	5	5	8	12	17.3
32	15,15.1,15.2,…,20	—	×	×	×	×	×	36	5	5	8	12	20.7
40	18,18.1,18.2,…,27	—	×	×	×	×	×	44	5	5	8	12	27.7
50	26,26.1,26.2,…,36	—	×	×	×	×	×	44	5	5	8	12	37.0

注：1. 材料由制造者选定，推荐采用 Cr12MoV、Cr12、Cr6WV、CrWMn。

2. 硬度 58～62HRC。

3. d 的增量为 0.1mm。

4. 作为专用的凹模，工作部分可以在 d 的公差范围内加工成锥孔，而上表面具有最小直径。

5. 其他应符合 JB/T 7653 的规定。

6. 标记应包括以下内容：①圆凹模；②凹模类型 A，B；③凹模外径 D，单位为 mm；④凹模内径 d，单位为 mm；⑤凹模总长度 L，单位为 mm；⑥凹模刃口长度 l，单位为 mm；⑦本标准代号，即 JB/T 5830—2008。

5.2.2　冲模模板标准

（1）矩形凹模板标准

JB/T 7643.1—2008 标准规定了冲模矩形凹模板的尺寸规格和标记，适用于冲模矩形凹模板，同时还给出了材料指南和技术要求。冲模矩形凹模板见表 5-15。

表 5-15　冲模矩形凹模板（摘自 JB/T 7643.1—2008）　　　　　　　　mm

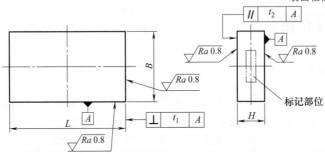

未注表面粗糙度 $Ra6.3\mu m$；全部棱边倒角 $C2$。

标记示例：$L=125mm$，$B=100mm$，$H=20mm$ 的矩形凹模板标记如下：

矩形凹模板 $125\times100\times20$　JB/T 7643.1—2008

L	B	H												
		10	12	14	16	18	20	22	25	28	32	36	40	45
63	50	×	×	×	×	×								
63	63		×	×	×	×	×							
80			×	×	×	×	×	×						
100			×	×	×	×	×	×						
80	80		×	×	×	×	×	×						
100			×	×	×	×	×	×						
125			×	×	×	×	×	×						
250					×	×	×	×						
315					×	×	×	×						
100	100		×		×	×	×	×						
125				×	×	×	×	×	×					
160					×	×	×	×	×	×				
200					×	×	×	×	×	×	×			
315					×	×	×	×						
400						×	×	×	×					
125	125			×	×	×	×	×	×					
160					×	×	×	×	×	×				
200					×	×	×	×	×	×				
250					×	×	×	×	×	×	×			
355						×	×	×	×					
500						×	×	×	×					
160	160				×	×	×	×	×	×				
200					×	×	×	×	×	×	×			
250						×	×	×	×	×	×	×		
500						×	×	×	×	×				
200	200					×	×	×	×	×	×	×		
250						×	×	×	×	×	×	×		
315							×	×	×	×	×	×	×	
630								×	×	×	×			

L	B	H												
		10	12	14	16	18	20	22	25	28	32	36	40	45
250	250						×	×	×	×	×	×	×	
315							×	×	×	×	×	×	×
400						×	×	×	×	×	×	×	
315	315							×	×	×	×	×	×	
400								×	×	×	×	×	×
500								×	×	×	×	×	×
630									×	×	×	×	×
400	400						×	×	×	×	×	×	×	
500								×	×	×	×	×	×
630										×	×	×	×

注：1. 材料由制造者选定，推荐采用 T10A、9Mn2V、Cr12，Cr12MoV。

2. 图中未注形位公差 t_1、t_2 应符合 JB/T 7653—2008 中表 1、表 2 的规定。其他应符合 JB/T 7653 的规定。

3. 标记应包括以下内容：①矩形凹模板；②凹模板长度 L，单位为 mm；③凹模板宽度 B，单位为 mm；④凹模板厚度 H，单位为 mm；⑤本标准代号，即 JB/T 7643.1—2008。

4. ×号表示高度 H 尺寸规格可取数据，其余表中×号含义相同。

（2）矩形固定板标准

JB/T 7643.2—2008 标准规定了冲模矩形固定板的尺寸规格和标记，适用于冲模矩形凸固定板、凹模固定板、卸料板和空心垫板，同时还给出了材料指南和技术要求。冲模矩形固定板见表 5-16。

表 5-16　冲模矩形固定板（摘自 JB/T 7643.2—2008）　　　　　　　mm

表面粗糙度以 μm 为单位。

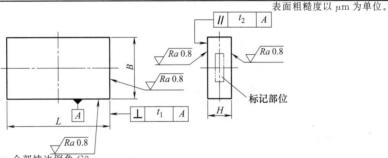

未注表面粗糙度 $Ra6.3\mu m$；全部棱边倒角 C2。

标记示例：$L=125mm$，$B=100mm$，$H=20mm$ 的矩形固定板标记如下：

矩形固定板　125×100×20　JB/T 7643.2—2008

L	B	H									
		10	12	16	20	24	28	32	36	40	45
63	50	×	×	×	×	×	×				
63	63	×	×	×	×	×	×				
80			×	×	×	×	×				
100			×	×	×	×	×				
80	80	×	×	×	×	×	×	×	×	×	
100		×	×	×	×	×	×	×	×	×	
125			×	×	×	×	×	×	×		
250				×	×	×	×	×	×		
315				×	×	×	×	×	×		
100	100		×	×	×	×	×	×	×	×	
125			×	×	×	×	×	×	×	×	
160				×	×	×	×	×	×	×	
200				×	×	×	×	×	×	×	
315				×	×	×	×	×	×	×	
400					×	×	×	×	×	×	

L	B	H									
		10	12	16	20	24	28	32	36	40	45
125	125		×	×	×	×	×	×	×	×	
160				×	×	×	×	×	×	×	
200				×	×	×	×	×	×	×	×
250				×	×	×	×	×	×	×	×
315				×	×	×	×	×	×	×	
500				×	×	×	×	×	×	×	
160	160			×	×	×	×	×	×	×	×
200				×	×	×	×	×	×	×	×
250					×	×	×	×	×	×	×
500					×	×	×	×	×	×	×
200	200			×	×	×	×	×	×	×	×
250					×	×	×	×	×	×	×
315				×	×	×	×	×			
630						×	×	×	×		
250	250			×	×	×	×	×	×		
315				×	×	×	×	×			×
400					×	×	×	×			
315	315				×	×	×	×	×	×	
400						×	×	×	×		
500						×	×	×	×	×	×
630							×	×	×	×	×
400	400					×	×	×	×	×	
500							×	×	×	×	
630								×	×	×	×

注：1. 材料由制造者选定，推荐采用 45 钢。

2. 硬度 28～32HRC。

3. 图中未注形位公差 t_1、t_2 应符合 JB/T 7653—2008 中表 1、表 2 的规定。其他应符合 JB/T 7653 的规定。

4. 标记应包括以下内容：①矩形固定板；②固定板长度 L，单位为 mm；③固定板宽度 B，单位为 mm；④固定板厚度 H，单位为 mm；⑤本标准代号，即 JB/T 7643.2—2008。

（3）矩形垫板标准

JB/T 7643.3—2008 标准规定了冲模矩形垫板的尺寸规格和标记，适用于冲模矩形垫板，同时还给出了材料指南和技术要求。冲模矩形垫板见表 5-17。

（4）圆形凹模板标准

JB/T 7643.4—2008 标准规定了冲模圆形凹模板的尺寸规格和标记，适用于冲模圆形凹模板，同时还给出了材料指南和技术要求。冲模圆形凹模板见表 5-18。

表 5-17　冲模矩形垫板（摘自 JB/T 7643.3—2008）　　　　　　　　　　mm

表面粗糙度以 μm 为单位。

未注表面粗糙度 $Ra6.3\mu m$；全部棱边倒角 C2。

标记示例：$L=125mm$，$B=100mm$，$H=20mm$ 的矩形垫板标记如下：

矩形垫板　125×100×20　JB/T 7643.3—2008

L	B	H						L	B	H					
		6	8	10	12	16	20			6	8	10	12	16	20
63	50	×						160	125	×	×				
63	63	×						200		×	×				
80		×						250		×	×				
100		×						315			×	×	×		
80		×						500			×	×	×		
100	80	×	×	×				160	160		×	×			
125		×	×	×				200			×	×			
250								250			×	×	×		
315								500				×	×	×	
100	100	×						200	200		×				
125		×	×					250			×				
160		×	×					315			×	×			
200		×	×					630				×	×	×	
315				×	×	×		250	250		×	×			
400				×	×	×		315			×	×			
125	125	×	×					400				×	×	×	

注：1. 材料由制造者选定，推荐采用 45 钢，T10A。

2. 图中未注形位公差 t_2 应符合 JB/T 7653—2008 中表 2 的规定。其他应符合 JB/T 7653 的规定。

3. 标记应包括以下内容：①矩形垫板；②垫板长度 L，单位为 mm；③垫板宽度 B，单位为 mm；④垫板厚度 H，单位为 mm；⑤本标准代号，即 JB/T 7643.3—2008。

表 5-18　冲模圆形凹模板（摘自 JB/T 7643.4—2008）　　　　　　mm

表面粗糙度以 μm 为单位。

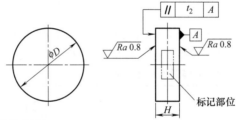

未注表面粗糙度 $Ra6.3\mu m$；全部棱边倒角 C2。

标记示例：$D=100mm$，$H=20mm$ 的圆形凹模板标记如下：

　　圆形凹模板　100×20　JB/T 7643.4—2008

D	H												
	10	12	14	16	18	20	22	25	28	32	36	40	45
63	×	×	×	×	×	×							
80		×	×	×	×	×	×						
100		×	×	×	×	×	×						
125		×	×	×	×	×	×	×					
160				×	×	×	×	×	×	×			
200					×	×	×	×	×	×	×		
250						×	×	×	×	×	×	×	
315							×	×	×	×	×	×	×

注：1. 材料由制造者选定，推荐采用 T10A、9Mn2V、Cr12、Cr12MoV。

2. 图中未注形位公差 t_2 应符合 JB/T 7653—2008 中表 2 的规定。其他应符合 JB/T 7653 的规定。

3. 标记应包括以下内容：①圆形凹模板；②凹模板直径 D，单位为 mm；③凹模板厚度 H，单位为 mm；④本标准代号，即 JB/T 7643.4—2008。

（5）圆形固定板标准

JB/T 7643.5—2008 标准规定了冲模圆形固定板的尺寸规格和标记，适用于冲模圆形凸固定板、凹模固定板、卸料板和空心垫板，同时还给出了材料指南和技术要求。冲模圆形固定板见表 5-19。

表 5-19　冲模圆形固定板（摘自 JB/T 7643.5—2008）　　　　mm

表面粗糙度以 μm 为单位。

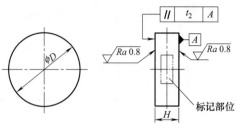

未注表面粗糙度 $Ra6.3\mu m$；全部棱边倒角 $C2$。

标记示例：$D=100mm$，$H=20mm$ 的圆形固定板标记如下：

圆形固定板　100×20　JB/T 7643.5—2008

D	H								
	10	12	16	20	25	32	36	40	45
63	×	×	×	×	×				
80	×	×	×	×	×	×	×		
100		×	×	×	×	×	×	×	
125		×	×	×	×	×	×	×	
160			×	×	×	×	×	×	×
200			×	×	×	×	×		
250			×	×	×	×	×		
315			×	×	×	×	×		

注：1. 材料由制造者选定，推荐采用 45 钢。

2. 硬度 28～32HRC。

3. 图中未注形位公差 t_2 应符合 JB/T 7653—2008 中表 2 的规定。其他应符合 JB/T 7653 的规定。

4. 标记应包括以下内容：①圆形固定板；②固定板直径 D，单位为 mm；③固定板厚度 H，单位为 mm；④本标准代号，即 JB/T 7643.5—2008。

（6）圆形垫板标准

JB/T 7643.6—2008 标准规定了冲模圆形垫板的尺寸规格和标记，适用于冲模圆形垫板，同时还给出了材料指南和技术要求。冲模圆形垫板见表 5-20。

表 5-20　冲模圆形垫板（摘自 JB/T 7643.6—2008）　　　　mm

表面粗糙度以 μm 为单位。

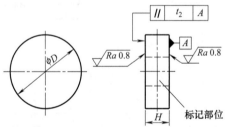

未注表面粗糙度 $Ra6.3\mu m$；全部棱边倒角 $C2$。

标记示例：$D=100mm$，$H=6mm$ 的圆形垫板标记如下：

圆形垫板 100×6　JB/T 7643.6—2008

D	H			
	6	8	10	12
63	×			
80	×			
100	×			
125	×	×		
160		×	×	
200		×	×	
250			×	×

注：1. 材料由制造者选定，推荐采用 45 钢、T10A。

2. 图中未注形位公差 t_2 应符合 JB/T 7653—2008 中表 2 的规定。其他应符合 JB/T 7653 的规定。

3. 标记应包括以下内容：①圆形垫板；②垫板直径 D，单位为 mm；③垫板厚度 H，单位为 mm；④本标准代号，即 JB/T 7643.6—2008。

5.3　冲模导向装置的国家标准

5.3.1　滑动导向导柱标准

GB/T 2861.1—2008 标准规定了冲模导向装置滑动导向导柱的结构、尺寸规格与标记，适用于冲模导向装置滑动导向导柱，同时还给出了材料指南和技术要求。冲模导向装置 A 型滑动导向导柱和 B 型滑动导向导柱分别见表 5-21 和表 5-22。

表 5-21　冲模导向装置 A 型滑动导向导柱（摘自 GB/T 2861.1—2008）　　　　　mm

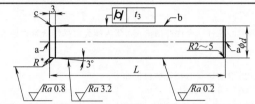

表面粗糙度以 μm 为单位。

a—允许保留中心孔；b—允许开油槽；c—压入端允许采用台阶式导入结构

未注表面粗糙度 $Ra6.3\mu$m；

注：R^* 由制造者决定。

标记示例：$d=20$mm，$L=120$mm 的滑动导向 A 型导柱标记如下：

滑动导向导柱　A20×120　GB/T 2861.1—2008

d h5 或 d h6	L	d h5 或 d h6	L	d h5 或 d h6	L
	90	25	180		200
16	100		130	45	230
	110		150		260
	90		160		290
	100	28	170		200
	110		180		220
18	130		190		230
	150		200	50	240
	160		150		250
	100		160		260
	110	32	170		270
20	120		180		280
	130		190		290
	150		200		300
	160		210		220
	100		160		240
	110	35	180		250
	120		190	55	270
22	130		200		280
	150		210		290
	160		230		300
	180		180		320
	110	40	190		250
	130		200	60	270
25	150		210		280
	160		230		290
	170	45	260		300
			190		320

注：1. 材料由制造者选定，推荐采用 20Cr、GCr15。20Cr 渗碳深度 0.8～1.2mm，硬度 58～62HRC；GCr15 硬度 58～62HRC。

2. t_3 应符合 JB/T 8071 中的规定，其余应符合 JB/T 8070 的规定。

3. Ⅰ级精度模架导柱采用 d h5，Ⅱ级精度模架导柱采用 d h6。当冲裁间隙值＜0.03mm 时，应选用一级精度；当冲裁间隙值＞0.03mm 时，应选用二级精度；对于使用寿命要求较高的复杂模具，如硬质合金模、复杂的连续模，应选用一级精度；对于一般成型工序，则选用二级精度的导柱、导套。

4. 标记应包括以下内容：①滑动导向导柱；②导柱类型 A、B；③导柱直径 d，以 mm 为单位；④导柱长度 L，以 mm 为单位；⑤本部分代号，即 GB/T 2861.1—2008。

表 5-22　冲模导向装置 B 型滑动导向导柱（摘自 GB/T 2861.1—2008）　　mm

表面粗糙度以 μm 为单位。

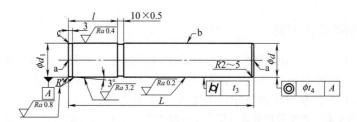

a—允许保留中心孔；b—允许开油槽；c—压入端允许采用台阶式导入结构

未注表面粗糙度 $Ra\,6.3\mu m$；

注：R^* 由制造者决定。

标记示例：$d=20mm$，$L=120mm$ 的滑动导向 B 型导柱标记如下：

　　　滑动导向导柱 B 20×120　GB/T 2861.1—2008

d h5 或 d h6	d_1 r6	L	l
16	16	90	25
		100	
		100	30
		110	
18	18	90	25
		100	
		100	30
		110	
		120	
		110	40
		130	
20	20	100	30
		120	
		120	35
		110	40
		130	
22	22	100	30
		120	
		110	35
		120	
		130	
		110	40
		130	
		130	45
		150	
25	25	110	35
		130	
		130	40
		150	
		130	45
		150	
		150	50
		160	
		180	

d h5 或 d h6	d_1 r6	L	l
28	28	130	40
		150	
		150	45
		170	
		150	50
		160	
		180	
		180	55
		200	
32	32	150	45
		170	
		160	50
		190	
		180	55
		210	
		190	60
		210	
35	35	160	50
		190	
		180	55
		190	
		210	
		190	60
		210	
		200	65
		230	
40	40	180	55
		210	
		190	60
		200	
		210	
		230	
		200	65
		230	
		230	70
		260	
45	45	200	60
		230	
		200	65
		230	
		260	
		230	70
		260	
		260	75
		290	
50	50	200	60
		230	
		220	65
		230	
		240	

续表

d h5 或 d h6	d₁ r6	L	l
		250	65
		260	
		270	
		230	70
		260	
50	50	260	75
		290	
		250	80
		270	
		280	
		300	
		220	65
		240	
		250	
		270	
		250	70
		280	
55	55	250	75
		280	
		250	80
		270	
		280	
		300	
		290	90
		320	
		250	70
60	60	280	
		290	90
		320	

注：1. Ⅰ级精度模架导柱采用 d h5，Ⅱ级精度模架导柱采用 d h6。

2. 材料由制造者选定。推荐采用 20Cr、GCr15。20Cr 渗碳深度 0.8～1.2mm，硬度 58～62HRC；GCr15 硬度58～62HRC。

3. t_3、t_4 应符合 JB/T 8071 中的规定，其余应符合 JB/T 8070 的规定。

4. 标记应包括以下内容：①滑动导向导柱；②导柱类型 A，B；③导柱直径 d，以 mm 为单位；④导柱长度 L，以 mm 为单位；⑤本部分代号，即 GB/T 2861.1—2008。

5.3.2 滚动导向导柱标准

GB/T 2861.2—2008 标准规定了冲模导向装置滚动导向导柱的结构、尺寸规格与标记，适用于冲模导向装置滚动导向导柱，同时还给出了材料指南和技术要求。冲模导向装置滚动导向导柱见表 5-23。

表 5-23　冲模导向装置滚动导向导柱（摘自 GB/T 2861.2—2008）　　　　mm

表面粗糙度以 μm 为单位。

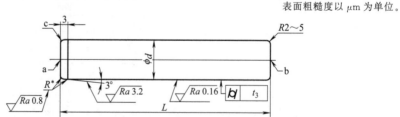

a—允许保留中心孔；b—允许保留中心孔，与限程器相关的结构和尺寸由制造者确定；c—压入端允许采用台阶式导入结构
　　未注表面粗糙度 Ra 6.3μm；

注：R^* 由制造者决定。

标记示例：d＝25mm，L＝160mm 的滚动导向导柱的标记如下：

　　　滚动导向导柱　25×160　GB/T 2861.2—2008

续表

d h5	L	d h5	L	d h5	L
18	130	28	170	40	290
18	140	28	190	40	320
18	155	28	210	45	230
20	130	32	170	45	260
20	140	32	190	45	290
20	145	32	210	45	320
20	155	32	215	50	230
22	145	35	225	50	260
22	155	35	190	50	290
22	160	35	210	50	320
25	155	35	215	55	230
25	160	35	225	55	260
25	170	35	230	55	290
25	190	35	225	55	320
28	155	40	230	60	260
28	160	40	260	60	290
				60	320

注：1. 材料由制造者选定，推荐采用 20Cr、GCr15。20Cr 渗碳深度 0.8～1.2mm，硬度 60～64HRC；GCr15 硬度 60～64HRC。

2. t_3 应符合 JB/T 8071 中的规定，其余应符合 JB/T 8070 的规定。

3. 标记应包括以下内容：①滚动导向导柱；②导柱直径 d，以 mm 为单位；③导柱长度 L，以 mm 为单位；④本部分代号，即 GB/T 2861.2—2008。

5.3.3　滑动导向导套标准

GB/T 2861.3—2008 标准规定了冲模导向装置滑动导向导套的结构、尺寸规格与标记，适用于冲模导向装置滑动导向导套，同时还给出了材料指南和技术要求。冲模导向装置 A 型滑动导向导套和 B 型滑动导向导套分别见表 5-24 和表 5-25。

表 5-24　冲模导向装置 A 型滑动导向导套（摘自 GB/T 2861.3—2008）　　　　mm

表面粗糙度以 μm 为单位。

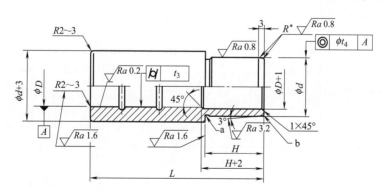

a—砂轮越程槽由制造者确定；b—压入端允许采用台阶式导入结构

未注表面粗糙度 $Ra6.3\mu$m；

注：1. 油槽数量及尺寸由制造者确定；

2. R^* 由制造者决定。

标记示例：$D=20$mm，$L=70$mm，$H=28$mm 的 A 型滑动导向导套标记如下：

　　滑动导向导套　A　$20\times70\times28$　GB/T 2861.3—2008

D H6 或 D H7	d r6 或 d d3	L	H
16	25	60	18
		65	23
18	28	60	18
		65	23
		70	28
20	32	65	23
		70	28
22	35	65	23
		70	28
		80	
		80	33
		85	
25	38	80	28
		80	33
		85	
		90	38
		95	
28	42	85	33
		90	38
		95	
		100	
		110	43
32	45	100	38
		105	43
		110	
		115	48
35	50	105	43
		115	
		115	48
		125	
40	55	115	43
		125	48
		140	53
45	60	125	48
		140	53
		150	58
	65	125	48
50	65	140	53
		150	53
		150	58
		160	63
55	70	150	53
		160	58
		160	63
		170	73

D H6 或 D H7	d r6 或 d d3	L	H
60	76	160	58
		170	73

注：1. Ⅰ级精度模架导柱采用 D H6，Ⅱ级精度模架导柱采用 D H7。

2. 导套压入式采用 d r6，粘接式采用 d d3。

3. 材料由制造者选定，推荐采用 20Cr、GCr15。20Cr 渗碳深度 0.8～1.2mm，硬度 58～62HRC；GCr15 硬度58～62HRC。

4. t_3、t_4 应符合 JB/T 8071 中的规定，其余应符合 JB/T 8070 的规定。

5. 标记应包括以下内容：①滑动导向导套；②导套类型 A；③导柱套直径 d，以 mm 为单位；④导套长度 L，以 mm 为单位；⑤导套固定端长度 H，以 mm 为单位；⑥本部分代号，即 GB/T 2861.3—2008。

表 5-25　冲模导向装置 B 型滑动导向导套（摘自 GB/T 2861.3—2008）　　mm

表面粗糙度以 μm 为单位。

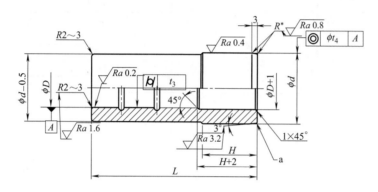

a—压入端允许采用台阶式导入结构

未注表面粗糙度 $Ra6.3\mu m$。

注：1. 油槽数量及尺寸由制造者确定；

2. R^* 由制造者决定。

标记示例：$D=20mm$，$L=70mm$，$H=28mm$ 的 B 型滑动导向导套标记如下：

滑动导向导套　B　20×70×28　GB/T 2861.3—2008

D H6 或 D H7	d r6 或 d d3	L	H
16	25	40	18
		60	18
		65	23
18	28	40	18
		45	23
		60	18
		65	23
		70	28
20	32	45	23
		50	25
		65	23
		70	28
22	35	50	25
		55	27
		65	23
		70	28
		80	33
		85	38

D H6 或 D H7	d r6 或 d d3	L	H
25	38	55	27
		60	30
		80	33
		85	
		90	38
		95	
28	42	60	30
		65	
		85	33
		90	38
		95	
		100	
		110	43
32	45	65	30
		70	33
		100	38
		105	43
		110	
		115	48
35	50	70	33
		105	43
		115	48
		125	
40	55	115	43
		125	48
		140	53
45	60	125	48
		140	53
		150	58
50	65	125	48
		140	53
		150	58
		160	63
55	70	150	53
		160	63
		170	73
60	76	160	58
		170	73

注：1. 0 I 级精度模架导柱采用 D H6，0 II 级精度模架导柱采用 D H7。

2. 材料由制造者选定，推荐采用 20Cr、GCr15。20Cr 渗碳深度 $0.8 \sim 1.2$mm，硬度 $58 \sim 62$HRC；GCr15 硬度 $58 \sim 62$HRC。

3. t_3、t_4 应符合 JB/T 8071 中的规定，其余应符合 JB/T 8070 的规定。

4. 标记应包括以下内容：①滑动导向导套；②导套类型 B；③导柱套直径 d，以 mm 为单位；④导套长度 L，以 mm 为单位；⑤导套固定端长度 H，以 mm 为单位；⑥本部分代号，即 GB/T 2861.3—2008。

5.3.4 滚动导向导套标准

GB/T 2861.4—2008 标准规定了冲模导向装置滚动导向导套的结构、尺寸规格和标记，适用于冲模导向装置滚动导向导套，同时还给出了材料指南和技术要求。冲模导向装置滚动导向导套见表 5-26。

表 5-26　冲模导向装置滚动导向导套（摘自 GB/T 2861.4—2008）　　　　　mm

表面粗糙度以 μm 为单位。

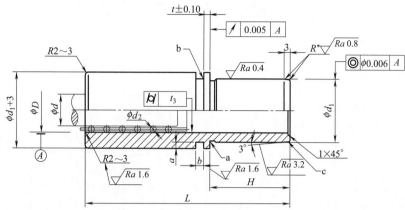

a—砂轮越程槽由制造者确定；b—采用粘接工艺压板槽可取消，相应上模座中螺纹孔不加工；c—压入端允许采用台阶式导入结构

未注表面粗糙度 Ra6.3μm。

注：R* 由制造者决定。

标记示例：d=28mm，L=100mm，H=38mm 的滚动导向导套的标记如下：

滚动导向导套　28×100×38　GB/T 2861.4—2008

基本尺寸		H	钢球	D		d_1　m5	t	b	a
d	L		d_2	基本尺寸	配合要求				
18	80	23		24		38			
	100	30							
	100	33							
20	80	23		26		40	3	5	3
	100	30	3						
	100	33							
22	100	30		28		42			
	100	33							
25	100	30		31		45			
	100	33							
	120	38							
	100	38		33	与滚动导向导柱配合的径向过盈量为 0.01～0.02mm	48			
	105	38							
	125	38							
28	100	38		36		50	4	6	3.5
	105	38							
	120	38	4						
	125	38							
	125	43							
	145	43							
32	120	38		40		55			
	120	48							
	125	43							
	145	43							
	150	48							
35	120	48		45		60			
	150	48							
	120	58							
	150	58							

基本尺寸		H	钢球 d_2	D		d_1 m5	t	b	a
d	L			基本尺寸	配合要求				
40	120	48	4	50	与滚动导向导柱配合的径向过盈量为 0.01～0.02mm	65	4	6	3.5
	150	48							
	120	58							
	150	58							
45	120	58		55		70	5	7	4
	150	58							
	120	63							
	150	63							
50	120	58		60		76			
	150	58							
	120	63							
	150	63							
60	180	78		70		88			

注：1. 导套压入式采用 d r6，粘接式采用 d d3。

2. 材料由制造者选定，推荐采用 20Cr、GCr15。20Cr 渗碳深度 0.8～1.2mm，硬度 60～64HRC；GCr15 硬度 60～64HRC。

3. t_3 应符合 JB/T 8071 中的规定，其余应符合 JB/T 8070 的规定。

4. 标记应包括以下内容：①滚动导向导套；②导套套直径 d，以 mm 为单位；③导套长度 L，以 mm 为单位；④导套固定端长度 H，以 mm 为单位；⑤本部分代号，即 GB/T 2861.4—2008。

5.3.5 钢球保持圈标准

GB/T 2861.5—2008 标准规定了冲模导向装置钢球保持圈的结构、尺寸规格与标记，适用于冲模导向装置钢球保持圈。冲模导向装置钢球保持圈见表 5-27。

表 5-27 冲模导向装置钢球保持圈（摘自 GB/T 2861.5—2008）　　　　　mm

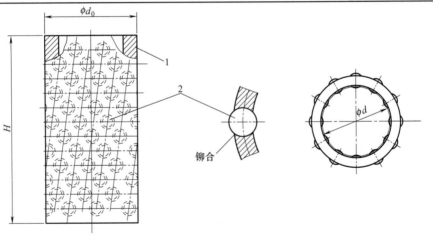

标记示例：$d=25$mm，$d_0=30.5$mm，$H=64$mm 的钢球保持圈标记如下：

钢球保持圈　25×30.5×64　GB/T 2861.5—2008

基本尺寸			零件件号、名称及标准编号		钢球数	
			1	2		
导柱直径 d	钢球保持圈直径 d_0	钢球保持圈长度 H	保持圈	钢球 GB/T 308 (G10 级)		
			数　量	—	普通型	加密型
			1			
			规　格	3		
18	23.5	64	18×23.5×64		124	146
20	25.5		20×25.5×64		146	170

基本尺寸			零件件号、名称及标准编号		钢球数	
			1	2		
导柱直径 d	钢球保持圈直径 d_0	钢球保持圈长度 H	保持圈	钢球 GB/T 308（G10 级）		
			数量			
			1	—	普通型	加密型
			规　格			
22	27.5	64	22×27.5×64	3	146	170
25	30.5	64	25×30.5×64	3	170	190
	32.5	64	25×32.5×64	4	114	132
	32.5	76	25×32.5×76	4	140	162
28	35.5	64	28×33.5×64	3	100	114
		76	28×33.5×76	3	232	260
		84	28×33.5×84	3	260	290
		64	28×35.5×64		132	150
		76	28×35.5×76		162	184
		84	28×35.5×84		182	206
32	39.5	76	32×39.5×76	4	184	206
		84	32×39.5×84	4	206	230
35	42.5	76	35×42.5×76	4	206	228
		84	35×42.5×84	4	230	256
38	45.5	76	38×45.5×76		206	228
		84	38×45.5×84		230	256
	47.5	76	38×47.5×76	5	134	170
		84	38×47.5×84	5	152	192
40	47.5	76	40×47.5×76	4	206	228
		84	40×47.5×84	4	230	256
	49.5	76	40×49.5×76	5	134	170
		84	40×49.5×84	5	152	192
45	52.5	70	45×52.5×70	4	206	226
		80	45×52.5×80	4	240	264
		90	45×52.5×90	4	276	302
	54.5	70	45×54.5×70	5	134	170
		80	45×54.5×80	5	162	200
		90	45×54.5×90	5	186	230
50	57.5	70	50×57.5×70	4	226	246
		80	50×57.5×80	4	264	288
		90	50×57.5×90	4	302	330
	59.5	70	50×59.5×70	5	154	186
		80	50×59.5×80	5	180	220
		90	50×59.5×90	5	208	252
55	64.5	80	55×64.5×80	5	200	238
		90	55×64.5×90	5	230	274
		100	55×64.5×100	5	260	310
	66.5	80	55×66.5×80	6	146	180
		90	55×66.5×90	6	168	208
		100	55×66.5×100	6	190	234
60	69.5	90	60×69.5×90	5	252	296
		100	60×69.5×100	5	284	334
		110	60×69.5×110	5	318	372
	71.5	90	60×71.5×90	6	188	226
		100	60×71.5×100	6	212	256
		110	60×71.5×110	6	236	284

注：1. 应符合 JB/T 8070 的规定。

2. 标记应包括以下内容：①钢球保持圈；②导柱直径 d，以 mm 为单位；③钢球保持圈直径 d_0，以 mm 为单位；④钢球保持圈长度 H，以 mm 为单位；⑤本部分代号，即 GB/T 2861.5—2008。

GB/T 2861.5—2008《冲模导向装置第 5 部分：钢球保持圈》标准中规定的"保持圈"的形式与尺寸见表 5-28。

表 5-28　冲模导向装置中的保持圈（摘自 GB/T 2861.5—2008）　　　　mm

表面粗糙度以 µm 为单位。

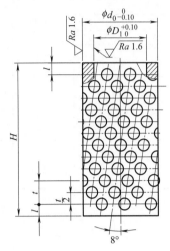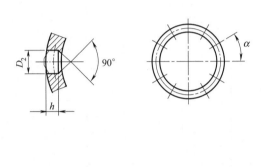

未注表面粗糙度 Ra 6.3µm。

导柱直径 d	d_0	D_1	H	α 普通型	α 加密型	l	t	h	D_2
18	23.5	18.5	64	33°	28°	3	5	1.8	3.1
20	25.5	20.5		28°	24.2°				
22	27.5	22.5		28°	24.2°				
25	30.5	25.5		24.2°	21°				
	32.5		64,76	28°	24.2°	4	6	2.5	4.1
28	33.5	28.5	64,76,84	21.4°	19°	3	5	1.8	3.1
	35.5			28°	21.4°				
32	39.5	28.5	64,76,84	21.4°	19°	4	6	2.5	4.1
35	42.5	35.5		19°	17°				
38	45.5	38.5	76,84	19°	17°				
	47.5			24.2°	19°	5	7	3.2	5.1
40	47.5	40.5		19°	17°	4	6	2.5	4.1
	49.5			24.2°	19°	5	7	3.2	5.1
45	52.5	45.5	70,80,90	17°	15.8°	4	6	2.5	4.1
	54.5			21.4°	17°	5	7	3.2	5.1
50	57.5	50.5		15.8°	14.5°	4	6	2.5	4.1
	59.5			19°	15.8°	5	7	3.2	5.1
55	64.5	55.5	80,90,100	17°	14.5°	5	7	3.2	5.1
	66.5			21.4°	17°	6	8	3.9	6.1
60	69.5	60.5	90,100,110	15.8°	13.4°	5	7	3.2	5.1
	71.5			21.4°	17°	6	8	3.9	6.1

注：材料由制造者选定，推荐采用 H62、2A11、SFB-1（聚四氟乙烯）。

5.3.6　圆柱螺旋压缩弹簧标准

GB/T 2861.6—2008 标准规定了冲模导向装置圆柱螺旋压缩弹簧的结构、尺寸规格和标记，适用于冲模导向装置圆柱螺旋压缩弹簧，同时还给出了材料指南和技术要求。冲模导向装置圆柱螺旋压缩弹簧见表 5-29。

表 5-29 冲模导向装置圆柱螺旋压缩弹簧（摘自 GB/T 2861.6—2008） mm

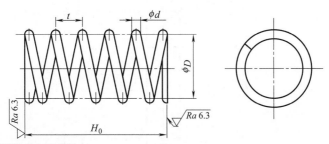

未注表面粗糙度的表面为非加工表面。

两端面压紧 1.75 圈并磨平。

标记示例：$d = 1.6$mm，$D = 22$mm，$H_0 = 72$mm 的圆柱螺旋压缩弹簧的标记如下：

圆柱螺旋压缩弹簧 $1.6 \times 22 \times 72$ GB/T 2861.6—2008

d	D	t	H_0	有效圈 n	总圈 n_1	弹簧刚度 p /(N/mm)
1.6	22	10	72	7	8.5	1.08
	24					0.81
	26		62	6	6.5	0.74
			72	7	8.5	0.63
	30	14	65	4.5	6	0.63
			79	5.5	7	0.51
			87	6	7.5	0.47
	32	15	62	4	5.5	0.57
			69	4.5	6	0.50
			77	5	6.5	0.46
			86	5.5	7	0.41
2	37	17	79	4.5	6	0.69
			87	5	6.5	0.62
	40	19	78	4	5.5	0.72
			88	4.5	6	0.55
	45	21	107	5	6.5	0.72
	50		128	6	7.5	
			149	7	8.5	
	55		107	5	6.5	0.74
			128	6	7.5	
			149	7	8.5	

注：1. 材料 65Mn，硬度 44～50HRC。

2. 其他应符合 JB/T 8070 的规定。

3. 标记应包括以下内容：①圆柱螺旋压缩弹簧；②钢丝直径 d，以 mm 为单位；③弹簧中径 D，以 mm 为单位；④弹簧长度 H_0，以 mm 为单位；⑤本部分代号，即 GB/T 2861.6—2008。

5.3.7 滑动导向可卸导柱标准

GB/T 2861.7—2008 标准规定了冲模导向装置滑动导向可卸导柱的结构、尺寸规格和标记，适用于冲模导向装置滑动导向可卸导柱，同时还给出了材料指南和技术要求。冲模导向装置滑动导向可卸导柱见表 5-30。

表 5-30　冲模导向装置滑动导向可卸导柱（摘自 GB/T 2861.7—2008） mm

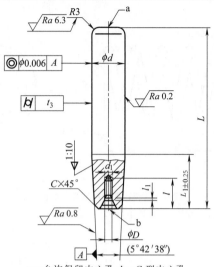

a—允许保留中心孔；b—C 型中心孔

未注表面粗糙度 $Ra6.3\mu m$。

标记示例：$d=20mm,L_0=130mm,H=40mm$ 的滑动导向可卸导柱标记如下：

滑动导向可卸导柱　$20\times130\times40$　GB/T 2861.7—2008

d h5 或 d h6	L	L_1	装配高度 L_0	模座厚度 H	D	d_1	l_1	l	C
20	89	29	100	30	6.4	M6-6H	1.5	20	
	109		120						
	99	39	110	40					
	119		130						
22	87	29	100	30					
	107		120						
	97	34	110	35					
	117		130						
	97	39	110	40					
	117		130						
	117	44	130	45					
	137		150						
25	97	34	110	35	8.4	M8-6H	2	28	1.5
	115		130						
	117	39	130	40					
	137		150						
	117	44	130	45					
	137		150						
	137	49	150	50					
	147		160						
	167		180						
28	117	39	130	40					
	135		150						
	137	44	150	45					
	157		170						
	137	49	150	50					
	147		160						
	167		180						
	167	54	180	55					
	187		200						

dh5 或 dh6	L	L_1	装配高度 L_0	模座厚度 H	D	d_1	l_1	l	C
32	137	44	150	45	8.4	M8-6H	2	28	2
	157		170						
	147	49	160	50					
	177		190						
	167	54	180	55					
	187		200						
	177	59	190	60					
	197		210						
35	147	49	160	50					
	177		190						
	167	54	180	55					
	177		190						
	197		210						
	177	59	190	60					
	197		210						
	187	64	200	65					
	217		230						
40	161	54	180	55	13	M12-6H	3	35	
	191		210						
	171	59	190	60					
	181		200						
	191		210						
	211		230						
	181	64	200	65					
	211		230						
	211	70	230	70					
	241		260						
45	181	60	200	60					
	211		230						
	181	64	200	65					
	211		230						
	241		260						
	211	69	230	70					
	241		260						
	241	74	260	75					
	271		290						
50	181	59	200	60					
	211		230						
	201	64	220	65					
	211		230						
	221		240						
	231		250						
	241		260						
	251		270						
	211	69	230	70					
	241		260						
	241	74	260	75					
	271		290						
	231	79	250	80					
	251		270						

$d\,h5$ 或 $d\,h6$	L	L_1	装配高度 L_0	模座厚度 H	D	d_1	l_1	l	C
50	261	79	280	80					
	281		300						
55	201	64	220	65	13	M12-6H	3	35	2
	221		240						
	231		250						
	251		270						
	231	69	250	70					
	261		280						
	231	74	250	75					
	261		280						
	231	79	250	80					
	251		270						
	261		280						
	281		300						
	271	89	290	90					
	301		320						
60	231	69	250	70					
	261		280						
	271	89	290	90					
	301		320						

注：1. Ⅰ级精度模架导柱采用 d h5，Ⅱ级精度模架导柱采用 d h6。

2. 材料由制造者选定，推荐采用 20Cr。表面渗碳深度 0.8～1.2mm，硬度 58～62HRC。

3. t_3 应符合 JB/T 8071 中的规定，其余应符合 JB/T 8070 的规定。

4. 标记应包括以下内容：①滑动导向可卸导柱；②导柱直径 d，以 mm 为单位；③配合高度 L_0，以 mm 为单位；④模座厚度 H，以 mm 为单位；⑤本标准代号，即 GB/T 2861.7—2008。

GB/T 2861.7—2008《冲模导向装置 第 7 部分：滑动导向可卸导柱》标准中规定的"滑动导向可卸导柱组件"的形式与尺寸见表 5-31。

表 5-31 冲模导向装置滑动导向可卸导柱组件（摘自 GB/T 2861.7—2008） mm

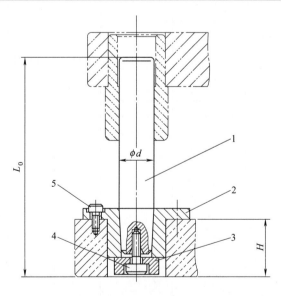

1—导柱；2—衬套；3—垫圈；4,5—螺钉

基本尺寸			零件件号、名称及标准编号				
			1	2	3	4	5
			导柱 GB/T 2861.7	衬套 GB/T 2861.9	垫圈 GB/T 2861.10	螺钉 GB/T 70.1	螺钉 GB/T 70.1
导柱直径 d	装配高度 L_0	模座高度 H	数 量				
			1	1	1	1	3
			规 格				
20	100	30	20×89×29	20×30	6×30	M6×20	M5×14
	120		20×109×29				
	110	40	10×99×39	20×40			
	130		20×119×39				
22	100	30	22×87×29	22×30	8×33		
	120		22×107×29				
	110	35	22×97×34	22×35			
	130		22×117×34				
	110	40	22×97×39	22×40			
	130		22×117×39				
	130	45	22×117×44	22×45			
	150		22×137×44				
25	110	35	25×97×34	25×35	8×36	M8×28	M6×16
	130		25×117×34				
	130	40	25×117×39	25×40			
	150		25×137×39				
	130	45	25×117×44	25×45			
	150		25×137×44				
	150	50	25×137×49	25×50			
	160		25×147×49				
	180		25×167×49				
28	130	40	28×117×39	28×40	8×40		
	150		28×137×39				
	150	45	28×137×44	28×45			
	170		28×157×44				
	150	50	28×137×49	28×50			
	160		28×147×49				
	180		28×167×49				
	180	55	28×167×54	28×55			
	200		28×187×54				
32	150	45	32×137×44	32×45	8×43	M8×28	M6×16
	170		32×157×44				
	160	50	32×147×49	32×50			
	190		32×177×49				
	180	55	32×167×54	32×55			
	200		32×187×54				
	190	60	32×177×59	32×60			
	210		32×197×59				
35	160	50	35×147×49	35×50	8×48	M8×28	M6×16
	190		35×177×49				
	180	55	35×167×54	35×55			
	190		35×177×54				
	210		35×197×54				
	190	60	35×177×59	35×60			
	210		35×197×59				
	200	65	35×187×64	35×65			
	230		35×217×64				

续表

基本尺寸			零件件号、名称及标准编号				
			1	2	3	4	5
导柱直径 d	装配高度 L_0	模座高度 H	导柱 GB/T 2861.7	衬套 GB/T 2861.9	垫圈 GB/T 2861.10	螺钉 GB/T 70.1	螺钉 GB/T 70.1
					数　量		
			1	1	1	1	3
					规　格		
40	180	55	40×161×54	40×55	12×53	M12×35	M8×20
	210	55	40×191×54	40×55			
	190	60	40×171×59	40×60			
	200	60	40×181×59	40×60			
	210	60	40×191×59	40×60			
	230	60	40×211×59	40×60			
	200	65	40×181×64	40×65			
	230	65	40×211×64	40×65			
	230	70	40×211×69	40×70			
	260	70	40×241×69	40×70			
45	200	60	45×181×59	45×60	12×58		
	230	60	45×211×59	45×60			
	200	65	45×181×64	45×65			
	230	65	45×211×64	45×65			
	260	65	45×241×64	45×65			
	230	70	45×211×69	45×70			
	260	70	45×241×69	45×70			
	260	75	45×241×74	45×75			
	290	75	45×271×74	45×75			
50	200	60	50×181×59	50×60	12×63		
	230	60	50×211×59	50×60			
	220	65	50×201×64	50×65			
	230	65	50×211×64	50×65			
	240	65	50×221×64	50×65			
	250	65	50×231×64	50×65			
	260	65	50×241×64	50×65			
	270	65	50×251×64	50×65			
	230	70	50×211×69	50×70			
	260	70	50×241×69	50×70			
	260	75	50×241×74	50×75			
	290	75	50×271×74	50×75			
	250	80	50×231×79	50×80			
	270	80	50×251×79	50×80			
	280	80	50×261×79	50×80			
	300	80	50×281×79	50×80			
55	220	65	55×201×64	55×65	12×68	M12×40	M10×25
	240	65	55×221×64	55×65			
	250	65	55×231×64	55×65			
	270	65	55×251×64	55×65			
	250	70	55×231×69	55×70			
	280	70	55×261×69	55×70			
	250	75	55×231×74	55×75			
	280	75	55×261×74	55×75			

基本尺寸			零件件号、名称及标准编号				
			1	2	3	4	5
			导柱 GB/T 2861.7	衬套 GB/T 2861.9	垫圈 GB/T 2861.10	螺钉 GB/T 70.1	螺钉 GB/T 70.1
导柱直径 d	装配高度 L_0	模座高度 H	数　量				
			1	1	1	1	3
			规　格				
55	250	80	55×231×74	55×80	12×68	M12×40	M10×25
	270		55×251×74				
	280		55×261×74				
	300		55×281×74				
	290	90	55×271×89	55×90			
	320		55×301×89				
60	250	70	60×231×69	60×70	12×74	M12×40	M10×25
	280		60×261×69				
	290	90	60×271×89	60×90			
	320		60×301×89				

注：衬套与下模座可采用粘接工艺固定。

5.3.8　滚动导向可卸导柱标准

GB/T 2861.8—2008 标准规定了冲模导向装置滚动导向可卸导柱的结构、尺寸规格和标记，适用于冲模导向装置滚动导向可卸导柱，同时还给出了材料指南和技术要求。冲模导向装置滚动导向可卸导柱见表 5-32。

表 5-32　冲模导向装置滚动导向可卸导柱（摘自 GB/T 2861.8—2008）　　　mm

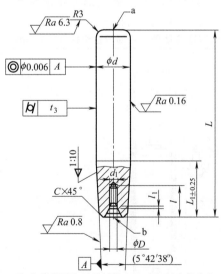

a—允许保留中心孔，与限制器相关的结构和尺寸由制造者确定；b—C 型中心孔
未注表面粗糙度 $Ra\,6.3\mu m$。
标记示例：$d=20mm$，$L_0=160mm$，$H=40mm$ 的滚动导向可卸导柱标记如下：
　　　　　滚动导向可卸导柱　20×160×40　GB/T 2861.8—2008

d h5	L	L_1	装配高度 L_0	模座厚度 H	D	d_1	l_1	l	C
20	149	39	160	40	6.4	M6-6H	1.5	20	1.5
22	147				8.4	M8×6H	2	28	
	147	44		45					

续表

$d\,\mathrm{h}5$	L	L_1	装配高度 L_0	模座厚度 H	D	d_1	l_1	l	C
25	142	39	155	40					
	147	44	160	45					
	182		195						
	177	49	190	50					
28	142	39	155	40	8.4	M8×6H	2	28	1.5
	147	44	160	45					
	182		195						
	177	49	190	50					
	182		195						
	202	54	215	55					
32	182		195						
	202		215						
	182		195						
	202	59	215	60					
35	182		195						
	202		215						
40	176	59	195	60					2
	196		215						
	211		230						
45	211	64	230	65	13	M12-6H	3	35	
	231		250						
	271	69	290	70					
50	211	64	230	65					
	231		250						
	271	69	290	70					

注：1. 材料由制造者选定，推荐采用 20Cr。表面渗碳深度 0.8～1.2mm，硬度 60～64HRC。

2. t_3 应符合 JB/T 8071 中的规定，其余应符合 JB/T 8070 的规定。

3. 标记应包括以下内容：①滚动导向可卸导柱；②导柱直径 d，以 mm 为单位；③配合高度 L_0，以 mm 为单位；④模座厚度 H，以 mm 为单位；⑤本标准代号，即 GB/T 2861.8—2008。

GB/T 2861.8—2008《冲模导向装置　第 8 部分：滚动导向可卸导柱》标准中规定的"滚动导向可卸导柱组件"的形式与尺寸见表 5-33。

表 5-33　冲模导向装置滚动导向可卸导柱组件（摘自 GB/T 2861.8—2008）　　　mm

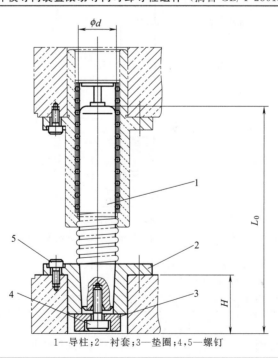

1—导柱；2—衬套；3—垫圈；4，5—螺钉

基本尺寸			零件件号、名称及标准编号				
			1	2	3	4	5
			导柱 GB/T 2861.8	衬套 GB/T 2861.9	垫圈 GB/T 2861.10	螺钉 GB/T 70.1	螺钉 GB/T 70.1
导柱直径 d	装配高度 L_0	模座高度 H	数　量				
			1	1	1	1	3
			规　格				
20	160	40	20×149×39	20×40	6×30	M6×20	M5×14
22	160	40	22×147×39	22×40	8×33	M8×28	M6×16
22	160	45	22×147×44	22×45			
25	155	40	25×142×39	25×40	8×36		
25	160	45	25×147×44	25×45			
25	195	45	25×182×44	25×45			
25	190	50	25×177×49	25×50			
28	155	40	28×142×39	28×40	8×40		
28	160	45	28×147×44	28×45			
28	195	45	28×182×44	28×45			
28	190	50	28×177×49	28×50			
28	195	55	28×182×54	28×55			
28	215	55	28×202×54	28×55			
32	195	55	32×182×54	32×55	8×43		
32	215	55	32×202×54	32×55			
32	195	60	32×182×59	32×60			
32	215	60	32×202×59	32×60			
35	195	60	35×182×59	35×60	8×48		
35	215	60	35×202×59	35×60			
40	195	60	40×176×59	40×60	12×53	M12×35	M8×20
40	215	60	40×196×59	40×60			
40	230	65	40×211×64	40×65			
45	230	65	45×211×64	45×65	12×58		
45	250	65	45×231×64	45×65			
45	290	70	45×271×69	45×70			
50	230	65	50×211×64	50×65	12×63		
50	250	65	50×231×64	50×65			
50	290	70	50×271×69	50×70			

注：衬套与下模座可采用粘接工艺固定。

5.3.9　衬套标准

GB/T 2861.9—2008 标准规定了冲模导向装置衬套的结构、尺寸规格和标记，适用于冲模导向装置衬套，同时还给出了材料指南和技术要求。冲模导向装置衬套见表 5-34。

表 5-34 冲模导向装置衬套（摘自 GB/T 2861.9—2008） mm

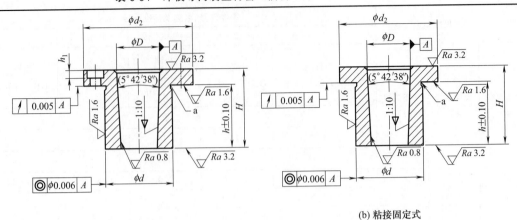

(b) 粘接固定式

a—砂轮越程槽，由制造者确定

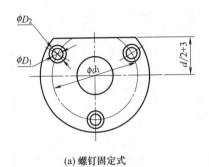

(a) 螺钉固定式

未注表面粗糙度 Ra 6.3μm。

标记示例：$D=20$mm，$H=40$mm 的衬套标记如下：

衬套 20×40 GB/T 2861.9—2008

D	H	d		d_1	d_2		D_1	D_2	h	h_1
		螺钉固定 m5	粘接固定 d3		螺钉固定	粘接固定				
20	30	32		42	52	38	5.5	10	20	6
	40								30	
22	30	35		45	55	42	6.6	12	18	7
	35								23	
	40								28	
	45								33	
25	35	38		48	58	45	6.6	12	23	7
	40								28	
	45								33	
	50								38	
28	40	42		52	62	50	6.6	12	28	7
	45								33	
	50								38	
	55								43	
32	45	45		55	65	55	6.6	12	33	7
	50								38	
	55								43	
	60								48	
35	50	50		60	70	60	6.6	12	38	7
	55								43	
	60								48	
	65								53	

D	H	d		d_1	d_2		D_1	D_2	h	h_1
		螺钉固定 m5	粘接固定 d3		螺钉固定	粘接固定				
40	55	55		73	91	65	9	15	37	9
	60								42	
	65								47	
	70								52	
45	60	60		78	96	70	9	15	42	9
	65								47	
	70								52	
	75								57	
50	60	65		82	100	75	9	15	42	9
	65								47	
	70								52	
	75								57	
	80								62	
55	65	70		94	114	82	11	18	47	11
	70								52	
	75								57	
	80								62	
	90								72	
60	70	76		100	120	90	11	18	52	11
	90								72	

注：1. 材料由制造者选定，推荐采用 45 钢，硬度 43～48HRC。

2. 应符合 JB/T 8070 的规定。

3. 标记应包括以下内容：①衬套；②衬套直径 D，以 mm 为单位；③衬套长度 H，以 mm 为单位；④本标准代号，即 GB/T 2861.9—2008。

5.3.10　垫圈标准

GB/T 2861.10—2008 标准规定了冲模导向装置垫圈的结构、尺寸规格和标记，适用于冲模导向装置垫圈，同时还给出了材料指南和技术要求。冲模导向装置垫圈见表 5-35。

表 5-35　冲模导向装置垫圈（摘自 GB/T 2861.10—2008）　　　　　　　　　　mm

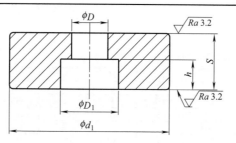

表面粗糙度以 μm 为单位。

未注表面粗糙度 Ra 6.3μm。

未注倒角 1mm×45°。

标记示例：$d=6$mm，$d_1=30$mm 的垫圈标记如下：

　　　　垫圈　6×30　GB/T 2861.10—2008

螺钉直径 d	D	D_1	d_1	S	h
6	6.4	12	30	9	6
8	8.4	15	33	11	8
			36		
			40		
			43		
			48		

续表

螺钉直径 d	D	D₁	d₁	S	h
12	13	22	53	16	12
			58		
			63		
			68		
			74		

注：1. 材料由制造者选定，推荐采用 45 钢，硬度 28～32HRC，表面发蓝处理。

2. 其他应符合 JB/T 8070 的规定。

3. 标记应包括以下内容：①垫圈；②螺钉直径 d，以 mm 为单位；③垫圈直径 d_1，以 mm 为单位；④本标准代号，即 GB/T 2861.10—2008。

5.3.11 压板标准

GB/T 2861.11—2008 标准规定了冲模导向装置压板的结构、尺寸规格和标记，适用于冲模导向装置用压板，同时还给出了材料指南和技术要求。冲模导向装置压板见表 5-36。

表 5-36 冲模导向装置压板（摘自 GB/T 2861.11—2008）　　　　mm

表面粗糙度以 μm 为单位。

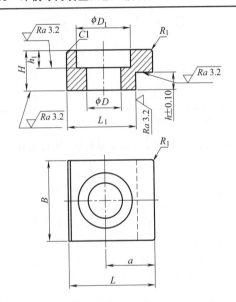

未注表面粗糙度 Ra6.3μm。

标记示例：$L=16$mm，$B=20$mm 的压板标记如下：

　　　压板　16×20　GB/T 2861.11—2008

螺钉直径 d	D	L	B	H	a	L₁	h	D₁	h₁
4	4.5	12	12	6	6.5	9	2.7	8	2
5	5.5	14	15	8	7.5	11	2.7	10	3
6	6.5	16	20	8	8.5	12.5	3.7	11	3
8	8.5	20	20	10	11.5	16	4.7	14	4
10	10.5	24	24	12	12.5	19.5	5.7	17	5

注：1. 材料由制造者选定，推荐采用 45 钢，硬度 28～32HRC，表面发蓝处理。

2. 其他应符合 JB/T 8070 的规定。

3. 标记应包括以下内容：①压板；②压板长度 L，以 mm 为单位；③压板宽度 B，以 mm 为单位；④本标准代号，即 GB/T 2861.11—2008。

5.4　冲模导向装置的行业标准

JB/T 7645.1～7645.8—2008 标准分别规定了冲模导向装置的 A 型小导柱、B 型小导柱、小导套、压板固定式导柱、压板固定式导套、压板、导柱座和导套座。

5.4.1 A型小导柱标准

JB/T 7645.1—2008 标准规定了冲模导向装置 A 型小导柱的尺寸规格和标记，适用于冲模 A 型小导柱，同时还给出了材料指南和技术要求。冲模导向装置 A 型小导柱见表 5-37。

表 5-37　冲模导向装置 A 型小导柱（摘自 JB/T 7645.1—2008）　　　　　mm

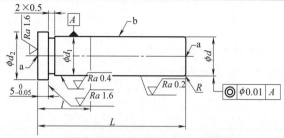

a—允许保留两端的中心孔；b—允许开油槽

未注表面粗糙度 Ra6.3μm。

标记示例：d＝16mm,L＝70mm 的 A 型小导柱标记如下：
　　　A 型小导柱　16×70　JB/T 7645.1—2008

d h5	d₁ m6	d₂	L	l	R
10	10	13	40	14	1
			50		
			60		
12	12	15	50	16	
			60		
			70		
16	16	19	60	20	2
			70		
			80		
20	20	24	80	25	3
			100		
			120		

注：1. 材料由制造者选定，推荐采用 20Cr，表面渗碳深度 0.8～1.2mm，表面硬度 58～62HRC。
2. 其他应符合 JB/T 7653 的规定。
3. 标记应包括以下内容：①A 型小导柱；②小导柱直径 d，以 mm 为单位；③小导柱长度 L，以 mm 为单位；④本标准代号，即 JB/T 7645.1—2008。

5.4.2 B型小导柱标准

JB/T 7645.2—2008 标准规定了冲模导向装置 B 型小导柱的尺寸规格和标记，适用于冲模 B 型小导柱，同时还给出了材料指南和技术要求。冲模导向装置 B 型小导柱见表 5-38。

表 5-38　冲模导向装置 B 型小导柱（摘自 JB/T 7645.2—2008）　　　　　mm

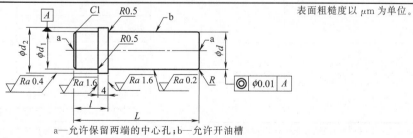

a—允许保留两端的中心孔；b—允许开油槽

未注表面粗糙度 Ra6.3μm。

标记示例：d＝16mm,L＝70mm 的 B 型小导柱标记如下：
　　　B 型小导柱　16×70　JB/T 7645.2—2008

续表

d h5	d_1 m6	d_2	L	l	R
10	10	13	40 50 60	13	1
12	12	15	50 60 70	15	
16	16	19	60 70 80	19	2
20	20	24	80 100 120	24	3

注：1. 材料由制造者选定，推荐采用 20Cr，表面渗碳深度 0.8～1.2mm，表面硬度 58～62HRC。

2. 其他应符合 JB/T 7653 的规定。

3. 标记应包括以下内容：①B 型小导柱；②小导柱直径 d，以 mm 为单位；③小导柱长度 L，以 mm 为单位；④本标准代号，即 JB/T 7645.2—2008。

5.4.3 小导套标准

JB/T 7645.3—2008 标准规定了冲模导向装置小导套的尺寸规格和标记，适用于冲模小导套，同时还给出了材料指南和技术要求。冲模导向装置小导套见表 5-39。

表 5-39 冲模导向装置小导套（摘自 JB/T 7645.3—2008）   mm

表面粗糙度以 μm 为单位。

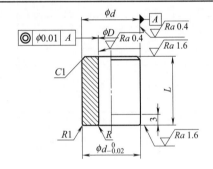

未注表面粗糙度 $Ra6.3\mu m$。

标记示例：$d=12mm$，$L=16mm$ 的小导套标记如下：

小导套 12×16 JB/T 7645.3—2008

D H5	d r6	L	R
10	16	10 12 14	1
12	18	12 14 16	
16	22	16 18 20	1.5
20	26	20 22 25	2

注：1. 材料由制造者选定，推荐采用 20Cr，表面渗碳深度 0.8～1.2mm，表面硬度 58～62HRC。

2. 其他应符合 JB/T 7653 的规定。

3. 标记应包括以下内容：①小导套；②小导套直径 d，以 mm 为单位；③小导套长度 L，以 mm 为单位；④本标准代号，即 JB/T 7645.3—2008。

5.4.4 压板固定式导柱标准

JB/T 7645.4—2008标准规定了冲模导向装置压板固定式导柱的尺寸规格和标记,适用于冲模压板固定式导柱,同时还给出了材料指南和技术要求。冲模导向装置压板固定式导柱见表5-40。

表5-40 冲模导向装置压板固定式导柱(摘自JB/T 7645.4—2008) mm

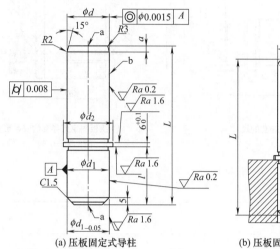

表面粗糙度以 μm 为单位。

(a) 压板固定式导柱
a—允许保留两端中心孔;b—允许开油槽
未注表面粗糙度 $Ra6.3\mu m$。

(b) 压板固定式导柱的安装形式
1—导柱;2—螺钉;3—压板

标记示例:$d=63mm,L=250mm$ 的压板固定式导柱标记如下:
压板固定式导柱 63×250 JB/T 7645.4—2008

d h6	L	d_1 m6	d_2	l
63	224	63	71	76
	250			
	280			
	315			
80	250	80	90	100
	280			
	315			
	355			
	400			
100	315	100	112	125
	345			
	400			
	450			

注:1. 材料由制造者选定,推荐采用20Cr、Cr15。20Cr表面渗碳深度0.8~1.2mm,表面硬度58~62HRC;Cr15硬度58~62HRC。

2. 其他应符合JB/T 7653的规定。

3. 标记应包括以下内容:①压板固定式导柱;②导柱直径 d,以 mm 为单位;③导柱长度 L,以 mm 为单位;④本标准代号,即 JB/T 7645.4—2008。

5.4.5 压板固定式导套标准

JB/T 7645.5—2008标准规定了冲模导向装置压板固定式导套的尺寸规格和标记,适用于冲模压板固定式导套,同时还给出了材料指南和技术要求。冲模导向装置压板固定式导套见表 5-41。

表 5-41 冲模导向装置压板固定式导套（摘自 JB/T 7645.5—2008） mm

表面粗糙度以 μm 为单位。

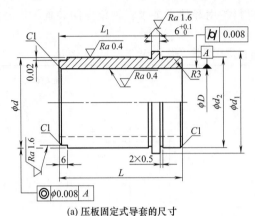

(a) 压板固定式导套的尺寸

(b) 压板固定式导套的安装形式
1—导柱；2—压板；3—螺钉

未注表面粗糙度 $Ra 6.3 \mu m$。

标记示例：$D=63mm$ 的压板固定式导套标记如下：

压板固定式导套 63 JB/T 7645.5—2008

D H7	d m6	d_1	d_2	L	L_1
63	78	87	78	100	76
80	100	110	100	125	100
100	120	130	120	160	125

注：1. 材料由制造者选定，推荐采用 20Cr、Cr15。20Cr 表面渗碳深度 0.8～1.2mm，硬度 58～62HRC；Cr15 硬度 58～62HRC。

2. 应符合 JB/T 7653 的规定。

3. 标记应包括以下内容：①压板固定式导套；②导套直径 D，以 mm 为单位；③本标准代号，即 JB/T 7645.5—2008。

5.4.6 压板标准

JB/T 7645.6—2008 标准规定了冲模导向装置压板的尺寸规格和标记，适用于冲模压板固定式导柱、导套的压板，同时还给出了材料指南和技术要求。冲模导向装置压板见表 5-42。

表 5-42 冲模导向装置压板（摘自 JB/T 7645.6—2008） mm

表面粗糙度以 μm 为单位。

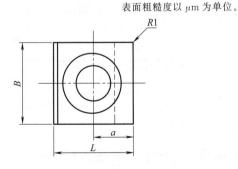

未注表面粗糙度 $Ra 6.3 \mu m$。

标记示例：$L=28mm$ 的压板标记如下：

压板 28 JB/T 7645.6—2008

螺钉直径	d	L	B	H	a	L_1	h	D	h_1
12	12.5	28	28	14	14.5	21.5	5.7	22	6

注：1. 材料由制造者选定，推荐采用 20 钢。

2. 应符合 JB/T 7653 的规定。

3. 标记应包括以下内容：①压板；②压板长度 L，以 mm 为单位；③本标准代号，即 JB/T 7645.6—2008。

5.4.7　导柱座标准

JB/T 7645.7—2008 标准规定了冲模导向装置导柱座的尺寸规格和标记，适用于冲模导柱座，同时还给出了材料指南和技术要求。冲模导向装置导柱座见表 5-43。

表 5-43　冲模导向装置导柱座（摘自 JB/T 7645.7—2008）　　　　　mm

表面粗糙度以 μm 为单位。

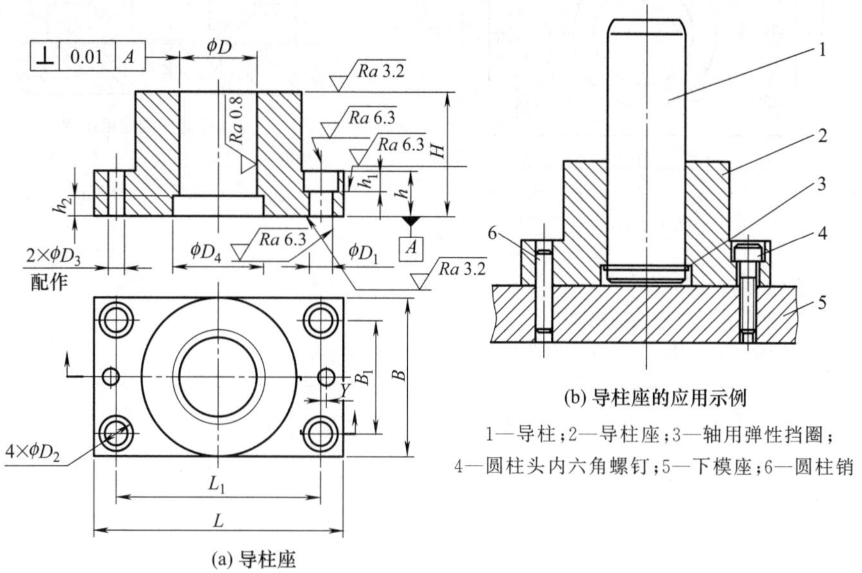

(b) 导柱座的应用示例

1—导柱；2—导柱座；3—轴用弹性挡圈；
4—圆柱头内六角螺钉；5—下模座；6—圆柱销

(a) 导柱座

未注表面粗糙度 $Ra6.3\mu m$。

标记示例：$D=20mm$ 的导柱座标记如下：

导柱座　20　JB/T 7645.7—2008

D N7	L	B	H	h	D_1	D_2	h_1	L_1	B_1	D_3 H7	Y	D_4	h_2
20	80	45	32	18				60	25	8	3	30	6.5
25	90	56	40	18	9	15	8	71	35.5	8	3	36	6.5
32	112	71	50	20				90	50	8	4	46	7.5
40	132	85	63	25	11	18	10	106	60	10	4	52	7.5
50	160	112	80	28	13	22	12	132	80	12	5	66	8
63	200	132	100	40	17	28	16	160	90	16	5	80	8

注：1. 材料由制造者选定，推荐采用 HT200。

2. 应符合 JB/T 7653 的规定。

3. 标记应包括以下内容：①导柱座；②导柱孔直径 D，以 mm 为单位；③本标准代号，即 JB/T 7645.7—2008。

5.4.8　导套座标准

JB/T 7645.8—2008 标准规定了冲模导向装置导套座的尺寸规格和标记，适用于冲模导套座，同时还给出了材料指南和技术要求。冲模导向装置导套座见表 5-44。

表 5-44　冲模导向装置导套座（摘自 JB/T 7645.8—2008）　　　　　　　　mm

表面粗糙度以 μm 为单位。

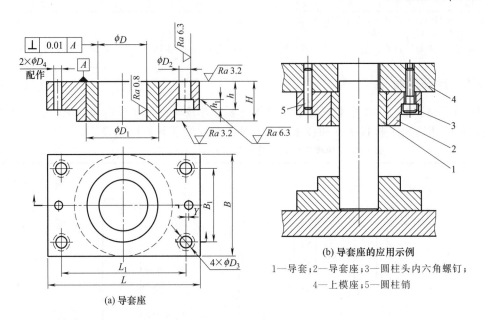

(a) 导套座

(b) 导套座的应用示例

1—导套；2—导套座；3—圆柱头内六角螺钉；

4—上模座；5—圆柱销

未注表面粗糙度 Ra6.3μm。

标记示例：D＝20mm 的导套座标记如下：

导套座　20　JB/T 7645.8—2008

D N7	L	B	H	h	D_1	D_2	D_3	h_1	L_1	B_1	D_4 H7	Y
20	80	45	32	18	32				60	25		3
25	90	56	40	18	38	9	15	8	71	35.5	8	
32	112	71	50	20	45				90	50		4
40	132	85	63	25	56	11	18	10	106	60	10	
50	160	112	80	28	71	13	22	12	132	80	12	5
63	200	132	100	40	80	17	28	16	160	90	16	

注：1. 导套材料和油槽的设置由制造者决定。

2. 材料由制造者选定，推荐采用 HT200。

3. 其他应符合 JB/T 7653 的规定。

4. 标记应包括以下内容：①导套座；②导柱孔直径 D，以 mm 为单位；③本标准代号，即 JB/T 7645.8—2008。

5.5　冲模定位装置标准

5.5.1　冲模导正销零件标准

JB/T 7647—2008 标准规定的冲模导正销包括 A 型导正销、B 型导正销、C 型导正销和 D 型导正销。

（1）A 型导正销标准

JB/T 7647.1—2008 标准规定了冲模 A 型导正销的尺寸规格和标记，适用于冲模 A 型导正销，同时还给出了材料指南和技术要求。冲模 A 型导正销见表 5-45。

表 5-45　冲模 A 型导正销（摘自 JB/T 7647.1—2008）　　mm

表面粗糙度以 μm 为单位。

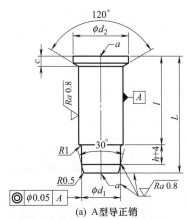

(a) A 型导正销

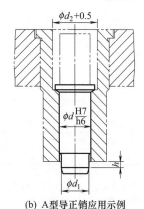

(b) A 型导正销应用示例

未注表面粗糙度 Ra6.3μm。

允许保留中心孔。

标记示例：$d=6$mm，$d_1=2$mm，$L=32$mm 的 A 型导正销标记如下：

　　A 型导正销　6×2×32　JB/T 7647.1—2008

d h6	d_1 h6	d_2	c	L	l
5	0.99～4.9	8	2	25	16
6	1.5～5.9	9		32	20
8	2.4～7.9	11			
10	3.9～9.9	13	3	36	25
13	4.9～11.9	16			
16	7.9～15.9	19		40	32

注：1. h 尺寸设计时决定。

2. 材料由制造者选定，推荐采用 9Mn2V，硬度 52～56HRC。

3. 其他应符合 JB/T 7653 的规定。

4. 标记应包括以下内容：①A 型导正销；②导正销直径 d，单位为 mm；③导正销导向部分直径 d_1，单位为 mm；④导正销长度 L，单位为 mm；⑤本标准代号，即 JB/T 7647.1—2008。

（2）B 型导正销标准

JB/T 7647.2—2008 标准规定了冲模 B 型导正销的尺寸规格和标记，适用于冲模 B 型导正销，同时还给出了材料指南和技术要求。冲模 B 型导正销见表 5-46。

表 5-46　冲模 B 型导正销（摘自 JB/T 7647.2—2008）　　mm

表面粗糙度以 μm 为单位。

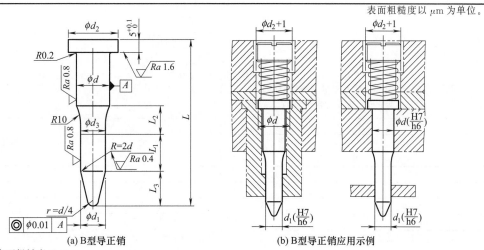

(a) B 型导正销　　　　(b) B 型导正销应用示例

未注表面粗糙度 Ra6.3μm。

标记示例：$d=8$mm，$d_1=6$mm，$L=63$mm 的 B 型导正销标记如下：

　　B 型导正销　8×6×63　JB/T 7647.2—2008

d h6	d_1 h6	d_2	L					
			56	63	71	80	90	100
5	0.99~4.9	8	×	×	×	×	×	×
6	1.9~5.9	9	×	×	×	×	×	×
8	2.4~7.9	11	×	×	×	×	×	×
10	3.9~9.9	13	×	×	×	×	×	×
13	4.9~12.9	16	×	×	×	×	×	×
16	7.9~15.9	19	×	×	×	×	×	×
20	11.9~19.9	24	×	×	×	×	×	×
25	15.0~24.9	29	×	×	×	×	×	×
32	19.9~31.9	36	×	×	×	×	×	×

注：1. L_1、L_2、L_3、d_3 尺寸头部形状由设计时决定。

2. 材料由制造者选定，推荐采用 9Mn2V，硬度 52~56HRC。

3. 其他应符合 JB/T 7653 的规定。

4. 标记应包括以下内容：①B 型导正销；②导正销杆直径 d，单位为 mm；③导正销导向部分直径 d_1，单位为 mm；④导正销长度 L，单位为 mm；⑤本标准代号，即 JB/T 7647.2—2008。

（3）C 型导正销标准

JB/T 7647.3—2008 标准规定了冲模 C 型导正销的尺寸规格和标记，适用于冲模 C 型导正销，同时还给出了材料指南和技术要求。冲模 C 型导正销见表 5-47。

表 5-47　冲模 C 型导正销（摘自 JB/T 7647.3—2008）　　　　　　　mm

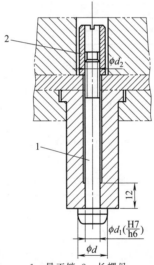

1—导正销；2—长螺母

标记示例：$d=6.2$mm 的 C 型导正销标记如下：

C 型导正销　6.2　JB/T 7647.3—2008

基本尺寸		导正销	长螺母
d h6	d_1		
4~6	4	4~6	M4
>6~8	5	>6~8	M5
>8~10	6	>8~10	M6
>10~12		>10~12	

注：标记应包括以下内容：①C 型导正销；②导正销杆直径 d，单位为 mm；③本标准代号，即 JB/T 7647.3—2008。

JB/T 7647.3—2008 标准规定的导正销的结构与尺寸见表 5-48。

JB/T 7647.3—2008 标准规定的长螺母的结构与尺寸见表 5-49。

表 5-48　冲模 C 型导正销结构与尺寸（摘自 JB/T 7647.3—2008）　　　mm

表面粗糙度以 μm 为单位。

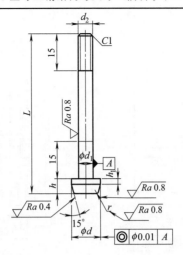

未注表面粗糙度 $Ra\,6.3\mu$m。

标记示例：$d=6.2$mm 的导正销标记如下：

　　导正销　6.2　JB/T 7647.3—2008

d h6	d_1 h6	d_2	h	r	L					
					71	80	90	100	112	125
4～6	4	M4	4	1	×	×	×	×	×	
>6～8	5	M4	5	1	×	×	×	×	×	×
>8～10	6	M6	5	2	×	×	×	×	×	×
>10～12	6	M6	6	2	×	×	×	×	×	×

注：1. h_1 尺寸设计时确定。

2. 材料由制造者选定，推荐采用 9Mn2V，硬度 52～56HRC。

3. 其他应符合 JB/T 7653 的规定。

4. 标记应包括以下内容：①导正销；②导正销直径 d，单位为 mm；③本标准代号，即 JB/T 7647.3—2008。

表 5-49　冲模 C 型导正销的长螺母结构与尺寸（摘自 JB/T 7647.3—2008）　　　mm

表面粗糙度以 μm 为单位。

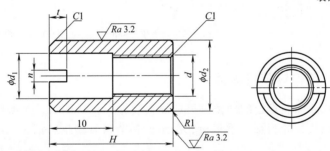

未注表面粗糙度 $Ra\,6.3\mu$m。

标记示例：$d=$M5 的长螺母标记如下：

　　长螺母　M5　JB/T 7647.3—2008

d	d_1	d_2	n	t	H
M4	4.5	8	1.2	2.5	16
M5	5.5	9	1.2	2.5	18
M6	6.5	11	1.5	3	20

注：1. 材料由制造者选定，推荐采用 45 钢，硬度 43～48HRC。

2. 应符合 JB/T 7653 的规定。

3. 标记应包括以下内容：①长螺母；②长螺母直径 d，单位为 mm；③本标准代号，即 JB/T 7647.3—2008。

（4）D 型导正销标准

JB/T 7647.4—2008 标准规定了冲模 D 型导正销的尺寸规格和标记，适用于冲模 D 型导正销，同时还给出了材料指南和技术要求。冲模 D 型导正销见表 5-50。

表 5-50　冲模 D 型导正销（摘自 JB/T 7647.4—2008）　　　　　mm

表面粗糙度以 μm 为单位。

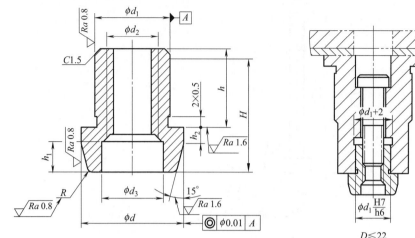

(a) D型导正销

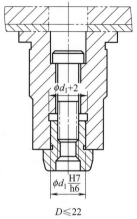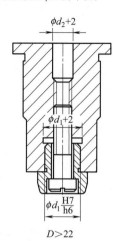

$D\leqslant22$　　　　$D>22$

(b) D型导正销应用示例

未注表面粗糙度 $Ra6.3\mu m$。

标记示例：$d=20mm$，$H=16mm$ 的 D 型导正销标记：D 型导正销　20×16　JB/T 7647.4—2008

d h6	d_1 h6	d_2	d_3	H	h	h_1	R
12～14	10	M6	7	14	8	4	2
>14～18	12	M8	9			6	
>18～22	14			16			
>22～26	16	M10	16	20	10	7	
>26～30	18			22			3
>30～40	22	M12	19	26	12	8	
>40～50	26			28			

注：1. h_2 尺寸设计时确定。

2. 材料由制造者选定，推荐采用 9Mn2V，硬度 52～56HRC。

3. 其他应符合 JB/T 7653 的规定。

4. 标记应包括以下内容：①D 导正销；②导正销直径 d，单位为 mm；③导正销高度 H，单位为 mm；④本标准代号，即 JB/T 7647.4—2008。

5.5.2　冲模侧刃和导料装置零件

JB/T 7648—2008 标准规定的冲模侧刃和导料装置，包括侧刃、A 型侧刃挡块、B 型侧刃挡块、C 型侧刃挡块、导料板、承料板、A 型抬料销和 B 型抬料销 8 个部分。

（1）侧刃标准

JB/T 7648.1—2008 标准规定了冲模侧刃的尺寸规格和标记，适用于冲模侧刃，同时还给出了材料指南和技术要求。冲模侧刃见表 5-51。

表 5-51　冲模侧刃（摘自 JB/T 7648.1—2008）　　　　　mm

表面粗糙度以 μm 为单位。

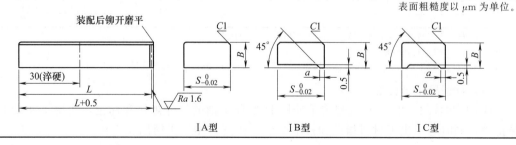

IA型　　　　　IB型　　　　　IC型

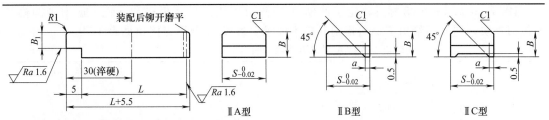

ⅡA型　　　　　　　　ⅡB型　　　　　　　　ⅡC型

刃口部分表面粗糙度 $Ra0.8\mu m$。

其余未注表面粗糙度 $Ra6.3\mu m$。

标记示例：$S=15.2mm$，$B=8mm$，$L=50mm$ 的 ⅡA型侧刃标记如下：

　　　　侧刃　ⅡA型 $15.2\times8\times50$　JB/T 7648.1—2008

S	B	B₁	a	L					
				45	50	56	63	71	80
5.2	4	2	1.2	×	×				
6.2			1.2	×	×				
7.2			1.2	×	×				
8.2			1.2	×	×				
9.2			1.5	×	×				
10.2			1.5	×	×				
7.2	6	3	1.2	×	×				
8.2			1.5	×	×				
9.2			1.5	×	×				
10.2			1.5	×	×				
10.2	8	4			×	×			
11.2					×	×			
12.2					×	×			
13.2					×	×			
14.2					×	×			
15.2					×	×			
15.2	10	5	2	×	×	×	×		
16.2				×	×	×	×		
17.2				×	×	×	×		
18.2				×	×	×	×		
19.2					×	×	×	×	
20.2					×	×	×	×	
21.2					×	×	×	×	
22.2					×	×	×	×	
23.2					×	×	×	×	
24.2					×	×	×	×	
25.2					×	×	×	×	
26.2					×	×	×	×	
27.2				×	×	×	×		
28.2				×	×	×	×		
29.2				×	×	×	×		
30.2				×	×	×	×		
30.2	12	6	2.5			×	×	×	×
32.2						×	×	×	×
34.2						×	×	×	×
36.2						×	×	×	×
38.2						×	×	×	×
40.2						×	×	×	×

注：1. S 尺寸按使用要求修正。

2. 材料由制造者选定，推荐采用T10A，硬度56～60HRC。

3. 应符合JB/T 7653的规定。

4. 标记应包括以下内容：①侧刃；②侧刃类型 ⅠA、ⅠB、ⅠC、ⅡA、ⅡB、ⅡC；③侧刃步距 S，单位为mm；④侧刃宽度 B，单位为mm；⑤侧刃高度 L，单位为mm；⑥本部分代号，即JB/T 7648.1—2008。

（2）A 型侧刃挡块标准

JB/T 7648.2—2008 标准规定了冲模 A 型侧刃挡块的尺寸规格和标记，适用于冲模 A 型侧刃挡块，同时还给出了材料指南和技术要求。冲模 A 型侧刃挡块见表 5-52。

表 5-52　冲模 A 型侧刃挡块（摘自 JB/T 7648.2—2008）　　　　　mm

表面粗糙度以 μm 为单位。

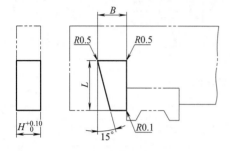

未注表面粗糙度 $Ra6.3\mu m$。

标记示例：$L=16mm$，$H=6mm$ 的 A 型侧刃挡块

标记如下：

A 型侧刃挡块　16×6　JB/T 7648.2—2008

L	B	H
16	10	4
		6
20	12	4
		6
		8
25	16	12
		16

注：1. 外形尺寸与导料板配合的公差按 H7/m6。

2. 材料由制造者选定，推荐采用 T10A，硬度 56～60HRC。

3. 应符合 JB/T 7653 的规定。

4. 标记应包括以下内容：① A 型侧刃挡块；②侧刃挡块长度 L，单位为 mm；③侧刃挡块厚度 H，单位为 mm；④本部分代号，即 JB/T 7648.2—2008。

（3）B 型侧刃挡块标准

JB/T 7648.3—2008 标准规定了冲模 B 型侧刃挡块的尺寸规格和标记，适用于冲模 B 型侧刃挡块，同时还给出了材料指南和技术要求。冲模 B 型侧刃挡块见表 5-53。

表 5-53　冲模 B 型侧刃挡块（摘自 JB/T 7648.3—2008）　　　　　mm

表面粗糙度以 μm 为单位。

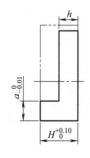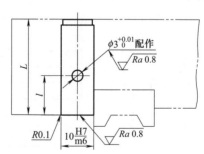

未注表面粗糙度 $Ra1.6\mu m$。

标记示例：$L=25mm$，$H=8mm$ 的 B 型侧刃挡块标记如下：

B 型侧刃挡块　25×8　JB/T 7648.3—2008

L	H	h h9	a	l
16	4	2	4	10
	6	3	5	
25	8	4	6	12
32	10	5		

L	H	h h9	a	l
32	12	6	6	12
40	16	8	7	15

注：1. 材料由制造者选定，推荐采用 T10A，硬度 56～60HRC。

2. 应符合 JB/T 7653 的规定。

3. 标记应包括以下内容：① B 型侧刃挡块；② 侧刃挡块长度 L，单位为 mm；③ 侧刃挡块厚度 H，单位为 mm；④ 本部分代号，即 JB/T 7648.3—2008。

（4）C 型侧刃挡块标准

JB/T 7648.4—2008 标准规定了冲模 C 型侧刃挡块的尺寸规格和标记，适用于冲模 C 型侧刃挡块，同时还给出了材料指南和技术要求。冲模 C 型侧刃挡块见表 5-54。

表 5-54　冲模 C 型侧刃挡块（摘自 JB/T 7648.4—2008）　　　　　mm

表面粗糙度以 μm 为单位。

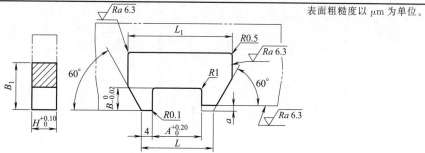

未注表面粗糙度 $Ra0.8\mu$m。

标记示例：A=15mm 的 C 型侧刃挡块标记如下：　C 型侧刃挡块　15　JB/T 7648.4—2008

A	B	H	L	L_1	B_1	a
5	4	4	14	20	10	2
7			16	22		
9			18	24		
7	6		16	22	12	
9			18	24		
10	8	6	18	26	14	
12			20	28		
14			22	30		
15	10	8	24	36	18	25
17			26	38		
19			28	40		
21			30	42		
23			32	44		
25			34	46		
27			36	48		
29			38	50		
30	12	12	42	52	22	25
34			46	58		
36			48	60		
38			50	62		

注：1. 外形尺寸与导料板配合的公差按 H7/m6。

2. 材料由制造者选定，推荐采用 T10A，硬度 56～60HRC。

3. 其他应符合 JB/T 7653 的规定。

4. 标记应包括以下内容：① C 型侧刃挡块；② 侧刃挡块槽长 A，单位为 mm；③ 本部分代号，即 JB/T 7648.4—2008。

（5）导料板标准

JB/T 7648.5—2008 标准规定了冲模导料板的尺寸规格和标记，适用于冲模导料板，同时还给出了材料指南和技术要求。冲模导料板见表 5-55。

表 5-55　冲模导料板（摘自 JB/T 7648.5—2008）　　　　　　mm

表面粗糙度以 μm 为单位。

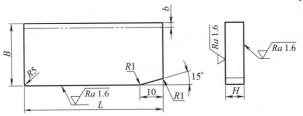

未注表面粗糙度 $Ra6.3\mu m$。

b 为设计修正量。

标记示例：$L=100mm$，$B=32mm$，$H=8mm$ 的导料板标记如下：

导料板　100×32×8　JB/T 7648.5—2008

L	B	4	6	8	10	12	16	18
50	16	×	×					
	20	×	×					
63	16	×	×					
	20	×	×					
71	16	×	×					
	20	×	×					
80	20	×	×					
	25		×	×				
	32		×	×				
	36		×	×				
100	20	×	×					
	25		×	×				
	32		×	×				
	36		×	×				
	40		×	×	×			
	45			×	×	×		
125	20	×	×					
	25		×	×				
	32		×	×				
	36		×	×				
	40		×	×	×			
	45			×	×	×		
	50			×	×	×		
160	20	×	×					
	25		×	×				
	32		×	×				
	36		×	×				
	40		×	×	×			
	45			×	×	×		
	50			×	×	×		
200	25			×	×			

L	B	4	6	8	10	12	16	18
200	32		×	×	×			
	36		×	×	×			
	40		×	×	×			
	45			×	×	×		
	50			×	×	×		
	56				×	×	×	
	63				×	×	×	
250	25		×	×				
	32		×	×				
	36		×	×				
	40		×	×	×			
	45			×	×	×		
	50			×	×	×		
	56				×	×	×	
	63				×	×	×	
	71					×	×	×
315	25		×	×				
	32		×	×				
	36		×	×				
	40		×	×	×			
	45			×	×	×		
	50			×	×	×		
	56				×	×	×	
	63				×	×	×	
400	40		×	×	×			
	45			×	×			
	50			×	×	×		
	56				×	×	×	
	63				×	×	×	
	71					×	×	×

注：1. 材料由制造者选定，推荐采用 45 钢，硬度 28～32HRC。

2. 其他应符合 JB/T 7653 的规定。

3. 标记应包括以下内容：①导料板；②导料板长度 L，单位为 mm；③导料板宽度 B，单位为 mm；④导料板厚度 H，单位为 mm；⑤本部分代号，即 JB/T 7648.5—2008。

（6）承料板标准

JB/T 7648.6—2008 标准规定了冲模承料板的尺寸规格和标记，适用于冲模承料板，同时还给出了材料指南和技术要求。冲模承料板见表 5-56。

表 5-56　冲模承料板（摘自 JB/T 7648.6—2008）　　　　　　　mm

表面粗糙度以 μm 为单位。

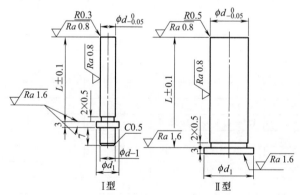

未注表面粗糙度 $Ra\,12.5\mu m$。

标记示例：$L=100mm$，$B=40mm$ 的承料板标记如下：

承料板　100×40　JB/T 7648.6—2008

L	B	H	S	L	B	H	S
50			35	160			140
63			48	200	40		175
80	20		65	250		3	225
100		2	85	160			140
125			110	200			175
100	40		85	250	63		225
125			110	315		4	285

注：1. 材料由制造者选定。

2. 应符合 JB/T 7653 的规定。

3. 标记应包括以下内容：①承料板；②承料板长度 L，单位为 mm；③承料板宽度 B，单位为 mm；④本部分代号，即 JB/T 7648.6—2008。

（7）A 型抬料销标准

JB/T 7648.7—2008 标准规定了冲模 A 型抬料销的尺寸规格和标记，适用于冲模 A 型抬料销，同时还给出了材料指南和技术要求。冲模 A 型抬料销见表 5-57。

表 5-57　冲模 A 型抬料销（摘自 JB/T 7648.7—2008）　　　　　mm

表面粗糙度以 μm 为单位。

未注表面粗糙度 $Ra\,6.3\mu m$。

标记示例：$d=6mm$，$L=22mm$ 的 AⅠ型抬料销标记如下：

A 型抬料销　　Ⅰ 6×22

JB/T 7648.7—2008

	基本尺寸	4	6	8	10	13	16	20
d	极限偏差	$\begin{matrix}0\\-0.008\end{matrix}$		$\begin{matrix}0\\-0.009\end{matrix}$		$\begin{matrix}0\\-0.011\end{matrix}$		$\begin{matrix}0\\-0.013\end{matrix}$
d_1		6	8	10	13	16	19	23
	10	×	×					
L	15	×	×	×				
	20	×	×	×				

d	基本尺寸	4	6	8	10	13	16	20
	极限偏差	0 -0.008		0 -0.009		0 -0.011		0 -0.013
d_1		6	8	10	13	16	19	23
L	22	×	×	×				
	25	×	×	×	×	×		
	28	×	×	×	×	×		
	30	×	×	×	×	×	×	×
	33	×	×	×	×	×	×	×
	36	×	×	×	×	×	×	×
	40	×	×	×	×	×	×	×
	45			×	×	×	×	×
	50			×	×	×	×	×
	60					×	×	×
	70						×	×

注：1. 材料由制造者选定，推荐采用 T10A，硬度 52～56HRC。

2. 其他应符合 JB/T 7653 的规定。

3. 标记应包括以下内容：①A 型抬料销；②A 型抬料销的型号Ⅰ、Ⅱ；③抬料销直径 d，单位为 mm；④抬料销长度 L，单位为 mm；⑤本部分代号，即 JB/T 7648.7—2008。

（8）B 型抬料销标准

JB/T 7648.8—2008 标准规定了冲模 B 型抬料销的尺寸规格和标记，适用于冲模 B 型抬料销，同时还给出了材料指南和技术要求。冲模 B 型抬料销见表 5-58。

表 5-58 冲模 B 型抬料销（摘自 JB/T 7648.8—2008）　　　　mm

表面粗糙度以 μm 为单位。

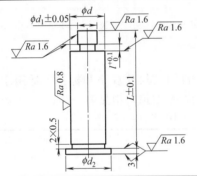

未注表面粗糙度 $Ra6.3\mu m$。

标记示例：$d=6mm,L=22mm,t=1mm$ 的 B 型抬料销

标记如下：

B 型抬料销　　6×22×1　JB/T 7648.8—2008

d	基本尺寸	4	6	8	10	13	16	20
	极限偏差	0 -0.008		0 -0.009		0 -0.011		0 -0.013
d_1		2	3.6	5	6	7	8	10
d_2		6	8	10	13	16	19	23
t		0.5～0.8	1.0～1.6	1.0～2.0	1.6～2.5	2.5～3.6	2.5～4.0	3.6～5.0
l		5		7				12
L	10	×	×					
	15	×	×	×				
	20	×	×	×				
	22	×	×	×				
	25	×	×	×	×	×		
	28	×	×	×	×	×		
	30	×	×	×	×	×	×	×
	33	×	×	×	×	×	×	×
	36	×	×	×	×	×	×	×
	40	×	×	×	×	×	×	×
	45			×	×	×	×	×

续表

	基本尺寸	4	6	8	10	13	16	20
d	极限偏差	$\begin{matrix}0\\-0.008\end{matrix}$		$\begin{matrix}0\\-0.009\end{matrix}$		$\begin{matrix}0\\-0.011\end{matrix}$		$\begin{matrix}0\\-0.013\end{matrix}$
d_1		2	3.6	5	6	7	8	10
d_2		6	8	10	13	16	19	23
t		0.5~0.8	1.0~1.6	1.0~2.0	1.6~2.5	2.5~3.6	2.5~4.0	3.6~5.0
l		5		7			12	
L	50				×	×	×	×
	60				×	×	×	×
	70						×	×

注：1. 材料由制造者选定，推荐采用 T10A，硬度 52～56HRC。

2. 其他应符合 JB/T 7653 的规定。

3. 标记应包括以下内容：①B 型抬料销；②抬料销直径 d；③抬料销长度 L，单位为 mm；④抬料销宽度 t，单位为 mm；⑤本部分代号，即 JB/T 7648.8—2008。

5.5.3　冲模挡料和弹顶装置零件标准

JB/T 7649—2008 标准规定了冲模挡料和弹顶装置包括始用挡料装置、弹簧芯柱、弹簧侧压装置、侧压簧片、弹簧弹顶挡料装置、扭簧弹顶挡料装置、回带式挡料装置、钢球弹顶装置、活动挡料销和固定挡料销等 10 个部分。

（1）始用挡料装置标准

JB/T 7649.1—2008 标准规定了冲模始用挡料装置的尺寸规格和标记，适用于冲模始用挡料装置，同时还给出了装置中始用挡料块的尺寸规格、材料指南、技术要求和标记。冲模始用挡料装置见表 5-59。

表 5-59　冲模始用挡料装置（摘自 JB/T 7649.1—2008）　　　　　　　　mm

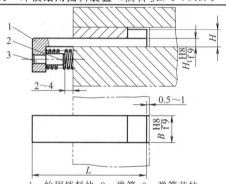

1—始用挡料块；2—弹簧；3—弹簧芯柱

标记示例：$L=45$mm，$H=6$mm 的始用挡料装置标记如下：

始用挡料装置　45×6　JB/T 7649.1—2008

\multicolumn{2}{c}{基本尺寸}	始用挡料块	弹簧 GB/T 2089	弹簧芯柱 JB/T 7649.2	\multicolumn{2}{c}{基本尺寸}	始用挡料块	弹簧 GB/T 2089	弹簧芯柱 JB/T 7649.2
L	H				L	H			
36		35×4			71	8	71×8		
40	4	40×4	0.5×6×20	4×16	50		50×10		
45		45×4			56		56×10		
36		36×6			63	10	63×10	0.8×8×20	6×16
40		40×6			71		71×10		
45		45×6			80		80×10		
50	6	50×6			50		50×12		
56		56×6			56		56×12		
63		63×6	0.8×8×20	6×16	63	12	63×12		
71		71×6			71		71×12	1.0×10×20	8×18
45		45×8			80		80×12		
50	8	50×8			80	16	80×16		
56		56×8			90	16	90×16		
63		63×8			90	12	90×12		

注：标记应包括以下内容：①始用料装置；②始用挡料块长度 L，单位为 mm；③始用挡料块厚度 H，单位为 mm；④本部分代号，即 JB/T 7649.1—2008。

本标准规定的始用挡料装置中，始用挡料块的结构与尺寸见表5-60。

（2）弹簧芯柱标准

JB/T 7649.2—2008标准规定了冲模弹簧芯柱的尺寸规格和标记，适用于冲模弹簧芯柱，同时还给出了材料指南和技术要求。冲模弹簧芯柱见表5-61。

表5-60　冲模始用挡料装置中的始用挡料块（摘自 JB/T 7649.1—2008）　　　　mm

表面粗糙度以 μm 为单位。

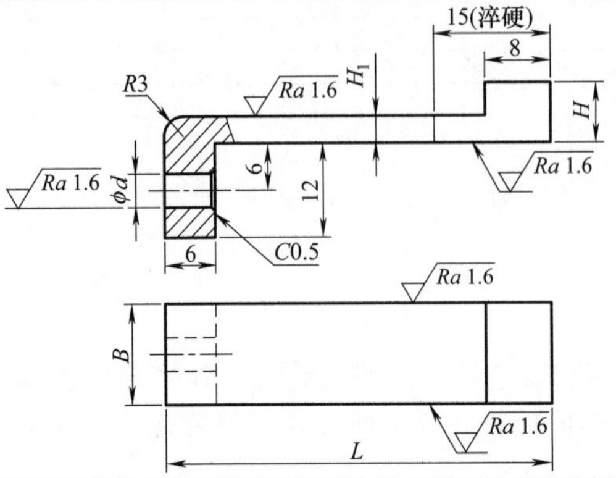

未注表面粗糙度 Ra6.3μm。

标记示例：L=45mm，H=6mm 的始用挡料块标记如下：

始用挡料块 45×6　JB/T 7649.1—2008

L	B	H	H₁	d
	f9	c12	f9	H7
36	6	4	2	3
40				
45				
36		6	3	4
40				
45				
50				
56				
63				
71				
45	8	8	4	
50				
56				
63				
71				
50	10	10	5	6
56				
63				
71				
80				
50	12	12	6	
56				
63				
71				
80				
90				
80	16	16	8	
90				

注：1. 材料由制造者选定，推荐采用45钢，硬度43～48HRC。

2. 其他应符合 JB/T 7653 的规定。

3. 标记应包括以下内容：①始用挡料块；②始用挡料块长度 L，单位为 mm；③始用挡料块厚度 H，单位为 mm；④本部分代号，即 JB/T 7649.1—2008。

表 5-61 冲模弹簧芯柱（摘自 JB/T 7649.2—2008） mm

表面粗糙度以 μm 为单位。

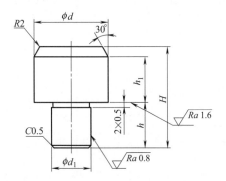

未注表面粗糙度 $Ra6.3\mu m$。

标记示例：$d=20mm$ 的弹簧芯柱标记如下：

弹簧芯柱 20 JB/T 7649.2—2008

d	d_1 r6	H	h	h_1
4	3	16	6	6
6	4			
8	6	18		8
10		20	8	
12	8	25	10	10
16	10	30	12	12
20				
25	12	40	16	16
32	12	45	20	20
40				

（3）弹簧侧压装置标准

JB/T 7649.3—2008 标准规定了冲模弹簧侧压装置的尺寸规格和标记，适用于冲模弹簧侧压装置，同时还给出了装置中侧压板的尺寸规格、材料指南、技术要求和标记。冲模弹簧侧压装置见表 5-62。

表 5-62 冲模弹簧侧压装置（摘自 JB/T 7649.3—2008） mm

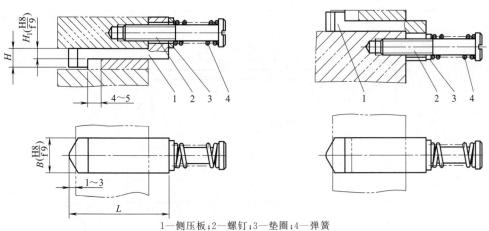

1—侧压板；2—螺钉；3—垫圈；4—弹簧

标记示例：$L=38mm$，$H=6mm$ 的弹簧侧压装置标记如下：

弹簧侧压装置 38×6 JB/T 7649.3—2008

基本尺寸		侧压板	螺钉	垫圈 GB/T 97.1	弹簧 GB/T 2089
L	H				
27	4	27×4			
34		34×4			
38		38×4			
27	6	27×6	M5×35	5	0.8×8×20
34		34×6			
38		38×6			
42		42×6			
47		47×6			
52		52×6			
58		58×6			
65		65×6			
38	8	38×8			
42		42×8			
47		47×8			
52		52×8			
58		58×8			
65		65×8			
42	10	42×10	M6×45	6	0.8×8×20
47		47×10			
52		52×10			
58		58×10			
65		65×10			
73		73×10			
42	12	42×12			
47		47×12			
52		52×12			
58		58×12			
65		65×12			
73		73×12			
65	16	65×16			
73		73×16			

注：标记应包括以下内容：①侧压弹簧装置；②侧压板长度 L，单位为 mm；③侧压板厚度 H，单位为 mm；④本部分代号，即 JB/T 7649.3—2008。

本标准规定的弹簧侧压装置中，侧压板的结构与尺寸见表 5-63。

表 5-63 弹簧侧压装置中的侧压板（摘自 JB/T 7649.3—2008） mm

表面粗糙度以 μm 为单位。

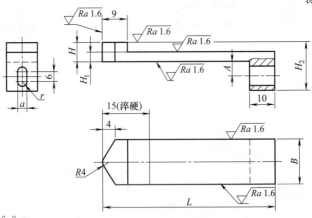

未注表面粗糙度 $Ra\,6.3\mu m$。

标记示例：$L=38mm$，$H=6mm$ 的侧压板标记如下：

侧压板 38×6 JB/T 7649.3—2008

L	B f9	H c12	H₁ f9	H₂	A	a	r
27							
34	12	4	2	18			
38							
27							
34							
38							
42							
47	14	6	3	20			
52					6	5.5	2.75
58							
65							
38							
42							
47							
52	16	8	4	22			
58							
65							
42							
47							
52							
58	18	10	5	27			
65							
73							
42					8	6.5	3.25
47							
52		12	6				
58	20			32			
65							
73							
65		16	7				
73							

注：1. 材料由制造者选定，推荐采用 45 钢，硬度 43～48HRC。

2. 其他应符合 JB/T 7653 的规定。

3. 标记应包括以下内容：①侧压板；②侧压板长度 L，单位为 mm；③侧压板厚度 H，单位为 mm；④本部分代号，即 JB/T 7649.3—2008。

（4）侧压簧片标准

JB/T 7649.4—2008 标准规定了冲模侧压簧片的尺寸规格和标记，适用于冲模侧压簧片，同时还给出了材料指南和技术要求。冲模侧压簧片见表 5-64。

表 5-64　冲模侧压簧片（摘自 JB/T 7649.4—2008）　　　　　　　　　　　mm

表面粗糙度以 μm 为单位。

(a) 侧压簧片　　　　　　　　　　　(b) 侧压簧片的应用示例

未注表面粗糙度 Ra 12.5μm。

标记示例：B =5.8mm 的侧压簧片标记如下：

　　侧压簧片　5.8　JB/T 7649.4—2008

B	3.8	5.8	7.8	9.8

注：1. 材料由制造者选定，推荐采用 65Mn，硬度 42～46HRC。

2. 其他应符合 JB/T 7653 的规定。

3. 标记应包括以下内容：①侧压簧片；②侧压簧片宽度 B，单位为 mm；③本部分代号，即 JB/T 7649.4—2008。

（5）弹簧弹顶挡料装置标准

JB/T 7649.5—2008 标准规定了冲模弹簧弹顶挡料装置的尺寸规格和标记，适用于冲模弹簧弹顶挡料装置，同时还给出了装置中弹簧弹顶挡料销的尺寸规格、材料指南、技术要求和标记。冲模弹簧弹顶挡料装置见表 5-65。

表 5-65　冲模弹簧弹顶挡料装置（摘自 JB/T 7649.5—2008）　　　　mm

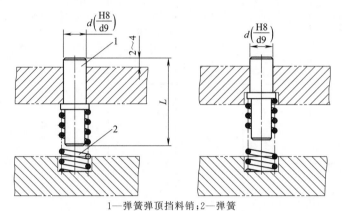

1—弹簧弹顶挡料销；2—弹簧

标记示例：$d=6mm$，$L=22mm$ 的弹簧弹顶挡料装置标记如下：

弹簧弹顶挡料装置　6×22　JB/T 7649.5—2008

基本尺寸		弹簧弹顶挡料销	弹簧 GB/T 2089	基本尺寸		弹簧弹顶挡料销	弹簧 GB/T 2089
d	L			d	L		
4	18	4×18	0.5×6×20	10	30	10×30	1.6×12×30
	20	4×20			32	10×32	
6	20	6×20	0.8×8×30	12	34	12×34	1.6×16×40
	22	6×22			36	12×36	
	24	6×24	0.8×8×30		40	12×40	
	26	6×26		16	36	16×36	2×20×40
8	24	8×24	1×10×30		40	16×40	
	26	8×26			50	16×50	
	28	8×28		20	50	20×50	2×20×50
	30	8×30			55	20×55	
10	26	10×26	1.6×12×30		60	20×60	
	28	10×28					

注：标记应包括以下内容：①弹簧弹顶挡料装置；②弹簧弹顶挡料销直径 d，单位为 mm；③弹簧弹顶挡料销长度 L，单位为 mm；④本部分代号，即 JB/T 7649.5—2008。

本标准规定的弹簧弹顶挡料装置中，弹簧弹顶挡料销的结构与尺寸见表 5-66。

表 5-66　冲模弹簧弹顶挡料装置中的弹簧弹顶挡料销（摘自 JB/T 7649.5—2008）　　mm

表面粗糙度以 μm 为单位。

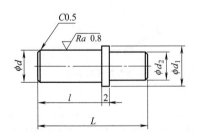

未注表面粗糙度 $Ra6.3\mu m$。

标记示例：$d=6mm$，$L=22mm$ 的弹簧弹顶挡料销标记如下：

弹簧弹顶挡料销 6×22　JB/T 7649.5—2008

d d9	d_1	d_2	l	L	d d9	d_1	d_2	l	L
4	6	3.5	10	18	10	12	8	18	30
			12	20				20	30
6	8	5.5	10	20	12	14	10	22	34
			12	22				24	36
			14	24				28	40
			16	26	16	18	14	24	36
8	10	7	12	24				28	40
			14	26				35	50
			16	28	20	23	15	35	50
			18	30				40	55
10	12	8	14	26				45	60
			16	28					

注：1. 材料由制造者选定，推荐采用 45 钢，硬度 43～48HRC。

2. 其他应符合 JB/T 7653 的规定。

3. 标记应包括以下内容：①弹簧弹顶挡料销；②弹簧弹顶挡料销直径 d，单位为 mm；③弹簧弹顶挡料销长度 L，单位为 mm；④本部分代号，即 JB/T 7649.5—2008。

（6）扭簧弹顶挡料装置标准

JB/T 7649.6—2008 标准规定了冲模扭簧弹顶挡料装置的尺寸规格和标记，适用于冲模扭簧弹顶挡料装置，同时还给出了装置中挡料销和扭簧的尺寸规格、材料指南、技术要求和标记。冲模扭簧弹顶挡料装置见表 5-67。

表 5-67　冲模扭簧弹顶挡料装置（摘自 JB/T 7649.6—2008）　　　　mm

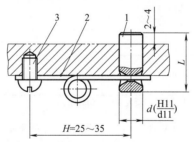

1—挡料销；2—扭簧；3—螺钉

标记示例：$d=8$mm，$L=24$mm 的扭簧弹顶挡料装置标记如下：

扭簧弹顶挡料装置　8×24　JB/T 7649.6—2008

基本尺寸		挡料销	扭簧	螺钉
d	L			
4	18	4×18	6×30	M4×6
6	20	6×18	6×35	
		6×20		
	22	6×22		
8	24	8×22	8×35	M6×8
		8×24		
	28	8×28		
10		10×28	8×40	
	30	10×30		

注：标记应包括以下内容：①扭簧弹顶挡料装置；②扭簧弹顶挡料销直径 d，单位为 mm；③扭簧弹顶挡料销长度 L，单位为 mm；④本部分代号，即 JB/T 7649.6—2008。

本标准规定的扭簧弹顶挡料装置中，挡料销的结构与尺寸见表 5-68。

表 5-68　扭簧弹顶挡料装置中的挡料销（摘自 JB/T 7649.6—2008）　　　mm

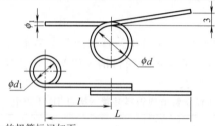

表面粗糙度以 μm 为单位。

未注表面粗糙度 Ra 6.3μm。

标记示例：d＝8mm，L＝24mm 的挡料销标记如下：

挡料销　8×24　JB/T 7649.6—2008

$\dfrac{d}{d11}$	L
4	18
6	18
	20
	22
8	22
	24
	28
10	28
	30

注：1. 材料由制造者选定，推荐采用 45 钢，硬度 43～48HRC。

2. 其他应符合 JB/T 7653 的规定。

3. 标记应包括以下内容：①挡料销；②挡料销直径 d，单位为 mm；③挡料销长度 L，单位为 mm；④本部分代号，即 JB/T 7649.6—2008。

本标准规定的扭簧弹顶挡料装置中，扭簧的结构与尺寸见表 5-69。

表 5-69　扭簧弹顶挡料装置中的扭簧（摘自 JB/T 7649.6—2008）　　　mm

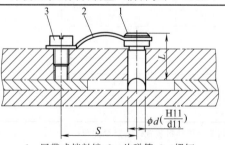

标记示例：d＝8mm，L＝35mm 的扭簧标记如下：

扭簧　8×35　JB/T 7649.6—2008

d	d_1	L	l
6	4.5	30	10
		35	
8	6.5	35	15
		40	20

注：1. 材料由制造者选定，推荐采用 65Mn，硬度 44～50HRC。

2. 其他应符合 JB/T 7653 的规定。

3. 标记应包括以下内容：①扭簧；②扭簧直径 d，单位为 mm；③扭簧长度 L，单位为 mm；④本部分代号，即 JB/T 7649.6—2008。

（7）回带式挡料装置标准

JB/T 7649.7—2008 标准规定了冲模回带式挡料装置的尺寸规格和标记，适用于冲模回带式挡料装置，同时还给出了装置中回带式挡料销和片弹簧的尺寸规格、材料指南、技术要求和标记。冲模回带式挡料装置见表 5-70。

表 5-70　冲模回带式挡料装置（摘自 JB/T 7649.7—2008）　　　mm

1—回带式挡料销；2—片弹簧；3—螺钉

标记示例：d＝8mm，L＝25mm 的回带式挡料装置标记如下：

回带式挡料装置　8×25　JB/T 7649.7—2008

续表

基本尺寸			回带式挡料销	片弹簧（L）	螺钉
d	L	S			
8	20	30	8×20	42	M6×8
	22		8×22		
	25		8×25		
	30		8×30		
10	25	40	10×25	55	
	32		10×32		
	35		10×35		
	40		10×40		
12	40	50	12×40	65	
	45		12×45		

注：标记应包括以下内容：①回带式挡料销；②挡料销直径 d，单位为 mm；③挡料销长度 L，单位为 mm；④本部分代号，即 JB/T 7649.7—2008。

本标准规定的冲模回带式挡料装置中，回带式挡料销的结构与尺寸见表 5-71。

表 5-71　冲模回带式挡料装置中的回带式挡料销（摘自 JB/T 7649.7—2008）　　　　mm

表面粗糙度以 μm 为单位。

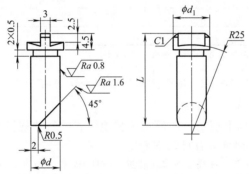

未注表面粗糙度 Ra 6.3μm。

标记示例：d＝8mm，L＝25mm 的回带式挡料销标记如下：

　　　　回带式挡料销　8×25　JB/T 7649.7—2008

d d11	L	d_1
8	20	10
	22	
	25	
	30	
10	25	12
	32	
	35	
	40	
12	40	14
	45	

注：1. 材料由制造者选定，推荐采用 45 钢，硬度 43～48HRC。

2. 其他应符合 JB/T 7653 的规定。

3. 标记应包括以下内容：①回带式挡料销；②回带式挡料销直径 d，单位为 mm；③回带式挡料销长度 L，单位为 mm；④本部分代号，即 JB/T 7649.7—2008。

本标准规定的冲模回带式挡料装置中，片弹簧的结构与尺寸见表 5-72。

表 5-72　冲模回带式挡料装置中的片弹簧（摘自 JB/T 7649.7—2008）　　　mm

表面粗糙度以 μm 为单位。

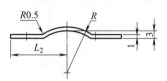

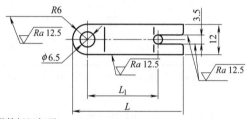

标记示例：$L = 42$mm 的片弹簧标记如下：

　　片弹簧　42　JB/T 7649.7—2008

L	L_1	L_2	R
42	26	21	15
55	35	26	20
65	44	31	30

注：1. 材料由制造者选定，推荐采用 65Mn，硬度 44~50HRC。

2. 其他应符合 JB/T 7653 的规定。

3. 标记应包括以下内容：①片弹簧；②片弹簧长度 L，单位为 mm；③本部分代号，即 JB/T 7649.7—2008。

（8）钢球弹顶装置标准

JB/T 7649.8—2008 标准规定了冲模钢球弹顶装置的尺寸规格和标记，适用于冲模钢球弹顶挡料装置。冲模钢球弹顶装置见表 5-73。

表 5-73　冲模钢球弹顶装置（摘自 JB/T 7649.8—2008）　　　mm

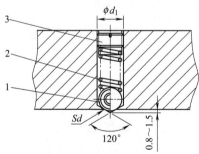

1—钢球；2—弹簧；3—紧定螺钉　　标记示例：$d = 6$mm 的钢球弹顶装置标记如下：

　　钢球弹顶装置　6　JB/T 7649.8—2008

基本尺寸		钢球 GB/T 308	弹簧 GB/T 2089	螺钉 GB/T 2250
d	d_1			
4	M6	4Vb	0.5×4×20	AM6×0.5
6	M10	6Vb	0.6×6×20	AM10×1.0
8	M10	8Vb	0.8×8×32	AM10×1.0
10	M14	10Vb	1.0×10×20	AM14×1.5
12	M16	12Vb	1.0×12×32	AM16×1.5

基本尺寸		钢球 GB/T 308	弹簧 GB/T 2089	螺钉 GB/T 2250
d	d_1			
16	M20	16Vb	1.6×14×42	AM20×1.5
20	M24	20Vb	2×20×40	AM24×1.5
25	M30	25Vb	3×25×45	AM30×1.5

注：标记应包括以下内容：①钢球弹顶装置；②钢球直径 d，单位为 mm；③本部分代号，即 JB/T 7649.8—2008。

（9）活动挡料销标准

JB/T 7649.9—2008 标准规定了冲模活动挡料销的尺寸规格和标记，适用于冲模活动挡料销。同时还给出了材料指南和技术要求。冲模活动挡料销见表 5-74。

表 5-74 冲模活动挡料销（摘自 JB/T 7649.9—2008）　　　　　　mm

表面粗糙度以 μm 为单位。

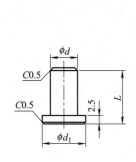

(a) 活动挡料销

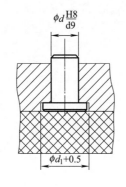

(b) 活动挡料销应用示例之一

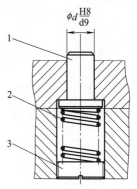

(c) 活动挡料销应用示例之二

1—挡料销；2—弹簧；3—螺柱

未注表面粗糙度 Ra 6.3μm。

标记示例：d = 6mm，L = 14mm 的活动挡料销标记如下：

活动挡料销　6×14　JB/T 7649.9—2008

d d9	d_1	L	d d9	d_1	L
3	6	8	6	10	14
		10			16
		12			18
		14			20
		16	8	14	10
4	8	8			16
		10			18
		12			20
		14			22
		16			24
		18	10	10	16
6	10	8			20
		12			20

注：1. 材料由制造者选定，推荐采用 45 钢，硬度 43～48HRC。

2. 应符合 JB/T 7653 的规定。

3. 标记应包括以下内容：①活动挡料销；②活动挡料销直径 d，单位为 mm；③活动挡料销长度 L，单位为 mm；④本部分代号，即 JB/T 7649.9—2008。

（10）固定挡料销标准

JB/T 7649.10—2008 标准规定了冲模固定挡料销的尺寸规格和标记，适用于冲模固定挡料销。同时还给出了材料指南和技术要求。

JB/T 7649.10—2008 标准规定的冲模固定挡料销见表 5-75。

表 5-75　冲模固定挡料销（摘自 JB/T 7649.10—2008）　　　　　　mm

表面粗糙度以 μm 为单位。

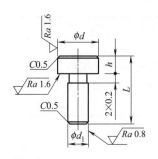

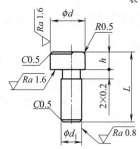

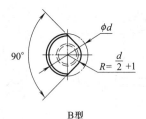

A型　　　　　　　　　　　　　　B型

未注表面粗糙度 Ra6.3μm。

标记示例：d＝10mm 的 A 型固定挡料销标记如下：

　　固定挡料销　A　10 JB/T 7649.10—2008

d h11	d_1 m6	h	L
6	3	3	8
8	4	2	10
10		3	13
16	8	3	13
20	10	4	16
25	12		20

注：1. 材料由制造者选定，推荐采用 45 钢，硬度 43～48HRC。

2. 其他应符合 JB/T 7653 的规定。

3. 标记应包括以下内容：①固定挡料销；②固定挡料销类型 A、B；③固定挡料销直径 d，单位为 mm；④本部分代号，即 JB/T 7649.10—2008。

5.6　冲模卸料与压料装置标准

5.6.1　卸料装置零件标准

JB/T 7650—2008 标准规定的冲模卸料装置包括带肩推杆、带螺纹推杆、顶杆、顶板、圆柱头卸料螺钉、圆柱头内六角卸料螺钉、定距套件和调节垫圈八个部分。

（1）带肩推杆标准

JB/T 7650.1—2008 标准规定了冲模带肩推杆的尺寸规格和标记，适用于冲模带肩推杆，同时还给出了材料指南和技术要求。冲模带肩推杆见表 5-76。

表 5-76　冲模带肩推杆（摘自 JB/T 7650.1—2008）　　　　　　　　　　　　mm

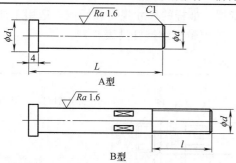

A型

B型

表面粗糙度以 μm 为单位。

未注表面粗糙度 Ra6.3μm。

标记示例：d=8mm，L=90mm 的 A 型带肩推杆标记如下：

　　带肩推杆　A　8×90　JB/T 7650.1—2008

A型	B型	L	d_1	l	A型	B型	L	d_1	l	A型	B型	L	d_1	l
6	M6	40	8	—	10	M10	100	13	30	16	M16	160	20	40
		45					110					180		
		50					120					200		
		55					130					220		
		60					140			20	M20	90	24	—
		70					150					100		
		80					160					110		
		90					170					120		
		100		20	12	M12	70	15	—			130		45
		110					75					140		
		120					80					150		
		130					85					160		
8	M8	50	10	—			90					180		
		55					100					200		
		60					110					220		
		65					120					240		
		70					130					260		
8	M8	80		25	12	M12	140		35	25	M25	100	30	—
		90					150					110		
		100					160					120		
		110					170					130		
		120					180					140		
		130					190					150		
		140			16	M16	80	20	—			160		50
		150					90					180		
10	M10	60	13	—			100					200		
		65					110					220		
		70					120					240		
		75					130					260		
		80					140					280		
		90					150							

注：1. 材料由制造者选定，推荐采用 45 钢，硬度 43～48HRC。

2. 其他应符合 JB/T 7653 的规定。

3. 标记应包括以下内容：①带肩推杆；②带肩推杆类型 A、B；③带肩推杆直径 d，单位为 mm；④带肩推杆长度 L，单位为 mm；⑤本标准代号，即 JB/T 7650.1—2008。

（2）带螺纹推杆标准

JB/T 7650.2—2008 标准规定了冲模带螺纹推杆的尺寸规格和标记，适用于冲模带螺纹推杆，同时还给出了材料指南和技术要求。冲模带螺纹推杆见表 5-77。

表 5-77　冲模带螺纹推杆（摘自 JB/T 7650.2—2008）　　　　　　　　mm

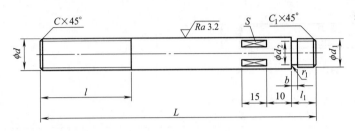

表面粗糙度以 μm 为单位。

未注表面粗糙度 Ra6.3μm。

标记示例：d＝M10mm，L＝130mm 的带螺纹推杆标记如下：

带螺纹推杆 M10×130　JB/T 7650.2—2008

d	d_1	L	l	l_1	d_2	b	S	C	C_1	$r_1 \leqslant$
M8	M6	110	30	8	4.5		6	1.2	1	
		120								
		130								
		140								
		150			2.0					0.5
M10	M8	130	40	10	6.2		8	1.5	1.2	
		140								
		150								
		160								
		180								
M12	M10	130	50	12	7.8		10			
		140								
		150						2	1.5	1
		160								
		180								
M14	M12	140	60	14	9.5	2.5	12			
		150								
		160								
		180								
		200								
		220								
M16	M14	160	70	16	11.5		14	2	1.5	
		180								
		200								
		220								1.2
M20	M16	180	80	18	13	3	16	2.5	2	
		200								
		220								
		240								
		260								

注：1. 材料由制造者选定，推荐采用 45 钢，硬度 43～48HRC。

2. 应符合 JB/T 7653 的规定。

3. 标记应包括以下内容：①带螺纹推杆；②带螺纹推杆直径 d，单位为 mm；③带螺纹推杆长度 L，单位为 mm；④本标准代号，即 JB/T 7650.2—2008。

（3）顶杆标准

JB/T 7650.3—2008 标准规定了冲模顶杆的尺寸规格和标记，适用于冲模顶杆，同时还给出了材料指南和技术要求。冲模顶杆见表 5-78。

表 5-78　冲模顶杆（摘自 JB/T 7650.3—2008）　　　　　　　　　　　　　mm

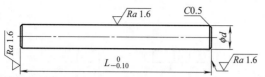

表面粗糙度以 μm 为单位。

未注表面粗糙度 Ra6.3μm。

标记示例：$d=8mm$，$L=40mm$ 的顶杆标记如下：

　　　　顶杆　8×40　JB/T 7650.3—2008

d	基本尺寸	4	6	8	10	12	16	20
	极限偏差	−0.070 −0.145		−0.080 −0.170		−0.150 −0.260		−0.160 −0.290
L	15	×						
	20	×	×					
	25	×	×	×				
	30	×	×	×	×			
	35		×	×	×	×		
	40		×	×	×	×		
	45		×	×	×	×		
	50			×	×	×	×	
	55			×	×	×	×	
	60			×	×	×	×	×
	65				×	×	×	×
	70				×	×	×	×
	75				×	×	×	×
	80					×	×	×
	85					×	×	×
	90					×	×	×
	95					×	×	×
	100					×	×	×
	105						×	×
	110						×	×
	115						×	×
	120						×	×
	125						×	×
	130						×	×
	140							×
	150							×
	160							×

注：1. 材料由制造者选定，推荐采用 45 钢，硬度 43～48HRC。

2. 应符合 JB/T 7653 的规定。

3. 当 $d\leqslant10mm$ 时，极限偏差为 c11；当 $d>10mm$ 时，极限偏差为 b11。

4. 标记应包括以下内容：①顶杆；②顶杆直径 d，单位为 mm；③顶杆长度 L，单位为 mm；④本标准代号，即 JB/T 7650.3—2008。

（4）顶板标准

JB/T 7650.4—2008标准规定了冲模顶板的尺寸规格和标记，适用于冲模顶板，同时还给出了材料指南和技术要求。冲模顶板见表5-79。

表5-79 冲模顶板（摘自JB/T 7650.4—2008）　　　　　　　　mm

表面粗糙度以 μm 为单位。

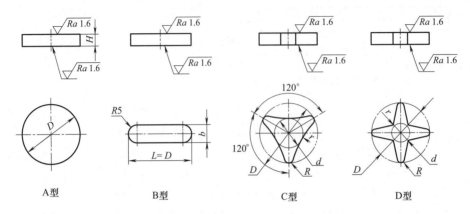

A型　　　　　　B型　　　　　　C型　　　　　　D型

未注表面粗糙度 Ra6.3μm。

标记示例：D＝40mm 的 A 型顶板标记如下：

　　　　顶板　A40　JB/T 7650.4—2008

D	d	R	r	H	b
20	—	—	—	4	8
25	15	4	3	4	8
32	16	4	3	5	8
35	18	4	3	5	8
40	20	5	4	6	10
50	25	5	4	6	10
63	25	6	5	7	12
71	30	6	5	7	12
80	30	6	5	9	12
90	32	8	6	9	16
100	35	8	6	12	16
125	42	9	7	12	18
160	55	11	8	16	22
200	70	12	9	18	24

注：1. 材料由制造者选定，推荐采用45钢，硬度43～48HRC。

2. 其他应符合JB/T 7653的规定。

3. 标记应包括以下内容：①顶板；②顶板类型 A、B、C、D；③顶板直径 D，单位为 mm；④本标准代号，即JB/T 7650.4—2008。

（5）圆柱头卸料螺钉标准

JB/T 7650.5—2008标准规定了冲模圆柱头卸料螺钉的尺寸规格和标记，适用于冲模圆柱头卸料螺钉，同时还给出了材料指南和技术要求。冲模圆柱头卸料螺钉见表5-80。

表 5-80 冲模圆柱头卸料螺钉（摘自 JB/T 7650.5—2008） mm

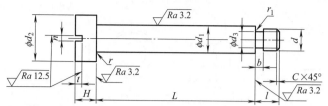

表面粗糙度以 μm 为单位。

未注表面粗糙度 $Ra\,6.3\mu m$。

标记示例：$d=$M10mm，$L=$50mm 的圆柱头卸料螺钉标记如下：

圆柱头卸料螺钉 M10×50 JB/T 7650.5—2008

d		M3	M4	M5	M6	M8	M10	M12
d_1		4	5	6	8	10	12	16
l		5	5.5	6	7	8	10	14
d_2		7	8.5	10	12.5	15	18	24
H		3	3.5	4	5	6	7	9
t		1.4	1.7	2	2.5	3	3.5	3.5
n		1	1.2	1.5	2	2.5	3	3
$r\leqslant$		0.2	0.4	0.4	0.4	0.5	0.8	1.0
$r_1\leqslant$		0.3	0.5	0.5	0.5	0.5	1	1
d_3		2.2	3	4	4.5	6.2	7.8	9.5
C		0.6	0.8	1	1.2	1.5	2	2
b		1	1.5	1.5	2	2	2	3
L	20	×	×					
	22	×	×					
	25	×	×	×	×			
	28	×	×	×	×			
	30	×	×	×	×	×		
	32	×	×	×	×	×		
	35	×	×	×	×	×	×	
	38		×	×	×	×	×	
	40		×	×	×	×	×	×
	42		×	×	×	×	×	×
	45		×	×	×	×	×	×
	48		×	×	×	×	×	×
	50			×	×	×	×	×
	55				×	×	×	×
	60				×	×	×	×
	65				×	×	×	×
	70				×	×	×	×
	75					×	×	×
	80					×	×	×
	90							×
	100							×

注：1. 材料由制造者选定，推荐采用 45 钢，硬度 35～40HRC。

2. 应符合 JB/T 7653 的规定。

3. 标记应包括以下内容：①圆柱头卸料螺钉；②圆柱头卸料螺钉直径 d，单位为 mm；③圆柱头卸料螺钉长度 L，单位为 mm；④本标准代号，即 JB/T 7650.5—2008。

（6）圆柱头内六角卸料螺钉标准

JB/T 7650.6—2008 标准规定了冲模圆柱头内六角卸料螺钉的尺寸规格和标记，适用于冲模圆柱头内六角卸料螺钉，同时还给出了材料指南和技术要求。冲模圆柱头内六角卸料螺钉见表 5-81。

表 5-81 冲模圆柱头内六角卸料螺钉（摘自 JB/T 7650.6—2008） mm

表面粗糙度以 μm 为单位。

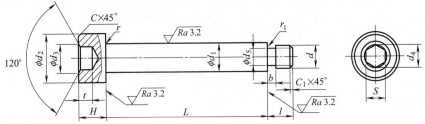

未注表面粗糙度 Ra6.3μm。

标记示例：d＝M10mm，L＝50mm 的圆柱头内六角卸料螺钉标记如下：

圆柱头内六角卸料螺钉 M10×50 JB/T 7650.6—2008

d		M6	M8	M10	M12	M16	M20
d_1		8	10	12	16	20	24
l		7	8	10	14	20	26
d_2		12.5	15	18	24	30	36
H		8	10	12	16	20	24
t		4	5	6	8	10	12
S		5	6	8	10	14	17
d_3		7.5	9.8	12	14.5	17	20.5
d_4		5.7	6.9	9.2	11.4	16	19.5
$r\leqslant$		0.4	0.4	0.6	0.6	0.8	1
$r_1\leqslant$		0.5	0.5	1	1	1.2	1.5
d_5		4.5	6.2	7.8	9.5	13	16.5
C		1	1.2	1.5	1.8	2	2.5
C_1		0.3	0.5	0.5	0.5	1	1
b		2	2	3	4	4	4
L	35	×					
	40	×	×				
	45	×	×	×			
	50	×	×	×			
	55	×	×	×			
	60	×	×	×			
	65	×	×	×	×		
	70	×	×	×	×		
	80		×	×	×		×
	90			×	×	×	×
	100			×	×	×	×
	110					×	×
	120					×	×
	130					×	×
	140					×	×
	150					×	×
	160						×
	180						×
	200						×

注：1. 材料由制造者选定，推荐采用 45 钢，硬度 35～40HRC。

2. 其他应符合 JB/T 7653 的规定。

3. 标记应包括以下内容：①圆柱头内六角卸料螺钉；②圆柱头内六角卸料螺钉直径 d；单位为 mm；③圆柱头内六角卸料螺钉长度 L，单位为 mm；④本标准代号，即 JB/T 7650.6—2008。

（7）定距套件标准

JB/T 7650.7—2008 标准规定了冲模定距套件的尺寸规格和标记，适用于冲模定距套件，同时还给出了该套件中套管的尺寸规格，材料指南、技术要求和标记。冲模定距套件见表 5-82。

表 5-82　冲模定距套件（摘自 JB/T 7650.7—2008）　　　　　　　　mm

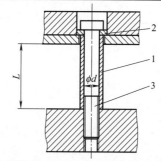

标记示例：$d=12\text{mm}$，$L=63\text{mm}$ 的定距套件标记如下：　　　　1—套管；2—垫圈；3—螺钉

定距套件　12×63　JB/T 7650.7—2008

d	L	套管	垫圈	螺钉
8	50	8×50	8	$M8\times70$
	63	8×63		$M8\times80$
	71	8×71		$M8\times90$
10	50	10×50	10	$M10\times70$
	63	10×63		$M10\times80$
	71	10×71		$M10\times90$
	80	10×80		$M10\times100$
12	63	12×63	12	$M12\times90$
	71	12×71		$M12\times100$
	80	12×80		$M12\times100$
16	63	16×63	16	$M16\times90$
	71	16×71		$M16\times100$
	80	16×80		$M16\times110$
	90	16×90		$M16\times120$
20	71	20×71	20	$M20\times110$
	80	20×80		$M20\times120$
	90	20×90		$M20\times130$

注：标记应包括以下内容：①定距套件；②卸料螺钉直径 d，单位为 mm；③套管长度 L，单位为 mm；④本标准代号，即 JB/T 7650.7—2008。

本标准规定的定距套件中，套管的结构与尺寸见表 5-83。

本标准规定的定距套件中，垫圈的结构与尺寸见表 5-84。

表 5-83　冲模定距套件中的套管结构与尺寸（摘自 JB/T 7650.7—2008）　　　　mm

表面粗糙度以 μm 为单位。

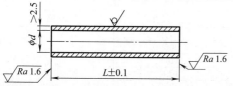

未注表面粗糙度 $Ra6.3\mu\text{m}$。

标记示例：$d=10\text{mm}$，$L=71\text{mm}$ 套管标记如下：

套管　10×71　JB/T 7650.7—2008

d H10		8	10	12	16	20
L	50	×	×			
	63	×	×	×	×	
	71	×	×	×	×	×
	80		×	×	×	×
	90				×	×

注：1. 材料：冷拔无缝钢管。

2. 其他应符合 JB/T 7653 的规定。

3. 标记应包括以下内容：①套管；②套管直径 d，单位为 mm；③套管长度 L，单位为 mm；④本标准代号，即 JB/T 7650.7—2008。

表 5-84 冲模定距套件中的垫圈的结构与尺寸（摘自 JB/T 7650.7—2008）　　　　mm

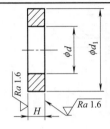

表面粗糙度以 μm 为单位。

未注表面粗糙度 Ra6.3μm。

标记示例：d＝10mm 的垫圈标记如下：

　　垫圈 10　JB/T 7650.7—2008

d H10	8	10	12	16	20
d₁	18	22	24	28	36
H	4				5

注：1. 材料由制造者选定，推荐采用 T10A，硬度 58～62HRC。

　　2. 其他应符合 JB/T 7653 的规定。

　　3. 标记应包括以下内容：①垫圈；②垫圈直径 d，单位为 mm；③本标准代号，即 JB/T 7650.7—2008。

（8）调节垫圈标准

JB/T 7650.8—2008 标准规定了冲模调节垫圈的尺寸规格和标记，适用于冲模调节垫圈，同时还给出了材料指南和技术要求。冲模调节垫圈见表 5-85。

表 5-85　冲模调节垫圈（摘自 JB/T 7650.8—2008）　　　　mm

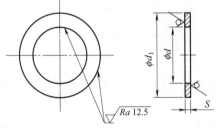

表面粗糙度以 μm 为单位。

未注表面粗糙度 Ra6.3μm。

标记示例：d＝16.4mm 的调节垫圈标记如下：

　　调节垫圈　16.4　JB/T 7650.8—2008

d		d₁		S
基本尺寸	极限偏差	基本尺寸	极限偏差	
4.2		7		
5.2		8.5		
6.2	+0.1 0	10	0 −0.2	0.5
8.2		12.5		
10.2		15		
12.4		18		
14.4		21		
16.4	+0.2 0	24	0 −0.3	1
20.4		30		
24.4		36		

注：1. 材料由制造者选定，推荐采用 45 钢。

　　2. 其他应符合 JB/T 7653 的规定。

　　3. 标记应包括以下内容：①调节垫圈；②调节垫圈直径 d，单位为 mm；③本标准代号，即 JB/T 7650.8—2008。

5.6.2　废料切刀标准

JB/T 7651—2008 标准规定冲模废料切刀包括圆废料切刀和方废料切刀两个部分。

（1）圆废料切刀标准

JB/T 7651.1—2008 标准规定了冲模圆废料切刀的尺寸规格和标记，适用于冲模圆废料切刀，同时还给出了材料指南和技术要求。冲模圆废料切刀见表 5-86。

（2）方废料切刀标准

JB/T 7651.2—2008 标准规定了冲模方废料切刀的尺寸规格和标记，适用于冲模方废料切刀，同时还给出了材料指南和技术要求。冲模方废料切刀见表 5-87。

表 5-86　冲模圆废料切刀（摘自 JB/T 7651.1—2008）　　　　　　　　　　mm

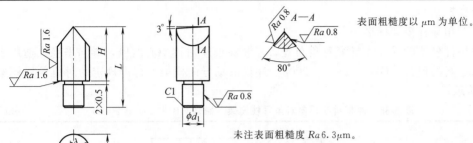

表面粗糙度以 μm 为单位。

未注表面粗糙度 $Ra6.3\mu m$。

标记示例：$d=14mm$，$H=18mm$ 的圆废料切刀标记如下：

　　圆废料切刀 14×18　JB/T 7651.1—2008

d	d_1 r6	H	L	b	d	d_1 r6	H	L	b
14	8	18	30	12	24	16	28	46	22
		20	32				30	48	
		22	34				32	50	
		26	38				36	54	
20	12	24	38	18	30	20	28	53	27
		26	40				32	57	
		28	42				36	61	
		32	46				40	65	

注：1. 材料由制造者选定，推荐采用 T10A。硬度 56～60HRC。

2. 其他应符合 JB/T 7653 的规定。

3. 标记应包括以下内容：①圆废料切刀；②圆废料切刀直径 d，单位为 mm；③圆废料切刀高度 L，单位为 mm；④本标准代号，即 JB/T 7651.1—2008。

表 5-87　冲模方废料切刀（摘自 JB/T 7651.2—2008）　　　　　　　　　　mm

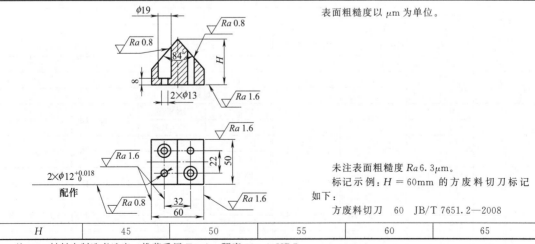

表面粗糙度以 μm 为单位。

未注表面粗糙度 $Ra6.3\mu m$。

标记示例：$H=60mm$ 的方废料切刀标记如下：

　　方废料切刀　60　JB/T 7651.2—2008

H	45	50	55	60	65

注：1. 材料由制造者选定，推荐采用 T10A。硬度 56～60HRC。

2. 其他应符合 JB/T 7653 的规定。

3. 标记应包括以下内容：①方废料切刀；②方废料切刀高度 H，单位为 mm；③本标准代号，即 JB/T 7651.2—2008。

5.7　冲模模架标准

5.7.1　冲模滑动导向模架标准

冲模滑动导向模架包括对角导柱模架、后侧导柱模架、中间导柱模架、中间导柱圆形模架和四导柱模架。

（1）对角导柱模架标准

对角导柱模架的导柱、导套对角布置，安装在模座对称中心两侧，导向平稳，适用于横向和纵向送料的模具。GB/T 2851—2008《冲模滑动导向模架》标准规定的对角导柱模架如表 5-88 所示。

表 5-88　冲模滑动导向对角导柱模架（摘自 GB/T 2851—2008）　　　　mm

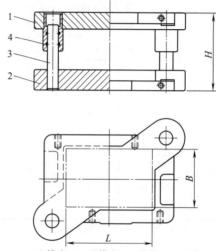

1—上模座；2—下模座；3—导柱；4—导套

标记示例：$L=200$mm，$B=125$mm，$H=175\sim205$mm，Ⅰ级精度的冲模滑动导向对角导柱模架

标记表示为：滑动导向模架　对角导柱　$200\times125\times(175\sim205)$　Ⅰ　GB/T 2851—2008

凹模周界		闭合高度（参考）H		零件件号、名称及标准编号					
				1	2	3		4	
				上模座 GB/T 2855.1	下模座 GB/T 2855.2	导柱 GB/T 2861.1		导套 GB/T 2861.3	
				数　量					
				1	1	1	1	1	1
				规格					
L	B	最小	最大						
63	50	100	115	$63\times50\times20$	$63\times50\times25$	16×90	18×90	$16\times60\times18$	$18\times60\times18$
		110	125			16×100	18×100		
		110	130	$63\times50\times25$	$63\times50\times30$	16×100	18×100	$16\times65\times23$	$18\times65\times23$
		120	140			16×110	18×110		
63	63	100	115	$63\times63\times20$	$63\times63\times25$	16×90	18×90	$16\times60\times18$	$18\times60\times18$
		110	125			16×100	18×100		
		110	130	$63\times63\times25$	$63\times63\times30$	16×100	18×100	$16\times65\times23$	$18\times65\times23$
		120	140			16×110	18×110		
80	63	110	130	$80\times63\times25$	$80\times63\times30$	18×100	20×100	$18\times65\times23$	$20\times65\times23$
		130	150			18×120	20×120		
		120	145	$80\times63\times30$	$80\times63\times40$	18×110	20×110	$18\times70\times28$	$20\times70\times28$
		140	165			18×130	20×130		

凹模周界		闭合高度（参考）H		零件件号、名称及标准编号					
				1	2	3		4	
				上模座 GB/T 2855.1	下模座 GB/T 2855.2	导柱 GB/T 2861.1		导套 GB/T 2861.3	
				数　量					
				1	1	1	1	1	1
L	B	最小	最大	规格					
100	63	110	130	100×63×25	100×63×30	18×100	20×100	18×65×23	20×65×23
		130	150			18×120	20×120		
		120	145	100×63×30	100×63×40	18×110	20×110	18×70×28	20×70×28
		140	165			18×130	20×130		
	80	110	130	80×80×25	80×80×30	20×100	22×100	20×65×23	22×65×23
		130	150			20×120	22×120		
		120	145	80×80×30	80×80×40	20×110	22×110	20×70×28	22×70×28
		140	165			20×130	22×130		
100	80	110	130	100×80×25	100×80×30	20×100	22×100	20×65×23	22×65×23
		130	150			20×120	22×120		
		120	145	100×80×30	100×80×40	20×110	22×110	20×70×28	22×70×28
		140	165			20×130	22×130		
125		110	130	125×80×25	125×80×30	20×100	22×100	20×65×23	22×65×23
		130	150			20×120	22×120		
		120	145	125×80×30	125×80×40	20×110	22×110	20×70×28	22×70×28
		140	165			20×130	22×130		
100	100	110	130	100×100×25	100×100×30	20×100	22×100	20×65×23	22×65×23
		130	150			20×120	22×120		
		120	145	100×100×30	100×100×40	20×110	22×110	20×70×28	22×70×28
		140	165			20×130	22×130		
125		120	150	125×100×30	125×100×35	22×110	25×110	22×80×28	25×80×28
		140	165			22×130	25×130		
		140	170	125×100×35	125×100×45	22×130	25×130	22×80×33	25×80×33
		160	190			22×150	25×150		
160		140	170	160×100×35	160×100×40	25×130	28×130	25×85×33	28×85×33
		160	190			25×150	28×150		
		160	195	160×100×40	160×100×50	25×150	28×150	25×90×38	28×90×38
		190	225			25×180	28×180		
200		140	170	200×100×35	200×100×40	25×130	28×130	25×85×33	28×85×33
		160	190			25×150	28×150		
		160	195	200×100×40	200×100×50	25×150	28×150	25×90×38	28×90×38
		190	225			25×180	28×180		
125	125	120	150	125×125×30	125×125×35	22×110	25×110	22×80×28	25×80×28
		140	165			22×130	25×130		
		140	170	125×125×35	125×125×45	22×130	25×130	22×85×33	25×85×33
		160	190			22×150	25×150		
160		140	170	160×125×35	160×125×40	25×130	28×130	25×85×33	28×85×33
		160	190			25×150	28×150		
		170	205	160×125×40	160×125×50	25×160	28×160	25×95×38	28×95×38
		190	225			25×180	28×180		
200		140	170	200×125×35	200×125×40	25×130	28×130	25×85×33	28×85×33
		160	190			25×150	28×150		
		170	205	200×125×40	200×125×50	25×160	28×160	25×95×38	28×95×38
		190	225			25×180	28×180		
250		160	200	250×125×40	250×125×45	28×150	32×150	28×100×38	32×100×38
		180	220			28×170	32×170		
		190	235	250×125×45	250×125×55	28×180	32×180	28×110×43	32×110×43
		210	255			28×200	32×200		

续表

凹模周界		闭合高度（参考）H		零件件号、名称及标准编号					
				1	2	3		4	
				上模座 GB/T 2855.1	下模座 GB/T 2855.2	导柱 GB/T 2861.1		导套 GB/T 2861.3	
				数　量					
L	B	最小	最大	1	1	1	1	1	1
				规格					
160	160	160	200	160×160×40	160×160×45	28×150	32×150	28×100×38	32×100×38
		180	220			28×170	32×170		
		190	235	160×160×45	160×160×55	28×180	32×180	28×110×43	32×110×43
		210	255			28×200	32×200		
200	160	160	200	200×160×40	200×160×45	28×150	32×150	28×100×38	32×100×38
		180	220			28×170	32×170		
		190	235	200×160×45	200×160×55	28×180	32×180	28×110×43	32×110×43
		210	255			28×200	32×200		
250	160	170	210	250×160×45	250×160×50	32×160	35×160	32×105×43	35×105×43
		200	240			32×190	35×190		
		200	245	250×160×50	250×160×60	32×190	35×190	32×115×48	35×115×48
		220	265			32×210	35×210		
200	200	170	210	200×200×45	200×200×50	32×160	35×160	32×105×43	35×105×43
		200	240			32×190	35×190		
		200	245	200×200×50	200×200×60	32×190	35×190	32×115×48	35×115×48
		220	265			32×210	35×210		
250	200	170	210	250×200×45	250×200×50	32×160	35×160	32×105×43	35×105×43
		200	240			32×190	35×190		
		200	245	250×200×50	250×200×60	32×190	35×190	32×115×48	35×115×48
		220	265			32×210	35×210		
315	200	190	230	315×200×45	315×200×55	35×180	40×180	35×115×43	40×115×43
		220	260			35×210	40×210		
		210	255	315×200×50	315×200×65	35×200	40×200	35×125×48	40×125×48
		240	285			35×230	40×230		
250	250	190	230	250×250×45	250×250×55	35×180	40×180	35×115×43	40×115×43
		220	260			35×210	40×210		
		210	255	250×250×50	250×250×65	35×200	40×200	35×125×48	40×125×48
		240	285			35×230	40×230		
315	250	215	250	315×250×50	315×250×60	40×200	45×200	40×125×48	45×125×48
		245	280			40×230	45×230		
		245	290	315×250×55	315×250×70	40×230	45×230	40×140×53	45×140×53
		275	320			40×260	45×260		
400	250	215	250	400×250×50	400×250×60	40×200	45×200	40×125×48	45×125×48
		245	280			40×230	45×230		
		245	280	400×250×55	400×250×70	40×230	45×230	40×140×53	45×140×53
		275	320			40×260	45×260		
315	215	215	250	315×315×50	315×315×60	45×200	50×200	45×125×48	50×125×48
		245	280			45×230	50×230		
		245	290	315×315×55	315×315×70	45×230	50×230	45×140×53	50×140×53
		275	320			45×260	50×260		
400	315	245	290	400×315×55	400×315×65	45×230	50×230	45×140×53	50×140×53
		275	315			45×260	50×260		
		275	320	400×315×60	400×315×75	45×260	50×260	45×150×58	50×150×58
		305	350			45×290	50×290		
500	315	345	290	500×315×55	500×315×65	45×230	50×230	45×140×53	50×140×53
		275	315			45×260	50×260		
		275	320	500×315×60	500×315×75	45×260	50×260	45×150×58	50×150×58
		305	350			45×290	50×290		

凹模周界		闭合高度（参考）H		零件件号、名称及标准编号					
				1	2	3		4	
				上模座 GB/T 2855.1	下模座 GB/T 2855.2	导柱 GB/T 2861.1		导套 GB/T 2861.3	
				数　　量					
L	B	最小	最大	1	1	1	1	1	1
				规格					
400	400	245	290	400×400×55	400×400×65	45×230	50×230	45×140×53	50×140×53
		275	315			45×260	50×260		
		275	320	400×400×60	400×400×75	45×260	50×260	45×150×58	50×150×58
		305	350			45×290	50×290		
630	400	240	280	630×400×55	630×400×65	50×220	55×220	50×150×53	55×150×53
		270	305			50×250	55×250		
		270	310	630×400×65	630×400×80	50×250	55×250	50×160×53	55×160×63
		300	340			50×280	55×280		
500	500	260	300	500×500×55	500×500×65	50×240	55×240	50×150×53	55×150×53
		290	325			50×270	55×270		
		290	330	500×500×65	500×500×80	50×270	55×270	50×160×63	55×160×63
		320	360			50×300	55×300		

注：1. 应符合 JB/T 8050 的规定。

2. 标记应包括以下内容：①滑动导向模架；②结构形式：对角导柱；③凹模周界尺寸 L、B，以 mm 为单位；④模架闭合高度 H，以 mm 为单位；⑤模架精度等级：Ⅰ级、Ⅱ级；⑥本标准代号，即 GB/T 2851—2008。

（2）后侧导柱模架标准

导柱、导套安装在模座的后侧，模座承受偏心载荷会影响模架导向的平衡性和精度。由于导柱在后侧，送料和操作方便，适用于一般精度要求的小型模具。GB/T 2851—2008《冲模滑动导向模架》标准规定的后侧导柱模架见表 5-89。

表 5-89　冲模滑动导向后侧导柱模架（摘自 GB/T 2851—2008）　　　　mm

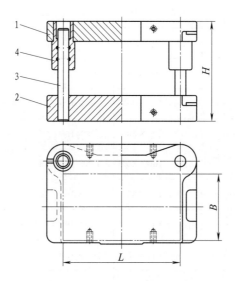

1—上模座；2—下模座；3—导柱；4—导套
标记示例：$L=200$mm，$B=125$mm，$H=175\sim205$mm，Ⅰ级精度的冲模滑动导向后侧导柱模架
标记表示为：滑动导向模架　后侧导柱　200×125×（175～205）Ⅰ　GB/T 2851—2008

凹模周界		闭合高度（参考）H		零件件号、名称及标准编号			
				1	2	3	4
				上模座 GB/T 2855.1	下模座 GB/T 2855.2	导柱 GB/T 2861.1	导套 GB/T 2861.3
				数　量			
				1	1	2	2
L	B	最小	最大	规　格			
63	50	100	115	63×50×20	63×50×25	16×90	16×60×18
		110	125			16×100	
		110	130	63×50×25	63×50×30	16×100	16×65×23
		120	140			16×110	
63	63	100	115	63×63×20	63×63×25	16×90	16×60×18
		110	125			16×100	
		110	130	63×63×25	63×63×30	16×100	16×65×23
		120	140			16×110	
80	63	110	130	80×63×25	80×63×30	18×100	18×65×23
		130	150			18×120	
		120	145	80×63×30	80×63×40	18×110	18×70×28
		140	165			18×130	
100	63	110	130	100×63×25	100×63×30	18×100	18×65×23
		130	150			18×120	
		120	145	100×63×30	100×63×40	18×110	18×70×28
		140	165			18×130	
80	80	110	130	80×80×25	80×80×30	20×100	20×65×23
		130	150			20×120	
		120	145	80×80×30	80×80×40	20×110	20×70×28
		140	165			20×130	
100	80	110	130	100×80×25	100×80×30	20×100	20×65×23
		130	150			20×120	
		120	145	100×80×30	100×80×40	20×110	20×70×28
		140	165			20×130	
125	80	110	130	125×80×25	125×80×30	20×100	20×65×23
		130	150			20×120	
		120	145	125×80×30	125×80×40	20×110	20×70×28
		140	165			20×130	
100	100	110	130	100×100×25	100×100×30	20×100	20×65×23
		130	150			20×120	
		120	145	100×100×30	100×100×40	20×110	20×70×28
		140	165			20×130	
125	100	120	150	125×100×30	125×100×35	22×110	22×80×28
		140	165			22×130	
		140	170	125×100×35	125×100×45	22×130	22×80×33
		160	190			22×150	
160	100	140	170	160×100×35	160×100×40	25×130	25×85×33
		160	190			25×150	
		160	195	160×100×40	160×100×50	25×150	25×90×38
		190	225			25×180	
200	100	140	170	200×100×35	200×100×40	25×130	25×85×33
		160	190			25×150	
		160	195	200×100×40	200×100×50	25×150	25×90×38
		190	225			25×180	
125	125	120	150	125×125×30	125×125×35	22×110	22×80×28
		140	165			22×130	
		140	170	125×125×35	125×125×45	22×130	22×85×33
		160	190			22×150	

凹模周界		闭合高度（参考）H		零件件号、名称及标准编号			
				1	2	3	4
				上模座 GB/T 2855.1	下模座 GB/T 2855.2	导柱 GB/T 2861.1	导套 GB/T 2861.3
				数　量			
L	B	最小	最大	1	1	2	2
				规　格			
160	125	140	170	160×125×35	160×125×40	25×130	25×85×33
		160	190			25×150	
		170	205	160×125×40	160×125×50	25×160	25×95×38
		190	225			25×180	
200	125	140	170	200×125×35	200×125×40	25×130	25×85×33
		160	190			25×150	
		170	205	200×125×40	200×125×50	25×160	25×95×38
		190	225			25×180	
250	125	160	200	250×125×40	250×125×45	28×150	28×100×38
		180	220			28×170	
		190	235	250×125×45	250×125×55	28×180	28×110×43
		210	255			28×200	
160	160	160	200	160×160×40	160×160×45	28×150	28×100×38
		180	220			28×170	
		190	235	160×160×45	160×160×55	28×180	28×110×43
		210	255			28×200	
200	160	160	200	200×160×40	200×160×45	28×150	28×100×38
		180	220			28×170	
		190	235	200×160×45	200×160×55	28×180	28×110×43
		210	255			28×200	
250	160	170	210	250×160×45	250×160×50	32×160	32×105×43
		200	240			32×190	
		200	245	250×160×50	250×160×60	32×190	32×115×48
		220	265			32×210	
200	200	170	210	200×200×45	200×200×50	32×160	32×105×43
		200	240			32×190	
		200	245	200×200×50	200×200×60	32×190	32×115×48
		220	265			32×210	
250	200	170	210	250×200×45	250×200×50	32×160	32×105×43
		200	240			32×190	
		200	245	250×200×50	250×200×60	32×190	32×115×48
		220	265			32×210	
315	200	190	230	315×200×45	315×200×55	35×180	35×115×43
		220	260			35×210	
		210	255	315×200×50	315×200×65	35×200	35×125×48
		240	285			35×230	
250	250	190	230	250×250×45	250×250×55	35×180	35×115×43
		220	260			35×210	
		210	255	250×250×50	250×250×65	35×200	35×125×48
		240	285			35×230	
315	250	215	250	315×250×50	315×250×60	40×200	40×125×48
		245	280			40×230	
		245	290	315×250×55	315×250×70	40×230	40×140×53
		275	320			40×260	
400	250	215	250	400×250×50	400×250×60	40×200	40×125×48
		245	280			40×230	
		245	280	400×250×55	400×250×70	40×230	40×140×53
		275	320			40×260	

注：1. 应符合 JB/T 8050 的规定。

2. 标记应包括以下内容：①滑动导向模架；②结构形式：后侧导柱；③凹模周界尺寸 L、B，以 mm 为单位；④模架闭合高度 H，以 mm 为单位；⑤模架精度等级：Ⅰ 级、Ⅱ 级；⑥本标准代号，即 GB/T 2851—2008。

（3）中间导柱模架标准

导柱、导套安装在中心线上，左右对称布置，适用于纵向送料的单工序模、复合模及工步较少的级进模。GB/T 2851—2008《冲模滑动导向模架》标准规定的中间导柱模架见表5-90。

表 5-90 冲模滑动导向中间导柱模架（摘自 GB/T 2851—2008） mm

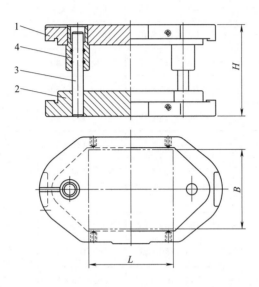

1—上模座；2—下模座；3—导柱；4—导套

标记示例：$L = 200mm$，$B = 125mm$，$H = 175 \sim 205mm$，Ⅰ级精度的冲模滑动导向中间导柱模架

标记表示为：滑动导向模架　中间导柱　$200 \times 125 \times (175 \sim 205)$　Ⅰ　GB/T 2851—2008

凹模周界		闭合高度（参考）H		零件件号、名称及标准编号			
				1	2	3	4
				上模座 GB/T 2855.1	下模座 GB/T 2855.2	导柱 GB/T 2861.1	导套 GB/T 2861.3
				数　量			
L	B	最小	最大	1	1	1	1	1	1
				规格			
63	50	100	115	$63 \times 50 \times 20$	$63 \times 50 \times 25$	16×90	18×90	$16 \times 60 \times 18$	$18 \times 60 \times 18$
		110	125			16×100	18×100		
		110	130	$63 \times 50 \times 25$	$63 \times 50 \times 30$	16×100	18×100	$16 \times 65 \times 23$	$18 \times 65 \times 23$
		120	140			16×110	18×110		
63	63	100	115	$63 \times 63 \times 20$	$63 \times 63 \times 25$	16×90	18×90	$16 \times 60 \times 18$	$18 \times 60 \times 18$
		110	125			16×100	18×100		
		110	130	$63 \times 63 \times 25$	$63 \times 63 \times 30$	16×100	18×100	$16 \times 65 \times 23$	$18 \times 65 \times 23$
		120	140			16×110	18×110		
80	63	110	130	$80 \times 63 \times 25$	$80 \times 63 \times 30$	18×100	20×100	$18 \times 65 \times 23$	$20 \times 65 \times 23$
		130	150			18×120	20×120		
		120	145	$80 \times 63 \times 30$	$80 \times 63 \times 40$	18×110	20×110	$18 \times 70 \times 28$	$20 \times 70 \times 28$
		140	165			18×130	20×130		

凹模周界		闭合高度（参考）H		零件件号、名称及标准编号					
				1	2	3		4	
				上模座 GB/T 2855.1	下模座 GB/T 2855.2	导柱 GB/T 2861.1		导套 GB/T 2861.3	
				数　量					
L	B	最小	最大	1	1	1	1	1	1
				规格					
100	63	110	130	100×63×25	100×63×30	18×100	20×100	18×65×23	20×65×23
		130	150			18×120	20×120		
		120	145	100×63×30	100×63×40	18×110	20×110	18×70×28	20×70×28
		140	165			18×130	20×130		
80	80	110	130	80×80×25	80×80×30	20×100	22×100	20×65×23	22×65×23
		130	150			20×120	22×120		
		120	145	80×80×30	80×80×40	20×110	22×110	20×70×28	22×70×28
		140	165			20×130	22×130		
100		110	130	100×80×25	100×80×30	20×100	22×100	20×65×23	22×65×23
		130	150			20×120	22×120		
		120	145	100×80×30	100×80×40	20×110	22×110	20×70×28	22×70×28
		140	165			20×130	22×130		
125		110	130	125×80×25	125×80×30	20×100	22×100	20×65×23	22×65×23
		130	150			20×120	22×120		
		120	145	125×80×30	125×80×40	20×110	22×110	20×70×28	22×70×28
		140	165			20×130	22×130		
140		120	150	140×80×30	140×80×35	22×110	25×110	22×80×28	25×80×28
		140	165			22×130	25×130		
		140	170	140×80×35	140×80×45	22×130	25×130	22×80×33	25×80×33
		160	190			22×150	25×150		
100	100	110	130	100×100×25	100×100×30	20×100	22×100	20×65×23	22×65×23
		130	150			20×120	22×120		
		120	145	100×100×30	100×100×40	22×110	22×110	20×70×28	22×70×28
		140	165			22×130	22×130		
125		120	150	125×100×30	125×100×35	22×110	25×110	22×80×28	25×80×28
		140	165			22×130	25×130		
		140	170	125×100×35	125×100×45	22×130	25×130	22×80×33	25×80×33
		160	190			22×150	25×150		
140		120	150	140×100×30	140×100×35	22×110	25×110	22×80×28	25×80×28
		140	165			22×130	25×130		
		140	170	140×100×35	140×100×45	22×130	25×130	22×80×33	25×80×33
		160	190			22×150	25×150		
160		140	170	160×100×35	160×100×40	25×130	28×130	25×85×33	28×85×33
		160	190			25×150	28×150		
		160	195	160×100×40	160×100×50	25×150	28×150	25×90×38	28×90×38
		190	225			25×180	28×180		
200		140	170	200×100×35	200×100×40	25×130	28×130	25×85×33	28×85×33
		160	190			25×150	28×150		
		160	195	200×100×40	200×100×50	25×150	28×150	25×90×38	28×90×38
		190	225			25×180	28×180		
125	125	120	150	125×125×30	125×125×35	22×110	25×110	22×80×28	25×80×28
		140	165			22×130	25×130		
		140	170	125×125×35	125×125×45	22×130	25×130	22×85×33	25×85×33
		160	190			22×150	25×150		
140		140	170	140×125×35	140×125×40	25×130	28×130	25×85×33	28×85×33
		160	190			25×150	28×150		
		160	195	140×125×40	140×125×50	25×150	28×150	25×90×38	28×90×38
		190	225			25×180	28×180		

凹模周界		闭合高度（参考）H		零件件号、名称及标准编号					
				1	2	3		4	
				上模座 GB/T 2855.1	下模座 GB/T 2855.2	导柱 GB/T 2861.1		导套 GB/T 2861.3	
				数　量					
				1	1	1	1	1	1
L	B	最小	最大	规格					
160	125	140	170	160×125×35	160×125×40	25×130	28×130	25×85×33	28×85×33
		160	190			25×150	28×150		
		170	205	160×125×40	160×125×50	25×160	28×160	25×95×38	28×95×38
		190	225			25×180	28×180		
200	125	140	170	200×125×35	200×125×40	25×130	28×130	25×85×33	28×85×33
		160	190			25×150	28×150		
		170	205	200×125×40	200×125×50	25×160	28×160	25×95×38	28×95×38
		190	225			25×180	28×180		
250		160	200	250×125×40	250×125×45	28×150	32×150	28×100×38	32×100×38
		180	220			28×170	32×170		
		190	235	250×125×45	250×125×55	28×180	32×180	28×110×43	32×110×43
		210	255			28×200	32×200		
250	200	170	210	250×200×45	250×200×50	32×160	35×160	32×105×43	35×105×43
		200	240			32×190	35×190		
		200	245	250×200×50	250×200×60	32×190	35×190	32×115×48	35×115×48
		220	265			32×210	35×210		
280		190	230	280×200×45	280×200×55	35×180	40×180	35×115×43	40×115×43
		220	260			35×210	40×210		
		210	255	280×200×50	280×200×65	35×200	40×200	35×125×48	40×125×48
		240	285			35×230	40×230		
315		190	230	315×200×45	315×200×55	35×180	40×180	35×115×43	40×115×43
		220	260			35×210	40×210		
		210	255	315×200×50	315×200×65	35×200	40×200	35×125×48	40×125×48
		240	285			35×230	40×230		
250	250	190	230	250×250×45	250×250×55	35×180	40×180	35×115×43	40×115×43
		220	260			35×210	40×210		
		210	255	250×250×50	250×250×65	35×200	40×200	35×125×48	40×125×48
		240	285			35×230	40×230		
280		190	230	280×250×45	280×250×55	35×180	40×180	35×115×43	40×115×43
		220	260			35×210	40×210		
		210	255	280×250×50	280×250×65	35×200	40×200	35×125×48	40×125×48
		240	285			35×230	40×230		
315		215	250	315×250×50	315×250×60	40×200	45×200	40×125×48	45×125×48
		245	280			40×230	45×230		
		245	290	315×250×55	315×250×70	40×230	45×230	40×140×53	45×140×53
		275	320			40×260	45×260		
400		215	250	400×250×50	400×250×60	40×200	45×200	40×125×48	45×125×48
		245	280			40×230	45×230		
		245	280	400×250×55	400×250×70	40×230	45×230	40×140×53	45×140×53
		275	320			40×260	45×260		
280	280	215	250	280×280×50	280×280×60	45×200	50×200	45×125×48	50×125×48
		245	280			45×230	50×230		
		245	290	280×280×55	280×280×60	45×230	50×230	45×140×53	50×140×53
		275	320			45×260	50×260		
315		215	250	315×280×50	315×280×60	40×200	45×200	40×125×48	45×125×48
		245	280			40×230	45×230		
		245	290	315×280×55	315×280×70	40×230	45×230	40×140×53	45×140×53
		275	320			40×260	45×260		
400		215	250	400×280×50	400×280×60	40×200	45×200	40×125×48	45×125×48
		245	280			40×230	45×230		
		245	290	400×280×55	400×280×70	40×230	45×230	40×140×53	45×140×53
		275	320			40×260	45×260		
315	315	215	250	315×315×50	315×315×60	45×200	50×200	45×125×48	50×125×48
		245	280			45×230	50×230		
		245	290	315×315×55	315×315×70	45×230	50×230	45×140×53	50×140×53
		275	320			45×260	50×260		
400		240	280	400×315×55	400×315×65	45×230	50×230	45×140×53	50×140×53
		270	305			45×260	50×260		
		270	310	400×315×60	400×315×75	45×260	50×260	45×150×58	50×150×58
		305	350			45×290	50×290		

凹模周界		闭合高度（参考）H		零件件号、名称及标准编号					
				1	2	3		4	
				上模座 GB/T 2855.1	下模座 GB/T 2855.2	导柱 GB/T 2861.1		导套 GB/T 2861.3	
				数　量					
L	B	最小	最大	1	1	1	1	1	1
				规格					
500	315	240	280	500×315×55	500×315×65	45×230	50×230	45×140×53	50×140×53
		270	305			45×260	50×260		
		270	310	500×315×60	500×315×75	45×260	50×260	45×150×58	50×150×58
		305	350			45×290	50×290		
400	400	240	280	400×400×55	400×400×65	45×230	50×230	45×140×53	50×140×53
		270	305			45×260	50×260		
		270	310	400×400×60	400×400×75	45×260	50×260	45×150×58	50×150×58
		305	350			45×290	50×290		
630	400	240	280	630×400×55	630×400×65	50×220	55×220	50×150×53	55×150×53
		270	305			50×250	55×250		
		270	310	630×400×65	630×400×80	50×250	55×250	50×160×63	55×160×63
		305	350			50×280	55×280		
500	500	260	300	500×500×55	500×500×65	50×240	55×240	50×150×53	55×150×53
		290	325			50×270	55×270		
		290	330	500×500×65	500×500×80	50×270	55×270	50×160×63	55×160×63
		320	360			50×300	55×300		

注：1. 应符合 JB/T 8050 的规定。

2. 标记应包括以下内容：①滑动导向模架；②结构形式：中间导柱；③凹模周界尺寸 L、B，以 mm 为单位；④模架闭合高度 H，以 mm 为单位；⑤模架精度等级：Ⅰ级、Ⅱ级；⑥本标准代号，即 GB/T 2851—2008。

（4）中间导柱圆形模架标准

导柱、导套安装在中心线上，左右对称布置，适用于纵向送料的单工序模、复合模及工步较少的级进模。GB/T 2851—2008《冲模滑动导向模架》标准规定的中间导柱圆形模架见表 5-91。

表 5-91　冲模滑动导向中间导柱圆形模架（摘自 GB/T 2851—2008）　　　　mm

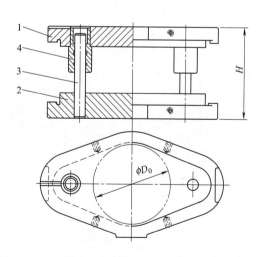

1—上模座；2—下模座；3—导柱；4—导套

标记示例：$D_0=200$mm，$H=170\sim210$mm，Ⅰ级精度的冲模滑动导向中间导柱圆形模架

标记表示为：滑动导向模架　中间导柱圆形　200×（170～210）　Ⅰ　GB/T 2851—2008

凹模周界	闭合高度（参考）H		零件件号、名称及标准编号					
			1	2	3		4	
			上模座 GB/T 2855.1	下模座 GB/T 2855.2	导柱 GB/T 2861.1		导套 GB/T 2861.3	
			数　量					
			1	1	1	1	1	1
D_0	最小	最大	规格				60×18	
63	100	115	63×20	63×25	16×90	18×90	16×60×18	18×60×18
	110	125			16×100	18×100		
	110	130	63×25	63×30	16×100	18×100	16×65×23	18×65×23
	120	140			16×110	18×110		
80	110	130	80×25	80×30	20×100	22×100	20×65×23	22×65×23
	130	150			20×120	22×120		
	120	145	80×30	80×40	20×110	22×110	20×70×28	22×70×28
	140	165			20×130	22×130		
100	110	130	100×25	100×30	20×100	22×100	20×65×23	22×65×23
	130	150			20×120	22×120		
	120	145	100×30	100×40	20×110	22×110	20×70×28	22×70×28
	140	165			20×130	22×130		
125	120	150	125×30	125×35	22×110	25×110	22×80×28	25×80×28
	140	165			22×130	25×130		
	140	170	125×35	125×45	22×130	25×130	22×85×33	25×85×33
	160	190			22×150	25×150		
160	160	200	160×40	160×45	28×150	32×150	28×110×38	32×110×38
	180	220			28×170	32×170		
	190	235	160×45	160×55	28×180	32×180	28×110×43	32×110×43
	210	255			28×200	32×200		
200	170	210	200×45	200×50	32×160	35×160	32×105×43	35×105×43
	200	240			32×190	35×190		
	200	245	200×50	200×60	32×190	35×190	32×115×48	35×115×48
	220	265			32×210	35×210		
250	190	230	250×45	250×55	35×180	40×180	35×115×43	40×115×43
	220	260			35×210	40×210		
	210	255	250×50	250×65	35×200	40×200	35×125×48	40×125×48
	240	285			35×230	40×230		
315	215	250	315×50	315×60	45×200	50×200	45×125×48	50×125×48
	245	280			45×230	50×230		
	245	290	315×55	315×70	45×230	50×230	45×140×53	50×140×53
	275	320			45×260	50×260		
400	245	290	400×55	400×65	45×230	50×230	45×140×53	50×140×53
	275	315			45×260	50×260		
	275	320	400×60	400×75	45×260	50×260	45×150×58	50×150×58
	305	350			45×290	50×290		
500	260	300	500×55	500×65	50×240	55×240	50×150×53	55×150×53
	290	325			50×270	55×270		
	290	330	500×65	500×80	50×270	55×270	50×160×63	55×160×63
	320	360			50×300	55×300		
630	270	310	630×60	630×70	55×250	60×250	55×160×58	60×160×58
	300	340			55×280	60×280		
	310	350	630×75	630×90	55×290	60×290	55×170×73	60×170×73
	340	380			55×320	60×320		

注：1. 应符合 JB/T 8050 的规定。

2. 标记应包括以下内容：①滑动导向模架；②结构形式：中间导柱圆形；③凹模周界尺寸 D_0，以 mm 为单位；④模架闭合高度 H，以 mm 为单位；⑤模架精度等级：Ⅰ级、Ⅱ级；⑥本标准代号，即 GB/T 2851—2008。

（5）四导柱模架标准

导柱、导套安装在模具的四角，冲压时模架受力比较平衡，稳定性和导向精度较高，适用于尺寸较大及精度较高的模具。GB/T 2851—2008《冲模滑动导向模架》标准规定的四导柱模架见表5-92。

表 5-92　冲模滑动导向四导柱模架（摘自 GB/T 2851—2008）　　　　mm

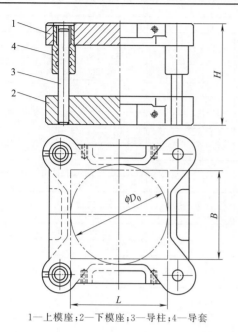

标记示例：$L = 200\text{mm}$，$B = 160\text{mm}$，$H = 170 \sim 210\text{mm}$，Ⅰ级精度的冲模滑动导向四导柱模架，标记表示为：滑动导向模架　四导柱模架　$200 \times 160 \times (170 \sim 210)$　Ⅰ　GB/T 2851—2008

1—上模座；2—下模座；3—导柱；4—导套

凹模周界			闭合高度（参考）H		零件件号、名称及标准编号			
					1	2	3	4
					上模座 GB/T 2855.1	下模座 GB/T 2855.2	导柱 GB/T 2861.1	导套 GB/T 2861.3
					数量			
L	B	D_0	最小	最大	1	1	4	4
					规格			
160	125	160	140	170	160×125×35	160×125×40	25×130	25×85×33
			160	190			25×150	
			170	205	160×125×40	160×125×50	25×160	25×95×38
			190	225			25×180	
200	160	200	160	200	200×160×40	200×160×45	28×150	28×100×38
			180	220			28×170	
			190	235	200×160×45	200×160×55	28×180	28×100×43
			210	255			28×200	
250			170	210	250×160×45	250×160×50	32×160	32×105×43
			200	240			32×190	
			200	245	250×160×50	250×160×60	32×190	32×115×48
			220	265			32×210	
250	200	250	170	210	250×200×45	250×200×50	32×160	32×105×43
			200	240			32×190	
			200	245	250×200×50	250×200×60	32×190	32×115×48
			220	265			32×210	
315	200		190	230	315×200×45	315×200×55	35×180	35×115×43
			220	260			35×210	

续表

凹模周界			闭合高度（参考）H		零件件号、名称及标准编号			
					1	2	3	4
					上模座 GB/T 2855.1	下模座 GB/T 2855.2	导柱 GB/T 2861.1	导套 GB/T 2861.3
					数量			
L	B	D_0	最小	最大	1	1	4	4
					规格			
315	200		210	255	315×200×50	315×200×65	35×200	35×125×48
			240	285			35×230	
315	250		215	250	315×250×50	315×250×60	40×200	40×125×48
			245	280			40×230	
			245	290	315×250×55	315×250×70	40×230	40×140×53
			275	320			40×260	
400	250		215	250	400×250×50	400×250×60	40×200	40×125×48
			245	280			40×230	
			245	290	400×250×55	400×250×70	45×230	40×140×53
			275	320			45×260	
400	315		245	290	400×315×55	400×315×65	45×230	45×140×53
			275	315			45×260	
			275	320	400×315×60	400×315×75	45×260	45×150×58
			305	350			45×290	
500	315	250	245	290	500×315×55	500×315×65	45×230	45×140×53
			275	315			45×260	
			275	320	500×315×60	500×315×75	45×260	45×150×58
			305	350			45×290	
630	315		260	300	630×315×55	630×315×65	50×240	50×150×53
			290	325			50×270	
			290	330	630×315×65	630×315×80	50×270	50×160×63
			320	360			50×300	
500	400		260	300	500×400×55	500×400×65	50×240	50×150×53
			290	325			50×270	
			290	330	500×400×65	500×400×80	50×270	50×160×63
			320	360			50×300	
630	400		260	300	630×400×55	630×400×65	50×240	50×150×53
			290	325			50×270	
			290	330	630×400×65	630×400×80	50×270	50×160×63
			320	360			50×300	

注：1. 应符合 JB/T 8050 的规定。

2. 标记应包括以下内容：①滑动导向模架；②结构形式：四导柱；③凹模周界尺寸 L、B 或 D_0，以 mm 为单位；④模架闭合高度 H，以 mm 为单位；⑤模架精度等级：Ⅰ级、Ⅱ级；⑥本标准代号，即 GB/T 2851—2008。

5.7.2 冲模滑动导向模座标准

（1）上模座标准

GB/T 2855.1—2008《冲模滑动导向模座 第 1 部分：上模座》标准规定了冲模滑动导向上模座的结构、尺寸规格和标记，适用于冲模滑动导向用上模座，同时还给出了材料指南和技术要求。

GB/T 2855.1—2008 标准规定的冲模滑动导向上模座包括对角导柱上模座、后侧导柱上模座、中间导柱上模座、中间导柱圆形上模座和四导柱上模座。

① 对角导柱上模座标准。

GB/T 2855.1—2008 标准规定的冲模滑动导向对角导柱上模座的结构如图 5-1 所示，尺寸见表 5-93。

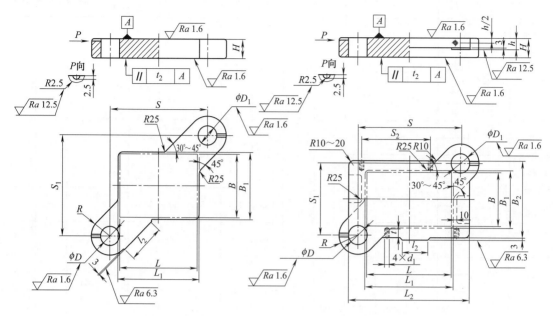

(a) 对角导柱上模座($L \times B \leqslant 200 \times 160$)　　　(b) 对角导柱上模座($L \times B > 200 \times 160$)

未注粗糙度的表面为非加工表面。

图 5-1　冲模滑动导向对角导柱上模座

表 5-93　冲模滑动导向对角导柱上模座尺寸（摘自 GB/T 2855.1—2008）　　　　mm

凹模周界		H	h	L_1	B_1	L_2	B_2	S	S_1	R	l_2	D H7	D_1 H7	d_1	t	S_2
L	B															
63	50	20		70	60			100	85	28	40	25	28			
		25														
63		20		70					95							
		25														
80	63	25		90	70			120	105	32		28	32			
		30														
100		25		110				140								
		30														
80	80	25		90				125			60					
		30														
100	80	25		110	90	—	—	145	125	35		32	35	—	—	—
		30														
125		25		130				170								
		30														
100		25		110				145	145							
		30														
125	100	30		130	110			170		38		35	38			
		35														
160		35		170				210	150	42	80	38	42			
		40														
200		35		210				250								
		40														

续表

凹模周界		H	h	L₁	B₁	L₂	B₂	S	S₁	R	l₂	D H7	D₁ H7	d₁	t	S₂
L	B															
125	125	30, 35	—	130	130			170		38	60	35	38	—	—	—
160		35, 40		170				210	175	42	80	38	42			
200		35, 40		210				250								
250		40, 45		260				305	180	45	100		45			
160	160	40, 45	—	170	170			215	215		80	42	45	—	—	—
200		40, 45		210				255	215	45	80		45			
250		45, 50		260		360	230	310	220		100					210
200	200	45, 50	30	210	210	320	270	260	260	50	80	45	50	M14-6H	28	180
250	200	45, 50		260		370		310								220
315		45, 50		325		435		380	265	55		50	55			280
250		45, 50		260		380		315								210
315	250	50, 55	35	325	260	445	330	385	320					M16-6H	32	290
400		50, 55		410		540		470		60		55	60			350
315		50, 55		325		460		390			100					280
400	315	55, 60		410	325	550	400	475	390					M20-6H	40	340
500		55, 60		510		655		575		65		60	65			460
400	400	55, 60	40	410	410	560	490	475	475							370
630		55, 65		640		780		710	480	70		65	70			580
500	500	55, 65		510	510	650	590	580	580							460

注：1. 材料由制造者选定，推荐采用 HT200。

2. 压板台的形状、位置尺寸和标记面的位置尺寸由制造者确定。

3. t_2 应符合 JB/T 8070 的规定。

4. 标记应包括以下内容：①滑动导向上模座；②结构形式：对角导柱；③凹模周界尺寸 L、B，以 mm 为单位；④模架闭合高度 H，以 mm 为单位；⑤本标准代号，即 GB/T 2855.1—2008。

　　② 后侧导柱上模座标准。

　　GB/T 2855.1—2008 标准规定的冲模滑动导向后侧导柱上模座的结构如图 5-2 所示，尺寸见表 5-94。

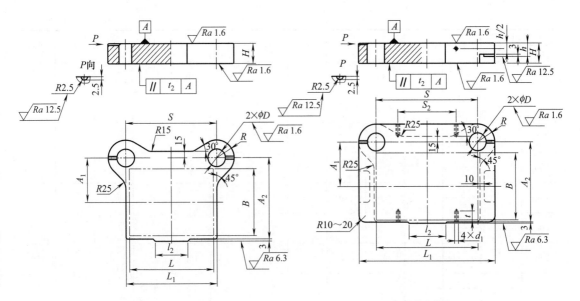

(a) 后侧导柱上模座($L \times B \leqslant 200 \times 160$)　　　　(b) 后侧导柱上模座($L \times B > 200 \times 160$)

未注粗糙度的表面为非加工表面。

图 5-2　冲模滑动导向后侧导柱上模座

表 5-94　冲模滑动导向后侧导柱上模座尺寸（摘自 GB/T 2855.1—2008）　　　　mm

凹模周界		H	h	L_1	S	A_1	A_2	R	l_2	D H7	d_1	t	S_2
L	B												
63	50	20		70	70	45	75	25	40	25			
		25											
63		20		70	70								
		25											
80	63	25		90	94	50	85	28		28			
		30											
100		25		110	116								
		30											
80		25		90	94								
		30											
100	80	25	—	110	116	65	110	32	60	32	—	—	—
		30											
125		25		130	130								
		30											
100		25		110	116								
		30											
125		30		130	130			35		35			
	100	35				75	130						
160		35		170	170								
		40						38	80	38			
200		35		210	210								
		40											

凹模周界		H	h	L_1	S	A_1	A_2	R	l_2	D H7	d_1	t	S_2
L	B												
125	125	30	—	130	130			35	60	35	—	—	—
		35											
160	125	35		170	170	85	150	38	80	38			
		40											
200	125	35		210	210								
		40											
250	125	40		260	250				100				
		45											
160	160	40		170	170	110	195	42	80	42			
		45											
200	160	40		210	210								
		45				110	195						
250	160	45		260	250				100		M14-6H	28	150
		50											
200	200	45	30	210	210			45	80	45			120
		50											
250	200	45		260	250	130	235						150
		50											
315	200	45		325	305			50	100	50			200
		50											
250	250	45		260	250				100				140
		50											
315	250	50	35	325	305	160	290	55		55	M16-6H	32	200
		55											
400	250	50		410	390								280
		55											

注：1. 压板台的形状尺寸由制造者确定。

2. 材料由制造者选定，推荐采用 HT200。

3. t_2 应符合 JB/T 8070 中表 2 的规定。其余应符合 JB/T 8070 的规定。

4. 标记应包括以下内容：①滑动导向上模座；②结构形式：后侧导柱；③凹模周界尺寸 L、B，以 mm 为单位；④模架闭合高度 H，以 mm 为单位；⑤本标准代号，即 GB/T 2855.1—2008。

③ 中间导柱上模座标准。

GB/T 2855.1—2008 标准规定的冲模滑动导向中间导柱上模座的结构如图 5-3 所示，尺寸见表 5-95。

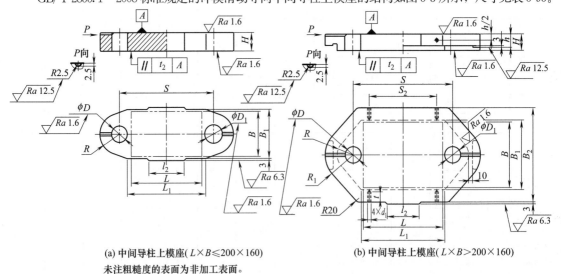

(a) 中间导柱上模座($L \times B \leqslant 200 \times 160$)

(b) 中间导柱上模座($L \times B > 200 \times 160$)

未注粗糙度的表面为非加工表面。

图 5-3　冲模滑动导向中间导柱上模座

表 5-95　冲模滑动导向中间导柱上模座尺寸（摘自 GB/T 2855.1—2008）　　　mm

凹模周界 L	凹模周界 B	H	h	L_1	B_1	B_2	S	R	R_1	l_2	D H7	D_1 H7	d_1	t	S_2
63	50	20		70	60										
		25													
63		20		70			100	28		40	25	28			
		25													
80	63	25		90	70		120								
		30									28	32			
100		25		110			140	32							
		30													
80	80	25		90			125			60					
		30													
100		25		110			145	35			32	35			
		30													
125		25		130	90		170								
		30													
140		30		150			185	38		80	35	38			
		35													
100	100	25		110			145	35			32	35			
		30								60					
125		30		130			170				35	38			
		35						38							
140	100	30	—	150	110		185		—				—	—	—
		35													
160		35		170			210			80					
		40						42			38	42			
200		35		210			250								
		40													
125		30		130			170	38		60	35	38			
		35													
140		35		150			190								
		40													
160	125	35		170	130		210	42		80	38	42			
		40													
200		40		210			250								
		45													
250		40		260			305	45		100	42	45			
		45													
140	140	35		150			190				38	42			
		40						42							
160		35		170			210			80					
		40													
200	140	40		210	150		255								
		45									42	45			
250		40		260			305	45		100					
		45													

凹模周界		H	h	L_1	B_1	B_2	S	R	R_1	l_2	D H7	D_1 H7	d_1	t	S_2
L	B														
160	160	40	—	170	170	—	215	45	—	80	42	45	—	—	—
		45													
200		40		210			255								
		45													
250		45	40	260		240	310	50	85	100	45	50	M14-6H	28	210
		50													
280		45		290			340								250
		50													
200	200	45		210	210	280	260			80					170
		50													
250		45		260			310			100					210
		50													
280		45		290		290	345	55	95		50	55			250
		50													
315		45		325			380								290
		50													
250	250	45		260	260	340	315								210
		50													
280		45		290			345						M16-6H	32	250
		50													
315		50		325		350	385								260
		55													
400		50		410			470			120					340
		55													
280	280	50		290	290	380	350	60	105	100	55	60			250
		55													
315		50		325			385								260
		55													
400		50		410			470			120					340
		55													
315	315	50	45	325			390			100					260
		55													
400		55		410	325	425	475	65	115	120	60	65	M20-6H	40	340
		60													
500		55		510			575			140					440
		60													
400	400	55		410	410	510	475			120					360
		60													
630		55		640		520	710			160					570
		65													
500	500	55		510	510	620	580	70	125	140	65	70			440
		65													

注：1. 压板台的形状尺寸由制造者确定。

2. 材料由制造者选定，推荐采用 HT200。

3. t_2 应符合 JB/T 8070 中表 2 的规定。其余应符合 JB/T 8070 的规定。

4. 标记应包括以下内容：①滑动导向上模座；②结构形式；中间导柱；③凹模周界尺寸 L、B，以 mm 为单位；④模架闭合高度 H，以 mm 为单位；⑤本标准代号，即 GB/T 2855.1—2008。

第 5 章　冷冲模零件

④ 中间导柱圆形上模座标准。

GB/T 2855.1—2008 标准规定的冲模滑动导向中间导柱圆形上模座的结构如图 5-4 所示，尺寸见表 5-96。

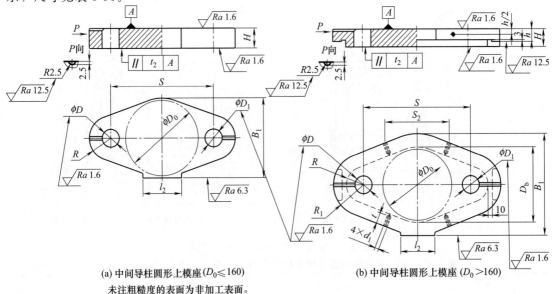

(a) 中间导柱圆形上模座($D_0 \leqslant 160$)　　　　(b) 中间导柱圆形上模座 ($D_0 > 160$)

未注粗糙度的表面为非加工表面。

图 5-4　冲模滑动导向中间导柱圆形上模座

表 5-96　冲模滑动导向中间导柱圆形上模座尺寸（摘自 GB/T 2855.1—2008）　　　mm

凹模周界 D_0	H	h	D_b	B_1	S	R	R_1	l_2	$\dfrac{D}{H7}$	$\dfrac{D_1}{H7}$	d_1	t	S_2
63	20			70	100	28		50	25	28			
	25												
80	25			90	125			60	32	35			
	30					35							
100	25	—	—	110	145		—				—	—	—
	30												
125	30			130	170	38		80	35	38			
	35												
160	40			170	215	45			42	45			
	45												
200	45	30	210	280	260	50	85		45	50	M14-6H	28	180
	50												
250	45		260	340	315	55	95		50	55	M16-6H	32	220
	50												
315	50	35	325	425	390	65	115	100	60	65	M20-6H	40	280
	55												
400	55		410	510	475								380
	60												
500	55	40	510	620	580	70	125		65	70			480
	65												
630	60		640	758	720	76	136		70	76			600
	75												

注：1. 压板台的形状尺寸由制造者确定。

2. 材料由制造者选定，推荐采用 HT200。

3. t_2 应符合 JB/T 8070 中表 2 的规定。其余应符合 JB/T 8070 的规定。

4. 标记应包括以下内容：①滑动导向上模座；②结构形式：中间导柱圆形；③凹模周界尺寸 D_0，以 mm 为单位；④模架闭合高度 H，以 mm 为单位；⑤本标准代号，即 GB/T 2855.1—2008。

⑤ 四导柱上模座标准。

GB/T 2855.1—2008 标准规定的冲模滑动导向四导柱上模座的结构如图 5-5 所示，尺寸见表 5-97。

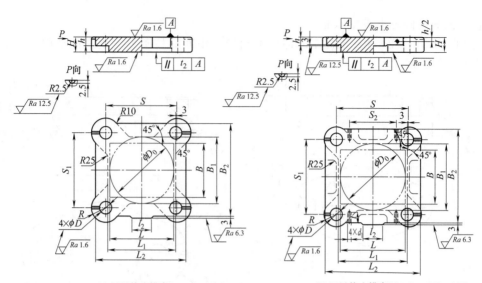

(a) 四导柱上模座($L×B≤200×160$)　　　(b) 四导柱上模座($L×B>200×160$)

未注粗糙度的表面为非加工表面。

图 5-5　冲模滑动导向四导柱上模座

表 5-97　冲模滑动导向四导柱上模座尺寸（摘自 GB/T 2855.1—2008）　　mm

凹模周界			H	h	L_1	B_1	L_2	B_2	S	S_1	R	l_2	D H7	d_1	t	S_2
L	B	D_0														
160	125	160	35/40	20	170	160	240	230	175	190	38		38	—	—	—
200	160	200	40/45	25	210	200	290	280	220	215	42		42	—	—	—
250	160	—	45/50	30	260	200	340	280	265	215	45	80	45	M14-6H	28	170
250	200	250	45/50	30	260	250	340	330	265	260	45	80	45	M14-6H	28	170
315	200	—	45/50	30	325	250	425	330	340	260	50	80	50	M14-6H	28	200
315	250	—	50/55	35	325	300	425	400	340	315	55	80	55	M16-6H	32	230
400	250	—	50/55	35	410	300	500	400	410	315	55	80	55	M16-6H	32	290
400	315	—	55/60	40	410	375	510	495	410	315	60	80	60	M16-6H	32	300
500	315	—	55/60	40	510	375	610	495	510	390	60	80	60	M20-6H	40	380
630	315	—	55/65	40	640	375	750	495	640	390	60	80	60	M20-6H	40	500
500	400	—	55/65	40	510	460	620	590	510	480	65	100	65	M20-6H	40	380
630	400	—	55/65	40	640	460	750	590	640	480	65	100	65	M20-6H	40	500
800	400	—	60/75	45	810	460	930	590	810	480	70	100	70	M20-6H	40	650
630	500	—	60/75	45	640	580	760	710	640	590	70	100	70	M24-6H	46	500
800	500	—	70/85	45	810	580	940	710	810	590	70	100	70	M24-6H	46	650
1000	500	—	70/85	45	1010	580	1140	710	1010	590	76	100	76	M24-6H	46	800
800	630	—	70/85	45	810	700	940	840	810	720	76	100	76	M24-6H	46	650
1000	630	—	70/85	45	1010	700	1140	840	1010	720	76	100	76	M24-6H	46	800

注：1. 压板台的形状尺寸由制造者确定。

2. 材料由制造者选定，推荐采用 HT200。

3. t_2 应符合 JB/T 8070 中表 2 的规定。其余应符合 JB/T 8070 的规定。

4. 标记应包括以下内容：①滑动导向上模座；②结构形式：四导柱；③凹模周界尺寸 L、B 或 D_0，以 mm 为单位；④模架闭合高度 H，以 mm 为单位；⑤本标准代号，即 GB/T 2855.1—2008。

（2）下模座标准

GB/T 2855.2—2008 标准规定的冲模滑动导向下模座包括对角导柱下模座、后侧导柱下模座、中间导柱下模座、中间导柱圆形下模座和四导柱下模座。

① 对角导柱下模座标准。

GB/T 2855.2—2008 标准规定的冲模滑动导向对角导柱下模座的结构如图 5-6 所示，尺寸见表 5-98。

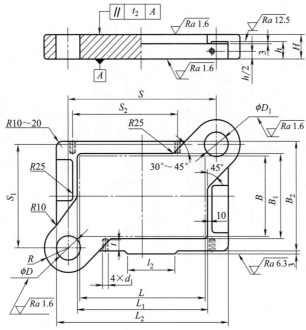

未注粗糙度的表面为非加工表面。

图 5-6　冲模滑动导向对角导柱下模座

表 5-98　冲模滑动导向对角导柱下模座尺寸（摘自 GB/T 2855.2—2008）　　mm

| 凹模周界 | | H | h | L_1 | B_1 | L_2 | B_2 | S | S_1 | R | l_2 | D H7 | D_1 H7 | d_1 | t | S_2 |
L	B															
63	50	25/30	20	70	60	125	100	100	85	28	40	16	18			
63		25/30		70		130	110		95							
80	63	30/40		90	70	150		120	105	32		18	20			
100	63	30/40		110		170	120	140								
80	80	30/40	25	90		150		125						—	—	—
100	80	30/40		110	90	120	140	145	125	35	60	20	22			
125	80	30/40		130		200		170								
100	100	30/40		110		180		145	145							
125	100	35/45		130	110	200	160	170		38		22	25			
160	100	40/50	30	170		240		210	150	42	80	25	28			
200	100	45/50		210		280		250								
125	125	35/45	25	130	130	200	190	170	175	38	60	22	25			

凹模周界 L	凹模周界 B	H	h	L_1	B_1	L_2	B_2	S	S_1	R	l_2	D H7	D_1 H7	d_1	t	S_2
160	125	40 / 50	30	170	130	250	190	210	175	42	80	25	28	—	—	—
200	125	40 / 50	30	210	130	290	190	250	175	42	80	25	28	—	—	—
250	125	45 / 55	30	260	130	340	190	305	180	45	100	28	32	—	—	—
160	160	45 / 55	35	170	170	270	230	215	215	45	80	28	32	—	—	—
200	160	45 / 50	35	210	170	310	230	255	215	45	80	28	32	—	—	—
250	160	50 / 60	35	260	170	360	230	310	220	50	100	28	32	M14-6H	28	210
200	200	50 / 60	40	210	210	320	270	260	260	50	80	32	35	M14-6H	28	180
250	200	50 / 60	40	260	210	370	270	310	260	50	80	32	35	M14-6H	28	220
315	200	55 / 65	40	325	210	435	270	380	265	55	100	35	40	M14-6H	28	280
250	250	55 / 65	40	260	260	380	330	315	315	55	100	35	40	M16-6H	32	210
315	250	60 / 70	40	325	260	445	330	385	320	60	100	40	45	M16-6H	32	290
400	250	60 / 70	40	410	260	540	330	470	320	60	100	40	45	M16-6H	32	350
315	315	60 / 70	45	325	325	460	400	390	390	60	100	40	45	M20-6H	40	280
400	315	65 / 75	45	410	325	550	400	475	390	65	100	45	50	M20-6H	40	340
500	315	65 / 75	45	510	325	655	400	575	390	65	100	45	50	M20-6H	40	460
400	400	65 / 75	45	410	410	560	490	475	475	65	100	45	50	M20-6H	40	370
630	400	65 / 80	45	640	410	780	490	710	480	70	100	50	55	M20-6H	40	580
500	500	65 / 80	45	510	510	650	590	580	580	70	100	50	55	M20-6H	40	460

注: 1. 压板台的形状、位置尺寸和标记面的位置尺寸由制造者确定。

2. 安装 B 型导柱时，D R7，D_1 R7 改为 D H7，D_1 H7。

3. 材料由制造者选定，推荐采用 HT200。

4. t_2 应符合 JB/T 8070 中表 2 的规定。其余应符合 JB/T 8070 的规定。

5. 标记应包括以下内容：①滑动导向下模座；②结构形式：对角导柱；③凹模周界尺寸 L、B，以 mm 为单位；④模架闭合高度 H，以 mm 为单位；⑤本标准代号，即 GB/T 2855.2—2008。

② 后侧导柱下模座标准。

GB/T 2855.2—2008 标准规定的冲模滑动导向后侧导柱下模座的结构如图 5-7 所示。尺寸见表 5-99。

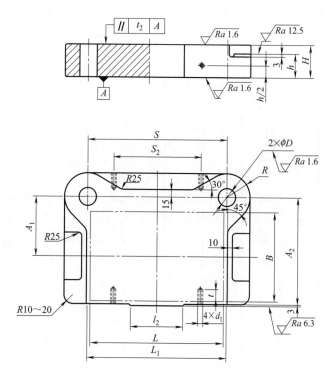

未注粗糙度的表面为非加工表面。

图 5-7　冲模滑动导向后侧导柱下模座

表 5-99　冲模滑动导向后侧导柱下模座尺寸（摘自 GB/T 2855.2—2008）　　mm

凹模周界		H	h	L_1	S	A_1	A_2	R	l_2	D H7	d_1	t	S_2
L	B												
63	50	25		70	70	45	75	25	40	16			
		30											
63		25		70	70								
		30											
80	63	30		94	94	50	85	28		18			
		40	20										
100		30		110	116						—	—	—
		40											
80		30		90	94				60				
		40											
100	80	30		110	116	65	110	32		20			
		40											
125		30	25	130	130								
		40											

凹模周界		H	h	L_1	S	A_1	A_2	R	l_2	D H7	d_1	t	S_2
L	B												
100	100	30	25	110	116	75	130	32	60	20	—	—	—
		40											
125		35		130	130			35		22			
		40											
160		40	30	170	170			38	80	25			
		50											
200		40		210	210								
		50											
125	125	35	25	130	130	85	150	35	60	22			
		45											
160		40	30	170	170			38	80	25			
		50											
200		40		210	210								
		50											
250		45		260	250				100				
		55											
160	160	45	35	170	170	110	195	42	80	28	M14-6H	28	
		55											
200		45		210	210								
		55											
250		50		260	250			45	100	32			150
		60	40										
200		50		210	210	130	235		80				120
		60											
250	200	50		260	250			45		32	M14-6H	28	150
		60				130	235						
315		55	40	325	305								200
		65						50		35			
250		55		260	250				100				140
		65											
315	250	60		325	305	160	290				M16-6H	32	200
		70	45					55		40			
400		60		410	390								280
		70											

注：1. 压板台的形状尺寸由制造者确定。

2. 安装 B 型导柱时，D R7 改为 D H7。

3. 材料由制造者选定，推荐采用 HT200。

4. t_2 应符合 JB/T 8070 中表 2 的规定，其余应符合 JB/T 8070 的规定。

5. 标记应包括以下内容：①滑动导向下模座；②结构形式：后侧导柱；③凹模周界尺寸 L、B，以 mm 为单位；④模架闭合高度 H，以 mm 为单位；⑤本标准代号，即 GB/T 2855.2—2008。

③ 中间导柱下模座标准。

GB/T 2855.2—2008 标准规定的冲模滑动导向中间导柱下模座的结构如图 5-8 所示。尺寸见表 5-100。

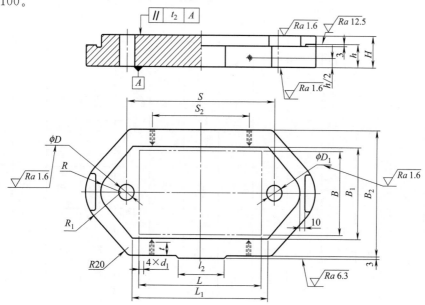

未注粗糙度的表面为非加工表面。

图 5-8　冲模滑动导向中间导柱下模座

表 5-100　冲模滑动导向中间导柱下模座尺寸（摘自 GB/T 2855.2—2008）　　　mm

凹模周界 L	凹模周界 B	H	h	L₁	B₁	B₂	S	R	R₁	l₂	D H7	D₁ H7	d₁	t	S₂
63	50	25	20	70	60	92	100	28	44	40	16	18			
		30													
63	63	25		70		102	100	28	44	40	16	18			
		30													
80	63	30	25	90	70	116	120	32	55	40	18	20	—	—	—
		40													
100	63	30		110	70	116	140	32	55	40	18	20	—	—	—
		40													
80	80	30	25	90	90	140	125	35	60	60	20	22	—	—	—
		40													
100	80	30		110	90	140	145	35	60	60	20	22	—	—	—
		40													
125	80	30		130	90	140	170	35	60	60	20	22	—	—	—
		40													
140	80	35	30	150	90	150	185	38	68	80	22	25	—	—	—
		45													
100	100	30	25	110	110	160	145	35	60	60	20	22	—	—	—
		40													
125	100	35	30	130	110	170	170	38	68	60	22	25	—	—	—
		45													
140	100	35		150	110	170	185	38	68	60	22	25	—	—	—
		45													
160	100	40	35	170	110	176	210	42	75	80	25	28	—	—	—
		50													
200	100	40		210	110	176	250	42	75	80	25	28	—	—	—
		50													

续表

凹模周界 L	B	H	h	L₁	B₁	B₂	S	R	R₁	l₂	D H7	D₁ H7	d₁	t	S₂
125	125	35	30	130	130	190	170	38	68	60	22	25	—	—	—
125		45													
140		40		150		196	190	42	75	80	25	28			
140		50													
160		40		170		196	210	42	75	80	25	28			
160		50													
200		40		210			250								
200		50													
250		45		260		200	305	45	80	100	28	32			
250		55													
140	140	40	35	150	150	216	190	42	75	80	25	28	—	—	—
140		50													
160		40		170			210	42	75	80	25	28			
160		50													
200		45		210			255	45	80	80	28	32			
200		55				220									
250		45		260			305	45	80	100	28	32			
250		55													
160	160	45	35	170	170	240	215	45	80	80	28	32	—	—	—
160		55													
200		45		210			255	45	80	80	28	32			
200		55													
250		50		260			310	50	85	100	32	35	M14-6H	28	210
250		60													
280		50		290			340	50	85	100	32	35	M14-6H	28	250
280		60													
200	200	50	40	210	210	280	260	50	85	80	32	35	M14-6H	28	170
200		60													
250		50		260			310	50	85	80	32	35	M14-6H	28	210
250		60													
280		55		290			345			100					250
280		65				290									
315		55		325			380	55	95	100	35	40			290
315		65													
250	250	55		260	260	340	315	55	95	100	35	40	M16-6H	32	210
250		65													
280		55		290			345								250
280		65													

续表

凹模周界 L	凹模周界 B	H	h	L_1	B_1	B_2	S	R	R_1	l_2	D H7	D_1 H7	d_1	t	S_2
315	250	60 / 70		325	260	350	385	60	105	100	40	45	M16-6H	32	260
400	250	60 / 70		410	260	350	470	60	105	120	40	45	M16-6H	32	340
280	280	60 / 70		290	290	380	350	60	105	100	40	45	M16-6H	32	250
315	280	60 / 70	45	325	290	380	385	60	105	100	40	45	M16-6H	32	260
400	280	60 / 70		410	290	380	470	60	105	120	40	45	M16-6H	32	340
315	315	60 / 70		325	325	425	390	65	115	100	45	50	M20-6H	40	260
400	315	65 / 75		410	325	425	475	65	115	120	45	50	M20-6H	40	340
500	315	65 / 75		510	325	425	575	65	115	140	45	50	M20-6H	40	440
400	400	65 / 75		410	410	510	475	65	115	120	45	50	M20-6H	40	360
630	400	65 / 80		640	410	520	710	70	120	160	50	55	M20-6H	40	570
500	500	65 / 80		510	510	620	580	70	120	140	50	55	M20-6H	40	440

注：1. 压板台的形状尺寸由制造者确定。

2. 安装 B 型导柱时，D R7，D_1 R7 改为 D H7、D_1 H7。

3. 材料由制造者选定，推荐采用 HT200。

4. t_2 应符合 JB/T 8070 中表 2 的规定。其余应符合 JB/T 8070 的规定。

5. 标记应包括以下内容：①滑动导向下模座；②结构形式：中间导柱；③凹模周界尺寸 L、B，以 mm 为单位；④模架闭合高度 H，以 mm 为单位；⑤本标准代号，即 GB/T 2855.2—2008。

④ 中间导柱圆形下模座标准。

GB/T 2855.2—2008 标准规定的冲模滑动导向中间导柱圆形下模座的结构如图 5-9 所示。尺寸见表 5-101。

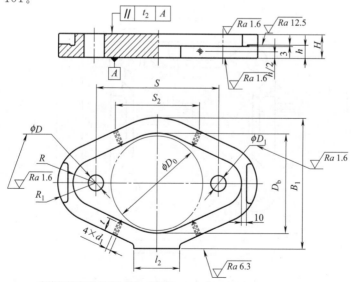

未注粗糙度的表面为非加工表面。

图 5-9　冲模滑动导向中间导柱圆形下模座

表 5-101　冲模滑动导向中间导柱圆形下模座尺寸（摘自 GB/T 2855.2—2008）　　mm

凹模周界 D_0	H	h	D_b	B_1	S	R	R_1	l_2	D H7	D_1 H7	d_1	t	S_2
63	25 30	20	70	102	100	28	—	44	25	18	—	—	—
80	30 40		90	136	125	35	—	58	60	22			
100	30 40		110	160	145	35		60	60	22			
125	35 45	25	130	190	170	38	80	68	22	25			
160	45 55	35	170	240	215	45	80	80	28	32			
200	50 60	40	210	280	260	50	85	100	32	35	M14-6H	28	180
250	55 65	40	260	340	315	55	95	100	35	40	M16-6H	32	220
315	60 70	45	325	425	390	65	115	100	45	50	M20-6H	40	280
400	65 75	45	410	510	475	65	115	100	45	50	M20-6H	40	380
500	65 80	45	510	620	580	70	125	100	50	55	M20-6H	40	480
630	70 90	45	640	758	720	76	135	100	55	76	M20-6H	40	600

注：1. 压板台的形状尺寸由制造者确定。

2. 材料由制造者选定，推荐采用 HT200。

3. t_2 应符合 JB/T 8070 中表 2 的规定。其余应符合 JB/T 8070 的规定。

4. 标记应包括以下内容：①滑动导向下模座；②结构形式：中间导柱圆形；③凹模周界尺寸 D_0，以 mm 为单位；④模架闭合高度 H，以 mm 为单位；⑤本标准代号，即 GB/T 2855.2—2008。

⑤ 四导柱下模座标准

GB/T 2855.2—2008 标准规定的冲模滑动导向四导柱下模座的结构如图 5-10 所示。尺寸见表 5-102。

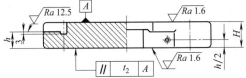

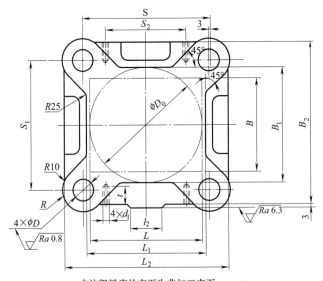

未注粗糙度的表面为非加工表面。

图 5-10　冲模滑动导向四导柱下模座

表 5-102　冲模滑动导向四导柱下模座尺寸（摘自 GB/T 2855.2—2008）　　　mm

凹模周界 L	B	D_0	H	h	L_1	B_1	L_2	B_2	S	S_1	R	l_2	D H7	d_1	t	S_2
160	125	160	40 / 50	30	170	160	240	230	175	190	38	80	25	—	—	—
200	160	200	45 / 55	35	210	200	290	280	220	215	42	80	28	M14-6H	28	
250	160	—	50 / 60	35	260	200	340	280	265	215	45	80	32	M14-6H	28	170
250	200	250	50 / 60	40	260	250	340	330	265	260	45	80	32	M14-6H	28	170
315	200	—	55 / 65	40	325	250	425	330	340	260	50	80	35	M14-6H	28	200
315	250	—	60 / 70	35	325	300	425	400	340	315	55	80	40	M16-6H	32	230
400	250	—	60 / 70	35	410	300	500	400	410	315	55	80	40	M16-6H	32	290
400	315	—	65 / 75	45	410	375	510	495	410	390	60	80	45	M20-6H	40	300
500	315	—	65 / 75	45	510	375	610	495	510	390	60	80	45	M20-6H	40	380
630	315	—	65 / 80	45	640	375	750	495	640	390	60	80	45	M20-6H	40	500
500	400	—	65 / 80	45	510	460	620	590	510	480	65	100	50	M20-6H	40	380
630	400	—	65 / 80	45	640	460	750	590	640	480	65	100	50	M20-6H	40	500
800	400	—	70 / 90	45	810	460	930	590	810	480	70	100	50	M20-6H	40	650
630	500	—	70 / 90	50	640	580	760	710	640	590	70	100	55	M24-6H	46	500
800	500	—	80 / 100	50	810	580	940	710	810	590	76	100	55	M24-6H	46	650
1000	500	—	80 / 100	50	1010	580	1140	710	1010	590	76	100	55	M24-6H	46	800
800	630	—	80 / 100	50	810	700	940	840	810	720	76	100	60	M24-6H	46	650
1000	630	—	80 / 100	50	1010	700	1140	840	1010	720	76	100	60	M24-6H	46	800

注：1. 压板台的形状尺寸由制造者确定。

2. 安装 B 型导柱时，D R7 改为 D H7。

3. 材料由制造者选定，推荐采用 HT200。

4. t_2 应符合 JB/T 8070 中表 2 的规定。其余应符合 JB/T 8070 的规定。

5. 标记应包括以下内容：①滑动导向下模座；②结构形式：四导柱；③凹模周界尺寸 L、B 或 D_0，以 mm 为单位；④模架闭合高度 H，以 mm 为单位；⑤本标准代号，即 GB/T 2855.2—2008。

5.7.3 冲模滚动导向模架标准

GB/T 2852—2008《冲模滚动导向模架》标准规定了冲模滚动导向架的结构、尺寸规格和标记，适用于冲模滚动导向模架。

冲模滚动导向模架包括对角导柱模架、中间导柱模架、四导柱模架和后侧导柱模架。

（1）对角导柱模架标准

对角导柱模架的导柱、导套对角布置，安装在模座对称中心两侧，导向平稳，适用于横向和纵向送料的高精度、高速冲压模具。GB/T 2852—2008《冲模滚动导向模架》标准规定的对角导柱模架结构如图 5-11 所示，尺寸见表 5-103。

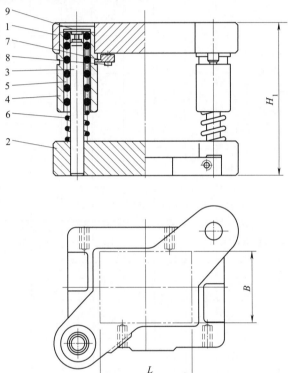

图 5-11　冲模滚动导向对角导柱模架

1—上模座；2—下模座；3—导柱；4—导套；5—钢球保持圈；
6—弹簧；7—压板；8—螺钉；9—限程器

表 5-103　冲模滚动导向对角导柱模架尺寸（摘自 GB/T 2852—2008）　　　　mm

凹模周界		最大行程	设计最小闭合高度	零件件号、名称和标准编号					
				1	2	3		4	
				上模座 GB/T 2856.1	下模座 GB/T 2856.2	导柱 GB/T 2861.2		导套 GB/T 2861.4	
				数　量					
				1	1	1	1	1	1
L	B	S	H	规　格					
80	63	80	165	80×63×35	80×63×40	18×155	20×155	18×100×33	20×100×33
100	80			100×80×35	100×80×40	20×155	22×155	20×100×33	22×100×33
125	100			125×100×35	125×100×45	22×155	25×155	22×100×33	25×100×33
160	125	100	200	160×125×40	160×125×45	25×190	28×190	25×120×38	28×125×43
200	160	100	200	200×160×45	200×160×55	28×190	32×190	28×125×43	32×125×43
		120	220			28×210	32×210	28×145×43	32×145×43
250	200	100	200	250×200×50	250×200×60	32×190	35×190	32×120×48	35×120×48
		120	230			32×210	35×210	32×150×48	35×150×48

凹模周界			最大行程	设计最小闭合高度	零件件号、名称和标准编号			
					5	6	7	8
					钢球保持圈 GB/T 2861.5	弹簧 GB/T 2861.6	压板 GB/T 2861.11	螺钉 GB/T 70.1
					数　量			
					1	1	1	1	4 或 6	4 或 6
L	B	S	H	规　格			
80	63				18×23.5×64	20×25.5×64	1.6×22×72	1.6×24×72	14×15	M5×14
100	80	80	165		20×25.5×64	22×27.5×64	1.6×24×72	1.6×26×72		
125	100				22×27.5×64	25×30.5×64	1.6×26×72	1.6×30×79		
160	125	100	200		25×32.5×76	28×35.5×76	1.6×30×87	1.6×32×86		
200	160	120	220		28×35.5×76	32×39.5×76	1.6×32×77	2×37×79	16×20	M6×16
					28×35.5×84	32×39.5×84				
250	200	100	200		32×39.5×76	35×42.5×76	2×37×79	2×40×78		
		120	230		32×39.5×84	35×42.5×84	2×37×87	2×40×88		

注：1. 限程器结构和尺寸由制造者确定。

2. 最大行程指该模架许可的最大冲压行程。

3. 件号 7、件号 8 的数量：$L \leqslant 160$mm 为 4 件；$L > 160$mm 为 6 件。

4. 其他应符合 JB/T 8050 的规定。

5. 标记应包括以下内容：①滚动导向模架；②结构形式：对角导柱；③凹模周界尺寸 L、B，以 mm 为单位；④模架闭合高度 H，以 mm 为单位；⑤模架精度等级：0Ⅰ、0Ⅱ级；⑥本标准代号，即 GB/T 2852—2008。

（2）中间导柱模架标准

中间导柱模架的导柱、导套安装在中心线上，左右对称布置，导向精度高，适用于高精度、高速冲压的模具。与浮动模柄配合使用时，可以减小压力机精度对模架精度的影响。GB/T 2852—2008《冲模滚动导向模架》标准规定的中间导柱模架结构见图 5-12，尺寸见表 5-104。

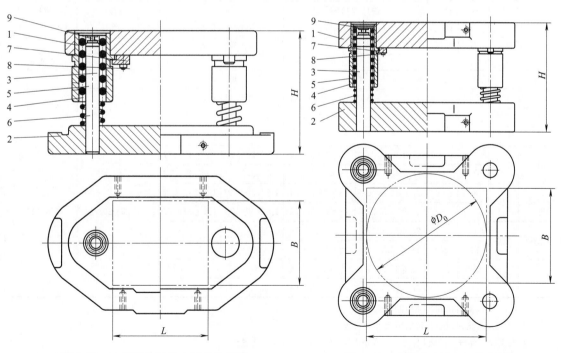

图 5-12　冲模滚动导向中间导柱模架

1—上模座；2—下模座；3—导柱；4—导套；5—钢球保持圈；
6—弹簧；7—压板；8—螺钉；9—限程器

图 5-13　冲模滚动导向四导柱模架

1—上模座；2—下模座；3—导柱；4—导套；5—钢球保持圈；6—弹簧；7—压板；8—螺钉；9—限程器

（3）四导柱模架标准

四导柱模架的导柱、导套安装在模具的四角，模架的稳定性和导向精度高，适用于尺寸较大的高精度、高速冲压的模具。GB/T 2852—2008《冲模滚动导向模架》标准规定的四导柱模架结构如图 5-13 所示，尺寸见表 5-105。

表 5-104　冲模滚动导向中间导柱模架尺寸（摘自 GB/T 2852—2008）　　　　mm

凹模周界		最大行程	设计最小闭合高度	零件件号、名称和标准编号					
				1	2	3		4	
				上模座 GB/T 2856.1	下模座 GB/T 2856.2	导柱 GB/T 2861.2		导套 GB/T 2861.4	
				数　量					
				1	1	1	1	1	1
L	B	S	H	规　格					
80	63	80	165	80×63×35	80×63×40	18×155	20×155	18×100×33	20×100×33
100	80			100×80×35	100×80×40	20×155	22×155	20×100×33	22×100×33
125	100			125×100×35	125×100×45	22×155	25×155	22×100×33	25×100×33
140	125			140×125×40	140×125×45	25×155	28×155	25×100×38	28×100×38
		100	200			25×190	28×190	25×120×38	28×120×38
160	140	80	165	160×140×40	160×140×40	25×155	28×155	25×105×38	28×105×38
		100	200		160×140×50	25×190	28×190	25×125×38	28×125×38
200	160			200×160×45	200×160×55	28×190	32×190	28×125×43	32×125×43
		120	220			28×210	32×210	28×145×43	32×145×43
250	200	100	200	250×200×50	250×200×60	32×190	35×190	32×120×48	35×120×48
		120	230			32×215	35×215	32×150×48	35×150×48

凹模周界		最大行程	设计最小闭合高度	零件件号、名称和标准编号					
				5		6		7	8
				钢球保持圈 GB/T 2861.5		弹簧 GB/T 2861.6		压板 GB/T 2861.11	螺钉 GB/T 70.1
				数　量					
				1	1	1	1	4 或 6	4 或 6
L	B	S	H	规　格					
80	63	80	165	18×23.5×64	20×25.5×64	1.6×22×72	1.6×24×72	14×15	M5×14
100	80			20×25.5×64	22×27.5×64	1.6×24×72	1.6×26×72		
125	100			22×27.5×64	25×30.5×64	1.6×26×72	1.6×30×79		
140	125			25×32.5×64	28×35.5×64	1.6×30×79	1.6×32×77		
		100	200	25×32.5×76	28×35.5×76	1.6×30×87	1.6×32×86		
160	140	80	165	25×32.5×64	28×35.5×64	1.6×30×79	1.6×32×77	16×20	M6×16
		100	200	25×32.5×76	28×35.5×76	1.6×30×79	1.6×32×77		
200	160			28×35.5×76	32×39.5×76	1.6×32×77	2×37×79		
		100	220	28×35.5×84	32×39.5×84				
250	200	100	200	32×39.5×76	35×42.5×76	2×37×79	2×40×78		
		120	230	32×39.5×84	35×42.5×84	2×37×87	2×40×88		

注：1. 限程器结构和尺寸由制造者确定。

　　2. 最大行程指该模架许可的最大冲压行程。

　　3. 件号 7、件号 8 的数量：$L \leqslant 160\text{mm}$ 为 4 件；$L > 160\text{mm}$ 为 6 件。

　　4. 应符合 JB/T 8050 的规定。

　　5. 标记应包括以下内容：①滚动导向模架；②结构形式：中间导柱；③凹模周界尺寸 L、B，以 mm 为单位；④模架闭合高度 H，以 mm 为单位；⑤模架精度等级：0Ⅰ、0Ⅱ级；⑥本标准代号，即 GB/T 2852—2008。

表 5-105　冲模滚动导向四导柱模架尺寸（摘自 GB/T 2852—2008）　　　mm

凹模周界			最大行程	设计最小闭合高度	零件件号、名称和标准编号			
					1	2	3	4
					上模座 GB/T 2856.1	下模座 GB/T 2856.2	导柱 GB/T 2861.2	导套 GB/T 2861.4
					数　量			
					1	1	4	4
L	B	D_0	S	H	规　　格			
160	125	160	80	165	160×125×40	160×125×45	25×155	25×100×38
			100	200		160×125×50	25×190	25×125×38
200	160	200	100	200	200×160×45	200×160×55	28×190	28×100×38
			120	220			28×210	28×125×38
250		—	100	200	250×160×50	250×160×60	32×190	32×120×48
			120	230			32×215	32×150×48
250	200	250	100	200	250×200×50	250×200×60	32×190	32×120×48
			120	230			32×215	32×150×48
315		—	100	200	315×200×50	315×200×65	32×190	32×120×48
			120	230			32×215	32×150×48
400	250	—	100	220	400×250×60	400×250×70	35×210	35×120×48
			120	240			35×225	35×150×48

凹模周界			最大行程	设计最小闭合高度	零件件号、名称和标准编号			
					5	6	7	8
					钢球保持圈 GB/T 2861.5	弹簧 GB/T 2861.6	压板 GB/T 2861.11	螺钉 GB/T 70.1
					数　量			
					4	4	12	12
L	B	D_0	S	H	规　　格			
160	125	160	80	165	25×32.5×64	1.6×30×65	16×20	M16×16
			100	200	25×32.5×76	1.6×30×79		
200	160	200	100	200	28×32.5×64	1.6×30×65		
			120	220	28×32.5×76	1.6×30×79		
250		—	100	200	32×39.5×76	2×37×79		
			120	230	32×39.5×84	2×37×87		
250	200	250	100	200	32×39.5×76	2×37×79		
			120	230	32×39.5×84	2×37×87		
315		—	100	200	32×39.5×76	2×37×79		
			120	230	32×39.5×84	2×37×87		
400	250	—	100	220	35×42.5×76	2×40×79	20×20	M20×20
			120	240	35×42.5×84	2×40×87		

注：1. 限程器结构和尺寸由制造者确定。

2. 最大行程指该模架许可的最大冲压行程。

3. 应符合 JB/T 8050 的规定。

4. 标记应包括以下内容：①滚动导向模架；②结构形式：四导柱；③凹模周界尺寸 L、B 或 D_0，以 mm 为单位；④模架闭合高度 H，以 mm 为单位；⑤模架精度等级：0Ⅰ、0Ⅱ级；⑥本标准代号，即 GB/T 2852—2008。

（4）后侧导柱模架标准

后侧导柱模架的导柱、导套安装在模具的后侧，适用于尺寸较小的高精度、高速冲压的模具。GB/T 2852—2008《冲模滚动导向模架》标准规定的后侧导柱模架结构如图 5-14 所示，尺寸见表 5-106。

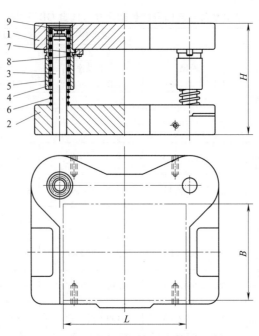

图 5-14　冲模滚动导向后侧导柱模架

1—上模座；2—下模座；3—导柱；4—导套；5—钢球保持圈；6—弹簧；7—压板；8—螺钉；9—限程器

表 5-106　冲模滚动导向后侧导柱模架尺寸（摘自 GB/T 2852—2008）　　　　mm

凹模周界				零件件号、名称和标准编号			
	最大行程	设计最小闭合高度		1	2	3	4
				上模座 GB/T 2856.1	下模座 GB/T 2856.2	导柱 GB/T 2861.2	导套 GB/T 2861.4
				数　量			
L	B	S	H	1	1	2	2
				规　格			
80	63			80×63×35	80×63×40	18×155	18×100×33
100	80	80	165	100×80×35	100×80×40	20×155	20×100×33
125	100			125×100×35	125×100×45	22×155	22×100×33
160	125	100	200	160×125×40	160×125×45	25×190	25×120×38
200	160	120	220	200×160×45	200×160×55	28×210	28×145×43

凹模周界				零件件号、名称和标准编号			
	最大行程	设计最小闭合高度		5	6	7	8
				钢球保持圈 GB/T 2861.5	弹簧 GB/T 2861.6	压板 GB/T 2861.11	螺钉 GB/T 70.1
				数　量			
L	B	S	H	2	2	4 或 6	4 或 6
				规　格			
80	63			18×23.5×64	1.6×22×72	14×15	M5×14
100	80	80	165	20×25.5×64	1.6×24×72		
125	100			22×27.5×64	1.6×26×72		
160	125	100	200	22×32.5×76	1.6×30×87	16×20	M6×16
200	160	120	220	28×35.5×84	1.6×32×77		

注：1. 限程器结构和尺寸由制造者确定。

2. 最大行程指该模架许可的最大冲压行程。

3. 件号 7、件号 8 的数量：$L \leqslant 160$mm 为 4 件；$L > 160$mm 为 6 件。

4. 应符合 JB/T 8050 的规定。

5. 标记应包括以下内容：①滚动导向模架；②结构形式：后侧导柱；③凹模周界尺寸 L、B，以 mm 为单位；④模架闭合高度 H，以 mm 为单位；⑤模架精度等级：0Ⅰ、0Ⅱ级；⑥本标准代号，即 GB/T 2852—2008。

5.7.4　冲模滚动导向模座标准

（1）上模座标准

GB/T 2856.1—2008《冲模滚动导向模座　第 1 部分：上模座》标准规定了冲模滚动导向上模座的结构、尺寸规格与标记，适用于冲模滚动导向上模座，同时还给出了材料指南和技术要求。

GB/T 2856.1—2008 标准规定的冲模滚动导向上模座包括对角导柱上模座、中间导柱上模座、四导柱上模座和后侧导柱上模座。

① 对角导柱上模座标准。

GB/T 2856.1—2008 标准规定的冲模滚动导向对角导柱上模座见表 5-107。

表 5-107　冲模滚动导向对角导柱上模座（摘自 GB/T 2856.1—2008）　　　　mm

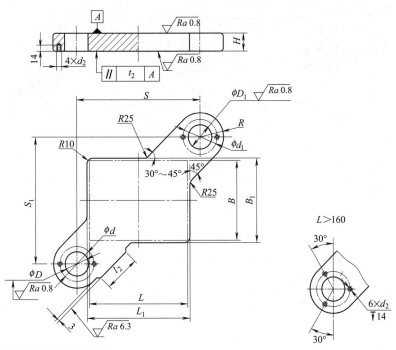

未注表面粗糙度的表面为非加工面。

标记示例：$L=200$mm，$B=160$mm，$H=45$mm 的滚动导向对角导柱上模座的标记为：滚动导向上模座对角导柱 $200 \times 160 \times 45$　GB/T 2856.1—2008。

凹模周界		H	L_1	B_1	S	S_1	R	l_2	D H6	D_1 H6	d	d_1	d_2
L	B												
80	63		90	70	125	110	36	40	38	40	51	53	M5-6H
100	80	35	110	90	155	135	38	60	40	42	53	55	
125	100		130	110	180	160	40		42	45	55	59	
160	125	40	170	130	225	180	45	80	48	50	62	64	M6-6H
200	160	45	210	170	270	230	50		50	55	64	69	
250	200	50	260	210	320	270	55	100	55	58	69	72	

注：1. 材料由制造者选定，推荐采用 HT200，时效处理。

2. t_2 应符合 JB/T 8070 中表 2 的规定，其余应符合 JB/T 8070 的规定。

3. 标记应包括以下内容：①滚动导向上模座；②结构形式：对角导柱；③凹模周界尺寸 L、B，以 mm 为单位；④模架闭合高度 H，以 mm 为单位；⑤本标准代号，即 GB/T 2856.1—2008。

② 中间导柱上模座标准。

GB/T 2856.1—2008 标准规定的冲模滚动导向中间导柱上模座见表 5-108。

表 5-108　冲模滚动导向中间导柱上模座（摘自 GB/T 2856.1—2008）　　　　　mm

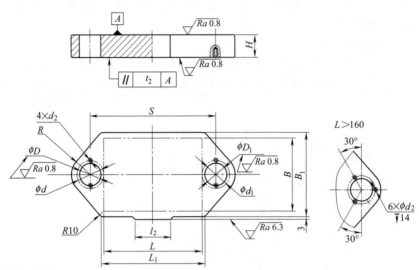

未注表面粗糙度的表面为非加工面。

标记示例：$L=200\text{mm}$，$B=160\text{mm}$，$H=45\text{mm}$ 的滚动导向中间导柱上模座的标记为：滚动导向上模座中间导柱 $200\times160\times45$　GB/T 2856.1—2008。

凹模周界		H	L_1	B_1	S	R	l_2	D H6	D_1 H6	d	d_1	d_2
L	B											
80	63		100	80	130	36		38	40	51	53	M5-6H
100	80	35	120	100	155	38	60	40	42	53	55	
125	100		140	120	180	40		42	45	55	59	
140	125	40	160	140	200	45		48	50	62	64	M6-6H
160	140		180	160	225		80					
200	160	45	220	180	270	50		50	55	64	69	
250	200	50	270	220	320	55		55	58	69	72	

注：1. 材料由制造者选定，推荐采用 HT200，时效处理。

2. t_2 应符合 JB/T 8070 中表 2 的规定，其余应符合 JB/T 8070 的规定。

3. 标记应包括以下内容：①滚动导向上模座；②结构形式：中间导柱；③凹模周界尺寸 L、B，以 mm 为单位；④模架闭合高度 H，以 mm 为单位；⑤本标准代号，即 GB/T 2856.1—2008。

③ 四导柱上模座标准。

GB/T 2856.1—2008 标准规定的冲模滚动导向四导柱上模座见表 5-109。

表 5-109　冲模滚动导向四导柱上模座（摘自 GB/T 2856.1—2008）　　　mm

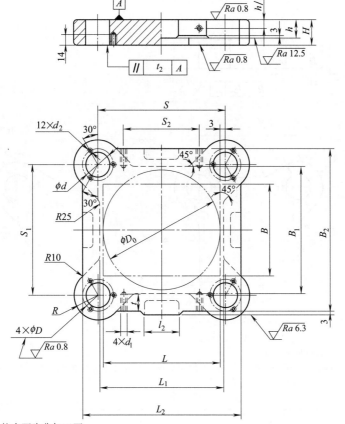

未注表面粗糙度的表面为非加工面。

标记示例：$L=200\text{mm}$，$B=160\text{mm}$，$H=45\text{mm}$ 的滚动导向四导柱上模座的标记为：滚动导向上模座四导柱 $200\times160\times45$　GB/T 2856.1—2008。

凹模周界			H	h	L_1	B_1	L_2	B_2	S	S_1	R	l_2	D H6	d_1	t	S_2	d	d_2
L	B	D_0																
160	125	160	40	30	170	170	240	230	180	175	40		48	—	—	—	62	
200	160	200	45	35	210	210	290	280	220	220	45	80	50	M14-6H	28	130	64	M6-6H
250		—			260		340		270							170	69	
250	200	250	50			260	340	330	270	270	50		55					
315		—			325		425		330			100						
400	250	—	60		410	320	515	390	425	320	60		58	M16-6H	32	300	82	M8-6H

注：1. 压板台的形状尺寸由制造者确定。

2. 材料由制造者选定，推荐采用 HT200，时效处理。

3. t_2 应符合 JB/T 8070 中表 2 的规定。其余应符合 JB/T 8070 的规定。

4. 标记应包括以下内容：①滚动导向上模座；②结构形式：四导柱；③凹模周界尺寸 L、B 或 D_0，以 mm 为单位；④模架闭合高度 H，以 mm 为单位；⑤本标准代号，即 GB/T 2856.1—2008。

④ 后侧导柱上模座标准。

GB/T 2856.1—2008 标准规定的冲模滚动导向后侧导柱上模座见表 5-110。

表 5-110　冲模滚动导向后侧导柱上模座（摘自 GB/T 2856.1—2008）　　　mm

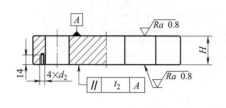

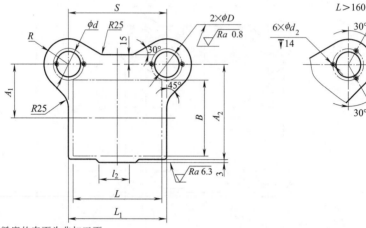

未注表面粗糙度的表面为非加工面。

标记示例：$L=200$mm，$B=160$mm，$H=45$mm 的滚动导向后侧导柱上模座的标记为：滚动导向上模座后侧导柱 $200\times160\times45$　GB/T 2856.1—2008。

凹模周界		H	L_1	S	A_1	A_2	R	l_2	D H6	d	d_2
L	B										
80	63		90	94	55	90	36	40	38	51	M5-6H
100	80	35	110	116	65	110	38	60	40	53	
125	100		130	130	75	130	40		42	55	
160	125	40	170	170	90	155	45	80	48	62	M6-6H
200	160	45	210	210	110	195	50		50	64	

注：1. 材料由制造者选定，推荐采用 HT200，时效处理。

2. t_2 应符合 JB/T 8070 中表 2 的规定。其余应符合 JB/T 8070 的规定。

3. 标记应包括以下内容：①滚动导向上模座；②结构形式：后侧导柱；③凹模周界尺寸 L、B，以 mm 为单位；④模架闭合高度 H，以 mm 为单位；⑤本标准代号，即 GB/T 2856.1—2008。

（2）下模座标准

GB/T 2856.2—2008《冲模滚动导向模座　第 2 部分：下模座》标准规定了冲模滚动导向下模座的结构、尺寸规格与标记，适用于冲模滚动导向下模座，同时还给出了材料指南和技术要求。

GB/T 2856.2—2008 标准规定的冲模滚动导向下模座包括对角导柱下模座、中间导柱下模座、四导柱下模座和后侧导柱下模座。

① 对角导柱下模座标准。

GB/T 2856.2—2008 标准规定的冲模滚动导向对角导柱下模座见表 5-111。

表 5-111　冲模滚动导向对角导柱下模座（摘自 GB/T 2856.2—2008）　　　　mm

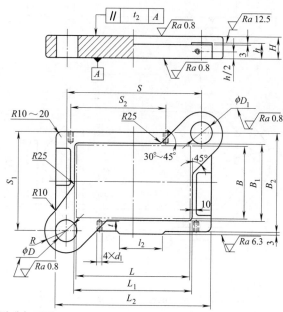

未注表面粗糙度的表面为非加工面。

标记示例：$L=200$mm，$B=160$mm，$H=55$mm 的滚动导向对角导柱下模座的标记为：滚动导向下模座对角导柱 $200 \times 160 \times 55$　GB/T 2856.2—2008。

凹模周界		H	h	L_1	B_1	L_2	B_2	S	S_1	R	l_2	D R7	D_1 R7	d_1	t	S_2
L	B															
80	63	40	30	90	70	150	120	125	110	36	40	18	20	—		
100	80			110	90	170	140	155	135	38	60	20	22			
125	100	45	35	130	110	200	160	180	160	40		22	25			
160	125			170	130	250	190	225	180	45	80	25	28			
200	160	55	40	210	170	310	230	270	230	50		28	32	M14-6H	28	170
250	200	60		260	210	360	270	320	270	55	100	32	35	M16-6H	32	190

注：1. 压板台的形状、位置尺寸和标记面的位置尺寸由制造者确定。

2. 材料由制造者选定，推荐采用 HT200，时效处理。

3. t_2 应符合 JB/T 8070 中表 2 的规定。其余应符合 JB/T 8070 的规定。

4. 标记应包括以下内容：①滚动导向下模座；②结构形式：对角导柱；③凹模周界尺寸 L、B，以 mm 为单位；④模架闭合高度 H，以 mm 为单位；⑤本标准代号，即 GB/T 2856.2—2008。

② 中间导柱下模座标准。

GB/T 2856.2—2008 标准规定的冲模滚动导向中间导柱下模座见表 5-112。

表 5-112　冲模滚动导向中间导柱下模座（摘自 GB/T 2856.2—2008）　　　　mm

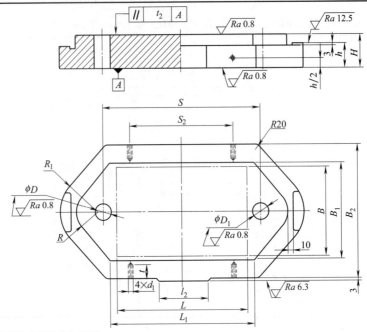

未注表面粗糙度的表面为非加工面。

标记示例：$L=200$mm，$B=160$mm，$H=55$mm 的滚动导向中间导柱下模座的标记为：滚动导向下模座中间导柱
　　　　　 $200\times160\times55$　GB/T 2856.2—2008。

凹模周界		H	h	L_1	B_1	B_2	S	R	R_1	l_2	D R7	D_1 R7	d_1	t	S_2
L	B														
80	63	40	30	100	80	130	130	36	61	60	18	20			
100	80			120	100	160	155	38	68		20	22			
125	100	45	35	140	120	190	180	40	75		22	25	—	—	—
140	125			160	140	220	200								
160	140	40		180	160	240	225	45	85	80	25	28			
		50													
200	160	55	40	210	180	260	270	50	90		28	32	M14-6H	28	170
250	200	60		260	220	300	320	55	95		32	35	M16-6H	32	190

注：1. 压板台的形状尺寸由制造者确定。

　2. 材料由制造者选定，推荐采用 HT200，时效处理。

　3. t_2 应符合 JB/T 8070 中表 2 的规定。其余应符合 JB/T 8070 的规定。

　4. 标记应包括以下内容：①滚动导向下模座；②结构形式：中间导柱；③凹模周界尺寸 L、B，以 mm 为单位；
④模架闭合高度 H，以 mm 为单位；⑤本标准代号，即 GB/T 2856.2—2008。

③ 四导柱下模座标准。

GB/T 2856.2—2008 标准规定的冲模滚动导向四导柱下模座见表 5-113。

表 5-113　冲模滚动导向四导柱下模座（摘自 GB/T 2856.2—2008）　　　mm

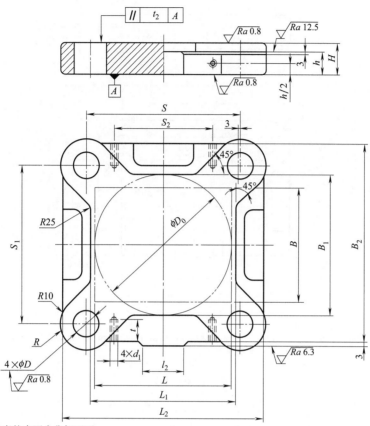

未注表面粗糙度的表面为非加工面。

标记示例：$L=200$mm，$B=160$mm，$H=55$mm 的滚动导向四导柱下模座的标记为：滚动导向下模座四导柱 $200\times160\times55$　GB/T 2856.2—2008。

凹模周界			H	h	L_1	B_1	L_2	B_2	S	S_1	R	l_2	D H6	d_1	t	S_2
L	B	D_0														
160	125	160	40	35	170	170	240	240	180	174	40	80	25	—	—	—
			50													
200	160	200	55	40	210	210	290	290	220	220	45		28	M14-6H	28	130
250		—	60		260		340	270	270				32			170
250	200	250	60		260	260	340	340	270	270	50	100	32	M16-6H	32	170
315		—	65		325		425		330				32			250
400	250	—	70	45	410	320	515	390	425	320	60		35			300

注：1. 压板台的形状尺寸由制造者确定。

2. 材料由制造者选定，推荐采用 HT200，时效处理。

3. t_2 应符合 JB/T 8070 中表 2 的规定。其余应符合 JB/T 8070 的规定。

4. 标记应包括以下内容：①滚动导向下模座；②结构形式：四导柱；③凹模周界尺寸 L、B 或 D_0，以 mm 为单位；④模架闭合高度 H，以 mm 为单位；⑤本标准代号，即 GB/T 2856.2—2008。

④ 后侧导柱下模座标准。

GB/T 2856.2—2008 标准规定的冲模滚动导向后侧导柱下模座见表 5-114。

表 5-114　冲模滚动导向后侧导柱下模座（摘自 GB/T 2856.2—2008）　　　　　mm

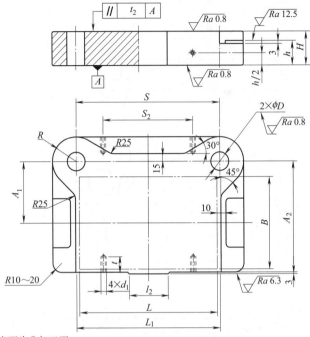

未注表面粗糙度的表面为非加工面。

标记示例：$L=200$mm，$B=160$mm，$H=55$mm 的滚动导向后侧导柱下模座的标记为：滚动导向下模座后侧导柱
　　　　　$200 \times 160 \times 55$　GB/T 2856.2—2008。

凹模周界		H	h	L_1	S	A_1	A_2	R	l_2	D R6	d_1	t	S_2
L	B												
80	63	35	20	90	94	55	90	36	40	18			
100	80			110	116	65	110	38	60	20	—	—	—
125	100	45	25	130	130	75	130	40		22			
160	125			170	170	90	155	45	80	25			
200	160	55	35	210	210	110	195	50		28	M14-6H	28	170

注：1. 压板台的形状尺寸由制造者确定。

2. 材料由制造者选定，推荐采用 HT200，时效处理。

3. t_2 应符合 JB/T 8070 中表 2 的规定。其余应符合 JB/T 8070 的规定。

4. 标记应包括以下内容：①滚动导向下模座；②结构形式：后侧导柱；③凹模周界尺寸 L、B，以 mm 为单位；④模架闭合高度 H，以 mm 为单位；⑤本标准代号，即 GB/T 2856.2—2008。

5.7.5　模柄标准

JB/T 7646—2008《冲模模柄》标准规定的冲模模柄有压入式模柄、旋入式模柄、凸缘模柄、槽形模柄、浮动模柄和推入式活动模柄。

（1）压入式模柄标准

压入式模柄与模座孔采用过渡配合 H7/m6，并加销钉以防转动。这种模柄可较好地保证轴线与上模座的垂直度，适用于各种中、小型冲模，生产中最常见。

JB/T 7646.1—2008 标准规定了冲模压入式模柄的尺寸规格和标记，适用于冲模压入式模柄，同时还给出了材料指南和技术要求。

JB/T 7646.1—2008 标准规定的冲模压入式模柄见表 5-115。

表 5-115　冲模压入式模柄（摘自 JB/T 7646.1—2008）　　　　　　mm

表面粗糙度以 μm 为单位

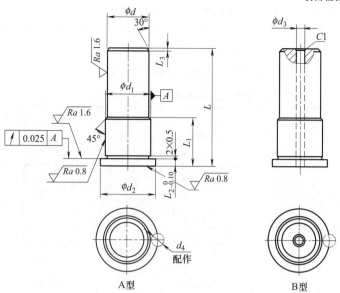

A型　　　　　　　　B型

未注表面粗糙度 Ra6.3μm。

标记示例：$d=32$mm，$L=80$mm 的 A 型压入式模柄标记如下：压入式模柄　A　32×80　JB/T 7646.1—2008。

d Js10	d_1 m6	d_2	L	L_1	L_2	L_3	d_3	d_4 H7
20	22	29	60	20		2	7	
			65	25				
			70	30	4			
25	26	33	65	200		2.5		
			70	25				
			75	30				
			80	35				6
32	34	42	80	25		3	11	
			85	30	5			
			90	35				
			95	40				
40	42	50	100	30		4	11	
			105	35				
			110	40	6			
			115	45				
			120	50				
50	52	61	105	35		5	15	8
			110	40				
			115	45	8			
			120	50				
			125	55				
			130	60				
60	62	71	115	40		5	15	8
			120	45				
			125	50				
			130	55	8			
			135	60				
			140	65				
			145	70				

注：1. 材料由制造者选定，推荐采用 Q235、45 钢。

3. 应符合 JB/T 7653 的规定。

4. 标记应包括以下内容：①压入式模柄；②模柄类型 A、B；③模柄直径 d，以 mm 为单位；④模柄长度 L，以 mm 为单位；⑤本标准代号，即 JB/T 7646.1—2008。

（2）旋入式模柄标准

旋入式模柄通过螺纹与上模座连接，用螺钉防止松动。这种模柄拆装方便，但模柄轴线与上模座的垂直度较差，多用于有导柱的中、小型冲模。

JB/T 7646.2—2008 标准规定了冲模旋入式模柄的尺寸规格和标记，适用于冲模旋入式模柄，同时还给出了材料指南和技术要求。

JB/T 7646.2—2008 标准规定的冲模旋入式模柄见表 5-116。

表 5-116 冲模旋入式模柄（摘自 JB/T 7646.2—2008）　　　　　　　　mm

表面粗糙度以 μm 为单位。

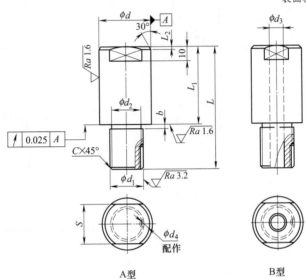

A 型　　　　　　　　B 型

未注表面粗糙度 Ra6.3μm。

标记示例：d＝32mm 的 A 型旋入式模柄标记如下：

　　旋入式模柄　A 32 JB/T 7646.2—2008

d Js10	d₁	L	L₁	L₂	S	d₂	d₃	d₄	b	C
20	M16×1.5	58	40	2	17	14.5				
25	M16×1.5	68	45	2.5	21	14.5	11	M6	2.5	1
32	M20×1.5	79	56	3	27	18.0				
40	M24×1.5	91	68	4	36	21.5			3.5	1.5
50	M30×1.5			5	41	27.5	15	M8	4.5	2
60	M36×1.5	100	73		50	33.5				

注：1. 材料由制造者选定，推荐采用 Q235、45 钢。

2. 应符合 JB/T 7653 的规定。

3. 标记应包括以下内容：①旋入式模柄；②模柄类型 A、B；③模柄直径 d，以 mm 为单位；④本标准代号，即 JB/T 7646.2—2008。

（3）凸缘模柄标准

凸缘模柄用 3～4 个螺钉紧固于上模座，模柄的凸缘与上模座的窝孔采用 H7/js6 过渡配合，多用于较大型的模具。

JB/T 7646.3—2008 标准规定了冲模凸缘模柄的尺寸规格和标记，适用于冲模凸缘模柄，同时还给出了材料指南和技术要求。

JB/T 7646.3—2008 标准规定的冲模凸缘模柄见表 5-117。

表 5-117　冲模凸缘模柄（摘自 JB/T 7646.3—2008）　　　　　　　　　　mm

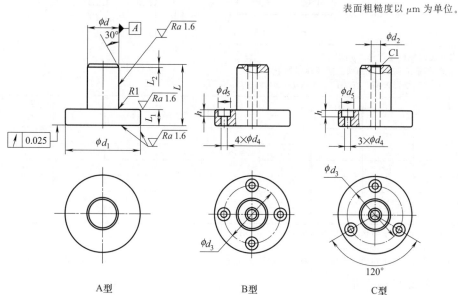

未注表面粗糙度 $Ra6.3\mu m$。

标记示例：$d=40mm$ 的 A 型凸缘模柄标记如下：

凸缘模柄　A 40 JB/T 7646.3—2008

d Js10	d_1	L	L_1	L_2	d_2	d_3	d_4	d_5	h
20	67	58	18	2		44	9	14	9
25	82	63		2.5	11	54			
32	97	79		3		65			
40	122	91	23	4		81			
50	132					91	11	17	11
60	142	96		5	15	101			
70	152	100				110	13	20	13

注：1. 材料由制造者选定，推荐采用 Q235、45 钢。

2. 应符合 JB/T 7653 的规定。

3. 标记应包括以下内容：①凸缘模柄；②模柄类型 A、B、C；③模柄直径 d，以 mm 为单位；④本标准代号，即 JB/T 7646.3—2008。

（4）槽形模柄标准

槽形模柄用于直接固定凸模，也可称为带模座的模柄，主要用于简单模具中，更换凸模方便。

JB/T 7646.4—2008 标准规定了冲模槽形模柄的尺寸规格和标记，适用于冲模槽形模柄，同时还给出了材料指南和技术要求。

JB/T 7646.4—2008 标准规定的冲模槽形模柄见表 5-118。

表 5-118　冲模槽形模柄（摘自 JB/T 7646.4—2008）　　　　mm

表面粗糙度以 μm 为单位。

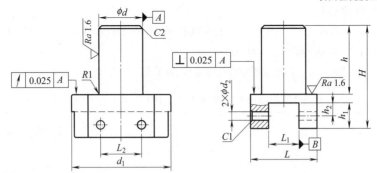

未注表面粗糙度 $Ra6.3\mu m$。

标记示例：$d=25mm$ 的槽形模柄标记如下：

　　槽形模柄　25 JB/T 7646.4—2008

d Js10	d_1	d_2 H7	H	h	h_1	h_2	L	L_1 H7	L_2
20	45	6	70	48	14	7	30	10	20
25	55		75		16	8	40	15	25
32	70	8	85		20	10	50	20	30
40	90	10	100	60	22	11	60	25	35
50	110		115		25	12	70	30	45
60	120		130	70	30	15	80	35	50

注：1. 材料由制造者选定，推荐采用 Q235、45 钢。

2. 应符合 JB/T 7653 的规定。

3. 标记应包括以下内容：①槽形模柄；②模柄直径 d，以 mm 为单位；③本标准代号，即 JB/T 7646.4—2008。

（5）浮动模柄标准

浮动模柄的主要特点是压力机的压力通过凹球面模柄和凸球面垫块传递到上模，以消除压力机导向误差对模具导向精度的影响，主要用于硬质合金模等精密导柱模具。

JB/T 7646.5—2008 标准规定了冲模浮动模柄的尺寸规格和标记，适用于冲模浮动模柄。

JB/T 7646.5—2008 标准规定的冲模浮动模柄见表 5-119。

表 5-119　冲模浮动模柄（摘自 JB/T 7646.5—2008）　　　　mm

表面粗糙度以 μm 为单位。

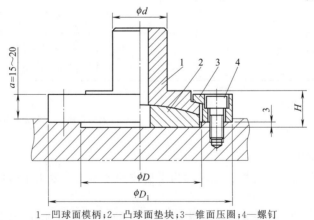

1—凹球面模柄；2—凸球面垫块；3—锥面压圈；4—螺钉

未注表面粗糙度 $Ra6.3\mu m$。

标记示例：$d=40mm$，$D=85mm$，$D_1=120mm$ 的浮动模柄标记如下：浮动模柄　$40\times85\times120$　JB/T 7646.5—2008

续表

基本尺寸				锥面压圈	凹球面模柄	凸球面垫块	螺钉
d	D	D_1	H				
25	46	74	21.5	74	25×24	46	M6×20
	50	80		80	25×48	50	
32	55	90	25	90	30×53	55	M8×25
	65	100		100	30×63	65	
	75	110	25.5	110	30×73	75	
	85	120	27	120	30×83	85	
40	65	100	25	100	40×63	65	
	75	110	25.5	110	40×73	75	
	85	120	27	120	40×83	85	
		130		130	40×83	85	M10×30
	95	140		140	40×93	95	
	105	150	29	150	40×103	105	
50	85	130	27	130	50×83	85	
	95	140		140	50×93	95	
	105	150	29	150	50×103	105	
	115	160		160	50×113	115	
	120	170	31.5	170	50×118	120	M12×30
	130	180		180	50×128	130	

注：1. 螺钉数量：当 $D_1 \leqslant 100$，为四件；当 $D_1 > 100$，为六件。

2. 标记应包括以下内容：①浮动模柄；②模柄直径 d，以 mm 为单位；③球面垫块直径 D，单位为 mm；④锥面压圈外径 D_1，本标准代号，即 JB/T 7646.5—2008。

JB/T 7646.5—2008 标准规定的冲模浮动模柄锥面压圈如表 5-120 所示。

表 5-120　冲模浮动模柄锥面压圈（摘自 JB/T 7646.5—2008）　　　　mm

表面粗糙度以 μm 为单位。

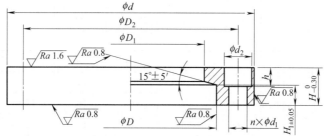

未注表面粗糙度 $Ra\,6.3\mu m$。

标记示例：$d = 120mm$ 的锥面压圈标记如下：锥面压圈　120 JB/T 7646.5—2008

d js10	H	D H7	H_1	D_1	D_2	d_1	d_2	h	n
74	16	46	8.5	36	60	7	11	7	4
80		50	8.6	38	65				
90	20	55	10.9	43	72	9	14	9	
100		65	10.7	53	82				
110		75	10.6	63	92				
120	22	85	12.8	69	102	11	17	11	6
130					107				
140		95		79	117				
150	24	105		89	127				
160		115	12.7	99	137				
170	26	120	15.2	100	145	13.5	20	13	
180		130		110	155				

注：1. 材料由制造者选定，推荐采用 45 钢。硬度 43～48HRC。

2. 技术条件应符合 JB/T 7653 的规定。

3. 标记应包括以下内容：①锥面压圈；②锥面压圈直径 d，以 mm 为单位；③本标准代号，即 JB/T 7646.5—2008。

JB/T 7646.5—2008 标准规定的冲模浮动模柄凹球面模柄如表 5-121 所示。

表 5-121　冲模浮动模柄凹球面模柄（摘自 JB/T 7646.5—2008）　　　　　mm

表面粗糙度以 μm 为单位。

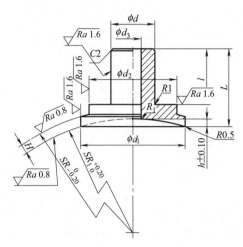

未注表面粗糙度 Ra6.3μm。

标记示例：$d=40mm$，$d_1=83mm$ 的凹球面模柄标记如下：凹球面模柄 40×83　JB/T 7646.5—2008

d js10	d_1	d_2	L	l	h	SR_1	SR	H	d_3
25	44	34	64		3.5	69	75	6	7
	48	36			4	74	80		
32	53	41	67	48	4.5	82	90	8	11
	63	51			5.5	102	110		
	73	61	68		6	122	130	8	11
	83	67	69		4.5	135	145	10	
40	63	51	79	60	5.5	102	110	8	13
	73	61	80		6	122	130		
	83	67	81		6.5	135	145		
	93	77			7.5	155	165		
	103	87	83		6	170	180		
50	83	67	81		6.5	135	145	10	17
	93	77			7.5	155	165		
	103	87	83		8	170	180		
	113	97			8.5	190	200		
	118	98	85		9	193	205	12	
	128	108				213	225		

注：1. SR_1 与凸面垫块在摇摆旋转时吻合接触面不小于 80%。

2. 材料由制造者选定，推荐采用 45 钢。硬度 43～48HRC。

3. 技术条件应符合 JB/T 7653 的规定。

4. 标记应包括以下内容：①浮动模柄；②凹球面模柄直径 d，以 mm 为单位；③直径 d_1，以 mm 为单位；④本标准代号，JB/T 7646.5—2008。

JB/T 7646.5—2008 标准规定的冲模浮动模柄凸球面垫块如表 5-122 所示。

表 5-122　冲模浮动模柄凸球面垫块（摘自 JB/T 7646.5—2008）　　　mm

表面粗糙度以 μm 为单位。

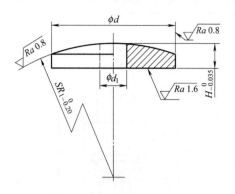

未注表面粗糙度 $Ra\,6.3\mu$m。

标记示例：$d=85$mm 的凸球面垫块标记如下：凸球面垫块 85　JB/T 7646.5—2008

d g6	H	SR_1	d_1
46	9	69	10
50	9.5	74	10
55	10	82	
65	10.5	102	14
75	11	122	
85	12	135	
95	12.5	155	16
105	13.5	170	16
115	14	190	
120	15	193	20
130	15.5	213	

注：1. SR_1 与凹球面模柄在摇摆旋转时吻合接触面不小于 80%。

2. 材料由制造者选定，推荐采用 45 钢。硬度 43～48HRC。

3. 技术条件应符合 JB/T 7653 的规定。

4. 标记应包括以下内容：①凸球面垫块；②凸球面垫块直径 d，以 mm 为单位；③本标准代号，即 JB/T 7646.5—2008。

（6）推入式活动模柄标准

对于推入式活动模柄，压力机压力通过模柄接头、凹球面垫块和活动模柄传递到上模，它也是一种浮动模柄。因模柄单面开通（呈 U 形），所以使用时，导柱导套不宜脱离。它主要用于精密模具。

JB/T 7646.6—2008 标准规定了冲模推入式活动模柄的尺寸规格和标记，适用于冲模推入式活动模柄。

JB/T 7646.6—2008 标准规定的冲模推入式活动模柄见表 5-123。

表 5-123　冲模推入式活动模柄（摘自 JB/T 7646.6—2008）　　　　mm

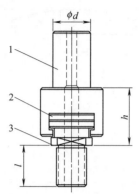

1—模柄接头；2—凹球面垫块；3—活动模柄

标记示例：$d=25\text{mm}$，$l=30\text{mm}$ 的推入式活动模柄标记如下：推入式活动模柄　25×30　JB/T 7646.6—2008

基本尺寸			模柄接头	凹球面垫块	活动模柄
d	l	h			
20	20	28.5	20	30×6	20×37
	25				20×42
	30				20×47
25	20	33.5	25	30×8	20×38
	25				20×43
	30				20×48
32	20	36.5	32	35×8	25×41
	25				25×46
	30				25×51
	35				25×56
	40				25×61
40	25	48.5	40	42×8.5	32×52
	30				32×57
	35				32×62
	40				32×67
	45				32×72
	50				32×77

注：标记应包括以下内容：①推入式活动模柄；②模柄直径 d，以 mm 为单位；③长度 l，以 mm 为单位；④本标准代号，JB/T 7646.6—2008。

JB/T 7646.6—2008 标准规定的冲模推入式活动模柄的模柄接头如表 5-124 所示。

JB/T 7646.6—2008 标准规定的冲模推入式活动模柄的凹球面垫块如表 5-125 所示。

JB/T 7646.6—2008 标准规定的冲模推入式活动模柄的活动模柄如表 5-126 所示。

表 5-124　冲模推入式活动模柄的模柄接头（摘自 JB/T 7646.6—2008）　　　mm

表面粗糙度以 μm 为单位。

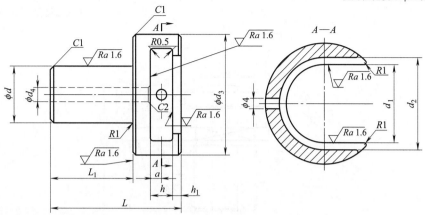

未注表面粗糙度 $Ra6.3\mu m$。

标记示例：$d=25mm$ 的模柄接头标记如下：模柄接头　25 JB/T 7646.6—2008

d js10	L	L_1	d_1 H12	d_2 js10	d_3	h_1	h H13	a	d_4
20	68				45	5	10.5		6.5
25	73				50		12.5		8.5
32	78	48	25	35	55	6	14.5	5.5	10.5
40	100	60	32	42	65	8	16.5	7.5	12.5

注：1. 材料由制造者选定，推荐采用 Q235。

2. 技术条件应符合 JB/T 7653 的规定。

3. 标记应包括以下内容：①模柄接头；②模柄接头直径 d，以 mm 为单位；③本标准代号，即 JB/T 7646.6—2008。

表 5-125　冲模推入式活动模柄的凹球面垫块（摘自 JB/T 7646.6—2008）　　　mm

表面粗糙度以 μm 为单位。

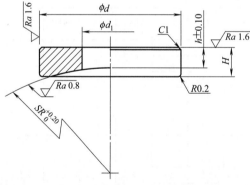

未注表面粗糙度 $Ra6.3\mu m$。

标记示例：$d=35mm$，$H=8mm$ 的凹球面垫块标记如下：

凹球面垫块　35×8 JB/T 7646.6—2008

d a11	H	h	SR	d_1
30	6	4	50	8
	8			10
35		6	60	12
42	8.5		80	14

注：1. SR 与活动模柄在摇摆旋转时吻合接触面不小于 80%。

2. 材料由制造者选定，推荐采用 45 钢。硬度 43～48HRC。

3. 技术条件应符合 JB/T 7653 的规定。

4. 标记应包括以下内容：①凹球面垫块；②凹球面垫块直径 d，以 mm 为单位；③凹球面垫块高度 H，以 mm 为单位；④本标准代号，即 JB/T 7646.6—2008。

表 5-126　冲模推入式活动模柄的活动模柄（摘自 JB/T 7646.6—2008）　　　mm

表面粗糙度以 μm 为单位。

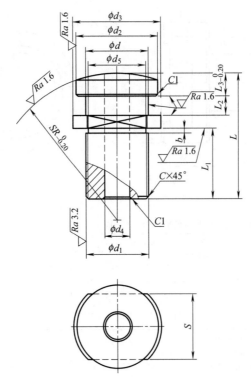

未注表面粗糙度 Ra6.3μm。

标记示例：d＝25mm　L＝51mm 的活动模柄标记如下：活动模柄　25×51 JB/T 7646.6—2008

d a11	d_1	d_2 a11	d_3	L	L_1	L_2	L_3	SR	S	d_4	d_5	b	C
20	M16×1.5	30	35	37	20	6	6	50	26	8	14.5	2.5	1
				42	25								
				47	30								
	M20×1.5			38	20		7			10	18		
				43	25								
				48	30								
25	M24×1.5	35	40	41	20	8	7	60	32	12	21.5		
				46	25								
				51	30								
				56	35								
				61	40								
32	M30×2	42	45	52	25	10	9	80	36	14	27.5	3.5	1.5
				57	30								
				62	35								
				67	40								
				72	45								
				77	50								

注：1. SR 与凹球面垫块在摇摆旋转时吻合接触面不小于 80%。

2. 材料由制造者选定，推荐采用 45 钢。硬度 43～48HRC。

3. 技术条件应符合 JB/T 7653 的规定。

4. 标记应包括以下内容：①活动模柄；②活动模柄直径 d，以 mm 为单位；③长度 L，以 mm 为单位；④本标准代号，即 JB/T 7646.6—2008。

5.8　冲模模架技术条件标准

（1）范围

JB/T 8050—2008《冲模模架技术条件》标准规定了冲模模架的要求、检验、标志、包装、运输和储存，适用于冲模铸铁模架和钢板模架。

（2）要求

JB/T 8050—2008 标准规定的冲模模架要求见表 5-127。

表 5-127　冲模模架要求（摘自 JB/T 8050—2008）

标准条目编号	内　　容
3.1	组成模架的零件,应符合相应的标准要求和技术条件规定
3.2	滑动导向模架的精度分为Ⅰ级和Ⅱ级;滚动导向模架的精度分为0Ⅰ级和0Ⅱ级。各精度的模架应符合表 5-128 所规定的各项技术指标
3.3	组装后的钢板模架上、下模座两个对应的基准面在同一平面内,误差应小于或等于 0.05:300
3.4	装入模架的每对导柱和导套(包括可卸导柱和导套)的配合间隙值(或过盈量)应符合表 5-129 的规定
3.4.1	Ⅰ级精度模架导套、导柱配合精度为 H6/h5 时应符合表 5-129 的配合间隙值
3.4.2	Ⅱ级精度模架导套、导柱配合精度为 H7/h6 时应符合表 5-129 的配合间隙值
3.5	装配后的模架,其上模座沿导柱上、下移动应平稳和无阻滞现象
3.6	装配后的导柱,其固定端面与下模座下平面应保留 1～2mm 距离,选用 B 型导套时,装配后其固定端面应低于上模座上平面 1～2mm
3.7	模架的各零件工作表面不允许有裂纹和影响使用的砂眼、缩孔、机械损伤等缺陷
3.8	在保证本标准规定质量的情况下,允许用其他工艺方法(如环氧树脂、厌氧脂、低熔点合金浇注等)固定导柱、导套,其零件结构尺寸允许作相应改动
3.9	成套模架一般不装配模柄

表 5-128　模架分级技术指标

项	检查项目	被测尺寸/mm	模架精度等级	
			0Ⅰ、Ⅰ级	0Ⅱ、Ⅱ级
			公差等级	
A	上模座上平面对下模座下平面的平行度	≤400	5	6
		>400	6	7
B	导柱轴心线对下模座下平面的垂直度	≤160	4	5
		>160	5	6

注：公差等级按 GB/T 1184。

表 5-129　导柱导套配合间隙（或过盈量）　　　　　mm

配合形式	导柱直径	模架精度等级		配合后的过盈量
		Ⅰ级	Ⅱ级	
		配合后的间隙量		
滑动配合	≤18	≤0.010	≤0.015	—
	>18～30	≤0.011	≤0.017	
	>30～50	≤0.014	≤0.021	
	>50～80	≤0.016	≤0.025	
滚动配合	>18～30	—	—	0.01～0.02
	>30～50	—	—	0.015～0.025

（3）检验

JB/T 8050—2008 标准规定的冲模模架检验内容见表 5-130。

表 5-130　冲模模架检验内容（摘自 JB/T 8050—2008）

标准条目编号	内　容
4.1	组合后的模架应按表 5-127 的要求进行检验
4.2	模架的精度检查应符合 JB/T 8071 的规定
4.3	检验合格的模架应做出合格标志,标志应包含以下内容:检验部门、检验员、检验日期

（4）标志、包装、运输和储存

JB/T 8050—2008 标准规定的冲模模架标志、包装、运输和储存内容见表 5-131。

表 5-131　冲模模架标志、包装、运输和储存内容（摘自 JB/T 8050—2008）

标准条目编号	内　容
5.1	模架应挂、贴标志,标志应包含以下内容:模架品种、规格、生产日期、供方名称
5.2	检验合格的模架应清理干净,经防锈处理后入库储存
5.3	模架应根据运输条件进行包装,应防潮、防止磕碰,保证在正常运输中完好无损

5.8.1　冲模模架零件技术条件标准

（1）范围

JB/T 8070—2008《冲模模架零件技术条件》标准规定了冲模模架零件的要求、检验、标志、包装、运输和储存,适用于冲模铸铁模架零件和钢板模架零件。

（2）零件技术要求

JB/T 8070—2008 标准规定的冲模模架零件要求见表 5-132。

表 5-132　冲模模架零件要求（摘自 JB/T 8070—2008）

标准条目编号	内　容
3.1	零件的尺寸、精度、表面粗糙度和热处理等应符合有关零件标准的技术要求和本技术条件的规定
3.2	零件的材料除按有关零件标准的规定使用材料外,允许代料,但代用的材料的力学性能不得低于原定材料
3.3	零件图上未注公差尺寸的极限偏差应符合 GB/T 1804 中的 m 的规定
3.4	零件所有的锐边均应倒角或倒圆,视零件大小未注倒角尺寸为 $C0.5\sim3mm$,倒圆尺寸为 $R0.5\sim3mm$
3.5	零件图上未注明的铸造圆角半径为 $R3\sim5mm$
3.6	铸件的非加工表面应光滑平整,无明显凸凹缺陷,清理后涂漆
3.7	铸造模座加工前应进行时效处理,要求高的铸造模座在粗加工后再进行一次消除内应力的时效处理
3.8	加工后的零件表面,不允许有裂纹和影响使用的砂眼、缩孔、机械损伤等缺陷
3.9	经热处理后的零件不允许有裂纹和影响使用的弱点与脱碳
3.10	表面渗碳淬火的零件,要求的渗碳层厚度应为加工后的渗碳层厚度
3.11	钢板模架模座的两基准垂直面应加标识,其垂直度公差 t_1 应符合表 5-133 的规定
3.12	模座平行度公差 t_2 应符合表 5-134 的规定
3.13	质量超过 10kg 的模座应设起臂螺孔,其基本尺寸应符合 GB/T 196 的规定,选用的公差与配合应符合 GB/T 197 中 7 级的规定
3.14	可卸导柱与衬套的锥度配合面,其吻合面积应在 70% 以上
3.15	铆合在钢球保持圈上的钢球应在孔内自由转动而不脱落

表 5-133　模座的垂直度　　　　　　　　　　　　mm

基本尺寸	垂直度公差 t_1
>63～100	0.03
>100～160	0.04
>160～250	0.05
>250～400	0.06
>400～630	0.08
>630～1000	0.10

表 5-134　模座的平行度　　　　　　　　　　　　　　　　　　mm

基本尺寸	模架精度等级	
	0Ⅰ、Ⅰ级	0Ⅱ、Ⅱ级
	平行度公差 t_2	
>40~63	0.008	0.012
>63~100	0.010	0.015
>100~160	0.012	0.020
>160~250	0.015	0.025
>250~400	0.020	0.030
>400~630	0.025	0.040
>630~1000	0.030	0.050
>1000~1600	0.040	0.060

（3）检验

JB/T 8070—2008 标准规定的冲模模架零件检验内容见表 5-135。

表 5-135　冲模模架零件检验内容（摘自 JB/T 8070—2008）

标准条目编号	内　容
4.1	模架零件应按表 5-132 的要求进行检验
4.2	模架零件的精度检查应符合 JB/T 8071 的规定
4.3	检验合格的模架零件应作出合格标志,标志应包括以下内容:检验部门、检验员、检验日期

（4）标志、包装、运输和储存

JB/T 8070—2008 标准规定的冲模模架零件的标志、包装、运输和储存内容见表 5-136。

表 5-136　冲模模架零件的标志、包装、运输和储存内容

标准条目编号	内　容
5.1	模架零件应挂、贴标志,标志应包含以下内容:模架零件品种、规格、生产日期、供方名称
5.2	检验合格的模架零件应清理干净,经防锈处理后入库储存
5.3	模架零件应根据运输条件进行包装,应防潮、防止磕碰,保证在正常运输中完好无损

5.8.2　冲模模架的精度检查

（1）范围

JB/T 8071—2008《冲模模架精度检查》标准规定了冲模滑动导向模架和冲模滚动导向模架及其零件的精度和精度检查,适用于冲模滑动导向模架和冲模滚动导向模架。

（2）模架精度和精度检查

JB/T 8071—2008 标准规定的冲模模架精度和精度检查内容见表 5-137。

表 5-137　冲模模架精度和精度检查内容（摘自 JB/T 8071—2008）

序号	检查项目	检查方法		指　标　值		
		方法	简图			
3.1	上模座下平面对上平面的平行度	将上模座放在测量平板上,用测量仪器触及被测平面,沿凹模周界的对角线测量被测表面,取各条测量线指示器的最大与最小读数差作为平行度的误差值		被测尺寸/mm	模架精度等级	
					0Ⅰ、Ⅰ级	0Ⅱ、Ⅱ级
					平行度/mm	
				>40~63	0.008	0.012
				>63~100	0.010	0.015
3.2	下模座上平面对下平面的平行度	将下模座放在测量平板上,用测量仪器触及被测平面,沿凹模周界的对角线测量被测表面,取各条测量线指示器的最大与最小读数差作为平行度的误差值		>100~160	0.012	0.020
				>160~250	0.015	0.025
				>250~400	0.020	0.030
				>400~630	0.025	0.040
				>630~1000	0.030	0.050
				>1000~1600	0.040	0.060

序号	检查项目	检查方法		指 标 值
		方法	简图	

序号	检查项目	方法	简图	指 标 值
3.3	导柱滑动部分的圆柱度	方法一:用圆度仪测量 将被测零件的轴线调整到与测量仪器的轴线同轴。 ①记录被测零件回转一周过程测量截面上各点的半径差。 ②在测头没有径向偏移的情况下按上述方法测量若干个横截面。 由计算机按最小条件确定圆柱度误差,也可用极坐标图近似求出圆柱度误差		

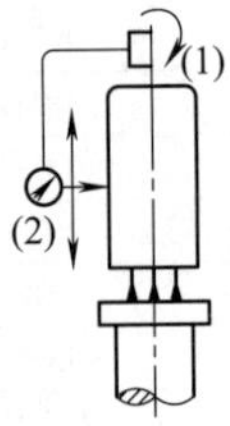

(续上表 3.3 方法二部分)

方法二:将被测零件放在测量平板上的 V 形块内(V 形块的长度应大于被测零件的长度)

①在被测零件回转一周过程中,测量一个横截面上的最大与最小读数。

②按上述方法连续测量若干个横截面,然后取各截面内所有读数中最大与最小读数的差之半,作为该零件的圆柱度误差。

此方法适用于测量外表面的奇数形状误差。

为测量准确,通常应使用夹角 $\alpha = 90°$ 和 $\alpha = 120°$ 的两个 V 形块分别测量

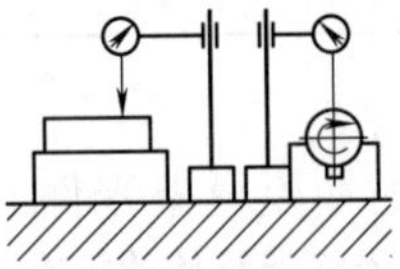

导柱直径/mm	模架精度等级	
	0Ⅰ,Ⅰ级	0Ⅱ,Ⅱ级
	圆柱度/mm	
≤30	0.003	0.004
>30~45	0.004	0.005
>45	0.005	0.006

方法三:将被测零件放在测量平板上,并紧靠直角座

①在被测零件回转一周过程中,测量一个横截面上的最大与最小读数。

②按上述方法测量若干个横截面,然后取各截面内测得的所有读数中最大与最小读数的差值之半作为该零件的圆柱度误差。

此方法适用于测量外表面的偶数形状误差

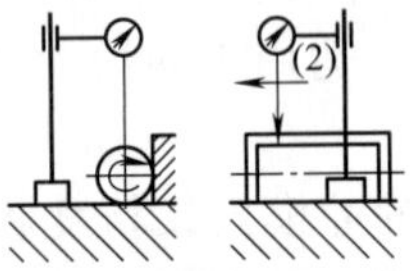

序号	检查项目	方法	简图	指 标 值
3.4	导柱滑动部分轴心线对固定部分轴线的同轴度	方法一:用圆度仪测量,调整被测零件,使其基准轴线与测量仪器的轴线同轴 在被测零件的基准要素和被测要素上测量若干截面并记录轮廓圆形。 根据图形按定义求出该零件的同轴度误差。 按照零件的功能要求也可对轴类零件用最小外接圆柱体的轴线求出圆柱度误差		

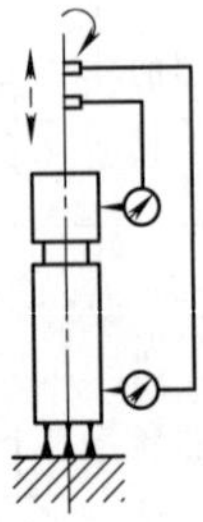

滑动部分的极限偏差	同轴度/mm
h5	$\phi 0.006$
h6	$\phi 0.008$

序号	检查项目	检查方法		指　标　值	
		方法	简图		
3.4	导柱滑动部分轴心线对固定部分轴线的同轴度	方法二:将被测零件的基准轮廓要素放置在两个等高的刃口状 V 形架上,将两指示器分别在铅垂面轴线截面调零 ①在轴向测量,取指示器在垂直基准轴线的正截面上测得各对应点的读数差值 $M_a - M_b$ 作为该截面上的同轴度误差。 ②转动被测零件按上述方法测量若干个截面,取各截面测得读数差中的最大值(绝对值)作为该零件的同轴度误差	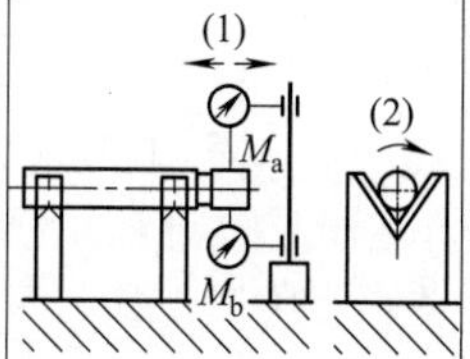	滑动部分的极限偏差	同轴度/mm
				h5	$\phi 0.006$
				h6	$\phi 0.008$
3.5	导套滑动部分的圆柱度	方法一:用圆度仪测量,将被测零件的轴线调整到与测量仪的轴线同轴 ①记录被测零件回转一周过程中测量截面上各点的半径差。 ②在测头没有径向偏移的情况下按上述方法测量若干个横截面。 由计算机按最小条件确定圆柱度各截面内所测得的所有读数中最大与最小读数的差值之半,作为该零件的圆柱度误差,也可用极坐标图近似求出圆柱度误差			
		方法二:用气动量仪(或内径千分表)测量 ①在被测零件回转一周过程中,测量一个截面上的最大与最小读数。 ②按上述方法测量若干个横截面,然后取各截面内所测得的所有读数中最大与最小读数的差值之半作为该零件的圆柱度误差			

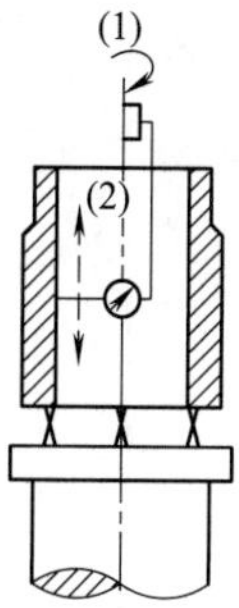

导套内径/mm	模架精度	
	0Ⅰ,Ⅰ级	0Ⅱ,Ⅱ级
	圆柱度/mm	
≤30	0.004	0.006
>30~45	0.005	0.007
>45	0.006	0.008

序号	检查项目	检查方法		指标值	
3.6	导套固定部分轴心线对滑动部分轴线的同轴度	用圆度仪测量,调整被测零件,使其基准轴线与量仪的轴线同轴 在被测零件的基准要素和被测要素上测量若干个截面并记录轮廓图形 根据图形,按定义求出该零件的同轴度误差 根据图形,按照零件的功能要求也可用最大内接圆柱体的轴线求出同轴度误差	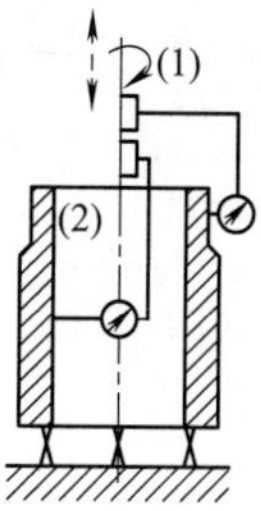	滑动部分的极限偏差	同轴度/mm
				h6	$\phi 0.006$
				h7	$\phi 0.008$

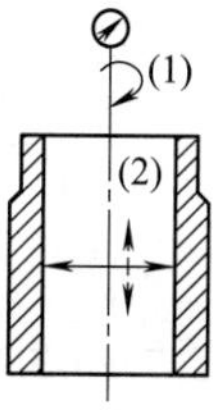

序号	检查项目	检查方法		指　标　值
		方法	简图	
3.7	导套台肩对滑动部分轴线的端面跳动	将被测零件固定在导向芯轴上(与导套无间隙配合)并安装在顶尖上 ①在被测零件回转一周过程中,指示器读数最大差值即为单个测量圆柱面上的端面圆跳动。 ②按上述方法测量若干个圆柱面,取各测量圆柱面上测得的最大差值作为该零件的端面圆跳动		0.005

导柱轴线对下模座下平面的垂直度 (3.8)

将装有导柱的下模座放在测量平板上,为了简化测量,可仅在相互垂直的两个方向(X,Y)上测量

将已用圆柱角度尺校正的专用指示器在 X、Y 两个方向上测量,得出的读数即为该两个方向的垂直度误差 ΔX、ΔY,将两个方向的垂直度误差合成即为导柱轴线的垂直度误差

$$\Delta = \sqrt{\Delta X^2 + \Delta Y^2}$$

被测尺寸 /mm	模架精度等级	
	0Ⅰ,Ⅰ级	0Ⅱ,Ⅱ级
	垂直度/mm	
>40～63	0.008	0.012
>63～100	0.010	0.015
>100～160	0.012	0.020
>160～250	0.025	0.040

导柱导套配合间隙值或过盈量 (3.9)

将组装后的模架的上模取下,分别用通用的测量手段(气动量仪、外径千分尺、内径千分表等)测量导柱、导套和滚珠的尺寸偏差值,即可求出配合后的间隙值或过盈量。

滑动导柱的间隙值为:$X = D_{min} - d_{max}$

滚动导柱的过盈量为:
$$Y = d_{max} + 2d' - D_{min}$$

滑动导柱配合间隙值		
导柱直径 /mm	模架精度等级	
	Ⅰ级	Ⅱ级
	配合后的间隙值 /mm	
≤18	≤0.010	≤0.015
>18～30	≤0.011	≤0.017
>30～50	≥0.014	≤0.021
>50～80	≥0.016	≤0.025
滚动导柱配合过盈量	>18～30	0.01～0.02
	>30～50	0.015～0.025

模架上模座上平面对下模座下平面的平行度 (3.10)

将模架放在测量平板上,在上、下模座之间用两块等高垫块支撑上模座,等高垫块的高度必须控制在被测模架闭合高度范围内,然后用指示器沿凹模周界对角线测量被测表面,根据被测表面大小可移动模架或指示器测量架,在被测表面内,取各条测量线上指示器的最大与最小读数差作为被测模架的平行度误差

被测尺寸 /mm	模架精度等级	
	0Ⅰ,Ⅰ级	0Ⅱ,Ⅱ级
	平行度/mm	
>40～63	0.012	0.020
>63～100	0.015	0.025
>100～160	0.020	0.030
>160～250	0.025	0.040
>250～400	0.030	0.050
>400～630	0.060	0.100
>630～1000	0.080	0.120
>1000～1600	0.100	0.150

JB/T 8071—2008 标准规定的冲模模架精度检查时使用的测量器具见表 5-138。

表 5-138　冲模模架精度检查时使用的测量器具（摘自 JB/T 8071—2008）

器具名称	刻度值/mm	精度等级
百分表	0.01	—
千分表	0.001	—
外径千分表	0.001	—
内径千分表	0.001	—
铸铁平板	—	Ⅰ级
浮标式气动量仪	0.0005～0.002	—
圆柱角尺	—	0级
圆度仪	—	—
V 形架	—	—

注：可使用同等性能以上的测量器具。

5.8.3　下模座的强度计算

由于下模座比上模座的承受力要大得多，故仅将下模座的强度计算作一介绍，其强度计算方法见表 5-139。

表 5-139　冲模模架的下模座强度计算

计算的部分和方法	简　图	计算方法
①下模座的孔与凹模上的孔一致。 ②压力机台面上落料孔 $L_0 \times L_1$ 与底座对称。 ③凹模不参与承受载荷，载荷完全传到下模座上		
沿 $A—B$ 剖面计算（如同二支点的简单支梁）		$M_{max} = W_{\sigma_N} = 1/2 PL$
沿 $C—D$ 剖面计算（如同二支点半固定的梁）		$M_{max} = W_{\sigma_N} = 3/16 PL$
沿 $E—F$ 剖面计算		对于长方形 $M_{max} = P/2 \times n/2 - P/2 \times m/2 = P/4(n-m) = W_{\sigma_N}$ 对于圆形 $M_{max} = \dfrac{0.64(R-r)P}{2} = W_{\sigma_N}$

注：P——冲压力，N；M_{max}——最大弯矩，N·mm；W——已知断面的剖面模数，mm²；σ_N——弯曲应力，MPa；$[\sigma_N]$——许用弯曲应力，MPa；L——合力到压力机台面上的距离，mm；L_0——压力机台面孔沿 $A—B$ 的尺寸的距离，mm；m——下模座矩形孔为 $b \times c$ 沿 $E—F$ 截面的对角距离，mm；n——压力机台面矩形孔为 $L_1 \times L_0$ 沿 $E—F$ 截面的对角距离，mm；R——压力机台面孔的半径，mm；r——下模座孔的半径，mm。

5.8.4　下模座漏料孔的结构尺寸

冲裁工件或废料直接通过压力机台面的漏料孔或模具上的漏料孔排出，漏料孔的结构尺寸见表5-140。

表5-140　下模座漏料孔的结构尺寸

项目	简　图	尺寸计算	说　明
直接漏料孔的设计	凹模　下模座　工作台面	$B=A+(0.5\sim2)\mathrm{mm}$	冲裁工件或废料直接通过压力机台面的孔漏下
排出槽的设计	凹模　下模座　台面	$C=B+(2\sim5)\mathrm{mm}$ $h>5t$，且 $h<H/3$	压力机台面无漏料孔时或模具上的漏料孔比压力机上的孔大的情况下，压力机台面与模具下模座之间就需要有连通的排出槽（$C\times h$），以便能使冲件或废料从排出槽中推出
排出槽盖板的设计			为了使压力机工作台上的孔和槽不致被废料所堵塞，可在模具的下模座排出槽的上面装3~5mm厚的盖板，但盖板不能高出下模座的下平面
公用排出槽的设计	α	$\alpha<35°$	模具上有较多的孔公用排出槽
上模内排出废料	冲床滑块　上模座　凹模		从上模内排出废料的排出槽

项目	简　图	尺寸计算	说　明
倾斜排出槽	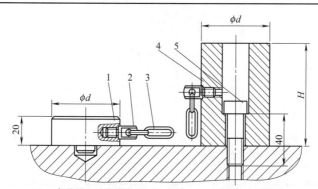	排出槽的主要尺寸 | α	30°	35°	40°	45°
C	$5.2t+d/2$	$4.2t+d/2$	$3.5t+d/2$	$3t+d/2$
B	$A+(2\sim3)$mm					

注：t——被冲压材料厚度，mm。

5.8.5　限位支承装置标准

JB/T 7652—2008《冲模限位支承装置》分为两个部分，即支承套件和限位柱，其中，限位柱的作用主要是在调整上模时，以其作为限定冲压行程的极限标志，有时也为在模具存放时，免得将上模质量压在下模的弹簧上。

（1）支承套件标准

JB/T 7652.1—2008《冲模限位支承装置　第 1 部分：支承套件》标准规定了冲模支承套件的尺寸规格和标记，适用于冲模支承套件，同时还规定了支承套件中支承器和支承座的尺寸规格、材料指南、技术要求和标记。

JB/T 7652.1—2008 标准规定的冲模支承套件见表 5-141。

表 5-141　冲模支承套件（摘自 JB/T 7652.1—2008）　　　　mm

1—支承器；2—活节螺栓；3—链条；4—支承座；5—螺钉

标记示例：$d=40$mm，$L=70$mm 的支承套件标记如下：

支承套件 40×70　JB/T 7652.1—2008

基本尺寸		支承器	活节螺栓 GB/T 798	链条	支承座	螺钉
d	L					
32		32×20			$32\times H$	
40	$20+H$	40×20	M6	$2\times12\times300$	$40\times H$	$M10\times40$
50		60×20			$50\times H$	
63		63×20			$63\times H$	

注：标记应包括以下内容：①支承套件；②支承套件直径 d，单位为 mm；③支承套件高度 L，单位为 mm；④本标准代号，即 JB/T 7652.1—2008。

JB/T 7652.1—2008 标准规定的冲模支承套件中，支承器的结构与规格见表 5-142。

表 5-142 冲模支承套件中的支承器（摘自 JB/T 7652.1—2008） mm

表面粗糙度以 μm 为单位。

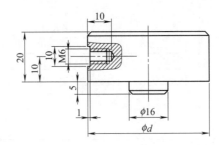

未注表面粗糙度 $Ra12.5\mu m$。

标记示例：$d=40mm$ 的支承器标记如下：支承器 40 JB/T 7652.1—2008

d	32	40	50	63

注：1. 材料由制造者选定，推荐采用 45 钢，表面发黑处理。

2. 应符合 JB/T 7653 的规定。

3. 标记应包括以下内容：①支承器；②支承器直径 d，单位为 mm；③本标准代号，即 JB/T 7652.1—2008。

JB/T 7652.1—2008 标准规定的冲模支承套件中，支承座的结构与规格见表 5-143。

表 5-143 冲模支承套件中的支承座（摘自 JB/T 7652.1—2008） mm

表面粗糙度以 μm 为单位。

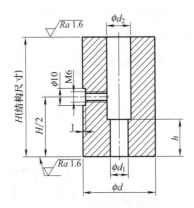

未注表面粗糙度 $Ra6.3\mu m$。

标记示例：$d=40mm$，$H=50mm$ 的支承座标记如下：支承座 40×50 JB/T 7652.1—2008

d	d_1	d_2	h	H
32				
40	11	18	25	按闭合高度确定
50				
63				

注：1. 材料由制造者选定，推荐采用 45 钢，表面发黑处理。

2. 应符合 JB/T 7653 的规定。

3. 标记应包括以下内容：①支承座；②支承座直径 d，单位为 mm；③支承座高度 H，单位为 mm；④本标准代号，即 JB/T 7652.1—2008。

（2）限位柱标准

JB/T 7652.2—2008《冲模限位支承装置 第 2 部分：限位柱》标准规定了冲模限位柱的尺寸规格和标记，适用于冲模限位柱，同时还给出了材料指南和技术要求。

JB/T 7652.2—2008 标准规定的冲模限位柱见表 5-144。

表 5-144　冲模限位柱（摘自 JB/T 7652.2—2008）　　　　　　　mm

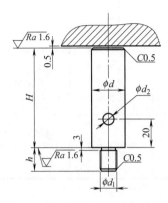

未注表面粗糙度 $Ra6.3\mu m$。

标记示例：$d=16mm$，$H=45mm$ 的限位柱标记如下：限位柱　16×45 JB/T 7652.2—2008

d	12	16	20	25	32	40
d_1	M6	M8	M10	M12	M14	M18
h	8	10	12	14	16	22
d_2	5	8				
H	按闭合高度确定					

注：1. 材料由制造者选定，推荐采用 45 钢，硬度 43～48HRC。

2. 应符合 JB/T 7653 的规定。

3. 标记应包括以下内容：①限位柱；②限位柱直径 d，单位为 mm；③限位柱高度 H，单位为 mm；④本部分代号，即 JB/T 7652.2—2008。

5.9　冲模结构形式的选用

在冲压工艺方案确定后，模具结构形式的确定，也是模具设计的关键内容。它直接关系到冲压生产的效率、冲裁件质量、尺寸精度、生产成本及模具的寿命高低。因此，必须根据冲件的形状特征、质量与精度要求、生产批量大小合理确定模具结构形式，尽量采用标准的典型组合和标准模架，以利于缩短生产周期。表 5-145～表 5-148 分别给出了各种冲裁方式的冲裁质量，生产批量与模具结构形式的关系，三种主要冲裁模特征的对比，简易冲模及应用。

表 5-145　各种冲裁方式的冲件质量

项　　目	冲 裁 性 质							
	连续冲裁	复合冲裁	整修	小圆角冲裁模	负间隙冲裁	上下冲裁	对向凹模冲裁	精冲
公差等级	IT13～IT10	IT9～IT8	IT7～IT6	IT11～IT8	IT11～IT8	IT10～IT7	IT10～IT7	IT8～IT6
粗糙度 $Ra/\mu m$	25～6.3	12.5～3.2	0.8～0.4	1.6～0.4	0.8～0.4	1.6～0.4	0.8～0.4	0.8～0.4
毛刺高度/mm	≤0.15	≤0.10	无	小	小	无	无	微
平面度	较差	较高	高	较差	较差	高	高	高

表 5-146 生产批量与模具结构形式的关系

项　目	生产批量/千件				
	单件	小批	中批	大批	大量
大件 中件 小件	<1	1～2 1～5 1～10	>2～20 >5～50 >10～100	>20～300 >50～1000 >100～5000	>300 >1000 >5000
模具形式	简易模 组合模 简单模	简单模 组合模 简易模	连续模、复合模 简单模 半自动模	连续模、复合模 简单模 自动模	连续模 复合模
设备形式	通用压力机	通用压力机	高速压力机 自动和半自动 通用压力机	机械化高速 压力机	专用压力机 与自动机

注：表内数字为每年班产量的概略数值（千件）。

表 5-147 三种冲模特征的对比

比较项目	连续模	复合模	多工位模
送料方式与完成工序方式	随带料、卷料送进。在压力机的一次行程内能完成多个工序	一次性切离。在压力机的一次行程内可同时完成两个以上的主要工序	切离后夹持送料，在多工位压力机上分别完成各工序
采用高速、自动压力机	可在行程次数为每分钟600次或更高的高速压力机上工作	高速时出件困难，可能损坏弹簧缓冲机构。只能在单机上实现部分机械操作，不推荐采用	冲压自动化程度高，可以实现无人操作 采用高速压力机很困难
冲件的形状、尺寸及最大的尺寸范围	形状不受限制，允许料厚0.2～6mm，进料×料宽=250mm×250mm，最小凸模宽度为0.2mm	形状受模具结构与强度的限制，允许料厚为0.05～4mm，最大直径可达φ300mm	受两个工位间中心距大小的限制，落料直径（或长度）为1/2机床中心距尺寸
冲件侧面和反面加工的可能性	困难 冲件毛刺在不同方向	不能 冲件毛刺在同一方向	可能
增加工位数	可能	有限度	可能
冲件质量	中、小件不平整(有穹弯)。高质量件需校平	由于压料冲裁同时得到校平，制件平整(不穹弯)，且有较好的剪切断面	冲裁件不平整(有穹弯)
冲件精度	中级和低级精度(IT10～IT14级)，由模具结构、送料精度、材料情况等决定。可以提高精度和形位公差	高级和中级精度(IT6～IT9级)冲件的形位公差可以达到很高的要求	中级和低级精度(IT10～IT14级)，由模具结构、送料精度、材料情况等决定。可以提高精度，但形位公差稍差
冲压工作的稳定性和模具工作的安全状态	工序分得越合理，冲压工作的稳定性越高 一般较稳定、安全	冲压的稳定性差，模具工作的安全性也稍差	冲压的稳定性好，模具工作很安全
适用性	适合于中、小零件大批量的生产	适合于冲件材料特别贵重、需要提高材料利用率、冲件产量很大的生产	适合于品种少、大批量、系列化复杂制件的生产
最佳工序种类	冲裁	冲裁、冲裁拉深	深拉深
复杂的弯曲工作	有限度地增加	不能	可能
翻转和变更冲压方向	不能	不能	可能
材料利用率	需较大的搭边	较高	一般较高
对材料宽度的要求	较严格	不严格	不严格

比较项目	连续模	复合模	多工位模
生产效率	工序间自动送料,可以自动排除冲件,生产效率高	冲件被顶到模具工作面上,必须用手工或机械排除,生产效率低	工序间具有自动送料,机械手传递坯料、自动排除冲压件、废料吸除等,并有模具自动润滑。生产效率高
模具制造成本	与工位、工序数成正比例上升　冲裁简单形状零件比复合模低	中等　冲裁复杂形状零件比连续模低	较低
模具制造难易	制造困难,维修中等	制造和维修都较难	较容易　各工位模可分别调整,也便于模具的维修和更换
模具材料	可用硬质合金	较难用硬质合金	可用硬质合金
模具寿命	较高	较低	最高

表 5-148　简易冲模及应用

模具名称	适用冲压工艺	大致应用范围	技术、经济效果
薄板模	冲裁	$t \leqslant 3mm$,形状一般的中小型有色金属板件	用于电子、仪器、仪表等小批量板状零件,模具寿命小于 1 万件
厚板模	冲裁	与一般冲裁模应用范围相同	结构简单、成本低、模具寿命较长,大于 1 万件
钢带模	冲裁	$t \leqslant 6mm$ 的大中型非金属或软金属板	用于汽车、拖拉机所用的板件,模具寿命小于 1 万件
钢皮模(凹模厚度 $0.5 \sim 1mm$)	冲裁	$t \leqslant 3mm$ 的黑色、有色金属及非金属板料	用于试制性或批量小的冲件,模具寿命小于 1 万件
夹板模	冲裁	$t \leqslant 3mm$ 的黑色、有色金属板料	用于汽车、飞机等大中型冲件,模具寿命小于 1 万件
组合冲模	冲裁、修边、弯曲、拉深	与常规模具应用范围相同,但冲件形状简单	用于试制性强的工厂及多品种、小批量生产的简单零件
聚氨酯橡胶模	冲裁、弯曲、成形、胀形、翻边、拉深	$t \leqslant 1.5mm$ 的小型冲件	用于电子、仪器、仪表等小批量生产的零件,模具寿命小于 1 万件
锌基、铋基低熔点合金模	冲裁、弯曲、成形、翻边、拉深	$t \leqslant 1mm$ 的大、中、小型的各种零件	模具寿命小于 2000 件,模具损坏后可溶解低熔点金属重复再用
喷焊刃口模	落料、冲孔	$t \leqslant 1mm$ 的大型零件	各行业均可适用,模寿命小于 1 万件
超塑性材料冲模	冲裁	$t \leqslant 0.8mm$ 的大、中型零件	模具寿命数千件,再使用时其模具性能下降

5.10　冲模典型组合标准

冲模典型组合是指在标准模架的上模座和下模座上,分别安装凸、凹模的标准固定板、垫板以及定位、导料、压料和卸料元件而构成的典型结构。

5.10.1 固定卸料无导柱纵向送料典型组合标准

JB/T 8065.1—1995 标准规定了《冷冲模固定卸料典型组合 无导柱纵向送料典型组合》的结构参数，包括凹模周界尺寸系列、模具闭合高度、凸模长度以及相应板件的板面尺寸，同时还规定了该典型组合的标记方法，见表 5-149。

表 5-149 固定卸料无导柱纵向送料典型组合的结构参数   mm

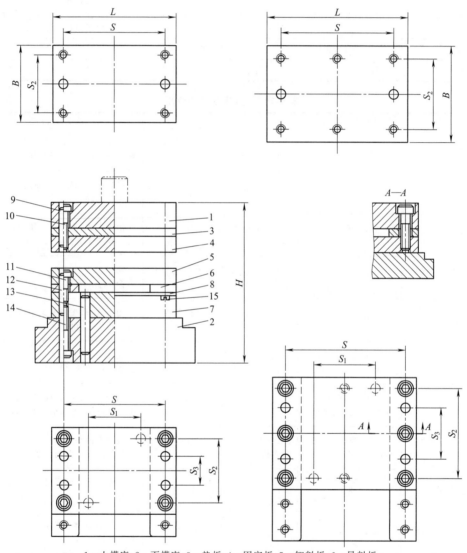

1—上模座；2—下模座；3—垫板；4—固定板；5—卸料板；6—导料板；
7—凹模；8—承料板；9,12,13—圆柱销；10,11,14,15—螺钉
标记示例：凹模周界 $L=100$mm，$B=63$mm，闭合高度 H 为 134mm 的无导柱纵向送料典型组合：
典型组合 $100 \times 63 \times 134$ JB/T 8065.1—1995

项目		C1	C2	C3	C4	C5	C6
凹模周界	L	63		80	100	80	100
	B	50	63			80	
凸模长度		45			50		
闭合高度 H		113	117	124	134		
孔距尺寸	S	47		62	82	56	76
	S_1	23		36	50	28	40
	S_2	34	47	45		56	
	S_3	14	23	21		28	

序号	零件名称	数量	规格					
1	上模座	1	63×50×16	63×63×20	80×63×20	100×63×20	80×80×20	100×80×20
2	下模座	1	80×63×30				100×80×40	
3	垫板	1	63×50×4	63×63×4	80×63×4	100×63×4	80×80×4	100×80×4
4	固定板	1	63×50×14	63×63×14	80×63×16	100×63×16	80×80×16	100×80×16
5	卸料板	1	63×50×10	63×63×10	80×63×12	100×63×12	80×80×12	100×80×12
6	导料板	2	70×b×6		83×b×6		100×b×8	
7	凹模	1	63×50×18	63×63×18	80×63×20	100×63×20	80×80×20	100×80×20
8	承料板	1	63×20×2		80×20×2	100×20×2	80×20×2	100×20×2
9	圆柱销1	2	5×25	5×30	6×35		8×35	
10	螺钉1	4	M5×25	M5×30	M6×30		M8×30	
		6	—					
11	螺钉2	4	M5×16		M6×20		M8×20	
		6	—					
12	圆柱销2	4	4×25		5×30		6×30	
13	圆柱销3	2	5×35		6×40	6×45	8×50	
14	螺钉3	4	M5×30		M6×30	M6×40	M8×40	
		6	—					
15	螺钉4	2	M5×8					
		4	—					

（左侧纵向标注：零件名称　数量　规格）

凹模周界		L		125	(140)	100	125	(140)	160
		B		80			100		
凸模长度				50	55	50	55		60
闭合高度 H				139	153	144	153	158	166
孔距尺寸		S		101	116	76	101	116	136
		S_1		65	70	40	65	70	70
		S_2		56			76		
		S_3		28			40		
零件名称	1	上模座	数量	规格	1	$125\times80\times20$	$(140)\times80\times25$	$100\times100\times25$	$125\times100\times25$	$(140)\times100\times25$	$160\times100\times25$

零件名称	序号	零件名称	数量	规格					
	1	上模座	1		$125\times80\times20$	$(140)\times80\times25$	$100\times100\times25$	$125\times100\times25$	$(140)\times100\times25$	$160\times100\times25$
	2	下模座	1		$125\times100\times45$	$(140)\times80\times45$	$125\times100\times45$		$(140)\times125\times50$	$160\times100\times50$
	3	垫板	1		$125\times80\times4$	$(140)\times80\times6$	$100\times100\times4$	$125\times100\times6$	$(140)\times100\times6$	$160\times100\times6$
	4	固定板			$125\times80\times16$	$(140)\times80\times18$	$100\times100\times16$	$125\times100\times18$	$(140)\times100\times18$	$160\times100\times20$
	5	卸料板			$125\times80\times12$	$(140)\times80\times14$	$100\times100\times12$	$125\times100\times14$	$(140)\times100\times14$	$160\times100\times16$
	6	导料板	2		$100\times b\times8$			$140\times b\times8$		
	7	凹模	1		$125\times80\times20$	$(140)\times80\times22$	$100\times100\times20$	$125\times100\times22$	$(140)\times100\times22$	$160\times100\times25$
	8	承料板	1		$125\times20\times2$	$140\times20\times2$	$100\times40\times2$	$125\times40\times2$	$140\times40\times3$	$160\times40\times3$
	9	圆柱销1	2		8×35			8×40		
	10	螺钉1	4		$M8\times30$	$M8\times35$			—	
			6		—				$M8\times40$	
	11	螺钉2	4		$M8\times20$				—	
			6		—				$M8\times25$	
	12	圆柱销2	4		6×35					
	13	圆柱销3	2		8×45			8×50		
	14	螺钉3	4		$M8\times45$		$M8\times50$		—	
			6		—				$M8\times50$	
	15	螺钉4	2		$M5\times8$	$M6\times10$				
			4		—					

项目			数量	规格						
凹模周界		L			200	125	(140)	160	200	250
		B			100	125				
凸模长度					60	55	60			
闭合高度 H					166	158	166	171		181
孔距尺寸		S			176	95	110	130	170	220
		S_1			100	55	60	70	100	130
		S_2			76	95				
		S_3			40	55				
零件名称	1	上模座	1	规格	200×100×25	125×125×25	(140)×125×25	160×125×30	200×125×30	250×125×30
	2	下模座			200×125×50	(140)×125×50		160×(140)×50	200×125×50	150×(140)×55
	3	垫板	1		200×100×6	125×125×6	(140)×125×6	160×125×6	200×125×6	250×125×8
	4	固定板			200×100×20	125×125×18	(140)×125×20	160×125×20	200×125×20	250×125×22
	5	卸料板			200×100×16	125×125×14	(140)×125×16	160×125×16	200×125×16	250×125×18
	6	导料板	2		140×b×8	165×b×10				
	7	凹模	1		200×100×25	125×125×22	(140)×125×25	160×125×25	200×125×25	250×125×28
	8	承料板			200×40×3	125×40×2	140×40×3	160×40×3	200×40×3	250×40×3
	9	圆柱销1	2		8×40	10×40		10×45		
	10	螺钉1	4		—	M10×35		M10×40	—	
			6		M8×40	—			M10×40	
	11	螺钉2	4		M10×25				—	
			6		M8×25	—			M10×25	
	12	圆柱销2	4		6×40	8×40		8×45		
	13	圆柱销3	2		8×50	10×60				
	14	螺钉3	4		—	M10×50		—		
			6		M8×50	—			M10×55	
	15	螺钉4	2		M6×10					
			4		—					

凹模周界	L	(140)	160	200	250	160	200
	B	(140)				160	
凸模长度		60				65	
闭合高度 H		166				186	
孔距尺寸	S	110	130	170	220	124	164
	S_1	60	70	90	130	60	90
	S_2	110				124	
	S_3	60				60	

零件名称 / 数量 / 规格

序号	名称	数量	规格					
1	上模座	1	(140)×(140)×25	160×(140)×25	200×(140)×30	250×(140)×30	160×160×30	200×160×30
2	下模座	1	160×(140)×50		250×(140)×55		200×160×55	
3	垫板	1	(140)×(140)×6	160×(140)×6	200×(140)8	250×(140)×8	160×160×8	200×160×8
4	固定板	1	(140)×(140)×20	160×(140)×20	200×(140)×22	250×(140)×22	160×160×22	200×160×22
5	卸料板	1	(140)×(140)×16	160×(140)×16	200×(140)×18	250×(140)×18	160×160×18	200×160×18
6	导料板	2	200×b×10				220×b×10	
7	凹模	1	(140)×(140)×25	160×(140)×25	200×(140)×28	250×(140)×28	160×160×28	200×160×28
8	承料板	1	140×60×3	160×60×3	200×60×3	250×60×4	160×60×3	200×60×3
9	圆柱销1	2	10×40		10×50		12×50	
10	螺钉1	4	M10×35		—		M12×45	
		6	—		M10×45		—	
11	螺钉2	4	M10×25		—		M12×30	
		6	—		M10×25		—	
12	圆柱销2	4	8×45				10×50	
13	圆柱销3	2	10×60				12×70	
14	螺钉3	4	M10×50		—		M12×55	
		6	—		M10×55		—	
15	螺钉4	2	M6×12					
		4						

凹模周界	L	250	(250)	200	250	(280)	315
	B	160			200		
凸模长度		70				75	
闭合高度 H		200				205	220
孔距尺寸	S	214	244	164	214	214	279
	S_1	130	150	90	130	150	175
	S_2	124			164		
	S_3	60			90		

零件名称	序号	名称	数量	规格					
	1	上模座	1	250×160×30	(280)×160×30	200×200×30	250×200×35	(280)×160×35	315×200×35
	2	下模座		250×160×60	(280)×160×60	250×200×60		(280)×160×65	315×200×65
	3	垫板	1	250×160×8	(280)×160×8	200×200×8	250×200×8	(280)×200×10	315×200×10
	4	固定板		250×160×18	(280)×160×25	200×200×25	250×200×25	(280)×200×28	315×200×28
	5	卸料板		250×160×20	(280)×160×20	200×200×20	250×200×20	(280)×200×22	315×200×22
	6	导料板	2	220×b×10			260×b×12		
	7	凹模	1	250×160×32	(280)×160×32	200×200×32	250×200×32	(280)×200×35	315×200×35
	8	承料板		250×160×1	280×160×1	200×60×3	250×60×4	280×60×4	315×60×4
	9	圆柱销1	2	12×50			12×55		
	10	螺钉1	4	—					
			6	M12×45			M12×50		
	11	螺钉2	4	—					
			6	M12×35					
	12	圆柱销2	4	10×50					
	13	圆柱销3	2	12×70					
	14	螺钉3	4	—					
			6	M12×65			M12×70		
	15	螺钉4	2	—					
			4	M16×12					

凹模周界	L		250	(280)	315
	B			250	
凸模长度				75	80
闭合高度 H			225	230	240
孔距尺寸	S		214	241	279
	S_1		130	150	175
	S_2			214	
	S_3			130	
零件名称	1	上模座		250×250×35	(280)×250×40	315×250×40

	序号	名称	数量	规格			
零件名称	1	上模座			250×250×35	(280)×250×40	315×250×40
	2	下模座			315×250×70		
	3	垫板	1		250×250×10	(280)×250×10	315×250×10
	4	固定板			250×250×28	(280)×250×28	315×250×32
	5	卸料板			250×250×22	(280)×250×22	315×250×25
	6	导料板	2	规格	310×b×12		
	7	凹模	1		250×250×35	(280)×250×35	315×250×40
	8	承料板			250×60×4	280×60×4	315×60×4
	9	圆柱销 1	2		12×60		
	10	螺钉 1	4		—		
			6		M12×55	M12×65	
	11	螺钉 2	4		—		
			6		M12×35		
	12	圆柱销 2	4		10×50		
	13	圆柱销 3	2		12×80		
	14	螺钉 3	4		—		
			6		M12×75		
	15	螺钉 4	2		—		
			4		M6×12		

注：1. b 值设计时选定，导料板厚度仅供参考。

2. 括号内的尺寸尽量不采用。

3. 技术条件按 JB/T 8069—1995 之规定。

4. 标记内容包括凹模周界尺寸 L 和 B（单位：mm）、模具闭合高度 H（单位：mm）和本标准的代号。

5.10.2 固定卸料无导柱横向送料典型组合标准

JB/T 8065.2—1995 标准规定了《冷冲模固定卸料典型组合 无导柱横向送料典型组合》的结构参数，包括凹模周界尺寸系列、模具闭合高度、凸模长度以及相应板件的板面尺寸，同时还规定了该组合的标记方法，见表 5-150。

表 5-150 固定卸料无导柱横向送料典型组合的结构参数   mm

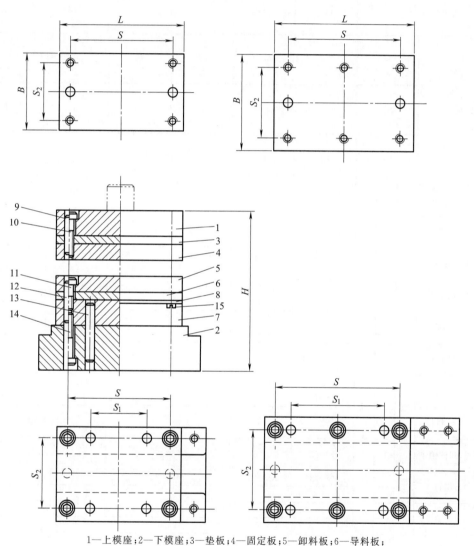

1—上模座；2—下模座；3—垫板；4—固定板；5—卸料板；6—导料板；
7—凹模；8—承料板；9，12，13—圆柱销；10，11，14，15—螺钉
标记示例：凹模周界 $L=100mm$，$B=63mm$，闭合高度 H 为 134mm 的无导柱横向送料典型组合：
$100 \times 63 \times 134$ JB/T 8065.2—1995

续表

凹模周界		L	63	80	100	80	100
		B	50	63		80	
凸模长度			45		50		
闭合高度 H			113	117	124	134	
孔距尺寸		S	47	62	82	56	76
		S_1	23	36	50	28	40
		S_2	34	47	45		56

零件名称	序号	名称	数量	规格					
零件名称	1	上模座	1	63×50×16	63×63×20	80×63×20	100×63×20	80×80×20	100×80×20
	2	下模座		80×63×30			100×80×40		
	3	垫板	1	63×50×4	63×63×4	80×63×4	100×63×4	80×80×4	100×80×4
	4	固定板		63×50×14	63×63×14	80×63×16	100×63×16	80×80×16	100×80×16
	5	卸料板		63×50×10	63×63×10	80×63×12	100×63×12	80×80×12	100×80×12
	6	导料板	2	83×b×6		100×b×6	120×b×6	100×b×6	120×b×6
	7	凹模	1	63×50×18	63×63×18	80×63×20	100×63×20	80×80×20	100×80×20
	8	承料板		50×20×2		63×20×2		80×20×2	
	9	圆柱销 1	2	5×25	5×30	6×35		8×35	
	10	螺钉 1	4	M5×25	M5×30	M6×30		M8×30	
			6	—					
	11	螺钉 2	4	M5×16		M6×20		M8×20	
			6	—					
	12	圆柱销 2	4	4×25		5×30		6×30	
	13	圆柱销 3	2	5×35	6×40	6×45		8×50	
	14	螺钉 3	4	M5×30	M6×30	M6×40		M8×40	
			6	—					
	15	螺钉 4	2	M5×8					
			4	—					

凹模周界	L	125	(140)	100	125	(140)	160
	B	80		100			
凸模长度		50	55	50	55		60
闭合高度 H		139	153	114	153	158	166
孔距尺寸	S	101	116	76	101	116	136
	S_1	65	70	40	65	70	70
	S_2	56			76		

零件名称	序号	零件名称	数量	规格						
	1	上模座	1	规格	125×80×20	(140)×80×25	100×100×25	125×100×25	(140)×100×25	160×100×25
	2	下模座			125×100×45	(140)×80×45	125×100×45		(140)×125×50	160×100×50
	3	垫板			125×80×4	(140)×80×6	100×100×4	125×100×6	(140)×100×6	160×100×6
	4	固定板			125×80×16	(140)×80×10	100×100×16	125×100×18	(140)×100×18	160×100×20
	5	卸料板			125×80×18	(140)×80×10	100×100×12	125×100×14	(140)×100×14	160×100×16
	6	导料板	2		145×b×10	140×b×8	140×b×10	165×b×8	180×b×8	200×b×8
	7	凹模	1		125×80×10	140×80×11	160×100×20	125×100×22	(140)×100×22	160×100×25
	8	承料板			80×20×2			100×10×2		
	9	圆柱销1	2		8×35			8×10		
	10	螺钉1	4		M8×30	M8×35				—
			6		—					M8×40
	11	螺钉2	4		M8×20					—
			6		—					M8×25
	12	圆柱销2	4		6×35					
	13	圆柱销3	2		8×45			8×50		
	14	螺钉3	4		M8×45			M8×50		—
			6		—					M8×50
	15	螺钉4	2		M5×8			M6×10		
			4		—					

凹模周界	L	200	125	(140)	160	200	250
	B	100	125				
凸模长度		60	55	60			
闭合高度 H		166	158	166	171		181
孔距尺寸	S	176	95	110	130	170	220
	S_1	100	55	60	70	100	130
	S_2	76	95				

零件名称			数量	规格						
	1	上模座			200×100×25	125×125×25	(140)×125×25	160×125×30	200×125×30	250×125×30
	2	下模座			200×125×50	(140)×125×50		160×(140)×50	200×125×50	150×(140)×55
	3	垫板	1		200×100×6	125×125×6	(140)×125×6	160×125×6	200×125×6	250×125×8
	4	固定板			200×100×20	125×125×18	(140)×125×20	160×125×20	200×125×20	250×125×22
	5	卸料板			200×100×16	125×125×24	(140)×125×16	160×125×16	200×125×16	250×125×18
	6	导料板	2		240×b×8	165×b×8	180×b×8	200×b×8	240×b×8	290×b×8
	7	凹模	1		200×100×25	125×125×22	(140)×125×25	160×125×25	200×125×25	250×125×28
	8	承料板			100×40×2	125×40×2				
	9	圆柱销1	2		8×40	10×40			10×45	
	10	螺钉1	4		—	M10×35		M10×40	—	
			6		M8×40	—			M10×40	
	11	螺钉2	4		—	M10×25			—	
			6		M8×25	—			M10×25	
	12	圆柱销2	4		6×40	8×40			8×45	
	13	圆柱销3	2		8×50	10×60				
	14	螺钉3	4		—	M10×50			—	
			6		M8×50	—			M10×55	
	15	螺钉4	2		M6×10					
			4		—					

凹模周界	L	(140)	160	200	250	160	200
	B	(140)				160	
凸模长度		60				65	
闭合高度 H		166				186	
孔距尺寸	S	110	130	170	220	124	164
	S_1	60	70	90	130	60	90
	S_2	110				124	

序号	零件名称	数量	规格					
1	上模座	1	(140)×(140)×25	160×(140)×25	200×(140)×30	250×(140)×30	160×160×30	200×160×30
2	下模座	1	160×(140)×50		250×(140)×55		200×160×55	
3	垫板	1	(140)×(140)×6	160×(140)×6	200×(140)×8	250×(140)×8	160×160×8	200×160×8
4	固定板	1	(140)×(140)×20	160×(140)×20	200×(140)×22	250×(140)×22	160×160×22	200×160×22
5	卸料板	1	(140)×(140)×16	160×(140)×16	200×(140)×18	250×(140)×18	160×160×18	200×160×18
6	导料板	2	200×b×8	220×b×8	260×b×8	310×b×10	220×b×10	260×b×10
7	凹模	1	(140)×(140)×25	160×(140)×25	200×(140)×28	250×(140)×28	160×160×28	200×160×28
8	承料板	1	140×60×3				160×60×3	
9	圆柱销 1	2	10×40		10×50		12×50	
10	螺钉 1	4	M10×35		—		M12×45	
		6	—		M10×45		—	
11	螺钉 2	4	M10×25		—		M12×30	
		6	—		M10×25		—	
12	圆柱销 2	4	8×45				10×50	
13	圆柱销 3	2	10×60				12×70	
14	螺钉 3	4	M10×50		—		M12×65	
		6	—		M10×55		—	
15	螺钉 4	2	—					
		4	M6×12					

（左侧纵排标注：零件名称　数量　规格）

零件名称		数量	规格						
凹模周界	L		250	(280)	200	250	(280)	315	
	B		160		200				
凸模长度			70				75		
闭合高度 H			200			205	220		
孔距尺寸	S		214	244	164	214	244	279	
	S_1		130	150	90	130	150	175	
	S_2		124		164				
1	上模座	1	250×160×30	(280)×160×30	200×200×30	250×200×35	(280)×200×35	315×200×35
2	下模座		250×160×60	(280)×160×60	250×200×60		(280)×200×65	315×200×65
3	垫板		250×160×8	(280)×160×8	200×200×8	250×200×8	(280)×200×10	315×200×10
4	固定板		250×160×25	(280)×160×25	200×200×25	250×200×25	(280)×200×28	315×200×28
5	卸料板		250×160×20	(280)×160×20	200×200×20	250×200×20	(280)×200×22	315×200×22
6	导料板	2	310×b×10	310×b×10	260×b×10	310×b×10	340×b×10	375×b×10
7	凹模	1	250×160×32	(280)×160×32	200×200×32	250×200×32	(280)×200×35	315×200×35
8	承料板		160×60×3		200×60×3				
9	圆柱销1	2	12×50		12×55				
10	螺钉1	4	—						
		6	M12×45		M12×50				
11	螺钉2	4	—						
		6	M12×35						
12	圆柱销2	4	10×50						
13	圆柱销3	2	12×70						
14	螺钉3	4	—						
		6	M12×65		M12×70				
15	螺钉4	2	—						
		4	M16×12						

续表

凹模周界	L	250	(280)	200	250	(280)	315
凹模周界	B	160			200		
凸模长度		70					75
闭合高度 H		200				205	220
孔距尺寸	S	214	244	164	214	244	279
孔距尺寸	S_1	130	150	90	130	150	175
孔距尺寸	S_2	124			164		

	零件名称	数量	规格						
1	上模座	1		250×160×30	(280)×160×30	200×200×30	250×200×35	(280)×200×35	315×200×35
2	下模座			250×160×60	(280)×160×60	250×200×60		(280)×200×65	315×200×65
3	垫板			250×160×8	(280)×160×8	200×200×8	250×200×8	(280)×200×10	315×200×10
4	固定板			250×160×25	(280)×160×25	200×200×25	250×200×25	(280)×200×28	315×200×28
5	卸料板			250×160×20	(280)×160×20	200×200×20	250×200×20	(280)×200×22	315×200×22
6	导料板	2		310×b×10	310×b×10	260×b×10	310×b×10	340×b×10	375×b×10
7	凹模	1		250×160×32	(280)×160×32	200×200×32	250×200×32	(280)×200×35	315×200×35
8	承料板			160×60×3			200×60×3		
9	圆柱销1	2		12×50			12×55		
10	螺钉1	4		—					
		6		M12×45			M12×50		
11	螺钉2	4		—					
		6		M12×35					
12	圆柱销2	4		10×50					
13	圆柱销3	2		12×70					
14	螺钉3	4		—					
		6		M12×65			M12×70		
15	螺钉4	2		—					
		4		M16×12					

注：1. b 值设计时选定，导料板厚度仅供参考。

2. 括号内的尺寸尽量不采用。

3. 技术条件按 JB/T 8069—1995 之规定。

4. 标记内容包括凹模周界尺寸 L 和 B（单位：mm）、模具闭合高度 H（单位：mm）和本标准的代号。

5.10.3 固定卸料纵向送料典型组合标准

JB/T 8065.3—1995 标准规定了《冷冲模固定卸料典型组合 纵向送料典型组合》的结构参数，包括凹模周界尺寸系列、模具闭合高度、凸模长度以及相应板件的板面尺寸，同时还规定了该组合的标记方法，见表 5-151。

表 5-151 固定卸料纵向送料典型组合的结构参数 mm

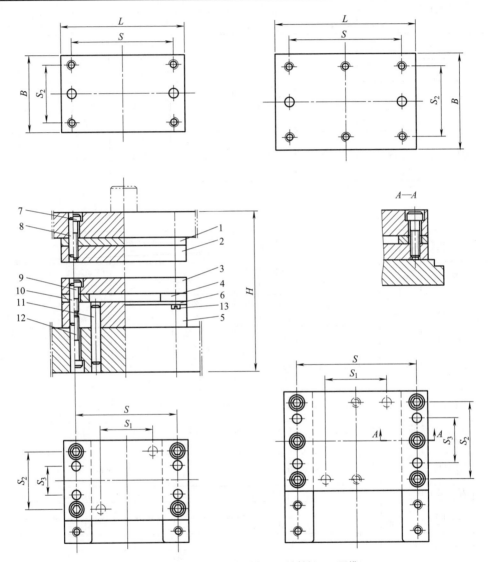

1—垫板；2—固定板；3—卸料板；4—导料板；5—凹模；
6—承料板；7,9,12,13—螺钉；8,10,11—圆柱销

标记示例：凹模周界 $L=125$mm，$B=10$mm，闭合高度 H 为 140～170mm 的纵向送料典型组合：

典型组合 125×100×(140～170) JB/T 8065.3—1995

凹模周界	L	63	63	80	100	80	100
	B	50		63		80	
凸模长度		45			50		
配用模架	最小	110			120		
闭合高度 H	最大	130			145		

续表

孔距尺寸

	c1	c2	c3	c4	c5	c6
S	47	62	82	56	76	
S_1	23	36	50	28	46	
S_2	34	47	45		56	
S_3	14	23	21		28	

零件名称

序号	名称	数量	规格 c1	c2	c3	c4	c5	c6
1	垫板	1	63×50×4	63×63×4	80×63×4	100×63×4	80×60×4	100×80×4
2	固定板	1	63×50×12	63×63×12	80×63×14	100×63×14	80×80×14	100×80×14
3	卸料板	1	63×50×8	63×63×8	80×63×10	100×63×10	80×80×10	100×80×10
4	导料板	2	80×b×6		80×b×6		100×b×6	
5	凹模	1	63×50×18	63×63×18	80×63×20	100×63×20	80×80×20	100×80×20
6	承料板	1	63×20×8		80×20×8	100×20×8	80×20×8	100×20×8
7	螺钉1	4	M5×30		M6×35		M8×35	
		6	—					
8	圆柱销1	2	5×35		6×35		8×35	
9	螺钉2	4	M5×16		M6×20		M8×20	
		6	—					
10	圆柱销2	2	4×25		5×30		5×30	
11	圆柱销3	2	5×35		6×45		8×45	
12	螺钉3	4	M5×30		M6×40		M8×40	
		6	—					
13	螺钉4	2	M5×8					
		4	—					

凹模周界

	c1	c2	c3	c4	c5	c6
L	125	(140)	100	125	(140)	160
B	80		100			

凸模长度

	c1	c2	c3	c4	c5	c6
凸模长度	50	55	50		55	60

配用模架闭合高度 H

	c1	c2	c3	c4	c5	c6
最小	120	140	120		140	160
最大	145	170	146		170	195

孔距尺寸

	c1	c2	c3	c4	c5	c6
S	101	116	76	101	116	136
S_1	65	70	40	65	70	70
S_2	56			76		
S_3	28			40		

零件名称

序号	名称	数量	规格 c1	c2	c3	c4	c5	c6
1	垫板	1	125×80×4	(140)×80×6	100×100×4	125×100×6	(140)×100×6	160×100×6
2	固定板	1	125×80×14	(140)×80×16	100×100×14	125×100×16	(140)×100×16	160×100×18
3	卸料板	1	125×80×10	(140)×80×12	100×100×10	125×100×12	(140)×100×12	160×100×14
4	导料板	2	100×b×6		140×b×6			140×b×8
5	凹模	1	125×80×20	(140)×80×22	100×100×20	125×100×22	(140)×100×22	160×100×25
6	承料板	1	125×20×2	140×20×2	100×40×2	125×40×2	140×40×3	160×40×3
7	螺钉1	4	M8×35	M8×40	M8×45	M8×45		—
		6	—					M8×50
8	圆柱销1	2	8×40	8×45	8×40	8×45		8×50
9	螺钉2	4	M8×20					—
		6	—					M8×25
10	圆柱销2	2	6×35					
11	圆柱销3	2	8×50	8×55	8×50	8×55		8×60
12	螺钉3	4	M8×45	M8×50	M8×45	M8×50		—
		6	—					M8×55
13	螺钉4	2	M5×8			M6×10		
		4	—					

续表

凹模周界		200	125	(140)	160	200	250
	L						
凹模周界	B	100	125	125	125	125	125
凸模长度		60	55	60	60	60	60
配用模架闭合高度 H	最小	160	140	160	170	170	190
	最大	195	170	195	205	205	235
孔距尺寸	S	176	95	110	130	170	220
	S_1	100	55	60	70	100	130
	S_2	76	95	95	95	95	95
	S_3	40	55	55	55	55	55

序号	零件名称	数量	规格	200	125	(140)	160	200	250
1	垫板	1		200×100×6	125×125×6	(140)×125×6	160×125×6	200×125×6	250×125×8
2	固定板	1		200×100×18	125×125×16	(140)×125×18	160×125×18	200×125×18	250×125×20
3	卸料板	1		200×100×14	125×125×12	(140)×125×14	160×125×14	200×125×14	250×125×16
4	导料板	2		140×b×8	165×b×8	165×b×8	165×b×8	165×b×8	165×b×8
5	凹模	1	规格	200×100×25	125×125×22	(140)×125×25	160×125×25	200×125×25	250×125×28
6	承料板	1		200×40×3	125×40×2	140×40×3	160×40×3	200×40×3	250×40×3
7	螺钉1	4		—	M10×45	M10×45	M10×50	M10×50	—
		6		M8×50	—	—	—	M10×50	M10×60
8	圆柱销1	2		8×55	10×45	10×55	10×55	10×55	10×55
9	螺钉2	4		—	M10×25	M10×25	M10×25	—	—
		6		M8×25	—	—	—	M10×25	M10×25
10	圆柱销2	2		6×40	8×40	8×40	8×40	8×40	8×40
11	圆柱销3	2		8×50	10×50	10×60	10×60	10×60	10×60
12	螺钉3	4		—	M10×45	M10×45	M10×50	M10×50	—
		6		M8×55	—	—	—	M10×55	M10×55
13	螺钉4	2		M6×10	M6×10	M6×10	M6×10	M6×10	M6×10
		4		—	—	—	—	—	—

凹模周界		(140)	160	200	250	160	200
	L						
凹模周界	B	(140)	(140)	(140)	(140)	160	160
凸模长度		60	60	60	60	65	65
配用模架闭合高度 H	最小	170	170	170	170	190	190
	最大	205	205	205	205	235	235
孔距尺寸	S	110	130	170	220	124	164
	S_1	60	70	90	130	60	90
	S_2	110	110	110	110	124	124
	S_3	60	60	60	60	60	60

序号	零件名称	数量	规格	(140)	160	200	250	160	200
1	垫板	1		(140)×(140)×6	160×(140)×6	200×(140)×8	250×(140)×8	160×160×8	200×160×8
2	固定板	1		(140)×(140)×18	160×(140)×18	200×(140)×20	250×(140)×20	160×160×20	200×160×20
3	卸料板	1		(140)×(140)×14	160×(140)×14	200×(140)×16	250×(140)×16	160×160×16	200×160×16
4	导料板	2		200×b×10	200×b×10	200×b×10	200×b×10	220×b×10	220×b×10
5	凹模	1	规格	(140)×(140)×25	160×(140)×25	200×(140)×28	250×(140)×28	160×160×28	200×160×28
6	承料板	1		140×60×3	160×60×3	200×60×3	250×60×4	160×60×3	200×60×3
7	螺钉1	4		M10×55	M10×55	—	—	M12×60	M12×60
		6		—	—	M10×60	M10×60	—	—
8	圆柱销1	2		10×50	10×50	10×60	10×60	12×55	12×55
9	螺钉2	4		M10×30	M10×30	—	—	M12×30	M12×30
		6		—	—	M10×30	M10×30	—	—
10	圆柱销2	2		8×40	8×40	8×40	8×40	10×45	10×45
11	圆柱销3	2		10×60	10×60	10×60	10×60	12×60	12×60

续表

零件名称	序号	名称	数量	规格						
零件名称	12	螺钉 3	4	规格	M10×50		—		M12×55	
	12	螺钉 3	6		—		M10×55		—	
	13	螺钉 4	2		—					
	13	螺钉 4	4		M6×12					
凹模周界			L		250	(280)	200	250	(280)	315
凹模周界			B		160			200		
凸模长度					70			75		
配用模架闭合高度 H			最小		200			210		
配用模架闭合高度 H			最大		245			255		
孔距尺寸			S		214	244	164	214	244	279
孔距尺寸			S_1		130	150	90	130	150	175
孔距尺寸			S_2		124			164		
孔距尺寸			S_3		60			90		
零件名称	1	垫板	1	规格	250×160×8	(280)×160×8	200×200×8	250×200×8	(280)×200×10	315×200×10
	2	固定板	1		250×160×22	(280)×160×22	200×200×22	250×200×22	(280)×200×25	315×200×25
	3	卸料板	1		250×160×18	(280)×160×18	200×200×18	250×200×18	(280)×200×20	315×200×20
	4	导料板	2		200×b×10			260×b×10		
	5	凹模	1		250×160×32	(280)×160×32	200×200×32	250×200×32	(280)×200×35	315×200×35
	6	承料板	1		250×60×4	280×60×4	200×60×3	250×60×4	280×60×4	315×60×4
	7	螺钉 1	4		—					
	7	螺钉 1	6		M12×65					
	8	圆柱销 1	2		12×70					
	9	螺钉 2	4		—					
	9	螺钉 2	6		M12×30					
	10	圆柱销 2	2		10×50					
	11	圆柱销 3	2		12×70					
	12	螺钉 3	4		—					
	12	螺钉 3	6		M12×65			M12×70		
	13	螺钉 4	2		—					
	13	螺钉 4	4		M6×12					
凹模周界			L		250	(280)	315			
凹模周界			B		250					
凸模长度					75		80			
配用模架闭合高度 H			最小		210		245			
配用模架闭合高度 H			最大		255		290			

续表

孔距尺寸	S	214	244	279	
	S_1	130	150	175	
	S_2	214			
	S_3	130			

零件名称		数量	规格			
1	垫板	1	$250\times250\times10$	$(280)\times250\times10$	$315\times250\times10$	
2	固定板		$250\times250\times25$	$(280)\times250\times25$	$315\times250\times28$	
3	卸料板		$250\times250\times20$	$(280)\times250\times20$	$315\times250\times22$	
4	导料板	2	$310\times b\times12$			
5	凹模	1	$250\times250\times35$	$(280)\times250\times35$	$315\times250\times40$	
6	承料板		$250\times60\times4$	$(280)\times60\times4$	$315\times60\times4$	
7	螺钉1	4	—			
		6	$M12\times65$		$M12\times75$	
8	圆柱销1	2	12×70			
9	螺钉2	4	—			
		6	$M12\times35$		$M12\times40$	
10	圆柱销2	2	10×50			
11	圆柱销3	2	12×80			
12	螺钉3	4	—			
		6	$M12\times70$			
13	螺钉4	2	—			
		4	$M6\times12$			

注：1. b 值设计时选定，导料板厚度仅供参考。

2. 括号内的尺寸尽量不采用。

3. 技术条件按 JB/T 8069—1995 之规定。

4. 标记内容包括凹模周界尺寸 L 和 B（单位：mm）、模具闭合高度 H（单位：mm）和本标准的代号。

5.10.4 固定卸料横向送料典型组合标准

JB/T 8065.4—1995 标准规定了《冷冲模固定卸料典型组合 横向送料典型组合》的结构参数，包括凹模周界尺寸系列、模具闭合高度、凸模长度以及相应板件的板面尺寸，同时还规定了该典型组合的标记方法，见表5-152。

表 5-152　固定卸料横向送料典型组合的结构参数　　　　　　　　mm

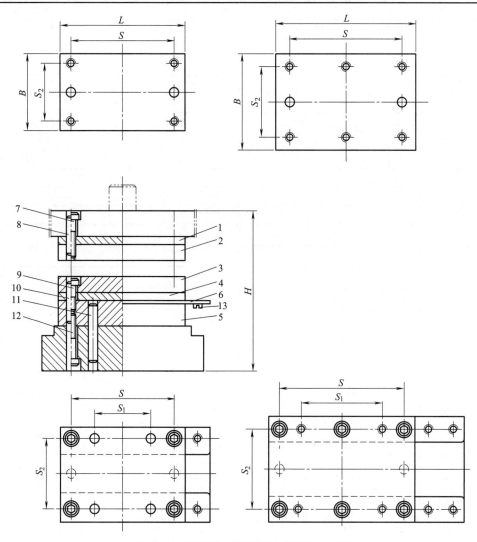

1—垫板;2—固定板;3—卸料板;4—导料板;5—凹模;

6—承料板;7,9,12,13—螺钉;8,10,11—圆柱销

标记示例:凹模周界 $L=125mm,B=100mm$,闭合高度 H 为 $140\sim170mm$ 的横向送料典型组合:

典型组合　$125\times100\times(140\sim170)$　JB/T 8065.4—1995

凹模周界		L	63	63	80	100	80	100
		B	50	63			80	
凸模长度			45			50		
配用模架 闭合高度 H	最小		110			120		
	最大		130			145		
孔距尺寸		S	47		62	82	56	76
		S_1	23		36	50	28	46
		S_2	34	47	45		56	
零件名称	1	垫板	数量	1	规格	$63\times50\times4$	$63\times63\times4$	$80\times63\times4$	$100\times63\times4$	$80\times60\times4$	$100\times80\times4$
	2	固定板				$63\times50\times12$	$63\times63\times12$	$80\times63\times14$	$100\times63\times14$	$80\times80\times14$	$100\times80\times14$
	3	卸料板				$63\times50\times8$	$63\times63\times8$	$80\times63\times10$	$100\times63\times10$	$80\times80\times10$	$100\times80\times10$
	4	导料板		2		$83\times b\times6$		$100\times b\times8$	$120\times b\times8$	$100\times b\times8$	$120\times b\times8$
	5	凹模		1		$63\times50\times18$	$63\times63\times18$	$80\times63\times20$	$100\times63\times20$	$80\times80\times20$	$100\times80\times20$

零件名称	序号	名称	数量	规格		
零件名称	6	承料板	1	50×20×2	63×20×2	80×20×2
	7	螺钉1	4	M5×30	M6×35	M8×35
			6	—		
	8	圆柱销1	2	5×35	6×35	8×35
	9	螺钉2	4	M5×16	M6×20	M8×20
			6	—		
	10	圆柱销2		4×25	5×30	6×30
	11	圆柱销3	2	5×35	6×45	8×45
	12	螺钉3	4	M5×30	M6×40	M8×40
			6	—		
	13	螺钉4	2	M5×8		
			4	—		

项目						
凹模周界	L	125	(140)	100	125	(140)	160
凹模周界	B	80			100		
凸模长度		50	55	50	55		60
配用模架闭合高度 H	最小	120	140	120	140		160
配用模架闭合高度 H	最大	145	170	145	170		195
孔距尺寸	S	101	116	76	101	116	136
孔距尺寸	S_1	65	70	40	65	70	70
孔距尺寸	S_2	56			76		

序号	零件名称	数量						
1	垫板	1	125×80×4	(140)×80×6	100×100×4	125×100×6	(140)×100×6	160×100×6
2	固定板	1	125×80×14	(140)×80×16	100×100×14	125×100×16	(140)×100×16	160×100×18
3	卸料板	1	125×80×10	(140)×80×12	100×100×10	125×100×12	(140)×100×12	160×100×14
4	导料板	2	145×b×8	160×b×8	140×b×4	165×b×8	180×b×8	200×b×8
5	凹模	1	125×80×20	(140)×80×22	100×100×20	125×100×22	(140)×100×22	160×100×25
6	承料板		80×20×2			100×40×2		
7	螺钉1	4	M8×35	M8×35	M8×35	M8×45		—
7	螺钉1	6	—					M8×50
8	圆柱销1	2	8×40	8×45	8×40	8×45		8×50
9	螺钉2	4	M8×20					—
9	螺钉2	6	—					M8×25
10	圆柱销2	2	6×35					
11	圆柱销3	2	8×50	8×55	8×50	8×55		8×60
12	螺钉3	4	M8×45	M8×50	M8×45	M8×50		—
12	螺钉3	6	—					M8×55
13	螺钉4	2	M5×8			M6×10		
13	螺钉4	4	—					

续表

凹模周界	L	200	125	(140)	160	200	250
	B	100	125				
凸模长度		60	55	60			
配用模架闭合高度 H	最小	160	140	160	170		190
	最大	195	170	195	205		235
孔距尺寸	S	176	95	110	130	170	220
	S_1	100	55	60	70	100	130
	S_2	76	95				

	零件名称	数量	规格					
1	垫板	1	200×100×6	125×125×6	(140)×125×6	160×125×6	200×125×6	250×125×8
2	固定板	1	200×100×18	125×125×16	(140)×125×18	160×125×18	200×125×18	250×125×20
3	卸料板		200×100×14	125×125×12	(140)×125×14	160×125×14	200×125×14	250×125×16
4	导料板	2	240×b×8	165×b×8	180×b×8	200×b×8	240×b×8	290×b×8
5	凹模	1	200×100×25	125×125×22	(140)×125×25	160×125×25	200×125×25	250×125×28
6	承料板		100×40×2	125×4×2				
7	螺钉1	4	—	M10×45	M10×55		—	—
		6	M8×50	—			M10×50	M10×60
8	圆柱销1	2	8×55	10×45	10×55			
9	螺钉2	4	M10×25				—	
		6	M8×25	—			M10×25	
10	圆柱销2	2	6×40	8×40				
11	圆柱销3	2	8×50	10×50	10×60			
12	螺钉3	4	—	M10×45	M10×50		—	
		6	M8×55	—			M10×55	
13	螺钉4	2	M6×10					
		4	—					

（注：以上为"零件名称""数量""规格"栏）

凹模周界	L	(140)	160	200	250	160	200
	B	(140)				160	
凸模长度		60				65	
配用模架闭合高度 H	最小	170				190	
	最大	205				235	
孔距尺寸	S	110	130	170	220	124	164
	S_1	60	70	90	130	60	90
	S_2	110				124	

	零件名称	数量	规格					
1	垫板	1	(140)×(140)×6	160×(140)×6	200×(140)×8	250×(140)×8	160×160×8	200×160×8
2	固定板	1	(140)×(140)×18	160×(140)×18	200×(140)×20	250×(140)×20	160×160×20	200×160×20
3	卸料板		(140)×(140)×14	160×(140)×14	200×(140)×16	250×(140)×16	160×160×16	200×160×16
4	导料板	2	200×b×10	220×b×10	260×b×10	310×b×10	220×b×10	260×b×10
5	凹模	1	(140)×(140)×25	160×(140)×25	200×(140)×28	250×(140)×28	160×160×28	200×160×28
6	承料板		140×60×3				160×60×3	
7	螺钉1	4	M10×55		—		M12×55	
		6	—		M10×55		—	
8	圆柱销1	2	10×50		10×60		12×60	

续表

零件名称	序号	名称	数量	规格						
零件名称	9	螺钉2	4	规格	M10×30	M10×30	—	—	M12×30	M12×30
			6		—	—	M10×30	M10×30	—	—
	10	圆柱销2	2		8×40	8×40	8×40	8×40	10×45	10×45
	11	圆柱销3	2		10×60	10×60	10×60	10×60	12×60	12×60
	12	螺钉3	4		M10×50	M10×50	—	—	M12×55	M12×55
			6		—	—	M10×55	M10×55	—	—
	13	螺钉4	2		—	—	—	—	—	—
			4		M6×12	M6×12	M6×12	M6×12	M6×12	M6×12

凹模周界	L	250	(280)	200	250	(280)	315
	B	160	160	200	200	200	200

凸模长度	70	70	70	75	75	75

配用模架闭合高度 H	最小	200	200	200	210	210	210
	最大	245	245	245	255	255	255

孔距尺寸	S	214	244	164	214	244	279
	S_1	130	150	90	130	150	175
	S_2	124	124	124	164	164	164

零件名称	序号	名称	数量	规格						
零件名称	1	垫板		规格	250×160×8	(280)×160×8	200×200×8	250×200×8	(280)×200×10	315×200×10
	2	固定板	1		250×160×22	(280)×160×22	200×200×22	250×200×22	(280)×200×25	315×200×25
	3	卸料板			250×160×18	(280)×160×18	200×200×18	250×200×18	(280)×200×20	315×200×20
	4	导料板	2		310×b×10	340×b×10	260×b×10	310×b×10	340×b×10	375×b×10
	5	凹模	1		250×160×32	(280)×160×32	200×200×32	250×200×32	(280)×200×35	315×200×35
	6	承料板			160×60×3	160×60×3	200×60×3	200×60×3	200×60×3	200×60×3
	7	螺钉1	4		—	—	—	—	—	—
			6		M12×65	M12×65	M12×65	M12×65	M12×65	M12×65
	8	圆柱销1	2		12×70	12×70	12×70	12×70	12×70	12×70
	9	螺钉2	4		M12×30	M12×30	M12×30	M12×30	M12×30	M12×30
			6		M12×30	M12×30	M12×30	M12×30	M12×30	M12×30
	10	圆柱销2	2		10×50	10×50	10×50	10×50	10×50	10×50
	11	圆柱销3	2		12×70	12×70	12×70	12×70	12×70	12×70
	12	螺钉3	4		M12×65	M12×65	M12×65	M12×70	M12×70	M12×70
			6		M12×65	M12×65	M12×65	M12×70	M12×70	M12×70
	13	螺钉4	2		M6×12	M6×12	M6×12	M6×12	M6×12	M6×12
			4		M6×12	M6×12	M6×12	M6×12	M6×12	M6×12

凹模周界	L	250	(280)	315
	B		250	
凸模长度			75	80
配用模架闭合高度 H	最小		210	245
	最大		255	290
孔距尺寸	S	214	244	279
	S_1	130	150	175
	S_2		214	

零件名称			数量	规格			
	1	垫板			$250\times250\times10$	$(280)\times250\times10$	$315\times250\times10$
	2	固定板	1		$250\times250\times25$	$(280)\times250\times25$	$315\times250\times28$
	3	卸料板			$250\times250\times20$	$(280)\times250\times20$	$315\times250\times22$
	4	导料板	2		$310\times b\times12$	$340\times b\times12$	$375\times b\times12$
	5	凹模	1		$250\times250\times35$	$(280)\times250\times35$	$315\times250\times40$
	6	承料板				$250\times60\times4$	
	7	螺钉 1	4			—	
			6		$M12\times65$		$M12\times75$
	8	圆柱销 1	2			12×70	
	9	螺钉 2	4			—	
			6		$M12\times35$	$M12\times40$	
	10	圆柱销 2	2			10×50	
	11	圆柱销 3	2			12×80	
	12	螺钉 3	4			—	
			6			$M12\times70$	
	13	螺钉 4	2			—	
			4			$M6\times12$	

注：1. b 值设计时选定，导料板厚度仅供参考。

2. 括号内的尺寸尽量不采用。

3. 技术条件按 JB/T 8069—1995 之规定。

4. 标记内容包括凹模周界尺寸 L 和 B（单位：mm）、模具闭合高度 H（单位：mm）和本标准的代号。

5.10.5　弹压卸料纵向送料典型组合标准

JB/T 8066.1—1995 标准规定了《冷冲模弹压卸料典型组合　纵向送料典型组合》的结构参数，包括凹模周界尺寸系列、模具闭合高度、凸模长度以及相应板件的板面尺寸，同时还规定了该典型组合的标记方法，见表 5-153。

表 5-153 弹压卸料纵向送料典型组合的结构参数   mm

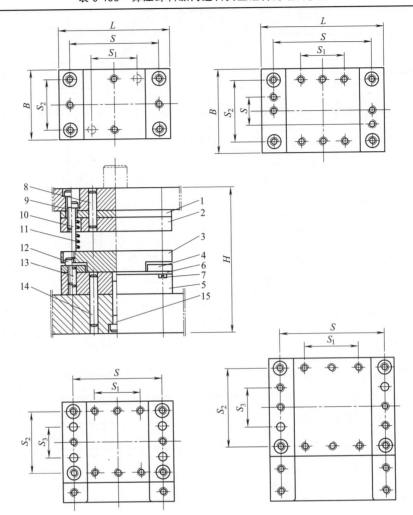

1—垫板；2—固定板；3—卸料板；4—导料板；5—凹模；6—承料板；7,9,12,15—螺钉；
8,13,14—圆柱销；10—卸料螺钉；11—弹簧

标记示例：凹模周界 $L=125\text{mm}$，$B=100\text{mm}$，配用模架闭合高度 H 为 120~150mm 的纵向送料典型组合为：

典型组合 125×100×(120~150) JB/T 8066.1—1995

凹模周界		L	63		80	100	80	100
		B	50		63		80	
凸模长度			42					
配用模架	最小		100		110			
闭合高度 H	最大		115		130			
孔距尺寸		S	47		62	82	56	76
		S_1	23		36	50	28	40
		S_2	34	47	45		56	
		S_3	14	23	21		28	
零件名称	1 垫板	数量 1	规格	63×50×4	63×63×4	80×63×4	100×63×4	80×80×4	100×80×4
	2 固定板			63×50×12	63×63×12	80×63×14	100×63×14	80×80×14	100×80×14
	3 卸料板			63×50×10	63×63×10	80×63×12	100×63×12	80×80×12	100×80×12
	4 导料板	2		70×b×4	83×b×6			100×b×6	

零件名称	序号	名称	数量	规格						
零件名称	5	凹模	1	63×50×12	63×63×12	80×63×14	100×63×14	80×80×14	100×80×14
	6	承料板	1	63×20×2	63×20×2	80×20×2	100×20×2	80×20×2	100×20×2
	7	螺钉 1	2	M5×8	M5×8	M5×8	M5×8	M5×8	M5×8
			4	—					
	8	圆柱销 1	2	5×35	5×35	6×40	6×40	8×40	8×40
	9	螺钉 2	4	M5×30	M5×30	M6×35	M6×35	M8×35	M8×35
			6	—					
	10	卸料螺钉	4	5×38	5×38	6×35	6×35	8×35	8×35
			6	—					
	11	弹簧	4	设计选用,亦可以用橡胶、聚氨酯、碟形弹簧					
			6						
	12	螺钉 3	4	M5×10	M5×10	M6×16	M6×16	M8×16	M8×16
	13	圆柱销 2	4	4×16	4×16	5×16	5×16	6×16	6×16
	14	圆柱销 3	2	5×25	5×25	6×30	6×30	8×35	8×35
	15	螺钉 4	2	M5×25	M5×25	M6×30	M6×30	M8×35	M8×35
			4	—					

凹模周界	L	125	(140)	100	125	(140)	160
	B	80			100		
凸模长度		42	48	42	48		56
配用模架闭合高度 H	最小	110	120	110	120		110
	最大	130	150	130	150		170
孔距尺寸	S	101	116	76	101	116	136
	S₁	65	70	40	65	70	70
	S₂	56			76		
	S₃	28			40		

孔距尺寸: S, S_1, S_2, S_3

零件名称	序号	名称	数量	规格						
零件名称	1	垫板	1	125×80×4	(140)×80×6	100×100×4	125×100×6	(140)×100×6	160×100×6
	2	固定板	1	125×80×14	(140)×80×16	100×100×14	125×100×16	(140)×100×16	160×100×18
	3	卸料板		125×80×12	(140)×80×14	100×100×12	125×100×14	(140)×100×14	160×100×16
	4	导料板	2	100×b×6	100×b×6	100×b×6	140×b×6	140×b×6	140×b×6
	5	凹模	1	125×80×14	(140)×80×16	100×100×14	125×100×16	(140)×100×16	160×100×18
	6	承料板		125×20×2	140×20×2	100×40×2	125×40×2	140×40×3	160×40×3
	7	螺钉 1	2	M5×8	M5×8	M6×10	M6×10	M6×10	M6×10
			4	—					
	8	圆柱销 1	2	8×35	8×40	8×35	8×40	8×40	8×45
	9	螺钉 2	4	M8×35	M8×40	M8×35	M8×40	M8×40	—
			6	—					M8×45
	10	卸料螺钉	4	8×35	8×42	8×35	8×42	8×42	—
			6	—					M8×48
	11	弹簧	4	设计选用,亦可以用橡胶、聚氨酯、碟形弹簧					
			6						
	12	螺钉 3	4	M8×20					
	13	圆柱销 2	4	6×20					

零件名称 序号	名称	数量	规格						
14	圆柱销3	2	规格	8×35	8×40	8×35	8×40	8×40	8×45
15	螺钉4	2		M8×35	M8×40	M8×35	M8×40	M8×40	—
		4		—	—	—	—	—	M8×45
凹模周界	L			200	125	(140)	160	200	250
	B			100	125	125	125	125	125
凸模长度				56	48	56	56	56	58
配用模架闭合高度 H	最小			140	120	140	140	140	160
	最大			170	150	170	170	170	200
孔距尺寸	S			176	95	110	130	170	220
	S₁			100	55	60	70	100	130
	S_2			76	95	95	95	95	95
	S_3			40	55	55	55	55	55

零件名称 序号	名称	数量	规格						
1	垫板	1		200×100×6	125×125×6	(140)×125×6	160×125×6	200×125×6	250×125×8
2	固定板	1		200×100×18	125×125×16	(140)×125×18	160×125×18	200×125×18	250×125×20
3	卸料板			200×100×16	125×125×14	(140)×125×16	160×125×16	200×125×16	250×125×18
4	导料板	2		140×b×6	165×b×6	165×b×6	165×b×6	165×b×6	165×b×6
5	凹模	1		200×100×18	125×125×16	(140)×125×18	160×125×18	200×125×18	250×125×20
6	承料板			200×40×3	125×40×2	140×40×3	160×40×3	200×40×3	250×40×3
7	螺钉1	2	规格	M6×10	M6×10	M6×10	M6×10	M6×10	M6×10
		4							
8	圆柱销1	2		8×45	8×40	10×45	10×45	10×45	10×55
9	螺钉2	4		—	M10×40	M10×40	M10×45	M10×45	
		6		M8×45	M8×45	M8×45		M10×45	M10×55
10	卸料螺钉	4		—	10×42	10×42	10×48	10×48	
		6		8×48	8×48	8×48		10×48	10×50
11	弹簧	4		设计选用,亦可以用橡胶、聚氨酯、碟形弹簧					
		6							
12	螺钉3	4		M8×20	M10×20	M10×20	M10×20	M10×20	M10×20
13	圆柱销2	4		6×20	8×20	8×20	8×20	8×20	8×20
14	圆柱销3	2		8×45	10×40	10×45	10×45	10×45	10×50
15	螺钉4	2		—	M10×40	M10×40	M10×45	M10×45	—
		4		M8×45	—	—	—	M10×45	M10×55
凹模周界	L			(140)	160	200	250	160	200
	B			(140)	(140)	(140)	(140)	160	160
凸模长度				56	56	56	56	58	58
配用模架闭合高度 H	最小			140	140	140	140	160	160
	最大			170	170	170	170	200	200

续表

孔距尺寸	S	110	130	170	220	124	164
	S₁	60	70	90	130	60	90
	S₂	110				124	
	S₃	60				60	

零件名称	序号	名称	数量	规格					
	1	垫板	1	(140)×(140)×6	160×(140)×6	200×(140)×8	250×(140)×8	160×160×8	200×160×8
	2	固定板	1	(140)×(140)×18	160×(140)×18	200×(140)×20	250×(140)×20	160×160×20	200×160×20
	3	卸料板	1	(140)×(140)×16	160×(140)×16	200×(140)×18	250×(140)×18	160×160×18	200×160×18
	4	导料板	2	200×b×8				220×b×8	
	5	凹模	1	(140)×(140)×18	160×(140)×18	200×(140)×20	250×(140)×20	160×160×20	200×160×20
	6	承料板	2	140×60×3	160×60×3	200×60×3	250×60×4	160×60×3	200×60×3
	7	螺钉1	2 / 4	M10×12					
	8	圆柱销1		10×45				12×50	
	9	螺钉2	4	M10×45		—		M12×50	
			6	—		M10×45		—	
	10	卸料螺钉	4	10×48		—			
			6	—		10×48		12×50	
	11	弹簧	4 / 6	设计选用，亦可以用橡胶、聚氨酯、碟形弹簧					
	12	螺钉3	4	M10×20				M12×20	
	13	圆柱销2	4	8×20				10×20	
	14	圆柱销3	2	10×45				12×50	
	15	螺钉4	2	M10×45		—		M12×55	
			4	—		M10×45		—	

凹模周界	L	250	(280)	200	250	(280)	315
	B	160				200	
凸模长度		65				70	
配用模架闭合高度 H	最小	170				190	
	最大	210				230	

孔距尺寸	S	214	244	164	214	244	279
	S₁	130	150	90	130	150	175
	S₂	124				164	
	S₃	60				90	

零件名称	序号	名称	数量	规格					
	1	垫板	1	250×160×8	(280)×160×8	200×200×8	250×200×8	(280)×200×10	315×200×10
	2	固定板	1	250×160×22	(280)×160×22	200×200×22	250×200×22	(280)×200×25	315×200×25
	3	卸料板	1	250×160×20	(280)×160×20	200×200×20	250×200×20	(280)×200×22	315×200×22
	4	导料板	2	220×b×8				260×b×8	
	5	凹模	1	250×160×22	(280)×160×22	200×200×22	250×200×22	(280)×200×25	315×200×25
	6	承料板	2	250×60×4	280×60×4	200×60×3	250×60×4	280×60×4	315×60×4
	7	螺钉1	2	—					
			4	M6×12					

零件名称	8	圆柱销1	数量	2	规格	12×60	
	9	螺钉2		4		—	
				6		M12×55	M12×60
	10	卸料螺钉		4		—	
				6		12×55	12×60
	11	弹簧		4		设计选用,亦可以用橡胶,聚氨酯,碟形弹簧	
				6			
	12	螺钉3		4		M12×25	
	13	圆柱销2		4		10×25	
	14	圆柱销3		2		12×60	
	15	螺钉4		2		—	
				4		M12×60	M12×65

凹模周界	L	250	(280)	315
	B	250		

凸模长度		70		78

配用模架闭合高度 H	最小	190		215
	最大	230		250

孔距尺寸	S	214	244	279
	S_1	130	150	175
	S_2	214		
	S_3	130		

零件名称	1	垫板	数量	1	规格	250×250×10	(280)×250×10	315×250×10
	2	固定板		1		250×250×25	(280)×250×25	315×250×28
	3	卸料板		1		250×250×22	(280)×250×22	315×250×25
	4	导料板		2		310×b×10		
	5	凹模		1		250×250×25	(280)×250×25	315×250×28
	6	承料板		1		250×60×4	280×60×4	315×60×4
	7	螺钉1		2		—		
				4		M6×12		
	8	圆柱销1		2		12×60		12×70
	9	螺钉2		4		—		
				6		M12×60		M12×65
	10	卸料螺钉		4		—		
				6		12×60		12×65
	11	弹簧		4		设计选用,亦可以用橡胶,聚氨酯,碟形弹簧		
				6				
	12	螺钉3		4		M12×25		
	13	圆柱销2		4		10×30		
	14	圆柱销3		2		12×60		12×70
	15	螺钉4		4		—		
				6		M12×65		M12×70

注:1. b 值设计时选定,导料板厚度仅供参考。

2. 括号内的尺寸尽可能不采用。

3. 技术条件按 JB/T 8069—1995 之规定。

4. 标记内容包括凹模周界尺寸 L 和 B (单位:mm)、模具闭合高度 H (单位:mm) 和本标准的代号。

5.10.6　弹压卸料横向送料典型组合标准

JB/T 8066.2—1995 标准规定了《冷冲模弹压卸料典型组合　横向送料典型组合》的结构参数，包括凹模周界尺寸系列、模具闭合高度、凸模长度以及相应板件的板面尺寸，同时还规定了该典型组合的标记方法，见表 5-154。

表 5-154　弹压卸料横向送料典型组合的结构参数　　mm

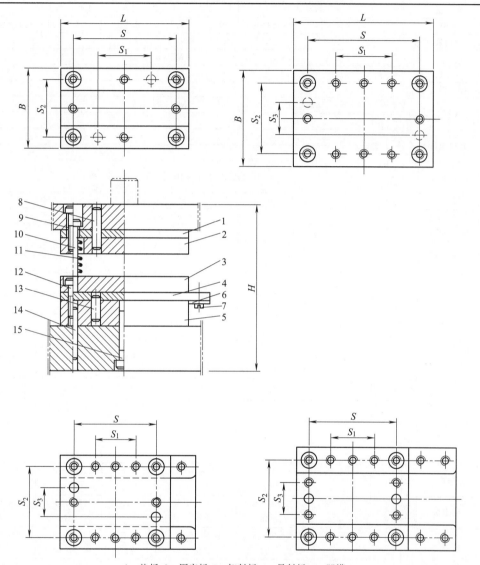

1—垫板；2—固定板；3—卸料板；4—导料板；5—凹模；

6—承料板；7,9,12,15—螺钉；8,13,14—圆柱销；10—卸料螺钉；11—弹簧

标记示例：凹模周界 $L=125$mm，$B=100$mm，闭合高度 H 为 120～150mm 的横向送料典型组合为

典型组合　125×100×(120～150)　JB/T 8066.2—1995

凹模周界	L		63		80	100	80	100
	B	50		63			80	
凸模长度					42			
配用模架	最小		100			110		
闭合高度 H	最大		115			130		

续表

孔距尺寸

	1	2	3	4	5	6
S	47		62	82	56	76
S_1	23		36	50	28	40
S_2	34	47	45		56	
S_3	14	23	21		28	

零件名称

序号	零件名称	数量	规格1	规格2	规格3	规格4	规格5	规格6
1	垫板	1	63×50×4	63×63×4	80×63×4	100×63×4	80×80×4	100×80×4
2	固定板	1	63×50×12	63×63×12	80×63×14	100×63×14	80×80×14	100×80×14
3	卸料板	1	63×50×10	63×63×10	80×63×12	100×63×12	80×80×12	100×80×12
4	导料板	2	83×b×4		100×b×6	120×b×6	100×b×6	120×b×6
5	凹模	1	63×50×12	63×63×12	80×63×14	100×63×14	80×80×14	100×80×14
6	承料板	1	50×20×2		60×20×2		80×20×2	
7	螺钉1	2	M5×8					
		4	—					
8	圆柱销1	2	5×35		6×40		8×40	
9	螺钉2	6	M5×30		M6×35		M8×35	
10	卸料螺钉	4	5×38		6×35		8×35	
		6						
11	弹簧	4／6	设计选用,亦可以用橡胶、聚氨酯、碟形弹簧					
12	螺钉3	4	M5×10		M6×16		M8×16	
13	圆柱销2	4	4×16		5×16		6×16	
14	圆柱销3	2	5×25		6×30		8×35	
15	螺钉4	2	M5×25		M6×30		M8×35	
		4						

凹模周界

	1	2	3	4	5	6
L	125	(140)	100	125	(140)	160
B	80			100		

凸模长度

	1	2	3	4	5	6
凸模长度	42	48	42	48		56

配用模架闭合高度 H

	1	2	3	4	5	6
最小	110	120	110	120		140
最大	130	150	130	150		170

孔距尺寸

	1	2	3	4	5	6
S	101	116	76	101	116	136
S_1	65	70	40	65	70	70
S_2	56			76		
S_3	28			40		

零件名称

序号	零件名称	数量	规格1	规格2	规格3	规格4	规格5	规格6
1	垫板	1	125×80×4	(140)×80×6	100×100×4	125×100×6	(140)×100×6	160×160×6
2	固定板	1	125×80×14	(140)×80×16	100×100×14	125×100×16	(140)×100×16	160×160×18
3	卸料板	1	125×80×12	(140)×80×14	100×100×12	125×100×14	(140)×100×14	160×160×16
4	导料板	2	145×b×6	160×b×6	140×b×6	165×b×6	180×b×6	200×b×6
5	凹模	1	125×80×14	(140)×80×16	100×100×14	125×100×16	(140)×100×16	160×160×18
6	承料板		80×20×2			100×40×2		
7	螺钉1	2	M5×8			M6×10		
		4						
8	圆柱销1	2	8×35	8×40	8×35	8×40		8×45
9	螺钉2	4	M8×35	M8×40	M8×35	M8×40		—
		6	—					M8×45

续表

零件名称		数量	规格					
10	卸料螺钉	4	8×35	8×42	8×35	8×42		—
		6	—					8×48
11	弹簧	4	设计选用,亦可以用橡胶、聚氨酯、碟形弹簧					
		6						
12	螺钉 3	4	M8×20					
13	圆柱销 2	4	6×20					
14	圆柱销 3	2	8×35	8×40	8×35	8×40		8×45
15	螺钉 4	2	M8×35	M8×40	M8×35	M8×40		—
		4	—					M8×45

凹模周界	L	200	125	(140)	160	200	250
	B	100	125				
凸模长度		56	48	56		59	
配用模架 闭合高度 H	最小	140	120	140		160	
	最大	170	150	170		200	
孔距尺寸	S	176	95	110	130	170	220
	S_1	100	55	60	70	100	130
	S_2	76	95				
	S_3	40	55				

零件名称		数量	规格					
1	垫板	1	200×100×6	125×125×6	(140)×125×6	160×125×6	200×125×6	250×125×8
2	固定板	1	200×100×18	125×125×16	(140)×125×18	160×125×18	200×125×18	250×125×20
3	卸料板	1	200×100×16	125×125×14	(140)×125×16	160×125×16	200×125×16	250×125×18
4	导料板	2	240×b×6	165×b×6	180×b×6	200×b×6	240×b×6	290×b×6
5	凹模	1	200×100×18	125×125×16	(140)×125×18	160×125×18	200×125×18	250×125×20
6	承料板	2	100×40×2	125×40×2				
7	螺钉 1	2	M6×10					
		4	—					
8	圆柱销 1	2	8×45	8×40	10×45		10×55	
9	螺钉 2		—	M10×40	M10×45		—	
		6	M8×45		—		M10×45	M10×55
10	卸料螺钉	4		10×42		10×48		
		6	8×48		—		10×48	10×50
11	弹簧	4	设计选用,亦可以用橡胶、聚氨酯、碟形弹簧					
		6						
12	螺钉 3	4	M8×20		M10×20			
13	圆柱销 2	4	6×20		8×20			
14	圆柱销 3	2	8×45	10×40	10×45		10×50	
15	螺钉 4	2	—	M10×40	M10×45		—	
		4	M8×45		—		M10×45	M10×55

凹模周界	L	(140)	160	200	(250)	160	200
	B	(140)				160	
凸模长度		56				58	
配用模架 闭合高度 H	最小	140				160	
	最大	170				200	
孔距尺寸	S	110	130	170	220	124	164
	S_1	60	70	90	130	60	90

孔距尺寸		S_2	110				124	
		S_3	60				60	

零件名称	序号	名称	数量	规格					
	1	垫板	1	(140)×(140)×6	160×(140)×6	200×(140)×8	250×(140)×8	160×160×8	200×160×8
	2	固定板	1	(140)×(140)×18	160×(140)×18	200×(140)×20	250×(140)×20	160×160×20	200×160×20
	3	卸料板	1	(140)×(140)×16	160×(140)×16	200×(140)×18	250×(140)×18	160×160×18	200×160×18
	4	导料板	2	200×b×8	220×b×8	280×b×8	310×b×8	220×b×8	260×b×8
	5	凹模	1	(140)×(140)×18	160×(140)×18	200×(140)×20	250×(140)×20	160×160×20	200×160×20
	6	承料板		140×60×3				160×60×3	
	7	螺钉1	2	—					
			4	M6×12					
	8	圆柱销1	2	10×45				12×50	
	9	螺钉2	4	M10×45		—		M12×50	
			6	—		M10×45		—	
	10	卸料螺钉	4	10×48		—			
			6	—		10×48		12×50	
	11	弹簧	4	设计选用,亦可以用橡胶、聚氨酯、碟形弹簧					
			6						
	12	螺钉3	4	M10×20				M12×20	
	13	圆柱销2	4	8×20				10×20	
	14	圆柱销3	2	10×45				12×50	
	15	螺钉4	2	M10×45		—		M12×55	
			4	—		M10×45		—	

凹模周界	L	250	(280)	200	(250)	(280)	315
	B	160			200		

凸模长度	65	70

配用模架闭合高度 H	最小	170	190
	最大	210	230

孔距尺寸	S	214	244	164	214	244	279
	S_1	130	150	90	130	150	175
	S_2	124			164		
	S_3	60			90		

零件名称	序号	名称	数量	规格					
	1	垫板	1	250×160×8	(280)×160×8	200×200×8	250×200×8	(280)×200×10	315×200×10
	2	固定板	1	250×160×22	(280)×160×22	200×200×22	250×200×22	(280)×200×25	315×200×25
	3	卸料板	1	250×160×20	(280)×160×20	200×200×20	250×200×20	(280)×200×22	315×200×22
	4	导料板	2	310×b×8	340×b×8	260×b×8	310×b×8	340×b×8	375×b×8
	5	凹模	1	250×160×22	(280)×160×22	200×200×22	250×200×22	(280)×200×25	315×200×25
	6	承料板		160×60×3		200×60×3			
	7	螺钉1	2	—					
			4	M6×12					
	8	圆柱销1	2	12×60					

零件名称		数量	规格			
9	螺钉2	4	规格	—		
		6		M12×55		M12×60
10	卸料螺钉	4		—		
		6		12×55		12×60
11	弹簧	4		设计选用,亦可以用橡胶、聚氨酯、碟形弹簧		
		6				
12	螺钉3	4		M12×25		
13	圆柱销2	4		10×25		
14	圆柱销3	2		12×60		
15	螺钉4	4		—		
		6		M12×60		M12×65

凹模周界	L	250	(280)	315
	B	250		

凸模长度	70	78

配用模架闭合高度 H	最小	190	215
	最大	230	250

孔距尺寸	S	214	244	279
	S_1	130	150	175
	S_2	214		
	S_3	130		

零件名称		数量	规格			
1	垫板	1	规格	250×250×10	(280)×250×10	315×250×10
2	固定板			250×250×25	(280)×250×25	315×250×28
3	卸料板			250×250×22	(280)×250×22	315×250×25
4	导料板	2		310×b×10	340×b×10	375×b×10
5	凹模	1		250×250×25	(280)×250×25	315×250×28
6	承料板			250×60×4		
7	螺钉1	2		—		
		4		M6×12		
8	圆柱销1	2		12×60		12×70
9	螺钉2	4		—		
		6		M12×60		M12×65
10	卸料螺钉	4		—		
		6		12×60		12×65
11	弹簧	4		设计选用,亦可以用橡胶、聚氨酯、碟形弹簧		
		6				
12	螺钉3	4		M12×25		
13	圆柱销2	4		10×30		
14	圆柱销3	2		12×60		12×70
15	螺钉4	4		—		
		6		M12×65		M12×70

注：1. b 值设计时选定，导料板厚度仅供参考。

2. 括号内的尺寸尽可能不采用。

3. 技术条件按 JB/T 8069—1995 之规定。

4. 标记内容包括凹模周界尺寸 L 和 B（单位：mm）、模具闭合高度 H（单位：mm）和本标准的代号。

5.10.7 复合模矩形厚凹模典型组合标准

JB/T 8067.1—1995 标准规定了《冷冲模复合模典型组合 矩形厚凹模典型组合》的结构参数，包括凹模周界尺寸系列、模具闭合高度、凸凹模长度以及相应板件的板面尺寸，同时还规定了该典型组合的标记方法，见表 5-155。

表 5-155 复合模矩形厚凹模典型组合的结构参数   mm

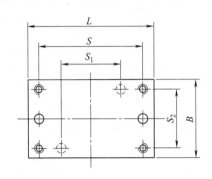
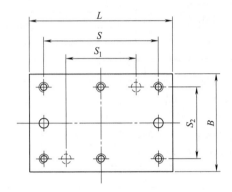

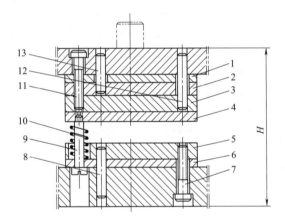

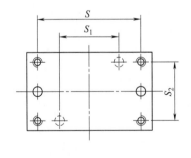
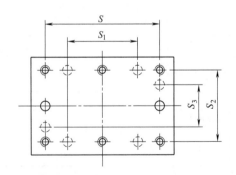

1,6—垫板；2,5—固定板；3—凹模；4—卸料板；7,11—螺钉；

8,12,13—圆柱销；9—卸料螺钉；10—弹簧

标记示例：凹模周界 L＝125mm，B＝100mm，配用模架闭合高度 H 为 160～190mm 的矩形厚凹模典型组合：

    典型组合 125×100×(160～190) JB/T 8067.1—1995

续表

项目		C1	C2	C3	C4	C5	C6
凹模周界	L	63	63	80	100	80	100
	B	50	63	63	63	80	80
凸凹模长度		34	34	34	34	42	42
配作模架闭合高度 H	最小	120	120	120	120	140	140
	最大	140	140	140	140	165	165
孔距尺寸	S	47	47	62	82	56	76
	S_1	23	23	36	50	28	40
	S_2	34	47	45	45	56	56
	S_3	14	23	21	21	28	28

序号	零件名称	数量	规格 C1	C2	C3	C4	C5	C6
1	垫板 1	1	63×50×4	63×63×4	80×63×4	100×63×4	80×80×4	100×80×4
2	固定板 1	1	63×50×10	63×63×10	80×63×12	100×63×12	80×80×12	100×80×12
3	凹模	1	63×50×20	63×63×20	80×63×22	100×63×22	80×80×22	100×80×22
4	卸料板	1	63×50×8	63×63×8	80×63×10	100×63×10	80×80×10	100×80×10
5	固定板 2	1	63×50×12	63×63×12	80×63×14	100×63×14	80×80×14	100×80×14
6	垫板 2	1	63×50×4	63×63×4	80×63×4	100×63×4	80×80×4	100×80×4
7	螺钉 1	4	M5×35	M5×35	M6×45	M6×45	M8×45	M8×45
		6	—	—	—	—	—	—
8	圆柱销 1	2	5×35	5×35	6×45	6×45	8×45	8×45
9	卸料螺钉	4	5×32	5×32	6×38	6×38	8×38	8×38
		6	—	—	—	—	—	—
10	弹簧	4 / 6	设计选用,亦可以用橡胶、聚氨酯、碟形弹簧					
11	螺钉 2	4	M5×45	M5×45	M6×55	M6×55	M8×55	M8×55
		6	—	—	—	—	—	—
12	圆柱销 2	0	5×45	5×45	6×50	6×50	8×50	8×50
13	圆柱销 3		5×35	5×35	6×40	6×40	8×40	8×40

项目		C1	C2	C3	C4	C5	C6
凹模周界	L	125	(140)	100	125	(140)	160
	B	80	80	100	100	100	100
凸凹模长度		42	46	44	46	46	54
配作模架闭合高度 H	最小	140	160	140	160	160	190
	最大	165	190	165	190	190	225
孔距尺寸	S	101	116	76	101	116	136
	S_1	65	70	40	65	70	70
	S_2	56	56	76	76	76	76
	S_3	28	28	40	40	40	40

序号	零件名称	数量	规格 C1	C2	C3	C4	C5	C6
1	垫板 1	1	125×80×4	(140)×80×6	100×100×4	125×100×6	(140)×100×6	160×100×6
2	固定板 1	1	125×80×12	(140)×80×14	100×100×12	125×100×14	(140)×100×14	160×100×16
3	凹模	1	125×80×22	(140)×80×25	100×100×22	125×100×25	(140)×100×25	160×100×28
4	卸料板	1	125×80×10	(140)×80×12	100×100×10	125×100×12	(140)×100×12	160×100×14
5	固定板 2	1	125×80×14	(140)×80×16	100×100×14	125×100×16	(140)×100×16	160×100×18
6	垫板 2	1	125×80×4	(140)×80×6	100×100×4	125×100×6	(140)×100×6	160×100×6
7	螺钉 1	4	M8×45	M8×55	M8×45	M8×55	M8×55	—
		6	—	—	—	—	—	M8×60
8	圆柱销 1	2	8×45	8×55	8×45	8×55	8×55	8×60

序号	零件名称	数量		规格						
9	卸料螺钉	数量	4	规格	8×38	8×42	8×40	8×42		—
			6		—					8×48
10	弹簧		4		设计选用,亦可以用橡胶、聚氨酯、碟形弹簧					
			6							
11	螺钉2		4		M8×55	M8×60	M8×55	M8×65		—
			6		—					M8×55
12	圆柱销2		0		8×55	8×70	8×55	8×70		
13	圆柱销3				8×30	8×40	8×30	8×40		8×45
凹模周界			L		200	125	(140)	160	200	250
			B		100	125				
凸凹模长度					54	46	56			60
配作模架闭合高度 H			最小		190	160	190			210
			最大		225	190	225			255
孔距尺寸			S		176	95	110	130	170	220
			S_1		100	55	60	70	100	130
			S_2		76	95				
			S_3		40	55				

序号	零件名称	数量		规格						
1	垫板1	1		规格	200×100×8	125×125×6	(140)×125×6	160×125×6	200×125×6	250×125×8
2	固定板1				200×100×16	125×125×14	(140)×125×16	160×125×16	200×125×16	250×125×18
3	凹模				200×100×28	125×125×25	(140)×125×28	160×125×28	200×125×28	250×125×32
4	卸料板				200×100×14	125×125×12	(140)×125×14	160×125×14	200×125×14	250×125×16
5	固定板2				200×100×18	125×125×16	(140)×125×18	160×125×18	200×125×18	250×125×20
6	垫板2				200×100×6	125×125×6	(140)×125×6	160×125×6	200×125×6	250×125×8
7	螺钉1	数量	4		—	M10×55	M10×60			—
			6		M8×60	—		M10×60		M10×70
8	圆柱销1	2			8×60	10×55	10×60			10×70
9	卸料螺钉		4			10×42	10×50			
			6		8×48				10×50	10×55
10	弹簧		4		设计选用,亦可以用橡胶、聚氨酯、碟形弹簧					
			6							
11	螺钉2		4		—	M10×65	M10×75			—
			6		M8×75	—			M10×75	M10×90
12	圆柱销2		0		8×70	10×70	10×80			10×90
13	圆柱销3				8×45	10×40	10×45			10×60
凹模周界			L		(140)	160	200	250	160	200
			B		(140)				160	
凸凹模长度					54				56	
配作模架闭合高度 H			最小		190				210	
			最大		225				255	
孔距尺寸			S		110	130	170	220	124	164
			S_1		60	70	90	130	60	90
			S_2		110				124	
			S_3		60				60	

零件名称		数量	规格						
1	垫板1	1	(140)×(140)×6	160×(140)×6	200×(140)×8	250×(140)×8	160×160×8	200×160×8
2	固定板1		(140)×(140)×16	160×(140)×16	200×(140)×18	250×(140)×18	160×160×18	200×160×18
3	凹模		(140)×(140)×28	160×(140)×28	200×(140)×32	250×(140)×32	160×160×32	200×160×32
4	卸料板		(140)×(140)×14	160×(140)×14	200×(140)×16	250×(140)×16	160×160×16	200×160×16
5	固定板2		(140)×(140)×18	160×(140)×18	200×(140)×20	250×(140)×20	160×160×20	200×160×20
6	垫板2		(140)×(140)×6	160×(140)×6	200×(140)×8	250×(140)×8	160×160×8	200×160×8
7	螺钉1	4	M10×60			—		M12×70
		6	—		M10×60			—
8	圆柱销1	2	10×60		10×70			12×70
9	卸料螺钉	4	10×48		—			12×50
		6	—		10×50			—
10	弹簧	4	设计选用,亦可以用橡胶、聚氨酯、碟形弹簧					
		6						
11	螺钉2	4	M10×75					M12×85
		6	—		M10×85			—
12	圆柱销2	0	10×80		10×90			12×90
13	圆柱销3		10×45		10×60			12×60

凹模周界	L	250	(280)	200	250	(280)	315
	B	160		200			

凸凹模长度	63			68	

配作模架闭合高度 H	最小	220		240	
	最大	265		285	

孔距尺寸	S	214	244	164	214	244	279
	S_1	130	150	90	130	150	175
	S_2	124		164			
	S_3	60		90			

零件名称		数量	规格						
1	垫板1	1	250×160×8	(280)×160×8	200×200×8	250×200×8	(280)×200×10	315×200×10
2	固定板1		250×160×20	(280)×160×20	200×200×20	250×200×20	(280)×200×22	315×200×22
3	凹模		250×160×35	(280)×160×35	200×200×35	250×200×35	(280)×200×40	315×200×40
4	卸料板		250×160×18	(280)×160×18	200×200×18	250×200×18	(280)×200×20	315×200×20
5	固定板2		250×160×22	(280)×160×22	200×200×22	250×200×22	(280)×200×25	315×200×25
6	垫板2		250×160×8	(280)×160×8	200×200×8	250×200×8	(280)×200×10	315×200×10
7	螺钉1	4	—					
		6	M12×75				M12×85	
8	圆柱销1	2	12×70				12×80	
9	卸料螺钉	4	—					
		6	12×55				12×60	

续表

零件名称	序号	名称	数量	规格			
	10	弹簧	4 6		设计选用,亦可以用橡胶、聚氨酯、碟形弹簧		
	11	螺钉2	4 6	规格	— M12×95		— M12×100
	12	圆柱销2	2		12×90		12×100
	13	圆柱销3	0		12×60		12×70

凹模周界	L	250	(280)	315
	B	250		

凸凹模长度	72		75

配作模架闭合高度 H	最小	240	275
	最大	285	320

孔距尺寸	S	214	244	279
	S₁	130	150	175
	S₂	214		
	S₃	130		

零件名称	序号	名称	数量	规格			
	1	垫板1	1		250×250×10	(280)×250×10	315×250×10
	2	固定板1			250×250×22	(280)×250×22	315×250×25
	3	凹模			250×250×40	(280)×250×40	315×250×45
	4	卸料板			250×250×20	(280)×250×20	315×250×22
	5	固定板2			250×250×25	(280)×250×25	315×250×28
	6	垫板2			250×250×10	(280)×250×10	315×250×10
	7	螺钉1	4 6	规格	— M12×85		M12×90
	8	圆柱销1	2		12×80		12×90
	9	卸料螺钉	4 6		— 12×65		
	10	弹簧	4 6		设计选用,亦可以用橡胶、聚氨酯、碟形弹簧		
	11	螺钉2	4 6		— M12×100		— M12×110
	12	圆柱销2	0		12×100		
	13	圆柱销3			12×70		

注：1. 括号内的尺寸尽可能不采用。

2. 技术条件按 JB/T 8069—1995 之规定。

3. 标记内容包括凹模周界尺寸 L 和 B（单位：mm）、模具闭合高度 H（单位：mm）和本标准的代号。

5.10.8　复合模矩形薄凹模典型组合标准

JB/T 8067.2—1995 标准规定了《冷冲模复合模典型组合　矩形薄凹模典型组合》的结构参数，包括凹模周界尺寸系列、模具闭合高度、凸凹模长度以及相应板件的板面尺寸，同时还规定了该典型组合的标记方法，见表5-156。

表 5-156 复合模矩形薄凹模典型组合的结构参数 mm

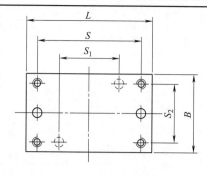
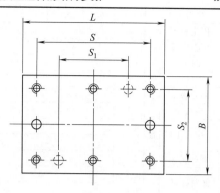

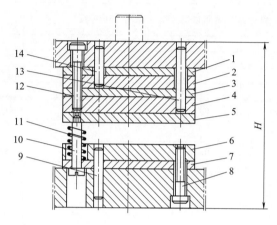

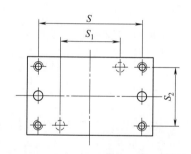
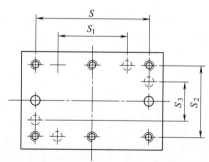

1,7—垫板;2,6—固定板;3—空心垫板;4—凹模;5—卸料板;
8,12—螺钉;9,13,14—圆柱销;10—卸料螺钉;11—弹簧

标记示例:凹模周界 $L=125\text{mm}$,$B=100\text{mm}$,配用模架闭合高度 H 为 140～170mm 的矩形薄凹模典型组合:
典型组合 $125\times100\times(140\sim170)$ JB/T 8067.2—1995

凹模周界	L	63		80	100	80	100
	B	50		63		80	
凸凹模长度		32		40			
配作模架	最小	110		130			
闭合高度 H	最大	125		150			
孔距尺寸	S	47		62	82	56	76
	S_1	23		36	50	28	40
	S_2	34	47	45		56	
	S_3	14	23	21		28	

零件名称		数量	规格						
1	垫板1	1		63×50×4	63×63×4	80×63×6	100×63×6	80×80×6	100×80×6
2	固定板1	1		63×50×10	63×63×10	80×63×12	100×63×12	80×80×12	100×80×12
3	空心垫板	1		63×50×8	63×63×8	80×63×10	100×63×10	80×80×10	100×80×10
4	凹模	1		63×50×10	63×63×10	80×63×12	100×63×12	80×80×12	100×80×12
5	卸料板	1		63×50×6	63×63×6	80×63×8	100×63×8	80×80×8	100×80×8
6	固定板2	1		63×50×12	63×63×12	80×63×14	100×63×14	80×80×14	100×80×14
7	垫板2	1		63×50×4	63×63×4	80×63×4	100×63×4	80×80×4	100×80×4
8	螺钉1	4		M5×30		M6×35		M8×35	
		6		—					
9	圆柱销1	2		5×30		6×35		8×35	
10	卸料螺钉	4		5×32		6×38		8×38	
		6		—					
11	弹簧	4		设计选用,亦可以用橡胶、聚氨酯、碟形弹簧					
		6							
12	螺钉2	4		M5×40		M6×50		M8×50	
		6		—					
13	圆柱销2	0		5×40		6×45		8×45	
14	圆柱销3			5×30		6×35		8×35	

凹模周界	L	125	(140)	100	125	(140)	160
	B	80			100		
凸凹模长度		40	44	40	44		52
配作模架闭合高度 H	最小	130	140	130	140		160
	最大	150	165	150	165		190
孔距尺寸	S	101	116	70	101	116	136
	S_1	65	70	40	65	70	70
	S_2	56			76		
	S_3	28			40		

零件名称		数量	规格						
1	垫板1	1		125×80×4	(140)×80×6	100×100×4	125×100×6	(140)×100×6	160×100×6
2	固定板1	1		125×80×12	(140)×80×14	100×100×12	125×100×14	(140)×100×14	160×100×16
3	空心垫板	1		125×80×10	(140)×80×12	100×100×10	125×100×12	(140)×100×12	160×100×14
4	凹模	1		125×80×12	(140)×80×14	100×100×12	125×100×14	(140)×100×14	160×100×16
5	卸料板	1		125×80×8	(140)×80×10	100×100×8	125×100×10	(140)×100×10	160×100×12
6	固定板2	1		125×80×14	(140)×80×16	100×100×14	125×100×16	(140)×100×16	160×100×18
7	垫板2	1		125×80×4	(140)×80×6	100×100×4	125×100×6	(140)×100×6	160×100×6
8	螺钉1	4		M8×35	M8×45	M8×35	M8×45		—
		6		—					M8×50
9	圆柱销1	2		8×35	8×45	8×35	8×45		8×50
10	卸料螺钉	4		8×38	8×42	8×38	8×42		—
		6		—					8×48
11	弹簧	4		设计选用,亦可以用橡胶、聚氨酯、碟形弹簧					
		6							

零件名称		数量	规格						
零件名称	12 螺钉2	4 / 6	规格	M8×50	M8×65	M8×50	M8×65		—
				—					
	13 圆柱销2	2		8×50	8×60	8×50	8×60		8×70
	14 圆柱销3			8×25	8×35	8×25	8×35		8×40
凹模周界	L			200	125	(140)	160	200	250
	B			100	125				
凸凹模长度				52	44	52			58
配作模架闭合高度 H	最小			160	140	160			180
	最大			190	165	190			220
孔距尺寸	S			176	95	110	130	170	220
	S₁			100	55	60	70	100	130
	S₂			76	95				
	S₃			40	55				

零件名称		数量	规格						
零件名称	1 垫板1	1	规格	200×100×6	125×125×6	(140)×125×6	160×125×6	200×125×6	250×125×8
	2 固定板1			200×100×16	125×125×14	(140)×125×16	160×125×16	200×125×16	250×125×18
	3 空心垫板			200×100×14	125×125×12	(140)×125×14	160×125×14	200×125×14	250×125×16
	4 凹模			200×100×16	125×125×14	(140)×125×14	160×125×14	200×125×14	250×125×16
	5 卸料板			200×100×12	125×125×10	(140)×125×12	160×125×12	200×125×12	250×125×14
	6 固定板2			200×100×18	125×125×16	(140)×125×18	160×125×18	200×125×18	250×125×20
	7 垫板2			200×100×6	125×125×6	(140)×125×6	160×125×6	200×125×6	250×125×8
	8 螺钉1	4		—	M10×45	M10×50		—	
		6		M8×50	—			M10×50	M10×60
	9 圆柱销1	2		8×50	10×45	10×50			10×60
	10 卸料螺钉	4		—	10×42	10×48		—	
		6		8×48	—			10×48	10×55
	11 弹簧	4 / 6		设计选用,亦可以用橡胶、聚氨酯、碟形弹簧					
	12 螺钉2	4		—	M10×65	M10×75		—	
		6		M10×70	—			M10×70	M10×80
	13 圆柱销2	2		8×70	10×60	10×70			10×90
	14 圆柱销3			8×40	10×35	10×40			10×55
凹模周界	L			(140)	160	200	250	160	200
	B			(140)				160	
凸凹模长度				52	58				
配作模架闭合高度 H	最小			160	180				
	最大			190	220				
孔距尺寸	S			110	130	170	220	124	164
	S₁			60	70	90	130	60	80
	S₂			110				124	
	S₃			60				60	

零件名称		数量	规格						
1	垫板 1	1	规格	(140)×(140)×6	160×(140)×6	200×(140)×8	250×(140)×8	160×160×8	200×160×8
2	固定板 1			(140)×(140)×16	160×(140)×16	200×(140)×18	250×(140)×18	160×160×18	200×160×18
3	空心垫板			(140)×(140)×14	160×(140)×14	200×(140)×16	250×(140)×16	160×160×16	200×160×16
4	凹模			(140)×(140)×14	160×(140)×14	200×(140)×16	250×(140)×16	160×160×16	200×160×16
5	卸料板			(140)×(140)×12	160×(140)×12	200×(140)×14	250×(140)×14	160×160×14	200×160×14
6	固定板 2			(140)×(140)×18	160×(140)×18	200×(140)×20	250×(140)×20	160×160×20	200×160×20
7	垫板 2			(140)×(140)×6	160×(140)×6	200×(140)×8	250×(140)×8	160×160×8	200×160×8
8	螺钉 1	4		M10×50				M12×60	
		6		—	M10×60			—	
9	圆柱销 1	2		10×50		10×60		12×60	
10	卸料螺钉	4		10×48		—		12×55	
		6		—		10×55		—	
11	弹簧	4		设计选用,亦可以用橡胶、聚氨酯、碟形弹簧					
		6							
12	螺钉 2	4		M10×70				M12×80	
		6		—		M10×80		—	
13	圆柱销 2	2		10×70		10×80		12×80	
14	圆柱销 3			10×40		10×50		12×50	

凹模周界	L	250	(280)	200	250	(280)	315
	B	160			200		
凸凹模长度		61			66		
配合模架闭合高度 H	最小	200			220		
	最大	240			260		
孔距尺寸	S	214	244	164	214	244	279
	S_1	130	150	90	130	150	175
	S_2	124			164		
	S_3	60			90		

零件名称		数量	规格						
1	垫板 1	1	规格	250×160×8	(280)×160×8	200×200×8	250×200×8	(280)×200×10	315×200×10
2	固定板 1			250×160×20	(280)×160×20	200×200×20	250×200×20	(280)×200×22	315×200×22
3	空心垫板			250×160×18	(280)×160×18	200×200×18	250×200×18	(280)×200×20	315×200×20
4	凹模			250×160×18	(280)×160×18	200×200×18	250×200×18	(280)×200×20	315×200×20
5	卸料板			250×160×16	(280)×160×16	200×200×16	250×200×16	(280)×200×18	315×200×18
6	固定板 2			250×160×22	(280)×160×22	200×200×22	250×200×22	(280)×200×25	315×200×25
7	垫板 2			250×160×8	(280)×160×8	200×200×8	250×200×8	(280)×200×10	315×200×10

零件名称	8	螺钉 1	数量	4	规格	—		
				6		M12×65		M12×75
	9	圆柱销 1		2		12×70		
	10	卸料螺钉		4		—		
				6		12×55		12×60
	11	弹簧		4		设计选用,亦可以用橡胶、聚氨酯、碟形弹簧		
				6				
	12	螺钉 2		4		—		
				6		M12×90		M12×95
	13	圆柱销 2		2		12×90		12×100
	14	圆柱销 3				12×60		12×70

凹模周界	L	250	(280)	315
	B	250		

凸凹模长度	66	72

配作模架 闭合高度 H	最小	220	245
	最大	260	280

孔距尺寸	S	214	244	279
	S_1	130	150	175
	S_2	214		
	S_3	130		

零件名称	1	垫板 1	数量	1	规格	250×250×10	(280)×250×10	315×250×10
	2	固定板 1				250×250×22	(280)×250×22	315×250×25
	3	空心垫板				250×250×20	(280)×250×20	315×250×22
	4	凹模				250×250×20	(280)×250×20	315×250×20
	5	卸料板				250×250×18	(280)×250×18	315×250×20
	6	固定板 2				250×250×25	(280)×250×25	315×250×28
	7	垫板 2				250×250×10	(280)×250×10	315×250×10
	8	螺钉 1	数量	4	规格	—		
				6		M12×75		
	9	圆柱销 1		2		12×80		12×90
	10	卸料螺钉		4		—		
				6		12×60		12×65
	11	弹簧		4		设计选用,亦可以用橡胶、聚氨酯、碟形弹簧		
				6				
	12	螺钉 2		4		—		
				6		M12×95		
	13	圆柱销 2		2		12×90		
	14	圆柱销 3				12×80		

注：1. 括号内的尺寸尽可能不采用。

2. 技术条件按 JB/T 8069—1995 之规定。

3. 标记内容包括凹模周界尺寸 L 和 B（单位：mm）、模具闭合高度 H（单位：mm）和本标准的代号。

5.10.9　复合模圆形厚凹模典型组合标准

　　JB/T 8067.3—1995 标准规定了《冷冲模复合模典型组合　圆形厚凹模典型组合》的结构参数，包括凹模周界尺寸系列、模具闭合高度、凸凹模长度以及相应板件的板面尺寸，同时还规定了该典型组合的标记方法，见表 5-157。

表 5-157　复合模圆形厚凹模典型组合的结构参数　　　　　　　mm

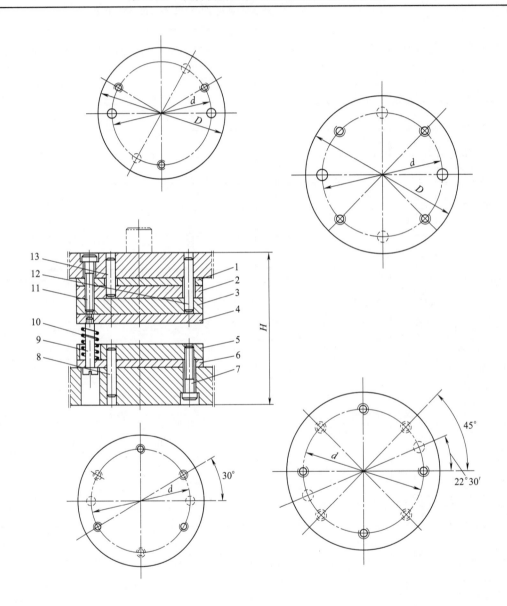

1,6—垫板;2,5—固定板;3—凹模;4—卸料板;7,11—螺钉;
8,12,13—圆柱销;9—卸料螺钉;10—弹簧

　　标记示例:凹模周界 $D=125$mm,配用模架闭合高度 H 为 160～190mm 的圆形厚凹模典型组合:
　　　典型组合　125×(160～190)　JB/T 8067.3—1995

凹模周界	D	63	80	100	125	(140)	160	200	250	(280)	315
凸凹模长度		34	42		46		54	56	62	68	70
配作模架闭合高度 H	最小	120	140		160		190	210	220	240	275
	最大	140	165		190		225	255	265	285	320
孔距尺寸	d	47	56	76	95	110	124	164	214	241	279

零件名称（数量 / 规格）：

序号	零件名称	数量	63	80	100	125	(140)	160	200	250	(280)	315
1	垫板1	1	63×4	80×4	100×4	125×6	(140)×6	160×8	200×8	250×10	(280)×10	315×10
2	固定板1	1	63×10	80×12	100×12	125×14	(140)×16	160×18	200×20	250×22	(280)×25	315×25
3	凹模	1	63×20	80×22	100×22	125×25	(140)×28	160×32	200×35	250×40	(280)×45	315×45
4	卸料板	1	63×8	80×10	100×10	125×12	(140)×14	160×16	200×18	250×20	(280)×22	315×22
5	固定板2	1	63×12	80×14	100×14	125×16	(140)×18	160×20	200×22	250×22	(280)×28	315×28
6	垫板2	1	63×4	80×4	100×4	125×6	(140)×6	160×8	200×8	250×10	(280)×10	315×10
7	螺钉1	3	M5×35	M8×40		M10×50	M10×55	—				
		4	—					M12×65	M12×70	M12×80	M12×85	
8	圆柱销1	2	5×35	8×40		10×50	10×55	10×60	12×70	12×80	12×90	
9	卸料螺钉	3	5×32	8×38		10×42	10×48	—				
		4	—					12×50	12×55	12×60	12×60	
10	弹簧	3	设计选用,亦可以用橡胶、聚氨酯、碟形弹簧									
		4										
11	螺钉2	3	M5×50	M8×55		M10×65	M10×75	—				
		4	—					M12×85	M12×90	M12×100		
12	圆柱销2	2	5×40	8×40		10×45	10×50	12×60		12×70		
13	圆柱销3	2	5×55	8×60		10×70	10×80	12×90		12×100		

注：1. 括号内的尺寸尽可能不采用。

2. 技术条件按 JB/T 8069—1995 之规定。

3. 标记内容包括凹模周界尺寸 D（单位：mm）、模具闭合高度 H（单位：mm）和本标准的代号。

5.10.10 复合模圆形薄凹模典型组合标准

JB/T 8067.4—1995 标准规定了《冷冲模复合模典型组合 圆形薄凹模典型组合》的结构参数，包括凹模周界尺寸系列、模具闭合高度、凸凹模长度以及相应板件的板面尺寸，同时还规定了该典型组合的标记方法，见表 5-158。

表 5-158 复合模圆形薄凹模典型组合的结构参数 mm

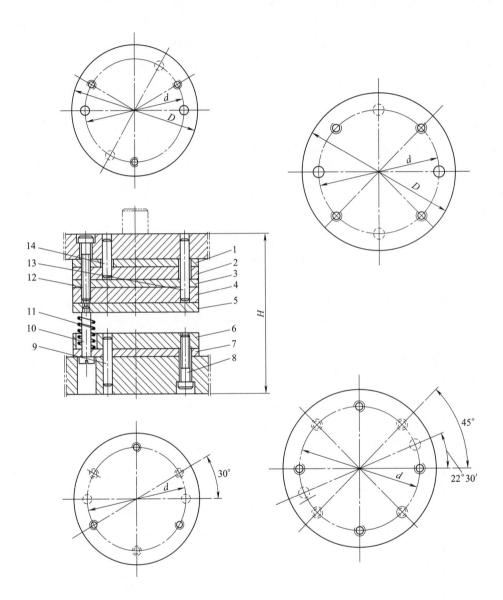

1,7—垫板;2,6—固定板;3—空心垫板;4—凹模;5—卸料板;8,12—螺钉;
9,13,14—圆柱销;10—卸料螺钉;11—弹簧

标记示例:凹模周界 $D=125$mm,配用模架闭合高度 H 为 140～170mm 的圆形薄凹模典型组合为
典型组合 125×(140～170) JB/T 8067.4—1995

凹模周界		D	63	80	100	125	(140)	160	200	250	(280)	315
凸凹模长度			32	40		44	52	54	61	66	78	
配作模架 闭合高度 H	最小		110	130		140	160	180	200	220	245	
	最大		125	150		170	190	220	240	260	280	
孔距尺寸		d	47	56	76	95	110	124	164	214	244	279

零件名称		数量	规格											
	1	垫板1	1		63×4	80×4	100×4	125×6	(140)×6	160×8	200×8	250×10	(280)×10	315×10
	2	固定板1			63×10	80×12	100×12	125×14	(140)×16	160×18	200×20	250×22	(280)×25	315×25
	3	空心垫板			63×8	80×10	100×10	125×12	(140)×14	160×16	200×18	250×20	(280)×20	315×20
	4	凹模			63×10	80×12	100×12	125×14	(140)×14	160×16	200×18	250×20	(280)×20	315×20
	5	卸料板			63×6	80×8	100×8	125×10	(140)×12	160×14	200×16	250×18	(280)×20	315×20
	6	固定板2			63×12	80×14	100×14	125×16	(140)×18	160×20	200×22	250×25	(280)×28	315×28
	7	垫板2			63×4	80×4	100×4	125×6	(140)×6	160×8	200×8	250×10	(280)×10	315×10
	8	螺钉1	3		M5×30	M8×35		M10×45	M10×50	—				
			4		—					M12×60	M12×65	M12×75	M12×80	
	9	圆柱销1	2		5×30	8×30		10×45	10×50	12×60		12×75	12×80	
	10	卸料螺钉	3		5×32	8×38		10×42	10×48	—				
			4		—					12×50	12×55	12×60		
	11	弹簧	3		设计选用,亦可以用橡胶、聚氨酯、碟形弹簧									
			4											
	12	螺钉2	3		M5×45	M8×50		M10×60	M10×70	—				
			4		—					M12×80	M12×90	M12×95	M12×100	
	13	圆柱销2	2		5×30	8×30		10×35	10×40	12×50		12×60		
	14	圆柱销3			5×45	8×50		10×60	10×70	12×80		12×90		

注: 1. 括号内的尺寸尽可能不采用。

2. 技术条件按 JB/T 8069—1995 之规定。

3. 标记内容包括凹模周界尺寸 D(单位: mm)、模具闭合高度 H(单位: mm)和本标准的代号。

5.10.11　纵向送料导板模典型组合标准

JB/T 8068.1—1995 标准规定了《冷冲模导板模典型组合　纵向送料典型组合》的结构参数，包括凹模周界尺寸系列、模具闭合高度、凸模长度以及相应板件的板面尺寸，同时还规定了该典型组合的标记方法，见表 5-159。

表 5-159　纵向送料导板模典型组合的结构参数　　　　　　　　　　　mm

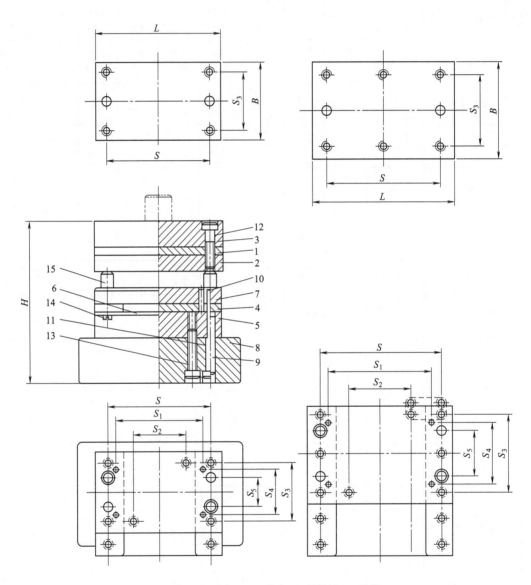

1—垫板;2—固定板;3—上模座;4—导料板;5—凹模;
6—承料板;7—导板;8—下模座;9,10—圆柱销;
11~14—螺钉;15—限位柱

标记示例:凹模周界 $L=100$mm, $B=80$mm,闭合高度 H 为 123~127mm 的纵向送料典型组合为

典型组合:100×80×(123~127)　JB/T 8068.1—1995

凹模周界	L	80	100	100	125	(140)	125
	B	63			80		100
凸模长度		50		55		60	
闭合高度 H	最小	111		123		132	
	最大	115		127		136	
孔距尺寸	S	60	80	78	101	116	101
	S_1	47	65	60	83	98	83
	S_2	32	50	42	65	80	65
	S_3	45			58		76
	S_4	29			42		58
	S_5	21			26		40

零件名称			数量	规格						
	1	垫板	1	80×63 ×6	100×63 ×6	100×80 ×6	125×80 ×6	(140)×80 ×6	125×100 ×6
	2	固定板	1	80×63 ×16	100×63 ×16	100×80 ×16	125×80 ×16	(140)×80 ×18	125×100 ×18
	3	上模座	1	80×63 ×18	100×63 ×18	100×80 ×20	125×80 ×20	(140)×80 ×20	125×100 ×20
	4	导料板	2	83×b×8		100×b×8			140×b×8
	5	凹模	1	80×63 ×12 16	100×63 ×12 16	100×80 ×12 16	125×80× 12 16	(140)×80 ×16 20	125×100 ×16 20
	6	承料板	1	80×20 ×2	100×20 ×2	100×20 ×2	125×20 ×2	(140)×20 ×2	125×40 ×2
	7	导板	1	80×63 ×16	100×63 ×16	100×80 ×16	125×80 ×16	(140)×80 ×18	125×100 ×18
	8	下模座	1	125×80 ×25	(140)×80 ×25	(140)×100 ×30	160×100 ×30	200×100 ×30	160×125 ×30
	9	圆柱销1	6	6×30		8×30		8×35	
	10	圆柱销2	4	3×12				4×20	
	11	螺钉1	4	M6×50		M8×50		M8×60	
			6	—					
	12	螺钉2	4	M6×30		M8×30			
			6	—					
	13	螺钉3	2	M6×30		M8×30		M8×35	
	14	螺钉4	2	M5×8				M6×10	
			4	—					
	15	限位柱	2	12×15		12×20		16×20	

续表

凹模周界	L		(140)	160	(140)	160	200	160
	B		100	100	125	125	125	(140)
凸模长度			60	60	65	65	70	70
闭合高度 H	最小		132	147	149	149	158	158
	最大		136	156	156	156	164	164
孔距尺寸	S		116	134	112	132	170	130
	S_1		98	102	90	106	140	105
	S_2		80	90	70	80	110	80
	S_3		76	76	97	97	112	112
	S_4		58	58	77	77	112	112
	S_5		40	40	55	55	66	66

零件名称 / 数量 / 规格

序号	零件名称	数量	规格					
1	垫板	1	(140)×100×6	160×100×6	(140)×125×6	160×125×6	200×125×6	160×(140)×6
2	固定板	1	(140)×100×18	160×100×18	(140)×125×18	160×125×18	200×125×22	160×(140)×22
3	上模座	1	(140)×100×20	160×100×25	(140)×125×25	160×125×25	200×125×25	160×(140)×25
4	导料板	2	140×b×8	140×b×8	165×b×8	165×b×8	200×b×10	200×b×10
5	凹模	1	(140)×100×16/20	160×100×16/25	(140)×125×18/25	160×125×18/25	200×125×22/28	160×(140)×22/28
6	承料板	1	140×40×3	160×40×3	140×40×3	160×40×3	200×40×3	160×60×3
7	导板	1	(140)×100×18	160×100×18	(140)×125×18	160×125×18	200×125×22	160×(140)×22
8	下模座	1	200×125×30	250×125×35	200×160×35	250×160×35	250×160×35	250×200×35
9	圆柱销1	6	8×35	8×35	10×35	10×35	10×45	10×45
10	圆柱销2	4	4×20	4×20	4×20	4×20	4×25	4×25
11	螺钉1	4	M8×60	M8×60	M10×60	M10×60	—	—
		6	—	—	—	—	M10×75	M10×75
12	螺钉2	4	M8×30	M8×30	M10×35	M10×35	—	—
		6	—	—	—	—	M10×40	M10×40
13	螺钉3	2	M8×35	M8×35	M10×35	M10×35	M10×45	M10×45
14	螺钉4	2	M6×10	M6×10	M6×10	M6×10	—	—
		4	—	—	—	—	M6×10	M6×10
15	限位柱	2	16×20	16×20	20×25	20×25	25×20	25×20

凹模周界	L	200	250	200	250	(280)
	B	(140)		160		
凸模长度		70		75		80
闭合高度 H	最小	158		170		175
	最大	164		176		181
孔距尺寸	S	170	220	162	220	240
	S_1	140	175	134	175	200
	S_2	110	130	106	140	160
	S_3	112		124		
	S_4	112		100		
	S_5	66		70		
零件名称	1	垫板	1	规格	200×(140)×6	250×(140)×8	200×160×8	250×160×8	(280)×160×8

零件名称			数量	规格					
	1	垫板	1		200×(140)×6	250×(140)×8	200×160×8	250×160×8	(280)×160×8
	2	固定板	1		200×(140)×22	250×(140)×22	200×160×22	250×160×22	(280)×160×22
	3	上模座	1		200×(140)×25	250×(140)×25	200×160×25	250×160×25	(280)×160×25
	4	导料板	2		200×b×10		220×b×10		
	5	凹模	1		200×(140)×$\frac{22}{28}$	250×(140)×$\frac{22}{28}$	200×160×$\frac{22}{28}$	250×160×$\frac{22}{28}$	(280)×160×$\frac{22}{28}$
	6	承料板	1		200×60×3	250×60×4	200×60×3	250×60×4	280×60×4
	7	导板	1		200×(140)×22	250×(140)×22	200×160×25	250×160×25	(280)×160×25
	8	下模座	1		250×200×35	(280)×200×40	(280)×200×40	315×200×40	400×200×40
	9	圆柱销1	6		10×45		12×45		
	10	圆柱销2	4		4×25				
	11	螺钉1	4		—				
			6		M10×75		M12×80		
	12	螺钉2	4		—				
			6		M10×40		M12×35		
	13	螺钉3	2		M10×45		M12×45		
	14	螺钉4	2		—				
			4		M6×10				
	15	限位柱	2		25×20		25×25		25×30

注：1. b 值设计时选定，导料板厚度仅供参考。

2. 括号内的尺寸尽可能不采用。

3. 技术条件按 JB/T 8069—1995 之规定。

4. 标记内容包括凹模周界尺寸 L 和 B（单位：mm）、模具闭合高度 H（单位：mm）和本标准的代号。

5.10.12 横向送料导板模典型组合标准

JB/T 8068.2—1995标准规定了《冷冲模导板模典型组合 横向送料典型组合》的结构参数，包括凹模周界尺寸系列、模具闭合高度、凸模长度以及相应板件的板面尺寸，同时还规定了该典型组合的标记方法，见表5-160。

表 5-160 横向送料导板模典型组合的结构参数 mm

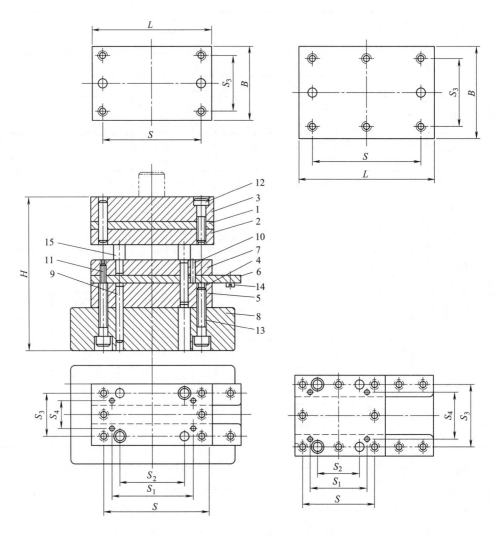

1—垫板；2—固定板；3—上模座；4—导料板；5—凹模；
6—承料板；7—导板；8—下模座；9，10—圆柱销；
11～14—螺钉；15—限位柱

标记示例：凹模周界 $L=100$mm，$B=80$mm，配用模架闭合高度 H 为 123～127mm 的横向送料典型组合为
　　典型组合　100×80×(123～127) JB/T 8068.2—1995

续表

凹模周界	L	80	100	100	125	(140)	125
	B	63			80		100
凸模长度		50		55		60	
闭合高度 H	最小	111		123		132	
	最大	115		127		136	
孔距尺寸	S	60	80	78	101	116	101
	S_1	47	65	60	83	98	83
	S_2	32	50	42	65	80	65
	S_3	45		58			76
	S_4	29		42			58

零件名称 / 数量 / 规格：

序号	零件名称	数量	规格					
1	垫板	1	80×63×6	100×63×6	100×80×6	125×80×6	(140)×80×6	125×100×6
2	固定板	1	80×63×16	100×63×16	100×80×16	125×80×16	(140)×80×18	125×100×18
3	上模座	1	80×63×18	100×63×18	100×80×20	125×80×20	(140)×80×20	125×100×20
4	导料板	2	100×b×8	120×b×8	120×b×8	145×b×8	160×b×8	165×b×8
5	凹模	1	80×63×12/16	100×63×12/16	100×80×12/16	125×80×12/16	(140)×80×16/20	125×100×16/20
6	承料板	1	63×20×2		80×20×2			100×40×2
7	导板	1	80×63×16	100×63×16	100×80×16	125×80×16	(140)×80×18	125×100×18
8	下模座	1	125×80×25	(140)×80×25	(140)×100×30	160×100×30	200×100×30	160×125×30
9	圆柱销1	6	6×30		8×30		8×35	
10	圆柱销2	4	3×12				4×20	
11	螺钉1	4	M6×50		M8×50		M8×60	
		6	—					
12	螺钉2	4	M6×30		M8×30			
		6	—					
13	螺钉3	2	M6×30		M8×30		M8×35	
14	螺钉4	2	M5×8					M6×10
		4	—					
15	限位柱	2	12×15		12×20			16×20

凹模周界	L		(140)	160	(140)	160	200	160
	B		100		125		(140)	
凸模长度			60		65		70	
闭合高度 H	最小		132	147	149		158	
	最大		136	156	156		164	
孔距尺寸	S		116	134	112	132	170	130
	S_1		98	102	90	106	140	105
	S_2		80	90	70	80	110	80
	S_3		76		97		112	
	S_4		58		77		112	

零件名称	序号	零件名称	数量	规格						
	1	垫板	1	(140)×100×6	160×100×6	(140)×125×6	160×125×6	200×125×6	160×(140)×6	
	2	固定板	1	(140)×100×18	160×100×18	(140)×125×18	160×125×18	200×125×22	160×(140)×22	
	3	上模座	1	(140)×100×20	160×100×25	(140)×125×25	160×125×25	200×125×25	160×(140)×25	
	4	导料板	2	180×b×8	200×b×8	180×b×8	200×b×8	240×b×8	220×b×10	
	5	凹模	1	(140)×100×16~20	160×100×16~25	(140)×125×18~25	160×125×18~25	200×125×22~28	160×(140)×22~28	
	6	承料板	1	100×40×2		125×40×2		140×60×3		
	7	导板	1	(140)×100×18	160×100×18	(140)×125×18	160×125×18	200×125×22	160×(140)×22	
	8	下模座	1	200×125×30	250×125×35	200×160×35	250×160×35	250×160×35	250×200×35	
	9	圆柱销1	6	8×35		10×35		10×45		
	10	圆柱销2	4	4×20				4×25		
	11	螺钉1	4	M8×60		M10×60		—		
			6	—				M10×75		
	12	螺钉2	4	M8×30		M10×35		—		
			6	—				M10×40		
	13	螺钉3	2	M8×35		M10×35		M10×45		
	14	螺钉4	2	M6×10				—		
			4	—				M6×10		
	15	限位柱	2	16×20		20×25		25×20		

续表

凹模周界	L	200	250	200	250	(280)
	B	(140)		160		
凸模长度		70		75		80
闭合高度 H	最小	158		170		175
	最大	164		176		181
孔距尺寸	S	170	220	162	220	240
	S_1	140	175	134	175	200
	S_2	110	130	106	140	160
	S_3	112		124		
	S_4	112		100		

零件名称		数量	规格					
	1	垫板	1	200×(140)×6	250×(140)×8	200×160×8	250×160×8	(280)×160×8
	2	固定板	1	200×(140)×22	250×(140)×22	200×160×22	250×160×22	(280)×160×22
	3	上模座	1	200×(140)×25	250×(140)×25	200×160×25	250×160×25	(280)×160×25
	4	导料板	2	260×b×10	310×b×10	260×b×10	310×b×10	340×b×10
	5	凹模	1	200×(140)× $\frac{22}{28}$	250×(140)× $\frac{22}{28}$	200×160× $\frac{22}{28}$	250×160× $\frac{22}{28}$	(280)×160× $\frac{22}{28}$
	6	承料板	1	140×60×3		160×60×3		
	7	导板	1	200×(140)×22	250×(140)×22	200×160×25	250×160×25	(280)×160×25
	8	下模座	1	250×200×35	(280)×200×40	(280)×200×40	315×200×40	400×200×40
	9	圆柱销1	6	10×45		12×45		
	10	圆柱销2	4	4×25				
	11	螺钉1	4	—				
			6	M10×75		M12×80		
	12	螺钉2	4	—				
			6	M10×40		M12×35		
	13	螺钉3	2	M10×45		M12×45		
	14	螺钉4	2	—				
			4	M6×10				
	15	限位柱	2	25×20	25×25			25×30

注：1. b 值设计时选定，导料板厚度仅供参考。

2. 括号内的尺寸尽可能不采用。

3. 技术条件按 JB/T 8069—1995 之规定。

4. 标记内容包括凹模周界尺寸 L 和 B （单位：mm）、模具闭合高度 H （单位：mm）和本标准的代号。

5.10.13 弹压纵向送料导板模典型组合标准

JB/T 8068.3—1995 标准规定了《冷冲模导板模典型组合 弹压纵向送料典型组合》的结构参数，包括凹模周界尺寸系列、模具闭合高度、凸模长度以及相应板件的板面尺寸，同时还规定了该典型组合的标记方法，见表 5-161。

表 5-161 弹压纵向送料导板模典型组合的结构参数 mm

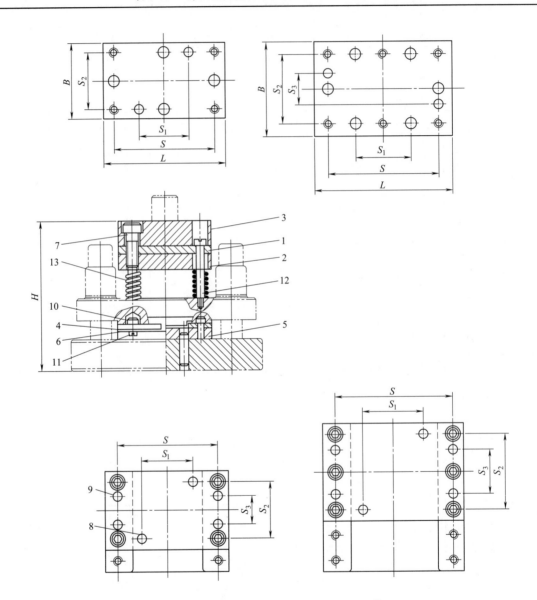

1—垫板；2—固定板；3—上模座；4—导料板；5—凹模；
6—承料板；7,10,11—螺钉；8,9—圆柱销；
12—卸料螺钉；13—弹簧

标记示例：凹模周界 $L=100mm$，$B=80mm$，闭合高度 H 为 $134\sim138mm$ 的弹压纵向送料典型组合：
典型组合 $100\times80\times(134\sim138)$ JB/T 8068.3—1995

续表

凹模周界	L	63	80	100	100	125	(140)
	B	50	63		80		
凸模长度		52	59		61		65
配作模架闭合高度 H	最小	109	125		134		142
	最大	111	129		138		146
孔距尺寸	S	47	62	82	76	101	116
	S_1	23	36	50	40	65	70
	S_2	34	45		56		
	S_3	14	21		28		

零件名称	序号	名称	数量	规格						
	1	垫板	1		63×50×4	80×63×6	100×63×6	100×80×6	125×80×6	(140)×80×6
	2	固定板	1		63×50×12	80×63×16	100×63×16	100×80×16	125×80×16	(140)×80×16
	3	上模座	1		63×50×18	80×63×18	100×63×18	100×80×20	125×80×20	(140)×80×20
	4	导料板	2		70×b×6	83×b×6		100×b×6		
	5	凹模	1		63×50×10/12	80×63×12/16	100×63×12/16	100×80×12/16	125×80×12/16	(140)×80×16/20
	6	承料板	1		63×20×2	80×20×2	100×20×2	100×20×2	125×20×2	(140)×20×2
	7	螺钉 1	4		M5×25	M6×30		M8×30		
			6		—					
	8	圆柱销 1	4		5×30	6×30		8×30		
	9	圆柱销 2	4		5×16			5×25		
	10	螺钉 2	4		M5×30	M6×30		M8×30		
			6		—					
	11	螺钉 3	2		M5×8					
			4							
	12	卸料螺钉	4		5×35	6×40		8×40		8×42
			6		—					
	13	弹簧	4		设计选用,亦可以用橡胶、聚氨酯、碟形弹簧					
			6							

凹模周界	L	125	(140)	160	(140)	160	200
	B	100			125		
凸模长度		65			67		76
配作模架闭合高度 H	最小	142			156		174
	最大	146			163		180
孔距尺寸	S	101	116	136	110	130	170
	S_1	65	70	70	60	70	100
	S_2	76			95		
	S_3	40			55		

零件名称	序号	名称	数量	规格						
	1	垫板	1		125×100×6	(140)×100×6	160×100×6	(140)×125×6	160×125×6	200×125×6
	2	固定板	1		125×100×18	(140)×100×18	160×100×18	(140)×125×18	160×125×18	200×125×22
	3	上模座	1		125×100×20	(140)×100×20	160×100×25	(140)×125×25	160×125×25	200×125×25
	4	导料板	2		140×b×6			165×b×6		

零件名称	序号	数量	规格					
	5	凹模 1	125×100×$\frac{16}{20}$	(140)×100×$\frac{16}{20}$	160×100×$\frac{18}{25}$	(140)×125×$\frac{18}{25}$	160×125×$\frac{18}{25}$	200×125×$\frac{22}{28}$
	6	承料板 1	125×40×2	140×40×3	160×40×3	140×40×3	160×40×3	200×40×3
	7	螺钉1 4	M8×30		—	M10×30		—
		螺钉1 6	—		M8×30			M10×30
	8	圆柱销1 4	8×40					10×50
	9	圆柱销2 4	6×25			8×25		
	10	螺钉2 4	M5×30			M10×40		—
		螺钉2 6			M8×35			M10×50
	11	螺钉3 2	M5×8					
		螺钉3 4						
	12	卸料螺钉 4	8×42		—	10×42		—
		卸料螺钉 6			8×42			10×42
	13	弹簧 4	设计选用,亦可以用橡胶、聚氨酯、碟形弹簧					
		弹簧 6						

凹模周界	L		160	200	250	200	250	(280)
	B		(140)			160		
凸模长度			74					
配作模架闭合高度 H	最小		174			183		
	最大		180			189		
孔距尺寸	S		130	170	220	164	214	244
	S₁		70	90	130	90	130	150
	S_2		110			124		
	S_3		60			60		

零件名称	序号	数量	规格					
	1	垫板 1	160×(140)×6	200×(140)×6	250×(140)×8	200×160×8	250×160×8	(280)×160×8
	2	固定板 1	160×(140)×22	200×(140)×22	250×(140)×22	200×160×22	250×160×22	(280)×160×22
	3	上模座 1	160×(140)×25	200×(140)×25	250×(140)×25	200×160×25	250×160×25	(280)×160×25
	4	导料板 2	200×b×8			220×b×8		
	5	凹模 1	160×(140)×$\frac{22}{28}$	200×(140)×$\frac{22}{28}$	250×(140)×$\frac{22}{28}$	200×160×$\frac{22}{28}$	250×160×$\frac{22}{28}$	(280)×160×$\frac{22}{28}$
	6	承料板 1	160×60×3	200×60×3	260×60×3	200×60×3	250×60×4	280×60×4
	7	螺钉1 4	M8×30		—			
		螺钉1 6	—	M10×35			M12×35	
	8	圆柱销1 4	10×50			12×55		
	9	圆柱销2 4	8×25			10×25		
	10	螺钉2 4	M10×50		—			
		螺钉2 6		M10×50			M12×55	
	11	螺钉3 2						
		螺钉3 4	M6×10					
	12	卸料螺钉 4	10×45		—			
		卸料螺钉 6		10×45			12×45	
	13	弹簧 4	设计选用,亦可以用橡胶、聚氨酯、碟形弹簧					
		弹簧 6						

注:1. b 值设计时选定,导料板厚度仅供参考。

2. 括号内的尺寸尽可能不采用。

3. 技术条件按 JB/T 8069—1995 之规定。

4. 标记内容包括凹模周界尺寸 L 和 B（单位：mm）、模具闭合高度 H（单位：mm）和本标准的代号。

5.10.14　弹压横向送料导板模典型组合标准

JB/T 8068.4—1995 标准规定了《冷冲模导板模典型组合　弹压横向送料典型组合》的结构参数，包括凹模周界尺寸系列、模具闭合高度、凸模长度以及相应板件的板面尺寸，同时还规定了该典型组合的标记方法，见表 5-162。

表 5-162　弹压横向送料导板模典型组合的结构参数　　　　　　　　mm

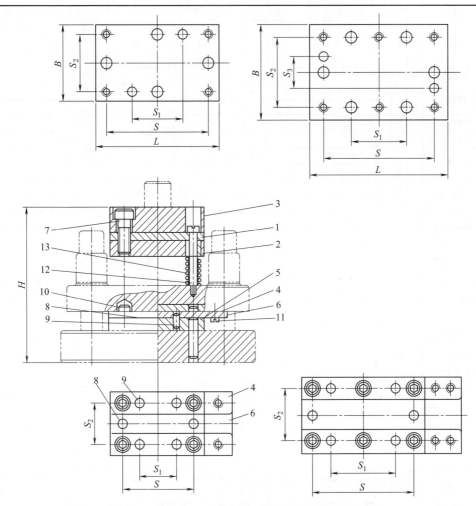

1—垫板；2—固定板；3—上模座；4—导料板；5—凹模；6—承料板；

7，10，11—螺钉；8，9—圆柱销；12—卸料螺钉；13—弹簧

标记示例：凹模周界 $L=100$mm，$B=80$mm，闭合高度 H 为 134～138mm 的弹压横向送料典型组合为

典型组合　100×80×(134～138)　JB/T 8068.4—1995

凹模周界	L	63	80	100	100	125	(140)
	B	50	63			80	
凸模长度		52	59		61		65
配作模架	最小	109	125		129		142
闭合高度 H	最大	111	129		133		146
孔距尺寸	S	47	62	82	76	101	116
	S_1	23	36	50	40	65	70
	S_2	34	45			56	
	S_3	14	21			28	

零件名称			数量	规格						
零件名称	1	垫板	1	规格	63×50×4	80×63×6	100×63×6	100×80×6	125×80×6	(140)×80×6
	2	固定板	1		63×50×12	80×63×16	100×63×16	100×80×16	125×80×16	(140)×80×18
	3	上模座	1		63×50×18	80×63×18	100×63×18	100×80×20	125×80×20	(140)×80×20
	4	导料板	2		83×b×6	100×b×6	120×b×6	120×b×6	145×b×6	160×b×6
	5	凹模	1		63×50×10/12	80×63×12/16	100×63×12/16	100×80×12/16	125×80×12/16	(140)×80×16/20
	6	承料板	1		50×20×2	63×20×2		80×20×2			
	7	螺钉1	4		M5×25	M6×30		M8×30			
			6		—						
	8	圆柱销1	4		5×30	6×30		8×30			
	9	圆柱销2	4		5×16			6×25			
	10	螺钉2	4		M5×30	M6×30		M8×30			
			6		—						
	11	螺钉3	2		M5×8						
			4								
	12	卸料螺钉	4		5×35	6×40		8×40		8×42	
			6		—						
	13	弹簧	4		设计选用,亦可以用橡胶、聚氨酯、碟形弹簧						
			6								

凹模周界	L	125	(140)	160	(140)	160	200
	B	100			125		

凸模长度	65		67		76	

配作模架闭合高度 H	最小	142		156		174	
	最大	146		163		180	

孔距尺寸	S	101	116	136	110	130	170
	S_1	65	70	70	60	70	100
	S_2	76			95		
	S_3	40			55		

零件名称			数量	规格						
零件名称	1	垫板	1	规格	125×100×6	(140)×100×6	160×100×6	(140)×125×6	160×125×6	200×125×6
	2	固定板	1		125×100×18	(140)×100×18	160×100×18	(140)×125×18	160×125×18	200×125×22
	3	上模座	1		125×100×20	(140)×100×20	160×100×25	(140)×125×25	160×125×25	200×125×25
	4	导料板	2		165×b×6	180×b×6	200×b×6	180×b×6	200×b×6	240×b×8
	5	凹模	1		125×100×16/20	(140)×100×16/20	160×100×18/25	(140)×125×18/25	160×125×18/25	200×125×22/28
	6	承料板	1		100×40×2			125×40×2			
	7	螺钉1	4		M8×30		—	M10×30		—	
			6		—		M8×35	—		M10×35	
	8	圆柱销1	4		8×40					10×50	
	9	圆柱销2	4		6×25			8×25			

续表

序号	零件名称	数量	规格	列1	列2	列3	列4	列5	列6
10	螺钉2	4	规格	M8×30		—	M10×40		—
		6		—		M8×35	—		M10×50
11	螺钉3	2 / 4		M5×8					
12	卸料螺钉	4		8×42		—	10×42		—
		6		—		8×42	—		10×42
13	弹簧	4 / 6		设计选用,亦可以用橡胶、聚氨酯、碟形弹簧					

凹模周界	L	160	200	250	200	250	(280)
	B	(140)			160		

凸模长度	74					

配作模架闭合高度 H	最小	174			183		
	最大	180			189		

孔距尺寸	S	130	170	220	164	214	244
	S_1	70	90	130	90	130	150
	S_2	110			124		
	S_3	60			60		

序号	零件名称	数量	规格	列1	列2	列3	列4	列5	列6
1	垫板	1	规格	160×(140)×6	200×(140)×6	250×(140)×8	200×160×8	250×160×8	(280)×160×8
2	固定板	1		160×(140)×22	200×(140)×22	250×(140)×22	200×160×22	250×160×22	(280)×160×22
3	上模座	1		160×(140)×25	200×(140)×25	250×(140)×25	200×160×25	250×160×25	(280)×160×25
4	导料板	2		200×b×8	260×b×8	310×b×8	260×b×8	310×b×8	340×b×8
5	凹模	1		160×(140)×$\frac{22}{28}$	200×(140)×$\frac{22}{28}$	250×(140)×$\frac{22}{28}$	200×160×$\frac{22}{28}$	250×160×$\frac{22}{28}$	(280)×160×$\frac{22}{28}$
6	承料板	1		140×60×3			160×60×4		
7	螺钉1	4		M10×35		—			
		6		—		M10×35		M12×35	
8	圆柱销1	4		10×50			12×55		
9	圆柱销2	4		8×25			10×25		
10	螺钉2	4		M10×50		—			
		6		—		M10×50		M12×55	
11	螺钉3	2		—					
		4		M6×10					
12	卸料螺钉	4		10×45		—			
		6		—		10×45		12×45	
13	弹簧	4 / 6		设计选用,亦可以用橡胶、聚氨酯、碟形弹簧					

注:1. b 值设计时选定,导料板厚度仅供参考。

2. 括号内的尺寸尽可能不采用。

3. 技术条件按 JB/T 8069—1995 之规定。

4. 标记内容包括凹模周界尺寸 L 和 B(单位:mm)、模具闭合高度 H(单位:mm)和本标准的代号。

5.10.15　冷冲模典型组合技术条件标准

JB/T 8069—1995《冷冲模典型组合技术条件》标准规定了冷冲模典型组合的技术要求、验收规则、标记、包装、运输及保管，适用于冷冲模典型组合的设计、制造和验收。

（1）技术要求

JB/T 8069—1995《冷冲模典型组合技术条件》标准规定的对冷冲模典型组合的技术要求见表 5-163。

表 5-163　冷冲模典型组合的技术要求（摘自 JB/T 8069—1995）

标准条目编号	内　　容
1.1	组成典型组合的零件，均须符合有关零件的标准要求和本技术条件的规定
1.2	装配成套的典型组合，在其零件的加工表面上不得有擦伤、划痕、裂纹等缺陷
1.3	上下模座上的螺钉沉孔，其深度不应超过上、下模座厚度的 1/2，并保证螺钉、圆柱销头端面不高出上、下模座基面
1.4	在典型组合中的卸料螺钉，采用在上下面上打沉孔的结构形式时，卸料螺钉沉孔深度应保证同一副组合一致
1.5	典型组合中的导料板宽度尺寸 B 值，按实际需要进行修正
1.6	典型组合中的导料板厚度两块需修磨一致
1.7	典型组合中的上、下模座、固定板、卸料板、导料板、凹模等零件上圆柱销孔，组合时不加工，装配时进行钻和铰
1.8	典型组合中的通孔、沉孔的表面粗糙度为 $Ra6.3\mu m$
1.9	典型组合中的螺纹的基本尺寸按 GB 196—1981（最新标准为 GB/T 196—2003《普通螺纹　基本尺寸》）的规定，螺纹公差按 GB 197—1981（最新标准为 GB/T 197—2018《普通螺纹公差》）规定的三级精度，螺纹的表面粗糙度为 $Ra6.3\mu m$
1.10	弹压卸料结构的卸料螺钉长度，若不满足用户要求时可用 GB 2867.8—1981（最新标准为 JB/T 7650.8—2008《冲模卸料装置　第 8 部分：调节垫圈》调节垫圈调整
1.11	若用户有特殊要求，经与制造厂协商，可按下述规定供应： 1）可不制出螺孔 2）可以改变相应的典型组合标准中所规定的螺孔、销孔位置 3）导料板可不接长于凹模外

（2）验收规则

JB/T 8069—1995《冷冲模典型组合技术条件》标准规定的对冷冲模典型组合的验收规则见表 5-164。

表 5-164　冷冲模典型组合的验收规则（摘自 JB/T 8069—1995）

标准条目编号	内　　容
2.1	典型组合时的验收，由制造厂的质量管理部门按本技术条件 1.1～1.11 条规定进行
2.2	验收时必须将所提交的全部典型组合零件作外观及尺寸精度检查
2.3	用户与抽验提交的典型组合件，抽验数量为同一名称同一型号尺寸的一批典型组合件 10%，若发现主要技术指标有一个指标不符合技术条件规定时，应进行第二次抽验，其抽验数量为同一批典型组合件，且是原本来抽验数的两倍，仍不合格时，用户有权拒收

（3）标记、包装、运输及保管

JB/T 8069—1995《冷冲模典型组合技术条件》标准规定的对冷冲模典型组合的标记、包装、运输及保管见表 5-165。

表 5-165　冷冲模典型组合的标记、包装、运输及保管（摘自 JB/T 8069—1995）

标准条目编号	内　容
3.1	经检验合格的典型组合，每副应附有检验合格证书，其内容为： 1）典型组合名称、规格； 2）标准编号； 3）模架精度等级、闭合高度、凹模材料； 4）出厂日期； 5）制造厂名称。 标记方法：挂标签
3.2	包装前，典型组合应擦干净，并在所有加工面上涂防锈油
3.3	包装前，典型组合或零件应用防潮纸包好，并装于干燥的包装箱内，同时应防止运输时移动
3.4	在运输过程中，应防止装有典型组合的包装箱受潮
3.5	装有典型组合的包装箱应放于干燥库房内

5.11　冲模术语与技术条件

GB/T 8845—2006、GB/T 14662—2006 和 JB/T 7653—2008 分别规定了《冲模术语》《冲模技术条件》和《冲模零件技术条件》，以下分别对这三个标准进行介绍。

5.11.1　冲模术语标准

（1）适用范围

GB/T 8845—2006 标准规定了冲模的常用术语，适用于冲模常用术语的理解和使用。

（2）冲模类型

GB/T 8845—2006 标准规定了冲模的各种类型，见表 5-166。各种模具类型的典型结构如图 5-15～图 5-19 所示。

表 5-166　冲模类型（摘自 GB/T 8845—2006）

标准条目	术语（英文）	定　义
2 冲模类型		
2.1	冲模 stamping die	通过加压将金属、非金属板料或型材分离、成型或接合而制得制件的工艺装备
2.2	冲裁模 blanking die	分离出所需形状与尺寸制件的冲模
2.2.1	落料模 blanking die	分离出带封闭轮廓制件的冲裁模，如图 5-15 所示
2.2.2	冲孔模 piercing die	沿封闭轮廓分离废料而形成带孔制件的冲裁模
2.2.3	修边模 trimming die	切去制件边缘多余的冲裁模
2.2.4	切口模 notching die	沿不封闭轮廓冲切出制件边缘切口的冲裁模
2.2.5	切舌模 lancing die	沿不封闭轮廓将部分板料切开并使其折弯的冲裁模
2.2.6	剖切模 parting die	沿不封闭轮廓冲切分离出两个或多个制件的冲裁模
2.2.7	整修模 shaving die	沿制件被冲裁外缘或内孔修切掉少量材料，以提高制件尺寸精度和降低冲裁截面粗糙度值的冲裁模
2.2.8	精冲模 fie blanking die	使板料处于三向受压状态下冲裁，可冲制出冲裁截面光洁、尺寸精度高的制件的冲裁模
2.2.9	切断模 cut-off die	将板料沿不封闭轮廓分离的冲裁模
2.3	弯曲模 bending die	将制件弯曲成一定角度和形状的冲模，如图 5-16 所示
2.3.1	预弯模 pre-bending die	预先将坯料弯曲成一定形状的弯曲模
2.3.2	卷边模 curling die	将制件边缘卷曲成接近封闭圆筒的冲模
2.3.3	扭曲模 twisting die	将制件扭转成一定角度和形状的冲模
2.4	拉深模 drawing die	将制件拉压成空心体，或进一步改变空心体形状和尺寸的冲模，如图 5-17 所示

标准条目	术语(英文)	定 义
2 冲模类型		
2.4.1	反拉深模 reverse redrawing die	把空心体制件内壁外翻的拉深模
2.4.2	正拉深模 obverse redrawing die	完成与前次拉深相同方向的再拉深工序的拉深模
2.4.3	变薄拉深模 ironing die	把空心制件拉压成侧壁厚度更小的薄壁制件的拉深模
2.5	成型模 forming die	使板料产生局部塑性变形,按凸、凹模形状直接复制成型的冲模
2.5.1	胀形模 bulging die	使空心制件内部在双向拉应力作用下产生塑性变形,以获得凸肚形制件的成型模
2.5.2	压筋模 stretching die	在制件上压出凸包或凸筋的成型模
2.5.3	翻边模 flanging die	使制件的边缘翻起呈竖立或一定角度直边的成型模
2.5.4	翻孔模 burring die	使制件的孔边缘翻起呈竖立或一定角度直边的成型模
2.5.5	缩口模 necking die	使空心或管状制件端部的径向尺寸缩小的成型模
2.5.6	扩口模 flaring die	使空心或管状制件端部的径向尺寸扩大的成型模
2.5.7	整形模 restriking die	校正制件呈准确形状与尺寸的成型模
2.5.8	压印模 printing die	在制件上压出各种花纹、文字和商标等印记的成型模
2.6	复合模 compound die	在压力机的一次行程中,同时完成两道或两道以上冲压工序的单工位模,如图 5-18 所示
2.6.1	正装复合模 obverse compound die	凹模和凸模装在下模,凸凹模装在上模的复合模
2.6.2	倒装复合模 inverse compound die	凹模和凸模装在上模,凸凹模装在下模的复合模
2.7	级进模 progressive die	压力机的一次行程中,在送料方向连续排列的多个工位上同时完成多道冲压工序的冲模,如图 5-19 所示
2.8	单工序模 single-operation die	压力机的一次行程中,只完成一道冲压工序的冲模
2.9	无导向模 open die	上、下模之间不设导向装置的冲模
2.10	导板模 guide plate die	上、下模之间由导板导向的冲模
2.11	导柱模 guide pillar die	上、下模之间由导柱、导套导向的冲模
2.12	通用模 universal die	通过调整,在一定范围内可完成不同制件的同类冲压工序的冲模
2.13	自动模 automatic die	送料、取出制件及排除废料完全自动化的冲模
2.14	组合冲模 combined die	通过模具零件的拆装组合,以完成不同冲压工序或冲制不同制件的冲模
2.15	传递模 transfer die	多工序冲模中,借助机械手实现制件传递,以完成多工序冲压的成套冲模
2.16	镶块模 insert die	工作主体或刃口由多个零件拼合而成的冲模
2.17	柔性模 flexible die	通过对各工位状态的控制,以生产多种规格制件的冲模
2.18	多功能模 multifunction die	具有自动冲切、叠压、铆合、计数、分组、扭斜和安全保护等多种功能的冲模
2.19	简易模 low-cost die	结构简单,制造周期短,成本低,适于小批量生产或试制生产的冲模
2.19.1	橡胶冲模 robber die	工件零件采用橡胶制成的简易模
2.19.2	钢带模 teel-strip die	采用淬硬的钢带制成刃口,嵌入用层压板、低熔合金或塑料等制成的模体中的简易模
2.19.3	低熔点合金模 low-melting-point alloy die	工作零件采用低熔合金制成的简易模
2.19.4	锌基合金模 zinc-alloy based die	工作零件采用锌合金制成的合金模
2.19.5	薄板模 laminate die	凹模、固定板和卸料板均采用薄钢板制成的简易模
2.19.6	夹板模 template die	由一端连接的两块钢板制成的简易模
2.20	校平模 planishing die	用于完成平面校正或校平的冲模
2.21	齿形校平模 roughened planishing die	上模、下模为带齿平面的校平模
2.22	硬质合金模 carbide die	工作零件采用硬质合金制成的冲模

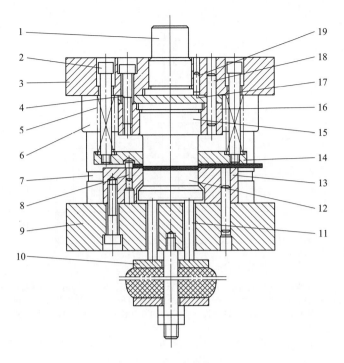

图 5-15 落料模

1—模柄；2—卸料螺钉；3—上模座；4—内六角螺钉；5—弹簧；6—导套；7—导柱；8—挡料销；9—下模座；
10—托板；11—顶杆；12—顶件块；13—凹模；14—卸料板；15—凸模；16—凸模固定板；17—垫板；18,19—圆柱销

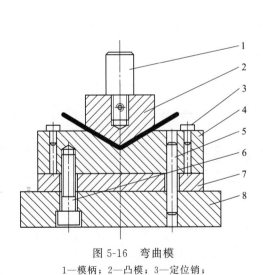

图 5-16 弯曲模

1—模柄；2—凸模；3—定位销；

4—凹模；5—圆柱销；6—内六角螺钉；

7—垫板；8—下模板

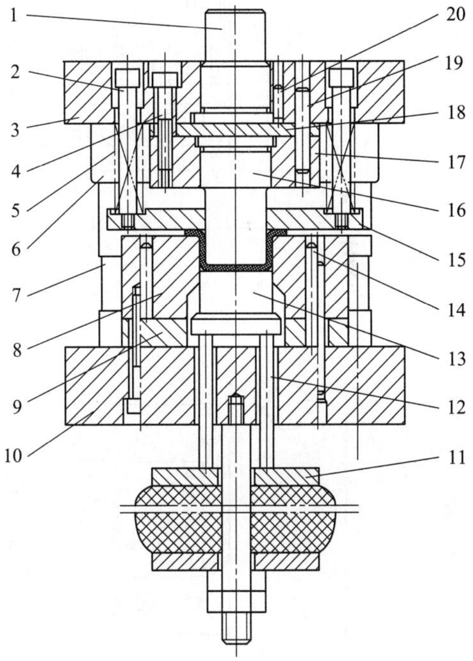

图 5-17 拉深模

1—模柄；2—卸料螺钉；3—上模座；4—内六角螺钉；

5—弹簧；6—导套；7—导柱；8—凹模；

9,18—垫板；10—下模座；11—弹顶装置；12—顶杆；

13—顶件块；14—定位销；15—卸料板；16—凸模；

17—凸模固定板；19,20—圆柱销

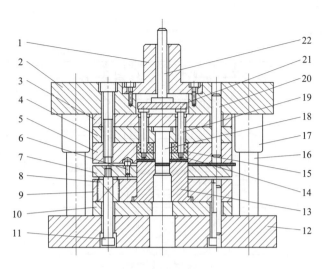

图 5-18 复合模

1—模柄；2—上模座；3,10—垫板；4,9—固定板；5—凹模；6—定位销；7—卸料板；8—弹簧；
11—卸料螺钉；12—下模板；13—凸凹模；14—卸料板；15—橡胶弹性体；16—导柱；
17—导套；18—凸模；19—连接推杆；20—圆柱销；21—推板；22—顶杆

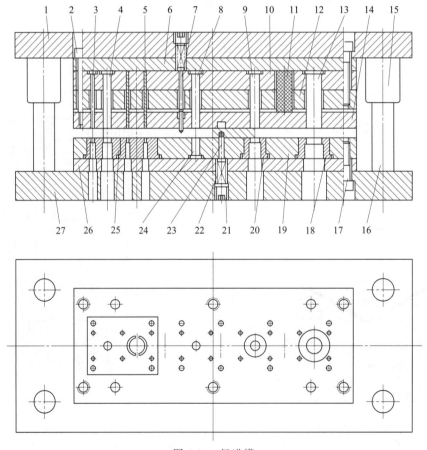

图 5-19 级进模

1—上模座；2—卸料螺钉；3—冲导正孔凸模；4—冲预孔凸模；5—切口凸模；6,12,26—垫板；7—导正销；8—压印凸模；
9—冲孔凸模；10—凸模固定板；11—橡胶弹性体；13—落料凸模；14—弹性卸料板；
15—导套；16—导柱；17—内六角螺钉；18—落料凹模；19—凹模固定板；20—冲孔凹模；
21—螺塞；22—弹簧；23—抬料销；24—压印凹模；25—凹模镶件；27—下模座

（3）冲模零部件

GB/T 8845—2006 标准规定了冲模的各种零部件的名称与定义，见表 5-167。

表 5-167　冲模零部件的名称与定义（摘自 GB/T 8845—2006）

标准条目	术语（英文）	定　义
3 冲模零部件		
3.1	上模 upper die	安装在压力机滑块上的模具部分
3.2	下模 lower die	安装在压力机工作台面上的模具部分
3.3	模架 die set	上、下模座与导向件的组合体
3.3.1	通用模架 universal die	通常指应用量大面广，已形成标准化的模架
3.3.2	快换模架 quick change die set	通过快速更换凸、凹模和定位零件，以完成不同冲压工序和冲制多种制件，并对需求做出快速响应的模架
3.3.3	后侧导柱模架 back-pillar die set	导向件安装于上、下模座后侧的模架
3.3.4	对角导柱模架 diagonal-pillar die set	导向件安装于上、下模座对角点上的模架
3.3.5	中间导柱模架 center-pillar die set	导向件安装于上、下模座左右对称点上的模架
3.3.6	精冲模架 fine blanking die set	适用于精冲，刚性好，导向精度高的模架
3.3.7	滑动导向模架 sliding guide die set	上、下模采用滑动导向件导向的模架
3.3.8	滚动导向模架 ball-bearing die set	上、下模采用滚动导向件导向的模架
3.3.9	弹压导板模架 die set with spring guide plate	上、下模采用带有弹压装置导板导向的模架
3.4	工作零件 working component	直接对板料进行冲压加工的零件
3.4.1	凸模 punch	一般冲压加工制件内孔或内表面的工作零件
3.4.2	定距侧刃 pitch punch	级进模中，为确保板料的送进步距，在其侧边冲切出一定形状缺口的工作零件
3.4.3	凹模 die	一般冲压加工制件外形或外表面的工作零件
3.4.4	凸凹模 main punch	同时具有凸模和凹模作用的工作零件
3.4.5	镶件 insert	分离制造并镶嵌在主体上的局部工作零件
3.4.6	拼块 section	分离制造并镶嵌成凹模或凸模的工作零件
3.4.7	软模 soft die	有液体、气体、橡胶等柔性物质构成的凸模或凹模
3.5	定位零件 locating component	确定板料、制件或模具零件在冲模中正确位置的零件
3.5.1	定位销 locating pin	确定板料或制件正确位置的圆柱形零件
3.5.2	定位板 locating plate	确定板料或制件正确位置的板状零件
3.5.3	挡料销 stop pin	确定板料送进距离的圆柱形零件
3.5.4	始用挡料销 finger stop pin	确定板料进给起始位置的圆柱形零件
3.5.5	导正销 pilot pin	与导正孔配合，确定制件正确位置和消除送料误差的圆柱形零件
3.5.6	抬料销 lifter pin	具有抬料作用，有时兼具板料送进导向作用的圆柱形零件
3.5.7	导料板 stock guide rail	确定板料送进方向的板料零件
3.5.8	侧刃挡板 stop block for pitch punch	承受板料对定距侧刃的侧压力，并起挡料作用的板块状零件

标准条目	术语(英文)	定 义
3 冲模零部件		
3.5.9	止退键 stop key	支撑受侧向力的凸、凹模的块状零件
3.5.10	侧压板 side-push plate	消除板料与导料板侧面间隙的板状零件
3.5.11	限位块 limit block	限制冲压行程的块状零件
3.5.12	限位柱 limit post	限制冲压行程的柱状零件
3.6	压料、卸料、送料零件 components for clamping,stripping and feeding	压住板料和卸下或推出制件与废料的零件
3.6.1	卸料板 stripper plate	从凸模或凸凹模上卸下制件与废料的板状零件
3.6.1.1	固定卸料板 fixed stripper plate	固定在冲模上位置不动,有时兼具凸模导向作用的卸料板
3.6.1.2	弹压卸料板 spring stripper plate	借助弹性零件起卸料、压料作用,有时兼具保护凸模并对凸模起导向作用的卸料板
3.6.2	推件块 ejector block	从上凹模中推出制件或废料的块状零件
3.6.3	顶尖块 kicker block	从下凹模中顶出制件或废料的块状零件
3.6.4	顶杆 kicker pin	直接或间接向上顶出制件或废料的杆状零件
3.6.5	推板 ejector plate	在打杆与连接推杆间传递推力的板状零件
3.6.6	推杆 ejector pin	向下推出制件或废料的杆状零件
3.6.7	连接推杆 ejector tie rod	连接推板与推件块并传递推力的杆状零件
3.6.8	打杆 knoch-out pin	穿过模柄孔,把压力机滑块上打杆横梁的力传递给推板的杆状零件
3.6.9	卸料螺钉 stripper bolt	连接卸料板并调节卸料板卸料行程的杆状零件
3.6.10	拉杆 tie rod	固定于上模座并向托板传递卸料力的杆状零件
3.6.11	托杆 cushion pin	连接托板并向压料板、压边圈或卸料板传递力的杆状零件
3.6.12	托板 support plate	装于下模座并将弹顶器或拉杆的力传给顶杆和托杆的板状零件
3.6.13	废料切断刀 scrap cutter	冲压过程中切断废料的零件
3.6.14	弹顶器 cushion	向压边圈或顶块传递顶出力的装置
3.6.15	承料板 stock suporting plate	对进入模具之前的板料起支承作用的板状零件
3.6.16	压料板 pressure plate	把板料压贴在凸模或凹模上的板状零件
3.6.17	压边圈 blank holder	拉深模或成型模中,为调节材料流动阻力,防止起皱而压紧板料边缘的零件
3.6.18	齿圈压板 vee-ring plate	精冲模中,为形成很强的三向压应力状态,防止板料自冲切层滑动和冲裁表面出现撕裂现象而采用的齿形强力压圈零件
3.6.19	推件板 slide feed plate	将制件推入下一工位的板状零件
3.6.20	自动送料装置 automatic feeder	将板料连续定距送进的装置
3.7	导向零件 guide component	保证运动导向和确定上下模相对位置的零件
3.7.1	导柱 guide pillar	与导套配合,保证运动导向和确定上、下模相对位置的圆柱形零件
3.7.2	导套 guide bush	与导柱配合,保证运动导向和确定上、下模相对位置的圆套形零件
3.7.3	滚珠导柱 ball-bearing guide pillar	通过钢珠保持圈与滚珠导套配合,保证运动导向和确定上、下模相对位置的圆柱形零件
3.7.4	滚珠导套 ball-bearing guide bush	与滚珠导柱配合,保证运动导向和确定上、下模相对位置的圆套形零件
3.7.5	钢珠保持圈 cage	保持钢珠均匀排列,实现滚珠导柱与导套滚动配合的圆套形零件

标准条目	术语（英文）	定　　义
3 冲模零部件		
3.7.6	止动件 retainer	将钢球保持圈限制在导柱上或导套内的限位零件
3.7.7	导板 guide plate	为导正上、下模各零件相对位置而采用的淬硬或嵌有润滑材料的板状零件
3.7.8	滑块 slide block	在斜楔的作用下,沿变换后的运动方向做往复滑动的零件
3.7.9	耐磨板 wear plate	镶嵌在某些运动零件导滑面上的淬硬或嵌有润滑材料的板状零件
3.7.10	凸模保护套 punch-protecting bushing	小孔冲裁时,用于保护细长凸模的衬套零件
3.8	固定零件 retaining component	将凸模、凹模固定于上、下模,以及将上、下模固定在压力机上的零件
3.8.1	上模座 punch holder	用于装配与支撑上模所有零部件的模架零件
3.8.2	下模座 die holder	用于装配与支撑下模所有零部件的模架零件
3.8.3	凸模固定板 punch plate	用于安装和固定凸模的板状零件
3.8.4	凹模固定板 die punch	用于安装和固定凹模的板状零件
3.8.5	预应力圈 shrinking ring	为提高凹模强度,在其外部与之过盈配合的圆套形零件
3.8.6	垫板 bolster plate	设在凸、凹模与模座间,承受和分散冲压负荷的板状零件
3.8.7	模柄 die shank	使模具与压力机的中心线重合,并把上模固定在压力机滑块上的连接零件
3.8.8	浮动模柄 self-centering shank	可自动定心的模柄
3.8.9	斜楔 cam driver	通过斜面变换运动方向的零件

（4）冲模设计要素

GB/T 8845—2006 标准规定了冲模的设计要素，包括模具间隙、压力中心计算、各种工艺力，见表 5-168。

表 5-168　冲模设计要素（摘自 GB/T 8845—2006）

标准条目	术语（英文）	定　　义
4 冲模设计要素		
4.1	模具间隙 clearance	凸模与凹模之间缝隙的间距
4.2	模具闭合高度 die shut height	模具在工作位置下极点时,下模座下平面与上模座上平面之间的距离
4.3	压力机最大闭合高度 press maximum shut height	压力机闭合高度调节机构处于上极限位置和滑块处于下极点时,滑块下表面至工作台上表面之间的距离
4.4	压力机闭合高度调节量 adjustable distance of press shut height	压力机闭合高度调节机构允许的调节距离
4.5	冲模寿命 die life	冲模从开始使用到报废所能加工的制件总数
4.6	压力中心 load center	冲模合力的作用点
4.7	冲模中心 die center	冲模的几何中心
4.8	冲压方向 pressing direction	冲压力作用的方向
4.9	送料方向 feed direction	板料送进模具的方向
4.10	排样 blank layout	制件或毛坯在板料上的排列与设置
4.11	搭边 web	排样时,制件与制件之间或制件与板料边缘之间的工艺余料
4.12	步距 feed pitch	级进模中,被加工的板料或制件每道工序在送料方向移动的距离

标准条目	术语（英文）	定　　义
4 冲模设计要素		
4.13	切边余量 trimming allowance	拉深或成型后制件边缘需切除的多余材料的宽度
4.14	毛刺 burr	在制件冲裁截面边缘产生的竖立尖状凸起物
4.15	塌角 die roll	在制件冲裁截面边缘产生的微圆角
4.16	光亮带 smooth cut zone	制件冲裁截面的光亮部分
4.17	冲裁力 blanking force	冲裁时所需的压力
4.18	弯曲力 bending force	弯曲时所需的压力
4.19	拉深力 drawing force	拉深时所需的压力
4.20	卸料力 stripping force	从凸模或凸凹模上将制件或废料卸下来所需的力
4.21	推件力 ejecting force	从凹模内顺冲裁方向将制件或废料推出所需的力
4.22	顶件力 kicking force	从凹模内逆冲裁方向将制件或废料推出所需的力
4.23	压料力 pressure plate force	压料板作用于板料的力
4.24	压边力 blank holer force	压边圈作用于板料边缘的力
4.25	毛坯 blank	前道工序完成需后续工序进一步加工的制件
4.26	中性层 neutral line	弯曲变形区的切向应力为零或切向应变为零的金属层
4.27	弯曲角 bending angle	制件被弯曲加工的角度，即弯曲后制件直边夹角的补角
4.28	弯曲线 bending line	板料产生弯曲变形时相应的直线或曲线
4.29	回弹 spring back	弯曲和成型加工中，制件在去除载荷并离开模具后产生的弹性回复现象
4.30	弯曲半径 bending radius	弯曲制件内侧的曲率半径
4.31	相对弯曲半径 relative bending radius	弯曲制件的曲率半径与板料厚度的比值
4.32	最小弯曲半径 minimum bending radius	弯曲时板料最外层纤维濒于拉裂时的曲率半径
4.33	展开长度 blank length of a bend	弯曲制件直线部分与弯曲部分中性层长度之和
4.34	拉深系数 drawing coefficient	拉深制件的直径与毛坯直径之比值
4.35	拉深比 drawing ratio	拉深系数的倒数
4.36	拉深次数 drawing number	受极限拉深系数的限制，制件拉深成型所需的次数
4.37	缩口系数 necking coefficient	缩口制件的管口缩径后与缩径前直径之比值
4.38	扩口系数 flaring coefficient	扩口制件的管口扩径后的最大直径与扩口前直径之比值
4.39	胀形系数 bulging coefficient	筒形制件胀形后的最大直径与胀形前直径之比值
4.40	胀形深度 stretching height	板料局部胀形的深度
4.41	翻孔系数 burring coefficient	翻孔制件翻孔前、后孔径之比值
4.42	扩孔率 expanding ratio	扩孔前、后孔径之差与扩孔前孔径之比值

标准条目	术语（英文）	定　义
4 冲模设计要素		
4.43	最小冲孔直径 minimum diameter for piercing	一定厚度的某种板料所能冲压加工的最小孔直径
4.44	转角半径 radius	盒形制件横截面上的圆角半径
4.45	相对转角半径 relative radius	盒形制件转角半径与其宽度之比值
4.46	相对高度 relative height	盒形制件高度与宽度之比值
4.47	相对厚度 relative thickness	毛坯厚度与其直径之比值
4.48	成型极限图 forming limit diagram	板料在外力作用下发生塑性变形，其极限应变值构成的曲线图

（5）零件结构要素

GB/T 8845—2006 标准规定了冲模零件的结构要素，见表 5-169。

表 5-169　冲模零件的结构要素（摘自 GB/T 8845—2006）

标准条目	术语（英文）	定　义
5 零件结构要素		
5.1	圆凸模 round punch	圆柱形的凸模，如图 5-20 所示
5.1.1	头部 punch head	凸模上比杆直径大的圆柱体部分（见图 5-20 的 11）
5.1.2	头部直径 punch head diameter	凸模圆柱头或圆锥头的最大直径（见图 5-20 的 1）
5.1.3	头厚 punch head thickness	凸模头部的厚度（见图 5-20 的 2）
5.1.4	刃口 point	直接对板料进行冲切加工，使其达到所需形状和尺寸的凸模工作段（见图 5-20 的 6）
5.1.5	刃口直径 point diameter	凸模的刃口部直径（见图 5-20 中的 5）
5.1.6	刃口长度 point length	凸模工作段长度（见图 5-20 中的 4）
5.1.7	杆 shank	凸模与固定板相应孔配合的圆柱体部分（见图 5-20 中的 10）
5.1.8	杆直径 shank diameter	与凸模固定板相应孔配合的杆部直径（见图 5-20 中的 9）
5.1.9	引导直径 leading diameter	为便于凸模正确压入固定板而在杆压入端设计的一段圆柱直径（见图 5-20 中的 8）
5.1.10	过渡半径 radius blend	连接刃口直径和杆直径的圆弧半径（见图 5-20 中的 7）
5.1.11	凸模圆角半径 punch radius	成型模中凸模工作端面向侧面过渡的圆角半径
5.1.12	凸模总长 punch overall length	凸模全部长度（见图 5-20 中的 3）
5.2	圆凹模 round die	圆柱形的凹模，如图 5-21 所示
5.2.1	头部 die head	凹模上比模体直径大的圆柱体部分（见图 5-21 中的 9）
5.2.2	头部直径 die head diameter	凹模圆柱头或圆锥头的最大直径（见图 5-21 中的 8）
5.2.3	头厚 die head thickness	凹模头部的厚度（见图 5-21 中的 6）

标准条目	术语(英文)	定　义
5 零件结构要素		
5.2.4	刃口 die point	与凸模工作段配合对板料进行冲切加工,使其达到所需形状和尺寸的凹模工作段(见图 5-21 中的 4)
5.2.5	刃口直径 hole diameter	凹模的工作孔直径(见图 5-21 中的 3)
5.2.6	刃口长度 land length	凹模工作段长度(见图 5-21 中的 12)
5.2.7	刃口斜度 cutting edge angle	锥形凹模的刃口斜角值
5.2.8	模体 die body	凹模与固定板相应孔配合的圆柱体部分(见图 5-21 中的 5)
5.2.9	凹模外径 die body diameter	凹模的模体直径(见图 5-21 中的 1)
5.2.10	引导直径 leading diameter	为便于凹模正确压入固定板,在模体压入端设计的一段圆柱直径(见图 5-21 中的 2)
5.2.11	凹模圆角半径 die radius	成型模中凹模工作端面向内侧面过渡的圆角半径
5.2.12	凹模总长 die overall length	凹模的全部长度(见图 5-21 中的 11)
5.2.13	排料孔 relief hole	凹模及相连的模具零件上使废料排出的孔(见图 5-21 中的 10)
5.2.14	排料孔直径 relief hole diameter	直排料孔的直径与斜排料孔的最大直径(见图 5-21 中的 7)

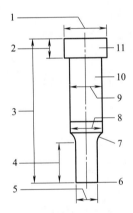

图 5-20　圆凸模

1—头部直径；2—头厚；
3—凸模总长；4—刃口长度；
5—刃口直径；6—刃口；
7—过渡半径；8—引导直径；
9—杆直径；10—杆；11—头部

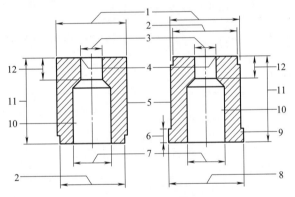

图 5-21　圆凹模

1—凹模外径；2—引导直径；3—刃口直径；4—刃口；
5—模体；6—头厚；7—排料孔直径；8—头部直径；9—头部；
10—排料孔；11—凹模总长；12—刃口长度

5.11.2　冲模技术条件标准

（1）范围

GB/T 14662—2006 标准规定了对冲模的要求、验收、标志、包装、运输和储存,适用于冲模的设计、制造和验收。

（2）零件要求

GB/T 14662—2006 标准规定的对冲模零件的要求见表 5-170、表 5-171 为模具工作零件常用材料及硬度，表 5-172 为一般零件的材料及硬度。

表 5-170 对冲模零件的要求（摘自 GB/T 14662—2006）

标准条目编号	内 容
3.1	设计冲模宜选用 GB/T 2851~2852、JB/T 8049、JB/T 7181~7182 和 GB/T 2855~2856、GB/T 2861、JB/T 5825~5830、JB/T 7184~7187、JB/T 7642~7652、JB/T 8054、JB/T 8057 规定的标准模架和零件
3.2	模具工作零件和模具一般零件所选用的材料应符合相应牌号的技术标准
3.3	模具零件推荐材料和硬度见表 5-171、表 5-172
3.4	模具工作零件不允许有裂纹，工作表面不允许有划痕、机械损伤、锈蚀等缺陷
3.5	模具工作零件中螺纹的基本尺寸应符合 GB/T 196—2003 的规定，选用的公差与配合应符合 GB/T 197—2003 中 6 级的规定
3.6	零件除刃口外所有棱边均应倒角或倒圆
3.7	经磁性吸力磨削后的模具零件应退磁
3.8	零件上销钉与孔的配合长度应大于或等于销钉直径的 1.5 倍，螺纹孔的深度应大于或等于螺纹直径的 1.5 倍
3.9	零件图中未注公差尺寸的极限偏差应符合 GB/T 1804—2000 中 m 级的规定
3.10	零件图中未注形状和位置公差应符合 GB/T 1184—1996 中 K 级的规定

表 5-171 模具工作零件常用材料及硬度（摘自 GB/T 14662—2006）

模具类型		冲件与冲压工艺情况	材 料	硬 度	
				凸 模	凹 模
冲裁模	Ⅰ	形状简单，精度较低，材料厚度小于或等于 3mm，中小批量	T10A、9Mn2V	56~60HRC	58~62HRC
	Ⅱ	材料厚度小于或等于 3mm，形状复杂；材料厚大于 3mm	9CrSi、CrWMn、Cr12、Cr12MoV W6Mo5Cr4V2	58~62HRC	60~64HRC
	Ⅲ	大批量	Cr12MoV、Cr4W2MoV	58~62HRC	60~64HRC
			YG15、YG20	≥86HRA	≥84HRA
			超细硬质合金	—	
弯曲模	Ⅰ	形状简单，中小批量	T10A	56~62HRC	
	Ⅱ	形状复杂	CrWMn、Cr12、Cr12MoV	60~64HRC	
	Ⅲ	大批量	YG15、YG20	≥86HRA	≥84HRA
	Ⅳ	加热弯曲	5CrNiMo、5CrNiTi、5CrMnMo	52~56HRC	
			4Cr5MoSiV1	40~45HRC 表面渗碳≥900HV	
拉深模	Ⅰ	一般拉深	T10A	56~60HRC	58~62HRC
	Ⅱ	形状复杂	Cr12、Cr12MoV	58~62HRC	60~64HRC
	Ⅲ	大批量	Cr12MoV、Cr4W2MoV	58~62HRC	60~64HRC
			YG10、YG15	≥86HRA	≥84HRA
			超细硬质合金	—	
	Ⅳ	变薄拉深	Cr12MoV	58~62HRC	
			W18Cr4V、W6Mo5Cr4V2、Cr12MoV	—	60~64HRC
			YG10、YG15	≥86HRA	≥84HRA

模具类型		冲件与冲压工艺情况	材　料	硬　　度	
				凸　模	凹　模
拉深模	V	加热拉深	5CrNiTi、5CrNiMo	52～56HRC	
			4Cr5MoSiV1	40～45HRC 表面渗碳≥900HV	
大型 拉深模	I	中小批量	HT250、HT300	170～260HB	
			QT600-20	197～269HB	
	II	大批量	镍铬铸铁	火焰淬硬 40～45HRC	
			钼铬铸铁、钼钒铸铁	火焰淬硬 50～55HRC	

表 5-172　模具一般零件的材料及硬度（摘自 GB/T 14662—2006）

零件名称	材　料	硬　度
上、下模座	HT200	170～220HB
	45	24～28HRC
导柱	20Cr	60～64HRC（渗碳）
	GCr15	60～64HRC
导套	20Cr	58～62HRC（渗碳）
	GCr15	58～62HRC
凸模固定板、凹模固定板、螺母、垫圈、螺塞	45	28～32HRC
模柄、承料板	Q235A	—
卸料板、导料板	45	28～32HRC
	Q235A	—
导正销	T10A	50～54HRC
	9Mn2V	56～60HRC
垫板	45	43～48HRC
	T10A	50～54HRC
螺钉	45	头部 43～48HRC
销钉	T10A、GCr15	56～60HRC
挡料销、抬料销、推杆、顶杆	65Mn、GCr15	52～56HRC
推板	45	43～48HRC
压边圈	T10A	54～58HRC
	45	43～48HRC
定距侧刃、废料切断刀	T10A	58～62HRC
侧刃挡块	T10A	56～60HRC
斜楔与滑块	T10A	54～58HRC
弹簧	50CrVA、55CrSi、65Mn	44～48HRC

（3）装配要求

GB/T 14662—2006 标准规定的对冲模装配要求见表 5-173。

表 5-173　冲模装配要求（摘自 GB/T 14662—2006）

标准条目编号	内　　容
4.1	装配时应保证凸、凹模之间的间隙均匀一致
4.2	推料、卸料机构必须灵活，卸料板或推件器在模具开启状态时，一般应突出凸、凹模表面 0.5～1.0mm
4.3	模具所有活动的部分的移动应平稳灵活，无阻滞现象，滑块、斜楔在固定滑块面上移动时，其最小接触面积应大于其面积的 75%
4.4	紧固用的螺钉、销钉装配后不得松动，并保证螺钉和销钉的端面不突出上下模座的安装平面
4.5	凸模装配后的垂直度应符合表 5-174 的规定

标准条目编号	内　　容
4.6	凸模、凸凹模等与固定板的配合一般按 GB/T 1800.4—1999^①中的 H7/n6 或 H7/m6 选取
4.7	质量超过 20kg 的模具应设吊环螺钉或起吊孔,确保安全吊装。起吊时模具应平稳,便于装模。吊环螺钉应等合 GB 825—1988 的规定

① 该标准已被 GB/T 1800.2—2009 替代。

表 5-174　凸模装配后的垂直度要求

间隙值/mm	垂直度公差等级(GB/T 1184—1996)	
	单凸模	多凸模
≤0.02	5	6
>0.02~0.06	6	7
>0.06	7	8

（4）验收

GB/T 14662—2006 标准规定的冲模验收内容与要求见表 5-175。

表 5-175　冲模验收内容与要求（摘自 GB/T 14662—2006）

标准条目编号	内　　容
5.1	验收应包括以下内容: 1)外观检查; 2)尺寸检查; 3)模具材质和热处理要求检查; 4)试模和冲件质量符合性检查; 5)质量稳定性检查
5.2	模具供方应按模具图和本技术条件对模具零件和模具进行外观和尺寸检查
5.3	经 5.2 检查合格的模具可进行试模,试模用的冲压设备应符合要求,试模所用的材质应与冲件材质相符
5.4	冲压工艺稳定后,应连续提取 20~1000 件(精密多工位送进模必须试冲 1000 件以上)冲件,对于大型覆盖模具,要求连续提取 5~10 件冲件进行检验。模具供方与顾客确认冲件合格后,由模具供方开具合格证并随模具交付顾客
5.5	模具质量稳定性检查应为在正常生产条件下连续批量生产 8h,或由模具供方与顾客协商确定
5.6	顾客在验收期间应按图样和技术条件要求对模具主要零件的材质、热处理、表面处理情况进行检查和抽查

（5）标志、包装、运输及储存

GB/T 14662—2006 标准规定的冲模标志、包装、运输及储存内容与要求见表 5-176。

表 5-176　冲模标志、包装、运输及储存内容与要求（摘自 GB/T 14662—2006）

标准条目编号	内　　容
6.1	在模具非工作面的明显处应做出标志。标志一般包含以下内容:模具号、出厂日期、供方名称
6.2	模具交付前应擦干净,表面应涂覆防锈剂
6.3	出厂模具根据运输要求进行包装,应防潮、防止磕碰,保证在正常运输中模具完好无损

5.11.3　冲模零件技术条件标准

（1）范围

JB/T 7653—2008 标准规定了冲模零件的要求、验收、标志、包装、运输和储存,适用于冲模零件。

（2）要求

JB/T 7653—2008 标准规定的冲模零件要求见表 5-177。

表 5-177 冲模零件要求（摘自 JB/T 7653—2008）

标准条目编号	内　容
3.1	图样中未注公差尺寸的极限偏差应符合 GB/T 1804—2000 中 m 级的规定
3.2	图样中未注的形状和位置公差符合 GB/T 1184—1996 中 H 级的规定
3.3	零件不允许有锈斑、碰伤和凹痕等缺陷，保持无脏物和油污
3.4	模具零件所选用的材质应符合相应牌号的技术条件标准
3.5	图样中未注尺寸的砂轮越程槽应符合 GB/T 6403.5 的规定
3.6	图样中未注尺寸的中心孔应符合 GB/T 145 的规定
3.7	制造方应在模板的侧向基准面上设 ϕ6mm、深 0.5mm 的涂色平底坑作为标记，其位置离各基准面的边距为 8mm
3.8	当模具零件质量超过 25kg 时，应设起吊螺孔
3.9	零件均应去毛刺，图样中未注明倒角尺寸，除刃口外，所有锐边和锐角均应倒角或倒圆，视零件大小，倒角尺寸为 C0.5～2mm，倒圆尺寸为 R0.5～1mm
3.10	零件图上未注明的铸造圆角半径为 R3～5mm
3.11	铸造的非加工表面须清砂处理，表面应光滑平整，无明显凸凹缺陷
3.12	锻件不应有过热、过烧的内部组织和机械加工不能去除裂纹、夹层及凹坑
3.13	加工后的零件表面，不允许有影响使用的砂眼、缩孔、机械损伤等缺陷
3.14	零件经热处理后硬度应均匀，不允许有裂纹、脱碳氧化斑点
3.15	表面渗碳淬火的零件，所规定的渗碳层厚度为成品加工后的渗碳层厚度
3.16	凹模板、固定板等零件图上标明的垂直度公差 t_1 应符合表 5-178 的规定，在保证垂直度公差 t_1 值要求下，其表面粗糙度 Ra 允许降为 1.6μm
3.17	所有模座、凹模板、固定板、垫板等零件图上标明的平行度公差 t_2 值应符合表 5-179 的规定
3.18	通用模座在保证平行度要求下，其上、下两平面的表面粗糙度 Ra 允许降低为 1.6μm
3.19	通用模座的起吊孔应为螺孔，螺孔的基本尺寸应符合 GB/T 196 的规定，公差应符合 GB/T 197 中 7 级的规定，经供需方协议可改为钻孔

表 5-178 凹模板、固定板等零件图上标明的垂直度公差 t_1

基本尺寸	公差等级 5 公差值 t_1	基本尺寸	公差等级 5 公差值 t_1
＞40～63	0.012	＞100～160	0.020
＞63～100	0.015	＞160～250	0.025

注：1. 基本尺寸是指被测零件的短边长度。

2. 垂直度误差是指以长边为基准对短边的垂直度最大允许值。

3. 公差等级按 GB/T 1184。

表 5-179 所有模座、凹模板、固定板、垫板等零件图上标明的平行度公差 t_2

基本尺寸	公差值 t_2	基本尺寸	公差值 t_2
＞40～63	0.008	＞250～400	0.020
＞63～100	0.010	＞400～630	0.025
＞100～160	0.012	＞630～1000	0.030
＞160～250	0.015	＞1000～1600	0.040

注：基本尺寸是指被测表面的最大长度尺寸或最大宽度尺寸。

（3）检验

JB/T 7653—2008 标准规定的冲模零件检验内容见表 5-180。

表 5-180　冲模零件的检验内容（摘自 JB/T 7653—2008）

标准条目编号	内　　容
4.1	用户和制造单位对标准零件按相应的标准要求和 3.1～3.19 进行尺寸检查和外观检查
4.2	检验合格后应做合格标志,标志应包括以下内容:检验部门、检验员、检验日期

（4）标志、包装、运输及储存

JB/T 7653—2008 标准规定的冲模标志、包装、运输及储存内容见表 5-181。

表 5-181　冲模标志、包装、运输及储存内容（摘自 JB/T 7653—2008）

标准条目编号	内　　容
5.1	在零件的非工作表面应做出零件的规格和材质标志
5.2	检验合格的模架零件应清理干净,经防锈处理后入库储存
5.3	零件应根据运输条件进行包装,应防潮,防止磕碰,保证在正常运输中完好无损

第6章
冷冲压设备

扫码阅读或下载

第7章
常用冲压材料和模具用钢及热处理

扫码阅读或下载

第8章
模具实用图例

8.1 冲裁模

8.1.1 无导向简单冲裁模（1）

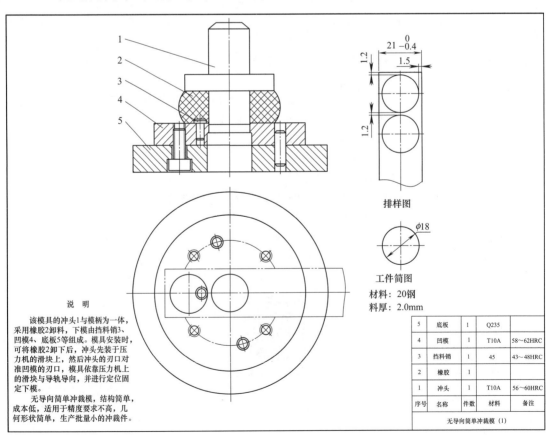

排样图

工件简图

材料：20钢

料厚：2.0mm

序号	名称	件数	材料	备注
5	底板	1	Q235	
4	凹模	1	T10A	58～62HRC
3	挡料销	1	45	43～48HRC
2	橡胶	1		
1	冲头	1	T10A	56～60HRC

无导向简单冲裁模（1）

说　明

　　该模具的冲头1与模柄为一体，采用橡胶2卸料，下模由挡料销3、凹模4、底板5等组成。模具安装时，可将橡胶2卸下后，冲头先装于压力机的滑块上，然后冲头的刃口对准凹模的刃口，模具依靠压力机上的滑块与导轨导向，并进行定位固定下模。

　　无导向简单冲裁模，结构简单，成本低，适用于精度要求不高，几何形状简单，生产批量小的冲裁件。

8.1.2　无导向简单冲裁模（2）

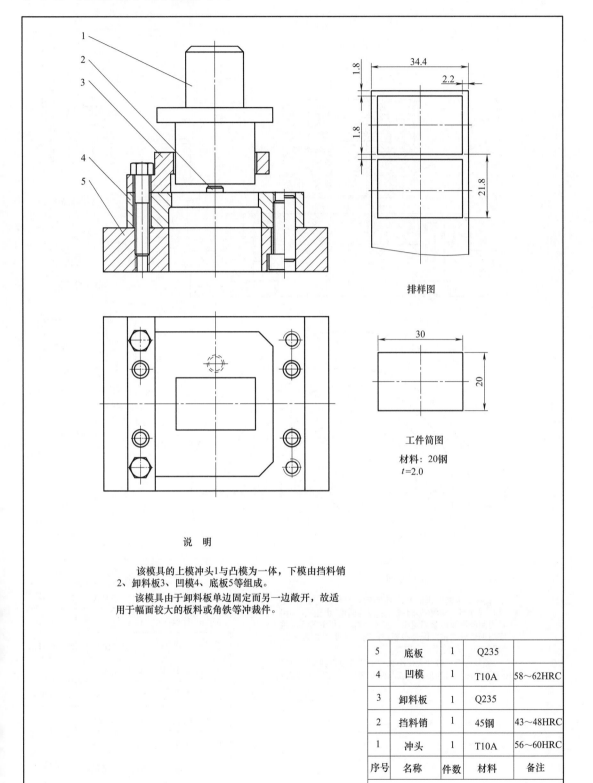

排样图

工件简图

材料：20钢
$t=2.0$

说　明

　　该模具的上模冲头1与凸模为一体，下模由挡料销2、卸料板3、凹模4、底板5等组成。

　　该模具由于卸料板单边固定而另一边敞开，故适用于幅面较大的板料或角铁等冲裁件。

5	底板	1	Q235	
4	凹模	1	T10A	58～62HRC
3	卸料板	1	Q235	
2	挡料销	1	45钢	43～48HRC
1	冲头	1	T10A	56～60HRC
序号	名称	件数	材料	备注
无导向简单冲裁模(2)				

8.1.3 无导向简单冲裁模（3）

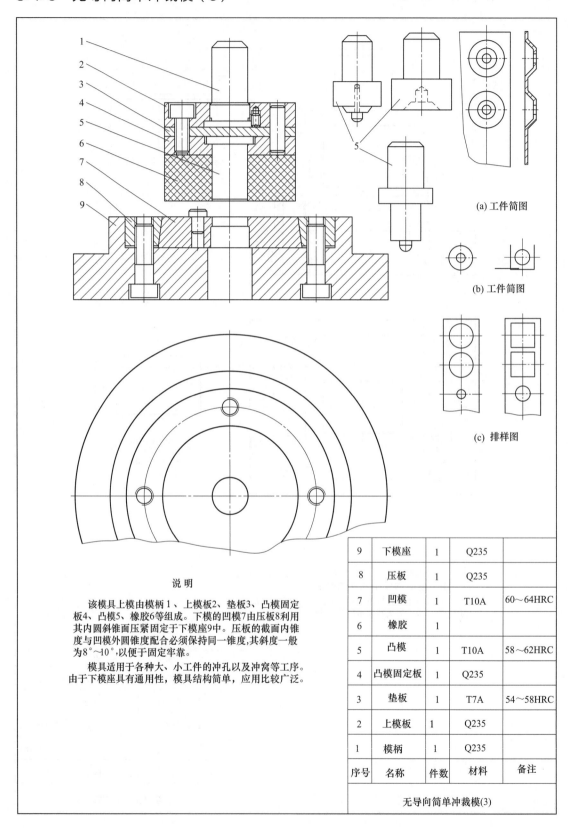

(a) 工件简图

(b) 工件简图

(c) 排样图

说 明

　　该模具上模由模柄1、上模板2、垫板3、凸模固定板4、凸模5、橡胶6等组成。下模的凹模7由压板8利用其内圆锥锥面压紧固定于下模座9中。压板的截面内锥度与凹模外圆锥度配合必须保持同一锥度，其斜度一般为8°~10°，以便于固定牢靠。

　　模具适用于各种大、小工件的冲孔以及冲窝等工序。由于下模座具有通用性，模具结构简单，应用比较广泛。

9	下模座	1	Q235	
8	压板	1	Q235	
7	凹模	1	T10A	60~64HRC
6	橡胶	1		
5	凸模	1	T10A	58~62HRC
4	凸模固定板	1	Q235	
3	垫板	1	T7A	54~58HRC
2	上模板	1	Q235	
1	模柄	1	Q235	
序号	名称	件数	材料	备注
	无导向简单冲裁模(3)			

8.1.4 夹板模

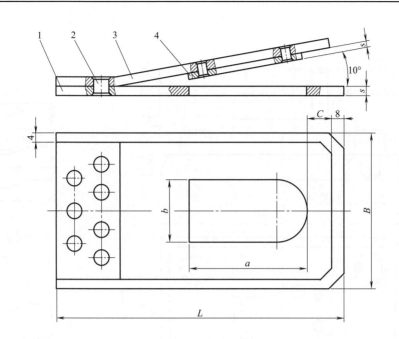

说　明

　　夹板模是比较简单的薄板冲裁模，设计与制造较简便，造价低廉，其构造由凹模1、夹板3、凸模4等组成，凸模4是用铆接固定于夹板3上，凹模与凸模夹板都用4mm的T7A钢板制造，夹板臂的长度一般为170～200mm。

　　工作时，不必用模座，将夹板模放在冲床的专用垫块上，用螺钉及压板压紧铆接的一端，在凹模内垫以同样厚的橡皮，使切下的工件能弹起便于取出。

　　夹板模可以冲切 1 mm的钢板或2.5mm以下的有色金属板料。夹板模的有关工作部分尺寸可采用下列公式计算：

$$S=2.5+1.5\ t$$

式中　S——模具工作部分的厚度，mm；

　　　　t——被冲材料的厚度，mm。

$$B=50+0.2\times\left(a+\frac{tR_\mathrm{m}}{100}\right)$$

$$C=25+0.1\times\left(b+\frac{tR_\mathrm{m}}{100}\right)$$

式中　B——凹模的宽度，mm；

　　　　C——凹模孔到边缘的距离，mm；

　　a,b——被冲零件的长和宽，mm；

　　　R_m——被冲材料的强度极限，MPa。

　　模具长度L为凹模孔长的3～4倍。

4	凸模	1	T7A	56～60HRC
3	凸模夹板	1	T7A	
2	铆钉		Q235	
1	凹模	1	T7A	56～60HRC
序号	名称	件数	材料	备注
	夹板模			

8.1.5　薄板冲模

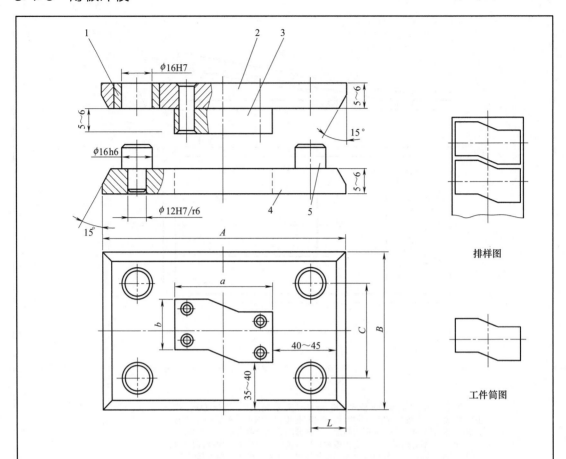

排样图

工件简图

薄板模基本尺寸　　　　　　　　　　　　　　　　mm

零件号	a	b	A	B	C	L	$\phi16$导销个数
1	120	90	225	175	135	20	2
2	150	120	300	225	185	20	4
3	240	140	400	300	260	20	4
4	300	220	480	380	340	30	4

说明

该模具适用于安装在通用模架中冲裁工作。

5	导销	2	T10A	54～58HRC
4	凹模	1	T10A	58～62HRC
3	凸模	1	T10A	56～60HRC
2	凸模固定板	1	Q235	
1	导套	2	T10A	56～60HRC
序号	名称	件数	材料	备注
		薄板冲模		

8.1.6　板式冲裁模（1）

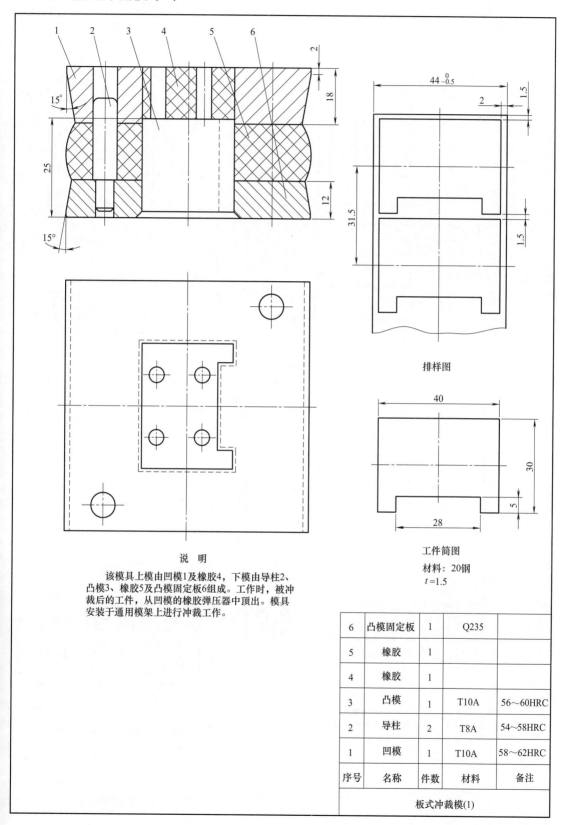

排样图

工件简图

材料：20钢
$t = 1.5$

说　明

　　该模具上模由凹模1及橡胶4，下模由导柱2、凸模3、橡胶5及凸模固定板6组成。工作时，被冲裁后的工件，从凹模的橡胶弹压器中顶出。模具安装于通用模架上进行冲裁工作。

6	凸模固定板	1	Q235	
5	橡胶	1		
4	橡胶	1		
3	凸模	1	T10A	56～60HRC
2	导柱	2	T8A	54～58HRC
1	凹模	1	T10A	58～62HRC
序号	名称	件数	材料	备注
板式冲裁模(1)				

8.1.7 板式冲裁模（2）

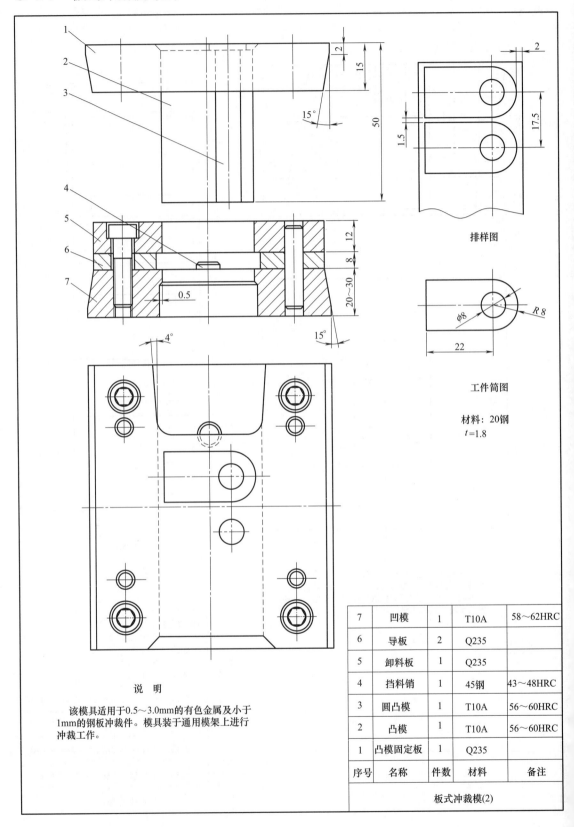

排样图

工件简图

材料：20钢
$t=1.8$

说　明

该模具适用于0.5～3.0mm的有色金属及小于1mm的钢板冲裁件。模具装于通用模架上进行冲裁工作。

序号	名称	件数	材料	备注
7	凹模	1	T10A	58～62HRC
6	导板	2	Q235	
5	卸料板	1	Q235	
4	挡料销	1	45钢	43～48HRC
3	圆凸模	1	T10A	56～60HRC
2	凸模	1	T10A	56～60HRC
1	凸模固定板	1	Q235	

板式冲裁模(2)

8.1.8 通用薄板模架

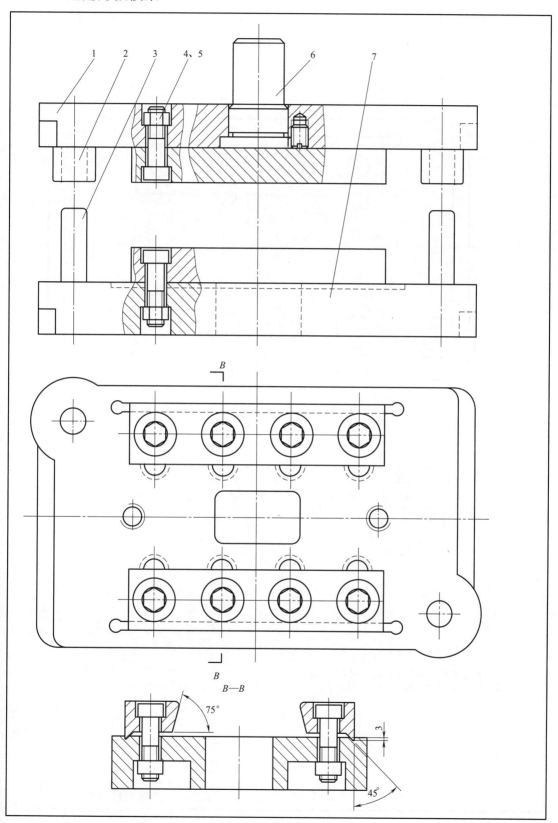

上模

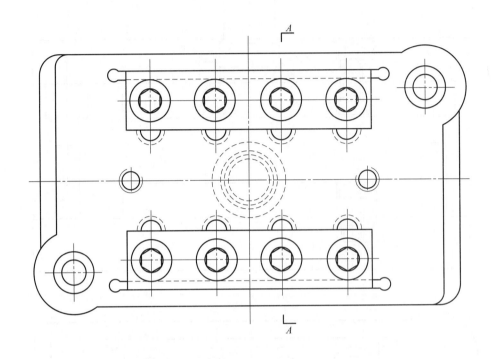

$A—A$

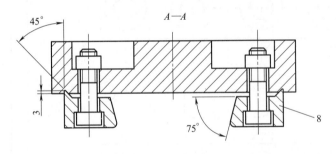

说　明

　　该通用模架，结构较简单，制造容易，适用于多品种
批量小的简易冲裁模及薄板模的安装固定。

8	楔形压板	4	45	
7	下模板	1	Q235	
6	模柄	1	Q235	
5	六角螺母	16	20钢	
4	内六角螺钉	16	30钢	
3	导柱	2	20钢(渗碳淬硬)	58～62HRC
2	导套	2	20钢(渗碳淬硬)	58～62HRC
1	上模板	1	Q235	
序号	名称	件数	材料	备注
通用薄板模架				

8.1.9　非金属冲裁模（1）

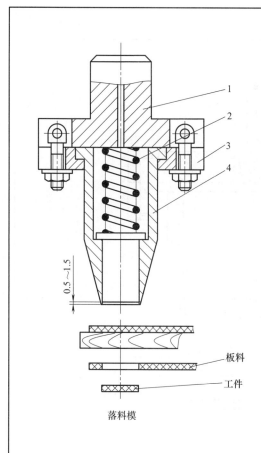

落料模

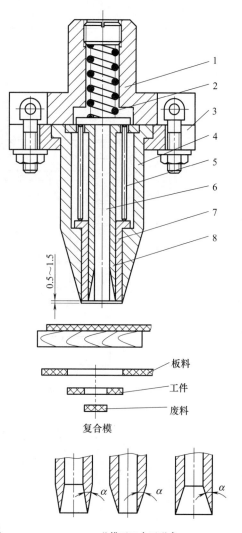

复合模

凸模刃口尖刃形式

说　明

　　非金属冲裁模其凸模刃口制成尖刃，主要用于纤维性及弹性材料的非金属冲裁加工，如皮革、毛毡、纸、纸板、纤维布、石棉板、橡胶、胶木板等，以及各种热塑性塑料薄膜或塑料板。

　　工作时，将模柄装于冲床滑块孔中，然后在冲床工作台上垫以硬木板或硬纸板或软质有色金属板，再将被加工的材料放置于木板（或软质有色金属板）上，即可开动冲床进行冲裁。

凸模尖刃角 α

材　料　名　称	α
皮革、毛毡、棉绸纺织品、各种人造纤维布、塑料薄膜、人造革、软纸等柔软材料	12°～16°
纸板、马粪纸、石棉纸	14°～18°
橡胶、石棉板	20°～25°

8	凸模	1	T10A	50～55HRC
7	顶件器	1	45钢	
6	顶件器	1	45钢	
5	顶料杆	3	45钢	
4	凹模	1	T10A	50～55HRC
3	凸模固定板	1	Q235	
2	弹簧	1	65Mn	43～48HRC
1	模柄	1	Q235	
序号	名称	件数	材料	备　注
非金属冲裁模(1)				

8.1.10　非金属冲裁模（2）

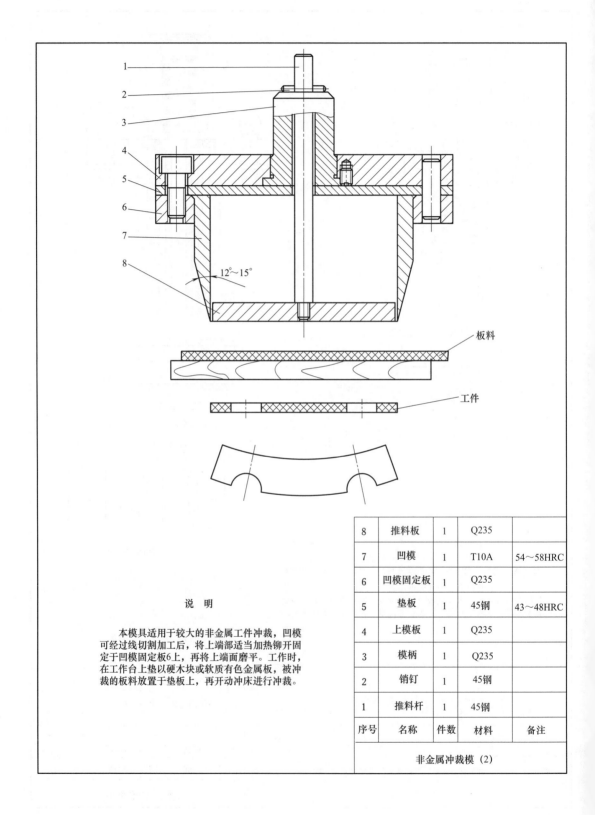

8	推料板	1	Q235	
7	凹模	1	T10A	54～58HRC
6	凹模固定板	1	Q235	
5	垫板	1	45钢	43～48HRC
4	上模板	1	Q235	
3	模柄	1	Q235	
2	销钉	1	45钢	
1	推料杆	1	45钢	
序号	名称	件数	材料	备注
非金属冲裁模（2）				

说　明

　　本模具适用于较大的非金属工件冲裁，凹模可经过线切割加工后，将上端部适当加热铆开固定于凹模固定板6上，再将上端面磨平。工作时，在工作台上垫以硬木块或软质有色金属板，被冲裁的板料放置于垫板上，再开动冲床进行冲裁。

8.1.11　导板式简单冲裁模

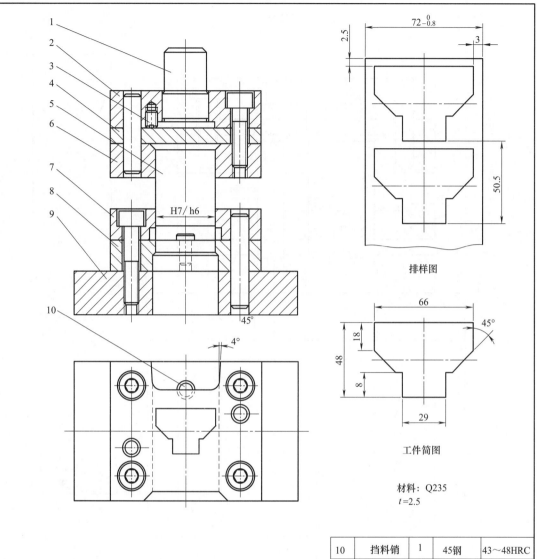

排样图

工件简图

材料: Q235
$t = 2.5$

说　明

　　该模具的上、下模是依靠凸模5与导板7采用(H7/h6)配合进行导向兼作卸料, 为保证冲裁时的导向精度, 凸模与导板之间最好选用较小间隙的配合, 并要求凸模不脱离导板, 导板应热处理淬硬以增强耐磨。模具要求安装于行程较小的压力机上。该模具结构简单, 适用于卸料力大或冲裁厚度大于0.8mm的落料工序。

序号	名称	件数	材料	备注
10	挡料销	1	45钢	43~48HRC
9	下模板	1	Q235	
8	凹模	1	T10A	60~64HRC
7	导板	1	T8A	55~60HRC
6	凸模固定板	1	Q235	
5	凸模	1	T8A	58~62HRC
4	垫板	1	45钢	43~48HRC
3	螺钉	1	30钢	
2	上模板	1	Q235	
1	模柄	1	Q235	
序号	名称	件数	材料	备注

导板式简单冲裁模

8.1.12 导板式连续冲裁模

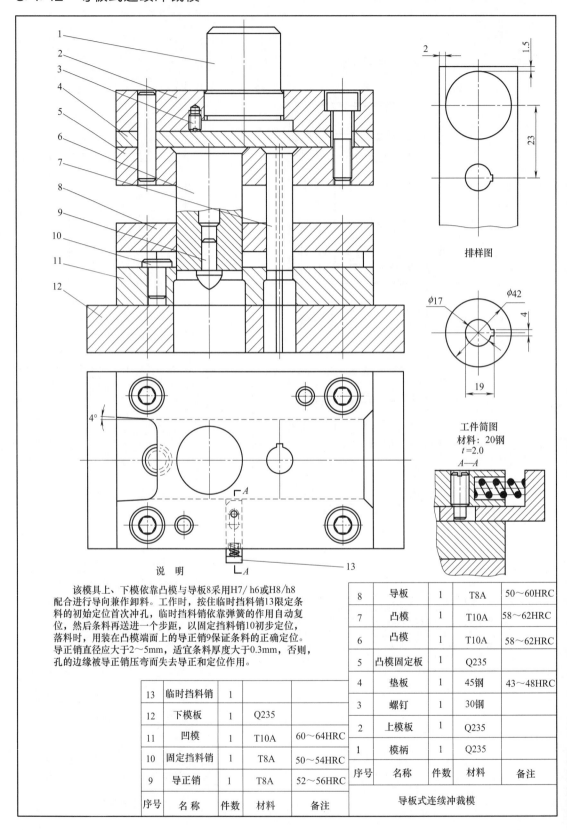

排样图

工件简图
材料：20钢
$t=2.0$

说　明

　　该模具上、下模依靠凸模与导板8采用H7/h6或H8/h8配合进行导向兼作卸料。工作时，按住临时挡料销13限定条料的初始定位首次冲孔，临时挡料销依靠弹簧的作用自动复位，然后条料再送进一个步距，以固定挡料销10初步定位，落料时，用装在凸模端面上的导正销9保证条料的正确定位。导正销直径应大于2～5mm，适宜条料厚度大于0.3mm，否则，孔的边缘被导正销压弯而失去导正和定位作用。

序号	名称	件数	材料	备注
13	临时挡料销	1		
12	下模板	1	Q235	
11	凹模	1	T10A	60～64HRC
10	固定挡料销	1	T8A	50～54HRC
9	导正销	1	T8A	52～56HRC
序号	名　称	件数	材料	备注

8	导板	1	T8A	50～60HRC
7	凸模	1	T10A	58～62HRC
6	凸模	1	T10A	58～62HRC
5	凸模固定板	1	Q235	
4	垫板	1	45钢	43～48HRC
3	螺钉	1	30钢	
2	上模板	1	Q235	
1	模柄	1	Q235	
序号	名称	件数	材料	备注
导板式连续冲裁模				

8.1.13　导柱式固定导板冲裁模

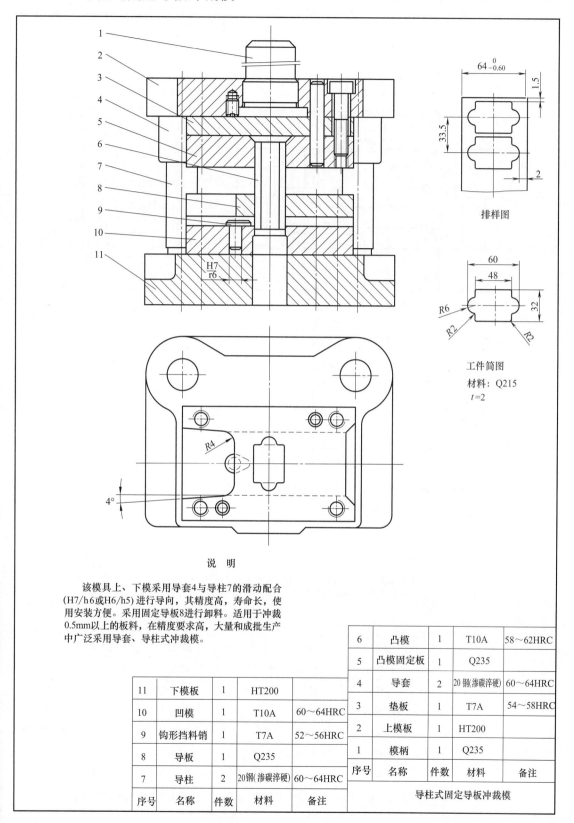

排样图

工件简图

材料：Q215

$t=2$

说　明

　　该模具上、下模采用导套4与导柱7的滑动配合（H7/h6或H6/h5）进行导向，其精度高，寿命长，使用安装方便。采用固定导板8进行卸料。适用于冲裁0.5mm以上的板料，在精度要求高，大量和成批生产中广泛采用导套、导柱式冲裁模。

序号	名称	件数	材料	备注
11	下模板	1	HT200	
10	凹模	1	T10A	60～64HRC
9	钩形挡料销	1	T7A	52～56HRC
8	导板	1	Q235	
7	导柱	2	20钢(渗碳淬硬)	60～64HRC

序号	名称	件数	材料	备注
6	凸模	1	T10A	58～62HRC
5	凸模固定板	1	Q235	
4	导套	2	20钢(渗碳淬硬)	60～64HRC
3	垫板	1	T7A	54～58HRC
2	上模板	1	HT200	
1	模柄	1	Q235	

导柱式固定导板冲裁模

8.1.14 导柱式弹压卸料板冲裁模

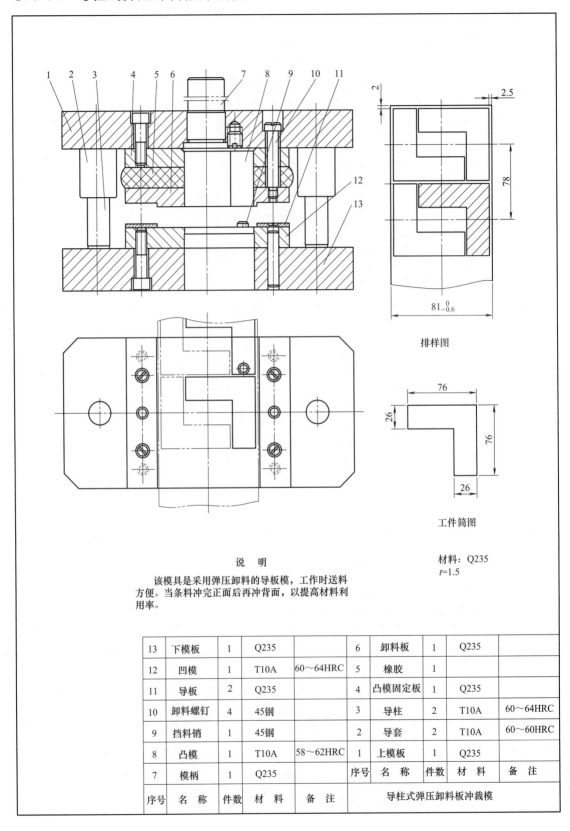

排样图

工件简图

材料：Q235
$t=1.5$

说　明

该模具是采用弹压卸料的导板模，工作时送料方便。当条料冲完正面后再冲背面，以提高材料利用率。

序号	名　称	件数	材　料	备　注	序号	名　称	件数	材　料	备　注
13	下模板	1	Q235		6	卸料板	1	Q235	
12	凹模	1	T10A	60～64HRC	5	橡胶	1		
11	导板	2	Q235		4	凸模固定板	1	Q235	
10	卸料螺钉	4	45钢		3	导柱	2	T10A	60～64HRC
9	挡料销	1	45钢		2	导套	2	T10A	60～60HRC
8	凸模	1	T10A	58～62HRC	1	上模板	1	Q235	
7	模柄	1	Q235		序号	名　称	件数	材　料	备　注
序号	名　称	件数	材　料	备　注		导柱式弹压卸料板冲裁模			

8.1.15　有侧刃的连续冲裁模（1）

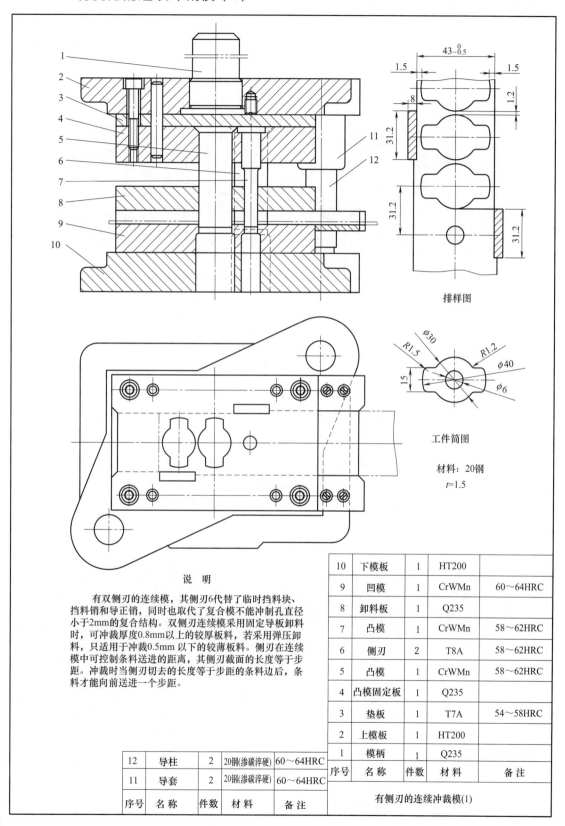

排样图

工件简图

材料：20钢

$t=1.5$

说　明

　　有双侧刃的连续模，其侧刃6代替了临时挡料块、挡料销和导正销，同时也取代了复合模不能冲制孔直径小于2mm的复合结构。双侧刃连续模采用固定导板卸料时，可冲裁厚度0.8mm以上的较厚板料，若采用弹压卸料，只适用于冲裁0.5mm以下的较薄板料。侧刃在连续模中可控制条料送进的距离，其侧刃截面的长度等于步距。冲裁时当侧刃切去的长度等于步距的条料边后，条料才能向前送进一个步距。

10	下模板	1	HT200	
9	凹模	1	CrWMn	60～64HRC
8	卸料板	1	Q235	
7	凸模	1	CrWMn	58～62HRC
6	侧刃	2	T8A	58～62HRC
5	凸模	1	CrWMn	58～62HRC
4	凸模固定板	1	Q235	
3	垫板	1	T7A	54～58HRC
2	上模板	1	HT200	
1	模柄	1	Q235	
序号	名　称	件数	材　料	备　注
有侧刃的连续冲裁模(1)				

12	导柱	2	20钢(渗碳淬硬)	60～64HRC
11	导套	2	20钢(渗碳淬硬)	60～64HRC
序号	名　称	件数	材　料	备　注

8.1.16　有侧刃的连续冲裁模（2）

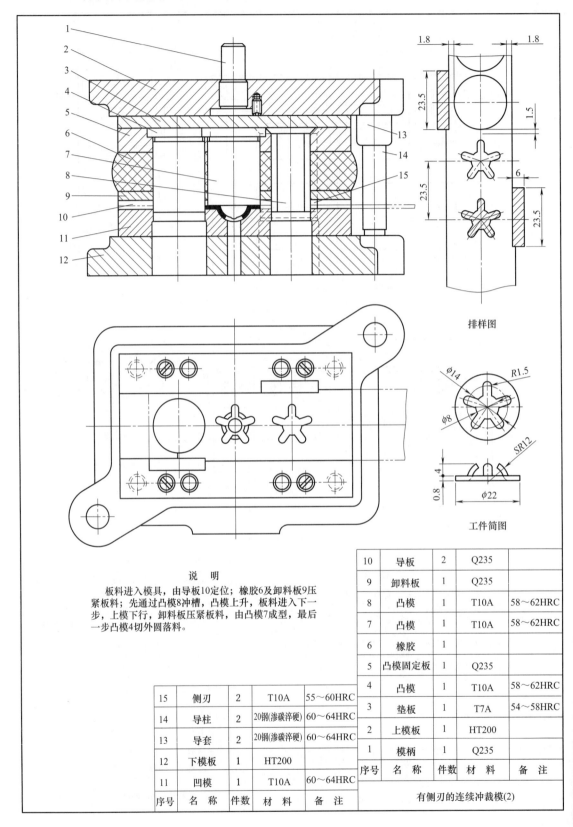

排样图

工件简图

说　明

板料进入模具，由导板10定位；橡胶6及卸料板9压紧板料；先通过凸模8冲槽，凸模上升，板料进入下一步，上模下行，卸料板压紧板料，由凸模7成型，最后一步凸模4切外圆落料。

序号	名　称	件数	材　料	备　注
15	侧刃	2	T10A	55～60HRC
14	导柱	2	20钢(渗碳淬硬)	60～64HRC
13	导套	2	20钢(渗碳淬硬)	60～64HRC
12	下模板	1	HT200	
11	凹模	1	T10A	60～64HRC

序号	名　称	件数	材　料	备　注
10	导板	2	Q235	
9	卸料板	1	Q235	
8	凸模	1	T10A	58～62HRC
7	凸模	1	T10A	58～62HRC
6	橡胶	1		
5	凸模固定板	1	Q235	
4	凸模	1	T10A	58～62HRC
3	垫板	1	T7A	54～58HRC
2	上模板	1	HT200	
1	模柄	1	Q235	

有侧刃的连续冲裁模(2)

8.1.17　有侧刃的冲孔、冲窝、切断连续模

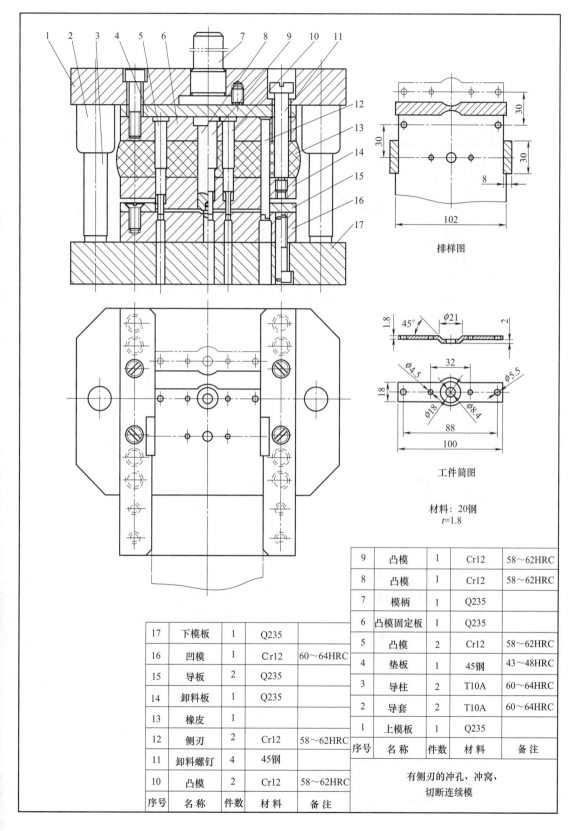

排样图

工件简图

材料：20钢
$t=1.8$

9	凸模	1	Cr12	58～62HRC
8	凸模	1	Cr12	58～62HRC
7	模柄	1	Q235	
6	凸模固定板	1	Q235	
5	凸模	2	Cr12	58～62HRC
4	垫板	1	45钢	43～48HRC
3	导柱	2	T10A	60～64HRC
2	导套	2	T10A	60～64HRC
1	上模板	1	Q235	
序号	名　称	件数	材料	备注
有侧刃的冲孔、冲窝、切断连续模				

17	下模板	1	Q235	
16	凹模	1	Cr12	60～64HRC
15	导板	2	Q235	
14	卸料板	1	Q235	
13	橡皮	1		
12	侧刃	2	Cr12	58～62HRC
11	卸料螺钉	4	45钢	
10	凸模	2	Cr12	58～62HRC
序号	名　称	件数	材料	备注

8.1.18 切外形、成型、切断连续冲裁模

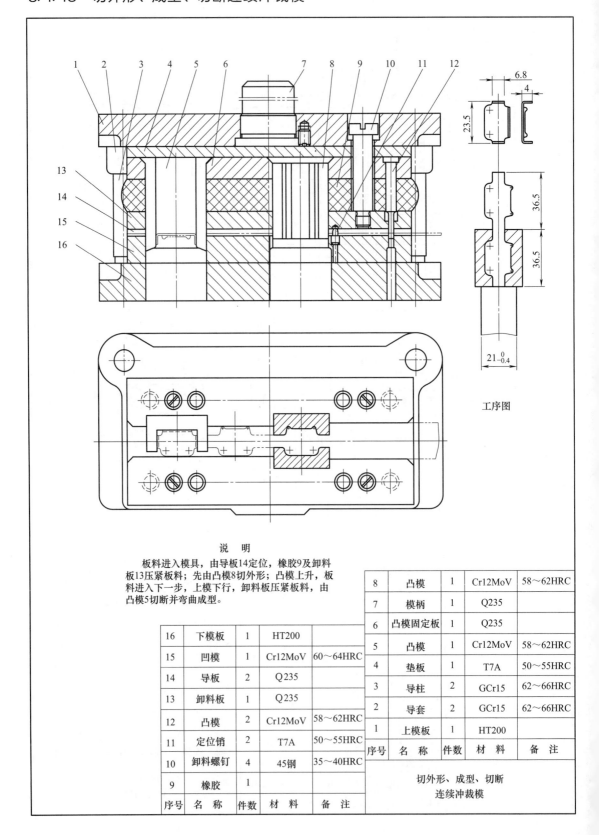

工序图

说 明

板料进入模具,由导板14定位,橡胶9及卸料板13压紧板料;先由凸模8切外形;凸模上升,板料进入下一步,上模下行,卸料板压紧板料,由凸模5切断并弯曲成型。

16	下模板	1	HT200	
15	凹模	1	Cr12MoV	60～64HRC
14	导板	2	Q235	
13	卸料板	1	Q235	
12	凸模	2	Cr12MoV	58～62HRC
11	定位销	2	T7A	50～55HRC
10	卸料螺钉	4	45钢	35～40HRC
9	橡胶	1		
序号	名 称	件数	材 料	备 注

8	凸模	1	Cr12MoV	58～62HRC
7	模柄	1	Q235	
6	凸模固定板	1	Q235	
5	凸模	1	Cr12MoV	58～62HRC
4	垫板	1	T7A	50～55HRC
3	导柱	2	GCr15	62～66HRC
2	导套	2	GCr15	62～66HRC
1	上模板	1	HT200	
序号	名 称	件数	材 料	备 注
	切外形、成型、切断连续冲裁模			

8.1.19　冲孔、切外形、弯曲连续精冲模

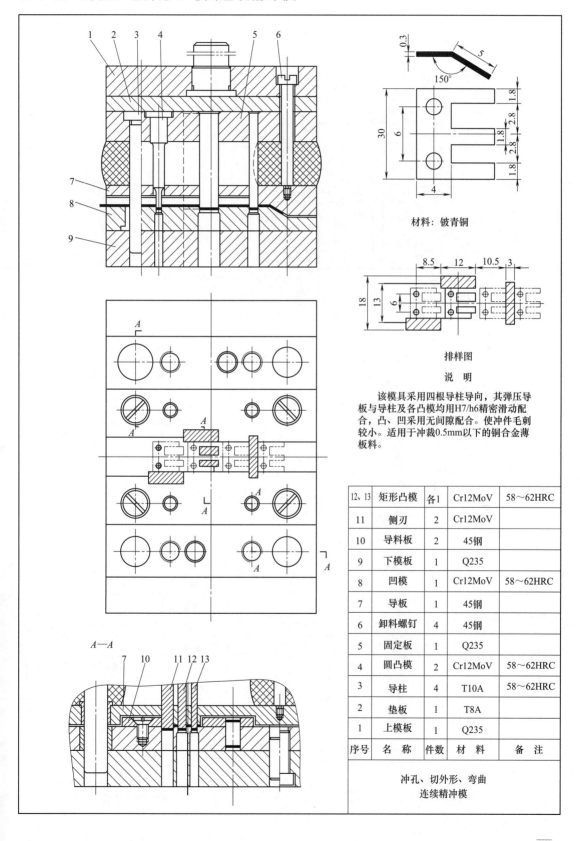

材料：铍青铜

排样图

说　明

该模具采用四根导柱导向，其弹压导板与导柱及各凸模均用H7/h6精密滑动配合，凸、凹采用无间隙配合。使冲件毛刺较小。适用于冲裁0.5mm以下的铜合金薄板料。

序号	名　称	件数	材　料	备　注
12、13	矩形凸模	各1	Cr12MoV	58～62HRC
11	侧刃	2	Cr12MoV	
10	导料板	2	45钢	
9	下模板	1	Q235	
8	凹模	1	Cr12MoV	58～62HRC
7	导板	1	45钢	
6	卸料螺钉	4	45钢	
5	固定板	1	Q235	
4	圆凸模	2	Cr12MoV	58～62HRC
3	导柱	4	T10A	58～62HRC
2	垫板	1	T8A	
1	上模板	1	Q235	
序号	名　称	件数	材　料	备　注

冲孔、切外形、弯曲
连续精冲模

8.1.20 弹压卸料复合模

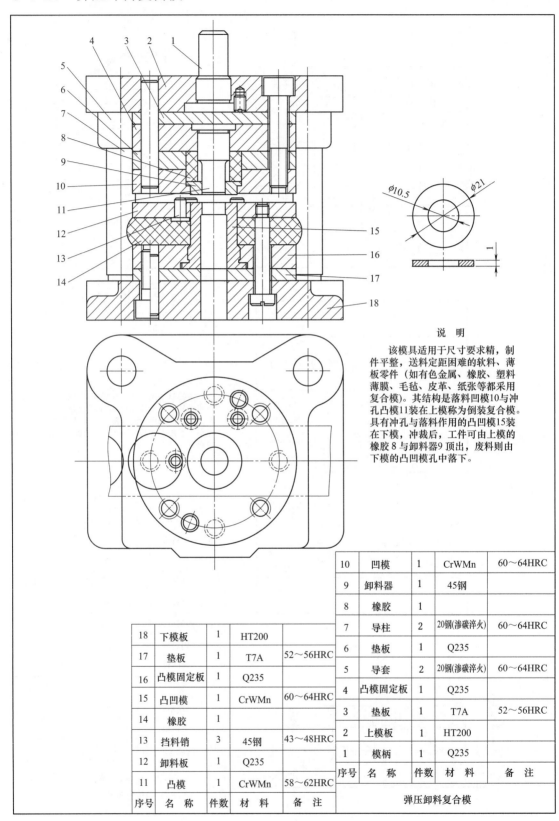

说　明

　　该模具适用于尺寸要求精，制件平整，送料定距困难的软料、薄板零件（如有色金属、橡胶、塑料薄膜、毛毡、皮革、纸张等都采用复合模）。其结构是落料凹模10与冲孔凸模11装在上模称为倒装复合模。具有冲孔与落料作用的凸凹模15装在下模，冲裁后，工件可由上模的橡胶8与卸料器9顶出，废料则由下模的凸凹模孔中落下。

序号	名　称	件数	材　料	备　注
18	下模板	1	HT200	
17	垫板	1	T7A	52～56HRC
16	凸模固定板	1	Q235	
15	凸凹模	1	CrWMn	60～64HRC
14	橡胶	1		
13	挡料销	3	45钢	43～48HRC
12	卸料板	1	Q235	
11	凸模	1	CrWMn	58～62HRC
序号	名　称	件数	材　料	备　注

序号	名　称	件数	材　料	备　注
10	凹模	1	CrWMn	60～64HRC
9	卸料器	1	45钢	
8	橡胶	1		
7	导柱	2	20钢(渗碳淬火)	60～64HRC
6	垫板	1	Q235	
5	导套	2	20钢(渗碳淬火)	60～64HRC
4	凸模固定板	1	Q235	
3	垫板	1	T7A	52～56HRC
2	上模板	1	HT200	
1	模柄	1	Q235	
序号	名　称	件数	材　料	备　注
弹压卸料复合模				

8.1.21 顺装复合模

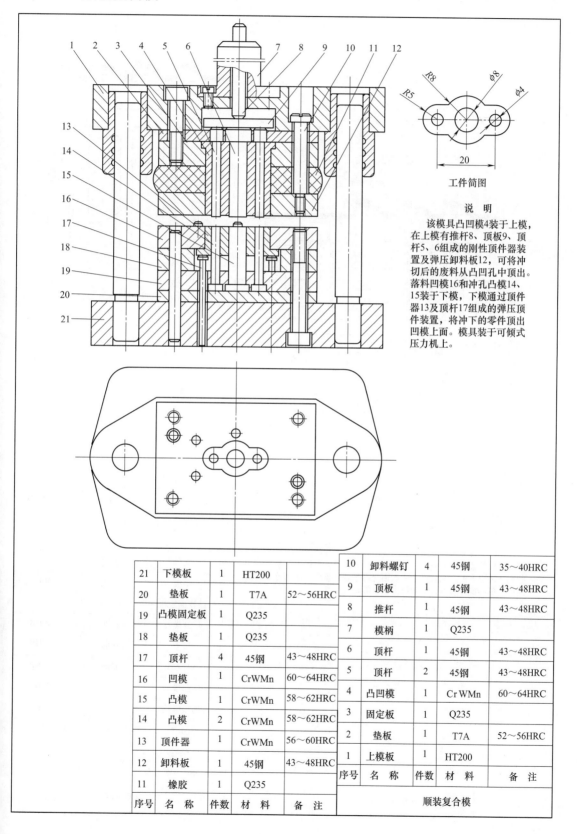

工件简图

说 明

该模具凸凹模4装于上模，在上模有推杆8、顶板9、顶杆5、6组成的刚性顶件器装置及弹压卸料板12，可将冲切后的废料从凸凹孔中顶出。落料凹模16和冲孔凸模14、15装于下模，下模通过顶件器13及顶杆17组成的弹压顶件装置，将冲下的零件顶出凹模上面。模具装于可倾式压力机上。

21	下模板	1	HT200	
20	垫板	1	T7A	52～56HRC
19	凸模固定板	1	Q235	
18	垫板	1	Q235	
17	顶杆	4	45钢	43～48HRC
16	凹模	1	CrWMn	60～64HRC
15	凸模	1	CrWMn	58～62HRC
14	凸模	2	CrWMn	58～62HRC
13	顶件器	1	CrWMn	56～60HRC
12	卸料板	1	45钢	43～48HRC
11	橡胶	1	Q235	
序号	名 称	件数	材 料	备 注

10	卸料螺钉	4	45钢	35～40HRC
9	顶板	1	45钢	43～48HRC
8	推杆	1	45钢	43～48HRC
7	模柄	1	Q235	
6	顶杆	1	45钢	43～48HRC
5	顶杆	2	45钢	43～48HRC
4	凸凹模	1	CrWMn	60～64HRC
3	固定板	1	Q235	
2	垫板	1	T7A	52～56HRC
1	上模板	1	HT200	
序号	名 称	件数	材 料	备 注
			顺装复合模	

8.1.22 百叶窗冲压模

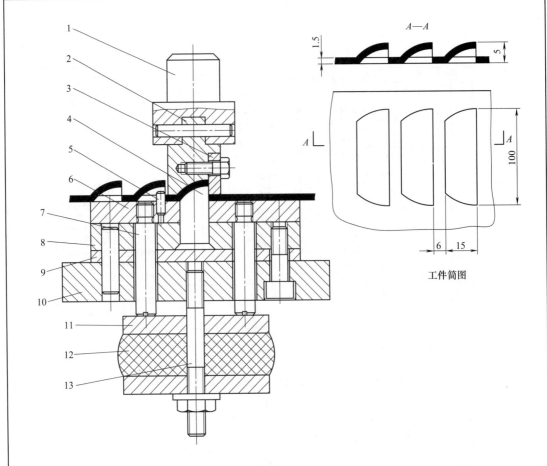

工件简图

说　明

　　该模具结构简单，制造容易，成本低。上模部分由凹模2及凹模镶块3组成。凹模2为成型工作部分；镶块3用于切口，其优点是便于制造也方便刃磨，仅须磨内侧面刃口即可。模具安装时，只要将凹模2与凸模4之间垫以与工件相同的材料厚度，以保证凸、凹模安装定位准确。工作时，工件在压紧状态下冲压成形，能确保工件表面光滑平整。该模具适用范围广，可制成冲压各种不同规格板面的百叶窗孔。

13	螺杆	1	45钢	35～40HRC
12	橡胶			
11	垫板	2	Q235	
10	底板	1	Q235	
9	垫板	1	T7A	54～58HRC
8	凸模固定板	1	Q235	
7	顶杆螺钉	4	45钢	35～40HRC
6	压板	1	45钢	35～40HRC
5	定位销	2	45钢	43～48HRC
4	凸模	1	T10A	58～62HRC
3	凹模镶块	1	T10A	60～64HRC
2	凹模	1	T10A	60～64HRC
1	模柄	1	Q235	
序号	名　称	件数	材　料	备　注
百叶窗冲压模				

8.1.23　型材切断模

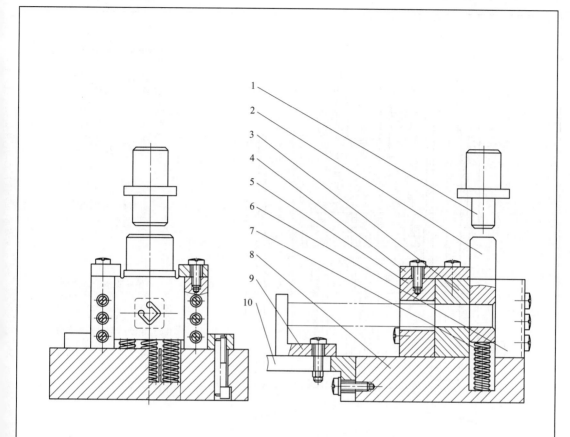

说　明

　　该模具用于切断型材件的模具结构，利用模具与型材截面相同的定模3与动模2的凹模口，以相对动作进行切断型材。为了放入型材通畅，动、定模的型孔应比型材各部尺寸大0.3～0.5mm。工作时，压力机的滑块下降由冲头1直接推动动模2将型材切断。切断后，在弹簧7的作用下使动模复位。

工件简图

10	定位座板	Q235	1	
9	定位板	Q235	1	
8	底座板	Q235	1	
7	弹簧		3	
序号	名　称	材　料	数量	备注

6	盖板	45钢	1	
5	支座板	45钢	1	
4	压板	45钢	1	
3	定模	T10A	1	58～62HRC
2	动模	T10A	1	58～62HRC
1	冲头	T8A	1	50～55HRC
序号	名　称	材　料	数量	备注
		型材切断模		

8.1.24　小孔冲模

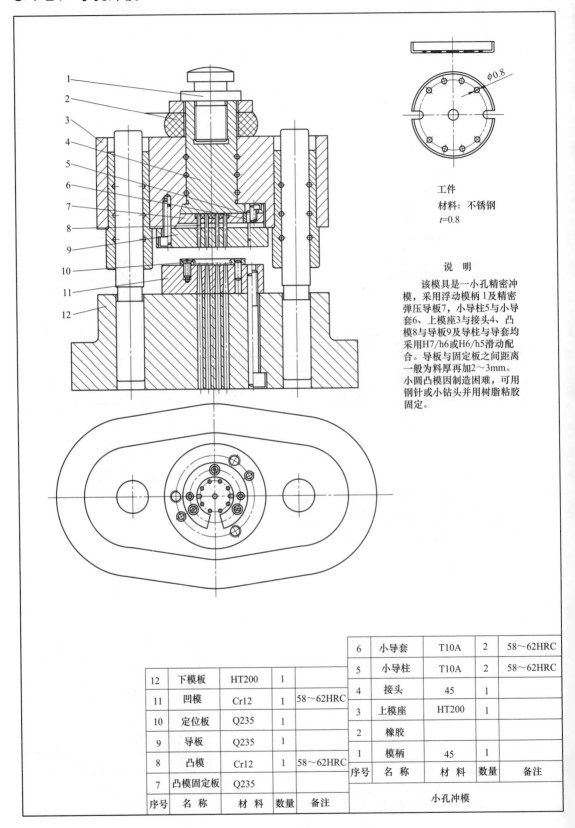

工件

材料：不锈钢

$t=0.8$

说　明

　　该模具是一小孔精密冲模，采用浮动模柄1及精密弹压导板7，小导柱5与小导套6、上模座3与接头4、凸模8与导板9及导柱与导套均采用H7/h6或H6/h5滑动配合。导板与固定板之间距离一般为料厚再加2～3mm。小圆凸模因制造困难，可用钢针或小钻头并用树脂粘胶固定。

6	小导套	T10A	2	58～62HRC
5	小导柱	T10A	2	58～62HRC
4	接头	45	1	
3	上模座	HT200	1	
2	橡胶			
1	模柄	45	1	
序号	名　称	材　料	数量	备注
	小孔冲模			

12	下模板	HT200	1	
11	凹模	Cr12	1	58～62HRC
10	定位板	Q235	1	
9	导板	Q235	1	
8	凸模	Cr12	1	58～62HRC
7	凸模固定板	Q235		
序号	名　称	材　料	数量	备注

8.1.25　管材切断模

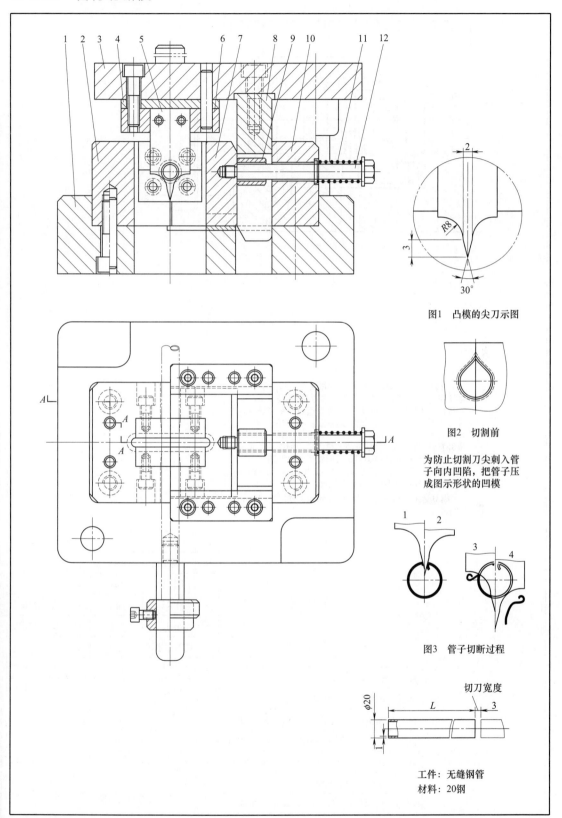

图1　凸模的尖刀示图

图2　切割前

为防止切割刀尖刺入管子向内凹陷，把管子压成图示形状的凹模

图3　管子切断过程

切刀宽度

工件：无缝钢管
材料：20钢

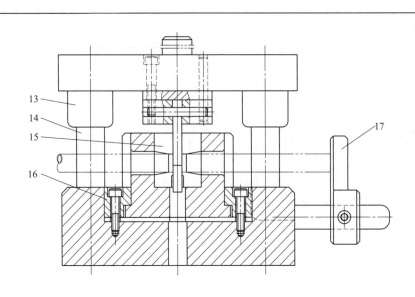

说　明

　　该模具是切割管子用模，凹模拼块15制成四个半块组合件，其中左边两个半块固定在固定板2上，右边两个半块固定在滑块7上，滑块通过导板16导向，并在弹簧11的作用下，使凹模能张开一定空隙，以便送入管件，当凸模尖刀(图1) 5下降时，由于斜楔板8的作用将活动凹模推进使凹模固定，把管子压成图2形状，以防止凸模尖刀入时管子向内凹陷。凸模逐渐切入管中与凹模刃口配合下，见图3，1～4的过程切下废料，即管子切断成两段。

　　模具适用于切割外径为 $\phi 8 \sim 35mm$，壁厚1～3mm管件。

11	弹簧	65Mn	1	43～48HRC
10	弹簧座板	Q235	1	
9	限位套	45钢	1	
8	斜楔板	T8A	1	52～55HRC
7	滑块	45钢	1	43～48HRC
6	切刀固定板	Q235	1	
5	尖刀	Cr12	1	56～60HRC
4	垫板	T8A	1	52～55HRC
3	上模板	Q235	1	
2	凹模固定板	Q235	1	
1	下模座	Q235	1	
序号	名　称	材　料	数量	备注

17	定位架		1	
16	导板	45钢	1	
15	凹模拼块	Cr12	1	58～62HRC
14	导柱	20钢(渗碳淬硬)	2	60～64HRC
13	导套	20钢(渗碳淬硬)	2	60～64HRC
12	螺杆	45钢	1	
序号	名　称	材　料	数量	备注

管材切断模

8.1.26　风扇连续冲裁模

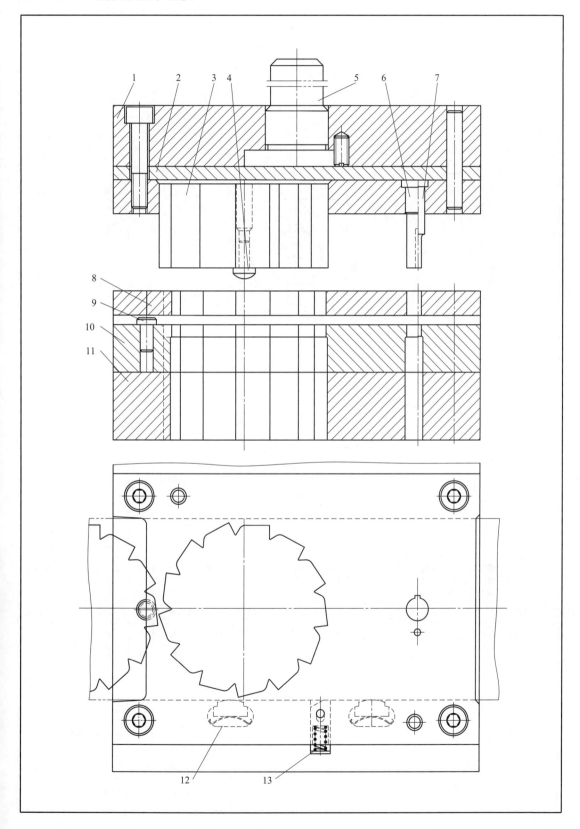

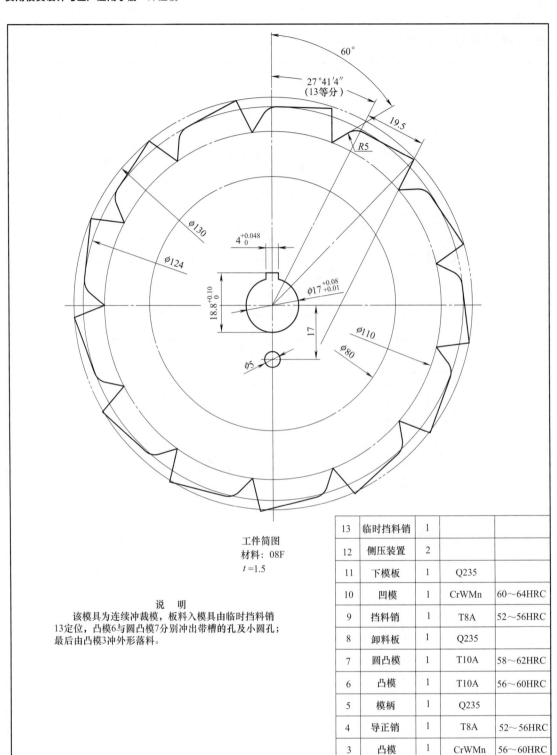

工件简图
材料：08F
$t = 1.5$

说　明

　该模具为连续冲裁模，板料入模具由临时挡料销
13定位，凸模6与圆凸模7分别冲出带槽的孔及小圆孔；
最后由凸模3冲外形落料。

13	临时挡料销	1		
12	侧压装置	2		
11	下模板	1	Q235	
10	凹模	1	CrWMn	60～64HRC
9	挡料销	1	T8A	52～56HRC
8	卸料板	1	Q235	
7	圆凸模	1	T10A	58～62HRC
6	凸模	1	T10A	56～60HRC
5	模柄	1	Q235	
4	导正销	1	T8A	52～56HRC
3	凸模	1	CrWMn	56～60HRC
2	垫板	1	T8A	52～56HRC
1	上模板	1	Q235	
序号	名　称	件数	材　料	备　注
	风扇连续冲裁模			

8.1.27 风扇切口成型模

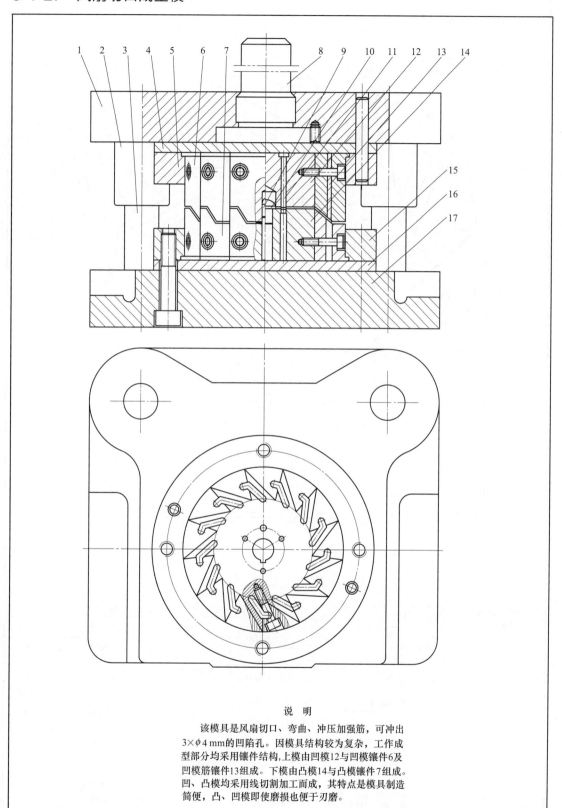

说　明

　　该模具是风扇切口、弯曲、冲压加强筋，可冲出
3×φ4mm的凹陷孔。因模具结构较为复杂，工作成
型部分均采用镶件结构，上模由凹模12与凹模镶件6及
凹模筋镶件13组成。下模由凸模14与凸模镶件7组成。
凹、凸模均采用线切割加工而成，其特点是模具制造
简便，凸、凹模即使磨损也便于刃磨。

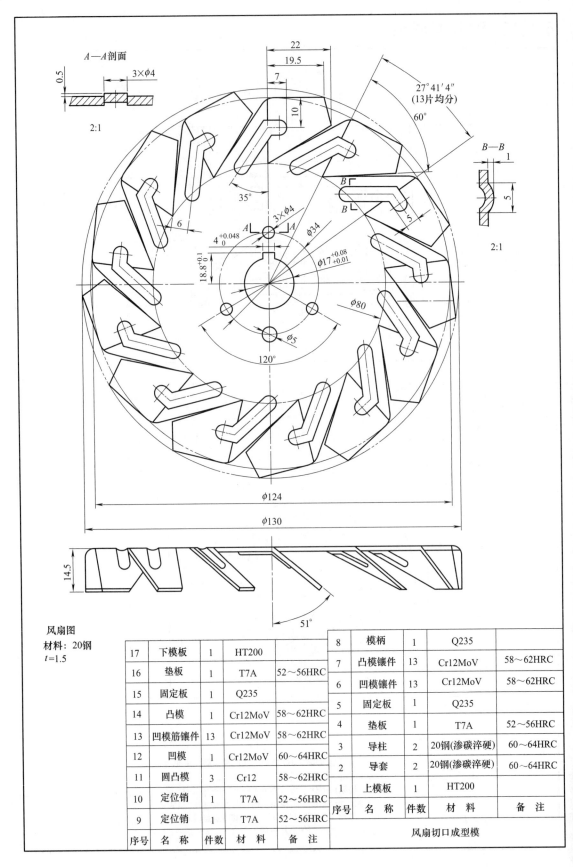

A—A剖面 2:1

B—B 2:1

27°41′4″
(13片均分)

风扇图
材料：20钢
$t=1.5$

风扇切口成型模

17	下模板	1	HT200	
16	垫板	1	T7A	52～56HRC
15	固定板	1	Q235	
14	凸模	1	Cr12MoV	58～62HRC
13	凹模筋镶件	13	Cr12MoV	58～62HRC
12	凹模	1	Cr12MoV	60～64HRC
11	圆凸模	3	Cr12	58～62HRC
10	定位销	1	T7A	52～56HRC
9	定位销	1	T7A	52～56HRC
序号	名　称	件数	材　料	备　注

8	模柄	1	Q235	
7	凸模镶件	13	Cr12MoV	58～62HRC
6	凹模镶件	13	Cr12MoV	58～62HRC
5	固定板	1	Q235	
4	垫板	1	T7A	52～56HRC
3	导柱	2	20钢(渗碳淬硬)	60～64HRC
2	导套	2	20钢(渗碳淬硬)	60～64HRC
1	上模板	1	HT200	
序号	名　称	件数	材　料	备　注

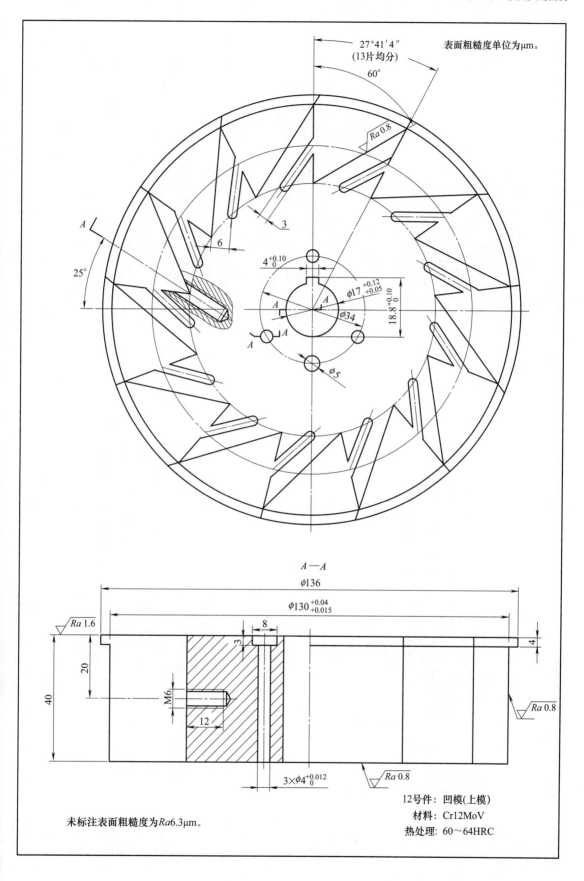

27°41′4″
(13片均分)
60°

表面粗糙度单位为μm。

Ra 0.8

3

6

25°

$4^{+0.10}_{0}$

$\phi17^{+0.12}_{+0.05}$

$18.8^{+0.10}_{0}$

$\phi34$

$\phi5$

$A-A$

$\phi136$

$\phi130^{+0.04}_{+0.015}$

Ra 1.6

8

3

20

40

M6

12

$3\times\phi4^{+0.012}_{0}$

Ra 0.8

4

Ra 0.8

Ra 0.8

12号件：凹模(上模)
材料：Cr12MoV
热处理：60～64HRC

未标注表面粗糙度为Ra6.3μm。

表面粗糙度单位为 μm。

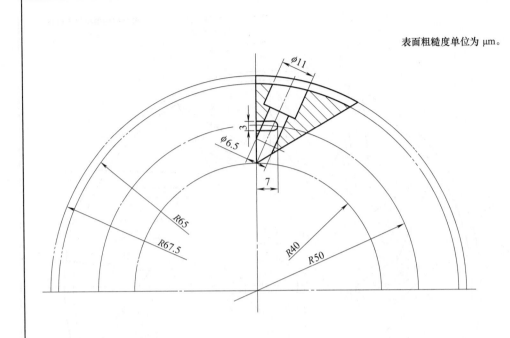

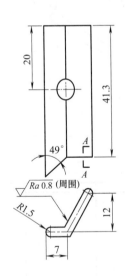

A—A 剖面

R1.5

13号件：凹模筋镶件

材料：Cr12MoV

热处理：58～62HRC

未标注表面粗糙度为 Ra 6.3μm。

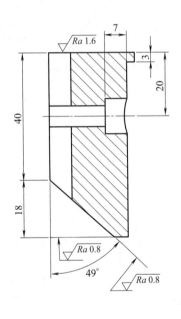

6号件：凹模镶件

材料：Cr12MoV

热处理：60～64HRC

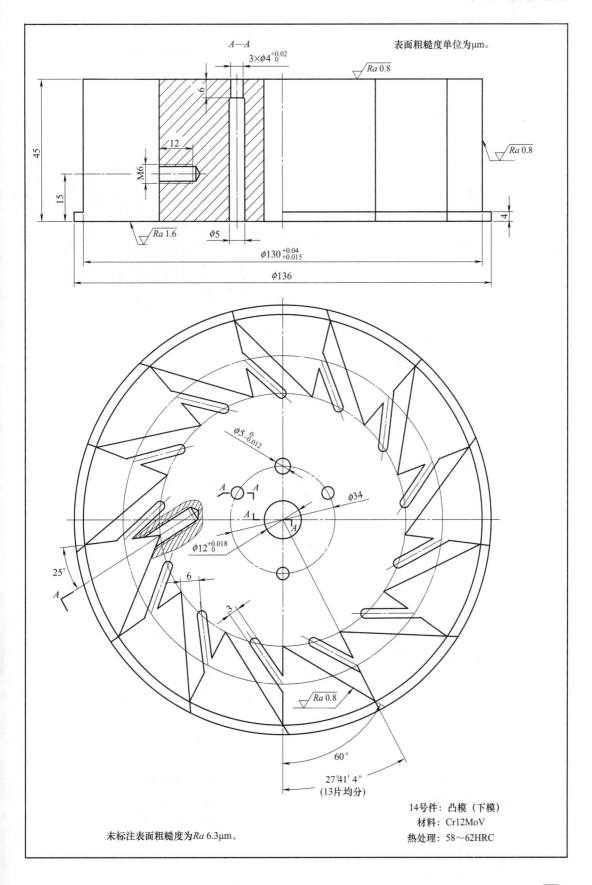

表面粗糙度单位为μm。

$A—A$

$3 \times \phi 4^{+0.02}_{0}$

$\sqrt{Ra\,0.8}$

$\sqrt{Ra\,0.8}$

6

12

M6

45

15

$\sqrt{Ra\,1.6}$

$\phi 5$

4

$\phi 130^{+0.04}_{+0.015}$

$\phi 136$

$\phi 5^{0}_{-0.012}$

A　A

A

$\phi 34$

$\phi 12^{+0.018}_{0}$

25°

6

3

60°

27°41′4″
(13片均分)

14号件：凸模（下模）
材料：Cr12MoV
热处理：58～62HRC

未标注表面粗糙度为$Ra\,6.3$μm。

表面粗糙度单位为 μm。

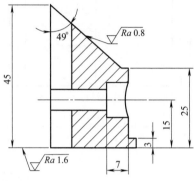

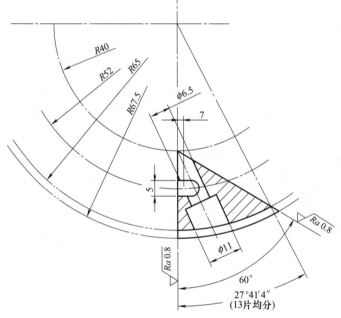

未标注表面粗糙度为 Ra 6.3μm。

7号件：凸模镶件

材料：Cr12MoV

热处理：58～62HRC

8.1.28　定子冲片复合模

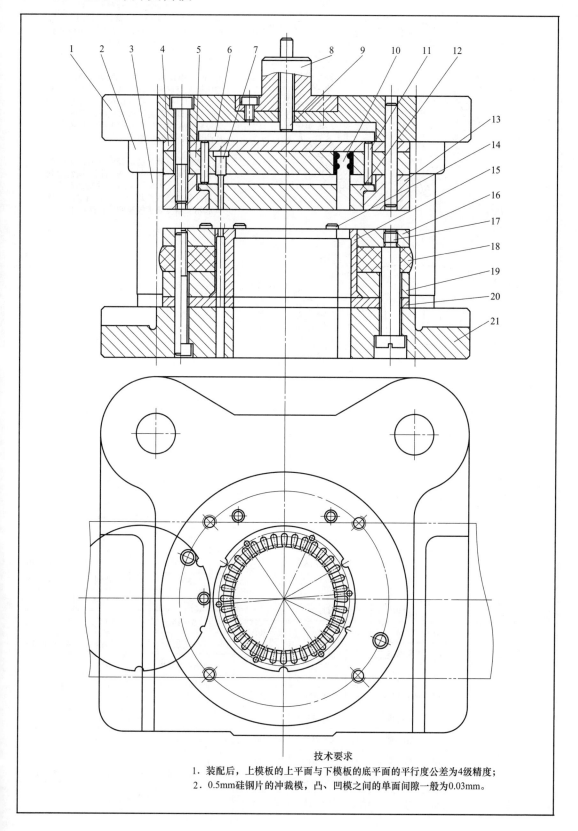

技术要求

1. 装配后，上模板的上平面与下模板的底平面的平行度公差为4级精度；
2. 0.5mm硅钢片的冲裁模，凸、凹模之间的单面间隙一般为0.03mm。

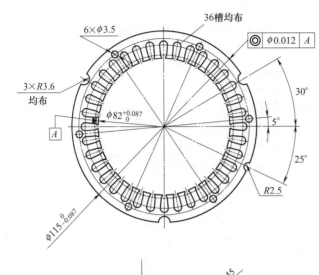

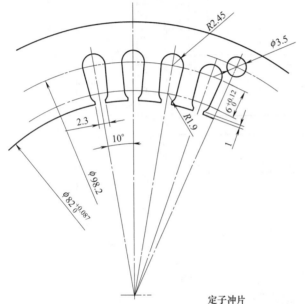

定子冲片

材料：硅钢片

$t = 0.5$

说　明

该模具是冲裁定子片的复合模，其结构中凸模10、圆凸模7、落料凹模13以及推杆9、顶板6、顶件11、顶件器12组成的卸料装置均装于上模，便于将冲片从凹模13中推出。

凸凹模15装于下模，既是冲槽、冲孔的凹模又是落料凸模，具有双重作用。下模通过卸料板16、橡胶18和卸料螺钉17组成的弹压卸料装置，既可以将条料压平，又可将冲片推出于凸凹模上面，其余废料从凸凹模漏料孔中落下。

该模具设计与制造较为复杂，其凸凹模与凹模采用线切割后,漏料洞口须经配制酸液腐蚀扩大0.2～0.4mm。冲槽的凸模可采用环氧树脂或低熔合金浇灌固定。该模具适用于精度要求较高的冲裁件加工。

序号	名　称	件数	材　料	备　注
21	下模板	1	HT200	
20	垫板	1	T7A	52～56HRC
19	凸模固定板	1	Q235	
18	橡胶	1		
17	卸料螺钉	4	45钢	35～40HRC
16	卸料板	1	Q235	
15	凸凹模	1	CrWMn	60～64HRC
14	挡料销	3	45钢	43～48HRC
13	落料凹模	1	CrWMn	60～64HRC
序号	名　称	件数	材　料	备　注

12	顶件器	1	45钢	
11	顶杆	4	45钢	43～48HRC
10	冲槽凸模	36	Cr12	58～62HRC
9	推杆	1	45钢	43～48HRC
8	模柄	1	Q235	
7	圆凸模	6	Cr12	58～62HRC
6	顶板	1	45钢	43～48HRC
5	凸模固定板	1	Q235	
4	垫板	1	T7A	52～56HRC
3	导柱	2	20钢(渗碳淬硬)	60～64HRC
2	导套	2	20钢(渗碳淬硬)	60～64HRC
1	上模板	1	HT200	
序号	名　称	件数	材　料	备　注

定子冲片复合模

8.1.29　定、转子片四工步连续模

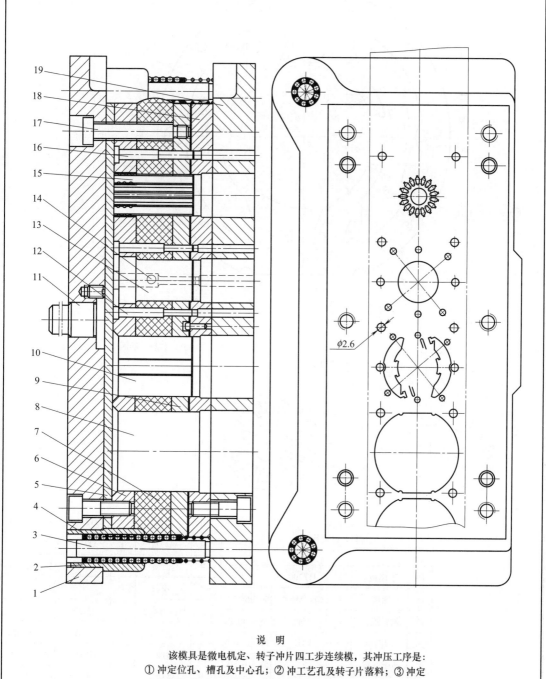

说　明

　　该模具是微电机定、转子冲片四工步连续模，其冲压工序是：① 冲定位孔、槽孔及中心孔；② 冲工艺孔及转子片落料；③ 冲定子型孔槽；④ 定子片落料。模架采用滚动导柱和导套导向。卸料装置由卸料板 9、卸料螺钉 17 及橡胶 7 组成。凸、凹模及有关零件均采用线切割加工。冲异型槽凸模采用环氧树脂固定。其余的圆凸模采用 H7/n6 配合固定。凹模的漏料孔可采用腐蚀加工，以适当扩大洞口便于废料自由落下。凸、凹模之间的单面间隙取 0.03mm 为宜。

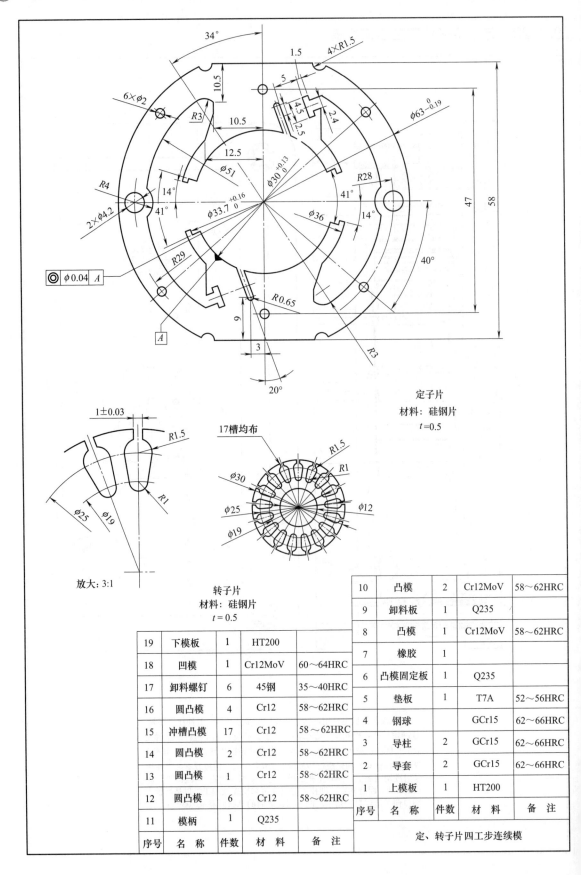

定子片

材料：硅钢片

$t = 0.5$

1 ± 0.03

$R1.5$

$R1$

$\phi 25$

$\phi 19$

放大：3:1

17槽均布

$R1.5$

$R1$

$\phi 30$

$\phi 25$

$\phi 19$

$\phi 12$

转子片

材料：硅钢片

$t = 0.5$

10	凸模	2	Cr12MoV	58～62HRC
9	卸料板	1	Q235	
8	凸模	1	Cr12MoV	58～62HRC
7	橡胶	1		
6	凸模固定板	1	Q235	
5	垫板	1	T7A	52～56HRC
4	钢球		GCr15	62～66HRC
3	导柱	2	GCr15	62～66HRC
2	导套	2	GCr15	62～66HRC
1	上模板	1	HT200	
序号	名　称	件数	材　料	备　注

定、转子片四工步连续模

19	下模板	1	HT200	
18	凹模	1	Cr12MoV	60～64HRC
17	卸料螺钉	6	45钢	35～40HRC
16	圆凸模	4	Cr12	58～62HRC
15	冲槽凸模	17	Cr12	58～62HRC
14	圆凸模	2	Cr12	58～62HRC
13	圆凸模	1	Cr12	58～62HRC
12	圆凸模	6	Cr12	58～62HRC
11	模柄	1	Q235	
序号	名　称	件数	材　料	备　注

8.1.30　转子片冲槽模

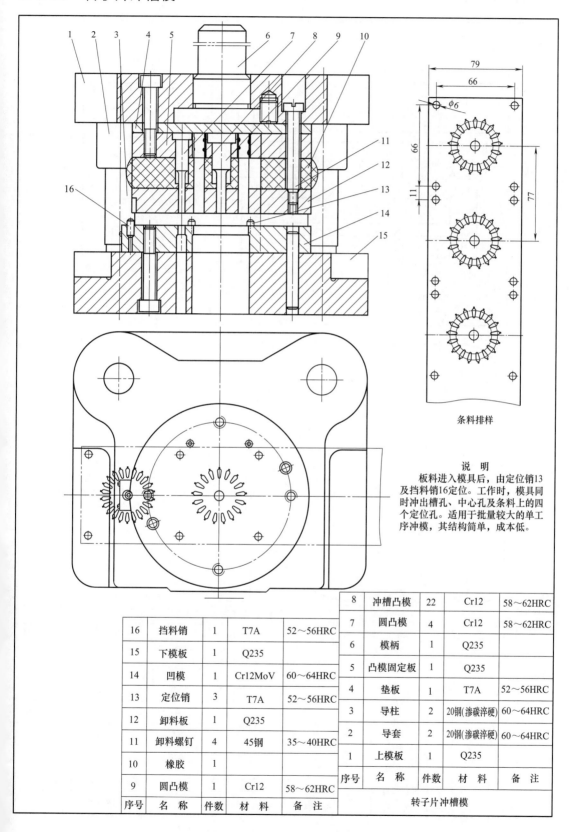

条料排样

说　明

板料进入模具后，由定位销13及挡料销16定位。工作时，模具同时冲出槽孔、中心孔及条料上的四个定位孔。适用于批量较大的单工序冲模，其结构简单，成本低。

序号	名　称	件数	材　料	备　注
16	挡料销	1	T7A	52～56HRC
15	下模板	1	Q235	
14	凹模	1	Cr12MoV	60～64HRC
13	定位销	3	T7A	52～56HRC
12	卸料板	1	Q235	
11	卸料螺钉	4	45钢	35～40HRC
10	橡胶	1		
9	圆凸模	1	Cr12	58～62HRC

序号	名　称	件数	材　料	备　注
8	冲槽凸模	22	Cr12	58～62HRC
7	圆凸模	4	Cr12	58～62HRC
6	模柄	1	Q235	
5	凸模固定板	1	Q235	
4	垫板	1	T7A	52～56HRC
3	导柱	2	20钢(渗碳淬硬)	60～64HRC
2	导套	2	20钢(渗碳淬硬)	60～64HRC
1	上模板	1	Q235	
序号	名　称	件数	材　料	备　注
		转子片冲槽模		

8.1.31 转子片落料模

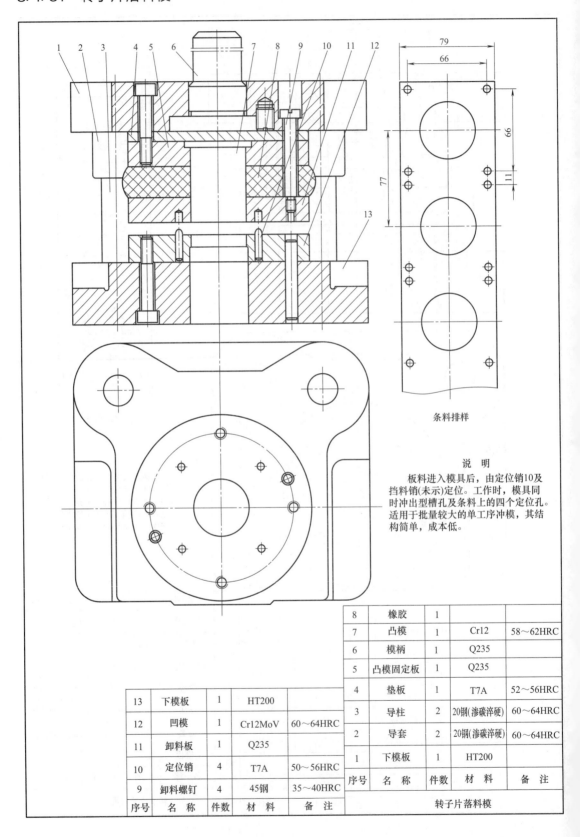

条料排样

说　明

板料进入模具后，由定位销10及挡料销(未示)定位。工作时，模具同时冲出型槽孔及条料上的四个定位孔。适用于批量较大的单工序冲模，其结构简单，成本低。

8	橡胶	1		
7	凸模	1	Cr12	58～62HRC
6	模柄	1	Q235	
5	凸模固定板	1	Q235	
4	垫板	1	T7A	52～56HRC
3	导柱	2	20钢(渗碳淬硬)	60～64HRC
2	导套	2	20钢(渗碳淬硬)	60～64HRC
1	下模板	1	HT200	
序号	名　称	件数	材　料	备　注
转子片落料模				

13	下模板	1	HT200	
12	凹模	1	Cr12MoV	60～64HRC
11	卸料板	1	Q235	
10	定位销	4	T7A	50～56HRC
9	卸料螺钉	4	45钢	35～40HRC
序号	名　称	件数	材　料	备　注

8.1.32　定子片冲槽模

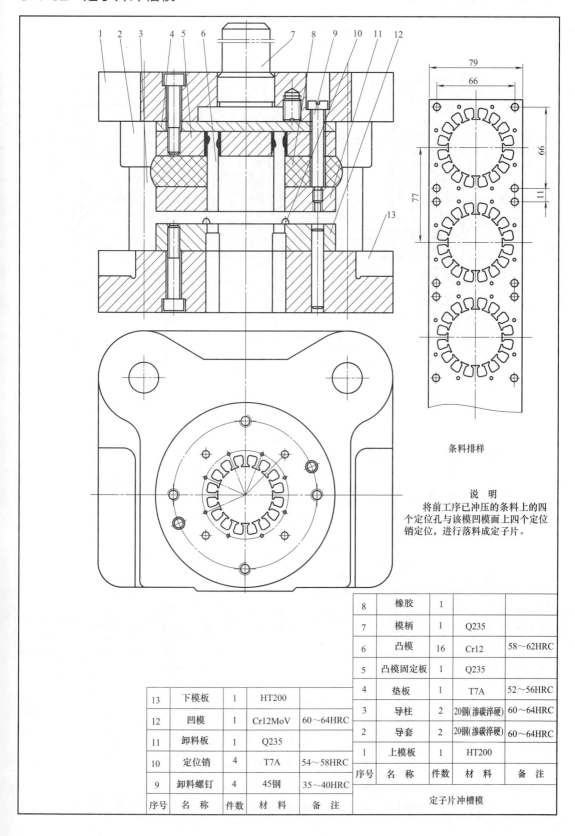

条料排样

说　明

将前工序已冲压的条料上的四个定位孔与该模凹模面上四个定位销定位，进行落料成定子片。

8	橡胶	1		
7	模柄	1	Q235	
6	凸模	16	Cr12	58～62HRC
5	凸模固定板	1	Q235	
4	垫板	1	T7A	52～56HRC
3	导柱	2	20钢(渗碳淬硬)	60～64HRC
2	导套	2	20钢(渗碳淬硬)	60～64HRC
1	上模板	1	HT200	
序号	名　称	件数	材　料	备　注

定子片冲槽模

13	下模板	1	HT200	
12	凹模	1	Cr12MoV	60～64HRC
11	卸料板	1	Q235	
10	定位销	4	T7A	54～58HRC
9	卸料螺钉	4	45钢	35～40HRC
序号	名　称	件数	材　料	备　注

8.1.33　定子片落料模

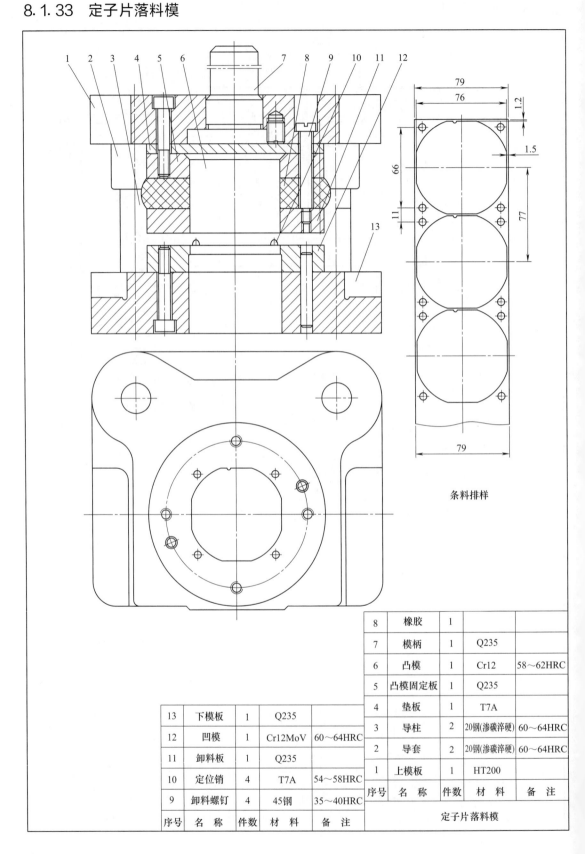

条料排样

8	橡胶	1		
7	模柄	1	Q235	
6	凸模	1	Cr12	58～62HRC
5	凸模固定板	1	Q235	
4	垫板	1	T7A	
3	导柱	2	20钢(渗碳淬硬)	60～64HRC
2	导套	2	20钢(渗碳淬硬)	60～64HRC
1	上模板	1	HT200	
序号	名　称	件数	材　料	备　注

定子片落料模

13	下模板	1	Q235	
12	凹模	1	Cr12MoV	60～64HRC
11	卸料板	1	Q235	
10	定位销	4	T7A	54～58HRC
9	卸料螺钉	4	45钢	35～40HRC
序号	名　称	件数	材　料	备　注

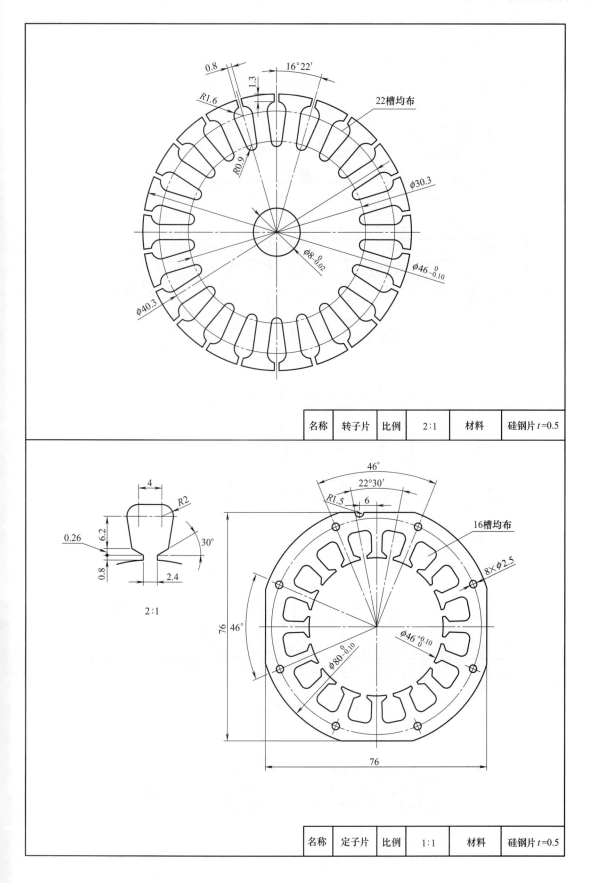

名称	转子片	比例	2∶1	材料	硅钢片 t=0.5

名称	定子片	比例	1∶1	材料	硅钢片 t=0.5

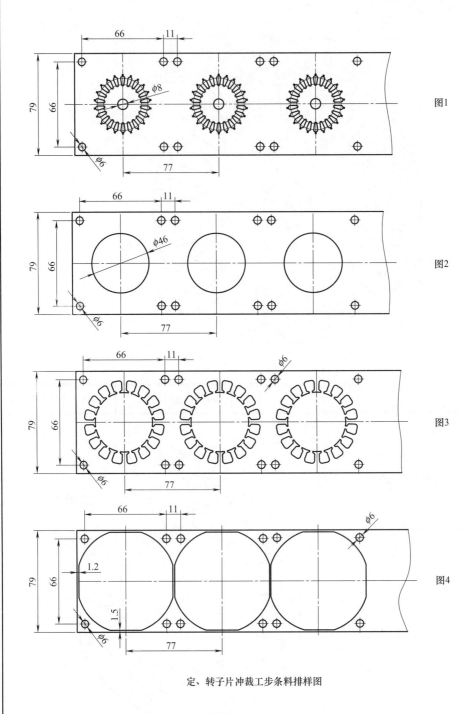

定、转子片冲裁工步条料排样图

说　明

　　定、转子冲片按排四个工步分别由单一工序模具冲裁：图1为转子片的中心孔ϕ8、22个槽孔及四个定位孔ϕ6；图2以四个定位孔ϕ6定位，转子片落料；图3冲定子片16个槽孔；图4为定子片落料。单一工序的模具冲裁，其结构简单，成本较低，可适用于大批量生产。

8.1.34 切边模

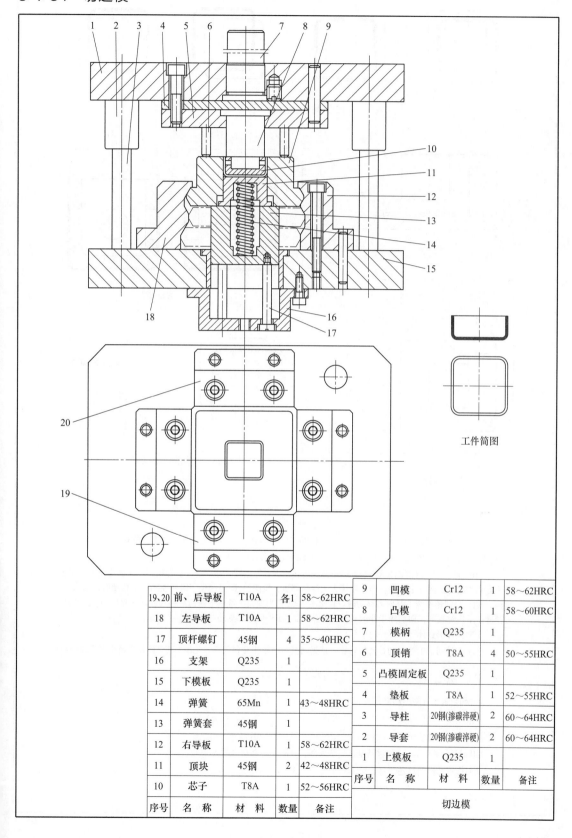

工件简图

序号	名　称	材　料	数量	备注		序号	名　称	材　料	数量	备注
19、20	前、后导板	T10A	各1	58～62HRC		9	凹模	Cr12	1	58～62HRC
18	左导板	T10A	1	58～62HRC		8	凸模	Cr12	1	58～60HRC
17	顶杆螺钉	45钢	4	35～40HRC		7	模柄	Q235	1	
16	支架	Q235	1			6	顶销	T8A	4	50～55HRC
15	下模板	Q235	1			5	凸模固定板	Q235	1	
14	弹簧	65Mn	1	43～48HRC		4	垫板	T8A	1	52～55HRC
13	弹簧套	45钢	1			3	导柱	20钢(渗碳淬硬)	2	60～64HRC
12	右导板	T10A	1	58～62HRC		2	导套	20钢(渗碳淬硬)	2	60～64HRC
11	顶块	45钢	2	42～48HRC		1	上模板	Q235	1	
10	芯子	T8A	1	52～56HRC		序号	名　称	材　料	数量	备注
序号	名　称	材　料	数量	备注				切边模		

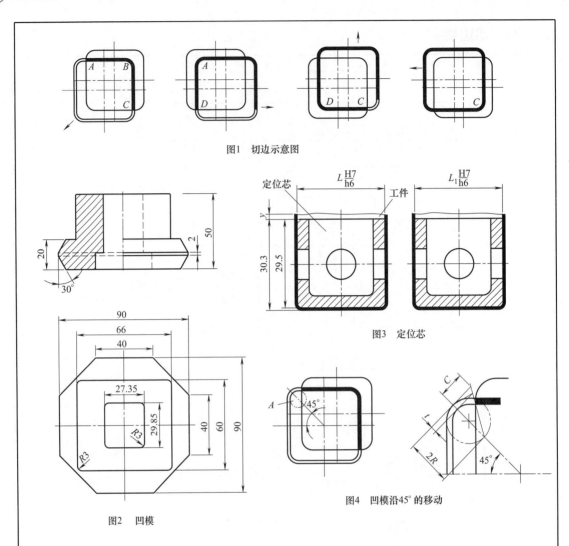

图1　切边示意图

图3　定位芯

图2　凹模

图4　凹模沿45°的移动

说　明

1) 在凹模9内装芯子10, 芯子外形与工件内形按H7/h6配合, 其高度和工件所需高度相同。上模的四根限制柱用于控制凸模下平面与凹模上平面之间的间隙, 其间隙值可取0.05mm。

2) 切边凹模9, 除随凸模8作垂直运动外, 还在左、右导板12、18, 前、后导板19、20的作用下, 在水平方向作相对应的三个方向移动, 以切去工件的周边, 见图1。即当凹模下降向左和向前移动时, 切除A、B、C边; 当凹模继续下降向右移动时, 切除A、D边; 当凹模再继续下降向后移动时, 切除D、C边; 当凹模降至最后位置时, 则切除工件的最后一部分C边, 工件的全部周边被切除。

3) 凹模外形设计:

①凹模切割工件时的移动量计算, 根据凹模与凸模相对移关系, 见图4,其中圆角内两直角三角形相似。

则: $\dfrac{t}{C} = \dfrac{C}{2R-t}$　$C = \sqrt{t(2R-t)} = \sqrt{0.5 \times (7-0.5)} = 1.8 \text{(mm)}$。

a.沿45°斜角方向移动总矢量: $S = C+t$, $S = 1.8+0.5 = 2.3 \text{(mm)}$。

b.沿左右方向移动量: $a = S\cos 45° = 2.3 \times \cos 45° = 2.3 \times 0.707 = 1.6 \text{(mm)}$。

c.沿前后方向移动量: $b = S\sin 45° = 2.3 \times \sin 45° = 2.3 \times 0.707 = 1.6 \text{(mm)}$。

实际设计时, 将a、b的移动量适当加大些, 则a、b的移动量改为3mm。

d.凹模对凸模的移动矢量: $S = \sqrt{a^2+b^2} = \sqrt{3^2+3^2} = 4.2 \text{(mm)}$。

②凹模的运动斜度。

凹模的运动侧面斜度大，其阻力也大，凹模不易向下移动，若斜度大小，则需要较大距离的凹模垂直方向移动，才能使凹模在水平方向移动较小的距离，故侧面斜度α一般选用30°。

③凹模斜面部分的高度见图2。

凹模斜面与导板斜面相配合，而导板的斜面高度与每一阶段的凹模移动a和b有关。

则$H=2a\cot30°+2b\cot30°=2×3×1.732+2×3×1.732=20.8(mm)$。

凹模高度取整数为20mm。

④凹模结构与定位芯，分别如图2、图3所示。凹模材料用T10A或Cr12，热处理硬度58～62HRC。定位芯外形与工件内形按$\frac{H7}{h6}$配合，其高度应等于工件内形高度，芯子材料用T8A，热处理硬度52～56HRC。

4)导板曲线的设计与计算分别见18号左导板、12号右导板、19号前导板、20号后导板。

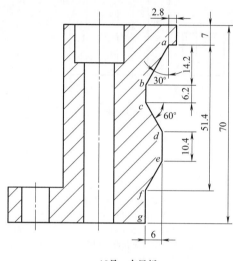

18号　左导板

①左导板曲线计算方法。

a. ab斜线倾斜角30°与凹模端面斜角相配合。

ab斜线在水平面上投影长度=凹模端面斜度水平投影长度+凹模向左移动量=$9\tan30°+3=9×0.577+3=8.2(mm)$。

ab斜线在垂直平面上投影长度=凹模端面斜度+凹模向左移动量×$\cot30°=9+3×1.732=14.2(mm)$。

b. bc直线高度=3倍凹模斜端面直边厚度+0.2=$3×2+0.2=6.2(mm)$。

c. cd斜线倾斜角30°与凹模端面斜角相配合。

cd斜线在水平面上投影长度=凹模向右移动距离=6(mm)(因为凹模在第二阶段向左移动3mm，凹模除向右移动3mm至中心位置外，再向右移动3mm，所以共计6mm)。

cd斜线在垂直平面上投影高度=$6\cot30°=6×1.732=10.4(mm)$。

d. de直线高度=凹模由前向后移动6mm时的垂直下降行程=$6×\cot30°=6×1.732=10.4(mm)$。

e. ef斜线倾斜30°与凹模端面斜角相配合。

ef斜线在水平面上投影长度=凹模从右向左移动距离=6(mm)。

ef斜线在垂直平面上投影高度=$6\cot30°=6×1.732=10.4(mm)$。

f. fg直线高度=$\frac{1}{2}$凹模厚度$-\frac{1}{2}$凹模斜端面直边厚度+空隙=$(1/2×20)+(1/2×2)+0.2×2=11.4(mm)$。

ag垂直线高度=左导板各线垂直高度总和=$(ab+bc+cd+de+ef+fg)=14.2+6.2+10.4+10.4+10.4+11.4=63(mm)$。

②右导板曲线计算方法。

a.ab斜线倾斜角30°与凹模端面斜角相配合。

ab斜线在垂直平面上投影高度=凹模端面斜线垂直高度+$\frac{1}{2}$×0.2=9+0.1=9.1(mm)。

b.bc直线高度=凹模斜端面直边厚度-0.2=2-0.2=1.8(mm)(ab斜线高度+$\frac{1}{2}$×0.2，bc直线高度-0.2的目的是使凹模和导板斜面靠紧)。

c.cd倾斜角30°与凹模端面斜角相配合。

cd斜线在水平面上投影长度=凹模向左移动量+0.1tan30°=3+0.1×0.577=3.06(mm)。

cd斜线在垂直平面上投影高度=3.06×cot30°=3×1.732=5.3(mm)。

d.de直线高度=凹模斜端面直边厚度+0.2=2.2(mm)。

e.ef斜线倾斜角30°与凹模端面斜角相配合。

ef斜线在水平面上投影长度=凹模从左向右移动距离=6(mm)。

ef斜线在垂直平面上投影高度=6cot30°=6×1.732=10.4(mm)。

f.fg直线高度=左导板de直线高度+2倍凹模斜端面直边厚度=10.4+2×2=14.4(mm)。

19号　前导板

③前导板曲线计算方法。

a.ab斜线倾斜角30°与凹模端面斜角配合。

ab斜线在水平面上投影长度=凹模端面斜度水平面上投影长度+凹模向前移动量=9tan30°+3=9×0.577+3=8.2(mm)。

ab斜线在垂直平面上投影高度=凹模端面斜度垂直高度+凹模向前移动量×cot30°=9+3cot30°=9+3×1.732=14.2(mm)。

b.bc直线高度=左导板的(bc直线高度+cd在垂直平面上投影高度)直线高度+凹模斜端面直边高度=6.2+10.4+2=18.6(mm)。

c.cd斜线倾斜角30°与凹模端面斜度相配合。

cd斜线在水平面上投影长度=凹模由前向后移动距离=6(mm)。

cd斜线在垂直平面上投影高度=6cot30°=6×1.732=10.4(mm)。

d.de直线高度=导板各线垂直总高度-前导板的(ab+bc+cd)各线垂直高度=63-(14.2+18.6+10.4)=19.8(mm)。

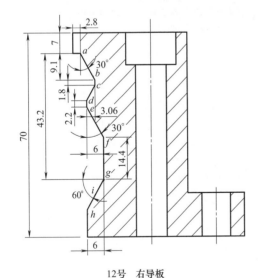

12号　右导板

④后导板曲线计算方法。

a. *ab*斜线倾斜角30°与凹模端面斜角相配合。

*ab*斜线在垂直平面上投影高度=凹模端面斜度垂直高度+$\frac{1}{2}$×0.2=9+0.1=9.1(mm)。

b. *bc*直线高度=凹模斜端面直边厚度-0.2=2-0.2=1.8(mm)。

c. *cd*斜线倾斜角30°与凹模端面斜角配合。

*cd*斜线在水平面上投影长度=凹模向前移动量+0.1tan30°=3+0.1×0.577=3.06(mm)。

*cd*斜线在垂直平面上投影高度=3.06×cot30°=3.06×1.732=5.3(mm)。

d. *de*直线高度=前导板*bc*直线高度-2倍凹模斜端面直边厚度=18.6-2×2=14.6(mm)。

*ef*斜线倾斜角30°与凹模端面斜角配合。

*ef*斜线水平面上投影长度=凹模由后向前移动距离=6(mm)。

*ef*斜线垂直面上投影高度=6cot30°=6×1.732=10.4(mm)。

*fg*直线高度=导板各线垂直总高度-后导板的(*ab-bc-cd-de-ef*)各线垂直高度=63-9.1-1.8-5.3-14.6-10.4=21.8(mm)。

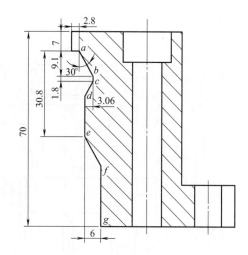

20号后导板

8.1.35　剖切模

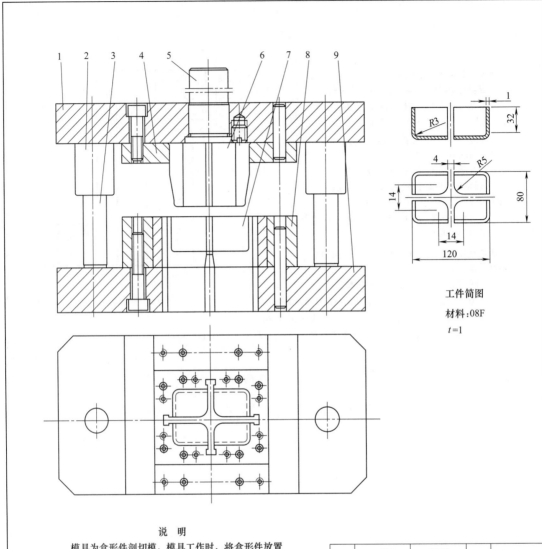

工件简图

材料:08F

$t=1$

说　明

模具为盒形件剖切模,模具工作时,将盒形件放置于下模兼可定位的凹模7内,通过上模凸模6冲切成1/4件即为单件成品。

序号	名　称	材　料	数量	备注
9	下模板	Q235		
8	凹模固定板	Q235		
7	凹模	CrWMn	1	60～64HRC
6	凸模	CrWMn	1	58～62HRC
5	模柄	Q235	1	
4	凸模固定板	Q235	1	
3	导柱	20钢(渗碳淬硬)	2	60～64HRC
2	导套	20钢(渗碳淬硬)	2	60～64HRC
1	上模板	Q235	1	
序号	名　称	材　料	数量	备注
		剖切模		

8.1.36 固定凸模式精冲模

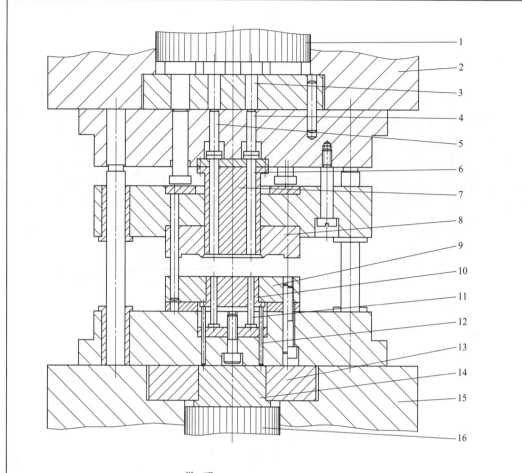

说 明

　　该模具结构适宜安装在专用精冲压力机上使用。落料凸模7固定在上模内,齿圈压板8可沿导柱上下滑动,齿圈压板的压力和顶板10的反压力,分别由压力机上、下柱塞1和16通过传力杆5和顶杆12传递。

　　固定凸模式结构,适用于冲裁大的、长的或窄的零件,不对称零件,冲裁力大而要求模具特别稳定的零件以及内孔很多的零件。

9	凹模		Cr12MoV	
8	齿圈压板		T10A	
7	凸凹模		Cr12MoV	58～62HRC
6	推杆		45钢	
4、5	传力杆		45钢	
3	传力杆		45钢	
2	上工作台			
1	上柱塞			
序号	名　称	件数	材　料	备　注
		固定凸模式精冲模		

16	下柱塞			
15	下工作台			
14	顶块		45钢	
13	垫板		T8A	52～55HRC
12	顶杆		45钢	
11	冲孔凸模		Cr12	
10	顶板		45钢	
序号	名　称	件数	材　料	备　注

8.1.37　活动凸模式精冲模

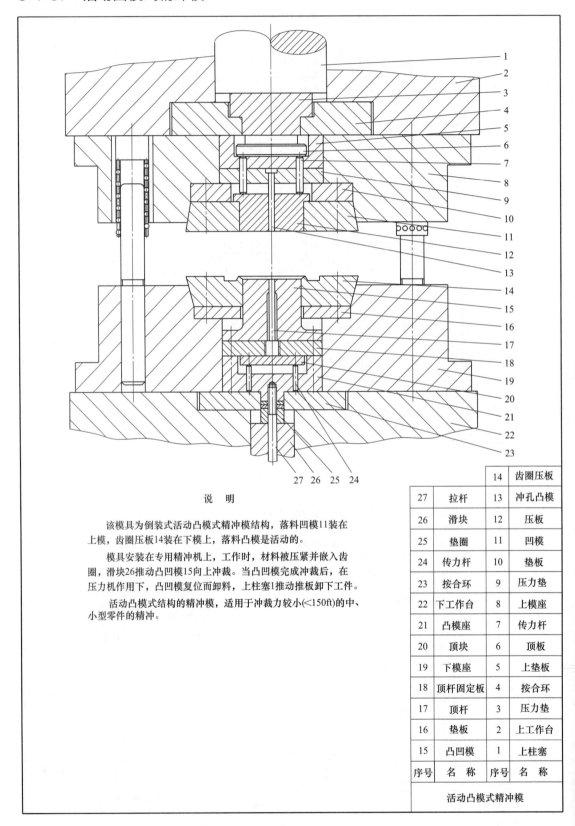

27　26　25　24

说　明

该模具为倒装式活动凸模式精冲模结构，落料凹模11装在上模，齿圈压板14装在下模座上，落料凸模是活动的。

模具安装在专用精冲机上，工作时，材料被压紧并嵌入齿圈，滑块26推动凸凹模15向上冲裁。当凸凹模完成冲裁后，在压力机作用下，凸凹模复位而卸料，上柱塞1推动推板卸下工件。

活动凸模式结构的精冲模，适用于冲裁力较小(<150ft)的中、小型零件的精冲。

序号	名　称	序号	名　称
		14	齿圈压板
27	拉杆	13	冲孔凸模
26	滑块	12	压板
25	垫圈	11	凹模
24	传力杆	10	垫板
23	按合环	9	压力垫
22	下工作台	8	上模座
21	凸模座	7	传力杆
20	顶块	6	顶板
19	下模座	5	上垫板
18	顶杆固定板	4	按合环
17	顶杆	3	压力垫
16	垫板	2	上工作台
15	凸凹模	1	上柱塞
序号	名　称	序号	名　称

活动凸模式精冲模

8.1.38　简单精冲模（1）

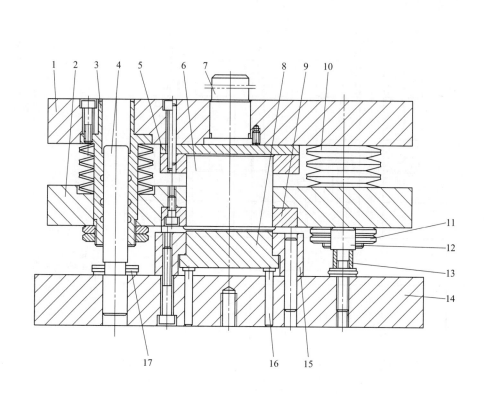

说　明

　　该模具为普通式弹压顶料冲裁模，采用碟形弹簧作为齿圈压板压力和顶板反压力，进行压料和卸料作用。采用精冲工艺，因利用齿圈压板的作用，将料压紧并被齿圈嵌入，故要求搭边比普通冲裁要大得多。模具适用于普通压力机上进行精冲。

10	碟形弹簧	16	65Mn	43～48HRC
9	齿圈压板	2	T8A	50～55HRC
8	顶板	1	45钢	
7	模柄	1	Q235	
6	凸模	1	Cr12	58～62HRC
5	垫板	1	T8A	56～60HRC
4	导柱	2	T8A	56～60HRC
3	导套	2	T8A	56～60HRC
2	导板	1	45钢	
1	上模板	1	Q235	
序号	名　称	件数	材　料	备　注
简单精冲模(1)				

17	弹簧卡箍	1	45钢	
16	顶杆	4	45钢	35～40HRC
15	凹模	1	Cr12	58～60HRC
14	下模板	1	Q235	
13	限位套	4	45钢	
12	限位柱	4	45钢	
11	螺母	4	45钢	35～40HRC
序号	名　称	件数	材　料	备　注

8.1.39 简单精冲模（2）

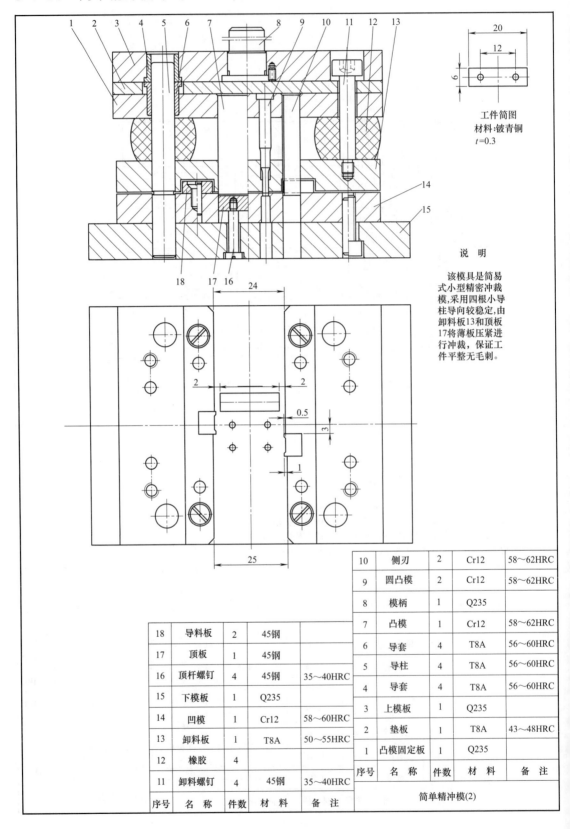

工件简图
材料:铍青铜
$t=0.3$

说　明

该模具是简易式小型精密冲裁模,采用四根小导柱导向较稳定,由卸料板13和顶板17将薄板压紧进行冲裁,保证工件平整无毛刺。

序号	名　称	件数	材料	备　注
18	导料板	2	45钢	
17	顶板	1	45钢	
16	顶杆螺钉	4	45钢	35～40HRC
15	下模板	1	Q235	
14	凹模	1	Cr12	58～60HRC
13	卸料板	1	T8A	50～55HRC
12	橡胶	4		
11	卸料螺钉	4	45钢	35～40HRC
序号	名　称	件数	材料	备　注

序号	名　称	件数	材料	备　注
10	侧刃	2	Cr12	58～62HRC
9	圆凸模	2	Cr12	58～62HRC
8	模柄	1	Q235	
7	凸模	1	Cr12	58～62HRC
6	导套	4	T8A	56～60HRC
5	导柱	4	T8A	56～60HRC
4	导套	4	T8A	56～60HRC
3	上模板	1	Q235	
2	垫板	1	T8A	43～48HRC
1	凸模固定板	1	Q235	
序号	名　称	件数	材料	备　注

简单精冲模(2)

8.1.40　聚氨酯冲裁垫圈模

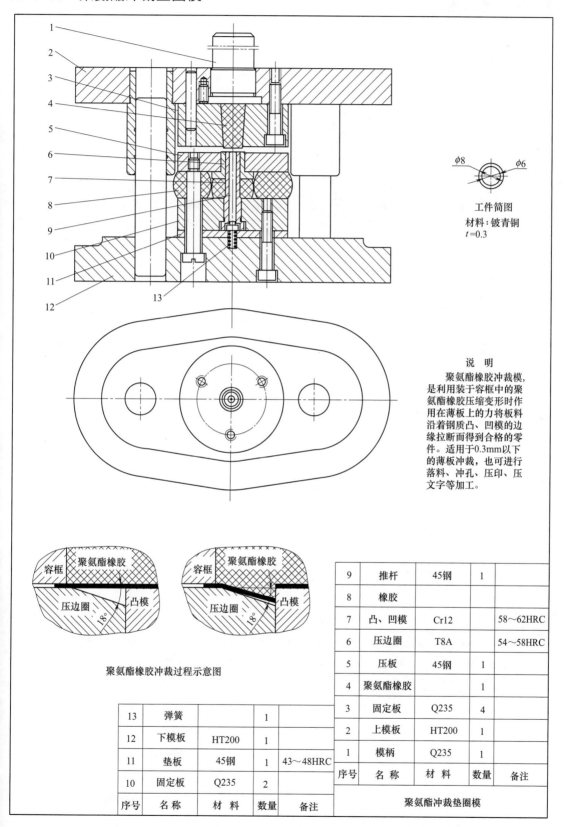

工件简图

材料：铍青铜

$t = 0.3$

说　明

聚氨酯橡胶冲裁模，是利用装于容框中的聚氨酯橡胶压缩变形时作用在薄板上的力将板料沿着钢质凸、凹模的边缘拉断而得到合格的零件。适用于0.3mm以下的薄板冲裁，也可进行落料、冲孔、压印、压文字等加工。

聚氨酯橡胶冲裁过程示意图

13	弹簧		1	
12	下模板	HT200	1	
11	垫板	45钢	1	43～48HRC
10	固定板	Q235	2	
序号	名　称	材　料	数量	备注

9	推杆	45钢	1	
8	橡胶			
7	凸、凹模	Cr12		58～62HRC
6	压边圈	T8A		54～58HRC
5	压板	45钢	1	
4	聚氨酯橡胶		1	
3	固定板	Q235	4	
2	上模板	HT200	1	
1	模柄	Q235	1	
序号	名　称	材　料	数量	备注
聚氨酯冲裁垫圈模				

8.2　弯曲模

8.2.1　V形弯曲模（1）

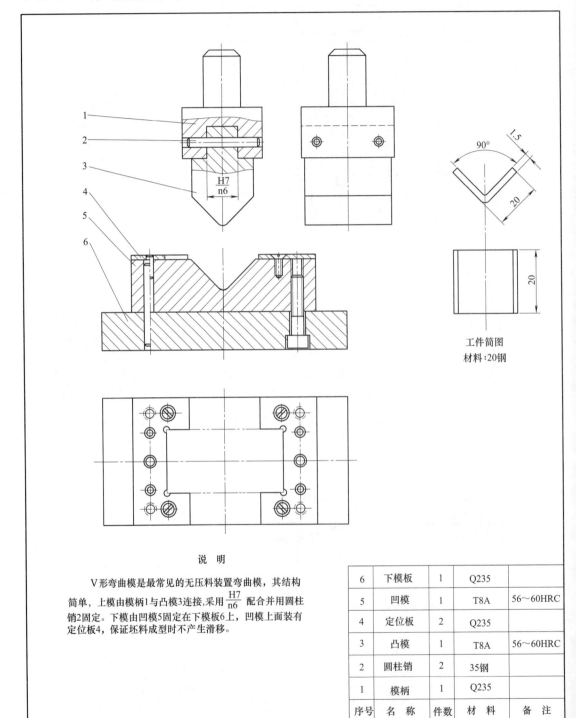

工件简图
材料：20钢

说　明

　　V形弯曲模是最常见的无压料装置弯曲模，其结构简单，上模由模柄1与凸模3连接，采用 $\dfrac{H7}{n6}$ 配合并用圆柱销2固定。下模由凹模5固定在下模板6上，凹模上面装有定位板4，保证坯料成型时不产生滑移。

6	下模板	1	Q235	
5	凹模	1	T8A	56～60HRC
4	定位板	2	Q235	
3	凸模	1	T8A	56～60HRC
2	圆柱销	2	35钢	
1	模柄	1	Q235	
序号	名　称	件数	材　料	备　注
V形弯曲模(1)				

8.2.2 V形弯曲模（2）

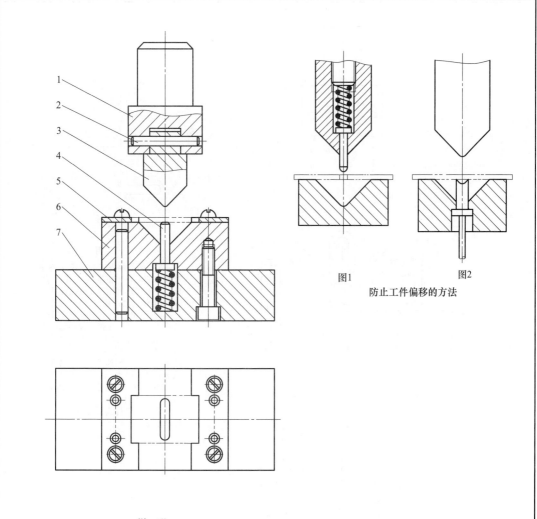

图1　　　　　图2

防止工件偏移的方法

说　明

　　V形件弯曲模,其结构较简单。为了保证在工作时毛坯不得产生滑移,在模具结构中,一般可采用顶件器压料或工件上采用工艺孔,并且用定位销定位。图1与图2是防止工件偏移的方法。当模具工作时,弹压顶件器4,将坯料压住在凸模3与顶件器4之间,可使之不会产生偏移,随着凸模的继续下降而冲压成型。当凸模上升时,弹压器将工件顶出后恢复到原位。

7	下模板	1	Q235	
6	凹模	1	T8A	56～60HRC
5	定位板	2	Q235	
4	顶件器	1	45钢	
3	凸模	1	T8A	56～60HRC
2	销钉	2	30钢	
1	模柄	1	Q235	
序号	名　称	件数	材　料	备　注
	V形弯曲模(2)			

8.2.3 V形活动翻板式弯曲模

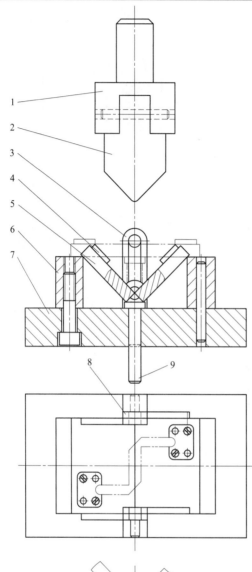

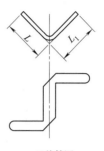

工件简图

说 明

V形活动翻板式弯曲模,为保证弯曲时的坯料定位准确,工作时,凸模2下降,首先将坯料压住,凸模再下降,则迫使活动凹模5向内转动并沿靠板6向下滑动,使坯料压成V形件。凸模上升,顶杆9在弹压顶件器的作用下,使活动凹模上升,由于两活动凹模是由轴套8和销轴铰链在一起,故上升可恢复到原始位置。支架3控制其回升高度,使两活动凹模成一平面。由于坯料始终压在凸模与活动凹模之间,所以不会产生滑动,也不会损坏工件表面,保证了弯曲件的质量。

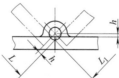

翻板回转中心与平面的距离可按下列方法计算:
翻板平摊时的位置展开长度计算:

$$A=(L-h)+(L_1-h)$$

因为 $A=(L-r-t)+(L_1-r-t)+1.57(r+Kt)$

所以 $L-h+L_1-h=L-r-t+L_1-r-t+1.57(r+Kt)$

化简为 $h=0.215r+(1-0.785K)t$

式中 r——凸模弯曲半径,mm;

t——材料厚度,mm;

K——中性层系数,一般厚度公差为$0.16\sim0.6$时,
K值取$1\sim0.75$;当公差>0.6时,K值可取0.5。

9	顶杆	1	45钢	
8	轴套	2	45钢	
7	下模板	1	Q235	
6	靠板	2	45钢	43～48HRC
5	活动凹模	2	T8A	56～60HRC
4	定位板	2	Q235	
3	支架	2	45钢	
2	凸模	1	T8A	56～60HRC
1	模柄	1	Q235	
序号	名 称	件数	材 料	备 注
	V形活动翻板式弯曲模			

8.2.4　Z形件弯曲模

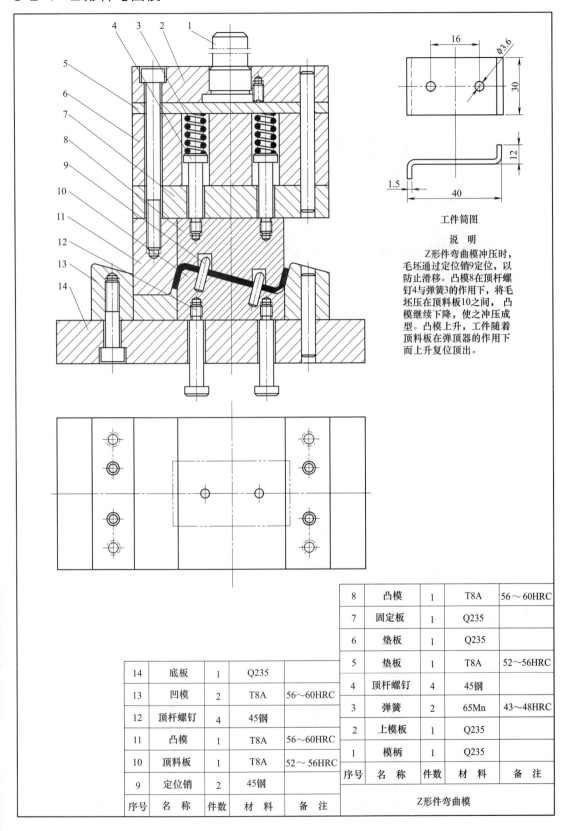

工件简图

说　明

Z形件弯曲模冲压时,毛坯通过定位销9定位,以防止滑移。凸模8在顶杆螺钉4与弹簧3的作用下,将毛坯压在顶料板10之间,凸模继续下降,使之冲压成型。凸模上升,工件随着顶料板在弹顶器的作用下而上升复位顶出。

8	凸模	1	T8A	56～60HRC
7	固定板	1	Q235	
6	垫板	1	Q235	
5	垫板	1	T8A	52～56HRC
4	顶杆螺钉	4	45钢	
3	弹簧	2	65Mn	43～48HRC
2	上模板	1	Q235	
1	模柄	1	Q235	
序号	名　称	件数	材　料	备　注
		Z形件弯曲模		

14	底板	1	Q235	
13	凹模	2	T8A	56～60HRC
12	顶杆螺钉	4	45钢	
11	凸模	1	T8A	56～60HRC
10	顶料板	1	T8A	52～56HRC
9	定位销	2	45钢	
序号	名　称	件数	材　料	备　注

8.2.5　V形件通用弯曲模

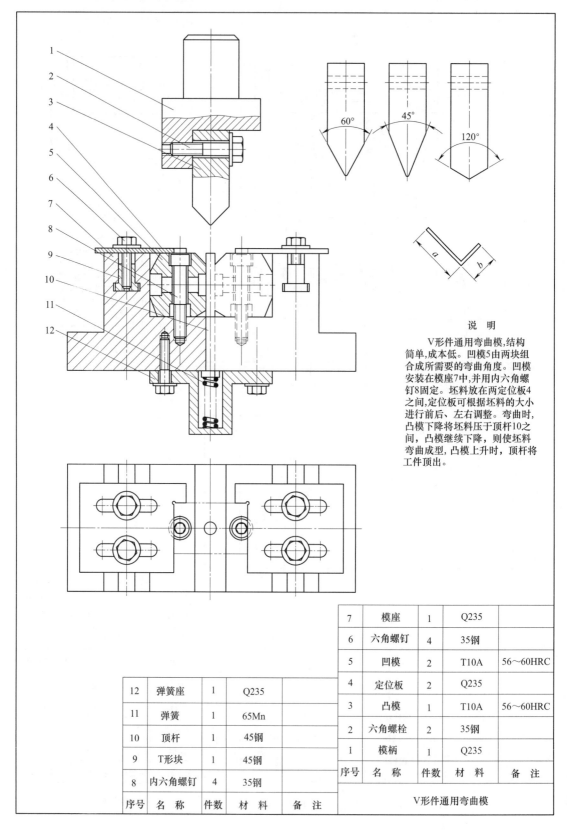

说　明

　　V形件通用弯曲模,结构简单,成本低。凹模5由两块组合成所需要的弯曲角度。凹模安装在模座7中,并用内六角螺钉8固定。坯料放在两定位板4之间,定位板可根据坯料的大小进行前后、左右调整。弯曲时,凸模下降将坯料压于顶杆10之间,凸模继续下降,则使坯料弯曲成型,凸模上升时,顶杆将工件顶出。

序号	名　称	件数	材　料	备　注
12	弹簧座	1	Q235	
11	弹簧	1	65Mn	
10	顶杆	1	45钢	
9	T形块	1	45钢	
8	内六角螺钉	4	35钢	

序号	名　称	件数	材　料	备　注
7	模座	1	Q235	
6	六角螺钉	4	35钢	
5	凹模	2	T10A	56～60HRC
4	定位板	2	Q235	
3	凸模	1	T10A	56～60HRC
2	六角螺栓	2	35钢	
1	模柄	1	Q235	

V形件通用弯曲模

8.2.6　复杂零件弯曲工艺图例

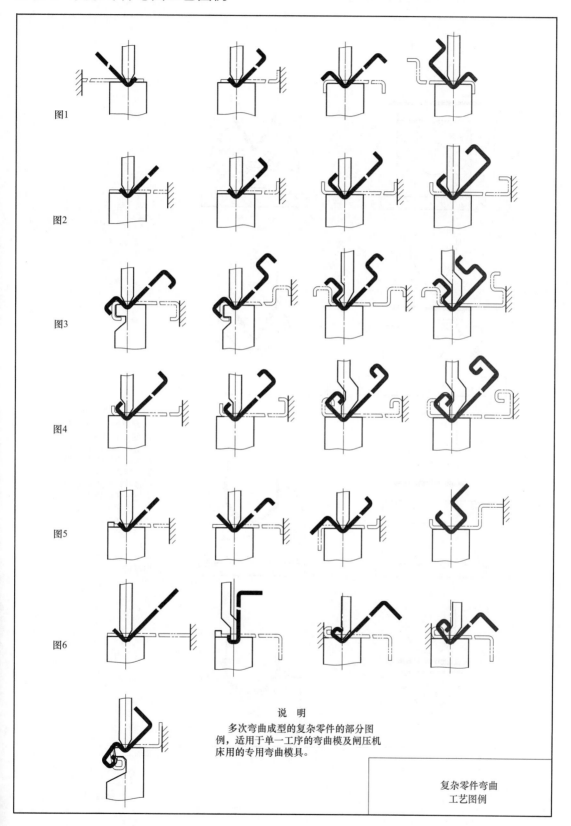

图1

图2

图3

图4

图5

图6

说　明

多次弯曲成型的复杂零件的部分图
例，适用于单一工序的弯曲模及闸压机
床用的专用弯曲模具。

复杂零件弯曲
工艺图例

8.2.7 聚氨酯冲压成型的应用

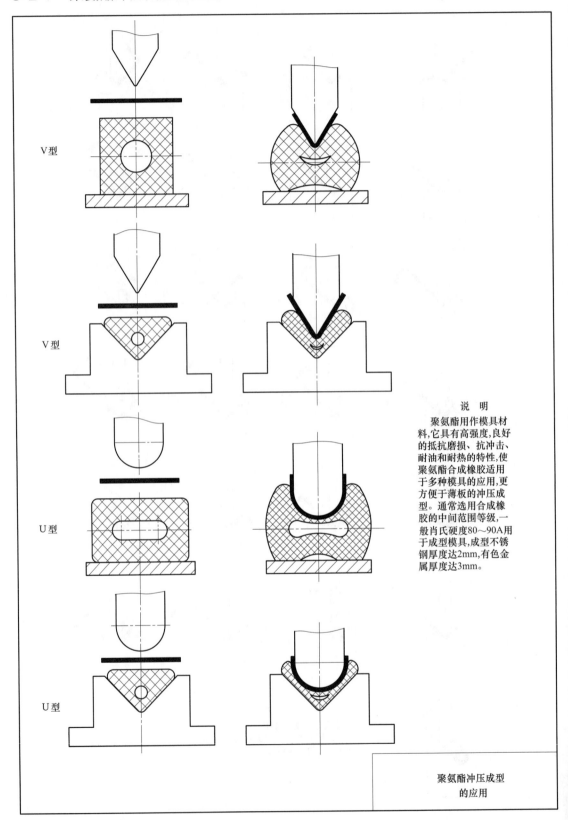

V型

V型

U型

U型

说　明
聚氨酯用作模具材料,它具有高强度,良好的抵抗磨损、抗冲击、耐油和耐热的特性,使聚氨酯合成橡胶适用于多种模具的应用,更方便于薄板的冲压成型。通常选用合成橡胶的中间范围等级,一般肖氏硬度80～90A用于成型模具,成型不锈钢厚度达2mm,有色金属厚度达3mm。

聚氨酯冲压成型
的应用

8.2.8 U形件二次弯曲模（1）

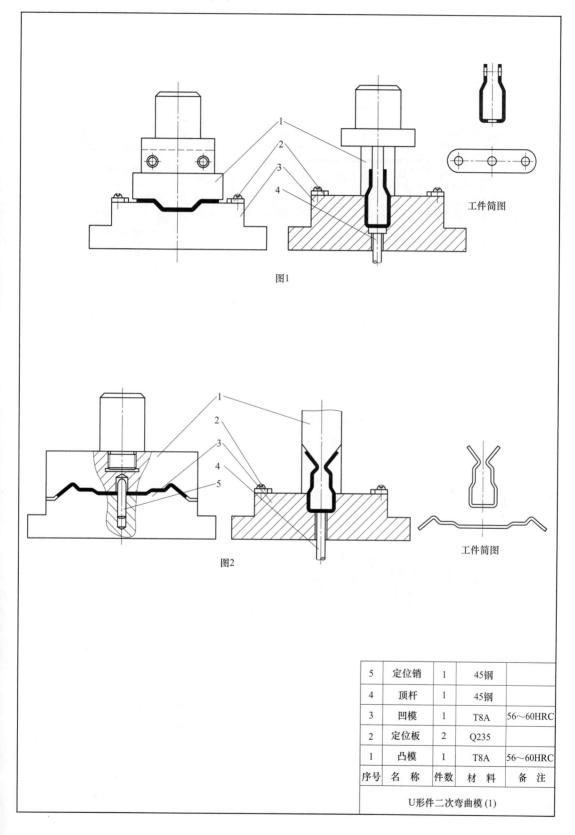

图1

工件简图

图2

工件简图

5	定位销	1	45钢	
4	顶杆	1	45钢	
3	凹模	1	T8A	56～60HRC
2	定位板	2	Q235	
1	凸模	1	T8A	56～60HRC
序号	名　称	件数	材　料	备　注
U形件二次弯曲模 (1)				

8.2.9　U形件二次弯曲模（2）

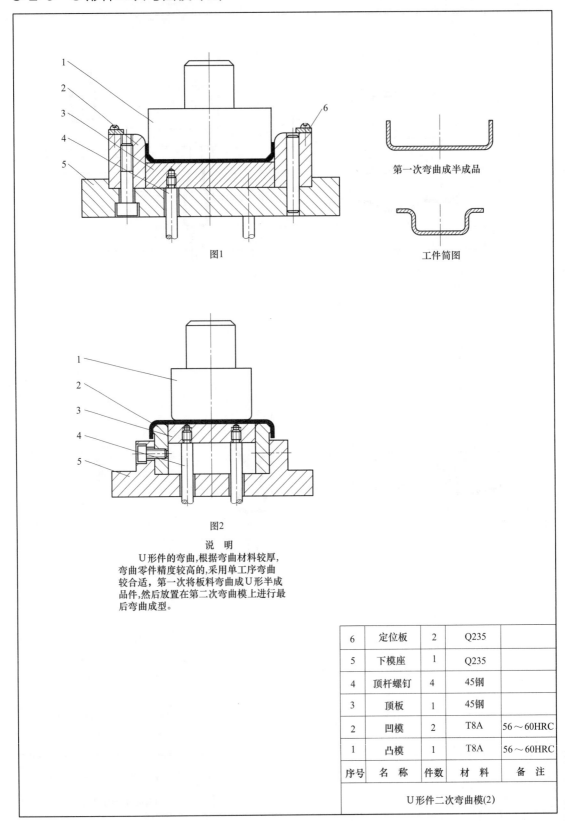

图1

第一次弯曲成半成品

工件简图

图2

说　明

　　U形件的弯曲,根据弯曲材料较厚,弯曲零件精度较高的,采用单工序弯曲较合适，第一次将板料弯曲成U形半成品件,然后放置在第二次弯曲模上进行最后弯曲成型。

序号	名　称	件数	材　料	备　注
6	定位板	2	Q235	
5	下模座	1	Q235	
4	顶杆螺钉	4	45钢	
3	顶板	1	45钢	
2	凹模	2	T8A	56～60HRC
1	凸模	1	T8A	56～60HRC

U形件二次弯曲模(2)

8.2.10　U 形件一次弯曲模

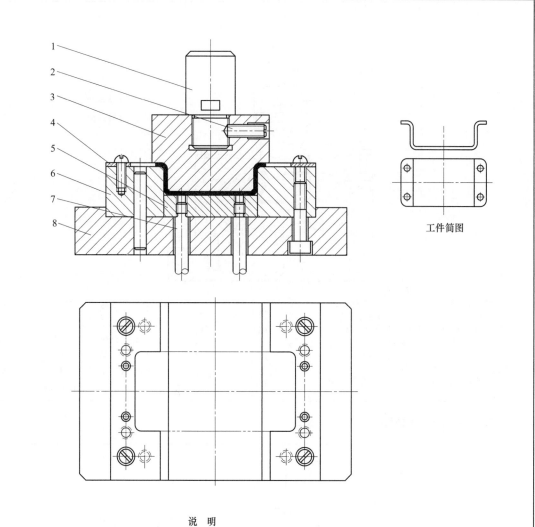

工件简图

说　明

该模具是弯曲模常用结构,上模的模柄 1 旋紧在凸模上,并用锥端紧定螺钉2固定,以防止模柄松动。下模的凹模6由左、右两块分别固定在下模座8上。凹模内装有顶板5及顶杆螺钉7,在弹压器(未示)的作用下,可将坯料压住和成型后顶出工件。凹模上装有两块定位板4以保证毛坯定位准确。

序号	名　称	件数	材　料	备　注
8	下模座	1	Q235	
7	顶杆螺钉	4	45钢	
6	凹模	2	T8A	56～60HRC
5	顶板	1	45钢	
4	定位板	2	Q235	
3	凸模	1	T8A	56～60HRC
2	紧定螺钉	1	30钢	
1	模柄	1	Q235	

U形件一次弯曲模

8.2.11 小于90°的U形件弯曲模

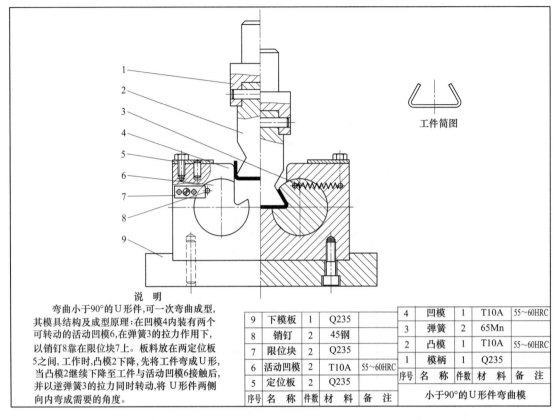

工件简图

说　明

　　弯曲小于90°的U形件,可一次弯曲成型,其模具结构及成型原理:在凹模4内装有两个可转动的活动凹模6,在弹簧3的拉力作用下,以销钉8靠在限位块7上。板料放在两定位板5之间,工作时,凸模2下降,先将工件弯成U形,当凸模2继续下降至工件与活动凹模6接触后,并以逆弹簧3的拉力同时转动,将U形件两侧向内弯成需要的角度。

9	下模板	1	Q235	
8	销钉	2	45钢	
7	限位块	2	Q235	
6	活动凹模	2	T10A	55~60HRC
5	定位板	2	Q235	
序号	名　称	件数	材　料	备　注

4	凹模	1	T10A	55~60HRC
3	弹簧	2	65Mn	
2	凸模	1	T10A	55~60HRC
1	模柄	1	Q235	
序号	名　称	件数	材　料	备　注
	小于90°的U形件弯曲模			

8.2.12 半圆形冲弯模

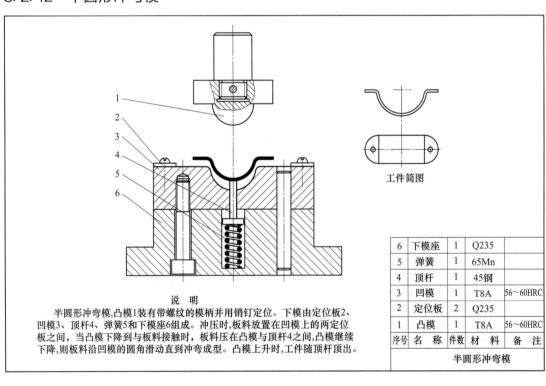

工件简图

说　明

　　半圆形冲弯模,凸模1装有带螺纹的模柄并用销钉定位。下模由定位板2、凹模3、顶杆4、弹簧5和下模座6组成。冲压时,板料放置在凹模上的两定位板之间,当凸模下降到与板料接触时,板料压在凸模与顶杆4之间,凸模继续下降,则板料沿凹模的圆角滑动直到冲弯成型。凸模上升时,工件随顶杆顶出。

6	下模座	1	Q235	
5	弹簧	1	65Mn	
4	顶杆	1	45钢	
3	凹模	1	T8A	56~60HRC
2	定位板	2	Q235	
1	凸模	1	T8A	56~60HRC
序号	名　称	件数	材　料	备　注
	半圆形冲弯模			

8.2.13 两端内凹的滚动式弯曲模

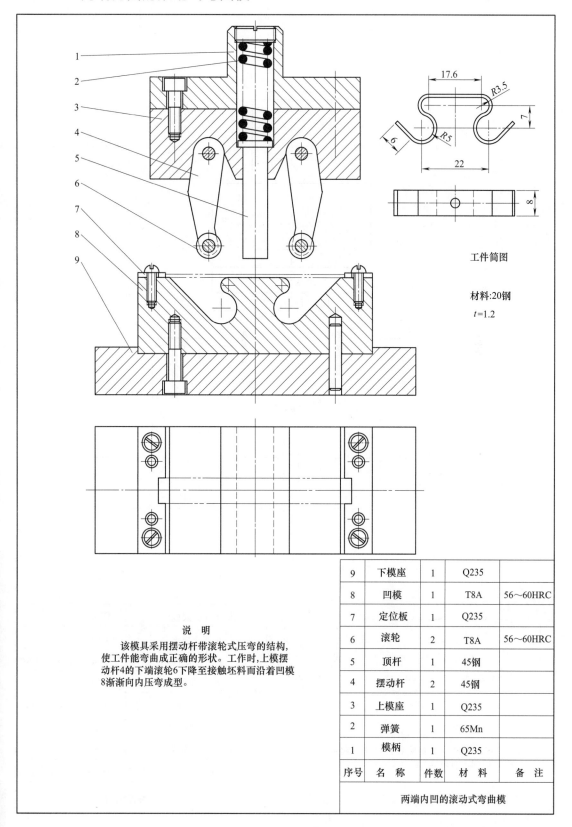

工件简图

材料:20钢

$t=1.2$

说　明
　　该模具采用摆动杆带滚轮式压弯的结构,使工件能弯曲成正确的形状。工作时,上模摆动杆4的下端滚轮6下降至接触坯料而沿着凹模8渐渐向内压弯成型。

9	下模座	1	Q235	
8	凹模	1	T8A	56～60HRC
7	定位板	1	Q235	
6	滚轮	2	T8A	56～60HRC
5	顶杆	1	45钢	
4	摆动杆	2	45钢	
3	上模座	1	Q235	
2	弹簧	1	65Mn	
1	模柄	1	Q235	
序号	名　称	件数	材　料	备　注
两端内凹的滚动式弯曲模				

8.2.14　圆管冲压模（1）

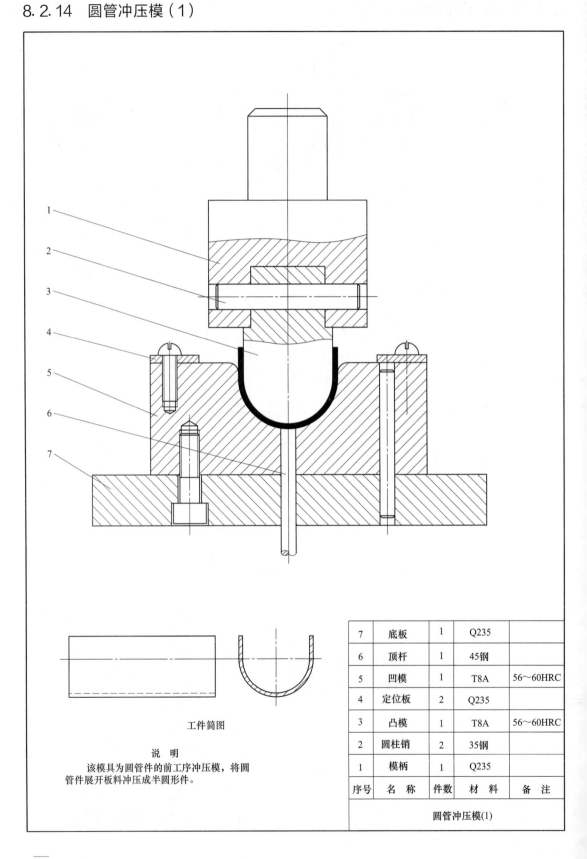

工件简图

说　明

该模具为圆管件的前工序冲压模，将圆管件展开板料冲压成半圆形件。

7	底板	1	Q235	
6	顶杆	1	45钢	
5	凹模	1	T8A	56～60HRC
4	定位板	2	Q235	
3	凸模	1	T8A	56～60HRC
2	圆柱销	2	35钢	
1	模柄	1	Q235	
序号	名　称	件数	材　料	备　注
圆管冲压模(1)				

8.2.15　圆管冲压模（2）

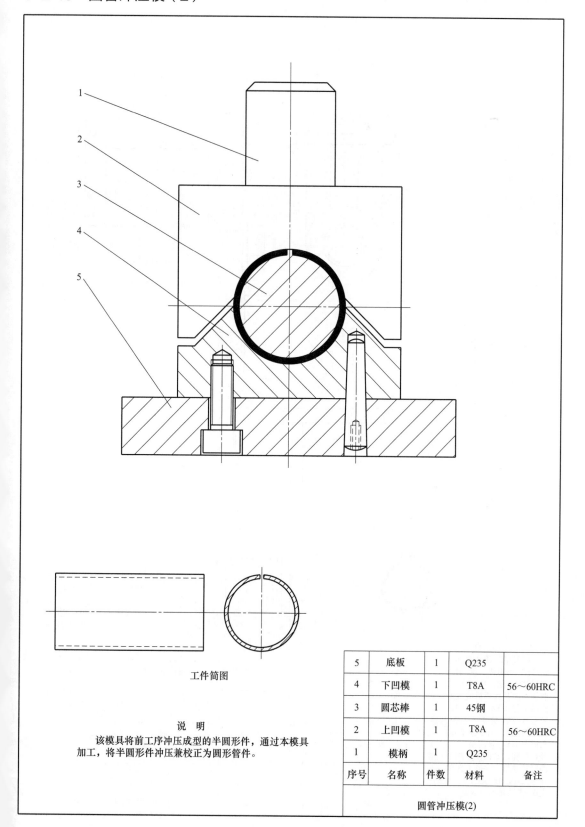

工件简图

说　明

该模具将前工序冲压成型的半圆形件，通过本模具加工，将半圆形件冲压兼校正为圆形管件。

5	底板	1	Q235	
4	下凹模	1	T8A	56～60HRC
3	圆芯棒	1	45钢	
2	上凹模	1	T8A	56～60HRC
1	模柄	1	Q235	
序号	名称	件数	材料	备注
圆管冲压模(2)				

8.2.16　带耳翼的圆箍冲压模

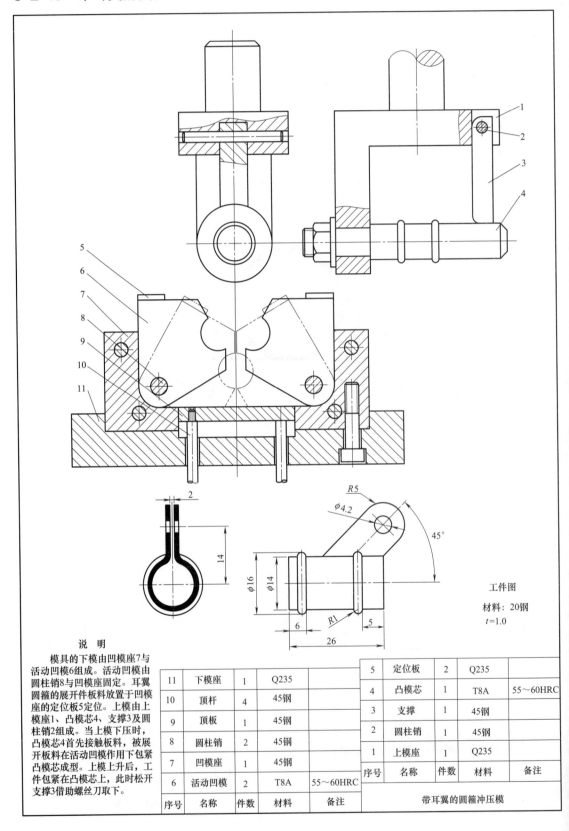

工件图

材料: 20钢

$t = 1.0$

说　明

　　模具的下模由凹模座7与活动凹模6组成。活动凹模由圆柱销8与凹模座固定。耳翼圆箍的展开件板料放置于凹模座的定位板5定位。上模由上模座1、凸模芯4、支撑3及圆柱销2组成。当上模下压时，凸模芯4首先接触板料，被展开板料在活动凹模作用下包紧凸模芯成型。上模上升后，工件包紧在凸模芯上，此时松开支撑3借助螺丝刀取下。

序号	名称	件数	材料	备注
11	下模座	1	Q235	
10	顶杆	4	45钢	
9	顶板	1	45钢	
8	圆柱销	2	45钢	
7	凹模座	1	45钢	
6	活动凹模	2	T8A	55～60HRC

序号	名称	件数	材料	备注
5	定位板	2	Q235	
4	凸模芯	1	T8A	55～60HRC
3	支撑	1	45钢	
2	圆柱销	1	45钢	
1	上模座	1	Q235	
序号	名称	件数	材料	备注
	带耳翼的圆箍冲压模			

8.2.17　楔块式弯曲模

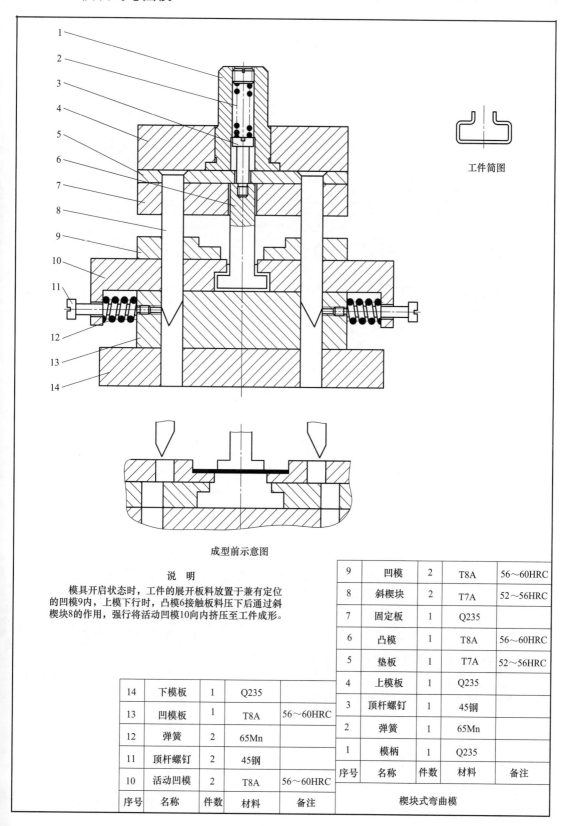

工件简图

成型前示意图

说　明

　　模具开启状态时，工件的展开板料放置于兼有定位的凹模9内，上模下行时，凸模6接触板料压下后通过斜楔块8的作用，强行将活动凹模10向内挤压至工件成形。

9	凹模	2	T8A	56～60HRC
8	斜楔块	2	T7A	52～56HRC
7	固定板	1	Q235	
6	凸模	1	T8A	56～60HRC
5	垫板	1	T7A	52～56HRC
4	上模板	1	Q235	
3	顶杆螺钉	1	45钢	
2	弹簧	1	65Mn	
1	模柄	1	Q235	
序号	名称	件数	材料	备注

楔块式弯曲模

14	下模板	1	Q235	
13	凹模板	1	T8A	56～60HRC
12	弹簧	2	65Mn	
11	顶杆螺钉	2	45钢	
10	活动凹模	2	T8A	56～60HRC
序号	名称	件数	材料	备注

8.2.18　铰链升降式弯曲模

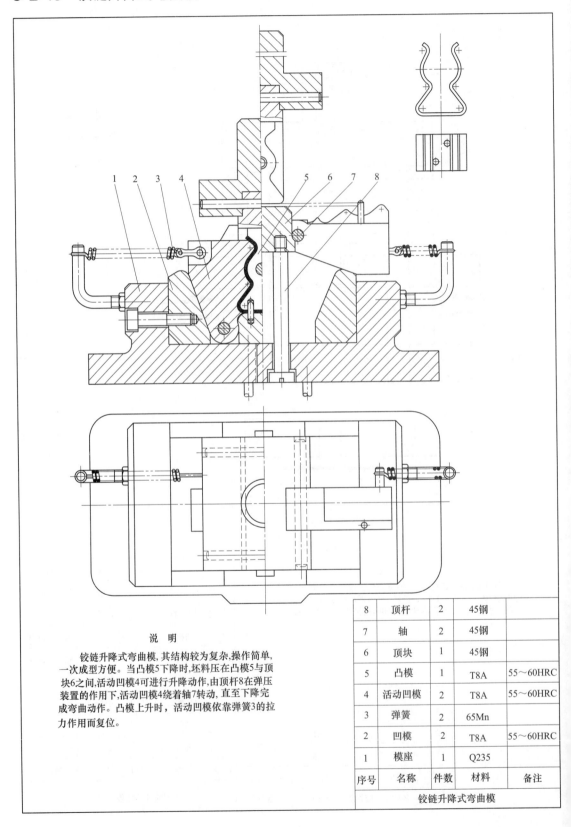

8	顶杆	2	45钢	
7	轴	2	45钢	
6	顶块	1	45钢	
5	凸模	1	T8A	55～60HRC
4	活动凹模	2	T8A	55～60HRC
3	弹簧	2	65Mn	
2	凹模	2	T8A	55～60HRC
1	模座	1	Q235	
序号	名称	件数	材料	备注
铰链升降式弯曲模				

说　明

　　铰链升降式弯曲模,其结构较为复杂,操作简单,一次成型方便。当凸模5下降时,坯料压在凸模5与顶块6之间,活动凹模4可进行升降动作,由顶杆8在弹压装置的作用下,活动凹模4绕着轴7转动,直至下降完成弯曲动作。凸模上升时,活动凹模依靠弹簧3的拉力作用而复位。

8.2.19 圆钢棒弯曲模

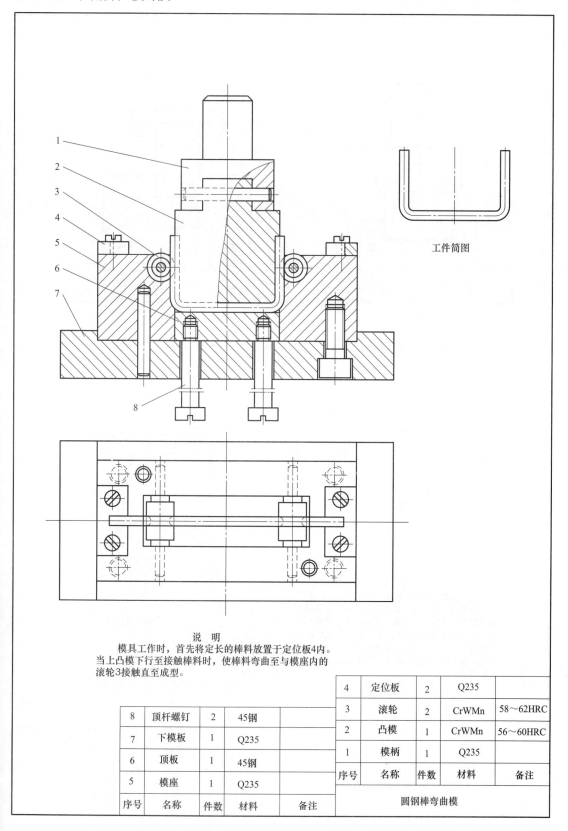

工件简图

说　明
　　模具工作时，首先将定长的棒料放置于定位板4内。
当上凸模下行至接触棒料时，使棒料弯曲至与模座内的
滚轮3接触直至成型。

序号	名称	件数	材料	备注
4	定位板	2	Q235	
3	滚轮	2	CrWMn	58～62HRC
2	凸模	1	CrWMn	56～60HRC
1	模柄	1	Q235	
序号	名称	件数	材料	备注

序号	名称	件数	材料	备注
8	顶杆螺钉	2	45钢	
7	下模板	1	Q235	
6	顶板	1	45钢	
5	模座	1	Q235	
序号	名称	件数	材料	备注

圆钢棒弯曲模

8.2.20 卷铰链弯曲模

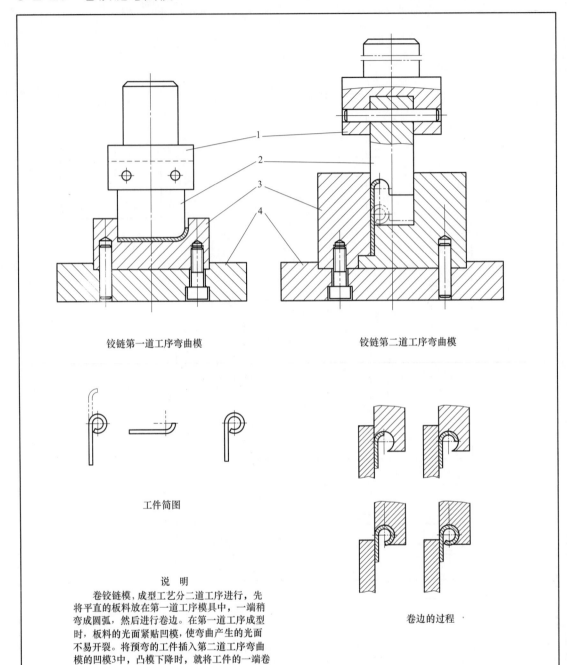

铰链第一道工序弯曲模   铰链第二道工序弯曲模

工件简图

卷边的过程

说　明

　　卷铰链模,成型工艺分二道工序进行,先将平直的板料放在第一道工序模具中,一端稍弯成圆弧,然后进行卷边。在第一道工序成型时,板料的光面紧贴凹模,使弯曲产生的光面不易开裂。将预弯的工件插入第二道工序弯曲模的凹模3中,凸模下降时,就将工件的一端卷成圆圈形。

4	下模板	1	Q235	
3	凹模	1	T10A	55～60HRC
2	凸模	1	T10A	55～60HRC
1	模柄	1	Q235	
序号	名称	件数	材料	备注
卷铰链弯曲模				

8.2.21　杯形件卷边模

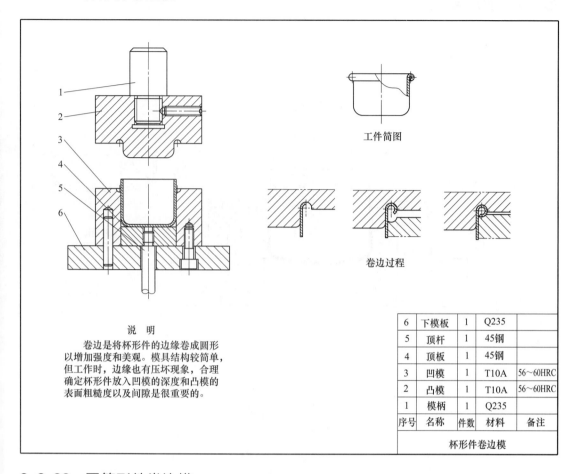

工件简图

卷边过程

说　明

　　卷边是将杯形件的边缘卷成圆形以增加强度和美观。模具结构较简单，但工作时，边缘也有压坏现象，合理确定杯形件放入凹模的深度和凸模的表面粗糙度以及间隙是很重要的。

6	下模板	1	Q235	
5	顶杆	1	45钢	
4	顶板	1	45钢	
3	凹模	1	T10A	56~60HRC
2	凸模	1	T10A	56~60HRC
1	模柄	1	Q235	
序号	名称	件数	材料	备注
杯形件卷边模				

8.2.22　圆筒形件卷边模

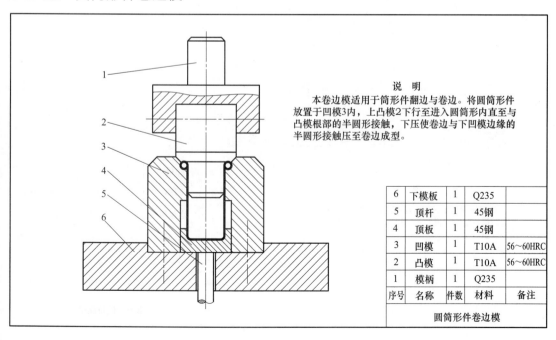

说　明

　　本卷边模适用于筒形件翻边与卷边。将圆筒形件放置于凹模3内，上凸模2下行至进入圆筒形内直至与凸模根部的半圆形接触，下压使卷边与下凹模边缘的半圆形接触压至卷边成型。

6	下模板	1	Q235	
5	顶杆	1	45钢	
4	顶板	1	45钢	
3	凹模	1	T10A	56~60HRC
2	凸模	1	T10A	56~60HRC
1	模柄	1	Q235	
序号	名称	件数	材料	备注
圆筒形件卷边模				

8.3 拉深模

8.3.1 锥形凹模拉深模

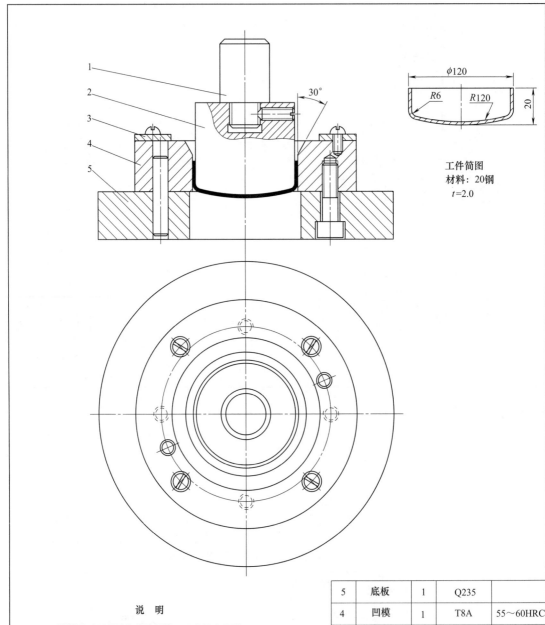

工件简图
材料：20钢
$t=2.0$

说　明

　　该模具适用于较浅的拉深件，且底部略呈弧形。凹模口制成锥形，无须用压边圈，即可一次拉深成型。

5	底板	1	Q235	
4	凹模	1	T8A	55～60HRC
3	定位板	1	Q235	
2	凸模	1	T8A	55～60HRC
1	模柄	1	Q235	
序号	名称	件数	材料	备注
		锥形凹模拉深模		

8.3.2 有压边圈的正向拉深模

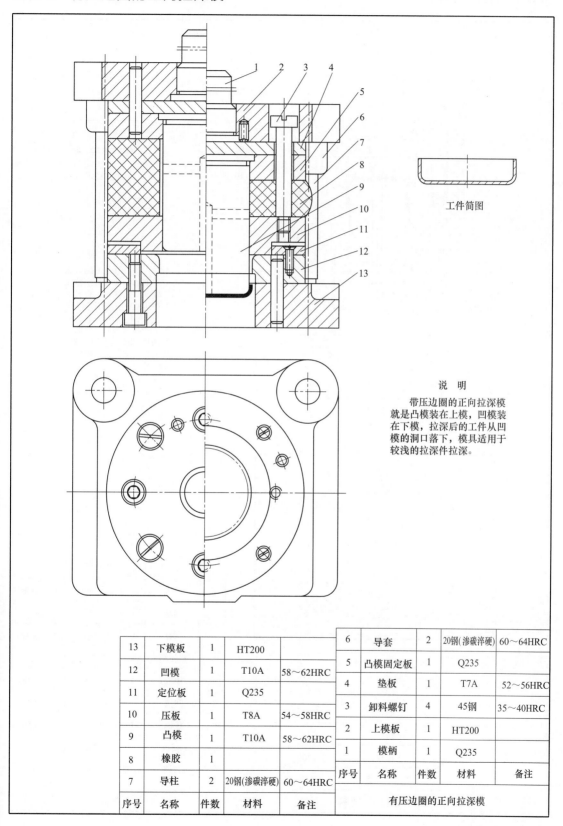

工件简图

说　明

　　带压边圈的正向拉深模就是凸模装在上模，凹模装在下模，拉深后的工件从凹模的洞口落下，模具适用于较浅的拉深件拉深。

序号	名称	件数	材料	备注
13	下模板	1	HT200	
12	凹模	1	T10A	58～62HRC
11	定位板	1	Q235	
10	压板	1	T8A	54～58HRC
9	凸模	1	T10A	58～62HRC
8	橡胶	1		
7	导柱	2	20钢(渗碳淬硬)	60～64HRC

序号	名称	件数	材料	备注
6	导套	2	20钢(渗碳淬硬)	60～64HRC
5	凸模固定板	1	Q235	
4	垫板	1	T7A	52～56HRC
3	卸料螺钉	4	45钢	35～40HRC
2	上模板	1	HT200	
1	模柄	1	Q235	
		有压边圈的正向拉深模		

8.3.3 首次拉深模

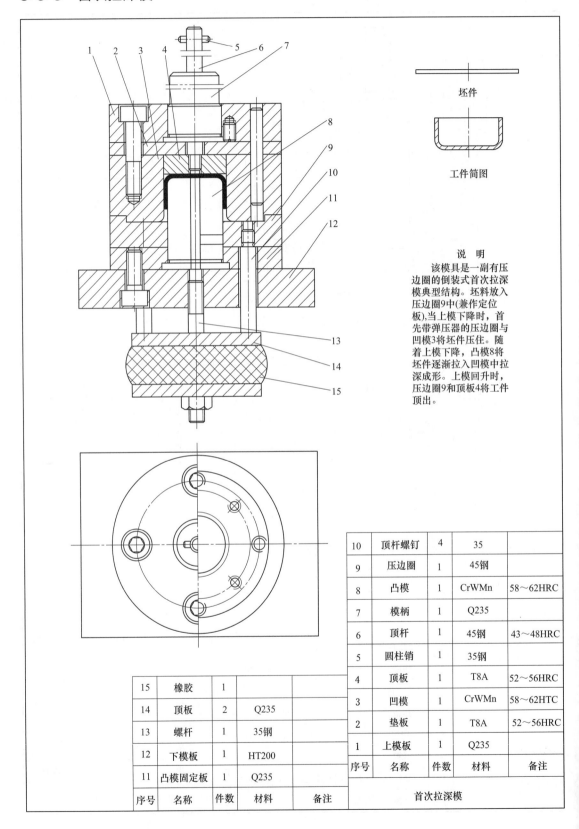

坯件

工件简图

说　明

　　该模具是一副有压边圈的倒装式首次拉深模典型结构。坯料放入压边圈9中(兼作定位板),当上模下降时,首先带弹压器的压边圈与凹模3将坯件压住。随着上模下降,凸模8将坯件逐渐拉入凹模中拉深成形。上模回升时,压边圈9和顶板4将工件顶出。

10	顶杆螺钉	4	35	
9	压边圈	1	45钢	
8	凸模	1	CrWMn	58～62HRC
7	模柄	1	Q235	
6	顶杆	1	45钢	43～48HRC
5	圆柱销	1	35钢	
4	顶板	1	T8A	52～56HRC
3	凹模	1	CrWMn	58～62HTC
2	垫板	1	T8A	52～56HRC
1	上模板	1	Q235	
序号	名称	件数	材料	备注
首次拉深模				

15	橡胶	1		
14	顶板	2	Q235	
13	螺杆	1	35钢	
12	下模板	1	HT200	
11	凸模固定板	1	Q235	
序号	名称	件数	材料	备注

8.3.4　有压边圈的以后各次工序拉深模

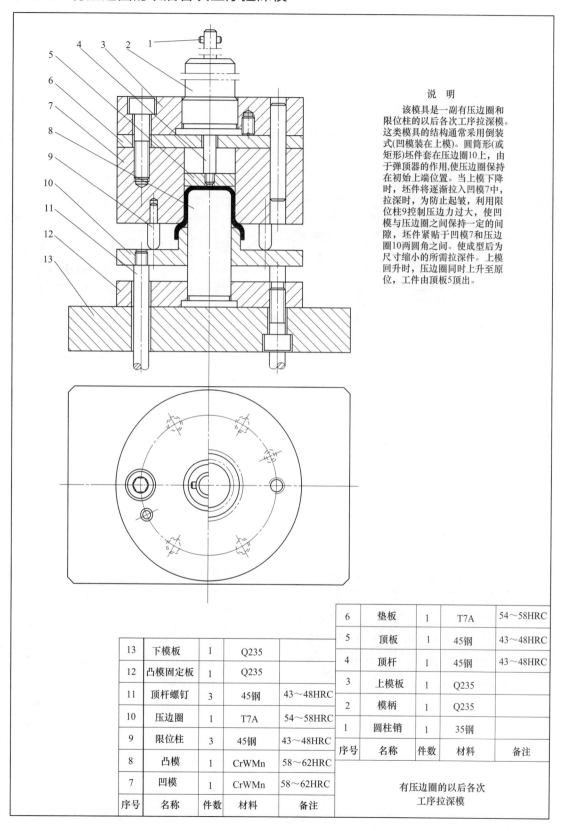

说　明

　　该模具是一副有压边圈和限位柱的以后各次工序拉深模。这类模具的结构通常采用倒装式(凹模装在上模)。圆筒形(或矩形)坯件套在压边圈10上,由于弹顶器的作用,使压边圈保持在初始上端位置。当上模下降时,坯件将逐渐拉入凹模7中,拉深时,为防止起皱,利用限位柱9控制压边力过大,使凹模与压边圈之间保持一定的间隙,坯件紧贴于凹模7和压边圈10两圆角之间。使成型后为尺寸缩小的所需拉深件。上模回升时,压边圈同时上升至原位,工件由顶板5顶出。

13	下模板	1	Q235	
12	凸模固定板	1	Q235	
11	顶杆螺钉	3	45钢	43～48HRC
10	压边圈	1	T7A	54～58HRC
9	限位柱	3	45钢	43～48HRC
8	凸模	1	CrWMn	58～62HRC
7	凹模	1	CrWMn	58～62HRC
序号	名称	件数	材料	备注

6	垫板	1	T7A	54～58HRC
5	顶板	1	45钢	43～48HRC
4	顶杆	1	45钢	43～48HRC
3	上模板	1	Q235	
2	模柄	1	Q235	
1	圆柱销	1	35钢	
序号	名称	件数	材料	备注
	有压边圈的以后各次 工序拉深模			

8.3.5 双动压力机用首次拉深模

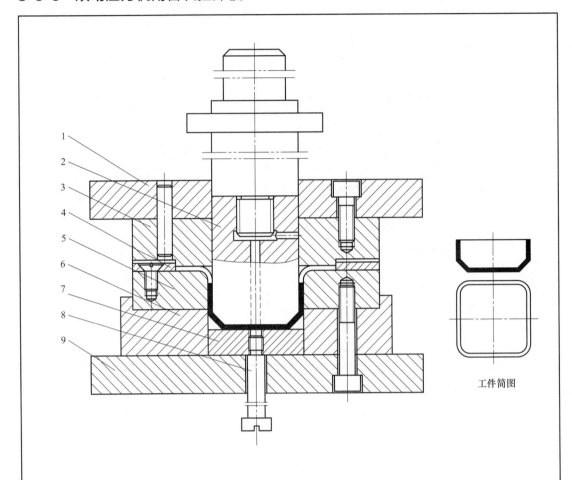

工件简图

说　明

　　该模具是用于双动压力机的首次拉深模，凸模2装于压力机上部的内滑块上，上模板1和压边圈3装于外滑块上。凹模5、固定板6、顶板7、顶杆8、下模板9组成的下模，装于压力机工作台上。坯料放于凹模5上面的定位板4内，工作时，压边圈随着压力机的外滑块下降将坯料适当压紧，然后内滑块作用于凸模2进行拉深，拉深时，将克服顶板下部的压力逐渐拉深成型。凸模上升，工件随着顶板7托出，同时压边圈也随外滑块上升至原位。

序号	名称	件数	材料	备注
9	下模板	1	Q235	
8	顶杆	1	45钢	43～48HRC
7	顶板	1	45钢	
6	凹模固定板	1	Q235	
5	凹模	1	CrWMn	58～62HRC
4	定位板	1	Q235	
3	压边圈	1	T8A	54～58HRC
2	凸模	1	CrWMn	58～62HRC
1	上模板	1	Q235	
序号	名称	件数	材料	备注

双动压力机用首次拉深模

8.3.6　双动压力机用以后各次拉深模

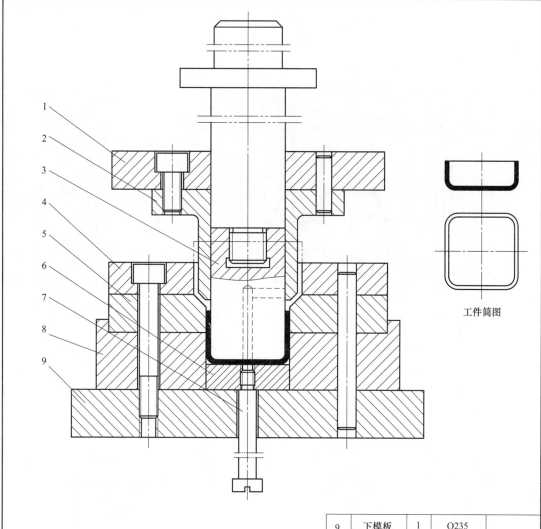

工件简图

说　明

　　该模具是双动压力机用的以后各次拉深模，与首次拉深模相似。压边圈2外形与筒形(或矩形)半成品坯件的内形相同，以便套入压边圈。定位板制厚些，凹模口应制出斜度，以便坯件定位。

　　双动压力机上所用的模具，一般是尺寸较大，凸、凹模工作部除用较好的钢材外，其余可用铸铁或铸钢代替。为减轻重量，铸件内部可制成空心结构。

序号	名称	件数	材料	备注
9	下模板	1	Q235	
8	凹模固定板	1	Q235	
7	顶杆	1	45钢	43～48HRC
6	顶板	1	45钢	
5	凹模	1	CrWMn	58～62HRC
4	定位板	1	Q235	
3	凸模	1	CrWMn	58～62HRC
2	压边圈	1	T8A	54～58HRC
1	上模板	1	Q235	

双动压力机用以后
各次拉深模

8.3.7　落料、拉深复合模

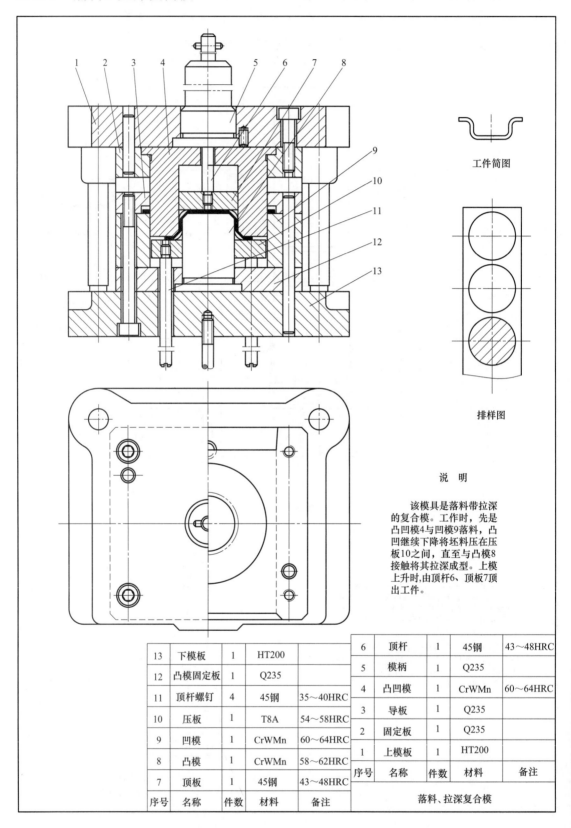

工件简图

排样图

说　明

　　该模具是落料带拉深的复合模。工作时，先是凸凹模4与凹模9落料，凸凹继续下降将坯料压在压板10之间，直至与凸模8接触将其拉深成型。上模上升时，由顶杆6、顶板7顶出工件。

序号	名称	件数	材料	备注
13	下模板	1	HT200	
12	凸模固定板	1	Q235	
11	顶杆螺钉	4	45钢	35～40HRC
10	压板	1	T8A	54～58HRC
9	凹模	1	CrWMn	60～64HRC
8	凸模	1	CrWMn	58～62HRC
7	顶板	1	45钢	43～48HRC

序号	名称	件数	材料	备注
6	顶杆	1	45钢	43～48HRC
5	模柄	1	Q235	
4	凸凹模	1	CrWMn	60～64HRC
3	导板	1	Q235	
2	固定板	1	Q235	
1	上模板	1	HT200	
落料、拉深复合模				

8.3.8 反向拉深模

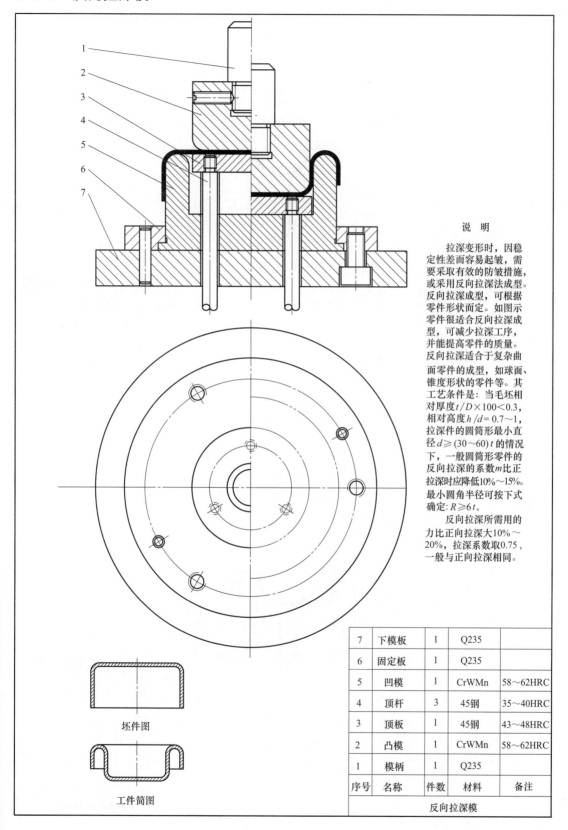

坯件图

工件简图

说　明

　　拉深变形时，因稳定性差而容易起皱，需要采取有效的防皱措施，或采用反向拉深法成型。反向拉深成型，可根据零件形状而定。如图示零件很适合反向拉深成型，可减少拉深工序，并能提高零件的质量。反向拉深适合于复杂曲面零件的成型，如球面、锥度形状的零件等。其工艺条件是：当毛坯相对厚度 $t/D \times 100 < 0.3$，相对高度 $h/d = 0.7 \sim 1$，拉深件的圆筒形最小直径 $d \geqslant (30 \sim 60)t$ 的情况下，一般圆筒形零件的反向拉深的系数 m 比正拉深时应降低 $10\% \sim 15\%$。最小圆角半径可按下式确定：$R \geqslant 6t$。

　　反向拉深所需用的力比正向拉深大 $10\% \sim 20\%$，拉深系数取 0.75，一般与正向拉深相同。

7	下模板	1	Q235	
6	固定板	1	Q235	
5	凹模	1	CrWMn	58～62HRC
4	顶杆	3	45钢	35～40HRC
3	顶板	1	45钢	43～48HRC
2	凸模	1	CrWMn	58～62HRC
1	模柄	1	Q235	
序号	名称	件数	材料	备注
反向拉深模				

8.3.9 半球形拉深带校正模

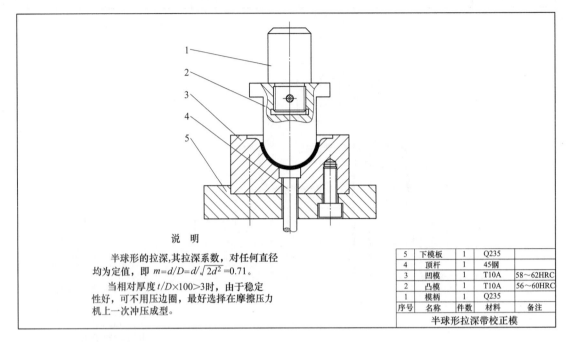

说 明

半球形的拉深,其拉深系数,对任何直径均为定值,即 $m = d/D = d/\sqrt{2d^2} = 0.71$。

当相对厚度 $t/D \times 100 > 3$ 时,由于稳定性好,可不用压边圈,最好选择在摩擦压力机上一次冲压成型。

5	下模板	1	Q235	
4	顶杆	1	45钢	
3	凹模	1	T10A	58~62HRC
2	凸模	1	T10A	56~60HRC
1	模柄	1	Q235	
序号	名称	件数	材料	备注
半球形拉深带校正模				

8.3.10 半球形带拉筋的拉深模

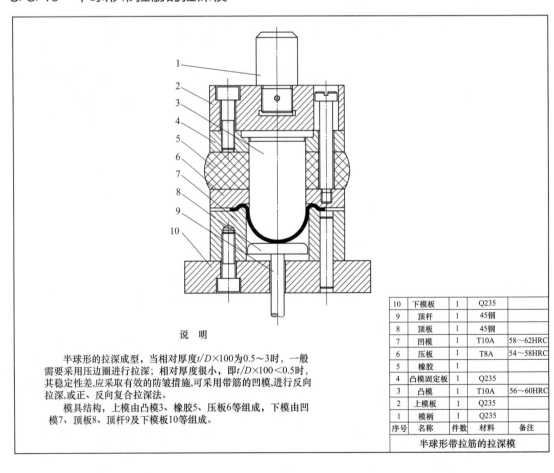

说 明

半球形的拉深成型,当相对厚度 $t/D \times 100$ 为 0.5~3 时,一般需要采用压边圈进行拉深;相对厚度很小,即 $t/D \times 100 < 0.5$ 时,其稳定性差,应采取有效的防皱措施,可采用带筋的凹模,进行反向拉深,或正、反向复合拉深法。

模具结构,上模由凸模3、橡胶5、压板6等组成,下模由凹模7、顶板8、顶杆9及下模板10等组成。

10	下模板	1	Q235	
9	顶杆	1	45钢	
8	顶板	1	45钢	
7	凹模	1	T10A	58~62HRC
6	压板	1	T8A	54~58HRC
5	橡胶	1		
4	凸模固定板	1	Q235	
3	凸模	1	T10A	56~60HRC
2	上模板	1	Q235	
1	模柄	1	Q235	
序号	名称	件数	材料	备注
半球形带拉筋的拉深模				

8.3.11　半球形件反向拉深模

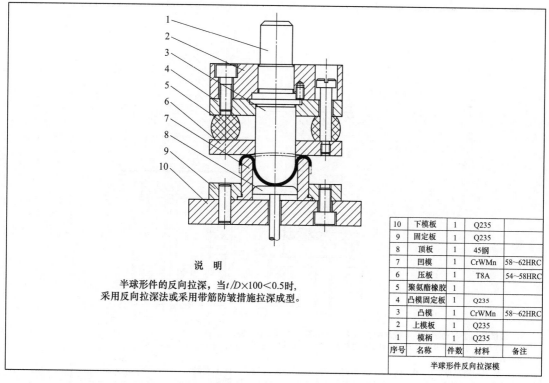

说　明

半球形件的反向拉深，当$t/D\times100<0.5$时，
采用反向拉深法或采用带筋防皱措施拉深成型。

10	下模板	1	Q235	
9	固定板	1	Q235	
8	顶板	1	45钢	
7	凹模	1	CrWMn	58～62HRC
6	压板	1	T8A	54～58HRC
5	聚氨酯橡胶	1		
4	凸模固定板	1	Q235	
3	凸模	1	CrWMn	58～62HRC
2	上模板	1	Q235	
1	模柄	1	Q235	
序号	名称	件数	材料	备注
半球形件反向拉深模				

8.3.12　半球形件正、反向拉深模

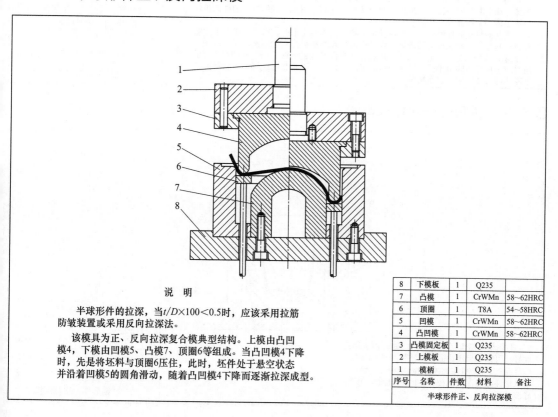

说　明

半球形件的拉深，当$t/D\times100<0.5$时，应该采用拉筋
防皱装置或采用反向拉深法。

该模具为正、反向拉深复合模典型结构。上模由凸凹
模4，下模由凹模5、凸模7、顶圈6等组成。当凸凹模4下降
时，先是将坯料与顶圈6压住，此时，坯件处于悬空状态
并沿着凹模5的圆角滑动，随着凸凹模4下降而逐渐拉深成型。

8	下模板	1	Q235	
7	凸模	1	CrWMn	58～62HRC
6	顶圈	1	T8A	54～58HRC
5	凹模	1	CrWMn	58～62HRC
4	凸凹模	1	CrWMn	58～62HRC
3	凸模固定板	1	Q235	
2	上模板	1	Q235	
1	模柄	1	Q235	
序号	名称	件数	材料	备注
半球形件正、反向拉深模				

8.3.13 抛物线形件拉深模

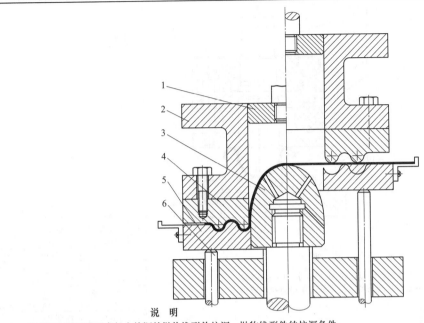

说 明

该模具用于双动压力机上较深的抛物线形件拉深，抛物线形件的拉深条件：

(1) 当相对高度h/d为0.5～0.6时，由于拉深高度小，近似于半球形件，故拉深方法与半球形件相似。

(2) 当相对高度$h/d>0.6$，而且t/D较小时，则需要进行多次拉深，逐步成型。

当抛物线形件的高度较大，且顶端的圆角半径较小，其成型的难度增大。此时，为了使成型过程中坯料的中间部分紧贴于凸模而又不起皱，必须加大成型中的胀形成分和径向拉应力。采用带两个环型拉深筋，用于较浅抛物线形件的拉深与胀形成型的拉深模。

当曲面形状零件的深度大，而且顶端的圆角半径又小时，须增大成型中的胀形成分和提高径向拉应力的措施，但又受因到坯料承载能力的限制，因而应采用多次逐渐成型的方法，通常采用正向拉深或反向拉深的方法。以逐渐增加深度的同时缩小顶部的圆角半径。但在最后的工序可采用拉深兼胀形或校正，以保证成型零件的尺寸精度和表面质量。

6	顶杆	4	45钢	
5	压边圈	1	T10A	54～58HRC
4	凹模	1	CrWMn	58～62HRC
3	凸模	1	CrWMn	58～62HRC
2	模座	1	HT200	
1	顶板	1	45钢	
序号	名称	件数	材料	备注
抛物线形件拉深模				

8.3.14 锥形件一次拉深模

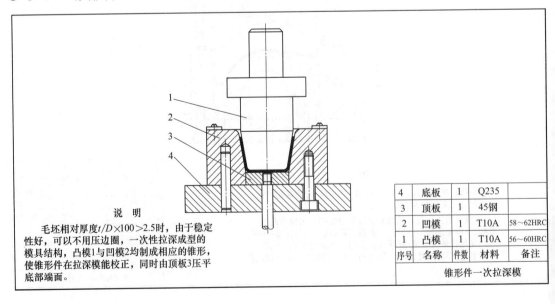

说 明

毛坯相对厚度$t/D\times100>2.5$时，由于稳定性好，可以不用压边圈，一次性拉深成型的模具结构，凸模1与凹模2均制成相应的锥形，使锥形件在拉深模能校正，同时由顶板3压平底部端面。

4	底板	1	Q235	
3	顶板	1	45钢	
2	凹模	1	T10A	58～62HRC
1	凸模	1	T10A	56～60HRC
序号	名称	件数	材料	备注
锥形件一次拉深模				

8.3.15　带凸筋的锥形件拉深模

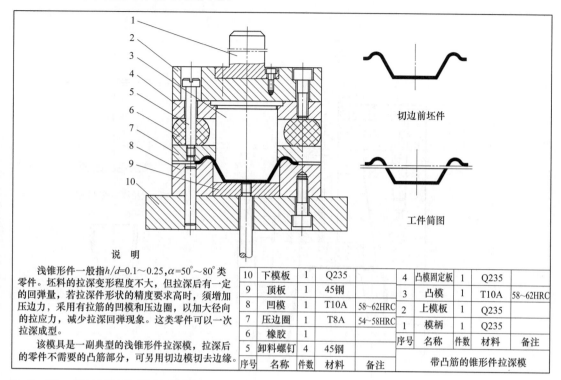

切边前坯件

工件简图

说　明

　　浅锥形件一般指 h/d=0.1～0.25，α=50°～80° 类零件。坯料的拉深变形程度不大，但拉深后有一定的回弹量，若拉深件形状的精度要求高时，须增加压边力，采用有拉筋的凹模和压边圈，以加大径向的拉应力，减少拉深回弹现象。这类零件可以一次拉深成型。

　　该模具是一副典型的浅锥形件拉深模，拉深后的零件不需要的凸筋部分，可另用切边模切去边缘。

10	下模板	1	Q235		4	凸模固定板	1	Q235	
9	顶板	1	45钢		3	凸模	1	T10A	58～62HRC
8	凹模	1	T10A	58～62HRC	2	上模板	1	Q235	
7	压边圈	1	T8A	54～58HRC	1	模柄	1	Q235	
6	橡胶	1			序号	名称	件数	材料	备注
5	卸料螺钉	4	45钢						
序号	名称	件数	材料	备注	带凸筋的锥形件拉深模				

8.3.16　圆锥形件反拉深模

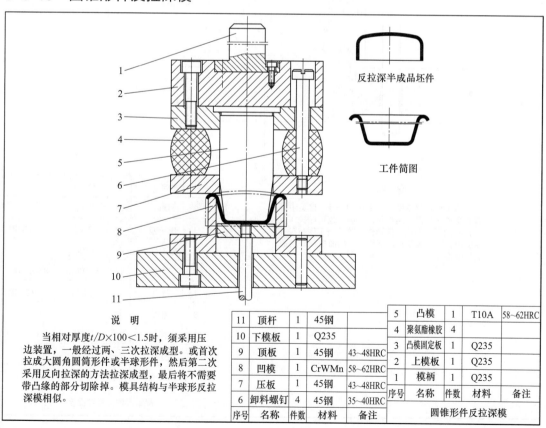

反拉深半成品坯件

工件简图

说　明

　　当相对厚度 $t/D\times100$<1.5 时，须采用压边装置，一般经过两、三次拉深成型。或首次拉成大圆角圆筒形件或半球形件，然后第二次采用反向拉深的方法拉深成型，最后将不需要带凸缘的部分切除掉。模具结构与半球形反拉深模相似。

11	顶杆	1	45钢		5	凸模	1	T10A	58～62HRC
10	下模板	1	Q235		4	聚氨酯橡胶	4		
9	顶板	1	45钢	43～48HRC	3	凸模固定板	1	Q235	
8	凹模	1	CrWMn	58～62HRC	2	上模板	1	Q235	
7	压板	1	45钢	43～48HRC	1	模柄	1	Q235	
6	卸料螺钉	4	45钢	35～40HRC	序号	名称	件数	材料	备注
序号	名称	件数	材料	备注	圆锥形件反拉深模				

8.3.17　圆锥形件二次拉深模

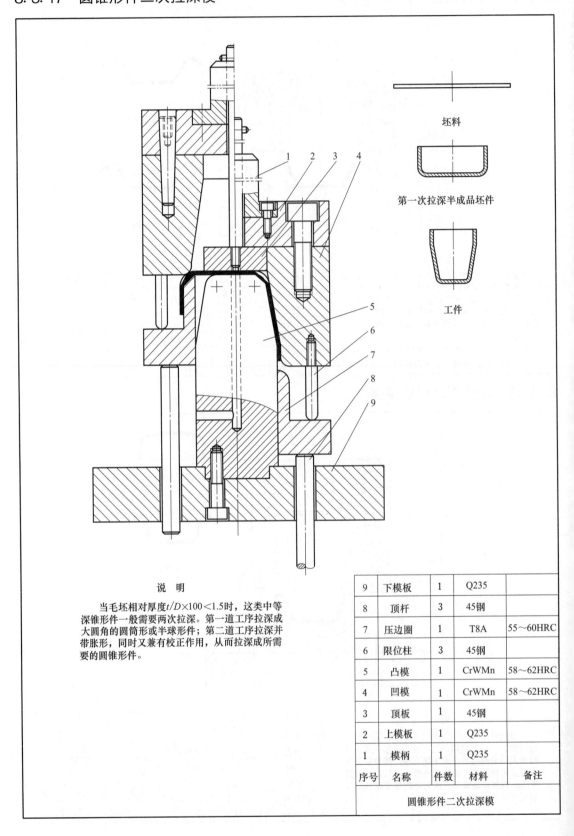

坯料

第一次拉深半成品坯件

工件

说　明

　　当毛坯相对厚度$t/D\times100<1.5$时，这类中等深锥形件一般需要两次拉深。第一道工序拉深成大圆角的圆筒形或半球形；第二道工序拉深并带胀形，同时又兼有校正作用，从而拉深成所需要的圆锥形件。

9	下模板	1	Q235	
8	顶杆	3	45钢	
7	压边圈	1	T8A	55～60HRC
6	限位柱	3	45钢	
5	凸模	1	CrWMn	58～62HRC
4	凹模	1	CrWMn	58～62HRC
3	顶板	1	45钢	
2	上模板	1	Q235	
1	模柄	1	Q235	
序号	名称	件数	材料	备注
圆锥形件二次拉深模				

8.3.18 圆筒形件连续拉深模

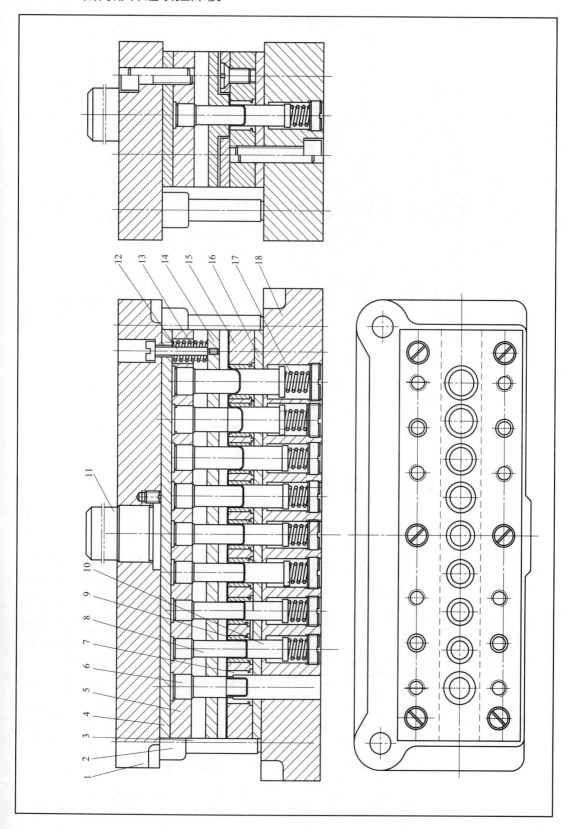

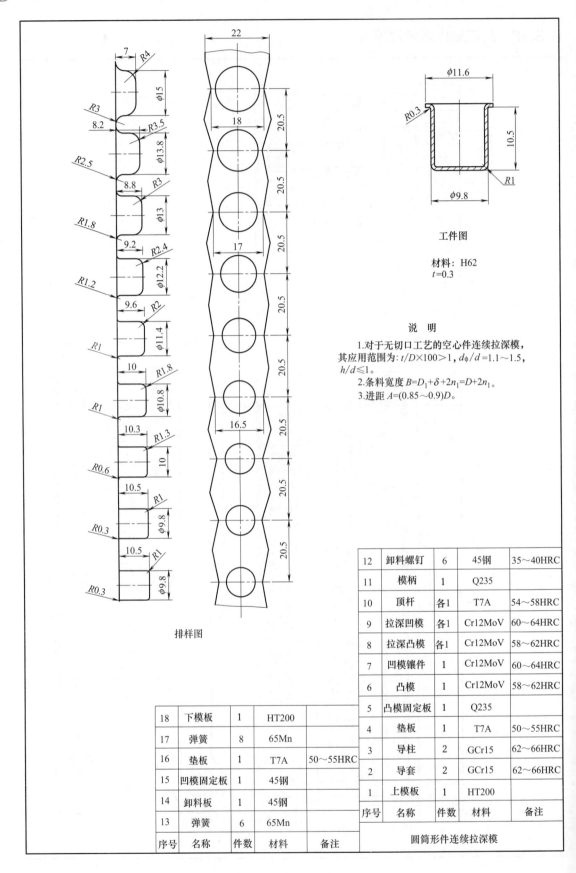

排样图

工件图

材料：H62
$t=0.3$

说　明

1.对于无切口工艺的空心件连续拉深模，
其应用范围为：$t/D\times100>1$，$d_\phi/d=1.1\sim1.5$，
$h/d\leqslant1$。

2.条料宽度 $B=D_1+\delta+2n_1=D+2n_1$。

3.进距 $A=(0.85\sim0.9)D$。

12	卸料螺钉	6	45钢	35～40HRC
11	模柄	1	Q235	
10	顶杆	各1	T7A	54～58HRC
9	拉深凹模	各1	Cr12MoV	60～64HRC
8	拉深凸模	各1	Cr12MoV	58～62HRC
7	凹模镶件	1	Cr12MoV	60～64HRC
6	凸模	1	Cr12MoV	58～62HRC
5	凸模固定板	1	Q235	
4	垫板	1	T7A	50～55HRC
3	导柱	2	GCr15	62～66HRC
2	导套	2	GCr15	62～66HRC
1	上模板	1	HT200	
序号	名称	件数	材料	备注

18	下模板	1	HT200	
17	弹簧	8	65Mn	
16	垫板	1	T7A	50～55HRC
15	凹模固定板	1	45钢	
14	卸料板	1	45钢	
13	弹簧	6	65Mn	
序号	名称	件数	材料	备注

圆筒形件连续拉深模

8.3.19　座板压内边模

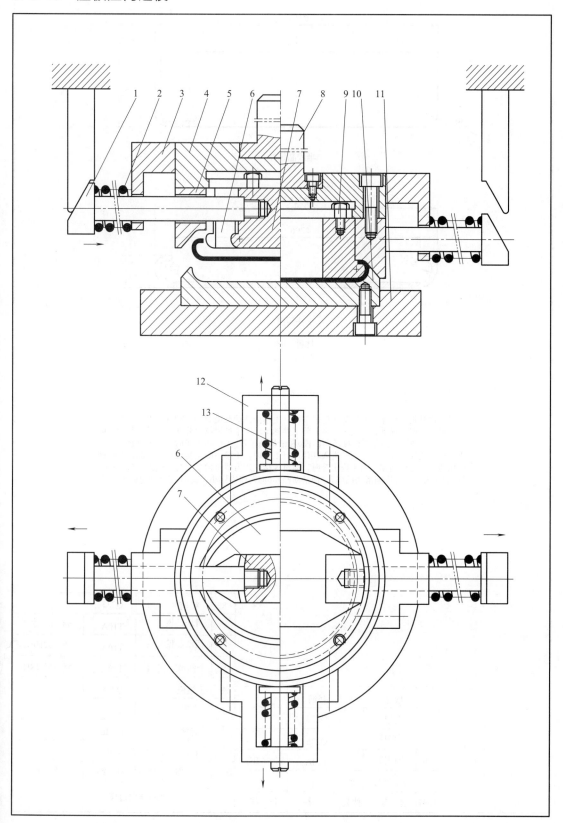

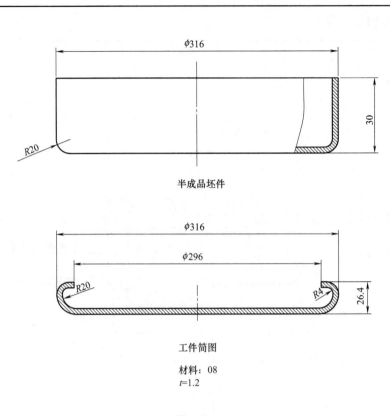

半成品坯件

工件简图

材料: 08
$t=1.2$

说 明

该模具是一副座板向内翻边的成型模,上模由活动凸模6和滑块凸模7组成的活动凸模,可以做胀、缩动作,便于成型后将工件卸下。在上模模座中分别制有纵向与横向的T形槽,用T形螺钉9分别连接活动凸模6和滑块凸模7。上模不工作时,凸模外径与坯件内径保持相同尺寸,以便凸模进入坯件内。工作时,上模下降至接触坯件底部,凹模同时压边工件包住凸模。当上模上升时,通过连接在压力机上的顶块与上模的弹簧2及顶杆1的作用,强行压缩滑块凸模7,使活动凸模6同时向内缩小,此时,工件即可落下。

8	模柄	1	Q235	
7	滑块凸模	2	T10A	58～62HRC
6	活动凸模	2	T10A	58～62HRC
5	上凹模	1	T10A	58～62HRC
4	上模座	1	Q235	
3	支架	2	Q235	
2	弹簧	2	65Mn	
1	顶杆	2	45钢	
序号	名 称	件数	材 料	备 注
	座板压内边模			

13	顶杆	2	45钢	
12	支架	2	Q235	
11	下模座	1	Q235	
10	下凹模	1	T10A	58～62HRC
9	T形螺钉	8	45钢	
序号	名 称	件数	材 料	备 注

8.3.20　拉深与整形模

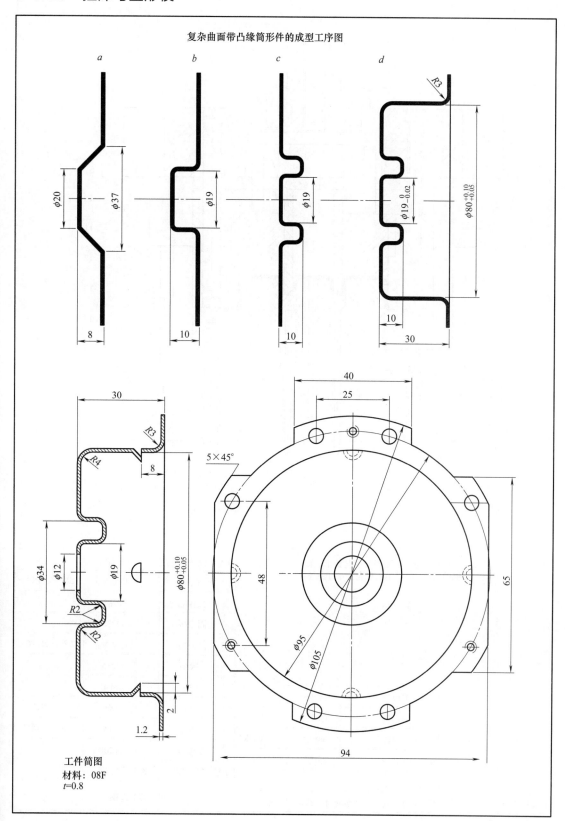

复杂曲面带凸缘筒形件的成型工序图

工件简图
材料：08F
$t=0.8$

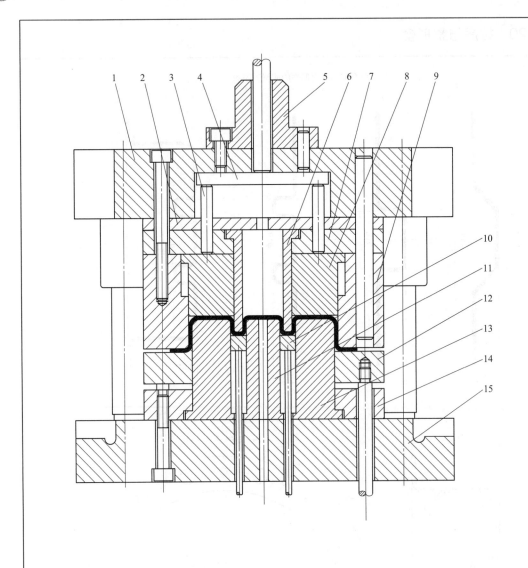

说　明

　　该模具是前三道工序从已将底部凸凹曲面复杂形状成型后,再进行拉深与整形,而拉深成带凸缘的筒形件。其他工序在此不作叙述。

10	顶件器	1	45钢	
9	凹模	1	CrWMn	58～62HRC
8	顶件器	1	45钢	
7	固定板	1	Q235	
6	凸凹模	1	CrWMn	58～62HRC
5	模柄	1	Q235	
4	顶板	1	45钢	
3	顶杆	3	45钢	43～48HRC
2	垫板	1	T7A	54～58HRC
1	上模板	1	HT200	
序号	名　称	件数	材　料	备　注
拉深与整形模				

15	下模板	1	HT200	
14	固定板	1	Q235	
13	凸凹模	1	CrWMn	58～62HRC
12	压边圈	1	45钢	
11	凸模	1	CrWMn	58～62HRC
序号	名　称	件数	材　料	备　注

8.3.21　高锥矩形件首次拉深模

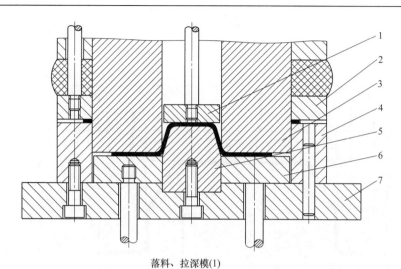

落料、拉深模(1)

1—顶板；2—压板；3—凸凹模；4—凹模；5—凸模；6—压边圈；7—底板

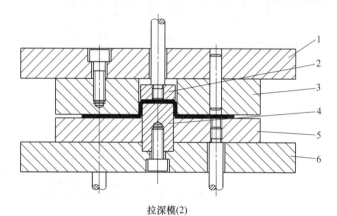

拉深模(2)

1—上模板；2—顶板；3—凹模；4—凸模；5—压边圈；6—下模板

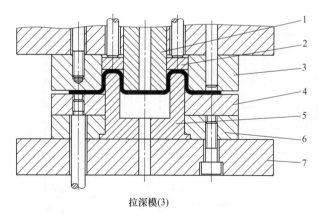

拉深模(3)

1—凸模；2—顶板；3—凹模；4—压边圈；5—凸凹模；6—固定板；7—下模板

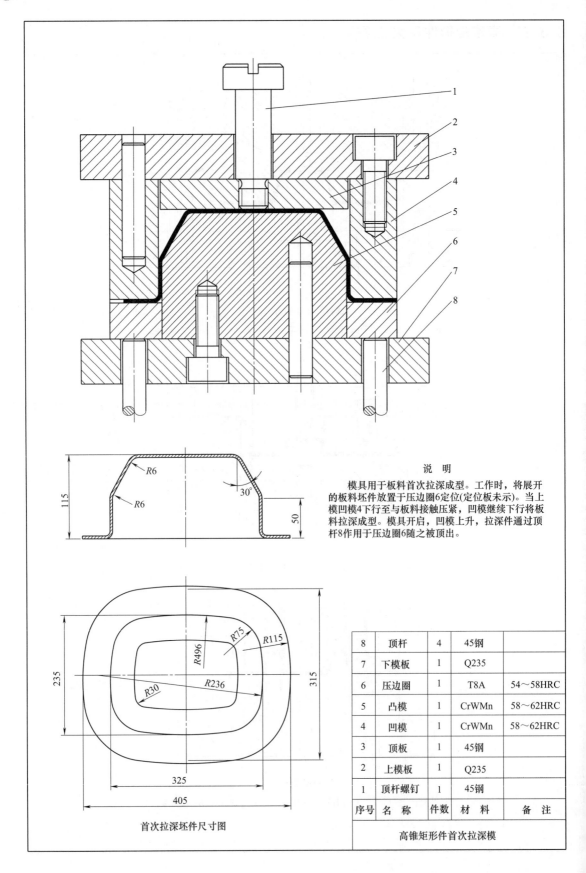

说　明

　　模具用于板料首次拉深成型。工作时，将展开的板料坯件放置于压边圈6定位(定位板未示)。当上模凹模4下行至与板料接触压紧，凹模继续下行将板料拉深成型。模具开启，凹模上升，拉深件通过顶杆8作用于压边圈6随之被顶出。

首次拉深坯件尺寸图

8	顶杆	4	45钢	
7	下模板	1	Q235	
6	压边圈	1	T8A	54～58HRC
5	凸模	1	CrWMn	58～62HRC
4	凹模	1	CrWMn	58～62HRC
3	顶板	1	45钢	
2	上模板	1	Q235	
1	顶杆螺钉	1	45钢	
序号	名　称	件数	材　料	备　注
高锥矩形件首次拉深模				

8.3.22　高锥矩形件的拉深与胀形模

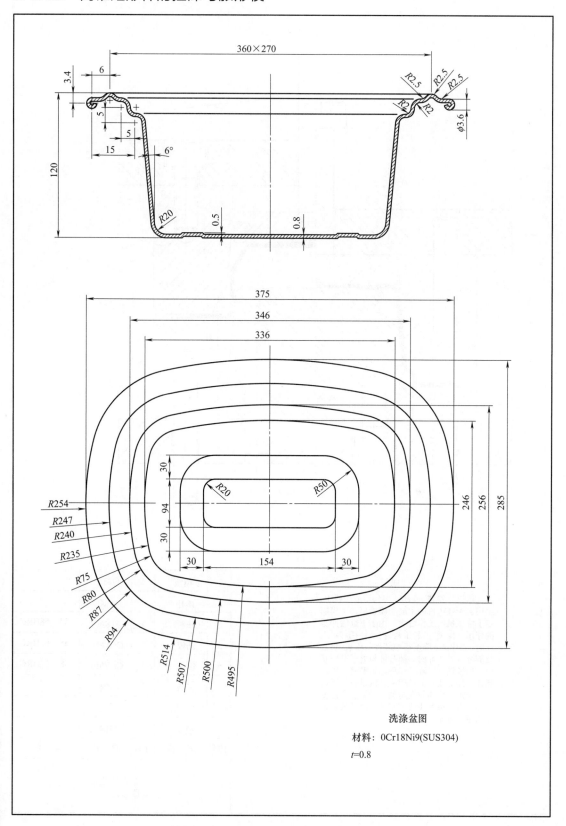

洗涤盆图

材料：0Cr18Ni9(SUS304)

t=0.8

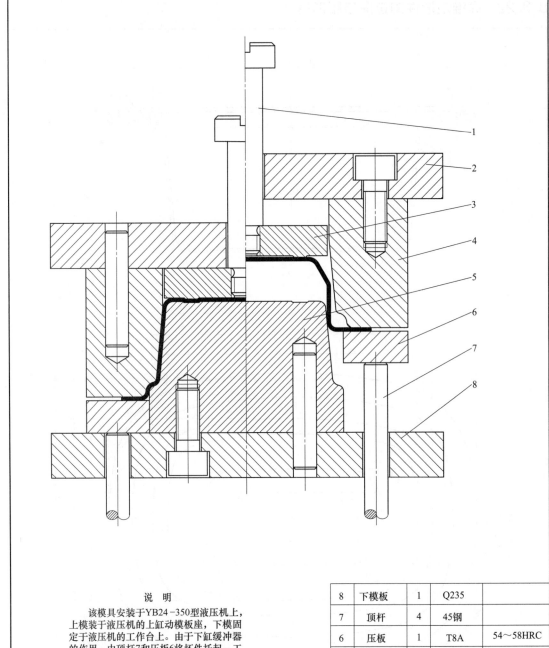

说　明

　　该模具安装于YB24-350型液压机上，上模装于液压机的上缸动模板座，下模固定于液压机的工作台上。由于下缸缓冲器的作用，由顶杆7和压板6将坯件托起。工作时，凹模4下降至接触坯件与压板6将法兰部压着，此时，部分坯料处于悬空状态，凹模继续下降，坯件渐渐贴着凸模5，坯件在拉深成型的过程中，既是拉深同时又有胀形。应用拉深与胀形的复合方法使坯件成型，可减少成型工序，降低成本，提高生产效率。

8	下模板	1	Q235	
7	顶杆	4	45钢	
6	压板	1	T8A	54～58HRC
5	凸模	1	CrWMn	58～62HRC
4	凹模	1	CrWMn	58～62HRC
3	顶板	1	45钢	
2	上模板	1	Q235	
1	顶杆	1	45钢	
序号	名　称	件数	材　料	备　注
高锥矩形件的拉深 与胀形模				

8.3.23　非规则斜锥矩形件的拉深与胀形成型工艺图

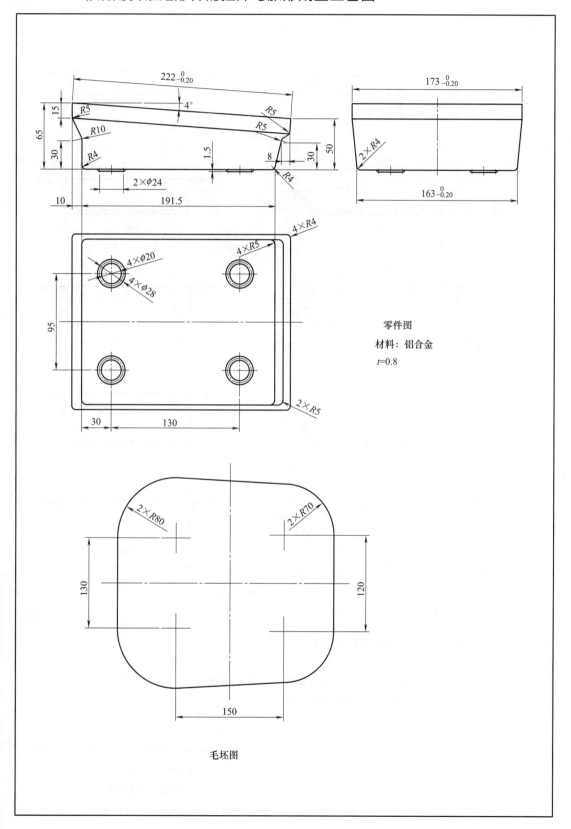

零件图

材料：铝合金

$t=0.8$

毛坯图

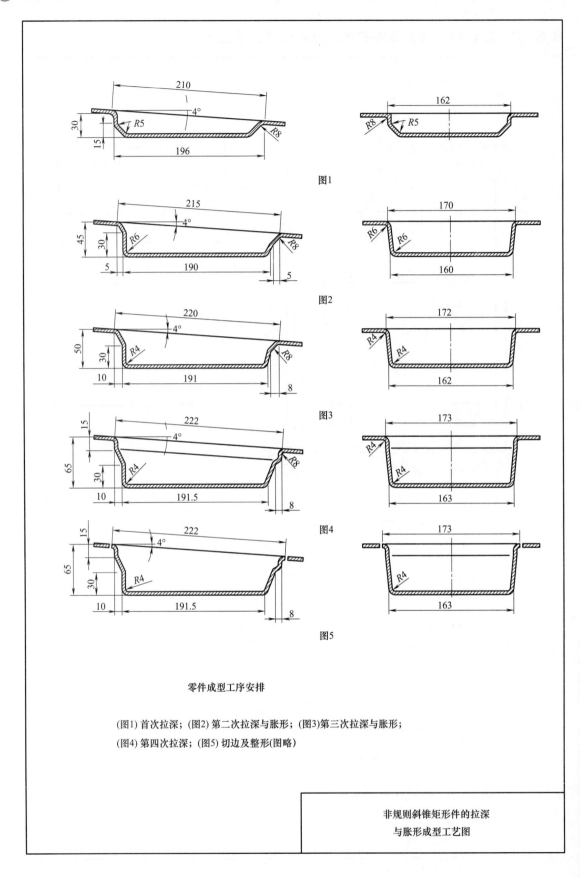

图1

图2

图3

图4

图5

零件成型工序安排

(图1) 首次拉深；(图2) 第二次拉深与胀形；(图3)第三次拉深与胀形；

(图4) 第四次拉深；(图5) 切边及整形(图略)

非规则斜锥矩形件的拉深
与胀形成型工艺图

8.3.24 非规则斜锥矩形件的拉深与胀形模

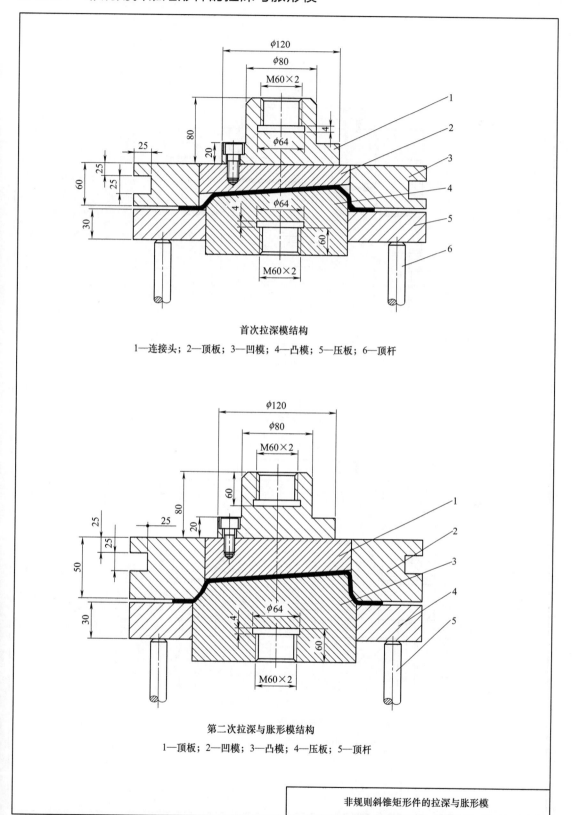

首次拉深模结构

1—连接头；2—顶板；3—凹模；4—凸模；5—压板；6—顶杆

第二次拉深与胀形模结构

1—顶板；2—凹模；3—凸模；4—压板；5—顶杆

非规则斜锥矩形件的拉深与胀形模

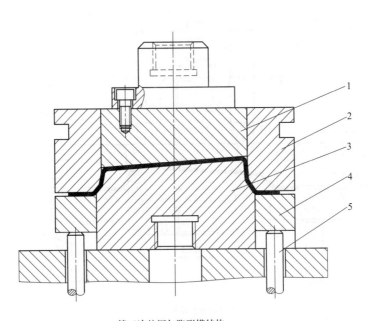

第三次拉深与胀形模结构

1—顶板；2—凹模；3—凸模；4—压板；5—顶杆

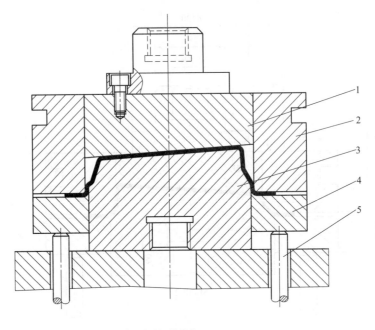

第四次拉深模结构

1—顶板；2—凹模；3—凸模；4—压板；5—顶杆

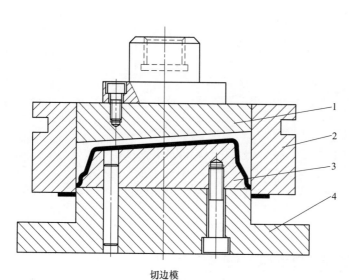

切边模
1—顶板；2—凹模；3—凸模镶块；4—凸模

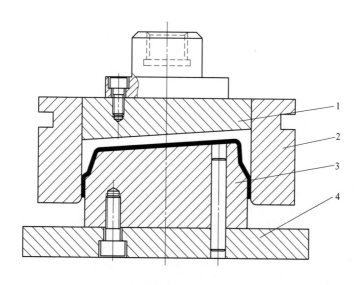

边缘整形模
1—顶板；2—凹模；3—凸模；4—底板

附录

附录 A　螺纹及螺纹孔尺寸

附表 A1　粗牙螺栓、螺钉的旋入深度和螺纹孔尺寸　　　　　　　　　　　mm

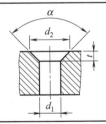

公称直径 d	底孔直径 d_0	钢和青铜				铸铁				铝			
		通孔	盲孔			通孔	盲孔			通孔	盲孔		
		拧入深度 h	拧入深度 H	螺纹深度 H_1	钻孔深度 H_2	拧入深度 h	拧入深度 H	螺纹深度 H_1	钻孔深度 H_2	拧入深度 h	拧入深度 H	螺纹深度 H_1	钻孔深度 H_2
3	2.5	4	3	4	7	6	5	6	9	8	6	7	10
4	3.3	5.5	4	5.5	9	8	6	7.5	11	10	8	10	14
5	4.2	7	5	7	11	10	8	10	14	12	10	12	16
6	5	8	6	8	13	12	10	12	17	15	12	15	20
8	6.7	10	8	10	16	15	12	14	20	20	16	18	24
10	8.5	12	10	13	20	18	15	18	25	24	20	23	30
12	10.2	15	12	15	24	22	18	21	30	28	24	27	36
16	13.9	20	16	20	30	28	24	28	33	36	32	36	46
20	17.4	25	20	24	36	35	30	35	47	45	40	45	57
24	20.9	30	24	30	44	42	35	42	55	55	48	54	68
30	26.3	36	30	36	52	50	45	52	68	70	60	67	84
36	31.8	45	36	44	62	65	55	64	82	80	72	80	98
42	37.3	50	42	50	72	75	65	74	95	95	85	94	115
48	42.7	60	48	58	82	85	75	85	108	105	95	105	128

附表 A2　沉头螺钉用沉孔（摘自 GB/T 152.2—1988）

表(1) 适用于沉头螺钉及半沉头螺钉用的沉孔尺寸

螺纹规格	M1.6	M2	M2.5	M3	M3.5	M4	M5	M6	M8	M10	M12	M14	M16	M20
d_2(H13)	3.7	4.5	5.6	6.4	8.4	9.6	10.6	12.6	17.6	20.3	24.4	28.4	32.4	40.4
$t\approx$	1	1.2	1.5	1.6	2.4	2.7	2.7	3.3	4.6	5.0	6.0	7.0	8.0	10.0
d_1(H13)	1.8	2.4	2.9	3.4	3.9	4.5	5.5	6.6	9	11	13.5	15.5	17.5	22.0
α	$90°^{-2°}_{-4°}$													

表(2) 适用于沉头自攻螺钉及半沉头自攻螺钉用的沉孔尺寸

螺纹规格	ST2.2	ST2.9	ST3.5	ST4.2	ST4.8	ST5.5	ST6.3	ST8	ST9.5
d_2(H12)	4.4	6.3	8.2	9.4	10.4	11.5	12.6	17.3	20
$t\approx$	1.1	1.7	2.4	2.6	2.8	3.0	3.2	4.6	5.2
d_1(H12)	2.4	3.1	3.7	4.5	5.1	5.8	6.7	8.4	10
α	$90°^{-2°}_{-4°}$								

表(3) 适用于沉头木螺钉及半沉头木螺钉用的沉孔尺寸

螺纹规格	1.6	2	2.5	3	3.5	4	4.5	5	5.5	6	7	8	10
d_2(H13)	3.7	4.5	5.4	6.6	7.7	8.6	10.1	11.2	12.1	13.2	15.3	17.3	21.9
$t\approx$	1.0	1.2	1.4	1.7	2.0	2.2	2.7	3.0	3.2	3.5	4.0	4.5	5.0
d_1(H13)	1.8	2.4	2.9	3.4	3.9	4.5	5.0	5.5	6.0	6.6	7.6	9.0	11.0
α	$90°^{-2°}_{-4°}$												

附表 A3　圆柱头沉孔尺寸（摘自 GB/T 152.3—1988）

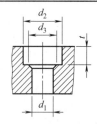

表(1) 适用于 GB/T 70.1—2000《内六角圆柱头螺钉》用的圆柱头沉孔尺寸

螺纹规格	M1.6	M2	M2.5	M3	M4	M5	M6	M8	M10	M12	M14	M16	M20	M24	M30	M36
d_2(H13)	3.3	4.3	5	6	8	10	11	15	18	20	24	26	33	40	48	57
t(H13)	1.8	2.3	2.9	3.4	4.6	5.7	6.8	9	11	13	15	17.5	21.5	25.5	32	38
d_3	—	—	—	—	—	—	—	—	—	16	18	20	24	28	36	42
d_1(H13)	1.8	2.4	2.9	3.4	4.5	5.5	6.6	9	11	13.5	15.5	17.5	22	26	33	39

表(2) 适用于 GB/T 6190、6191—1986《内六角花形圆柱头螺钉》及
GB/T 65—2000《开槽圆柱头螺钉》用的圆柱头沉孔尺寸

螺纹规格	M4	M5	M6	M8	M10	M12	M14	M16	M20
d_2(H13)	8	10	11	15	18	20	24	26	33
t(H13)	3.2	4.0	4.7	6	7	8	9	10.5	12.5
d_3	—	—	—	—	—	16	18	20	24
d_1(H13)	4.5	5.5	6.6	9	11	13.5	15.5	17.5	22

附表 A4　六角头螺栓和六角螺母用的沉孔尺寸（摘自 GB 152.4—1988）

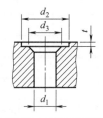

螺纹规格	M1.6	M2	M2.5	M3	M4	M5	M6	M8	M10	M12	M14	M16	M18	M20
d_2	5	6	8	9	10	11	13	18	22	26	30	33	36	40
d_3	—	—	—	—	—	—	—	—	16	18	20	22	24
d_1	1.8	2.4	2.9	3.4	4.5	5.5	6.6	9	11	13.5	15.5	17.5	20	22
螺纹规格	M22	M24	M27	M30	M33	M36	M39	M42	M45	M48	M52	M56	M60	M64
d_2	43	48	53	61	66	71	76	82	89	98	107	112	118	125
d_3	26	28	33	36	39	42	45	48	51	56	60	68	72	76
d_1	24	26	30	33	36	39	42	45	48	52	56	62	66	70

注：1. 对尺寸 t，只要能制出与通孔轴线垂直的圆平面即可。

2. 尺寸 d_1 的公差带为 H13；尺寸 d_2 的公差带为 H15。

附表 A5　攻螺纹前钻螺纹底孔直径　　　　　　　　　　　mm

螺纹代号	钻孔直径		螺纹代号	钻孔直径		螺纹代号	钻孔直径		螺纹代号	钻孔直径	
	脆性材料	韧性材料		脆性材料	韧性材料		脆性材料	韧性材料		脆性材料	韧性材料
M3×0.5	2.5	2.5	M8×1	6.9	7.0	M14×1.5	12.4	12.5	M20×2	17.8	18.0
M3×0.35	2.65	2.65	M8×0.75	7.1	7.2	M14×1.25	12.7	12.8	M20×1.5	18.4	18.5
M3.5×0.35	3.15	3.15	M10×1.5	8.4	8.5	M14×1	12.9	13.0	M20×1	18.9	19.0
M4×0.7	3.3	3.3	M10×1.25	8.6	8.7	M16×2	13.8	14.0	M22×2.5	19.3	19.5
M4×0.5	3.5	3.5	M10×1	8.9	9.0	M16×1.5	14.4	14.5	M22×2	19.8	20.0
M4.5×0.5	4.0	4.0	M10×0.75	9.2	9.3	M16×1	14.9	15.0	M22×1.5	20.4	20.5
M5×0.8	4.1	4.2	M12×1.75	10.1	10.2	M18×2.5	15.3	15.5	M22×1	20.9	21.0
M5×0.5	4.5	4.5	M12×1.5	10.4	10.5	M18×2	15.8	15.9	M24×3	20.8	21.0
M6×1	4.9	5.0	M12×1.25	10.6	10.7	M18×1.5	16.4	16.5	M24×2	21.8	22.0
M6×0.75	5.2	5.2	M12×1	10.9	11.0	M18×1	16.9	17.0	M24×1.5	22.4	22.5
M8×1.25	6.6	6.7	M14×2	11.8	12.0	M20×2.5	17.3	17.5	M24×1	22.0	23.0

注：表中的钻孔直径是指螺纹攻丝前的底孔直径，但不等于钻头直，钻头的双刃与顶角刃磨不正确时，钻出的孔会有偏大的情况，而影响螺纹质量，故应注意刃磨后的钻头试钻的孔径尺寸是否正确。

附表 A6　铆钉用通孔（摘自 GB/T 152.1—1988）　　　　　mm

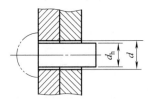

铆钉公称直径 d	0.6	0.7	0.8	1	1.2	1.4	1.6	2.0	2.5	3	3.5	4	5	6	8
精装配 d_h	0.7	0.8	0.9	1.1	1.3	1.5	1.7	2.1	2.6	3.1	3.6	4.1	5.2	5.2	8.2

铆钉公称直径 d		10	12	14	16	18	20	22	24	27	30	36
d_h	精装配	10.3	12.4	14.5	16.5	—	—	—	—	—	—	—
	粗装配	11	13	15	17	19	21.5	23.5	25.5	28.5	32	38

附录 B 公差配合和形位公差及其标注

附表 B1 常用优先孔的极限偏差（摘自 GB/T 1800.2—2009） μm

基本尺寸/mm		公差带													
		A11	B		C11	D				E		F			
大于	至		11	12		8	9	10	11	8	9	6	7	8	9
—	3	+330 / +270	+200 / +140	+240 / +140	+120 / +60	+34 / +20	+45 / +20	+60 / +20	+80 / +20	+28 / +14	+39 / +14	+12 / +6	+16 / +6	+20 / +6	+31 / +6
3	6	+345 / +270	+215 / +140	+260 / +140	+145 / +70	+48 / +30	+60 / +30	+78 / +30	+105 / +30	+38 / +20	+50 / +20	+18 / +10	+22 / +10	+28 / +10	+40 / +10
6	10	+370 / +280	+240 / +150	+300 / +150	+170 / +80	+62 / +40	+76 / +40	+98 / +40	+130 / +40	+47 / +25	+61 / +25	+22 / +13	+28 / +13	+35 / +13	+49 / +13
10	14	+400 / +290	+260 / +150	+330 / +150	+205 / +95	+77 / +50	+93 / +50	+120 / +50	+160 / +50	+59 / +32	+75 / +32	+27 / +16	+34 / +16	+43 / +16	+59 / +16
14	18	+400 / +290	+260 / +150	+330 / +150	+205 / +95	+77 / +50	+93 / +50	+120 / +50	+160 / +50	+59 / +32	+75 / +32	+27 / +16	+34 / +16	+43 / +16	+59 / +16
18	24	+430 / +300	+290 / +160	+370 / +160	+240 / +110	+98 / +65	+117 / +65	+149 / +65	+195 / +65	+73 / +40	+92 / +40	+33 / +20	+41 / +20	+53 / +20	+72 / +20
24	30	+430 / +300	+290 / +160	+370 / +160	+240 / +110	+98 / +65	+117 / +65	+149 / +65	+195 / +65	+73 / +40	+92 / +40	+33 / +20	+41 / +20	+53 / +20	+72 / +20
30	40	+470 / +310	+330 / +170	+420 / +170	+280 / +120	+119 / +80	+142 / +80	+180 / +80	+240 / +80	+89 / +50	+112 / +50	+41 / +25	+50 / +25	+64 / +25	+87 / +25
40	50	+480 / +320	+340 / +180	+430 / +180	+290 / +130	+119 / +80	+142 / +80	+180 / +80	+240 / +80	+89 / +50	+112 / +50	+41 / +25	+50 / +25	+64 / +25	+87 / +25
50	65	+530 / +340	+380 / +190	+490 / +190	+330 / +140	+146 / +100	+174 / +100	+220 / +100	+290 / +100	+106 / +60	+134 / +60	+49 / +30	+60 / +30	+76 / +30	+104 / +30
65	80	+550 / +360	+390 / +200	+500 / +200	+340 / +150	+146 / +100	+174 / +100	+220 / +100	+290 / +100	+106 / +60	+134 / +60	+49 / +30	+60 / +30	+76 / +30	+104 / +30
80	100	+600 / +380	+440 / +220	+570 / +220	+390 / +170	+174 / +120	+207 / +120	+260 / +120	+340 / +120	+125 / +72	+159 / +72	+58 / +36	+71 / +36	+90 / +36	+123 / +36
100	120	+630 / +410	+460 / +240	+590 / +240	+400 / +180	+174 / +120	+207 / +120	+260 / +120	+340 / +120	+125 / +72	+159 / +72	+58 / +36	+71 / +36	+90 / +36	+123 / +36
120	140	+710 / +460	+510 / +260	+660 / +260	+450 / +200	+208 / +145	+245 / +145	+305 / +145	+395 / +145	+148 / +85	+185 / +85	+68 / +43	+83 / +43	+106 / +43	+143 / +43
140	160	+770 / +520	+530 / +280	+680 / +280	+460 / +210	+208 / +145	+245 / +145	+305 / +145	+395 / +145	+148 / +85	+185 / +85	+68 / +43	+83 / +43	+106 / +43	+143 / +43
160	180	+830 / +580	+560 / +310	+710 / +310	+480 / +230	+208 / +145	+245 / +145	+305 / +145	+395 / +145	+148 / +85	+185 / +85	+68 / +43	+83 / +43	+106 / +43	+143 / +43
180	200	+950 / +660	+630 / +340	+800 / +340	+530 / +240	+242 / +170	+285 / +170	+355 / +170	+460 / +170	+172 / +100	+215 / +100	+79 / +50	+96 / +50	+122 / +50	+165 / +50
200	225	+1030 / +740	+670 / +380	+840 / +380	+550 / +260	+242 / +170	+285 / +170	+355 / +170	+460 / +170	+172 / +100	+215 / +100	+79 / +50	+96 / +50	+122 / +50	+165 / +50
225	250	+1110 / +820	+710 / +420	+880 / +420	+570 / +280	+242 / +170	+285 / +170	+355 / +170	+460 / +170	+172 / +100	+215 / +100	+79 / +50	+96 / +50	+122 / +50	+165 / +50
250	280	+1240 / +920	+800 / +480	+1000 / +480	+620 / +300	+271 / +190	+320 / +190	+400 / +190	+510 / +190	+191 / +110	+240 / +110	+88 / +56	+108 / +56	+137 / +56	+186 / +56
280	315	+1370 / +1050	+860 / +540	+1060 / +540	+650 / +330	+271 / +190	+320 / +190	+400 / +190	+510 / +190	+191 / +110	+240 / +110	+88 / +56	+108 / +56	+137 / +56	+186 / +56
315	355	+1560 / +1200	+960 / +600	+1170 / +600	+720 / +360	+299 / +210	+350 / +210	+440 / +210	+570 / +210	+214 / +125	+265 / +125	+98 / +62	+119 / +62	+151 / +62	+202 / +62
355	400	+1710 / +1350	+1040 / +680	+1250 / +680	+760 / +400	+299 / +210	+350 / +210	+440 / +210	+570 / +210	+214 / +125	+265 / +125	+98 / +62	+119 / +62	+151 / +62	+202 / +62
400	450	+1900 / +1500	+1160 / +760	+1390 / +760	+840 / +440	+327 / +230	+385 / +230	+480 / +230	+630 / +230	+232 / +135	+290 / +135	+108 / +68	+131 / +68	+165 / +68	+223 / +68
450	500	+2050 / +1650	+1240 / +840	+1470 / +840	+880 / +480	+327 / +230	+385 / +230	+480 / +230	+630 / +230	+232 / +135	+290 / +135	+108 / +68	+131 / +68	+165 / +68	+223 / +68

基本尺寸 /mm 大于	至	公差带 G 6	G 7	H 6	H 7	H 8	H 9	H 10	H 11	H 12	Js6 6	Js6 7	Js6 8	K 6	K 7	K 8
—	3	+8/+2	+12/+2	+6/0	+10/0	+14/0	+25/0	+40/0	+60/0	+100/0	±3	±5	±7	0/−6	0/−10	0/−14
3	6	+12/+4	+16/+4	+8/0	+12/0	+18/0	+30/0	+48/0	+75/0	+120/0	±4	±6	±9	+2/−6	+3/−9	+5/−13
6	10	+14/+5	+20/+5	+9/0	+15/0	+22/0	+36/0	+58/0	+90/0	+150/0	±4.5	±7	±11	+2/−7	+5/−10	+6/−16
10	14	+17/+6	+24/+6	+11/0	+18/0	+27/0	+43/0	+70/0	+110/0	+180/0	±5.5	±9	±13	+2/−9	+6/−12	+8/−19
14	18	+17/+6	+24/+6	+11/0	+18/0	+27/0	+43/0	+70/0	+110/0	+180/0	±5.5	±9	±13	+2/−9	+6/−12	+8/−19
18	24	+20/+7	+28/+7	+13/0	+21/0	+33/0	+52/0	+84/0	+130/0	+210/0	±6.5	±10	±16	+2/−11	+6/−15	+10/−23
24	30	+20/+7	+28/+7	+13/0	+21/0	+33/0	+52/0	+84/0	+130/0	+210/0	±6.5	±10	±16	+2/−11	+6/−15	+10/−23
30	40	+25/+9	+34/+9	+16/0	+25/0	+39/0	+62/0	+100/0	+160/0	+250/0	±8	±12	±19	+3/−13	+7/−18	+12/−27
40	50	+25/+9	+34/+9	+16/0	+25/0	+39/0	+62/0	+100/0	+160/0	+250/0	±8	±12	±19	+3/−13	+7/−18	+12/−27
50	65	+29/+10	+40/+10	+19/0	+30/0	+46/0	+74/0	+120/0	+190/0	+300/0	±9.5	±15	±23	+4/−15	+9/−21	+14/−32
65	80	+29/+10	+40/+10	+19/0	+30/0	+46/0	+74/0	+120/0	+190/0	+300/0	±9.5	±15	±23	+4/−15	+9/−21	+14/−32
80	100	+34/+12	+47/+12	+22/0	+35/0	+54/0	+87/0	+140/0	+220/0	+350/0	±11	±17	±27	+4/−18	+10/−25	+16/−38
100	120	+34/+12	+47/+12	+22/0	+35/0	+54/0	+87/0	+140/0	+220/0	+350/0	±11	±17	±27	+4/−18	+10/−25	+16/−38
120	140	+39/+14	+54/+14	+25/0	+40/0	+63/0	+100/0	+160/0	+250/0	+400/0	±12.5	±20	±31	+4/−21	+12/−28	+20/−43
140	160	+39/+14	+54/+14	+25/0	+40/0	+63/0	+100/0	+160/0	+250/0	+400/0	±12.5	±20	±31	+4/−21	+12/−28	+20/−43
160	180	+39/+14	+54/+14	+25/0	+40/0	+63/0	+100/0	+160/0	+250/0	+400/0	±12.5	±20	±31	+4/−21	+12/−28	+20/−43
180	200	+44/+15	+61/+15	+29/0	+46/0	+72/0	+115/0	+185/0	+290/0	+460/0	±14.5	±23	±36	+5/−24	+13/−33	+22/−50
200	225	+44/+15	+61/+15	+29/0	+46/0	+72/0	+115/0	+185/0	+290/0	+460/0	±14.5	±23	±36	+5/−24	+13/−33	+22/−50
225	250	+44/+15	+61/+15	+29/0	+46/0	+72/0	+115/0	+185/0	+290/0	+460/0	±14.5	±23	±36	+5/−24	+13/−33	+22/−50
250	280	+49/+17	+69/+17	+32/0	+52/0	+81/0	+130/0	+210/0	+320/0	+520/0	±16	±26	±40	+5/−27	+16/−36	+25/−56
280	315	+49/+17	+69/+17	+32/0	+52/0	+81/0	+130/0	+210/0	+320/0	+520/0	±16	±26	±40	+5/−27	+16/−36	+25/−56
315	355	+54/+18	+75/+18	+36/0	+57/0	+89/0	+140/0	+230/0	+360/0	+570/0	±18	±28	±44	+7/−29	+17/−40	+28/−61
355	400	+54/+18	+75/+18	+36/0	+57/0	+89/0	+140/0	+230/0	+360/0	+570/0	±18	±28	±44	+7/−29	+17/−40	+28/−61
400	450	+60/+20	+83/+20	+40/0	+63/0	+97/0	+155/0	+250/0	+400/0	+630/0	±20	±31	±48	+8/−32	+18/−45	+29/−68
450	500	+60/+20	+83/+20	+40/0	+63/0	+97/0	+155/0	+250/0	+400/0	+630/0	±20	±31	±48	+8/−32	+18/−45	+29/−68

基本尺寸/mm 大于	至	M6	M7	M8	N6	N7	N8	P6	P7	R6	R7	S6	S7	T6	T7	U7
—	3	−2 −8	−2 −12	−2 −16	−4 −10	−4 −14	−4 −18	−6 −12	−6 −16	−10 −16	−10 −20	−14 −20	−14 −24	—	—	−18 −28
3	6	−1 −9	0 −12	+2 −12	−5 −13	−4 −16	−2 −20	−9 −17	−8 −20	−12 −20	−11 −23	−16 −24	−15 −27	—	—	−19 −31
6	10	−3 −12	0 −15	+1 −21	−7 −16	−4 −19	−3 −25	−12 −21	−9 −24	−16 −25	−13 −28	−20 −29	−17 −32	—	—	−22 −37
10	14	−4 −15	0 −18	+2 −25	−9 −20	−5 −23	−3 −30	−15 −26	−11 −29	−20 −31	−16 −34	−25 −36	−21 −39	—	—	−26 −44
14	18	−4 −15	0 −18	+2 −25	−9 −20	−5 −23	−3 −30	−15 −26	−11 −29	−20 −31	−16 −34	−25 −36	−21 −39	—	—	−26 −44
18	24	−4 −17	0 −21	+4 −29	−11 −24	−7 −28	−3 −36	−18 −31	−14 −35	−24 −37	−20 −41	−31 −44	−27 −48	—	—	−33 −54
24	30	−4 −17	0 −21	+4 −29	−11 −24	−7 −28	−3 −36	−18 −31	−14 −35	−24 −37	−20 −41	−31 −44	−27 −48	−37 −50	−33 −54	−40 −61
30	40	−4 −20	0 −25	+5 −34	−12 −28	−8 −33	−3 −42	−21 −37	−17 −42	−29 −45	−25 −50	−38 −54	−34 −59	−43 −59	−39 −64	−51 −76
40	50	−4 −20	0 −25	+5 −34	−12 −28	−8 −33	−3 −42	−21 −37	−17 −42	−29 −45	−25 −50	−38 −54	−34 −59	−49 −65	−45 −70	−61 −86
50	65	−5 −24	0 −30	+5 −41	−14 −33	−9 −39	−4 −50	−26 −45	−21 −51	−35 −54	−30 −60	−47 −66	−42 −72	−60 −79	−55 −85	−76 −106
65	80	−5 −24	0 −30	+5 −41	−14 −33	−9 −39	−4 −50	−26 −45	−21 −51	−37 −56	−32 −62	−53 −72	−48 −78	−69 −88	−64 −94	−91 −121
80	100	−6 −28	0 −35	+6 −48	−16 −38	−10 −45	−4 −58	−30 −52	−24 −59	−44 −66	−38 −73	−64 −86	−58 −93	−84 −106	−78 −113	−111 −146
100	120	−6 −28	0 −35	+6 −48	−16 −38	−10 −45	−4 −58	−30 −52	−24 −59	−47 −69	−41 −76	−72 −94	−66 −101	−97 −119	−91 −126	−131 −166
120	140	−8 −33	0 −40	+8 −55	−20 −45	−12 −52	−4 −67	−36 −61	−28 −68	−56 −81	−48 −88	−85 −110	−77 −117	−115 −140	−107 −147	−155 −195
140	160	−8 −33	0 −40	+8 −55	−20 −45	−12 −52	−4 −67	−36 −61	−28 −68	−58 −83	−50 −90	−93 −118	−85 −125	−127 −152	−119 −159	−175 −215
160	180	−8 −33	0 −40	+8 −55	−20 −45	−12 −52	−4 −67	−36 −61	−28 −68	−61 −86	−53 −93	−101 −126	−93 −133	−139 −164	−131 −171	−195 −235
180	200	−8 −37	0 −46	+9 −63	−22 −51	−14 −60	−5 −77	−41 −70	−33 −79	−68 −97	−60 −106	−113 −142	−105 −151	−157 −186	−149 −195	−219 −265
200	225	−8 −37	0 −46	+9 −63	−22 −51	−14 −60	−5 −77	−41 −70	−33 −79	−71 −100	−63 −109	−121 −150	−113 −159	−171 −200	−163 −209	−241 −287
225	250	−8 −37	0 −46	+9 −63	−22 −51	−14 −60	−5 −77	−41 −70	−33 −79	−75 −104	−67 −113	−131 −160	−123 −169	−187 −216	−179 −225	−267 −313
250	280	−9 −41	0 −52	+9 −72	−25 −57	−14 −66	−5 −86	−47 −79	−36 −88	−85 −117	−74 −126	−149 −181	−138 −190	−209 −241	−198 −250	−295 −347
280	315	−9 −41	0 −52	+9 −72	−25 −57	−14 −66	−5 −86	−47 −79	−36 −88	−89 −121	−78 −130	−161 −193	−150 −202	−231 −263	−220 −272	−330 −382
315	355	−10 −46	0 −57	+11 −78	−26 −62	−16 −73	−5 −94	−51 −87	−41 −98	−97 −133	−87 −144	−179 −215	−169 −226	−257 −293	−247 −304	−396 −426
355	400	−10 −46	0 −57	+11 −78	−26 −62	−16 −73	−5 −94	−51 −87	−41 −98	−103 −139	−93 −150	−197 −233	−187 −244	−283 −319	−273 −330	−414 −471
400	450	−10 −50	0 −63	+11 −86	−27 −67	−17 −80	−6 −103	−55 −95	−45 −108	−113 −153	−103 −166	−219 −259	−209 −272	−317 −357	−307 −370	−467 −530
450	500	−10 −50	0 −63	+11 −86	−27 −67	−17 −80	−6 −103	−55 −95	−45 −108	−119 −159	−109 −172	−239 −279	−229 −292	−347 −387	−337 −400	−517 −580

附表 B2　常用优先轴的极限偏差（摘自 GB/T 1800.2—2009）　　　　μm

基本尺寸 /mm		公　差　带												
		a	b		c			d				e		
大于	至	11	11	12	9	10	11	8	9	10	11	7	8	9
—	3	−270 −330	−140 −200	−140 −240	−60 −85	−60 −100	−60 −120	−20 −34	−20 −45	−20 −60	−20 −80	−14 −24	−14 −28	−14 −39
3	6	−270 −345	−140 −215	−140 −260	−70 −100	−70 −118	−70 −145	−30 −48	−30 −60	−30 −78	−30 −105	−20 −32	−20 −38	−20 −50
6	10	−280 −370	−150 −240	−150 −300	−80 −116	−80 −138	−80 −170	−40 −62	−40 −76	−40 −98	−40 −130	−25 −40	−25 −47	−25 −61
10	18	−290 −400	−150 −260	−150 −330	−95 −138	−95 −165	−95 −205	−50 −77	−50 −93	−50 −120	−50 −160	−32 −50	−32 −59	−32 −75
18	30	−300 −430	−160 −290	−160 −370	−110 −162	−110 −194	−110 −240	−65 −98	−65 −117	−65 −149	−65 −195	−40 −61	−40 −73	−40 −92
30	40	−310 −470	−170 −330	−170 −420	−120 −182	−120 −220	−120 −280	−80 −119	−80 −142	−80 −180	−80 −240	−50 −75	−50 −89	−50 −112
40	50	−320 −480	−180 −340	−180 −430	−130 −192	−130 −230	−130 −290							
50	65	−340 −530	−190 −380	−190 −490	−140 −214	−140 −260	−140 −330	−100 −146	−100 −174	−100 −220	−100 −290	−60 −90	−60 −106	−60 −134
65	80	−360 −550	−200 −390	−200 −500	−150 −224	−150 −270	−150 −340							
80	100	−380 −600	−200 −440	−220 −570	−170 −257	−170 −310	−170 −390	−120 −174	−120 −207	−120 −260	−120 −340	−72 −107	−72 −126	−72 −159
100	120	−410 −630	−240 −460	−240 −590	−180 −267	−180 −320	−180 −400							
120	140	−460 −710	−260 −510	−260 −660	−200 −300	−200 −360	−200 −450	−145 −208	−145 −245	−145 −305	−145 −395	−85 −125	−85 −148	−85 −185
140	160	−520 −770	−280 −530	−280 −680	−210 −310	−210 −370	−210 −460							
160	180	−580 −830	−310 −560	−310 −710	−230 −330	−230 −390	−230 −480							
180	200	−660 −950	−340 −630	−340 −800	−240 −355	−240 −425	−240 −530	−170 −242	−170 −285	−170 −355	−170 −460	−100 −146	−100 −172	−100 −215
200	225	−740 −1030	−380 −670	−380 −840	−260 −375	−260 −445	−260 −550							
225	250	−820 −1110	−420 −710	−420 −880	−280 −395	−280 −465	−280 −570							
250	280	−920 −1240	−480 −800	−480 −1000	−300 −430	−300 −510	−300 −620	−190 −271	−190 −320	−190 −400	−190 −510	−110 −162	−110 −191	−110 −240
280	315	−1050 −1370	−540 −860	−540 −1060	−330 −460	−330 −540	−330 −650							
315	355	−1200 −1560	−600 −960	−600 −1170	−360 −500	−360 −590	−360 −720	−210 −299	−210 −350	−210 −440	−210 −570	−125 −182	−125 −214	−125 −265
355	400	−1350 −1710	−680 −1040	−680 −1250	−400 −540	−400 −630	−400 −760							
400	450	−1500 −1900	−760 −1160	−760 −1390	−440 −595	−440 −690	−440 −840	−230 −327	−230 −385	−230 −480	−230 −630	−135 −198	−135 −232	−135 −290
450	500	−1650 −2050	−840 −1240	−840 −1470	−480 −635	−480 −730	−480 −880							

基本尺寸/mm 大于	至	f 5	f 6	f 7	f 8	f 9	g 5	g 6	g 7	h 5	h 6	h 7	h 8	h 9	h 10	h 11	h 12
—	3	−6 −10	−6 −12	−6 −16	−6 −20	−6 −31	−2 −6	−2 −8	−2 −12	0 −4	0 −6	0 −10	0 −14	0 −25	0 −40	0 −60	0 −100
3	6	−10 −15	−10 −18	−10 −22	−10 −28	−10 −40	−4 −9	−4 −12	−4 −16	0 −5	0 −8	0 −12	0 −18	0 −30	0 −48	0 −75	0 −120
6	10	−13 −19	−13 −22	−13 −28	−13 −35	−13 −49	−5 −11	−5 −14	−5 −20	0 −6	0 −9	0 −15	0 −22	0 −36	0 −58	0 −90	0 −150
10	14	−16 −24	−16 −27	−16 −34	−16 −43	−16 −59	−6 −14	−6 −17	−6 −24	0 −8	0 −11	0 −18	0 −27	0 −43	0 −70	0 −110	0 −180
14	18																
18	24	−20 −29	−20 −33	−20 −41	−20 −53	−20 −72	−7 −16	−7 −20	−7 −28	0 −9	0 −13	0 −21	0 −33	0 −52	0 −84	0 −130	0 −210
24	30																
30	40	−25 −36	−25 −41	−25 −50	−25 −64	−25 −87	−9 −20	−9 −25	−9 −34	0 −11	0 −16	0 −25	0 −39	0 −62	0 −100	0 −160	0 −250
40	50																
50	65	−30 −43	−30 −49	−30 −60	−30 −76	−30 −104	−10 −23	−10 −29	−10 −40	0 −13	0 −19	0 −30	0 −46	0 −74	0 −120	0 −190	0 −300
65	80																
80	100	−36 −51	−36 −58	−36 −71	−36 −90	−36 −123	−12 −27	−12 −34	−12 −47	0 −15	0 −22	0 −35	0 −54	0 −87	0 −140	0 −220	0 −350
100	120																
120	140	−43 −61	−43 −68	−43 −83	−43 −106	−43 −143	−14 −32	−14 −39	−14 −54	0 −18	0 −25	0 −40	0 −63	0 −100	0 −160	0 −250	0 −400
140	160																
160	180																
180	200	−50 −70	−50 −79	−50 −96	−50 −122	−50 −165	−15 −35	−15 −44	−15 −61	0 −20	0 −29	0 −46	0 −72	0 −115	0 −185	0 −290	0 −460
200	225																
225	250																
250	280	−56 −79	−56 −88	−56 −108	−56 −137	−56 −186	−17 −40	−17 −49	−17 −69	0 −23	0 −32	0 −52	0 −81	0 −130	0 −210	0 −320	0 −520
280	315																
315	355	−62 −87	−62 −98	−62 −119	−62 −151	−62 −202	−18 −43	−18 −54	−18 −75	0 −25	0 −36	0 −57	0 −89	0 −140	0 −230	0 −360	0 −570
355	400																
400	450	−68 −95	−68 −108	−68 −131	−68 −165	−68 −223	−20 −47	−20 −60	−20 −83	0 −27	0 −40	0 −63	0 −97	0 −155	0 −250	0 −400	0 −630
450	500																

基本尺寸/mm 大于	至	js 5	js 6	js 7	k 5	k 6	k 7	m 5	m 6	m 7	n 5	n 6	n 7	p 5	p 6	p 7
—	3	±2	±3	±5	+4 / 0	+6 / 0	+10 / 0	+6 / +2	+8 / +2	+12 / +2	+8 / +4	+10 / +4	+14 / +4	+10 / +6	+12 / +6	+16 / +6
3	6	±2.5	±4	±6	+6 / +1	+9 / +1	+13 / +1	+9 / +4	+12 / +4	+16 / +4	+13 / +8	+16 / +8	+20 / +8	+17 / +12	+20 / +12	+24 / +12
6	10	±3	±4.5	±7	+7 / +1	+10 / +1	+16 / +1	+12 / +6	+15 / +6	+21 / +6	+16 / +10	+19 / +10	+25 / +10	+21 / +15	+24 / +15	+30 / +15
10	14	±4	±5.5	±9	+9 / +1	+12 / +1	+19 / +1	+15 / +7	+18 / +7	+25 / +7	+20 / +12	+23 / +12	+30 / +12	+26 / +18	+29 / +18	+36 / +18
14	18	±4	±5.5	±9	+9 / +1	+12 / +1	+19 / +1	+15 / +7	+18 / +7	+25 / +7	+20 / +12	+23 / +12	+30 / +12	+26 / +18	+29 / +18	+36 / +18
18	24	±4.5	±6.5	±10	+11 / +2	+15 / +2	+23 / +2	+17 / +8	+21 / +8	+29 / +8	+24 / +15	+28 / +15	+36 / +15	+31 / +22	+35 / +22	+43 / +22
24	30	±4.5	±6.5	±10	+11 / +2	+15 / +2	+23 / +2	+17 / +8	+21 / +8	+29 / +8	+24 / +15	+28 / +15	+36 / +15	+31 / +22	+35 / +22	+43 / +22
30	40	±5.5	±8	±12	+13 / +2	+18 / +2	+27 / +2	+20 / +9	+25 / +9	+34 / +9	+28 / +17	+33 / +17	+42 / +17	+37 / +26	+42 / +26	+51 / +26
40	50	±5.5	±8	±12	+13 / +2	+18 / +2	+27 / +2	+20 / +9	+25 / +9	+34 / +9	+28 / +17	+33 / +17	+42 / +17	+37 / +26	+42 / +26	+51 / +26
50	65	±6.5	±9.5	±15	+15 / +2	+21 / +2	+32 / +2	+24 / +11	+30 / +11	+41 / +11	+33 / +20	+39 / +20	+50 / +20	+45 / +32	+51 / +32	+62 / +32
65	80	±6.5	±9.5	±15	+15 / +2	+21 / +2	+32 / +2	+24 / +11	+30 / +11	+41 / +11	+33 / +20	+39 / +20	+50 / +20	+45 / +32	+51 / +32	+62 / +32
80	100	±7.5	±11	±17	+18 / +3	+25 / +3	+38 / +3	+28 / +13	+35 / +13	+48 / +13	+38 / +23	+45 / +23	+58 / +23	+52 / +37	+59 / +37	+72 / +37
100	120	±7.5	±11	±17	+18 / +3	+25 / +3	+38 / +3	+28 / +13	+35 / +13	+48 / +13	+38 / +23	+45 / +23	+58 / +23	+52 / +37	+59 / +37	+72 / +37
120	140	±9	±12.5	±20	+21 / +3	+28 / +3	+43 / +3	+33 / +15	+40 / +15	+55 / +15	+45 / +27	+52 / +27	+67 / +27	+61 / +43	+68 / +43	+83 / +43
140	160	±9	±12.5	±20	+21 / +3	+28 / +3	+43 / +3	+33 / +15	+40 / +15	+55 / +15	+45 / +27	+52 / +27	+67 / +27	+61 / +43	+68 / +43	+83 / +43
160	180	±9	±12.5	±20	+21 / +3	+28 / +3	+43 / +3	+33 / +15	+40 / +15	+55 / +15	+45 / +27	+52 / +27	+67 / +27	+61 / +43	+68 / +43	+83 / +43
180	200	±10	±14.5	±23	+24 / +4	+33 / +4	+50 / +4	+37 / +17	+46 / +17	+63 / +17	+51 / +31	+60 / +31	+77 / +31	+70 / +50	+79 / +50	+96 / +50
200	225	±10	±14.5	±23	+24 / +4	+33 / +4	+50 / +4	+37 / +17	+46 / +17	+63 / +17	+51 / +31	+60 / +31	+77 / +31	+70 / +50	+79 / +50	+96 / +50
225	250	±10	±14.5	±23	+24 / +4	+33 / +4	+50 / +4	+37 / +17	+46 / +17	+63 / +17	+51 / +31	+60 / +31	+77 / +31	+70 / +50	+79 / +50	+96 / +50
250	280	±11.5	±16	±26	+27 / +4	+36 / +4	+56 / +4	+43 / +20	+52 / +20	+72 / +20	+57 / +34	+66 / +34	+86 / +34	+79 / +56	+88 / +56	+108 / +56
280	315	±11.5	±16	±26	+27 / +4	+36 / +4	+56 / +4	+43 / +20	+52 / +20	+72 / +20	+57 / +34	+66 / +34	+86 / +34	+79 / +56	+88 / +56	+108 / +56
315	355	±12.5	±18	±28	+29 / +4	+40 / +4	+61 / +4	+46 / +21	+57 / +21	+78 / +21	+62 / +37	+73 / +37	+94 / +37	+87 / +62	+98 / +62	+119 / +62
355	400	±12.5	±18	±28	+29 / +4	+40 / +4	+61 / +4	+46 / +21	+57 / +21	+78 / +21	+62 / +37	+73 / +37	+94 / +37	+87 / +62	+98 / +62	+119 / +62
400	450	±13.5	±20	±31	+32 / +5	+45 / +5	+68 / +5	+50 / +23	+63 / +23	+86 / +23	+67 / +40	+80 / +40	+103 / +40	+95 / +68	+108 / +68	+131 / +68
450	500	±13.5	±20	±31	+32 / +5	+45 / +5	+68 / +5	+50 / +23	+63 / +23	+86 / +23	+67 / +40	+80 / +40	+103 / +40	+95 / +68	+108 / +68	+131 / +68

基本尺寸/mm		公 差 带																
		r			s			t			u		v	x	y	z		
大于	至	5	6	7	5	6	7	5	6	7	6	7	6	6	6	6		
—	3	+14 +10	+16 +10	+20 +10	+18 +14	+20 +14	+24 +14	—	—	—	+24 +18	+28 +18	—	+26 +20	—	+32 +26		
3	6	+20 +15	+23 +15	+27 +15	+24 +19	+27 +19	+31 +19	—	—	—	+31 +23	+35 +23	—	+36 +28	—	+43 +35		
6	10	+25 +19	+28 +19	+34 +19	+29 +23	+32 +23	+38 +23	—	—	—	+37 +28	+43 +28	—	+43 +34	—	+51 +42		
10	14	+31 +23	+34 +23	+41 +23	+36 +28	+39 +28	+46 +28	—	—	—	+44 +33	+51 +33	—	+51 +40	—	+61 +50		
14	18							—	—	—			+50 +39	+56 +45	—	+71 +60		
18	24	+37 +28	+41 +28	+49 +28	+44 +35	+48 +35	+56 +35	—	—	—	+54 +41	+62 +41	+60 +47	+67 +54	+76 +63	+86 +73		
24	30							+50 +41	+54 +41	+62 +41	+61 +48	+69 +48	+68 +55	+77 +64	+88 +75	+101 +88		
30	40	+45 +34	+50 +34	+59 +34	+54 +43	+59 +43	+68 +43	+59 +48	+64 +48	+73 +48	+76 +60	+85 +60	+84 +68	+96 +80	+110 +94	+128 +112		
40	50							+65 +54	+70 +54	+79 +54	+86 +70	+95 +70	+97 +81	+113 +97	+130 +114	+152 +136		
50	65	+54 +41	+60 +41	+71 +41	+66 +53	+72 +53	+83 +53	+79 +66	+85 +66	+96 +66	+106 +87	+117 +87	+121 +102	+141 +122	+163 +144	+191 +172		
65	80	+56 +43	+62 +43	+73 +43	+72 +59	+78 +59	+89 +59	+88 +75	+94 +75	+105 +75	+121 +102	+132 +102	+139 +120	+165 +146	+193 +174	+229 +210		
80	100	+66 +51	+73 +51	+86 +51	+86 +71	+93 +71	+106 +71	+106 +91	+113 +91	+126 +91	+146 +124	+159 +124	+168 +146	+200 +178	+236 +214	+280 +258		
100	120	+69 +54	+76 +54	+89 +54	+94 +79	+101 +79	+114 +79	+119 +104	+126 +104	+139 +104	+166 +144	+179 +144	+194 +172	+232 +210	+276 +254	+332 +310		
120	140	+81 +63	+88 +63	+103 +63	+110 +92	+117 +92	+132 +92	+140 +122	+147 +122	+162 +122	+195 +170	+210 +170	+227 +202	+273 +248	+325 +300	+390 +365		
140	160	+83 +65	+90 +65	+105 +65	+118 +100	+125 +100	+140 +100	+152 +134	+159 +134	+174 +134	+215 +190	+230 +190	+253 +228	+305 +280	+365 +340	+440 +415		
160	180	+86 +68	+93 +68	+108 +68	+126 +108	+133 +108	+148 +108	+164 +146	+171 +146	+186 +146	+235 +210	+250 +210	+277 +252	+335 +310	+405 +380	+490 +465		
180	200	+97 +77	+106 +77	+123 +77	+142 +122	+151 +122	+168 +122	+186 +166	+195 +166	+212 +166	+265 +236	+282 +236	+313 +284	+379 +350	+454 +425	+549 +520		
200	225	+100 +80	+109 +80	+126 +80	+150 +130	+159 +130	+176 +130	+200 +180	+209 +180	+226 +180	+287 +258	+304 +258	+339 +310	+414 +385	+499 +470	+604 +575		
225	250	+104 +84	+113 +84	+130 +84	+160 +140	+169 +140	+186 +140	+216 +196	+225 +196	+242 +196	+313 +284	+330 +284	+369 +340	+454 +425	+549 +520	+669 +640		
250	280	+117 +94	+126 +94	+146 +94	+181 +158	+190 +158	+210 +158	+241 +218	+250 +218	+270 +218	+347 +315	+367 +315	+417 +385	+507 +475	+612 +580	+742 +710		
280	315	+121 +98	+130 +98	+150 +98	+193 +170	+202 +170	+222 +170	+263 +240	+272 +240	+292 +240	+382 +350	+402 +350	+457 +425	+557 +525	+682 +650	+822 +790		
315	355	+133 +108	+144 +108	+165 +108	+215 +190	+226 +190	+247 +190	+293 +268	+304 +268	+325 +268	+426 +390	+447 +390	+511 +475	+626 +590	+766 +730	+936 +900		
355	400	+139 +114	+150 +114	+171 +114	+233 +208	+244 +208	+265 +208	+319 +294	+330 +294	+351 +294	+471 +435	+492 +435	+566 +530	+696 +660	+856 +820	+1036 +1000		
400	450	+153 +126	+166 +126	+189 +126	+259 +232	+272 +232	+295 +232	+357 +330	+370 +330	+393 +330	+530 +490	+553 +490	+635 +595	+780 +740	+960 +920	+1140 +1100		
450	500	+159 +132	+172 +132	+195 +132	+279 +252	+292 +252	+315 +252	+387 +360	+400 +360	+423 +360	+580 +540	+603 +540	+700 +660	+860 +820	+1040 +1000	+1290 +1250		

注：公称尺寸小于 1mm 时，各级的 a 和 b 均不采用。

附表 B3　未注公差尺寸的极限偏差（GB/T 1804—2000）　　　　mm

基本尺寸/mm		公差带						
大于	至	H12	H13	H14	H15	H16	H17	H18
—	3	+0.10 0	+0.14 0	+0.25 0	+0.40 0	+0.60 0	+1.0 0	+1.4 0
3	6	+0.12 0	+0.18 0	+0.30 0	+0.48 0	+0.75 0	+1.2 0	+1.8 0
6	10	+0.15 0	+0.22 0	+0.36 0	+0.58 0	+0.90 0	+1.5 0	+2.2 0
10	18	+0.18 0	+0.27 0	+0.43 0	+0.70 0	+1.10 0	+1.8 0	+2.7 0
18	30	+0.21 0	+0.33 0	+0.52 0	+0.84 0	+1.30 0	+2.1 0	+3.3 0
30	50	+0.25 0	+0.39 0	+0.62 0	+1.00 0	+1.60 0	+2.5 0	+3.9 0
50	80	+0.30 0	+0.46 0	+0.74 0	+1.20 0	+1.90 0	+3.0 0	+4.6 0
80	120	+0.35 0	+0.54 0	+0.87 0	+1.40 0	+2.20 0	+3.5 0	+5.4 0
120	180	+0.40 0	+0.63 0	+1.00 0	+1.60 0	+2.50 0	+4.0 0	+6.3 0
180	250	+0.46 0	+0.72 0	+1.15 0	+1.85 0	+2.9 0	+4.6 0	+7.2 0
250	315	+0.52 0	+0.81 0	+1.30 0	+2.10 0	+3.2 0	+5.2 0	+8.1 0
315	400	+0.57 0	+0.89 0	+1.40 0	+2.30 0	+3.60 0	+5.7 0	+8.9 0
400	500	+0.63 0	+0.97 0	+1.55 0	+2.50 0	+4.00 0	+6.3 0	+9.7 0
500	630	+0.70 0	+1.10 0	+1.75 0	+2.8 0	+4.4 0	+7.0 0	+11.0 0
630	800	+0.80 0	+1.25 0	+2.00 0	+3.2 0	+5.0 0	+8.0 0	+12.5 0
800	1000	+0.90 0	+1.40 0	+2.30 0	+3.6 0	+5.6 0	+9.0 0	+14.0 0
1000	1250	+1.05 0	+1.65 0	+2.60 0	+4.2 0	+6.6 0	+10.5 0	+16.5 0
1250	1600	+1.25 0	+1.95 0	+3.10 0	+5.0 0	+7.8 0	+12.5 0	+19.5 0
1600	2000	+1.50 0	+2.30 0	+3.70 0	+6.0 0	+9.2 0	+15.0 0	+23.0 0
2000	2500	+1.75 0	+2.80 0	+4.40 0	+7.0 0	+11.0 0	+17.5 0	+28.0 0
2500	3150	+2.10 0	+3.30 0	+5.40 0	+8.6 0	+13.5 0	+21.0 0	+33.0 0

基本尺寸/mm		公差带						
大于	至	h12	h13	h14	h15	h16	h17	h18
—	3	0 −0.10	0 −0.14	0 −0.25	0 −0.40	0 −0.60	0 −1.0	0 −1.4
3	6	0 −0.12	0 −0.18	0 −0.30	0 −0.48	0 −0.75	0 −1.2	0 −1.8
6	10	0 −0.15	0 −0.22	0 −0.36	0 −0.58	0 −0.90	0 −1.5	0 −2.2
10	18	0 −0.18	0 −0.27	0 −0.43	0 −0.70	0 −1.10	0 −1.8	0 −2.7
18	30	0 −0.21	0 −0.33	0 −0.52	0 −0.84	0 −1.30	0 −2.1	0 −3.3
30	50	0 −0.25	0 −0.39	0 −0.62	0 −1.00	0 −1.60	0 −2.5	0 −3.9
50	80	0 −0.30	0 −0.46	0 −0.74	0 −1.20	0 −1.90	0 −3.0	0 −4.6
80	120	0 −0.35	0 −0.54	0 −0.87	0 −1.40	0 −2.20	0 −3.5	0 −5.4
120	180	0 −0.40	0 −0.63	0 −1.00	0 −1.60	0 −2.50	0 −4.0	0 −6.3
180	250	0 −0.46	0 −0.72	0 −1.15	0 −1.85	0 −2.90	0 −4.6	0 −7.2
250	315	0 −0.52	0 −0.81	0 −1.30	0 −2.10	0 −3.20	0 −5.2	0 −8.1
315	400	0 −0.57	0 −0.89	0 −1.40	0 −2.30	0 −3.60	0 −5.7	0 −8.9
400	500	0 −0.63	0 −0.97	0 −1.55	0 −2.50	0 −4.00	0 −6.3	0 −9.7
500	630	0 −0.70	0 −1.10	0 −1.75	0 −2.8	0 −4.4	0 −7.0	0 −11.0
630	800	0 −0.80	0 −1.25	0 −2.00	0 −3.2	0 −5.0	0 −8.0	0 −12.5
800	1000	0 −0.90	0 −1.40	0 −2.30	0 −3.6	0 −5.6	0 −9.0	0 −14.0
1000	1250	0 −1.05	0 −1.65	0 −2.60	0 −4.2	0 −6.6	0 −10.5	0 −16.5
1250	1600	0 −1.25	0 −1.95	0 −3.10	0 −5.0	0 −7.8	0 −12.5	0 −19.5
1600	2000	0 −1.50	0 −2.30	0 −3.70	0 −6.0	0 −9.2	0 −15.0	0 −23.0
2000	2500	0 −1.75	0 −2.80	0 −4.40	0 −7.0	0 −11.0	0 −17.5	0 −28.0
2500	3150	0 −2.10	0 −3.30	0 −5.40	0 −8.6	0 −13.5	0 −21.0	0 −33.0

基本尺寸/mm		公差带						
大于	至	JS12 (js12)	JS13 (js13)	JS14 (js14)	JS15 (js15)	JS16 (js16)	JS17 (js17)	JS18 (js18)
—	3	±0.05	±0.07	±0.125	±0.20	±0.30	±0.5	±0.7
3	6	±0.06	±0.09	±0.15	±0.24	±0.375	±0.6	±0.9
6	10	±0.075	±0.11	±0.18	±0.29	±0.45	±0.75	±1.1
10	18	±0.09	±0.135	±0.215	±0.35	±0.55	±0.9	±1.35
18	30	±0.105	±0.165	±0.26	±0.42	±0.65	±1.05	±1.65
30	50	±0.125	±0.195	±0.31	±0.50	±0.80	±1.25	±1.95
50	80	±0.15	±0.23	±0.37	±0.60	±0.95	±1.5	±2.3
80	120	±0.175	±0.27	±0.435	±0.70	±1.10	±1.75	±2.7
120	180	±0.20	±0.315	±0.50	±0.80	±1.25	±2.0	±3.15
180	250	±0.23	±0.36	±0.575	±0.925	±1.45	±2.3	±3.6
250	315	±0.26	±0.405	±0.65	±1.05	±1.60	±2.6	±4.05
315	400	±0.285	±0.445	±0.70	±1.15	±1.80	±2.85	±4.45
400	500	±0.315	±0.485	±0.775	±1.25	±2.00	±3.15	±4.85
500	630	±0.35	±0.55	±0.875	±1.4	±2.2	±3.5	±5.5
630	800	±0.40	±0.625	±1.00	±1.6	±2.5	±4.0	±6.25
800	1000	±0.45	±0.70	±0.15	±1.8	±2.8	±4.5	±7.0
1000	1250	±0.525	±0.825	±1.30	±2.1	±3.3	±5.25	±8.25
1250	1600	±0.625	±0.975	±1.55	±2.5	±3.9	±6.25	±9.75
1600	2000	±0.75	±1.15	±1.85	±3.0	±4.6	±7.5	±11.5
2000	2500	±0.875	±1.40	±2.20	±3.5	±5.5	±8.75	±14.0
2500	3150	±1.05	±1.65	±2.70	±4.3	±6.75	±10.5	±16.5

注：基本尺寸小于1mm时，H14至H18、h14至h18和Js14（js14）至Js18（js18）均不采用。

附表 B4　直线度、平面度（GB/T 1184—1996）

直线度、平面度主参数 L 图例

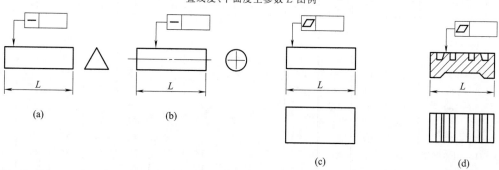

(a)　　　　　　(b)　　　　　　(c)　　　　　　(d)

主要参数 L	公差等级											
	1	2	3	4	5	6	7	8	9	10	11	12
	公差值/μm											
≤10	0.2	0.4	0.8	1.2	2	3	5	8	12	20	30	60
>10～16	0.25	0.5	1	1.5	2.5	4	6	10	15	25	40	80
>16～25	0.3	0.6	1.2	2	3	5	8	12	20	30	50	100
>25～40	0.4	0.8	1.5	2.5	4	6	10	15	25	40	60	120
>40～63	0.5	1	2	3	5	8	12	20	30	50	80	150
>63～100	0.6	1.2	2.5	4	6	10	15	25	40	60	100	200
>100～160	0.8	1.5	3	5	8	12	20	30	50	80	120	250
>160～250	1	2	4	6	10	15	25	40	60	100	150	300
>250～400	1.2	2.5	5	8	12	20	30	50	80	120	200	400
>400～630	1.5	3	6	10	15	25	40	60	100	150	250	500
>630～1000	2	4	8	12	20	30	50	80	120	200	300	600
>1000～1600	2.5	5	10	15	25	40	60	100	150	250	400	800
>1600～2500	3	6	12	20	30	50	80	120	200	300	500	1000
>2500～4000	4	8	15	25	40	60	100	150	250	400	600	1200
>4000～6300	5	10	20	30	50	80	120	200	300	500	800	1500
>6300～10000	6	12	25	40	60	100	150	250	400	600	1000	2000

附表 B5　圆度、圆柱度（GB/T 1184—1996）

圆度、圆柱度主参数 $d(D)$ 图例

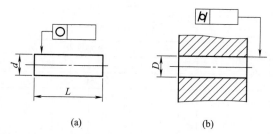

(a)　　　　　　(b)

主要参数 L	公差等级												
	0	1	2	3	4	5	6	7	8	9	10	11	12
	公差值/μm												
≤3	0.1	0.2	0.3	0.5	0.8	1.2	2	3	4	6	10	14	25
>3～6	0.1	0.2	0.4	0.6	1	1.5	2.5	4	5	8	12	18	30
>6～10	0.12	0.25	0.4	0.6	1	1.5	2.5	4	6	9	15	22	36
>10～18	0.15	0.25	0.5	0.8	1.2	2	3	5	8	11	18	27	43

主要参数	公差等级												
L	0	1	2	3	4	5	6	7	8	9	10	11	12
	公差值/μm												
>18~30	0.2	0.3	0.6	1	1.5	2.5	4	6	9	13	21	33	52
>30~50	0.25	0.4	0.6	1	1.5	2.5	4	7	11	16	25	39	62
>50~80	0.3	0.5	0.8	1.2	2	3	5	8	13	19	30	46	74
>80~120	0.4	0.6	1	1.5	2.5	4	6	10	15	22	35	54	87
>120~180	0.6	1	1.2	2	3.5	5	8	12	18	25	40	63	100
>180~250	0.8	1.2	2	3	4.5	7	10	14	20	29	46	72	115
>250~315	1.0	1.6	2.5	4	6	8	12	16	23	32	52	81	130
>315~400	1.2	2	3	5	7	9	13	18	25	36	57	89	140
>400~500	1.5	2.5	4	6	8	10	15	20	27	40	63	97	155

附表 B6 平行度、垂直度、倾斜度 (GB/T 1184—1996)

平行度、垂直度、倾斜度主参数 L,$d(D)$ 图例

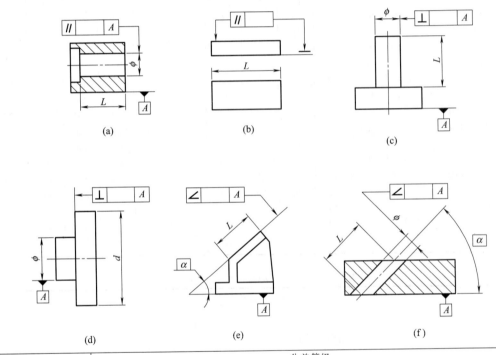

主要参数	公差等级											
L	1	2	3	4	5	6	7	8	9	10	11	12
	公差值/μm											
≤10	0.4	0.8	1.5	3	5	8	12	20	30	50	80	120
>10~16	0.5	1	2	4	6	10	15	25	40	60	100	150
>16~25	0.6	1.2	2.5	5	8	12	20	30	50	80	120	200
>25~40	0.8	1.5	3	6	10	15	25	40	60	100	150	250
>40~63	1	2	4	8	12	20	30	50	80	120	200	300
>63~100	1.2	2.5	5	10	15	25	40	60	100	150	250	400
>100~160	1.5	3	6	12	20	30	50	80	120	200	300	500
>160~250	2	4	8	15	25	40	60	100	150	250	400	600
>250~400	2.5	5	10	20	30	50	80	120	200	300	500	800
>400~630	3	6	12	25	40	60	100	150	250	400	600	1000

主要参数	公差等级											
L	1	2	3	4	5	6	7	8	9	10	11	12
	公差值/μm											
>630~1000	4	8	15	30	50	80	120	200	300	500	800	1200
>1000~1600	5	10	20	40	60	100	150	250	400	600	1000	1500
>1600~2500	6	12	25	50	80	120	200	300	500	800	1200	2000
>2500~4000	8	15	30	60	100	150	250	400	600	1000	1500	2500
>4000~6300	10	20	40	80	120	200	300	500	800	1200	2000	3000
>6300~10000	12	25	50	100	150	250	400	600	1000	1500	2500	4000

附表 B7　同轴度、对称度、圆跳动和全跳动（GB/T 1184—1996）

同轴度、对称度、圆跳动和全跳动主参数 $d(D)$,B,L 图例

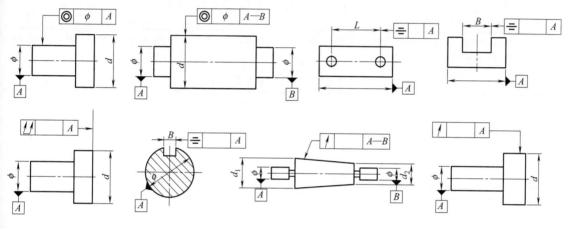

当被测要素为圆锥面时,取 $d = \dfrac{d_1 + d_2}{2}$

主要参数	公差等级											
L	1	2	3	4	5	6	7	8	9	10	11	12
	公差值/μm											
≤1	0.4	0.6	1.0	1.5	2.5	4	6	10	15	25	40	60
>1~3	0.4	0.6	1.0	1.5	2.5	4	6	10	20	40	60	120
>3~6	0.5	0.8	1.2	2	3	5	8	12	25	50	80	150
>6~10	0.6	1	1.5	2.5	4	6	10	15	30	60	100	200
>10~18	0.8	1.2	2	3	5	8	12	20	40	80	120	250
>18~30	1	1.5	2.5	4	6	10	15	25	50	100	150	300
>30~50	1.2	2	3	5	8	12	20	30	60	120	200	400
>50~120	1.5	2.5	4	6	10	15	25	40	80	150	250	500
>120~250	2	3	5	8	12	20	30	50	100	200	300	600
>250~500	2.5	4	6	10	15	25	40	60	120	250	400	800
>500~800	3	5	8	12	20	30	50	80	150	300	500	1000
>800~1250	4	6	10	15	25	40	60	100	200	400	600	1200
>1250~2000	5	8	12	20	30	50	80	120	250	500	800	1500
>2000~3150	6	10	15	25	40	60	100	150	300	600	1000	2000
>3150~5000	8	12	20	30	50	80	120	200	400	800	1200	2500
>5000~8000	10	15	25	40	60	100	150	250	500	1000	1500	3000
>8000~10000	12	20	30	50	80	120	200	300	600	1200	2000	4000

附表 B8 直线度和平面度未注公差值 mm

公差等级	基本长度范围					
	≤10	>10～30	>30～100	>100～300	>300～1000	>1000～3000
H	0.02	0.05	0.1	0.2	0.3	0.4
K	0.05	0.1	0.2	0.4	0.6	0.8
L	0.1	0.2	0.4	0.8	1.2	1.6

注：对于直线度，应按其相应线的长度选择公差；对于平面度，应按其表面的较长一侧或圆表面的直径选择。H、K、L 为未注公差等级。

附表 B9 垂直度未注公差值 mm

公差等级	基本长度范围			
	≤100	>100～300	>300～1000	>1000～3000
H	0.2	0.3	0.4	0.5
K	0.4	0.6	0.8	1.0
L	0.6	1.0	1.5	2.0

注：垂直度的未注公差值。取成型直角的两边中较长的一边作为基准，较短的一边作为被测要素；若两边的长度相等，则可取其中的任意一边作为基准。

附表 B10 对称度未注公差值 mm

公差等级	基本长度范围			
	≤100	>100～300	>300～1000	>1000～3000
H	0.5	0.5	0.5	0.5
K	0.6	0.6	0.8	1
L	0.6	1.0	1.5	2

注：对称度的未注公差值。应取两要素中较长者为基准，较短者作为被测要素；若两要素长度相等，则可选任一要素为基准。对称度的未注公差值用于至少两个要素中的一个是中心平面，或两个要素的轴线相互垂直。

附表 B11 圆跳动未注公差值 mm

公 差 等 级	圆跳动公差值
H	0.1
K	0.2
L	0.5

注：对于圆跳动的未注公差值，应以设计或工艺给出的支承面作为基准，否则应取两要素中较长的一个作为基准。若两要素长度相等，则可选任一要素为基准。

附录 C 冲压件尺寸公差

附表 C1 平冲压件尺寸公差（GB/T 13914—2002） mm

基本尺寸	材料厚度	公差等级										
		ST1	ST2	ST3	ST4	ST5	ST6	ST7	ST8	ST9	ST10	ST11
>0～1	0.5	0.008	0.010	0.015	0.02	0.03	0.04	0.06	0.08	0.12	0.16	—
	>0.5～1	0.010	0.015	0.020	0.03	0.04	0.06	0.08	0.12	0.16	0.24	—
	>1～1.5	0.015	0.020	0.03	0.04	0.06	0.08	0.12	0.16	0.24	0.34	—
>1～3	0.5	0.012	0.018	0.026	0.036	0.05	0.07	0.10	0.14	0.20	0.28	0.40
	>0.5～1	0.018	0.026	0.036	0.05	0.07	0.10	0.14	0.20	0.28	0.40	0.56
	>1～3	0.026	0.036	0.05	0.07	0.10	0.14	0.20	0.28	0.40	0.56	0.78
	>3～4	0.034	0.05	0.07	0.09	0.13	0.18	0.26	0.36	0.50	0.70	0.98

基本尺寸	材料厚度	公差等级										
		ST1	ST2	ST3	ST4	ST5	ST6	ST7	ST8	ST9	ST10	ST11
>3～10	0.5	0.018	0.026	0.036	0.05	0.07	0.10	0.14	0.20	0.28	0.40	0.56
	>0.5～1	0.026	0.036	0.05	0.07	0.10	0.14	0.20	0.28	0.40	0.56	0.78
	>1～3	0.036	0.05	0.07	0.10	0.14	0.20	0.28	0.40	0.56	0.78	1.10
	>3～6	0.046	0.06	0.09	0.13	0.18	0.26	0.36	0.48	0.68	0.98	1.40
	>6	0.06	0.08	0.11	0.16	0.22	0.30	0.42	0.60	0.84	1.20	1.60
>10～25	0.5	0.026	0.036	0.05	0.07	0.10	0.14	0.20	0.28	0.40	0.56	0.78
	>0.5～1	0.036	0.05	0.07	0.10	0.14	0.20	0.28	0.40	0.56	0.78	1.10
	>1～3	0.05	0.07	0.10	0.14	0.20	0.28	0.40	0.56	0.78	1.10	1.50
	>3～6	0.06	0.09	0.13	0.18	0.26	0.36	0.50	0.70	1.00	1.40	2.00
	>6	0.08	0.12	0.16	0.22	0.32	0.44	0.60	0.88	1.20	1.60	2.40
>25～63	0.5	0.036	0.05	0.07	0.10	0.14	0.20	0.28	0.40	0.56	0.78	1.10
	>0.5～1	0.05	0.07	0.10	0.14	0.20	0.28	0.40	0.56	0.78	1.10	1.50
	>1～3	0.07	0.10	0.14	0.20	0.28	0.40	0.56	0.78	1.10	1.50	2.10
	>3～6	0.09	0.12	0.18	0.26	0.36	0.50	0.70	0.98	1.40	2.00	2.80
	>6	0.11	0.16	0.22	0.30	0.44	0.60	0.86	1.20	1.60	2.20	3.00
>63～160	0.5	0.04	0.06	0.09	0.12	0.18	0.26	0.36	0.50	0.70	0.98	1.40
	>0.5～1	0.06	0.09	0.12	0.18	0.26	0.36	0.50	0.70	0.98	1.40	2.00
	>1～3	0.09	0.12	0.18	0.26	0.36	0.50	0.70	0.98	1.40	2.00	2.80
	>3～6	0.12	0.16	0.24	0.32	0.46	0.64	0.90	1.30	1.80	2.60	3.60
	>6	0.14	0.20	0.28	0.40	0.56	0.78	1.10	1.50	2.10	2.90	4.20
>160～400	0.5	0.06	0.09	0.12	0.18	0.26	0.36	0.50	0.70	0.98	1.40	2.00
	>0.5～1	0.09	0.12	0.18	0.26	0.36	0.50	0.70	1.00	1.40	2.00	2.80
	>1～3	0.12	0.18	0.26	0.36	0.50	0.70	1.00	1.40	2.00	2.80	4.00
	>3～6	0.16	0.24	0.32	0.46	0.64	0.90	1.30	1.80	2.60	3.60	4.80
	>6	0.20	0.28	0.40	0.56	0.78	1.10	1.50	2.10	2.90	4.20	5.80
>400～1000	0.5	0.09	0.12	0.18	0.24	0.34	0.48	0.66	0.94	1.30	0.18	2.60
	>0.5～1	—	0.18	0.24	0.34	0.48	0.66	0.94	1.30	1.80	2.60	3.60
	>1～3	—	0.24	0.34	0.48	0.66	0.94	1.30	1.80	2.60	3.60	5.00
	>3～6	—	0.32	0.45	0.62	0.88	1.20	1.60	2.40	3.40	4.60	6.60
	>6	—	0.34	0.48	0.70	1.00	1.40	2.00	2.80	4.00	5.60	7.80
>1000～6300	0.5	—	—	0.26	0.36	0.50	0.70	0.98	1.40	2.00	2.80	4.00
	>0.5～1	—	—	0.36	0.50	0.70	0.98	1.40	2.00	2.80	4.00	5.60
	>1～3	—	—	0.50	0.70	0.98	1.40	2.00	2.80	4.00	5.60	7.80
	>3～6	—	—	—	0.90	1.20	1.60	2.20	3.20	4.40	6.20	8.00
	>6	—	—	—	1.00	1.40	1.90	2.60	3.60	5.20	7.20	10.00

注：1. 平冲压件是经平面冲裁工序加工而成的冲压件（冲裁件）。

2. 平冲压件尺寸公差适用于平冲压件，也适用于成型冲压件上经冲裁工序加工而成的尺寸。

3. 平冲压件尺寸的极限偏差按下述规定选取。

（1）孔（内形）尺寸的极限偏差取表中给出的公差数值，冠以"＋"号作为上偏差，下偏差为 0；

（2）轴（外形）尺寸的极限偏差取表中给出的公差数值，冠以"－"号作为下偏差，上偏差为 0；

（3）孔中心距、孔边距、弯曲、拉深与其他成型方法而成的长度、高度及未注公差尺寸的极限偏差，取表中给出的公差值的一半，冠以"±"号分别作为上、下偏差。

附表 C2　成型冲压件尺寸公差（GB/T 13914—2002）　　　　mm

基本尺寸	材料厚度	公差等级									
		FT1	FT2	FT3	FT4	FT5	FT6	FT7	FT8	FT9	FT10
>0~1	0.5	0.010	0.016	0.026	0.04	0.06	0.10	0.16	0.26	0.40	0.60
	>0.5~1	0.014	0.022	0.034	0.05	0.09	0.14	0.22	0.34	0.50	0.90
	>1~1.5	0.020	0.030	0.05	0.08	0.12	0.20	0.32	0.50	0.90	1.40
>1~3	0.5	0.016	0.026	0.040	0.07	0.11	0.18	0.28	0.44	0.70	1.00
	>0.5~1	0.022	0.036	0.06	0.09	0.14	0.24	0.38	0.60	0.90	1.40
	>1~3	0.032	0.05	0.08	0.12	0.20	0.34	0.54	0.86	1.20	2.00
	>3~4	0.04	0.07	0.11	0.18	0.28	0.44	0.70	1.10	1.80	2.80
>3~10	0.5	0.022	0.036	0.06	0.09	0.14	0.24	0.38	0.60	0.96	1.40
	>0.5~1	0.032	0.05	0.08	0.12	0.20	0.34	0.54	0.86	1.40	2.20
	>1~3	0.05	0.07	0.11	0.18	0.30	0.48	0.76	1.20	2.00	3.20
	>3~6	0.06	0.09	0.14	0.24	0.38	0.60	1.00	1.60	2.60	4.00
	>6	0.07	0.11	0.18	0.28	0.44	0.70	1.10	1.80	2.80	4.40
>10~25	0.5	0.03	0.05	0.08	0.12	0.20	0.32	0.50	0.80	1.20	2.00
	>0.5~1	0.04	0.07	0.11	0.18	0.28	0.46	0.72	1.10	1.80	2.80
	>1~3	0.06	0.10	0.16	0.26	0.40	0.64	1.00	1.60	2.60	4.00
	>3~6	0.08	0.12	0.20	0.32	0.50	0.80	1.20	2.00	3.20	5.00
	>6	0.10	0.14	0.24	0.40	0.62	1.00	1.60	2.60	4.00	6.40
>25~63	0.5	0.04	0.06	0.10	0.16	0.26	0.40	0.64	1.00	1.60	2.60
	>0.5~1	0.06	0.09	0.14	0.22	0.36	0.58	0.90	1.40	2.20	3.60
	>1~3	0.08	0.12	0.20	0.32	0.50	0.80	1.20	2.00	3.20	5.00
	>3~6	0.10	0.16	0.26	0.40	0.66	1.00	1.60	2.60	4.00	6.40
	>6	0.11	0.18	0.28	0.46	0.76	1.20	2.00	3.20	5.00	8.00
>63~160	0.5	0.05	0.08	0.14	0.22	0.36	0.56	0.90	1.40	2.20	3.60
	>0.5~1	0.07	0.12	0.19	0.30	0.48	0.78	1.20	2.00	3.20	5.00
	>1~3	0.10	0.16	0.26	0.42	0.68	1.10	1.30	2.80	4.40	7.00
	>3~6	0.14	0.22	0.34	0.54	0.88	1.40	2.20	3.40	5.60	9.00
	>6	0.15	0.24	0.38	0.62	1.00	1.60	2.60	4.00	6.60	10.00
>160~400	0.5	—	0.10	0.16	0.26	0.42	0.70	1.10	1.80	2.80	4.40
	>0.5~1	—	0.14	0.24	0.38	0.62	1.00	1.60	2.60	4.00	6.40
	>1~3	—	0.22	0.34	0.54	0.88	1.40	2.20	3.40	5.60	9.00
	>3~6	—	0.28	0.44	0.70	1.10	1.80	2.80	4.40	7.00	11.00
	>6	—	0.34	0.54	0.88	1.40	2.20	3.40	5.60	9.00	14.00
>400~1000	0.5	—	—	0.24	0.38	0.62	1.00	1.60	2.60	4.00	6.60
	>0.5~1	—	—	0.34	0.54	0.88	1.40	2.20	3.40	5.60	9.00
	>1~3	—	—	0.44	0.70	1.10	1.80	2.80	4.40	7.00	11.00
	>3~6			0.56	0.90	1.40	2.20	3.40	5.60	9.00	14.00
	>6	—		0.62	1.00	1.60	2.60	4.00	6.40	10.00	16.00

注：1. 成型冲压件是经弯曲、拉深及其他成型方法加工而成的冲压件。

2. 可用于成型冲压件上经冲裁工序加工而成的尺寸。

3. 成型冲压件尺寸的极限偏差按下述规定选取。

（1）孔（内形）尺寸的极限偏差取表中给出的公差数值，冠以"＋"号作为上偏差，下偏差为 0。

（2）轴（外形）尺寸的极限偏差取表中给出的公差数值，冠以"－"号作为下偏差，上偏差为 0。

（3）孔中心距、孔边距、弯曲、拉深与其他成型方法而成的长度、高度及未注公差尺寸的极限偏差，取表中给出的公差值的一半，冠以"±"号分别作为上、下偏差。

附表 C3 未注公差（冲裁、成型）尺寸的极限偏差

mm

基本尺寸	材料厚度	未注公差冲裁尺寸的极限偏差				未注公差成型尺寸的极限偏差			
		公差等级				公差等级			
		f	m	c	v	f	m	c	v
>0.5~3	1	±0.05	±0.10	±0.15	±0.20	±0.15	±0.20	±0.35	±0.50
	>1~3	±0.15	±0.20	±0.30	±0.40	±0.30	±0.45	±0.60	±1.00
>3~6	1	±0.10	±0.15	±0.20	±0.30	±0.20	±0.30	±0.50	±0.70
	>1~4	±0.20	±0.30	±0.40	±0.55	±0.40	±0.60	±1.00	±1.60
	>4	±0.30	±0.40	±0.60	±0.80	±0.55	±0.90	±1.40	±2.20
>6~30	1	±0.15	±0.20	±0.30	±0.40	±0.25	±0.40	±0.60	±1.00
	>1~4	±0.30	±0.40	±0.55	±0.75	±0.50	±0.80	±1.30	±2.00
	>4	±0.45	±0.60	±0.80	±1.20	±0.80	±1.30	±2.00	±3.20
>30~120	1	±0.20	±0.30	±0.40	±0.55	±0.30	±0.50	±0.80	±1.30
	>1~4	±0.40	±0.55	±0.75	±1.05	±0.60	±1.00	±1.60	±2.50
	>4	±0.60	±0.80	±1.10	±1.50	±1.00	±1.60	±2.50	±4.00
>120~400	1	±0.25	±0.35	±0.50	±0.70	±0.45	±0.70	±1.10	±1.80
	>1~4	±0.50	±0.70	±1.00	±1.40	±0.90	±1.40	±2.20	±3.50
	>4	±0.75	±1.05	±1.45	±2.10	±1.30	±2.00	±3.30	±5.00
>400~1000	1	±0.35	±0.50	±0.70	±1.00	±0.55	±0.90	±1.40	±2.20
	>1~4	±0.70	±1.00	±1.40	±2.00	±1.10	±1.70	±2.80	±4.50
	>4	±1.05	±1.45	±2.10	±2.90	±1.70	±2.80	±4.50	±7.00
>1000~2000	1	±0.45	±0.65	±0.90	±1.30	±0.80	±1.30	±2.00	±3.30
	>1~4	±0.90	±1.30	±1.80	±2.50	±1.40	±2.20	±3.50	±5.50
	>4	±1.40	±2.00	±2.80	±3.90	±2.00	±3.20	±5.00	±8.00
>2000~4000	1	±0.70	±1.00	±1.40	±2.00				
	>1~4	±1.40	±2.00	±2.80	±3.90				
	>4	±1.80	±2.60	±3.60	±5.00				

注：对于 0.5mm 及 0.5mm 以下的尺寸应标公差。

附表 C4 未注公差（冲裁、成型）圆角半径的极限偏差（摘自 GB/T 15055—2007）

mm

冲裁圆角半径的极限尺寸						成型圆角半径	
基本尺寸	材料厚度	公差等级				基本尺寸	极限偏差
		f	m	c	v		
>0.5~3	≤1	±0.15		±0.20		≤3	+1.00 −0.30
	>1~4	±0.30		±0.40			
>3~6	≤4	±0.40		±0.60		>3~6	+1.50 −0.50
	>4	±0.60		±1.00			
>6~30	≤4	±0.60		±0.80		>6~10	+2.50 −0.80
	>4	±1.00		±1.40			
>30~120	≤4	±1.00		±1.20		>10~18	+3.00 −1.00
	>4	±2.00		±2.40			
>120~400	≤4	±1.20		±1.50		>18~30	+4.00 −1.50
	>4	±2.40		±3.00			
>400	≤4	±2.00		±2.40		>30	+5.00 −2.00
	>4	±3.00		±3.50			

附表 C5　尺寸公差等级的选用（摘自 GB/T 13914—2002）

类型	加工方法	尺寸类型	ST1	ST2	ST3	ST4	ST5	ST6	ST7	ST8	ST9	ST10	ST11
平冲压件	精密冲裁	外形											
		内形											
		孔中心距											
		孔边距											
	普通冲裁	外形											
		内形											
		孔中心距											
		孔边距											
	成型冲压平面冲裁	外形											
		内形											
		孔中心距											
		孔边距											
成型冲压件	拉深	直径											
		高度											
	带凸缘拉深	直径											
		高度											
	弯曲	长度											
	其他成形方法	直径											
		高度											
		长度											

附表 C6　角度公差（摘自 GB/T 13915—2002）

	公差等级	短边尺寸/mm						
		≤10	>10~25	>25~63	>63~160	>160~400	>400~1000	>1000~2500
冲压件冲裁角度	AT1	0°40′	0°30′	0°20′	0°12′	0°5′	0°4′	—
	AT2	1°	0°40′	0°30′	0°20′	0°12′	0°6′	0°4′
	AT3	1°20′	1°	0°40′	0°30′	0°20′	0°12′	0°6′
	AT4	2°	1°20′	1°	0°40′	0°30′	0°20′	0°12′
	AT5	3°	2°	1°30′	1°	0°40′	0°30′	0°20′
	AT6	4°	3°	2°	1°30′	1°	0°40′	0°30′

	公差等级	短边尺寸/mm						
		≤10	>10~25	>25~63	>63~160	>160~400	>400~1000	>1000
冲压件弯曲角度	BT1	1°	0°40′	0°30′	0°16′	0°12′	0°10′	0°8′
	BT2	1°30′	1°	0°40′	0°20′	0°16′	0°12′	0°10′
	BT3	2°30′	2°	1°30′	1°15′	1°	0°45′	0°30′
	BT4	4°	3°	2°	1°30′	1°15′	1°	0°45′
	BT5	6°	4°	3°	2°30′	2°	1°30′	1°

注：1. 冲压件冲裁角度：在平冲压件或成型冲压件的平面部分，经冲裁工序加工而成的角度。

2. 冲压件弯曲角度：经弯曲工序加工而成的冲压件的角度。

3. 冲压件冲裁角度与弯曲角度的极限偏差按下述规定选取。

(1) 依据使用的需要选用单向偏差。

(2) 未注公差的角度极限偏差，取表中给出的公差值的一半，冠以"±"号分别作上、下偏差。

附表 C7　未注公差（冲裁、弯曲）角度的极限公差（摘自 GB/T 15055—2007）

	公差等级	短边长度/mm						
		≤10	>10～25	>25～63	>63～160	>160～400	>400～1000	>1000～2500
冲裁	f	±1°00′	±0°40′	±0°30′	±0°20′	±0°15′	±0°10′	±0°06′
	m	±1°30′	±1°00′	±0°45′	±0°30′	±0°20′	±0°15′	±0°10′
	c	±2°00′	±1°30′	±1°00′	±0°40′	±0°30′	±0°20′	±0°15′
	v							

	公差等级	短边长度/mm						
		≤10	>10～25	>25～63	>63～160	>160～400	>400～1000	>1000
弯曲	f	±1°15′	±1°00′	±0°45′	±0°35′	±0°30′	±0°20′	±0°15′
	m	±2°00′	±1°30′	±1°00′	±0°45′	±0°35′	±0°30′	±0°20′
	c	±3°00′	±2°00′	±1°30′	±1°15′	±1°00′	±0°45′	±0°30′
	v							

附表 C8　角度公差等级选用（摘自 GB/T 13915—2002）

冲压件 冲裁角度	材料厚度 /mm	公差等级					
		AT1	AT2	AT3	AT4	AT5	AT6
	≤3						
	>3						

冲压件 弯曲角度	材料厚度 /mm	公差等级				
		BT1	BT2	BT3	BT4	BT5
	≤3					
	>3					

附表 C9　直线度、平面度未注公差（摘自 GB/T 13916—2002）　　　　mm

本标准适用于金属材料冲压件，非金属材料冲压件可参照执行。

直线度、平面度未注公差

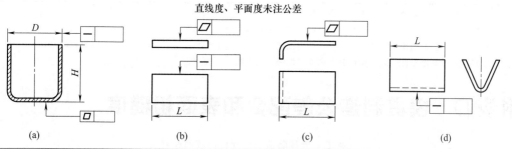

(a)　　　　　(b)　　　　　(c)　　　　　(d)

公差等级	主要参数(L、H、D)						
	≤10	>10～25	>25～63	>63～160	>160～400	>400～1000	>1000
1	0.06	0.10	0.15	0.25	0.40	0.60	0.90
2	0.12	0.20	0.30	0.50	0.80	1.20	1.80
3	0.25	0.40	0.60	1.00	1.60	2.50	4.00
4	0.50	0.80	1.20	2.00	3.20	5.00	8.00
5	1.00	1.60	2.50	4.00	6.50	10.00	16.00

附表 C10　同轴度、对称度未注公差（摘自 GB/T 13916—2002）　　　　　　mm

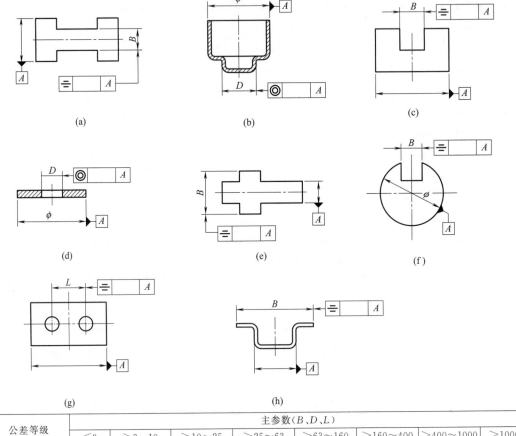

公差等级	主参数（B、D、L）							
	≤3	>3～10	>10～25	>25～63	>63～160	>160～400	>400～1000	>1000
1	0.12	0.20	0.30	0.40	0.50	0.60	0.80	1.00
2	0.25	0.40	0.60	0.80	1.00	1.20	1.60	2.00
3	0.50	0.80	1.20	1.60	2.00	2.50	3.20	4.00
4	1.00	1.60	2.50	3.20	4.00	5.00	6.50	8.00

注：1. 圆度未注公差值应不大于尺寸公差值。

2. 圆柱度未注公差值由其圆度、素线的直线度未注公差值和要素的尺寸公差分别控制。

3. 平行度未注公差值由平行要素的平面度或直线度的未注公差值和平行要素间的尺寸公差分别控制。

4. 垂直度、倾斜度未注公差由角度公差和直线度未注公差值分别控制。

附录 D　模具制造公差配合和表面粗糙度

附表 D　模具制造公差配合和表面粗糙度

零部件配合名称	采用配合	配合面粗糙度 $Ra/\mu m$
模柄外径与压力机滑块内孔	H7/d11	1.6
模柄外径与上模座内孔	H7/n6 或 H8/n8	1.6
导柱、导套外径与模座内孔	H7/r6	1.6～0.2
导柱外径与导套内孔	H6/h5 或 H7/h6	0.2
凸模与凸模固定板	H7/m6 或 H7/k6	1.6
凹模外径与下模座止口内径	H7/n6	1.6～0.2
热套圈外径与模座上内孔	H7/k6	1.6
热套圈内径与凹凸模外径	U8/h7	1.6～0.2

零部件配合名称	采用配合	配合面粗糙度 $Ra/\mu m$
固定挡料销与凹模	H7/m6 或 H7/n6	1.6～0.2
活动挡料销与卸料板	H9/h8 或 H9/h9	1.6～0.2
销钉孔与圆柱销	H7/n6	1.6～0.8

零部件配合名称	单边间隙/mm
螺钉与螺钉孔	0.5～1
卸料板与凸模(凸凹模)	0.1～0.5
顶件器与凹模	0.1～0.5
打料杆与模柄	0.5～1
顶杆(推杆)与凸模固定板	0.2～0.5

零件名称	厚度公差级	厚度两表面及刃口表面粗糙度/μm	销钉孔公差	螺栓孔公差
上、下模板	H13	$Ra0.8$	H7	H13
凸模固定板	H13	$Ra0.8$	H7	内螺纹 M×－6H
凹模	H13	刃口表面与直壁部分 $Ra0.4$ 底面为 $Ra0.8$	H7	内螺纹 M×－6H
凸模	H13	刃口端面与直壁部分 $Ra0.4$ 另一端面与固定板磨平为 $Ra0.8$	H7	
垫板	H13	$Ra0.8$	d＋1	d＋1
导料板	H13	$Ra0.8$	H7	单边间隙 0.5～1

附录 E　表面结构的图形符号

附表 E1　表面粗糙度数值系列（摘自 GB/T 1031—2009）

轮廓的算术平均偏差 $Ra/\mu m$					轮廓的最大高度 $Rz/\mu m$				
0.012	0.2	3.2	50		0.025	0.4	6.3	100	1600
0.025	0.4	6.3	100		0.05	0.8	12.5	200	—
0.05	0.8	12.5	—		0.1	1.6	25	400	—
0.1	1.6	25	—		0.2	3.2	50	800	—

注：1. 在宽幅参数（峰和谷）常用的参数值范围内（Ra 为 $0.025\sim6.3\mu m$，Rz 为 $0.1\sim25\mu m$）推荐优先选用 Ra。

2. 根据表面功能和生产的经济合理性，当选用 E1 系列值不能满足要求时，可选取补充系列值，参见表 E2。

附表 E2　表面粗糙度 Ra 和 Rz 的补充系列值（摘自 GB/T 1031—2009）　　　μm

Ra 的补充系列值					Rz 的补充系列值				
0.008	0.080	1.00	10.0		0.032	0.50	8.0	125	
0.010	0.125	1.25	16.0		0.040	0.63	10.0	160	
0.016	0.160	2.0	20		0.063	1.00	16.0	250	
0.020	0.25	2.5	32		0.080	1.25	20	320	
0.032	0.32	4.0	40		0.125	2.0	32	500	
0.040	0.50	5.0	63		0.160	2.5	40	630	
0.063	0.63	8.0	80		0.25	4.0	63	1000	
					0.32	5.0	80	1250	

附表 E3　表面结构的图形符号（摘自 GB/T 131—2006）

项目	符　号	意义及说明
基本符号	$\checkmark$	基本图形符号由两条不等长的与标注表面成 60°夹角的直线构成,仅适用于简化代号标注,没有补充说明时不能单独使用

项目	符　　号	意义及说明
扩展符号	要求去除材料　　不允许去除材料	在基本图形符号上加一短横,表示指定表面是用去除材料的方法获得,如通过机械加工获得的表面 在基本图形符号上加一个圆,表示指定表面是用不去除材料的方法获得
完整符号	允许任何工艺　　去除材料　　不去除材料	当要求标注表面结构特征的补充信息时,应在基本图形符号和扩展图形符号的长边上加一横线
含补充要求的完整符号	c a e d b	在完整图形符号中,对表面结构的单一要求和补充要求,应注写在左图所示指定位置 a——注写表面结构的单一要求,标注表面结构参数代号、极限值和传输带(传输带是两个定义的滤波器之间的波长范围,见 GB/T 6062 和 GB/T 1877)或取样长度。为了避免误解,在参数代号和极限值间应插入空格。传输带或取样长度后应有一斜线"/",之后是表面结构参数代号,最后是数值 a,b——注写两个或多个表面结构要求,在位置 a 注写第一个表面结构要求,在位置 b 注写第二个表面结构要求,如果要注写第三个或更多个表面结构要求,图形符号应在垂直方向扩大,以空出足够的空间,扩大图形符号时,a 和 b 的位置随之上移 c——注写加工方法、表面处理、涂层或其他加工工艺要求,如车、磨、镀等 d——注写表面纹理和方向(符号见附表 E5) e——注写加工余量,以毫米为单位给出数值

注: 在报告和合同的文本中用文字表达完整图形符号时,应用字母分别表示:APA,允许任何工艺;MRR,去除材料;NMR,不去除材料,示例 MRR Ra0.8　Rz13.2。

附表 E4　表面结构代号和补充注释符号的含义 (摘自 GB/T 131—2006)

项目	符　号	含义或解释
表面结构代号	Rz 0.4	表示不允许去除材料,单向上限值,默认传输带,R 轮廓,粗糙度的最大高度 0.4μm,评定长度为 5 个取样长度(默认),"16%规则"(默认)
	Rz_{max}0.2	表示去除材料,单向上限值,默认传输带,R 轮廓,粗糙度的最大高度的最大值 0.2μm,评定长度为 5 个取样长度(默认),"最大规则"
	0.008-0.8/Ra 3.2	表示去除材料,单向上限值,传输带 0.008~0.8mm,R 轮廓,算术平均偏差 3.2μm,评定长度为 5 个取样长度(默认),"16%规则"(默认)
	-0.8/Ra 3 3.2	表示去除材料,单向上限值,传输带根据 GB/T 6062,取样长度 0.8μm(λ_s 默认 0.0025mm),R 轮廓,算术平均偏差 3.2μm,评定长度包含 3 个取样长度,"16%规则"(默认)
	$U\,Ra_{max}$3.2 $L\,Ra$ 0.08	表示不允许去除材料,双向极限值,两极限值均使用默认传输带,R 轮廓。上限值:算术平均偏差 3.2μm,评定长度为 5 个取样长度(默认),"最大规则"。下限值:算术平均偏差 0.08μm,评定长度为 5 个取样长度(默认),"16%规则"(默认)
带有补充注释的符号	(符号)	加工方法:铣削
	M	表面纹理:纹理呈多方向

项目	符　　号	含义或解释
带有补充注释的符号	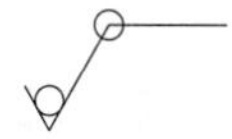	对投影视图上封闭的轮廓线所表示的各表面有相同的表面结构要求
	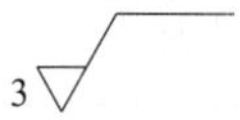 3 ∨	加工余量 3mm
表面代号的简化标注及标注参数要求的规定	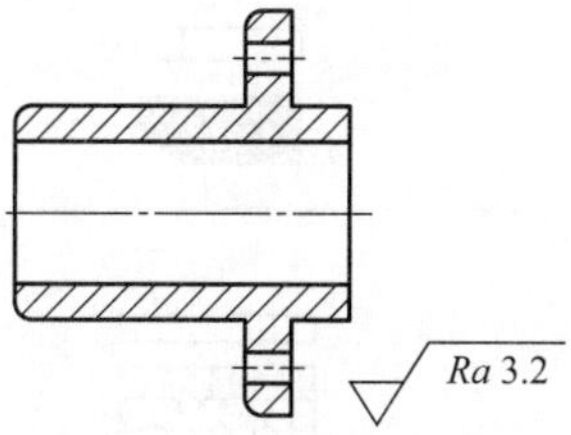 ∨ Ra 3.2	当工件的所有表面有统一的表面结构要求时,则其表面结构代号可统一标注在图样的右下角,即标题栏附近,见左图
	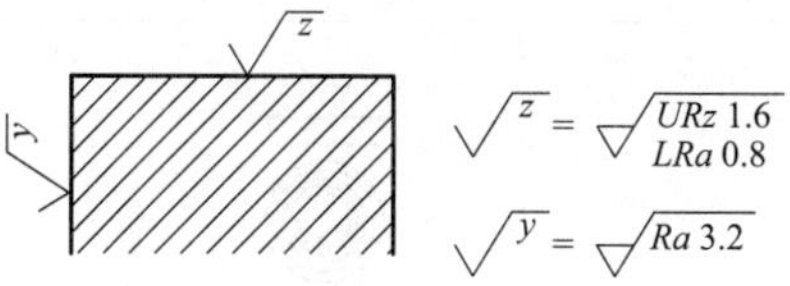 ∨z = √URz 1.6 LRa 0.8　∨y = √Ra 3.2	在多个相同要求的表面上标出表面粗糙符号和字母代号。与此同时,在图样右下角、标题栏附近,用等号形式给出详细的表面粗糙度要求,见左图
	 ∨ = √Ra 3.2	在多个相同要求的表面上,仅标出表面粗糙度符号,与此同时,在图样右下角、标题栏附近用等号形式给出表面粗糙度的要求,此时如没有加工方法,取样长度等特定要求,如左图所示
其他标注的规定	表面处理、镀(涂)覆层的标注 　为提高零件的表面质量,需要进行镀、涂或表面处理时,应将此要求标注在表面结构代号的横线上方,如右图所示,如不另加说明,表面结构的参数值为完工后的数值,否则应加注"前"字	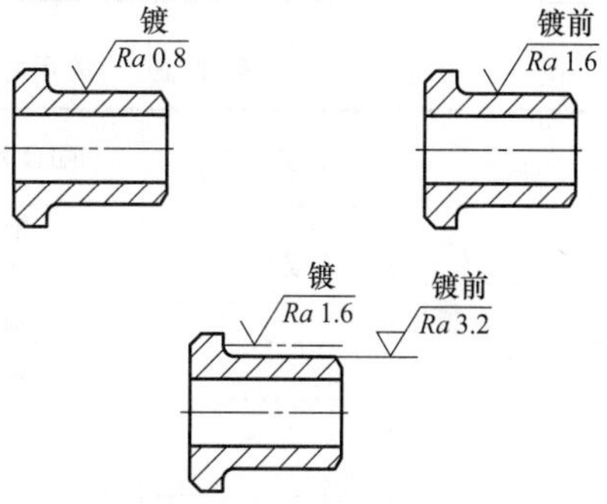 镀 Ra 0.8　镀前 Ra 1.6　镀 Ra 1.6　镀前 Ra 3.2 表面处理、镀(涂)覆层的标注

附表 E5　表面纹理符号及标注解释

符号	解　释	示　　例
=	纹理平行于视图所在的投影面	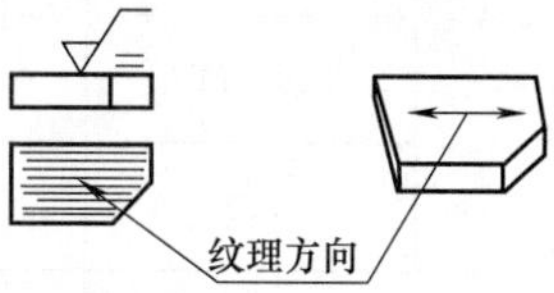 纹理方向
⊥	纹理垂直于视图所在的投影面	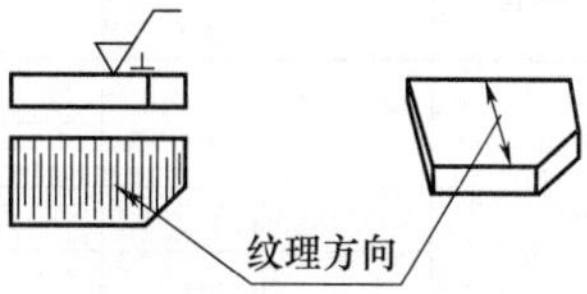 纹理方向

符号	解 释	示 例
×	纹理呈两斜向交叉且与视图所在的投影面相交	纹理方向
P	纹理呈微粒、凸起、无方向	
M	纹理呈多方向	
C	纹理呈近似同心圆且圆心与表面中心相关	
R	纹理呈近似放射状且与表面圆心相关	

附表 E6　常用零件表面的表面粗糙度参数值 Ra　　μm

	公差等级	配合表面	基本尺寸/mm	
			≤50	>50～500
配合表面	IT5	轴	0.2	0.4
		孔	0.4	0.8
	IT6	轴	0.4	0.8
		孔	0.4～0.8	0.8～1.6
	IT7	轴	0.4～0.8	0.8～1.6
		孔	0.8	1.6
	IT8	轴	0.8	1.6
		孔	0.8～1.6	1.6～3.2

		公差等级	配合表面	基本尺寸/mm		
				≤50	>50～120	>120～500
过盈配合	压入配合	IT5	轴	0.1～0.2	0.4	0.4
			孔	0.2～0.4	0.8	0.8
		IT6～IT7	轴	0.4	0.8	1.6
			孔	0.8	1.6	1.6
		IT8	轴	0.8	0.8～1.6	1.6～3.2
			孔	1.6	1.6～3.2	
	热装	—	轴	1.6		
			孔	1.6～3.2		

	表面	分组公差/μm				
分组装配的零件表面		<2.5	2.5	5	10	20
	轴	0.05	0.1	0.2	0.4	0.8
	孔	0.1	0.2	0.4	0.8	1.6

定心精度高的配合表面		表面	径向圆跳动公差/μm					
			2.5	4	6	10	16	20
		轴	0.05	0.1	0.1	0.2	0.4	0.8
		孔	0.1	0.2	0.2	0.4	0.8	1.6

滑动轴承表面		表面	公差等级				流体润滑	
			IT6～IT9		IT10～IT12			
		轴	0.4～0.8		0.8～3.2		0.1～0.4	
		孔	0.8～1.6		1.6～3.2		0.2～0.8	

导轨面	性质	速度/(m/s)	平面度公差/(μm/100mm 范围内)				
			≤6	10	20	60	＞60
	滑动	≤0.5	0.2	0.4	0.8	1.6	3.2
		＞0.5	0.1	0.2	0.4	0.8	1.6
	滚动	≤0.5	0.1	0.2	0.4	0.8	1.6
		＞0.5	0.05	0.1	0.2	0.4	0.8

圆锥结合工作表面	密封结合	对中结合	其他
	0.1～0.4	0.4～1.6	1.6～6.3

键结合	结构名称		键	轴上键槽	毂上键槽
	不动结合	工作面	3.2	1.6～3.2	1.6～3.2
		非工作面	6.3～12.5	6.3～12.5	6.3～12.5
	用导向键	工作面	1.6～3.2	1.6～3.2	1.6～3.2
		非工作面	6.3～12.5	6.3～12.5	6.3～12.5

渐开线花键结合	结构名称		孔槽	轴齿	定心面		非定心面	
					孔	轴	孔	轴
	不动结合		1.6～3.2	1.6～3.2	0.8～1.6	0.4～0.8	3.2～6.3	1.6～6.3
	动结合		0.8～1.6	0.4～0.8	0.8～1.6	0.4～0.8	3.2	1.6～6.3

螺纹结合	精度等级	IT4、IT5	IT6、IT7	IT8、IT9
	紧固螺纹	1.6	3.2	3.2～6.3
	在轴上、杆上和套上螺纹	0.8～1.6	1.6	3.2
	丝杆和起重螺纹	—	0.4	0.8
	丝杆螺母和起重螺纹	0.8		1.6

齿轮传动	精度等级	IT3	IT4	IT5	IT6	IT7	IT8	IT9	IT10	IT11
	直齿、斜齿、人字齿轮、蜗轮	0.1～0.2	0.2～0.4	0.2～0.4	0.4～0.8	0.4～0.8	1.6	3.2	6.3	6.3
	圆锥齿轮	—	—	0.2～0.4	0.4～0.8	0.4～0.8	0.8～1.6	1.6～3.2	3.2～6.3	6.3
	蜗杆牙型面	0.1	0.2	0.2	0.4	0.4～0.8	0.8～1.6	1.6～3.2		
	根圆	和工作面相同或接近的更粗的优先数								
	顶圆	3.2～12.5								

齿轮、链轮和蜗轮的非工作端面	3.2～12.5	螺栓、螺钉等用的通孔	25
孔和轴的非工作表面	6.3～12.5	精制螺栓和螺母、螺钉头表面	3.2～12.5
倒角、倒圆、退刀槽等	3.2～12.5	半精制螺栓和螺母	25

附录 F 碟形弹簧

附录 F1 碟形弹簧的结构形式及几何参数

碟形弹簧的结构形式见附图 1。碟簧的几何参数见附图 2。弹簧的材料为 60Si2MnA 或 50CrV。碟形弹簧的尺寸系列参数见附录 F2～附录 F4。

碟形弹簧的尺寸和参数分为 A、B、C 三个系列。在相同的外径尺寸下，A 系列承载大，刚度大。三个系列碟形弹簧的表中尺寸符号见附图 1。

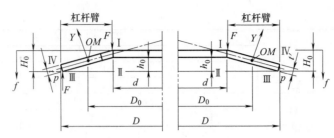

附图 1　碟形弹簧的结构形式

D—弹簧外径，mm；d—弹簧内径，mm；D_0—弹簧中径，mm，为碟簧截面中性点所在圆直径，其大小按 $D_0 = \dfrac{D-d}{\ln\dfrac{D}{d}}$ 计算；t—厚度，mm；t'—减薄碟簧厚度，mm；H_0—自由高度，

mm；h_0—无支承面碟簧压平时变形量，mm，$h_0 = H_0 - t$；h'_0—有支承面碟簧压平时变形量，mm，$h'_0 = H_0 - t'$；p—支承面宽，mm，$p \approx D/150$；F—载荷，N；f—变形量，mm。

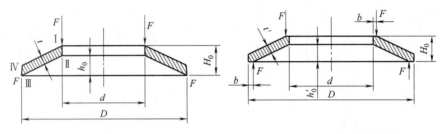

(a) 无支承面碟形弹簧(A型)　　　　　　　　(b) 有支承面碟形弹簧(B型)

附图 2　单个碟簧及其几何参数

碟形弹簧标记示例：

图（a）：一级精度，系列 A，外径 $D = 80$mm 的第 2 类碟簧，标记为：碟簧 A 80-1 GB/T 1972。

图（b）：二级精度，系列 B，外径 $D = 80$mm 的第 2 类碟簧，标记为：碟簧 B 80 GB/T 1972。

附录 F2　系列 A（$D/t \approx 18$；$h_0/t \approx 0.4$；$E = 206000$MPa；$\mu = 0.3$）

碟簧尺寸和参数（GB/T 1972—2005）

类别	外径 D /mm	内径 d /mm	厚度 $t(t')$[1] /mm	压平时变形量 h_0 /mm	自由高度 H_0 /mm	$f \approx 0.75h_0$					质量 m /(kg/ 1000 件)
						载荷 F /N	变形量 f /mm	受载后高度 $H_0 - f$ /mm	中径处应力 σ_{OM}[2] /MPa	拉应力 σ_{III}[3] /MPa	
1	8	4.2	0.4	0.20	0.60	210	0.15	0.45	−1200	1220*	0.114
	10	5.2	0.5	0.25	0.75	329	0.19	0.56	−1210	1240*	0.225
	12.5	6.2	0.7	0.30	1.00	673	0.23	0.77	−1280	1420*	0.508
	14	7.2	0.8	0.30	1.10	813	0.23	0.87	−1190	1340*	0.711
	16	8.2	0.9	0.35	1.25	1000	0.26	0.99	−1160	1290*	1.050
	18	9.2	1.0	0.40	1.40	1250	0.30	1.10	−1170	1300*	1.480
	20	10.2	1.1	0.45	1.55	1530	0.34	1.21	−1180	1300*	2.010
2	22.5	11.2	1.25	0.50	1.75	1950	0.38	1.37	−1170	1320*	2.94
	25	12.2	1.5	0.55	2.05	2910	0.41	1.64	−1210	1410*	4.40
	28	14.2	1.5	0.65	2.15	2850	0.49	1.66	−1180	1280*	5.39
	31.5	16.3	1.75	0.70	2.45	3900	0.53	1.92	−1190	1320*	7.84
	35.5	18.3	2.0	0.80	2.80	5190	0.60	2.20	−1210	1330*	11.40
	40	20.4	2.25	0.90	3.15	6540	0.68	2.47	−1210	1340*	16.4
	45	22.4	2.5	1.00	3.50	7720	0.75	2.75	−1150	1390*	23.5

续表

类别	外径 D /mm	内径 d /mm	厚度 t(t')① /mm	压平时变形量 h₀ /mm	自由高度 H₀ /mm	f≈0.75h₀ 载荷 F /N	变形量 f /mm	受载后高度 H₀-f /mm	中径处应力 σ_OM② /MPa	拉应力 σ_II③ σ_III /MPa	质量 m /(kg/1000件)
2	50	25.4	3.0	1.10	4.10	12000	0.83	3.27	−1250	1430*	34.3
	56	28.5	3.0	1.30	4.30	11400	0.98	3.32	−1180	1280*	43.0
	63	31	3.5	1.40	4.90	15000	1.05	3.85	−1140	1300*	64.9
	71	36	4	1.60	5.60	20500	1.20	4.40	−1200	1330*	91.8
	80	41	5	1.70	6.70	33700	1.28	5.42	−1260	1460*	145.0
	90	46	5	2.00	7.0	31400	1.50	5.50	−1170	1300*	184.5
	100	51	6	2.20	8.2	48000	1.65	6.55	−1250	1420*	273.7
	112	57	6	2.50	8.5	43800	1.88	6.62	−1130	1240*	343.8
3	125	64	8(7.5)	2.6	10.6	85900	1.95	8.65	−1280	1330*	533
	140	72	8(7.5)	3.2	11.2	85300	2.40	8.80	−1260	1280*	666.6
	160	82	10(9.4)	3.5	13.5	139000	2.63	10.87	−1320	1340*	1094
	180	92	10(9.4)	4.0	14.0	125000	3.00	11.00	−1180	1200*	1387
	200	102	12(11.25)	4.2	16.2	183000	3.15	13.05	−1210	1230*	2100
	225	112	12(11.25)	5.0	17.0	171000	3.75	13.25	−1120	1140	2640
	250	127	14(13.1)	5.6	19.6	249000	4.20	15.40	−1200	1220	3750

① 碟簧厚度 t 是基本尺寸，第3类中碟簧厚度减薄为 t'。

② σ_OM 是 OM 点（附录 F1 中图 1）的计算应力（压应力）。

③ 有"*"的是位置 II 处算出的最大计算拉应力 σ_II 的值，无"*"的是位置 III 处算出的最大拉应力的 σ_III 值。

附录 F3 系列 B (D/t≈28; h₀/t≈0.75; E=206000MPa; μ=0.3)

碟簧尺寸和参数（GB/T 1972—2005）

类别	外径 D /mm	内径 d /mm	厚度 t(t')① /mm	压平时变形量 h₀ /mm	自由高度 H₀ /mm	f≈0.75h₀ 载荷 F /N	变形量 f /mm	受载后高度 H₀-f /mm	中径处应力 σ_OM② /MPa	拉应力 σ_II③ σ_III /MPa	质量 m /(kg/1000件)
1	8	4.2	0.3	0.25	0.55	119	0.19	0.36	−1140	1330	0.086
	10	5.2	0.4	0.30	0.70	213	0.23	0.47	−1170	1300	0.180
	12.5	6.2	0.5	0.35	0.85	291	0.26	0.59	−1000	1110	0.363
	14	7.2	0.5	0.40	0.90	279	0.30	0.60	−970	1100	0.444
	16	8.2	0.6	0.45	1.05	412	0.34	0.71	−1010	1120	0.698
	18	9.2	0.7	0.50	1.20	572	0.38	0.82	−1040	1130	1.030
	20	10.2	0.8	0.55	1.35	745	0.41	0.94	−1030	1110	1.46
	22.5	11.2	0.8	0.65	1.45	710	0.49	0.96	−962	1080	1.88
	25	12.2	0.9	0.70	1.60	868	0.53	1.07	−938	1030	2.64
	28	14.2	1.0	0.80	1.80	1110	0.60	1.20	−961	1090	3.59
2	31.5	16.3	1.25	0.90	2.15	1920	0.68	1.47	−1090	1190	5.60
	35.5	18.3	1.25	1.00	2.25	1700	0.75	1.50	−944	1070	7.13
	40	20.4	1.5	1.15	2.65	2620	0.86	1.79	−1020	1130	10.95
	45	22.4	1.75	1.30	3.05	3660	0.98	2.07	−1050	1150	16.4
	50	25.4	2.0	1.40	3.40	4760	1.05	2.35	−1060	1140	22.9
	56	28.5	2.0	1.60	3.60	4440	1.20	2.40	−963	1090	28.7

类别	外径 D /mm	内径 d /mm	厚度 $t(t')$[①] /mm	压平时 变形量 h_0 /mm	自由 高度 H_0 /mm	$f\approx0.75h_0$					质量 m /(kg/ 1000 件)
						载荷 F /N	变形量 f /mm	受载后 高度 H_0-f /mm	中径 处应力 σ_{OM}[②] /MPa	拉应力 σ_{II}[③] σ_{III} /MPa	
2	63	31.0	2.5	1.75	4.25	7180	1.31	2.94	−1020	1090	46.4
	71	36.0	2.5	2.00	4.5	6730	1.50	3.00	−934	1060	57.7
	80	41.0	3.0	2.30	5.30	10500	1.73	3.57	−1030	1140	87.3
	90	46.0	3.5	2.50	6.00	14200	1.88	4.12	−1030	1120	129.1
	100	51.0	3.5	2.80	6.30	13100	2.10	4.2	−926	1050	159.7
	112	57.0	4.0	3.20	7.20	17800	2.40	4.8	−963	1090	229.2
	125	64.0	5.0	3.50	8.50	30000	2.63	5.87	−1060	1150	355.4
	140	72.0	5.0	4.0	9.0	27900	3.00	6.0	−970	1100	444.4
	160	82.0	6.0	4.5	10.5	41100	3.38	7.12	−1000	1110	698.3
	180	92.0	6.0	5.1	11.1	37500	3.83	7.27	−895	1040	885.4
3	200	102	8(7.5)	5.6	13.6	76400	4.20	9.40	−1060	1250	1369
	225	112	8(7.5)	6.5	14.5	70800	4.88	9.62	−951	1180	1761
	250	127	10(9.4)	7.0	17.0	119000	5.25	11.75	−1050	1240	2687

① 碟簧厚度 t 是基本尺寸，第3类中碟簧厚度减薄为 t'。

② σ_{OM} 是 OM 点（附录 F1 中图 1）的计算应力（压应力）。

③ 表中给出的是碟簧下表面的最大计算拉应力，有 * 号的数值是在位置 II 处的拉应力，无 * 号的数值是在位置 III 处的拉应力。

附录 F4 系列 C（$D/t\approx40$；$h_0/t\approx1.3$；$E=206000$MPa；$\mu=0.3$）

碟簧尺寸和参数（GB/T 1972—2005）

类别	外径 D /mm	内径 d /mm	厚度 $t(t')$[①] /mm	压平时 变形量 h_0 /mm	自由 高度 H_0 /mm	$f\approx0.75h_0$					质量 m /(kg/ 1000 件)
						载荷 F /N	变形量 f /mm	受载后 高度 H_0-f /mm	中径 处应力 σ_{OM}[②] /MPa	拉应力 σ_{II}[③] σ_{III} /MPa	
1	8	4.2	0.20	0.25	0.45	39	0.19	0.26	−762	1040	0.057
	10	5.2	0.25	0.30	0.55	58	0.23	0.32	−734	980	0.112
	12.5	6.2	0.35	0.45	0.80	152	0.34	0.46	−944	1280	0.251
	14	7.2	0.35	0.45	0.80	123	0.34	0.46	−769	1060	0.311
	16	8.2	0.40	0.50	0.90	155	0.38	0.52	−751	1020	0.466
	18	9.2	0.45	0.60	1.05	214	0.45	0.60	−789	1110	0.661
	20	10.2	0.50	0.65	1.15	254	0.49	0.66	−772	1070	0.912
	22.5	11.2	0.60	0.80	1.40	425	0.60	0.80	−883	1230	1.410
	25	12.2	0.70	0.90	1.60	601	0.68	0.92	−936	1270	2.06
	28	14.2	0.80	1.00	1.80	801	0.75	1.05	−961	1300	2.87
	31.5	16.3	0.80	1.05	1.85	687	0.79	1.06	−810	1130	3.58
	35.5	18.3	0.90	1.15	2.05	831	0.86	1.19	−779	1080	5.14
	40	20.4	1.00	1.30	2.30	1020	0.98	1.32	−772	1070	7.30
2	45	22.4	1.25	1.60	2.85	1890	1.20	1.65	−920	1250	11.70
	50	25.4	1.25	1.60	2.85	1550	1.20	1.65	−754	1040	14.30
	56	28.5	1.50	1.95	3.45	2620	1.46	1.99	−879	1220	21.50
	63	31.0	1.80	2.35	4.15	4240	1.76	2.39	−985	1350	33.40

类别	外径 D /mm	内径 d /mm	厚度 $t(t')$[1] /mm	压平时变形量 h_0 /mm	自由高度 H_0 /mm	$f \approx 0.75h_0$					质量 m /(kg/ 1000 件)
						载荷 F /N	变形量 f /mm	受载后高度 H_0-f /mm	中径处应力 σ_{OM}[2] /MPa	拉应力 σ_{II}[3] σ_{III} /MPa	
2	71	36.0	2.00	2.60	4.60	5140	1.95	2.65	−971	1340	46.2
	80	41.0	2.25	2.95	5.20	6610	2.21	2.99	−982	1370	65.5
	90	46.0	2.50	3.20	5.70	7680	2.40	3.30	−935	1290	92.2
	100	51.0	2.70	3.50	6.20	8610	2.63	3.57	−895	1240	123.2
	112	57.0	3.00	3.90	6.90	10500	2.93	3.97	−882	1220	171.9
	125	64.0	3.50	4.50	8.00	15100	3.38	4.62	−956	1320	248.9
	140	72.0	3.80	4.90	8.70	17200	3.68	5.02	−904	1250	337.7
	160	82.0	4.30	5.60	9.90	21800	4.20	5.70	−892	1240	500.4
	180	92.0	4.80	6.20	11.00	26400	4.65	6.35	−869	1200	708.4
	200	102.0	5.50	7.00	12.50	36100	5.25	7.25	−910	1250	1004
3	225	112	6.5(6.2)	7.1	13.6	44600	5.33	8.27	−840	1140	1456
	250	127	7.0(6.7)	7.8	14.8	50500	5.85	8.95	−814	1120	1915

① 碟簧厚度 t 是基本尺寸，第 3 类中碟簧厚度减薄为 t'。

② σ_{OM} 是 OM 点（附录 F1 中图 1）的计算应力（压应力）。

③ 表中给出的是碟簧下表面的最大计算拉应力，有 * 号的数值是在位置 II 处的拉应力，无 * 号的数值是在位置 III 处的拉应力。

附录 F5　碟形弹簧的主要计算公式

碟形弹簧的主要计算公式

计算项目	单个装置	多个装置
整个弹簧允许负荷/N	$F = \dfrac{10000\tan^2\alpha h_0 t^2}{n\left(1-\dfrac{d}{1.5D}\right)}$	$F = \dfrac{10000\tan^2\alpha Z h_0 t^2}{n\left(1-\dfrac{d}{1.5D}\right)}$
一个弹簧的最大允许挠度/mm	$0.65f_m$	
整个弹簧的最大允许挠度/mm	$f_z = 0.75h_0 n$	$f_z = 0.75h_0 \dfrac{n}{z}$
安装时弹簧压缩量（整个弹簧的预先压缩量）/mm	$f_y = (0.15\sim0.2)h_0 n$	$f_y = (0.15\sim0.2)h_0 \dfrac{n}{z}$
弹簧的工作行程/mm	$f_g = f_z - f_y$	
保证规定行程的弹簧个数/个	$n = \dfrac{f_g}{0.5h_0}$	$n = \dfrac{f_g Z}{0.5h_0}$
弹簧自由高度/mm	$H = nh$	$H = \dfrac{n}{Z}[h+t(Z-1)]$

注：1. F 为一个弹簧在压缩量等于 $0.75h_0$ 时的最大允许负荷；f_g 为弹簧的极限行程量；Z 为多个装置中，每一叠的弹簧数，如表图中，$Z=4$；h 为一个弹簧高度，mm；t 为弹簧板厚度，mm；$\tan\alpha = \dfrac{2(h-t)}{D-d}$。

2. 碟簧的选用　经计算后的碟簧应尽量按附录 F2～附录 F4 中系列 A、B、C 类选取标准规格。

若没有标准碟簧或标准规格不能满足要求，也可按附录 F5 中所列公式计算后确定。

附录 F6 碟形弹簧的装置方式

模具中碟形弹簧的组装方法如附图 3 及附图 4 所示。

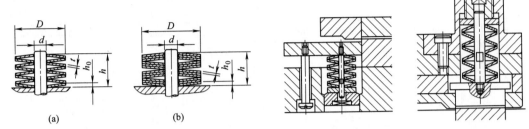

附图 3　碟形弹簧的组装方式　　　　　附图 4　碟形弹簧在模具上的装置方式

[例]　料卸力 $F=12000$N，冲模工作行程 $h_g=4$mm，试选如附图 5 所示的复合模卸料装置用碟形弹簧。

解：① 根据模具安装位置，拟选用 4 组直列式安装，则每组弹簧承受的负荷为：

$$P=\frac{12000}{4}=3000(\text{N})$$

② 从附录 F3 中系列 B 中选用弹簧规格，其尺寸（mm）为：$D=45$，$d=22.4$，$t=1.75$，$h_0=1.3$，$H_0=3.05$，在最大允许变形量 $f=0.98h_0$ 下 $F=3660$N（碟形弹簧 $\phi45$mm$\times\phi22.4$mm）。

③ 计算每组弹簧片数：

$$n=\frac{h_g}{0.5h_0}=4/(0.5\times1.3)=6.15，选用 n=6。$$

④ 求弹簧的总压缩量：

$$f_z=0.98h_0 n=0.98\times1.3\times6=7.6(\text{mm})$$

⑤ 求弹簧的自由高度：

$$H_z=nH_0=6\times3.05=18.3(\text{mm})$$

⑥ 求弹簧的预压缩量：

$$f_y=(0.15\sim0.2)h_0 n$$
$$=(0.15\sim0.2)\times1.3\times6$$
$$=1.17\sim1.56(\text{mm})$$

⑦ 求预压缩后的弹簧高度：

$$H_y=H_z-f_y=18.3-1.56=16.7(\text{mm})$$

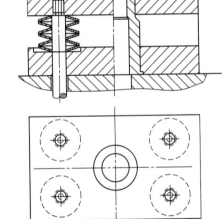

附图 5　复合模卸料装置

附录 G　橡胶弹性体

附表 G1　橡胶弹性体及选用

计算项目	计算公式	说　　明
1　计算橡胶垫所产生的工作压力	$F=Ap$	式中　F——橡胶所能产生的压力,N A——橡胶垫横截面积,mm²; p——单位压力,与橡胶垫压缩量、形状有关,由下表或图示所示特性曲线查得,一般取 2～3MPa

橡胶压缩量和单位压力			
橡胶压缩量/%	单位压力 p/MPa	橡胶压缩量/%	单位压力 p/MPa
10	0.26	25	1.06
15	0.50	30	1.52
20	0.74	35	2.10

2　计算总压缩量 h_z	$h_z=(0.35\sim0.45)h_{zi}$	h_{zi}——自由高度,橡胶垫允许最大压缩量应不超过其自由高度 h_{zi} 的 45%,否则会过早失去弹性而损坏	
3　计算橡胶垫的预压缩量 h_y	$h_y=(0.10\sim0.15)h_{zi}$	胶垫的预压缩量 h_y 一般取自由高度 h_{zi} 的 10%～15%	
4　计算橡胶垫工作行程	$h_g=h_z-h_y=(0.25\sim0.30)h_{zi}$	橡胶垫工作行程,取自由高度 h_{zi} 的 25%～30%	
计算橡胶垫自由高度	$h_{zi}=h_g/(0.25\sim0.30)$		
计算橡胶垫高度 h 与直径 D 之比	$0.5\leqslant\dfrac{h}{D}\leqslant1.5$	对橡胶垫高度与直径之比进行换算后,如果 $\dfrac{h}{D}>1.5$,则应将橡胶分成若干块,每块之间用钢垫圈分开。外径 D 与橡胶垫形状有关,如附图 6 所示形状的外径尺寸,见附表 G2	

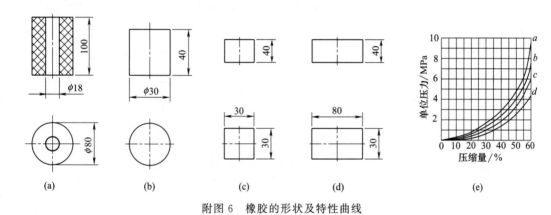

$$(a)\qquad(b)\qquad(c)\qquad(d)\qquad(e)$$

附图 6　橡胶的形状及特性曲线

附表 G2　橡胶垫截面尺寸的计算

橡胶垫形式					
计算项目/mm	d	D	d	a	a	b
计算公式	按结构选用	$\sqrt{d^2+1.27\dfrac{F}{p}}$	$\sqrt{1.27\dfrac{F}{p}}$	$\sqrt{\dfrac{F}{p}}$	$\dfrac{F}{bp}$	$\dfrac{F}{ap}$

注:表中 p——橡胶单位压力,一般取 2～3MPa, F——所需工作压力。

附表 G3　聚氨酯弹性体压缩量与工作负荷的关系

压缩量 F /mm	聚氨酯弹性体直径 D/mm																
	16	20	25			32			45				60				
	工作负荷/N																
$0.1H$	170	300	510	450	470	840	740	700	1820	1720	1630	1680	3630	2980	2880	3720	2700
$0.2H$	400	620	1120	1020	1060	1820	1300	1720	3880	3720	3580	3580	7730	7260	6520	6520	6050
$0.3H$	690	1080	1970	1840	1790	3220	3040	2940	6950	6520	6200	6000	14380	12710	11730	11170	10800
$0.35H$	880	1390	2530	2360	2290	4120	3900	3800	8900	8360	7930	7680	18430	16290	15040	14340	13830

注：表中数值按聚氨酯橡胶邵氏硬度 A80±5 确定。其他硬度聚氨酯橡胶的工作负荷用修正系数乘以表中数值。修正系数的值如下：

邵氏硬度(A)	75	76	77	78	79	80	81	82	83	84	85
修正系数	0.843	0.873	0.903	0.934	0.996	1.000	1.035	1.074	1.116	1.212	1.27

橡胶弹性的设计计算

1）橡胶缩弹特性

橡胶缩弹特性分为静弹性特性和动弹性特性，见附表 G4。

附表 G4　橡胶弹簧特性

类型	参数名称	特性表达式	说　明
橡胶材料的静弹性特性	应力 σ	$\sigma = E\varepsilon$ $F = EAf/h$	橡胶材料在拉伸和压缩的作用下，载荷和变形间关系为非线性，当应变在 ±0.15 范围内时，其应力 σ 和应变 ε 间的关系，如左边所列关系式表示 式中　E——弹性模量；F——橡胶材料承受的载荷；A——橡胶材料的承受面积；f——橡胶材料的变形量；h——橡胶材料高度
	切应力 τ	$\tau = G\gamma$	橡胶材料在剪切载荷作用下，当切应变不超过 1 的范围内，其切应力 τ 和切应变 γ，可用左边所示关系式表达 式中　G——切变模量
	弹性模量 E	$E = 3G$	橡胶材料弹性模量 E 和切变模量 G 之间如左边关系式的表达
	切变量 G	$G = 0.117\mathrm{e}^{0.034HS}$	切变量 G 与橡胶材料硬度有关，成分不同，而硬度相同的橡胶，其切变模量之差很小。设计时切变模量 G 的值，可由附图 7 查取
		$\sigma = E_a\varepsilon$ $\tau = G_a\gamma$	右边式是在实际应用中，将 $\sigma = E\varepsilon$ 和 $\tau = G\gamma$ 两式，分别以实际的表观弹性模量 E_a 和表观切变量 G_a 代入，得到实际应用的公式
	拉伸变形表观模量 E_a	$E_a \approx E_0$	压缩变形表观模量 $E_a' = iG$ 中以应用系数 i 表示因几何形状和硬度的函数的因素影响。 对于圆柱形：$i = 3 + kS^2$；对于圆筒形：$i = 4 + 0.56kS^2$；对于长度为 a、宽度为 b 的矩形块： $$i = \frac{1}{1+b/a} = [4 + 2b/a + 0.56(1+b/a)^2 kS^2]$$ 以上式中 $k = 10.7 - 0.098HS$，HS——橡胶材料肖氏硬度；S——形状系数，$S = A_L/A_F$，A_L 为橡胶材料的承载面积；A_F 为橡胶材料的自由面积。对圆柱体，$S = d/4h$；对于圆筒形，$S = (d_1 - d_2)/4h$；对于矩形块，$S = ab/2(a+b)h$
	压缩变形表观模量 E_a'	$E_a' = iG$	
	剪切变形表观切变模量 G_a	圆柱体： $G_a = (1 + 1/12\,iS^2)^{-1}G$ 方块形： $G_a = (1 + 1/16\,iS^2)^{-1}G$ 实际应用中可近似取：$G_a = G$	

类型	参数名称	特性表达式	说　明
橡胶材料的动弹性特性		由于橡胶的动表观切变模量不仅与生胶的型号和填充度有关,还和硬度、温度、变形速度和振幅,以及橡胶的平均应力或平均应变等因素有关(附图7、附图8)。故其计算难以精确,设计时尽可能通过接近橡胶弹簧的使用条件来试验确定。要求不高时,可用右边图中的曲线关系进行动模量的计算	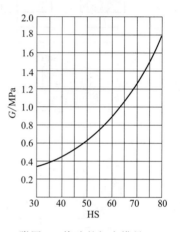 附图 7　硬度与动、静模量的关系曲线

橡胶弹簧的设计计算

橡胶压缩弹簧、剪切弹簧和扭转弹簧的变形和刚度计算公式见附表 G5～附表 G7。

由几个橡胶元件构成的组合式橡胶弹簧,见图 9,可以用叠加法计算。橡胶元件采用并联时,按下列公式计算。

$$\left.\begin{array}{l} K_z = \sum (k_z)_i \\ K_y = \sum (k_y)_i \end{array}\right\}$$

式中　K_z,K_y——橡胶元件在 z 方向和 y 方向的总刚度;

$(k_z)_i$,$(k_y)_i$——各橡胶元件在 z 方向和 y 方向的刚度;

当各橡胶元件串联时,按下式计算:

$$K = \left(\frac{1}{k_i}\sum\right)^{-1}$$

附图 8　橡胶的切变模量 G
和硬度 HS 的关系

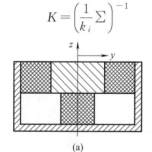

(a)	(b)

附图 9　组合式橡胶弹簧

附表 G5　橡胶压缩弹簧的计算

类型	弹簧形状	变形量 f/mm	弹簧刚度 $k/(\text{N/mm})$
圆柱体	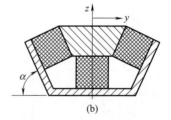	$f = \dfrac{Fh}{\pi r^2 E_a}$	$k = \dfrac{\pi r^2 E_a}{h}$

类型	弹簧形状	变形量 f/mm	弹簧刚度 $k/(\text{N/mm})$
衬套		$f=\dfrac{Fh}{\pi(r_2^2-r_1^2)E_{\text{a}}}$	$k=\dfrac{\pi(r_2^2-r_1^2)E_{\text{a}}}{h}$
矩形块		$f=\dfrac{Fh}{abE_{\text{a}}}$	$k=\dfrac{abE_{\text{a}}}{h}$
圆锥台		$f=\dfrac{Fh}{\pi r_1 r_2 E_{\text{a}}}$	$k=\dfrac{\pi r_1 r_2 E_{\text{a}}}{h}$
矩形锥台		有公共锥顶 $f=\dfrac{Fh}{a_2 b_1 E_{\text{a}}}$	$k=\dfrac{a_2 b_1 E_{\text{a}}}{h}$
		无公共锥顶 $f=\dfrac{Fh\ln\dfrac{a_1 b_2}{a_2 b_1}}{(a_1 b_2-a_2 b_1)E_{\text{a}}}$	$k=\dfrac{(a_1 b_2-a_2 b_1)E_{\text{a}}}{h\ln\dfrac{a_1 b_2}{a_2 b_1}}$
空心圆锥		$f=\dfrac{Fb}{\pi l(r_1+r_2)}\times\dfrac{1}{(E_{\text{a}}\sin^2\beta+G_{\text{a}}\cos^2\beta)}$	$k=\dfrac{\pi/(r_1+r_2)}{b}\times(E_{\text{a}}\sin^2\beta+G_{\text{a}}\cos^2\beta)$

附表 G6 橡胶剪切弹簧的计算

类型	弹簧形状	变形量 f/mm	弹簧刚度 $k_{\text{r}}/(\text{N/mm})$
矩形		$f=\dfrac{Fh}{AG_{\text{a}}}$	$k_{\text{r}}=\dfrac{AG_{\text{a}}}{h}$

类型	弹簧形状	变形量 f/mm	弹簧刚度 k_r/(N/mm)
菱形		$f=\dfrac{Fb}{AG_a}[1+(a/b)^2]$ 近似计算式 $f=\dfrac{Fb}{AG_a}$	$k_r=\dfrac{AG_a}{b}[1+(a/b)^2]^{-1}$ 近似计算式 $k_r=\dfrac{AG_a}{b}$
梯形		$f=\dfrac{Fb\ln\dfrac{A_2}{A_1}}{(A_2-A_1)G_a}$ 近似计算式 $f=\dfrac{2Fb}{(A_2+A_1)G_a}$	$k_r=\dfrac{(A_2-A_1)G_a}{b\ln\dfrac{A_2}{A_1}}$ 近似计算式 $k_r=\dfrac{(A_2+A_1)G_a}{2b}$
盘形		$f=\dfrac{Fb\ln\dfrac{A_2}{A_1}}{2(A_2-A_1)G_a}$ 近似计算式 $f=\dfrac{Fb}{(A_2+A_1)G_a}$	$k_r=\dfrac{2(A_2-A_1)G_a}{b\ln\dfrac{A_2}{A_1}}$ 近似计算式 $k_r=\dfrac{(A_2+A_1)G_a}{b}$
衬套		$f=\dfrac{F\ln\dfrac{r_2}{r_1}}{2\pi lG_a}$	$k_r=\dfrac{2\pi lG_a}{\ln\dfrac{r_2}{r_1}}$
		$f=\dfrac{F(r_2-r_1)\ln\dfrac{l_1r_2}{l_2r_1}}{2\pi(l_1r_2-l_2r_1)G_a}$	$k_r=\dfrac{2\pi(l_1r_2-l_2r_1)G_a}{(r_2-r_1)\ln\dfrac{l_1r_2}{l_2r_1}}$

附表 G7　橡胶扭转弹簧的计算

类型	弹簧形状	变形量 ϕ/rad	弹簧刚度 k_r/(N/rad)
矩形台		$\phi=\dfrac{Th}{\beta ab^3G_a}$	$k=\dfrac{\beta ab^3G_a}{h}$
圆锥台		$\phi=\dfrac{2Th(r_1^2-r_1r_2+r_2^2)}{3\pi r_1^3r_2^3G_a}$	$k=\dfrac{3\pi r_1^3r_2^3G_a}{2h(r_1^2-r_1r_2+r_2^2)}$

类型	弹簧形状	变形量 ϕ/rad	弹簧刚度 k_r/(N/rad)
矩形锥台		有公共锥顶时 $$\phi=\frac{Th(b_1^2-b_1b_2+b_2^2)}{3\beta a_2 b_1^3 b_2^2 G_a}$$	有公共锥顶时 $$k=\frac{3\beta a_2 b_1^3 b_2^2 G_a}{h(b_1^2-b_1b_2+b_2^2)}$$
衬套		$$\phi=\frac{T}{4\pi l G_a}\left(\frac{1}{r_1^2}-\frac{1}{r_2^2}\right)$$	$$k=4\pi l G_a\left(\frac{1}{r_1^2}-\frac{1}{r_2^2}\right)^{-1}$$
圆柱环形		$$\phi=\frac{2Tl}{\pi(r_2^4-r_1^4)G_a}$$	$$k=\frac{\pi(r_2^4-r_1^4)G_a}{2l}$$
圆锥环形		$$\phi=\frac{3Tl}{2\pi r_2(r_2^3-r_1^3)G_a}$$	$$k=\frac{2\pi r_2(r_2^3-r_1^3)G_a}{3l}$$

注：计算式中 β 由附图 10 查取。

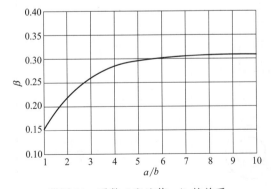

附图 10 系数 β 和比值 a/b 的关系

附表 G8　弹性体压缩弹簧的通用尺寸（GB/T 20915.1—2007/ISO 10069-1：1991）

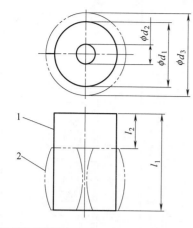

1—压缩弹簧在自由状态的轮廓；
2—压缩弹簧在压缩状态的轮廓；
d_1—自由状态弹簧的直径；
d_2—弹簧的内直径；
d_3—压缩状态弹簧的直径；
l_1—自由状态弹簧的长度；
l_2—弹簧的自由状态和完全压缩状态长度差

mm

d_1	d_2	$d_3\max$ (对应 $l_2\max$) CR[1]	PUR[1]	l_1 16	20	25	32	40	50	63	80	100	125	160
16	6.5	21.6	20	×	×	×								
20	8.5	27	25	×	×	×	×							
25	10.5	33.8	31.3			×	×	×						
32	13.5	43.2	40				×	×	×	×				
40		54	50				×	×	×	×	×			
50	17	67.5	62.5					×	×	×	×	×		
63		85	78.8					×	×	×	×	×	×	
80	21	108	100					×	×	×	×	×	×	
100		135	125				×	×	×	×	×	×		
125	27	168.8	156.3					×	×	×	×	×	×	×

[1] CR 为氯丁二烯橡胶；PUR 为聚氨酯橡胶。

附表 G9　按照附表 G8 确定的弹性体弹簧的负载值 F 以及自由状态
和完全压缩状态的长度差 l_2　　mm

d_1	l_1	CR F/kN max	CR $l_2^{[1]}$ max	PUR F/kN max	PUR $l_2^{[2]}$ max	d_1	l_1	CR F/kN max	CR $l_2^{[1]}$	PUR F/kN max	PUR $l_2^{[2]}$ max
16	16	0.3	5.6	1.2	4	40	32	3.6	11.2	8.5	8
	20		7		5		40		14		10
	25		8.75		6.25		50		17.5		12.5
20	16	0.5	5.6	2	4		63		22.05		15.75
	20		7		5		80		28		20
	25		8.75		6.25	50	32	5.5	11.2	13	8
	32		11.2		8		40		14		10
25	20	0.8	7	3.5	5		50		17.5		12.5
	25		8.75		6.25		63		22.05		15.75
	32		11.2		8		80		28		20
	40		14		10		100		35		25
32	32	2.3	11.2	4.5	8	63	32	10	11.2	21	8
	40		14		10		40		14		10
	50		17.5		12.5		50		17.5		12.5
	63		22.05		15.75		63		22.05		15.75

d_1	l_1	CR		PUR		d_1	l_1	CR		PUR	
		F/kN max	$l_2^{①}$ max	F/kN max	$l_2^{②}$ max			F/kN max	$l_2^{①}$ max	F/kN max	$l_2^{②}$ max
63	80	10	28	21	20	100	32	27	11.2	65	8
	100		35		25		40		14		10
	125		43.75		31.75		50		17.5		12.5
80	32	18	11.2	38	8		63		22.05		15.75
	40		14		10		80		28		20
	50		17.5		12.5		100		35		25
	63		22.05		15.75		125		43.75		31.75
	80		28		20	125	32	42	11.2	100	8
	100		35		25		40		14		10
	125		43.75		31.75		50		17.5		12.5
							63		22.05		15.75
							80		28		20
							100		35		25
							125		43.75		31.75
							160		56		40

① l_2 max＝$0.35l_1$

② l_2 max＝$0.25l_1$

附表 G10　弹性体压缩弹簧沉孔　　　　　　　　　　　　　　mm

表面粗糙度以微米为单位。

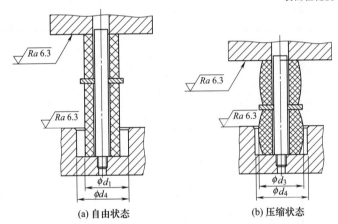

(a) 自由状态　　　　　(b) 压缩状态

d_1	16	20	25	32	40	50	63	80	100	125
d_3	22	27	34	43	54	68	85	108	135	169
d_4	24	30	38	48	61	75	94	118	150	188

附录 H　模具的价格估算与结算方式

1　模具价格的估算方法

1.1　比例系数法

模具价格由下列各项组成：

模具价格＝材料费＋设计费＋加工费与利润＋试模费＋包装运输费＋增值税

其中：材料费（包括材料和标准件）约占模具总费用的30%；

设计费约占模具总费用的5%；

加工费（包括管理费）与利润占模具总费用的 $40\%\sim50\%$；

试模费，大中型模具可控制在 3% 左右，小型精密模具可控制在 5% 左右；

包装运输费可按实际计算或按 3% 计算；

增值税占模具总价的 17%。

1.2 材料系数法

根据模具尺寸和材料价格由下式估算：

$$模具价格＝(3\sim4)\times材料费$$

系数大小根据模具精度和复杂程度确定，如塑料注射模中有侧向抽芯机构（包括斜推杆）的模具，其价格至少要取材料费的 4 倍。

2 模具报价及模具价格

2.1 模具报价单的填写

模具价格估算后，一般要以报价单的形式向外报价、报价单的内容有：模具报价、周期、要求达到的模次（寿命）、对模具的技术要求与条件、付款方式及结算方式以及保修期等。

2.2 模具报价与模具估算价格的关系

模具报价往往并非模具最后的价格。报价是讲究策略的，正确与否，直接影响模具的价格，影响到模具利润的高低，甚至影响到所采用的模具生产技术管理等水平的发挥。

2.3 模具价格与模具报价的关系

模具价格是经过双方认可且签订在合同上的价格。这时形成的模具价格，有可能高于估价或低于估价，通常都低于报价。当商讨的模具价格低于模具的保本价格时，需重新提出修改模具要求、条件、方案等，降低一些要求，以期可能降低模具成本，重新估算后，再签订模具价格合同。

应当指出，模具属于科技含量较高的专用产品，不应当用低价，甚至是用亏本价去迎合客户，而应该做到优质优价，把保证模具质量、精度、寿命放在第一位，而不应把模具价格看得过重，否则，容易引起误导。追求低价模具，就较难保证模具的质量、精度和寿命。

3 模具的结算方式

模具的结算是模具设计制造的最终目的。模具的价格也以最终结算到的价格为准，即结算价才是最终实际的模具价格。

按惯例，结算方式一般有以下几种。

① "六四"式结算，即模具合同签订生效之日起，应预付全款的 60%，剩余的 40% 待模具试模合格后，再结清。

② "五五"式结算，模具合同签订开始之日，即预付模具价格款的 50%，其余 50% 待模具试模验收合格后，再付清。

③ "四三三"式结算，模具合同签订生效之日预付模具价格款的 40%，第一次试模后，再付 30% 的模具价格款。剩下的 30% 于模具生产一段时间后，常常是产品出第一批货后结清。这种结算方式在珠江三角洲地区比较普遍。

④ "三四三"式结算，模具合同签订生效之日预付模具价格款的 30%，等参与设计会审、模具材料备料到位，开始加工时，再付 40% 的模具价格款。剩余的 30% 等模具合格交付使用后，一周内付清。

参 考 文 献

[1]   吴宗泽，等. 机械设计实用手册，3 版. 北京：化学工业出版社，2010.
[2]   闻邦椿，等. 现代机械设计师手册（上册）. 北京：机械工业出版社，2012.
[3]   成大先，等. 机械设计手册，5 版. 单行本. 北京：化学工业出版社，2014.
[4]   冯炳尧，等. 模具设计与制造简明手册. 3 版. 上海：上海科学技术出版社，2008.
[5]   王孝培，等. 冲压手册. 3 版. 北京：机械工业出版社，2011.
[6]   李硕本. 冲压工艺学. 北京：机械工业出版社，1982.
[7]   杜东福，等. 冷冲压模具设计. 湖南：湖南科学技术出版社，1985.
[8]   许发樾，等. 实用模具设计与制造手册. 2 版. 北京：机械工业出版社，2005.
[9]   《冲模设计手册》编写组. 冲模设计手册. 北京：机械工业出版社，2002.
[10] 王树勋，等. 模具实用技术设计综合手册. 2 版. 广州：华南理工大学出版社，2003.
[11] 陈锡栋，等. 实用模具技术手册. 北京：机械工业出版社，2001.
[12] 中国机械工程学会. 锻压手册. 2 卷. 冲压. 2 版. 北京：机械工业出版社，2002.
[13] 彭建声. 冷冲压技术问答（上册）. 北京：机械工业出版社，1981.
[14] 《模具标准汇编》编委会. 模具标准汇编（冲模卷），中国标准出版社，2011.
[15] 许发樾. 模具标准化与原型结构设计. 北京：机械工业出版社，2009.
[16] 杨占尧. 最新模具标准应用手册. 北京：机械工业出版社，2011.
[17] 薛啟翔，等. 冷冲压实用技术. 北京：机械工业出版社，2006.
[18] 马朝兴，等. 冲压模具设计手册. 北京：化学工业出版社，2009.
[19] 中国模具设计大典编委会. 中国模具设计大典（4 卷）. 南昌：江西科学技术出版社，2003.
[20] 中国机械工程学会编. 锻压手册（3 卷）. 锻压车间设备. 3 版. 北京：机械工业出版社，2007.
[21] 中国模具设计大典编委会. 中国模具设计大典. 2 卷. 南昌：江西科学技术出版社，2003.
[22] 曾正明. 实用金属材料选用手册. 北京：机械工业出版社，2012.
[23] 林慧国，等. 模具材料应用手册. 北京：机械工业出版社，2004.
[24] 陈再枝，等. 模具钢手册. 北京：冶金工业出版社，2002.
[25] 姚艳书，等. 工具钢及其热处理. 沈阳：辽宁科技出版社，2009.
[26] 刘志明. 高锥矩形件的拉深与胀形成形. 机械开发，1998（4）：71-74.
[27] 刘志明. 非规则斜锥矩形件的拉深与胀形成形. 机械开发，1998（1）：52-56.
[28] 刘志明. 复杂曲面的凸缘筒形成形工艺. 机械开发，2000（2）：55-57.

后　记

　　笔者原在企业从事模具技术工作，并亲历了模具制造业较发达地区的模具设计及制造工作，发现当今的模具设计人才与模具设计相关资料相当欠缺，有些模具的设计甚至完全依赖设计者自身的经验完成。鉴于此，笔者依据四十多年的模具设计与制造经验精心编制了这套综合性的《实用模具设计与生产应用手册》，以供从事模具设计、制造等工作的专业技术人员参考。

　　笔者编纂本书历经十余年，以奉献理念为本，希望为传承模具文化奉献微薄之力。为避免差错，笔者在编写此书时参阅了大量可靠的文献资料，并进行了多次校对，勘误求正。

　　承蒙化学工业出版社的支持和帮助以及细致严谨的工作。本书编写之时，得到了曾在江西天河传感器科技有限公司的简文辉、钟松荣、张洪恒、张巍林等工程师的友情帮助，在此一并表示感谢！同时本套书的完成也得益于永新祥和电脑服务部的吴老师指导 CAD 学习，以及家人的支持和爱女在电脑使用中的帮助，一并致谢！

编著者

于宁波